カンパニエーツ
理論物理学

山内恭彦
高見穎郎 訳

岩波書店

ТЕОРЕТИЧЕСКАЯ ФИЗИКА

А. С. Компанеец

Издательство Литературы на Иностранных Языках

Москва 1961

第1版への序文から

　この本は，大学の教養課程で一般物理学および解析学を学んだ人々，主として物理工学方面を志す人々を対象に書かれたものであるが，物理学と関係の深い領域，すなわち化学・物理化学・生物物理学・地球物理学・天文学の分野を専攻している人々にも役立つであろう．

　物理学は，ほかの自然科学一般と同様，まず実験に，とりわけ定量的実験に基礎を置いている．しかしどれだけ実験を寄せ集めても，それらの間に整然とした論理的な関連がつけられないうちは理論にはならない．理論というものは，すでに得られた実験結果を整理するのに役立つだけでなく，実験的に確証できる新しい事実を予言する可能性を持っているのである．

　物理法則はすべて量的な関係として表現される．量的な法則の関係を明らかにするために，理論物理学は数学に頼る部分が多い．したがって理論物理学の方法は，広い範囲にわたって数学を駆使することのできる人によってはじめて完全に自分のものとすることができる．けれども理論物理学の基本的な概念や結果は，微積分やベクトル代数を知っている読者には容易に理解できる．この本を読むためには，最小限これだけの数学的な予備知識が必要である．

　この本はまた，理論物理学がどういうものであるかを示すだけでなく，理論物理学の方法の根本をも示そうとするものである．それには，記述をできるだけ厳密にする必要があった．ある結論を導く場合，その必然性が明白であるほど，読者は容易にその結論に同意されるであろう．また読者の研究意欲をそそるために，本文で学んだ理論の応用の一部は問題にまわしてある．そこでは考え方を本文中ほどくわしくは述べていない．

　この本を余り部厚のものにしないために，理論物理学の中の重要な分野でありながらわずかの頁しか与えなかったものもあり，また問題によっては完全に割愛せざるをえなかった事柄もある．たとえば連続体の力学は含まれていない．この分野のことも加えるとしたら，ほかの部分と同じくらい簡潔に書いたとしても頁数が2倍にはなるだろう．連続体の力学の結果のいくつかは，熱力学の

応用例として，わずかではあるが章末の問題の中に入れておいた．また力学および連続体の電磁力学は，ミクロな電磁力学・量子論・統計物理学に比べると物理学における認識論の根本問題との関連がずっとうすい．それゆえマクロな電磁力学にはごくわずかの頁しか当てなかった．そこでは，ミクロな電磁力学から準定常場の理論および媒質中の光の伝播の法則をどのように導くかがはっきり示されるような題材を選んだ．読者はこれらの問題を，物理学や電気工学の課程ですでによく知っておられるものと仮定した．

　全体として，この本は素過程の物理学に興味をもつ読者を第一に予想している．このような考えにしたがって題材を選んだため，百科全書を目標としない書物にありがちなことだが，選択が幾分主観的にならざるをえなかった．

　この本を書くに際して，Л. Д. Ландау および Е. М. Лифшиц の理論物理学教程に負うところが多かった．理論物理学をさらに深く学ぼうとする人には，このすぐれた教科書をぜひ読まれるようおすすめする．

　最後に，数々の御教示を頂いた友人の Я. Б. Зельдович, В. Г. Левич, Е. Л. Фейнберг, В. И. Коган, В. И. Гольданский の諸氏に厚くお礼を申し上げる．

　　　　　　　　　　　　　　　　　　　　　　　　　　　　　А. Компанеец

第2版への序文

　この第2版では，前よりもむずかしくすることなく，もっと系統的かつ厳密な説明を与えることを試みた．そのため特に第III部を書き改め，量子力学の一般原理を明らかにするために，特別の節(§30)を追加した．現在では，放射は電磁場の量子論によってはじめて正しく考察することができる．というのは，対応原理からえられる結果が十分確実な根拠をもつものとは考えられないからである．

　この版にはGibbsの統計力学を加えた．そのため第IV部はいわば二つの部分に大分けされる形となった．すなわち§39-44では組合せの方法の結果だけを述べ，§45-52ではGibbsの方法を説明しかつそれを基礎にして熱力学を論じる．理論物理学の課程で熱力学を現象論的に論じることは，現在ではもはや時代おくれであるといえよう．

　また頁数があまりふえないようにするために，第1版で取扱ったベータ崩壊の理論，固有値の停留性，その他いくつかの問題を削除せざるをえなかった．

　第1版の中の不正確な箇所をいろいろ指摘して下さったА.Ф.Никифоров，В.Б.Уваров両氏に厚くお礼申し上げたい．

А. Компанеец

目　　次

第1版への序文から
第2版への序文

第Ⅰ部　力　　学 …… 1
§1　一般座標 …… 1
§2　Lagrange の方程式 …… 4
§3　Lagrange の方程式の例 …… 16
§4　保存法則 …… 24
§5　中心力場における運動 …… 36
§6　粒子の衝突 …… 44
§7　微小振動 …… 55
§8　回転座標系．慣性力 …… 65
§9　剛体の力学 …… 74
§10　力学の一般原理 …… 84

第Ⅱ部　電磁力学 …… 95
§11　ベクトル解析 …… 95
§12　電磁場．Maxwell の方程式 …… 110
§13　電磁場の作用原理 …… 126
§14　点電荷の静電気学．ゆっくり変動する場 …… 135
§15　点電荷の静磁気学 …… 147
§16　物質の電磁力学 …… 157
§17　平面電磁波 …… 179
§18　信号の伝達．平面波に近い波 …… 192
§19　電磁波の放射 …… 202
§20　相対性理論 …… 213

§21 相対論的力学……………………………………………239

第Ⅲ部 量子力学……………………………………………259

§22 古典力学の不完全さ．力学と幾何光学との類似……259
§23 電子の回折……………………………………………270
§24 波動方程式……………………………………………278
§25 量子力学におけるいくつかの問題…………………288
§26 量子力学における調和振動(線形調和振動子)………305
§27 電磁場の量子化………………………………………311
§28 準古典論的近似………………………………………321
§29 量子力学の演算子……………………………………335
§30 波動関数による展開…………………………………346
§31 中心力場における運動………………………………359
§32 電子のスピン…………………………………………372
§33 多電子系………………………………………………385
§34 放射場の量子論………………………………………407
§35 一定の場の中の原子…………………………………424
§36 分散の量子論…………………………………………438
§37 散乱の量子論…………………………………………445
§38 電子の相対論的波動方程式…………………………455

第Ⅳ部 統計物理学……………………………………………477

§39 理想気体における分子の平衡分布…………………477
§40 Boltzmann 統計(分子の並進運動．場の中の気体)………496
§41 Boltzmann 統計(分子の振動と回転)………………515
§42 電磁場および結晶体への統計理論の応用…………526
§43 Bose 分布 ……………………………………………544
§44 Fermi 分布 …………………………………………549
§45 Gibbs 統計 …………………………………………571
§46 熱力学の諸量…………………………………………586

§47	Boltzmann統計にしたがう理想気体の熱力学的性質 …………………………………………………611
§48	ゆ ら ぎ ……………………………………………623
§49	相 平 衡 ……………………………………………635
§50	希薄溶液 ……………………………………………646
§51	化学平衡 ……………………………………………656
§52	界面現象 ……………………………………………663

付　　録 ………………………………………………667

訳者あとがき …………………………………………669

索　　引 ………………………………………………671

第 I 部 力　　学

§1　一 般 座 標

基準座標系　力学系の運動を記述するには，空間におけるその系の位置を時間の関数として表わさなくてはならない．その際，系のどの点についても，その相対的な位置だけがはっきりした意味をもつことは明らかである．たとえば，飛んでいる飛行機の位置は地面に固定した座標系に対して定められ，加速器の中の荷電粒子の運動はその加速器に対して定められる，など．運動を記述する基準となる系のことを**基準座標系**という．

時間の指定　あとで述べるように(§20)，時間は，一般にはどういう基準座標系をとるかに関係してはじめてきまる．われわれは日常生活でただ一つの時間という直観的な概念に慣れてしまっているが，これは実は近似であって，あらゆる物質粒子の相対速度が光の速度に比べて小さい場合にのみ正しいことである．このようなおそい運動の力学はNewtonによってはじめて建設されたので，Newton力学とよばれている．

Newtonの法則によれば，力学系のすべての点の位置と速度がある時刻に与えられ，かつその系に働く力の性質がわかっているとすると，その後の任意の時刻における系の位置が定まる．

力学系の自由度　空間における力学系の位置をきめるパラメタの中で，独立なものの個数のことをその系の**自由度**という．

基準の物体に対する物質粒子の相対的な位置は，独立な3個のパラメタ，たとえば直角座標で表わすことができる．一般に N 個の粒子から成る系の配置は，$3N$ 個の独立なパラメタによって表わされる．

しかし各粒子の配置になんらかの制限が加えられている場合には，自由度の数は $3N$ よりも小さくなることがある．たとえば2個の粒子が，変形しない棒

の両端に取りつけられているとすると,これら粒子の6個の直角座標 $x_1, y_1,$ $z_1 ; x_2, y_2, z_2$ に対して,

$$(x_2-x_1)^2+(y_2-y_1)^2+(z_2-z_1)^2=R_{21}{}^2 \tag{1.1}$$

という条件が課せられることになる.ただし R_{21} は粒子間の距離で,変わらないものとする.したがって直角座標はもはや独立なパラメタではない. 6個の量 $x_1, \ldots\ldots, z_2$ の間に1個の関係があるから,そのうちの5個だけが独立な量である.いいかえれば,相互の距離が不変であるような2個の粒子から成る系は5個の自由度をもつ.

三つの粒子が三角形をなして互いに固定されている場合には,第3の粒子の座標は次の二つの式を満たさなくてはならない:

$$(x_3-x_1)^2+(y_3-y_1)^2+(z_3-z_1)^2=R_{31}{}^2, \tag{1.2}$$

$$(x_3-x_2)^2+(y_3-y_2)^2+(z_3-z_2)^2=R_{32}{}^2. \tag{1.3}$$

こうして,三角形の頂点の9個の座標に対して (1.1), (1.2), (1.3) という3個の条件が課せられている.したがって9個の量のうち6個だけが独立である.すなわち,三角形は6個の自由度をもつ.

空間における剛体の姿勢は,剛体内の同一直線上にない3点できまる.上で見たように,そのような3点は6個の自由度をもつから,任意の剛体もまた6個の自由度をもつことになる.なお,剛体の運動というときには,たとえばこまの回転のように,運動自体に影響するほどは変形がおこらないような運動だけを考える.

一般座標 系の配置は,直角座標で表わすのがいつも便利であるとは限らない.すでに見たように,なめらかな束縛がある場合には,直角座標は附加条件を満たさなくてはならない.また,座標系のとり方は任意だから,これは一番都合がよいように選ぶべきであろう.たとえば,粒子間の距離だけできまる力が働く場合には,直角座標を使わずに,これらの距離を使う方がよい.

力学系はその自由度の数に等しい個数のパラメタによって記述される.場合によっては,いくつかの粒子の直角座標がこのパラメタになることもある.たとえば,かたく結合された2個の粒子から成る系では,パラメタを次のように選ぶことができる.すなわち,まず一方の粒子の直角座標を与える.もう一方

の粒子ははじめの粒子を中心とする球面上に来るから，その位置は球面の経度と緯度とで表わされる．つまり，第1の粒子の3個の直角座標と第2の粒子の経度および緯度とを合わせれば，このような系の空間的な配置を完全に定めることができる．

また，かたく結合された3個の粒子については，いま述べた方法で，三角形の1辺の位置とこの辺のまわりの頂点の回転角とを与える必要がある．

空間における力学系の配置を定める独立なパラメタのことを，その系の**一般座標**とよぶ．一般座標を今後 q_α という文字で表わすことにしよう．ここで添字 α はパラメタの番号を示す．

一般座標の選び方は，直角座標の場合と同様にかなりの程度まで自由である．一般座標は，系の運動の力学法則を式で書き表わすのにできるだけ都合がよいように選ぶのがよい．

§2 Lagrangeの方程式

この節では，任意の一般座標を用いて運動方程式を書き表わす．方程式をこのような形に書いておくことは，理論的な取扱いに特に便利である．

Newtonの第2法則　力学でいう運動とは，物体相互の空間的な配置が時間と共に変化することである．いいかえれば，運動は，物体相互間の距離すなわち長さと，時間間隔とを用いて記述される．また，前節で述べたように運動はすべて相対的で，何か特定の基準座標系に対して与えられたとき初めて意味があるものである．

当時の人々の一般の通念であったように，Newtonも長さや時間の概念は絶対的なものであると考えていた．すなわち，これらの量はどんな基準座標系から見ても等しいと考えたのであった．あとで述べるように，Newtonの仮定は近似的な性質のものである(§20)．この仮定は，すべての粒子の相対速度が光速度に比べて小さい場合には正しい．この点で，Newton力学はきわめて多くの経験事実に支えられているのである．

運動の法則を立てる際には，**質点**，すなわち3個の直角座標によって位置が完全に定められるような物体を考えることがきわめて便利である．これはもちろん理想化であって，厳密にいえばこのような物体は存在しない．けれども物体の運動が，その物体内の任意の1点——たとえば重心——の空間的な変位だけで十分はっきりきまり，物体の回転や変形にはよらない場合には，この理想化は十分意味をもっている．

質点の概念を力学の基本概念にとることにすれば，運動法則(Newtonの第2法則)は

$$m\frac{d^2\mathbf{r}}{dt^2} = \mathbf{F} \tag{2.1}$$

と書かれる．ここで$\mathbf{F}$は質点に働くすべての力の合力(力のベクトル和)である．また$\frac{d^2\mathbf{r}}{dt^2}$は加速度ベクトルで，その直角成分は

$$\frac{d^2x}{dt^2},\quad \frac{d^2y}{dt^2},\quad \frac{d^2z}{dt^2}$$

である．m はこの質点に固有な量で，**質量**とよばれる．

力と質量　(2.1)は力の定義である．しかしこれを単なる恒等式と見なしたり，新しい文字を使って書きかえただけだと考えてはならない．なぜなら，この式は物体間の相互作用の形がどういうものかを示し，実際一つの自然法則をいい表わしているからである．この相互作用は微分法則の形に表現され，その中には時間に関する座標の 2 階導関数だけしか現われていない（たとえば 4 階の導関数などは出てこない）．

なおこのほかに，力について次のような特殊な仮定を置くのが普通である．すなわち，Newton 力学では，力はその時刻における物体相互の関係位置だけできまり*，それ以前の物体の配置にはよらないとするのである．あとで見るように（第Ⅱ部），物体間の力の性質に関するこの仮定は，物体の速度が光の速度に比べて小さい場合にのみ正しい．

(2.1)の中には，物体に固有な量 m すなわち質量が出てくる．いろいろな物体の質量は，それぞれの物体に等しい力が働いたとき生じる加速度を比較することによって定められる．つまり加速度が大きいほど質量は小さい．質量を測るには基準になる物体をきめておく必要がある．何を基準の物体に選ぶかは，長さと時間の基準をどうとるかには全く無関係である．したがって，質量は長さや時間とは別の独立な次元を持っている．

質量の性質は実験的に調べることができる．まず同じ物質からなる等しい量の 2 物体をあわせたものの質量は，それぞれの物体の質量の 2 倍に等しい．たとえば，等しい二つのおもりをとり，一定の長さだけ伸ばしたばねに取り付けて運動させ，どちらも等しい加速度で動くことを確かめておく．次に両方のおもりをいっしょにし，ばねを前の時と同じ長さに伸ばしてこれを引張ると，加速度は前の半分になる．ばねの力はその伸びだけできまり，前後の実験で変化するはずはないから，おもりを二ついっしょにすると質量は 2 倍になること

---

* 一般には，このほかに，力はその時刻における速度にもよるとするのが普通である．たとえば Lorentz 力や流体の抵抗のように．(訳者)

がわかる．一般に，全体についての量がそれを構成する各部分についての量の和に等しい場合，その量は**加算的**な量であるという．上のことから，質量は加算的な量である．実験によれば，このことは，異なる物質から成る物体についても成り立つことがわかっている．

また Newton 力学では，物体が運動してもその質量は変化しない．

質量が加算的であることと一定であることとは，物体にいろいろな運動を行なわせてみて，その結果として初めてわかる性質であるということを忘れてはならない．たとえば，物体内の原子や分子の結合し方が変わると化学変化が起るが，その際に質量が保存されるという重要な法則が Lomonosov によって実験的に確かめられた．

実験から導かれるほかのあらゆる法則と同様に，質量の加算性にも厳密に成り立つ限界がある．原子核の中で見られるような強い相互作用のもとでは，質量の加算性が破れることがはっきりわかる（くわしくは§21を見よ）．

物体をばねで引張るかわりに重力場の中に置いたとすると，物体を二つくっつけて落したときの加速度は，それぞれの物体を別々に落したときの加速度に等しくなることに注意しよう．このことから，重力の大きさは物体の質量に比例することがわかる．真空中で物体を落すと，空気の抵抗が働かないので，どんな物体もみな同じ加速度で落下する．

慣性系　(2.1)には質点の加速度が出てくる．しかし，これがどういう基準座標系に対する加速度なのかをはっきり言わなくては意味がない．そこで，加速度の原因が何であるかを定めようとする場合に困難が現われる．それは物体間の相互作用であることもあり，また基準座標系自身の特殊性によることもある．たとえば，車が急に止まったとき，乗っている人は突きとばされたように感じるが，これは地面に対する車の運動がそのとき一様でなかったことを示しているのである．

物体のある集団を考え，この集団はほかの物体からは力を受けていないとしよう．つまり，この集団はほかの物体から十分離れた所にあるものとする．このとき，適当な基準座標系を選べば，この集団に属する物体の加速度が，すべてこれら物体間の相互作用だけによって生じているとみなすことができる．力

§2 Lagrange の方程式

が Newton の第 3 法則にしたがっている場合, すなわちどのような質点の対をとっても, その間に働く力が, 大きさが等しく符号が反対である場合には, このことを確かめることができる(それには力が瞬間的に伝達されるという仮定がいる. すなわち, 力が伝わる速さに比べて粒子の速さが小さい場合に限って上のことは正しい).

ある集団に属する質点の加速度が, それら質点の間の相互作用だけが原因で生じていると見られるような基準座標系のことを**慣性系**という. ほかの物体から全く力をうけない自由な質点は, このような基準座標系に対しては一直線上を一定の速さで運動する, つまり普通のいい方をすればただ惰性で動く. 与えられた基準座標系で Newton の第 3 法則が成り立たないとすると, この座標系は慣性系ではないということができる.

高い塔の上から石を真下に投げると, 石は重力の方向(おもりを糸につるしてみればわかる)から東へずれて落ちる. したがって, 石は地球の引力によって生じたのではない加速度成分をもっていることになる. このことから, 地球に固定した座標系が慣性系ではないことがわかる. これは地球が自転しているからである.

摩擦力　物体を接触させて動かすときに力が働くことは日常経験するところである. 物体を滑らせたり転がしたりするときには摩擦力が現われる. 摩擦力が働くと, 物体が全体として行なっているマクロな運動が, 物体をつくる原子や分子のミクロな運動に変わり, その結果熱が発生する. 固体を滑らせる場合, 実際には表面の層にある原子が非常に複雑に作用しあう. この複雑な作用を摩擦力という簡単な言葉で表現することは, マクロな運動の力学にとってはきわめて便利な理想化である. しかし, 現実に起っている過程がこれで完全に述べつくされているわけではもちろんない. 摩擦力の概念は, 物体を接触させたときに個々の原子や分子が及ぼしあう要素的な相互作用を, ある意味で平均した結果として出てくるものである.

第 I 部では要素的な法則だけを学ぶので, ミクロな内部自由度つまり原子や分子の自由度にまで運動が移っていくような相互作用を平均するということまでは考えないことにする. ここでは, 力学の基礎法則を用いて完全に表わすこ

とのできるような相互作用だけを学ぶことにして,内部運動すなわち熱運動に関係した統計的な取扱いは行なわない.

なめらかな束縛 物体を接触させたときには物体は力を及ぼしあうが,この力を,**なめらかな束縛**という運動学的な概念に帰着させることができる.力学系になめらかな束縛を加えると,系の粒子はあるきまった面に沿ってしか運動できなくなる.§1では一つの点が別の点を中心とする球面上を運動する場合を考えたが,これはなめらかな束縛の一例である.

物体の間に働くこの種の相互作用では,物体内部のミクロな自由度にまで運動が移行することはない.いいかえれば,なめらかな束縛のもとで行なわれる運動は,マクロな一般座標 q_α によって完全に記述することができる.

束縛が加えられたために運動の径路が曲がったとすると,束縛によって加速度が生じたことになる(速度はベクトル量だから,曲線運動は必ず加速度運動である).形式的には,この加速度は力が働いたために生じたものとみなすことができる.この力のことを**束縛力**という.

束縛力は,質点の速度の向きを変化させることはあっても,速度の大きさを変化させることはない.いいかえれば,束縛力は系に仕事をしない.一方,力が仕事をしないためには,その力は変位に垂直でなければならない.したがって,束縛力は質点の時々刻々の速度の方向に常に垂直である.

しかし,力学の問題では,束縛力は質点の位置の関数としてはじめから与えられているわけではない.むしろ,束縛条件を考慮して方程式(2.1)を解くことによって,初めてきまるのである.そこで,力学の方程式を,束縛力が全くはいってこないような形に書くことが望ましい.系の自由度の数に等しいだけの一般座標を用いれば,方程式の中に束縛力が現われないようにすることができる.以下この節では,一般座標を導入して力学の方程式を書き直してみる.

直角座標から一般座標への変換 考えている系が全部で $3N \equiv n$ 個の直角座標をもち,そのうちの ν 個だけが独立であるとする.今後,すべての直角座標 x, y, z を表わすのに文字 x_i を通しで用いることにしよう.つまり i は1から $3N$ まですなわち1から n まで変わるとする.次に一般座標を q_α $(1 \leqq \alpha \leqq \nu)$

§2 Lagrange の方程式

で表わす．系の配置は一般座標によって完全にきまるから，x_i は一般座標の1価関数である：

$$x_i = x_i(q_1, q_2, \ldots, q_\alpha, \ldots, q_\nu). \tag{2.2}$$

これから速度の直角成分に対する式が容易にえられる．それには，関数 $x_i(\cdots, q_\alpha, \cdots)$ を時間について微分すればよい．すなわち，

$$\frac{dx_i}{dt} = \sum_{\alpha=1}^{\nu} \frac{\partial x_i}{\partial q_\alpha} \frac{dq_\alpha}{dt}.$$

以下ではすべての一般座標 q_α にわたって和をとることがしばしばある．そこで簡単のために，和について次のような約束をしておこう．すなわち，**等式の一辺にギリシア文字の添字が2度現われるときには，その文字について1からνまで，すなわちすべての一般座標にわたって和をとるものと解釈する．**（直角座標を示すにはローマ字の添字を用いるが，これについては上の規約を適用しない．）

そうすると，速度 $\dfrac{dx_i}{dt}$ は，和の記号を省略して次のように書きかえられる：

$$\frac{dx_i}{dt} = \frac{\partial x_i}{\partial q_\alpha} \frac{dq_\alpha}{dt}. \tag{2.3}$$

時間に関する全微分*は，普通その変数の上に点を打って表わす：

$$\frac{dx_i}{dt} \equiv \dot{x}_i, \qquad \frac{dq_\alpha}{dt} \equiv \dot{q}_\alpha. \tag{2.4}$$

この記法を使えば，(2.3)はさらに簡単な形に書ける：

$$\dot{x}_i = \frac{\partial x_i}{\partial q_\alpha} \dot{q}_\alpha. \tag{2.5}$$

(2.5)を時間についてもう1度微分すれば，加速度の直角成分がえられる：

$$\ddot{x}_i = \frac{d}{dt}\left(\frac{\partial x_i}{\partial q_\alpha}\right)\dot{q}_\alpha + \frac{\partial x_i}{\partial q_\alpha}\ddot{q}_\alpha.$$

右辺第1項の全微分は

$$\frac{d}{dt}\left(\frac{\partial x_i}{\partial q_\alpha}\right) = \frac{\partial^2 x_i}{\partial q_\beta \partial q_\alpha} \dot{q}_\beta$$

と書ける．速度の式(2.5)で和をとるのに使った α と混同が起らないように，この式では，和をとるべき添字を β としてある．こうして，$\ddot{x}_i$ に対する式は

---

* この本で全微分というのは(常)微分係数の意味で，完全微分のことではない．(訳者)

次のようになる：

$$\ddot{x}_i = \frac{\partial^2 x_i}{\partial q_\beta \partial q_\alpha}\dot{q}_\beta \dot{q}_\alpha + \frac{\partial x_i}{\partial q_\alpha}\ddot{q}_\alpha. \tag{2.6}$$

右辺第1項は α と β についての2重和である．

力のポテンシャル 次に力の成分を考えよう．多くの場合，質点に働く力の3成分は，ただ一つのスカラー量 U から次の式で与えられる：

$$F_i = -\frac{\partial U}{\partial x_i}. \tag{2.7}$$

万有引力・静電気力・弾性力については，このような関数 U が常に存在する．関数 U のことを力の**ポテンシャル**という．

もちろん，一般にどんな力でも(2.7)のような形に表わされるわけではない．なぜなら，もし

$$F_i = -\frac{\partial U}{\partial x_i}, \quad F_k = -\frac{\partial U}{\partial x_k}$$

だとすると，すべての i と k に対して次の式

$$\frac{\partial F_i}{\partial x_k} = \frac{\partial F_k}{\partial x_i} = -\frac{\partial^2 U}{\partial x_i \partial x_k}$$

が成り立つはずだが，任意の関数 F_i と F_k については必ずしもそうなるとは限らないからである．力のポテンシャルが存在する場合について，その具体的な形を以下に示そう．

(2.7)により，ポテンシャル関数 U は任意の附加定数を除いて定まる．U はまた系の**位置エネルギー**ともよばれる．たとえば重力 $F = -mg$ については，持ち上げた物体の位置エネルギーは mgz に等しい．ただし $g \sim 980\,\text{cm/sec}^2$ は自由落下する物体の加速度，z は物体を持ち上げた高さである．この高さはどこから測ってもかまわない．というのは，基準の位置をきめることは U の附加定数をきめるだけのことだからである．高さの違いまで考慮して $F = -mg$ よりももっと精密に重力を表わした場合にも，やはりポテンシャルは存在する．これを導くことはもう少しあとにまわす((3.4)参照)．

なめらかな束縛の力の成分を F_i' とし，束縛を破らないように変位がおこったとすると，

§2 Lagrange の方程式

$$\sum_{i=1}^{n} F_i' \, dx_i = 0 \tag{2.8}$$

が成り立つことを注意しておく．実際，この式の左辺は系の可能な変位に際して束縛力がする仕事で，前に述べたようにこれは 0 に等しいのである．

Lagrange の方程式*　　(2.6) と (2.7) によって，運動方程式は

$$m_i \left(\frac{\partial^2 x_i}{\partial q_\beta \partial q_\alpha} \dot{q}_\beta \dot{q}_\alpha + \frac{\partial x_i}{\partial q_\alpha} \ddot{q}_\alpha \right) = -\frac{\partial U}{\partial x_i} + F_i' \tag{2.9}$$

と書くことができる．ここで $m_1 = m_2 = m_3$ は第 1 の粒子の質量，$m_4 = m_5 = m_6$ は第 2 の粒子の質量，などである．この式の両辺に $\dfrac{\partial x_i}{\partial q_\gamma}$ をかけ，i について 1 から n まで加えてみよう．

まず右辺から考えると，合成関数の微分の法則から，

$$\sum_i \frac{\partial U}{\partial x_i} \frac{\partial x_i}{\partial q_\gamma} = \frac{\partial U}{\partial q_\gamma} \tag{2.10}$$

である．束縛力については

$$\sum_i F_i' \frac{\partial x_i}{\partial q_\gamma} = 0 \tag{2.11}$$

が成り立つ．偏導関数 $\dfrac{\partial x_i}{\partial q_\gamma}$ は q_γ 以外の q が一定という条件のもとでの変位 dx_i を考えることだから，この式は (2.8) の特別の場合である．このような特別な変位に対しても，束縛力のする仕事が 0 に等しいことは明らかであろう．

(2.9) の左辺に $\dfrac{\partial x_i}{\partial q_\gamma}$ をかけて加えると，直角座標が表面から消えてもっとずっと簡潔な形に書きかえられる．そのような変形を行なうのが実はこの節の目的である．そのために，まず運動エネルギー

$$T = \frac{1}{2} \sum_{i=1}^{n} m_i \left(\frac{dx_i}{dt} \right)^2 = \frac{1}{2} \sum_{i=1}^{n} m_i \dot{x}_i^2 \tag{2.12}$$

を一般座標で表わしておく．この式に一般速度 (2.5) を代入すれば，

$$T = \frac{1}{2} \sum_{i=1}^{n} m_i \frac{\partial x_i}{\partial q_\alpha} \dot{q}_\alpha \frac{\partial x_i}{\partial q_\beta} \dot{q}_\beta.$$

ここで，q について和をとるための添字に α および β という異なる文字を用いてある．これらの添字にはそれぞれ独立に 1 から ν までの値をとらせるのだ

---

* はじめて読むときには，(2.18) までの式の変形をくわしくたどる必要はない．

から当然こうしておかなくてはならない．直角座標についての和と一般座標についての和の順序を交換すれば，

$$T = \frac{1}{2}\dot{q}_\alpha \dot{q}_\beta \sum_{i=1}^{n} m_i \frac{\partial x_i}{\partial q_\alpha}\frac{\partial x_i}{\partial q_\beta} \tag{2.13}$$

がえられる．

このあと，T を一般座標 q_α と一般速度 $\dot{q}_\alpha$ で微分する必要が出てくる．座標 q_α とそれに対応する速度 $\dot{q}_\alpha$ とは互いに独立である．なぜなら，系の座標 q_α の値を与えた場合に，束縛を破らないような任意の速度 $\dot{q}_\alpha$ を系にさらに与えることができるからである．また $\alpha \neq \beta$ のとき q_α と q_β とが独立であることもいうまでもない．したがって，$\dfrac{\partial T}{\partial \dot{q}_\alpha}$ を計算する場合には，ほかの $\dot{q}_\beta$ ($\beta \neq \alpha$)，および (q_α をも含めて) すべての座標の値を一定と考える．

導関数 $\dfrac{\partial T}{\partial \dot{q}_\gamma}$ を計算してみよう．2重和 (2.13) では，添字 α も β も γ という値を1度ずつとるから，次の式が得られる：

$$\frac{\partial T}{\partial \dot{q}_\gamma} = \frac{1}{2}\dot{q}_\beta \sum_{i=1}^{n} m_i \frac{\partial x_i}{\partial q_\gamma}\frac{\partial x_i}{\partial q_\beta} + \frac{1}{2}\dot{q}_\alpha \sum_{i=1}^{n} m_i \frac{\partial x_i}{\partial q_\alpha}\frac{\partial x_i}{\partial q_\gamma}.$$

右辺の二つの和は，一方は β について他方は α についてとなっているが実は同じものである．第1項の β を α と書きかえれば二つの和がひとまとめにできる．こうしても和の値が変わらないことはもちろんである．したがって

$$\frac{\partial T}{\partial \dot{q}_\gamma} = \dot{q}_\alpha \sum_{i=1}^{n} m_i \frac{\partial x_i}{\partial q_\alpha}\frac{\partial x_i}{\partial q_\gamma}. \tag{2.14}$$

時間に関する全微分は，和 (2.14) の各項の三つの因子をそれぞれ微分して，

$$\frac{d}{dt}\frac{\partial T}{\partial \dot{q}_\gamma} = \ddot{q}_\alpha \sum_{i=1}^{n} m_i \frac{\partial x_i}{\partial q_\alpha}\frac{\partial x_i}{\partial q_\gamma} + \dot{q}_\alpha \sum_{i=1}^{n} m_i \frac{\partial^2 x_i}{\partial q_\alpha \partial q_\beta}\dot{q}_\beta \frac{\partial x_i}{\partial q_\gamma} + \dot{q}_\alpha \sum_{i=1}^{n} m_i \frac{\partial x_i}{\partial q_\alpha}\frac{\partial^2 x_i}{\partial q_\gamma \partial q_\beta}\dot{q}_\beta \tag{2.15}$$

となる．

次に偏導関数 $\dfrac{\partial T}{\partial q_\gamma}$ を計算しよう．前に述べたように，今度は $\dot{q}_\alpha$ と $\dot{q}_\beta$ を一定と考える．$\dfrac{\partial T}{\partial q_\gamma}$ も項が二つになるが，$\dfrac{\partial T}{\partial \dot{q}_\gamma}$ と同じく一つにまとめられる．すなわち，(2.13) を微分すれば

$$\frac{\partial T}{\partial q_\gamma} = \dot{q}_\alpha \dot{q}_\beta \sum_{i=1}^{n} m_i \frac{\partial^2 x_i}{\partial q_\gamma \partial q_\beta}\frac{\partial x_i}{\partial q_\alpha}. \tag{2.16}$$

(2.15)から(2.16)を引くと，(2.15)の右辺の最後の項と(2.16)の右辺とが消しあって，

$$\frac{d}{dt}\frac{\partial T}{\partial \dot{q}_\gamma} - \frac{\partial T}{\partial q_\gamma} = \ddot{q}_\alpha \sum_{i=1}^{n} m_i \frac{\partial x_i}{\partial q_\alpha}\frac{\partial x_i}{\partial q_\gamma} + \dot{q}_\alpha \dot{q}_\beta \sum_{i=1}^{n} m_i \frac{\partial^2 x_i}{\partial q_\alpha \partial q_\beta}\frac{\partial x_i}{\partial q_\gamma} \quad (2.17)$$

となる．

この式の右辺は，(2.9)の左辺に $\frac{\partial x_i}{\partial q_\gamma}$ をかけ i について加えたものになっている．そこで(2.10)と(2.11)を使えば，(2.17)は $-\frac{\partial U}{\partial q_\gamma}$ に等しいことがわかる．したがって，結局

$$\frac{d}{dt}\frac{\partial T}{\partial \dot{q}_\gamma} - \frac{\partial T}{\partial q_\gamma} = -\frac{\partial U}{\partial q_\gamma} \quad (2.18)$$

がえられる．力学では，粒子間の相互作用としては，粒子の速度によらないような力を考えるのが普通である．その場合には U は $\dot{q}_\alpha$ を含まないから，(2.18)はまた次のような形に書ける：

$$\frac{d}{dt}\frac{\partial}{\partial \dot{q}_\gamma}(T-U) - \frac{\partial}{\partial q_\gamma}(T-U) = 0. \quad (2.19)$$

運動エネルギーと位置エネルギーの差を **Lagrange 関数** とよび，これを L で表わす：

$$L \equiv T - U. \quad (2.20)$$

このようにして，系の自由度の数に等しい ν 個の独立な量 q_α に対する ν 個の方程式がえられた：

$$\frac{d}{dt}\frac{\partial L}{\partial \dot{q}_\alpha} - \frac{\partial L}{\partial q_\alpha} = 0, \quad 1 \leqslant \alpha \leqslant \nu. \quad (2.21)$$

これらの方程式は **Lagrange の方程式** とよばれている．方程式(2.21)で，L は直角座標を含まず q_α と $\dot{q}_\alpha$ だけで表わされていると考えるべきことはいうまでもない．しかし力が速度による場合にも，実は同様な形の方程式が成り立つ(§21)*．

Lagrange の方程式の立て方　Newton の第2法則から方程式(2.21)を導く計算はかなり面倒でわかりにくかったと思われるので，具体的に力学系が与

---

* この場合には，一般座標だけの関数 U を用いて Lagrange 関数を(2.20)のような形に表わすことはできない．しかし，方程式(2.21)はそのままの形で成り立つ．

えられたとき，それに対して Lagrange の方程式を立てる手順を述べておこう．

1) 直角座標を一般座標で表わす：
$$x_i = x_i(q_1, \cdots, q_\alpha, \cdots, q_\nu).$$

2) 速度の直角成分を一般速度で表わす：
$$\dot{x}_i = \frac{\partial x_i}{\partial q_\alpha}\dot{q}_\alpha.$$

3) 1)の x_i を位置エネルギーの式に代入し，これを一般座標の関数として表わす：
$$U = U(q_1, \cdots, q_\alpha, \cdots, q_\nu).$$

4) 2)の $\dot{x}_i$ を運動エネルギーの式
$$T = \frac{1}{2}\sum_{i=1}^{n} m_i \dot{x}_i^2$$

に代入し，これを q_α および $\dot{q}_\alpha$ の関数として表わす．一般座標を用いると，T は $\dot{q}_\alpha$ だけでなく q_α にもよることは重要である．

5) 導関数 $\dfrac{\partial L}{\partial \dot{q}_\alpha}$ および $\dfrac{\partial L}{\partial q_\alpha}$ を計算する．

6) (2.21)にしたがって，自由度の数だけの Lagrange の方程式を立てる．

次の節では，Lagrange の方程式を立てる例をいくつか述べる．

問　題

1 Lagrange 関数が次の形に与えられたとして，Lagrange の方程式を導け：
$$L = -\sqrt{1-\dot{q}^2} + q\dot{q}.$$

2 重力場の中で，鉛直面内の与えられた曲線上を一つの質点が運動する．曲線の方程式がパラメタ s によって $x = x(s), z = z(s)$ の形に表わされているとして，Lagrange の方程式を導け．

（解）

速度：
$$\dot{x} = \frac{dx}{ds}\dot{s} \equiv x'\dot{s}, \quad \dot{z} = \frac{dz}{ds}\dot{s} \equiv z'\dot{s}.$$

Lagrange 関数：
$$L = \frac{m}{2}(x'^2 + z'^2)\dot{s}^2 - mgz(s)$$

§2 Lagrange の方程式

Lagrange の方程式:
$$\frac{d}{dt}m[(x'^2+z'^2)\dot{s}]-m\dot{s}^2(x'x''+z'z'')+mgz' = 0.$$

§3 Lagrange の方程式の例

中心力 質点の間に働く力が両質点を結ぶ方向を向き, その大きさが質点間の距離だけできまる場合, この力を**中心力**という. 中心力には, 質点間の距離だけできまる位置エネルギーが常に存在する. 一例として, 固定した中心から Newton の万有引力の法則にしたがって引かれている質点の運動を調べてみよう. 万有引力の式からどのようにして位置エネルギーを求めるかを以下に示す.

よく知られているように, 万有引力 $\mathbf{F}$ は, 質点間の距離の2乗に逆比例する大きさを持ち, 両質点を結ぶ直線の方向を向いている. すなわち

$$\mathbf{F} = -a\frac{1}{r^2}\frac{\mathbf{r}}{r}. \tag{3.1}$$

a は比例定数である. しかし, そのくわしい形はここでは述べない. また r は2点間の距離を表わし, したがって $\frac{\mathbf{r}}{r}$ は単位ベクトルである. マイナスの符号は質点が引き合うこと, すなわち力が位置ベクトルと逆向きであることを示している. $\mathbf{r}$ の x 成分は x だから, 引力の x 成分は, (3.1)によって,

$$F_x = -a\frac{x}{r^3} \tag{3.2}$$

に等しい. 一方, $r = \sqrt{x^2+y^2+z^2}$ だから,

$$F_x = -\frac{\partial}{\partial x}\left(-\frac{a}{r}\right). \tag{3.3}$$

他の二つの成分についても同様である. (3.3)と(2.7)を比べれば,

$$U = -\frac{a}{r} \tag{3.4}$$

であることがわかる.

この式で, 位置エネルギー U は, 粒子と粒子が無限に離れたとき 0 になるように, すなわち $U(\infty) = 0$ であるようにとってあることに注意しておこう. 位置エネルギーは定数を含み, これを自由に指定することができることを前に述べたが, 今の場合には, 位置エネルギーが無限遠で 0 となるようにこの定数

をきめておくのが便利である.

Coulomb の法則にしたがって力を及ぼしあう2個の荷電粒子に対しても，(3.4)と同様の式が得られることは明らかであろう.

球座標　(3.4)から見て，今の例では，一般座標として r そのものを採るのがよさそうである．いいかえれば，直角座標から球座標に移る必要がある．直角座標と球座標との間の関係は図1に示すようなものである．z 軸は球座標系の極線とよばれる．また，考えている点の位置ベクトルと極線とのなす角 θ を天頂角という．これは 90° から "緯度" を引いた角である．さらに φ は "経度" に相当し，方位角とよばれる．これは，考えている点を通って極線を含む平面が，座標面 zOx となす角である*.

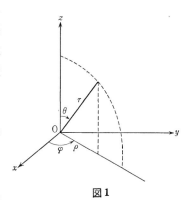

図1

直角座標から球座標への変換式を求めよう．図1からわかるように

$$z = r\cos\theta. \quad (3.5)$$

平面 xOy への位置ベクトルの射影 ρ は

$$\rho = r\sin\theta \quad (3.6)$$

である．したがって

$$x = \rho\cos\varphi = r\sin\theta\cos\varphi, \quad (3.7)$$
$$y = \rho\sin\varphi = r\sin\theta\sin\varphi. \quad (3.8)$$

さて，球座標を用いて運動エネルギーを表わしてみよう．これは簡単な幾何学的方法によっても，また §2 で述べた計算の手順にしたがってやってもできる．幾何学的に考える方が簡単であるが，一般的なやり方を示すために，計算で求める方法を初めに述べておこう．まず，

$$\dot{z} = \dot{r}\cos\theta - r\sin\theta\,\dot{\theta},$$

---

*　$\theta = 90° -$ 緯度(北半球)，$90° +$ 緯度(南半球).　経度 φ は $-\pi \leqq \varphi \leqq \pi$ であるが，ここでいう方位角 φ は普通 $0 \leqq \varphi < 2\pi$ とする．(訳者)

$$\dot{x} = \dot{r}\sin\theta\cos\varphi + r\cos\theta\cos\varphi\,\dot{\theta} - r\sin\theta\sin\varphi\,\dot{\varphi},$$
$$\dot{y} = \dot{r}\sin\theta\sin\varphi + r\cos\theta\sin\varphi\,\dot{\theta} + r\sin\theta\cos\varphi\,\dot{\varphi}.$$

したがって，これらの式を2乗して加えれば，簡単な変形を行なったのちに次の式が得られる：

$$T = \frac{1}{2}m(\dot{x}^2+\dot{y}^2+\dot{z}^2)$$
$$= \frac{m}{2}(\dot{r}^2+r^2\dot{\theta}^2+r^2\sin^2\theta\,\dot{\varphi}^2). \tag{3.9}$$

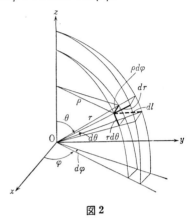

図 2

この式は，図2のように考えれば明らかである．いま，考えている点が勝手な変位を行なったとすると，これは互いに垂直な三つの変位 $dr, rd\theta, \rho\,d\varphi = r\sin\theta\,d\varphi$ に分解される．変位の大きさを dl とすれば，これから

$$dl^2 = dr^2 + r^2\,d\theta^2 + r^2\sin^2\theta\,d\varphi^2. \tag{3.10}$$

速度の2乗は $v^2 = \left(\dfrac{dl}{dt}\right)^2$ であるから，(3.10)を $(dt)^2$ で割り，これに $\dfrac{m}{2}$ をかければ(3.9)がえられる．

したがって，Lagrange関数を球座標で表わすと

$$L = \frac{m}{2}(\dot{r}^2+r^2\dot{\theta}^2+r^2\sin^2\theta\,\dot{\varphi}^2) - U(r) \tag{3.11}$$

となる．

Lagrange の方程式を書き下すには，偏微分を行なえばよい．すなわち，

$$\frac{\partial L}{\partial \dot{r}} = m\dot{r}, \quad \frac{\partial L}{\partial \dot{\theta}} = mr^2\dot{\theta}, \quad \frac{\partial L}{\partial \dot{\varphi}} = mr^2\sin^2\theta\,\dot{\varphi}\,;$$

$$\frac{\partial L}{\partial r} = mr\dot{\theta}^2 + mr\sin^2\theta\,\dot{\varphi}^2 - \frac{dU}{dr}, \quad \frac{\partial L}{\partial \theta} = mr^2\sin\theta\cos\theta\,\dot{\varphi}^2, \quad \frac{\partial L}{\partial \varphi} = 0.$$

これらの式を(2.21)に代入しなくてはならないが，今ここではやらない．というのは，考えている運動を実は2次元の運動に帰着させることができるからである(§5の初め参照)．

§3 Lagrangeの方程式の例

2個の粒子から成る系 これまでは,引力の中心は動かないものと考えてきた.これは引力の中心の質量が無限に大きいと仮定したことに対応している.太陽のまわりの地球の運動や原子核の場の中での電子の運動では,引力の中心の質量は,引張られる粒子の質量に比べて実際ずっと大きい.しかし,両方の粒子の質量が近い値をもつことや等しいこともある(二重星,陽子・中性子の系など).相互の間だけで力を及ぼしあっている2粒子の運動の問題は,1粒子の問題に容易に帰着させることができることを以下に示そう.

2粒子の質量を m_1, m_2,勝手な点を基準としてそれらの位置ベクトルを $\mathbf{r}_1, \mathbf{r}_2$ とする.また $\mathbf{r}_1, \mathbf{r}_2$ の成分をそれぞれ x_1, y_1, z_1 および x_2, y_2, z_2 としよう.まずこれらの粒子の**質量中心**(あるいは**重心**)の位置ベクトル $\mathbf{R}$ を次のように定義する:

$$\mathbf{R} = \frac{m_1 \mathbf{r}_1 + m_2 \mathbf{r}_2}{m_1 + m_2}. \tag{3.12}$$

さらに,粒子の相対位置を示すベクトル

$$\mathbf{r} = \mathbf{r}_1 - \mathbf{r}_2 \tag{3.13}$$

を導入する.

さて $\dot{\mathbf{R}}$ と $\dot{\mathbf{r}}$ とを用いて運動エネルギーを表わそう.(3.12)と(3.13)から

$$\mathbf{r}_1 = \mathbf{R} + \frac{m_2 \mathbf{r}}{m_1 + m_2}, \tag{3.14}$$

$$\mathbf{r}_2 = \mathbf{R} - \frac{m_1 \mathbf{r}}{m_1 + m_2}. \tag{3.15}$$

運動エネルギーは

$$T = \frac{m_1}{2} \dot{\mathbf{r}}_1{}^2 + \frac{m_2}{2} \dot{\mathbf{r}}_2{}^2 \tag{3.16}$$

である.(3.14)と(3.15)を時間について微分し,(3.16)に代入して整理すれば,

$$T = \frac{m_1 + m_2}{2} \dot{\mathbf{R}}^2 + \frac{m_1 m_2}{2(m_1 + m_2)} \dot{\mathbf{r}}^2. \tag{3.17}$$

ベクトル $\mathbf{R}$ および $\mathbf{r}$ の直角成分 $(X, Y, Z), (x, y, z)$ を用いれば,運動エネルギーを速度の直角成分で表わすことができる.質点には外力が働いていないから,位置エネルギーは質点の相対位置だけできまる.すなわち $U = U(x, y, z)$ である.したがって,Lagrange関数は

$$L = \frac{m_1+m_2}{2}(\dot{X}^2+\dot{Y}^2+\dot{Z}^2) + \frac{m_1m_2}{2(m_1+m_2)}(\dot{x}^2+\dot{y}^2+\dot{z}^2) - U(x,y,z)$$

となる.

質量中心の運動　質量中心の座標について Lagrange の方程式を書いてみよう. まず,

$$\frac{\partial L}{\partial \dot{X}} = (m_1+m_2)\dot{X}, \quad \frac{\partial L}{\partial \dot{Y}} = (m_1+m_2)\dot{Y}, \quad \frac{\partial L}{\partial \dot{Z}} = (m_1+m_2)\dot{Z};$$

$$\frac{\partial L}{\partial X} = 0, \quad \frac{\partial L}{\partial Y} = 0, \quad \frac{\partial L}{\partial Z} = 0$$

である. したがって, (2.21)により,

$$\ddot{X} = 0, \quad \ddot{Y} = 0, \quad \ddot{Z} = 0.$$

これらの方程式は簡単に積分できて

$$X = \dot{X}_0 t + X_0, \quad Y = \dot{Y}_0 t + Y_0, \quad Z = \dot{Z}_0 t + Z_0 \quad (3.18)$$

となる. ここで添字 0 は $t=0$ における初期値を示す. 上の式をまとめてベクトル記号で書けば

$$\mathbf{R} = \dot{\mathbf{R}}_0 t + \mathbf{R}_0.$$

このように, 質点同士は相対的にどんな運動をしていても, 質量中心は一直線上を一定の速さで動き続ける.

換算質量　(2.21)にしたがって相対運動に対する Lagrange の方程式を書いてみると, それには質量中心の座標ははいってこない. したがって相対運動は, Lagrange 関数がちょうど

$$L_{相対} = \frac{m_1m_2}{2(m_1+m_2)}\dot{\mathbf{r}}^2 - U(r) \quad (3.19)$$

であるとしたのと同じである(ここで $\dot{\mathbf{r}}^2 = \dot{x}^2+\dot{y}^2+\dot{z}^2$ である). ところがこれは, 質量 m が

$$m = \frac{m_1m_2}{m_1+m_2} \quad (3.20)$$

に等しいような 1 個の質点の Lagrange 関数と同じ形をしている. (3.20)で与えられる質量 m のことを**換算質量**という.

質量中心の運動は粒子の相対運動には影響を与えない．したがって，特に質量中心が座標系の原点 $\mathbf{R}=0$ に静止していると考えてもさしつかえない．

粒子間にたとえば万有引力のような中心力が働いている場合には，$r=\sqrt{x^2+y^2+z^2}$ として，位置エネルギーを単に $U(r)$ と書くことができる（このことはすでに(3.19)で使っている）．そこで，もし相対運動を球座標で書き表わしたとすると，運動方程式は，固定した引力の中心のまわりを一つの質点が運動しているような形のものになるであろう．

さて $\mathbf{R}=0$，すなわち質量中心は静止していると考えることができるから，(3.14)と(3.15)によって，質量中心から各質点までの距離は

$$r_1 = \frac{m_2 r}{m_1+m_2}, \quad r_2 = \frac{m_1 r}{m_1+m_2}$$

で与えられる．

もし一方の質量が他方に比べてはるかに小さい，すなわち $m_2 \ll m_1$ とすると，$r_1 \ll r_2$ である．つまり，質量中心は質量の大きい点の近くにある．太陽系では実際こうなっている．また，換算質量は

$$m = \frac{m_2}{1+\dfrac{m_2}{m_1}} \tag{3.21}$$

と書けるから，$m_2 \ll m_1$ の場合には m は小さい方の質量 m_2 にほぼ等しくなることがわかる．太陽のまわりの地球の運動を，あたかも太陽が完全に静止していて，そのまわりを地球の質量をもった点がまわっているというふうに近似できるのはこのためである．

単振り子と二重振り子　最後に，単振り子と二重振り子について Lagrange 関数を求めてみよう．

単振り子は，ある点に固定した蝶つがいに重さのない棒をつけ，その先におもりを取りつけたものである．蝶つがいのために，振り子の振動は一平面内に限られる．いま，振動面が紙面に一致していると仮定しよう（図3）．このような振り子がただ1個の自由度しかもたないことは明らかである．そこで，一般座標として鉛直方向に対する振り子の傾角 φ をとる．振り子の長さを l，おもりの質量を m とすれば，おもりの速度は $l\dot{\varphi}$ であるから，運動エネルギーは

$$T = \frac{m}{2} l^2 \dot{\varphi}^2$$

である．位置エネルギーは，たとえば最下点から測ったおもりの高さ $z = l(1-\cos\varphi)$ できまる．したがって，単振り子の Lagrange 関数は

$$L = \frac{m}{2} l^2 \dot{\varphi}^2 - mgl(1-\cos\varphi) \quad (3.22)$$

となる．

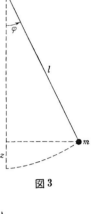

図3

二重振り子とは次のようなものである．単振り子のおもりに蝶つがいでもう一つの単振り子をつるし，両方の振り子を同一平面内で振動させる(図4)．第2の振り子の質量と長さをそれぞれ m_1 および l_1，鉛直方向となす角を ψ としよう．第2のおもりの座標は

$$x_1 = l\sin\varphi + l_1 \sin\psi,$$
$$z_1 = l(1-\cos\varphi) + l_1(1-\cos\psi).$$

したがって，その速度成分は

$$\dot{x}_1 = l\cos\varphi\,\dot{\varphi} + l_1 \cos\psi\,\dot{\psi},$$
$$\dot{z}_1 = l\sin\varphi\,\dot{\varphi} + l_1 \sin\psi\,\dot{\psi}.$$

これらを2乗して加えれば，一般座標 φ, ψ および一般速度 $\dot{\varphi}, \dot{\psi}$ を用いて，第2のおもりの運動エネルギーは次のように表わされる：

$$T_1 = \frac{m_1}{2}[l^2\dot{\varphi}^2 + l_1^2 \dot{\psi}^2 + 2ll_1 \cos(\varphi-\psi)\dot{\varphi}\dot{\psi}].$$

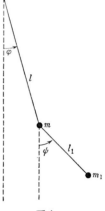

図4

第2のおもりの位置エネルギーは z_1 できまるから，二重振り子の Lagrange 関数は結局次の形となる：

$$L = \frac{m+m_1}{2} l^2 \dot{\varphi}^2 + \frac{m_1}{2} l_1^2 \dot{\psi}^2 + m_1 ll_1 \cos(\varphi-\psi)\dot{\varphi}\dot{\psi}$$
$$- (m+m_1)gl(1-\cos\varphi) - m_1 g l_1 (1-\cos\psi). \quad (3.23)$$

上に求めた Lagrange 関数 (3.11), (3.22), (3.23) はまたあとの節で用いる．

問　題

1 弾性的なばねの先におもりをつけた振り子に対する Lagrange 関数を求めよ．このような振り子では，弾性力による位置エネルギーは $U = \dfrac{k}{2}(l-l_0)^2$ である．ただし，l_0 はばねが伸びていないときの長さ，k はばねの弾性を表わす定数である．

2 質量がそれぞれ m_1, m_2, m_3 の3個の質点から成る系がある．それぞれの位置ベクトルを $\mathbf{r}_1, \mathbf{r}_2, \mathbf{r}_3$ として，相対座標 $\boldsymbol{\rho}_1 = \mathbf{r}_1 - \mathbf{r}_2, \boldsymbol{\rho}_2 = \mathbf{r}_1 - \mathbf{r}_3$ を定義する．この系の運動エネルギーを，質量中心の運動エネルギーと相対運動のエネルギーとの和の形に書き表わしてみよ．

§4 保存法則

力学の問題 力学系の自由度の数が ν であれば，その系の運動は ν 個の Lagrange の方程式によって記述される．これらの方程式はどれも $\ddot{q}$ を含み，したがって時間に関して2階の微分方程式である ((2.17) 参照)．微分方程式の一般論によれば，このような連立方程式を積分すると 2ν 個の任意定数がえられることがわかっている．したがって，解は次の形に書くことができる：

$$\left.\begin{array}{l} q_1 = q_1(t; C_1, \cdots\cdots, C_{2\nu}), \\ q_2 = q_2(t; C_1, \cdots\cdots, C_{2\nu}), \\ \cdots\cdots\cdots\cdots\cdots\cdots\cdots\cdots \\ q_\nu = q_\nu(t; C_1, \cdots\cdots, C_{2\nu}). \end{array}\right\} \quad (4.1)$$

これらの方程式を時間について微分すれば速度がえられる：

$$\left.\begin{array}{l} \dot{q}_1 = \dot{q}_1(t; C_1, \cdots\cdots, C_{2\nu}), \\ \dot{q}_2 = \dot{q}_2(t; C_1, \cdots\cdots, C_{2\nu}), \\ \cdots\cdots\cdots\cdots\cdots\cdots\cdots\cdots \\ \dot{q}_\nu = \dot{q}_\nu(t; C_1, \cdots\cdots, C_{2\nu}). \end{array}\right\} \quad (4.2)$$

いま，方程式 (4.1) と (4.2) を逆に解いて，定数 $C_1, \cdots\cdots, C_{2\nu}$ を t と $q_1, \cdots\cdots, q_\nu, \dot{q}_1, \cdots\cdots, \dot{q}_\nu$ の関数として表わすことができると仮定しよう*．すなわち，

$$\left.\begin{array}{l} C_1 = C_1(t; q_1, \cdots\cdots, q_\nu; \dot{q}_1, \cdots\cdots, \dot{q}_\nu), \\ C_2 = C_2(t; q_1, \cdots\cdots, q_\nu; \dot{q}_1, \cdots\cdots, \dot{q}_\nu), \\ \cdots\cdots\cdots\cdots\cdots\cdots\cdots\cdots\cdots\cdots\cdots \\ C_{2\nu} = C_{2\nu}(t; q_1, \cdots\cdots, q_\nu; \dot{q}_1, \cdots\cdots, \dot{q}_\nu). \end{array}\right\} \quad (4.3)$$

方程式 (4.3) から次のことがわかる．すなわち，ν 個の2階の方程式によって記述される力学系には，運動の間一定に保たれるような，一般座標・速度・時間の 2ν 個の関数が存在する．これらの関数を**運動の積分**という．力学の問題は運動の積分を求めることにあるということができる．

与えられた力学系に対して (4.3) の関数形がわかったとすれば，その値は初

---

* 一般には，(4.3) のような (1価解析的な) 解はない (Bruns-Poincaré の定理)．(訳者)

§4 保存法則

期条件,すなわち最初の時刻における座標と速度の値を与えることによってきまる.

前の節で求めた $\mathbf{R}_0$ と $\dot{\mathbf{R}}_0$ は共に運動の積分の一種である((3.18)参照).

もちろん,Lagrange の方程式は,任意の力学系に対して一般的な形に積分できるわけではない.したがって,運動の積分を求める問題はたいてい非常に複雑である.しかし,Lagrange 関数の形の特殊性から直ちに求められる重要な積分がいくつかある.この節ではそれらの積分を調べよう.

エネルギー 次の量:

$$\mathcal{E} = \dot{q}_\alpha \frac{\partial L}{\partial \dot{q}_\alpha} - L \,{}^* \tag{4.4}$$

を,考えている系の**全エネルギー**という.この量の時間に関する全微分を計算すると,

$$\frac{d\mathcal{E}}{dt} = \ddot{q}_\alpha \frac{\partial L}{\partial \dot{q}_\alpha} + \dot{q}_\alpha \frac{d}{dt}\frac{\partial L}{\partial \dot{q}_\alpha} - \frac{\partial L}{\partial q_\alpha}\dot{q}_\alpha - \frac{\partial L}{\partial \dot{q}_\alpha}\ddot{q}_\alpha - \frac{\partial L}{\partial t}.$$

Lagrange 関数は一般に $q, \dot{q}, t$ の関数で,上式の右辺の最後の3項はその導関数である.右辺第2項の $\frac{d}{dt}\frac{\partial L}{\partial \dot{q}_\alpha}$ は Lagrange の方程式によって $\frac{\partial L}{\partial q_\alpha}$ と書きかえられるから,

$$\frac{d\mathcal{E}}{dt} = -\frac{\partial L}{\partial t}. \tag{4.5}$$

$\frac{\partial L}{\partial t} = 0$ であるためには,運動エネルギー T,および位置エネルギー U が t を含まなければよい.そのためには,まず力が時間によってはならない.さらに,(2.13)のように T が時間の2次同次式であるとする.U は位置だけの関数で $\dot{q}_\alpha$ を含まないから,

$$\frac{\partial L}{\partial \dot{q}_\alpha} = \frac{\partial T}{\partial \dot{q}_\alpha}$$

であって,全エネルギーは

$$\mathcal{E} = \dot{q}_\alpha \frac{\partial T}{\partial \dot{q}_\alpha} - L \tag{4.6}$$

と書ける.一方 Euler の定理によれば,2次同次関数を各変数で偏微分し,

---

* α については1から ν までの和をとる(§2).以下の式についても同様.

対応する変数をそれぞれにかけて加えあわせると，もとの関数の2倍になる(2変数の関数 $ax^2+2bxy+cy^2$ について確かめてみれば容易にわかる)．したがって

$$\mathcal{E} = 2T - T + U = T + U, \tag{4.7}$$

すなわち全エネルギーは運動エネルギーと位置エネルギーの和に等しい．これは普通の定義と一致する．

　束縛が時間と共に変わったり，後に述べるように回転座標系によって運動を記述するような場合(§8)には，x を q で表わす式の中に t が含まれる．この場合には

$$\dot{x}_i = \frac{\partial x_i}{\partial q_\alpha}\dot{q}_\alpha + \frac{\partial x_i}{\partial t}$$

となり，運動エネルギー T を表わす式の中に $\dot{q}_\alpha$ の1次の項や $\dot{q}_\alpha$ を含まない項*が現われる．したがって，$\mathcal{E}$ は $T+U$ とはならない．しかし，(8.6)のように，L の中に t が含まれていなければ，(4.4)の式の値は時間的に一定である．もっと一般に，エネルギーの定義(4.4)は Lagrange 関数が $L=T-U$ のような差の形に書けない場合にも意味を持つので，定義(4.7)よりもずっと一般的で役に立つものであることを注意しておこう(電磁力学, §15)．

　上に述べた二つの条件がみたされる場合——すなわち束縛と外力とが時間によらない場合——には，エネルギーは運動の積分となる．特に，系に外力が全く働かなければエネルギーは保存される．そのような系のことを**閉じた系**という．

　閉じた系の内部で摩擦力が働く場合には，マクロな運動のエネルギーがミクロな分子運動のエネルギーに変換される．このときも全エネルギーは保存されるが，Lagrange 関数は系の全体としての運動を記述する一般座標だけしか含んでいないから，これでその系の運動を完全に記述することはできない．この場合には，Lagrange 関数で記述されるマクロな運動だけの**力学的エネルギー**は積分にはならない．第I部ではそのような系は考えないことにする．

1自由度の系に対するエネルギー積分の応用

エネルギー積分を使えば，

---

*　この項はポテンシャル U に含ませて考えてもよい(§5, 遠心力のポテンシャル)．(訳者)

§4 保存法則

1自由度の系の運動の問題は直ちに積分ができる.たとえば,前の節で考えた振り子の問題では,(4.7)にしたがってエネルギー積分を次のように直ちに書き下すことができる:

$$\mathcal{E} = \frac{m}{2}l^2\dot{\varphi}^2 + mgl(1-\cos\varphi). \tag{4.8}$$

$\mathcal{E}$ の値は初期条件からきまる.たとえば,振り子が角度 φ_0 だけ傾いた位置から初速度なしに放されたとしよう.$\dot{\varphi}_0 = 0$ であるから,

$$\mathcal{E} = mgl(1-\cos\varphi_0). \tag{4.9}$$

これを (4.8) に代入すれば,

$$mgl(\cos\varphi - \cos\varphi_0) = \frac{m}{2}l^2\dot{\varphi}^2. \tag{4.10}$$

これから,傾角と時間との関係は次の積分で与えられる:

$$t = -\sqrt{\frac{l}{2g}}\int_{\varphi_0}^{\varphi}\frac{d\varphi}{\sqrt{\cos\varphi - \cos\varphi_0}}. \tag{4.11}$$

振り子の振動が比 l/g の値だけできまり,おもりの質量によらないことは重要である.(4.11) の積分は初等関数を使って表わすことはできない.

力学的エネルギーが一定に保たれるような系のことを**保存系**とよぶことがある.1自由度の保存系の運動の問題は,上のようにエネルギー積分によって単なる積分計算に帰着させることができる.

自由度の数が1より大きい場合でも,エネルギー積分を用いて微分方程式の階数を下げることができるから,方程式を解くのが前よりは簡単になる.

一般運動量 Lagrange 関数から直接にえられるもう一つの運動の積分を考えよう.そのために,Lagrange の方程式から直ちに導かれる次の結果を用いる.それは,ある座標 q_α が Lagrange 関数の中に含まれていない場合には $\left(\frac{\partial L}{\partial q_\alpha} = 0\right)$, Lagrange の方程式によって,

$$\frac{d}{dt}\frac{\partial L}{\partial \dot{q}_\alpha} = 0 \tag{4.12}$$

が成り立つことである.したがって,このときには

$$p_\alpha \equiv \frac{\partial L}{\partial \dot{q}_\alpha} = \text{一定} \tag{4.13}$$

で，これが運動の積分となる．p_α のことを q_α に対応する**一般運動量**という．$p_x = mv_x = \dfrac{\partial L}{\partial v_x}$ であるから，直角座標における運動量は確かにこの定義通りになっている．

結局，もしある座標が Lagrange 関数の中にあらわに含まれていない場合には，その座標に対応する運動量は運動の積分となる．すなわち，その運動量は系の運動に際して一定に保たれる．

前の節で，外力を受けない2質点から成る系の質量中心の座標 (X, Y, Z) は Lagrange 関数の中に現われないことを知った．これから，

$$(m_1+m_2)\dot{X} = P_X, \qquad (m_1+m_2)\dot{Y} = P_Y, \qquad (m_1+m_2)\dot{Z} = P_Z \quad (4.14)$$

が運動の積分であることがすぐにわかる．

質点系の運動量 一般に，N 個の質点から成る系についても同じことがいえる．実際，質点が N 個ある場合には，次の式で与えられる質量中心の位置と速度とを考えることができる：

$$\mathbf{R} = \dfrac{\sum_i m_i \mathbf{r}_i}{\sum_i m_i}, \qquad (4.15\text{a})$$

$$\dot{\mathbf{R}} = \dfrac{\sum_i m_i \dot{\mathbf{r}}_i}{\sum_i m_i}. \qquad (4.15\text{b})$$

質量中心に対する i 番目の質点の速度は

$$\dot{\mathbf{r}}_i' = \dot{\mathbf{r}}_i - \dot{\mathbf{R}} \qquad (4.16)$$

である．これを用いれば，質点系の運動エネルギーは

$$T = \dfrac{1}{2}\sum_{i=1}^N m_i \dot{\mathbf{r}}_i^2 = \dfrac{1}{2}\sum_{i=1}^N m_i(\dot{\mathbf{r}}_i' + \dot{\mathbf{R}})^2$$

$$= \dfrac{1}{2}\sum_{i=1}^N m_i \dot{\mathbf{r}}_i'^2 + \dot{\mathbf{R}}\sum_{i=1}^N m_i \dot{\mathbf{r}}_i' + \dfrac{1}{2}\sum_{i=1}^N m_i \dot{\mathbf{R}}^2 \qquad (4.17)$$

となる．

一方，(4.15b) と (4.16) から $\sum_{i=1}^N m_i \dot{\mathbf{r}}_i' = 0$ であることがわかる．したがって，質点系の運動エネルギーは二つの項，すなわち質量中心の運動エネルギー

$$T_{中心} = \dfrac{1}{2}\left(\sum_{i=1}^N m_i\right)\dot{\mathbf{R}}^2$$

と，質量中心に対する各質点の相対運動のエネルギー

$$T_{相対} = \frac{1}{2}\sum_{i=1}^{N} m_i \dot{\mathbf{r}}_i'^2$$

との和として表わされる．

ベクトル $\dot{\mathbf{r}}_i'$ は互いに独立ではなく，1個のベクトル方程式 $\sum_{i=1}^{N} m_i \dot{\mathbf{r}}_i' = 0$ を満たしていなくてはならない．したがってそれらは，i 番目の質点と第1の質点との相対位置という互いに独立な $N-1$ 個の量によって表わすことができる．それゆえ，質量中心に対する N 個の質点の運動エネルギーは，一般にそれらの間の相対運動のエネルギーであって，相対速度 $\dot{\mathbf{r}}_1 - \dot{\mathbf{r}}_i$ だけで表わされる．閉じた系では，定義によってその中の質点には外力が働いていない．そして系の内部で働く質点相互間の力は相対位置 $\mathbf{r}_1 - \mathbf{r}_i$ だけできまる．

結局，Lagrange の方程式には $\dot{\mathbf{R}}$ だけが現われて $\mathbf{R}$ は出て来ない．それゆえ全体としての運動量は保存される：

$$\mathbf{P} = \frac{\partial L}{\partial \dot{\mathbf{R}}} = \left(\sum_{i=1}^{N} m_i\right)\dot{\mathbf{R}} = 一定. \tag{4.18}$$

ただし，第2辺のベクトルによる微分は，次の三つの式

$$P_X = \frac{\partial L}{\partial \dot{X}}, \quad P_Y = \frac{\partial L}{\partial \dot{Y}}, \quad P_Z = \frac{\partial L}{\partial \dot{Z}}$$

をまとめて書いたものである．なお，ベクトルの微分についてのくわしいことは§11を参照されたい．

外力が働かない力学系の，全体としての運動量は運動の積分であることがわかった．この積分が各粒子の運動量の和になっているということは大切である．

摩擦力が働いて力学的エネルギーが熱的エネルギーに変わるような場合でも，内力だけしか働かない系に対しては常に運動量積分が存在することを注意しておこう．

(4.18)を時間についてもう一度積分すると，(3.18)と同じ形の積分がえられる．これは二つの定数を含んでいるから第2積分とよぶことができよう．この積分は座標だけを含んでいて，速度を含んでいない．前の(3.18)と(4.11)も第2積分である．

ベクトル積の性質 質点の角運動量(運動量のモーメント)を次の式で定義

する：
$$\mathbf{M} = [\mathbf{rp}]. \qquad (4.19)$$
ここでかっこは，質点の位置ベクトルと運動量ベクトルのベクトル積を表わす．よく知られているように，(4.19)はベクトル $\mathbf{M}$ の直角成分を表わす3個の式
$$M_x = yp_z - zp_y, \quad M_y = zp_x - xp_z, \quad M_z = xp_y - yp_x$$
をまとめて書いたものである．

ベクトル積の幾何学的な定義を思い出してみよう．ベクトル $\mathbf{r}$ の先端からベクトル $\mathbf{p}$ を引き，これらを2辺とする平行四辺形をつくる．$[\mathbf{rp}]$ は，大きさが平行四辺形の面積に等しく，方向がこの面に垂直なベクトルである．$[\mathbf{rp}]$ の向きを一義的に定めるためには，平行四辺形の周のまわり方をきめておかなくてはならない．そこで，周をまわるときには，常にベクトル積の第1因子（いまの場合 $\mathbf{r}$）から始めると約束する．平行四辺形の面には表裏二つの側があるが，こうして周をまわるときの向きが時計の針と反対向きとなる方の側を，その面のプラスの側であるとしよう．そうすると，ベクトル $[\mathbf{rp}]$ はこの面のプラスの側に立てた垂線の向きを持つことになる．あるいは，せんぬきを $\mathbf{r}$ から $\mathbf{p}$ の方向へねじったとき，せんぬきは $[\mathbf{rp}]$ の向きに進むということもできる．もし $\mathbf{r}$ と $\mathbf{p}$ とを入れかえれば，まわる向きは逆になる．したがって，普通の数と数をかける場合とちがって，ベクトル積ではかける順序を変えるとその符号が変わる．これは角運動量の直角成分の定義からもすぐわかる．

$\mathbf{r}$ と $\mathbf{p}$ とのなす角を α とすれば，平行四辺形の面積は $rp\sin\alpha$ である．積 $r\sin\alpha$ は座標原点から質点の軌道の接線（$\mathbf{p}$ と同じ向きを持つ）におろした垂線の長さで，これをモーメントの腕とよぶことがある．

ベクトル積は分配則に従う．すなわち
$$[\mathbf{a}, \mathbf{b}+\mathbf{c}] = [\mathbf{ab}]+[\mathbf{ac}].$$
したがって，積の順序に注意すれば，二つのベクトルの和同士の積は普通の式と同じように計算することができる：
$$[\mathbf{a}+\mathbf{d}, \mathbf{b}+\mathbf{c}] = [\mathbf{ab}]+[\mathbf{ac}]+[\mathbf{db}]+[\mathbf{dc}].$$

質点系の角運動量　質点系の角運動量は個々の質点の角運動量の総和であると定義する．その際，すべての質点に共通な座標原点からの位置ベクトルを

§4 保 存 法 則

採ることはもちろんである．すなわち

$$\mathbf{M} = \sum_{i=1}^{N} [\mathbf{r}_i \mathbf{p}_i]. \tag{4.20}$$

運動エネルギーの場合と同様，系の角運動量が，質点の相対運動の角運動量と系全体としての角運動とに分解できることを示そう．そのために，各質点の位置ベクトルを，系の質量中心の位置ベクトルと質量中心から測った各点の位置ベクトルとの和として表わす．また質点の速度に対しても同様の分解をしなくてはならない．そうすると，角運動量は次の形に書きかえられる：

$$\mathbf{M} = \sum_{i=1}^{N} [\mathbf{R}+\mathbf{r}_i', m_i\dot{\mathbf{R}}+\mathbf{p}_i']$$
$$= \sum_{i=1}^{N} m_i[\mathbf{R}\dot{\mathbf{R}}] + \sum_{i=1}^{N} [m_i\mathbf{r}_i', \dot{\mathbf{R}}] + \sum_{i=1}^{N} [\mathbf{R}\mathbf{p}_i'] + \sum_{i=1}^{N} [\mathbf{r}_i'\mathbf{p}_i'].$$

第2および第3の和については，ベクトル積の分配則を用いて和の記号を積の記号の中に入れることができる．そうすると，質量中心の定義からどちらの和も0に等しくなる（速度についてはこのことを(4.17)ですでに使った）．こうして，全角運動量は，質量中心の角運動量($\mathbf{M}_0$)と相対運動の角運動量($\mathbf{M}'$)との和になる：

$$\mathbf{M} = [\mathbf{R}\mathbf{P}] + \sum_{i} [\mathbf{r}_i'\mathbf{p}_i'] \equiv \mathbf{M}_0 + \mathbf{M}'. \tag{4.21}$$

特に2個の質点の系についてこの書きかえを行なってみよう．そのために，(3.14)と(3.15)によって $\mathbf{r}_1$ と $\mathbf{r}_2$ を $\mathbf{r}$ と $\mathbf{R}$ とで表わし，これを(4.20)に代入する：

$$\mathbf{M} = [\mathbf{r}_1\mathbf{p}_1] + [\mathbf{r}_2\mathbf{p}_2] = [\mathbf{R}, \mathbf{p}_1+\mathbf{p}_2] + \frac{1}{m_1+m_2}(m_2[\mathbf{r}\mathbf{p}_1] - m_1[\mathbf{r}\mathbf{p}_2]).$$

さらに $\mathbf{p}_1$ を $m_1\dot{\mathbf{r}}_1$ で，$\mathbf{p}_2$ を $m_2\dot{\mathbf{r}}_2$ で，$\mathbf{p}_1+\mathbf{p}_2$ を $\mathbf{P}$ でおきかえれば，角運動量は求める形となる：

$$\mathbf{M} = [\mathbf{R}\mathbf{P}] + \frac{m_1 m_2}{m_1+m_2}[\mathbf{r}\dot{\mathbf{r}}] = [\mathbf{R}\mathbf{P}] + [\mathbf{r}\mathbf{p}]. \tag{4.22}$$

ここで $\dfrac{m_1 m_2}{m_1+m_2}\dot{\mathbf{r}} = m\dot{\mathbf{r}} = \mathbf{p}$ は相対運動の運動量である．

次に，相対運動の角運動量の定義が座標原点の選び方にはよらないことを示そう．実際，もし座標原点を移したとするとすべての $\mathbf{r}_i'$ は等しい量だけ変化する：$\mathbf{r}_i' = \mathbf{r}_i'' + \mathbf{a}$．しかし相対運動の角運動量は前と等しい：

$$\mathbf{M}' = \sum_{i=1}^{N}[\mathbf{r}_i'\mathbf{p}_i'] = \sum_{i=1}^{N}[\mathbf{r}_i''\mathbf{p}_i'] + \sum_{i=1}^{N}[\mathbf{a}\mathbf{p}_i']$$
$$= \sum_{i=1}^{N}[\mathbf{r}_i''\mathbf{p}_i'] + [\mathbf{a}\sum_{i=1}^{N}\mathbf{p}_i'] = \mathbf{M}''.$$

ただし $\sum_{i=1}^{N}\mathbf{p}_i' = \sum_{i=1}^{N}m_i\dot{\mathbf{r}}_i' = 0$ を用いてある.

結局,相対運動の角運動量は座標原点の選び方によらない.

角運動量の保存 外力が働かない質点系の角運動量は運動の積分であることを示そう.

まず系全体としての角運動量をとる.これを時間について微分すると 0 になる:

$$\frac{d\mathbf{M}_0}{dt} = [\dot{\mathbf{R}}\mathbf{P}] + [\mathbf{R}\dot{\mathbf{P}}] = 0.$$

なぜなら,外力が働かない系については $\dot{\mathbf{P}} = 0$ であり,また $\dot{\mathbf{R}}$ は $\mathbf{P}$ に平行であるため両者のベクトル積は 0 となるからである.

次に相対運動の角運動量が保存されることを示そう.時間について微分すれば

$$\frac{d\mathbf{M}'}{dt} = \sum_{i=1}^{N}[\dot{\mathbf{r}}_i'\mathbf{p}_i'] + \sum_{i=1}^{N}[\mathbf{r}_i'\dot{\mathbf{p}}_i']. \tag{4.23}$$

まず $\dot{\mathbf{r}}_i'$ と $\mathbf{p}_i'$ とは平行だから右辺第 1 項は 0 となる.次に第 2 項を考える.座標原点をたとえば第 1 の質点に選んだとすると,前に述べたように,それによって $\mathbf{M}'$ は変化しない.位置エネルギーは位置ベクトルの差 $\mathbf{r}_1 - \mathbf{r}_2, \mathbf{r}_1 - \mathbf{r}_3,$ ……, $\mathbf{r}_1 - \mathbf{r}_k,$ …… だけできまる.このほかの差も,たとえば $\mathbf{r}_k - \mathbf{r}_l = (\mathbf{r}_1 - \mathbf{r}_l) - (\mathbf{r}_1 - \mathbf{r}_k)$ のように上のものだけで表わされる.簡単のため次のように置こう.

$$\boldsymbol{\rho}_1 = \mathbf{r}_1 - \mathbf{r}_2,$$
$$\boldsymbol{\rho}_2 = \mathbf{r}_1 - \mathbf{r}_3,$$
$$\cdots\cdots\cdots,$$
$$\boldsymbol{\rho}_{k-1} = \mathbf{r}_1 - \mathbf{r}_k,$$
$$\cdots\cdots\cdots.$$

こうすると,導関数 $\dfrac{\partial U}{\partial \mathbf{r}_1}, \dfrac{\partial U}{\partial \mathbf{r}_2}, \cdots\cdots, \dfrac{\partial U}{\partial \mathbf{r}_k}, \cdots\cdots$ は変数 $\boldsymbol{\rho}_1, \boldsymbol{\rho}_2, \cdots\cdots, \boldsymbol{\rho}_{k-1}, \cdots\cdots$ に

§4 保存法則

よって次のように表わされる：

$$\frac{\partial U}{\partial \mathbf{r}_1} = \frac{\partial}{\partial \mathbf{r}_1} U(\mathbf{r}_1-\mathbf{r}_2, \cdots\cdots, \mathbf{r}_1-\mathbf{r}_k, \cdots\cdots) = \sum_{k=1}^{N-1} \frac{\partial U}{\partial \boldsymbol{\rho}_k};$$

$$\frac{\partial U}{\partial \mathbf{r}_2} = \frac{\partial}{\partial \mathbf{r}_2} U(\mathbf{r}_1-\mathbf{r}_2, \cdots\cdots, \mathbf{r}_1-\mathbf{r}_k, \cdots\cdots) = -\frac{\partial U}{\partial \boldsymbol{\rho}_1}; \quad \frac{\partial U}{\partial \mathbf{r}_k} = -\frac{\partial U}{\partial \boldsymbol{\rho}_{k-1}}.$$

これらを (4.23) に代入すれば，

$$\frac{d\mathbf{M}'}{dt} = \sum_{k=1}^{N} [\mathbf{r}_k' \dot{\mathbf{p}}_k'] = -\sum_{k=1}^{N}\left[\mathbf{r}_k' \frac{\partial U}{\partial \mathbf{r}_k'}\right] = -\left[\mathbf{r}_1' \sum_{k=1}^{N-1}\frac{\partial U}{\partial \boldsymbol{\rho}_k}\right] + \sum_{k=1}^{N-1}\left[\mathbf{r}_{k+1} \frac{\partial U}{\partial \boldsymbol{\rho}_k}\right]$$

$$= -\sum_{k=1}^{N-1}\left[\boldsymbol{\rho}_k \frac{\partial U}{\partial \boldsymbol{\rho}_k}\right]. \tag{4.24}$$

この式には相対座標 $\boldsymbol{\rho}_1, \cdots, \boldsymbol{\rho}_{N-1}$ だけしか現われていない．そこで，閉じた系に対してはこの式の右辺が恒等的に 0 に等しいことを示そう．位置エネルギーは座標のスカラー関数であるから，これはスカラー量 $\rho_k{}^2, \rho_l{}^2, (\boldsymbol{\rho}_k\boldsymbol{\rho}_l)$ だけできまる．このことは，位置エネルギーが絶対値 $|\mathbf{r}_i-\mathbf{r}_k|$ だけの関数であっても，また $(\mathbf{r}_i-\mathbf{r}_k, \mathbf{r}_l-\mathbf{r}_n)$ のようなスカラー積を含んでいても，それとは全く無関係にいえることである．ここで本質的なのは系が閉じていること (p.26 の定義による)，および系の中で働く力が質点の相対的な配置だけで完全にきまることである．したがって位置エネルギーは $\mathbf{r}_i-\mathbf{r}_k$，しかもそれらのスカラー積 $(\mathbf{r}_i-\mathbf{r}_k, \mathbf{r}_l-\mathbf{r}_n)$ という組合せだけにしかよらない．（添字 i と l および k と n は一致することもある．その場合には，このスカラー積は2点 i と k の間の距離の2乗になる．)

結局，位置エネルギーは次のような関数である：

$$U = U(\rho_1{}^2, \cdots\cdots, \rho_k{}^2, \cdots\cdots; (\boldsymbol{\rho}_1\boldsymbol{\rho}_2), \cdots\cdots, (\boldsymbol{\rho}_k\boldsymbol{\rho}_l), \cdots).$$

簡単のため，以下ではベクトルが2個しかない場合について計算を行なうが，ベクトルの数がいくつであってもこの計算は一般化することができる．

まず次の式が成り立つ：

$$\frac{\partial U}{\partial \boldsymbol{\rho}_1} = \frac{\partial U}{\partial (\rho_1{}^2)}\frac{\partial (\rho_1{}^2)}{\partial \boldsymbol{\rho}_1} + \frac{\partial U}{\partial (\boldsymbol{\rho}_1\boldsymbol{\rho}_2)}\frac{\partial (\boldsymbol{\rho}_1\boldsymbol{\rho}_2)}{\partial \boldsymbol{\rho}_1},$$

$$\frac{\partial U}{\partial \boldsymbol{\rho}_2} = \frac{\partial U}{\partial (\rho_2{}^2)}\frac{\partial (\rho_2{}^2)}{\partial \boldsymbol{\rho}_2} + \frac{\partial U}{\partial (\boldsymbol{\rho}_1\boldsymbol{\rho}_2)}\frac{\partial (\boldsymbol{\rho}_1\boldsymbol{\rho}_2)}{\partial \boldsymbol{\rho}_2}.$$

これらの式の中で，スカラー量 $\rho_1{}^2, (\boldsymbol{\rho}_1\boldsymbol{\rho}_2)$ の微分は容易に計算される：

$$\frac{\partial \boldsymbol{\rho}_1{}^2}{\partial \boldsymbol{\rho}_1} = 2\boldsymbol{\rho}_1 ; \quad \frac{\partial (\boldsymbol{\rho}_1 \boldsymbol{\rho}_2)}{\partial \boldsymbol{\rho}_1} = \boldsymbol{\rho}_2.$$

この2式は，どちらも成分に関する三つの式をまとめて書いたものである．たとえば，あとの式は，$\boldsymbol{\rho}_i$ の成分を ξ_i, η_i, ζ_i として，

$$\frac{\partial}{\partial \xi_1}(\boldsymbol{\rho}_1 \boldsymbol{\rho}_2) = \frac{\partial}{\partial \xi_1}(\xi_1 \xi_2 + \eta_1 \eta_2 + \zeta_1 \zeta_2) = \xi_2 ; \quad \frac{\partial}{\partial \eta_1}(\boldsymbol{\rho}_1 \boldsymbol{\rho}_2) = \eta_2 ; \quad \frac{\partial}{\partial \zeta_1}(\boldsymbol{\rho}_1 \boldsymbol{\rho}_2) = \zeta_2$$

のことである．したがって

$$\frac{\partial U}{\partial \boldsymbol{\rho}_1} = 2\boldsymbol{\rho}_1 \frac{\partial U}{\partial (\rho_1{}^2)} + \boldsymbol{\rho}_2 \frac{\partial U}{\partial (\boldsymbol{\rho}_1 \boldsymbol{\rho}_2)} ; \quad \frac{\partial U}{\partial \boldsymbol{\rho}_2} = 2\boldsymbol{\rho}_2 \frac{\partial U}{\partial (\rho_2{}^2)} + \boldsymbol{\rho}_1 \frac{\partial U}{\partial (\boldsymbol{\rho}_1 \boldsymbol{\rho}_2)}. \quad (4.25)$$

(4.25)を(4.24)に代入すると，2変数の場合に次の式がえられる：

$$\frac{d\mathbf{M}'}{dt} = -2[\boldsymbol{\rho}_1 \boldsymbol{\rho}_1]\frac{\partial U}{\partial (\rho_1{}^2)} - 2[\boldsymbol{\rho}_2 \boldsymbol{\rho}_2]\frac{\partial U}{\partial (\rho_2{}^2)} - ([\boldsymbol{\rho}_1 \boldsymbol{\rho}_2]+[\boldsymbol{\rho}_2 \boldsymbol{\rho}_1])\frac{\partial U}{\partial (\boldsymbol{\rho}_1 \boldsymbol{\rho}_2)}.$$

ところが，ベクトル積の符号は因子の順序によって変わる：

$$[\boldsymbol{\rho}_1 \boldsymbol{\rho}_2] = -[\boldsymbol{\rho}_2 \boldsymbol{\rho}_1].$$

これからまた $[\boldsymbol{\rho}_1 \boldsymbol{\rho}_1] = -[\boldsymbol{\rho}_1 \boldsymbol{\rho}_1] = 0$ および $[\boldsymbol{\rho}_2 \boldsymbol{\rho}_2] = 0$ が得られる．したがって $\frac{d\mathbf{M}'}{dt} = 0$ となることが証明された．

力が質点の相対位置だけでなく相対速度にもよる場合でも，角運動量と同じような積分を作ることができる．たとえば，Biot-Savart の法則にしたがって力を及ぼしあう要素電流の系に対してこのことが成り立つ．

閉じた系における加算的な運動の積分　　以上で次のことが証明された．閉じた系には，第1積分としてエネルギー，運動量ベクトルの3成分，角運動量ベクトルの3成分が存在する．この中で運動量と角運動量は常に加算的であるが，エネルギーは系の中で相互作用のない部分ごとについてしか加算的ではない．

これ以外の運動の積分を見出すことははるかに面倒で，それらを求める一般法則を与えることはできない．つまり，個々の系の具体的な形を与えなければ，積分を求める方法はきまらない．

問　題

重力場の中でサイクロイドに沿って動く質点の運動を論ぜよ．

（解）　サイクロイドの方程式はパラメタ表示で
$$z = -R\cos s, \qquad x = Rs + R\sin s$$
である．また，質点の運動エネルギーは
$$T = \frac{m}{2}(\dot{x}^2 + \dot{z}^2) = 2mR^2 \cos^2 \frac{s}{2} \cdot \dot{s}^2,$$
位置エネルギーは
$$U = -mgR\cos s$$
である．したがって，エネルギー積分は
$$\mathcal{E} = 2mR^2 \cos^2 \frac{s}{2} \cdot \dot{s}^2 - mgR\cos s = 一定.$$

いま，傾斜が最大になる点 $s = s_0$ で質点の速度が0となり，質点はそれからさきまた逆もどりして来るものとすれば，$\mathcal{E}$ の値は次のようにきまる：
$$\mathcal{E} = -mgR\cos s_0.$$
変数を分離して積分すれば，
$$t = R\sqrt{2}\int \frac{\cos\dfrac{s}{2}ds}{\sqrt{\dfrac{\mathcal{E}}{m} + gR\cos s}} = \sqrt{\frac{2R}{g}}\int \frac{\cos\dfrac{s}{2}ds}{\sqrt{\cos s - \cos s_0}}.$$

$\sin\dfrac{s}{2} = u$ と置けば積分は次の形に書きかえられる：
$$t = \sqrt{\frac{R}{g}}\int \frac{2du}{\sqrt{u_0^2 - u^2}} = 2\sqrt{\frac{R}{g}}\arcsin\frac{u}{u_0}.$$

運動の周期を求めるには，$-u_0$ から $+u_0$ まで積分を行ない，その結果を2倍する．これは，質点が $s = -s_0$ から $s = s_0$ まで行き，また $s = -s_0$ までもどって来る1振動に対応している．

こうして，振動の周期は $4\pi\sqrt{\dfrac{R}{g}}$ に等しいことがわかる．

したがって，質点がサイクロイドに沿って運動していれば，その振動の周期は振幅によらない（Huygens のサイクロイド振り子）．これに反して，円弧を描く普通の振り子では，よく知られているように振動の周期は一般には振幅によって変化する．

§5 中心力場における運動

角運動量積分　二つの物体の質量中心に固定した基準座標系に対して，これらの物体がどういう運動をするかを調べてみよう．質量中心を座標原点にとれば $\mathbf{R}=0$ となる．前節で述べたように，閉じた系では相対運動の角運動量は保存されるから，特に二つの物体から成る系についてもこのことは成り立つはずである．二つの物体の相対位置ベクトルを $\mathbf{r}=\mathbf{r}_1-\mathbf{r}_2$, 相対運動量を

$$\mathbf{p}=\frac{m_1 m_2}{m_1+m_2}\mathbf{v}=m\mathbf{v} \qquad (5.1)$$

とすれば，角運動量積分は単に

$$\mathbf{M}=[\mathbf{rp}]=\text{一定} \qquad (5.2)$$

と書かれる．したがって速度ベクトルと相対位置ベクトルは，一定のベクトル $\mathbf{M}$ に対して常に垂直になっている．いいかえれば，運動は $\mathbf{M}$ に垂直な平面内でおこる(図5)．

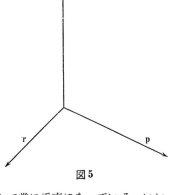

図5

球座標系に移って考える場合には，θ を $\mathbf{M}$ の方向から測るのが便利である．このとき運動は xy 面内でおこる．すなわち $\theta=\frac{\pi}{2}, \sin\theta=1, \dot\theta=0$ である．

位置エネルギーは r だけによる．なぜなら，ベクトル $\mathbf{r}$ だけから作ることのできるスカラー量は r だけであるから．したがって，このような平面運動のLagrange関数は，(3.11)によって，

$$L=\frac{m}{2}(\dot r^2+r^2\dot\varphi^2)-U(r) \qquad (5.3)$$

に等しい．ここで m は換算質量である．

一般運動量としての角運動量　$M_z=M$ が実は $\frac{\partial L}{\partial\dot\varphi}$ に等しいこと，すなわち，z 軸のまわりの回転角 φ を一般座標にとると，この軸の方向の角運動量

成分は φ に対応する一般運動量であることを次に示そう．

実際，(5.2)によって，

$$M = M_z = xp_y - yp_x = mr\cos\varphi(\dot{r}\sin\varphi + r\cos\varphi\,\dot{\varphi})$$
$$-mr\sin\varphi(\dot{r}\cos\varphi - r\sin\varphi\,\dot{\varphi}) = mr^2\dot{\varphi}(\cos^2\varphi + \sin^2\varphi) = mr^2\dot{\varphi}.$$

一方，L を $\dot{\varphi}$ で微分すれば，

$$p_\varphi = \frac{\partial L}{\partial \dot{\varphi}} = mr^2\dot{\varphi} = M_z. \tag{5.4}$$

角運動量を球座標で書いた式は幾何学的に導くこともできる(図6)．いま位置ベクトル **r** が，単位時間に図6の破線で示す位置まで変化したとしよう．定義によって，三角形 OAB の面積の2倍に質量 m をかけたものは角運動量に等しい((5.2)参照)．一方，2次の微小量を省略すれば，この三角形の面積は底辺 r と高さ h との積の半分に等しい．h は単位時間当りの回転角 $\dot{\varphi}$ と位置ベクトルの大きさ r との積に等しいから，三角形の面積は $\frac{1}{2}r^2\dot{\varphi}$ である．これの2倍に質量 m をかければ確かに角運動量に等しくなる．

$\frac{1}{2}r^2\dot{\varphi}$ はいわゆる面積速度，すなわち単位時間に位置ベクトルが掃過する面積である．角運動量の保存則は，幾何学的にいえば，面積速度が一定に保たれるということである (Kepler の第2法則)．

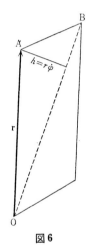

図6

中心力場 もし一方の粒子の質量が他方に比べてはるかに大きいとすると，質量中心は質量の大きい方の粒子と一致する(§3)．この場合，質量の小さい粒子は，質量の大きい粒子がつくる**中心力場**の中で運動することになる．位置エネルギーは粒子間の距離だけできまり，角 φ にはよらない．(4.12)によって，このとき $p_\varphi = M_z$ は運動の積分となる．しかし一方の粒子は静止していると考えるから，この粒子を座標原点に採らなくてはならない．中心力場における運動では，角運動量は力の中心に関するものだけが保存されるのである．

角速度の消去　角運動量積分によって，2粒子の運動の問題，あるいは中心力場における1粒子の運動の問題を単なる積分計算に帰着させることができる．それには $\dot{\varphi}$ を角運動量で表わす必要がある．こうすれば余分な変数を考えなくてもすむ．それは Lagrange 関数が角 φ を含んでいないからである．一般に L の中に現われない座標のことを**循環座標**という．

まずエネルギー積分は，(4.7)によって，

$$\mathcal{E} = \frac{m}{2}(\dot{r}^2 + r^2\dot{\varphi}^2) + U(r) \tag{5.5}$$

である．(5.4)を用いて $\dot{\varphi}$ を消去すれば

$$\mathcal{E} = \frac{m\dot{r}^2}{2} + \frac{M^2}{2mr^2} + U(r). \tag{5.6}$$

これは r を未知関数とする1階の微分方程式で，積分計算によって解くことができる．しかしその前に，この方程式をグラフの上で調べてみよう．

エネルギーの正負によって軌道の形が変わる　このことを調べるには，位置エネルギーの形についていくつかの仮定が必要である．

(2.7)によれば，力と位置エネルギーの間には次の関係がある：

$$F = -\frac{dU}{dr}, \quad U = \int_r F\,dr.$$

ここで積分の上限はどう選んでもよい．もし $F(r)$ が無限遠方で $\frac{1}{r}$ より速く 0 になれば，積分 $\int_r^\infty F(r)\,dr$ が存在する．このときには $U(r) = \int_r^\infty F(r)\,dr$ とすることができて，$U(\infty) = 0$ である．いいかえれば，無限遠で 0 になるように位置エネルギーを選ぶことができる．

さらに，$U(r)$ は $r = 0$ で(無限大になるとしても) $\frac{1}{r^2}$ よりおそく無限大になると仮定しよう．たとえば万有引力の場合がそうである：

$$U = -\int_r^\infty \frac{a}{r^2}\,dr = -\frac{a}{r}.$$

さて，(5.6)は次のように書ける：

$$\frac{m\dot{r}^2}{2} = \mathcal{E} - \frac{M^2}{2mr^2} - U(r). \tag{5.7}$$

この式の左辺は負になることはない．また右辺の第2項と第3項は $r = \infty$ で

共に 0 となる．したがって，一般にいって，もし位置エネルギーの任意定数を $U(\infty)=0$ となるように選んだとすると，粒子が互いに無限に遠ざかることができるためには，全エネルギーが負であってはならない．

U の形が与えられれば，関数

$$U_M(r) \equiv \frac{M^2}{2mr^2} + U(r) \tag{5.8}$$

のグラフを描くことができる．ここで U_M と書いたのは，**遠心力のエネルギー** $\dfrac{M^2}{2mr^2}$ までを含めた位置エネルギーという意味である．遠心力のエネルギー $\dfrac{M^2}{2mr^2}$ を r で微分して符号を変えると $\dfrac{M^2}{mr^3}$ になる．これに $M=mr^2\dot\varphi$ を代入すれば，普通の遠心力の式がえられる．しかしあと(§8)で，これとは別の見方からの遠心力の定義を与える．

いま $U<0$，かつ U は単調であるとしよう．$U(\infty)=0$ だから $U(r)$ は r の増加関数である．したがって力は負 $\left(F=-\dfrac{dU}{dr}\ \text{だから}\right)$，すなわち引力である．さらに，十分遠方では $|U(r)|>\dfrac{M^2}{2mr^2}$ と仮定する．

ここで，$U_M(r)$ に対して行なった仮定をまとめてみると，

1) 原点では $U_M(r)$ は $+\infty$ になる(遠心力の項の方が大きくなるから)；

2) 無限遠方では $U_M(r)$ は負の側から 0 に近づく($U(r)$ の方がきくから)．

そこで $U_M(r)$ のグラフは図7のようになる．$U_M(r)$ は r の小さい所では減少関数，r の大きい所では増加関数であるから，途中のどこかに極小になる点がある*．

同じ図の中に全エネルギー $\mathcal{E}$ を描きこんだとしよう．全エネルギーは一定に保たれるから，$\mathcal{E}$ のグラフは，その符号に

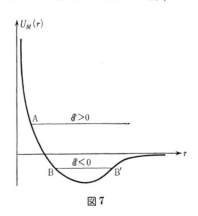

図 7

---

* もし十分遠方で $|U(r)|<\dfrac{M^2}{2mr^2}$ であるとすると，$U_M(r)$ のグラフは正の側から 0 に近づく．この場合には，極小があればその外側に極大も現われる．原子量が比較的大きい原子の $U_M(r)$ はこのような形をしている．

応じて横軸より上か下にある水平な直線となる.

エネルギーが正の場合には, $\mathcal{E}=$ 一定 の直線のうち点Aの右側の部分は曲線 $U_M(r)$ よりも上にある. したがって, 差 $\mathcal{E}-U_M(r)$ はAの右側では正である. このときには, 無限遠方から近づいてきた粒子はまた無限遠方まで遠ざかる. あとで述べるように, 万有引力では, この場合は双曲線軌道に対応している.

$\mathcal{E}$ が負でしかも $U_M(r)$ の極小値よりは大きい場合には, 差 $\mathcal{E}-U_M(r)$ すなわち $\dfrac{m\dot{r}^2}{2}$ は図のBとB'の間だけで正となる. それゆえ, 運動が物理的に可能な領域はこの範囲の r の値だけに限られる. 万有引力では, この場合は楕円軌道に対応する. 太陽のまわりの惑星の軌道上で, 点Bに対応する位置を**近日点**, 点B'に対応する点を**遠日点**とよぶ.

$\mathcal{E}=0$ のときには運動は無限領域にわたる(万有引力では放物線軌道).

粒子間の力が斥力の場合には, $U(r)>0$ となって $U_M(r)$ には極小値がない. このときには, 有限な範囲の運動が不可能なことは明らかであろう.

中心への落下　　万有引力では, $r\to 0$ のとき $U(r)$ は $-\dfrac{1}{r}$ の程度で無限大になる. しかし $U(r)$ が $-\dfrac{1}{r^2}$ よりも速く無限大になるような場合を考えると, $U_M(r)$ は $r=0$ の近くのすべての r の値に対して負になる. この場合には, (5.7)によってどんなに小さな r の値に対しても $\dot{r}^2$ は正で, しかも $r\to 0$ のとき無限大となる. そこで, もしも初めの時刻に $\dot{r}<0$ であれば $\dot{r}$ は符号を変えることがないから, 粒子はしだいに近づいてついには衝突する. 万有引力の場合にこのことが起るのは, 両方の粒子が互いに真正面を向いて運動するときに限る. つまり, このときには運動量のモーメントの腕の長さが0だから, モーメント自身も0となり, したがって $U_M(r)=U(r)$ となるからである. もし腕の長さが最初0でなければ, 角運動量は $M=mv\rho\neq 0$ (ρ は腕の長さ)となるから, 運動が一直線に沿って起ることはない.

万有引力または Coulomb 引力をうけ, 0でない角運動量をもって物体が運動する場合には, $\dfrac{M^2}{2mr_0{}^2}$ が $\mathcal{E}-U(r_0)$ よりも大きくなるような r_0 が必ず存在する. この距離 r_0 の上限が, 近づいてくる物体の近日点の距離を与える.

§5 中心力場における運動

しかし $r \to 0$ のとき $U(r)$ が $-\dfrac{1}{r^2}$ より速く無限大になる場合には，$r=0$ の近くには $U_M(r)$ が 0 になる点は存在しない．この場合，軌道は万有引力の場合におけるように双曲線とはならないでらせん状になり，一方の粒子は相手の粒子に向かって落ちこんで行く．中心力場における運動では一般に角運動量が保存されるから，らせん軌道の内側へ行けばそれに応じて回転の速度は増す．しかし，遠心力による斥力は引力よりも小さいので，粒子は限りなく中心に接近して行くのである．

全エネルギーが負の場合ももちろん同じことである(たとえばエネルギーの一部が第 3 の粒子にうけ渡され，その粒子が遠くへ行ってしまったような場合)．結局，$\dfrac{1}{r^3}$ より速く大きくなるような引力が働く場合には，楕円軌道に相当する軌道は存在しない．

3 個の粒子が万有引力を及ぼしあって運動する場合には，たとえ最初の時刻にそれらの粒子が同一直線上を運動していなくても，その中の 2 個が衝突することはありうる．実際，粒子が 3 個の場合に保存されるのは全角運動量だけだから，2 個の粒子が衝突することがあっても少しもかまわないのである．

軌道の決定　次に軌道の方程式を一般的な形で求めてみよう．それには，(5.6) の中の時間微分を φ の微分に書きかえる必要がある．(5.4) によれば

$$dt = \frac{mr^2}{M}d\varphi \tag{5.9}$$

であるから，これを (5.6) に代入し，変数を分離して積分すれば

$$\varphi = \int_{r_0}^{r} \frac{M}{mr^2} \frac{dr}{\sqrt{\dfrac{2}{m}\left(\mathcal{E} - \dfrac{M^2}{2mr^2} - U(r)\right)}} \tag{5.10}$$

が得られる．ここで，積分の下限は $\varphi = 0$ に対応する値である．もし φ を近日点から測ることにすれば，それに対応する値 $r = r_0$ は，動径方向の速度成分 $\dot{r}$ が近日点で符号を変える(r が極小になるから $dr = 0$)ことに注意すれば容易に求められる．すなわち，近日点までの距離をきめる方程式は

$$\mathcal{E} = \frac{M^2}{2mr_0^2} + U(r_0) \tag{5.11}$$

である．

Keplerの問題　　以上のようにして，中心力場における運動の問題は積分計算に帰着できた．この際，初等関数の範囲で積分ができないことはあっても，それは本質的なことではない．実際，定積分の形で表わされた解は初期値をすべてあらわに含んでいるから，これらの初期値が与えられれば，何らかの方法で積分が実行できるのである．

しかしこの積分が，性質のよくわかっている関数で表わされる場合には，一般的な形で解を調べるのがずっと容易になることはいうまでもない．解析解が具体的に求まる場合はこの意味で特に興味がある．

このような解が求められるのはごくわずかの場合に限られている．その一つは，距離の2乗に逆比例する中心力の場合である．質点(あるいは球対称の物体)の間に働く万有引力はこの法則にしたがっている．

よく知られているように，この場合の運動法則ははじめKeplerによって経験的に見出され，のちにNewtonが運動方程式と万有引力の法則とからこれを導いた．Newtonの結果がKeplerの法則と一致したことによって，Newton力学の正しさが初めて証明されたのである．定点からの距離の2乗に逆比例する力の場における質点の運動を求める問題は**Keplerの問題**とよばれている．勝手な質量を持った二つの物体の運動の問題は，座標系を質量中心へ移すことによって，物体が一つの場合の問題に帰着させることができる．

《Keplerの問題》という言葉は，点電荷の間にCoulombの力が働く場合に対しても用いることができる．このときには引力のほかに斥力も現われる．そこで，引力のときは $a<0$，斥力のときは $a>0$ として，一般に $U=\dfrac{a}{r}$ と書くことにしよう．

(5.10)において $\dfrac{M}{mr}$ を x と書けば，Keplerの問題の積分は

$$\varphi=-\int\frac{dx}{\sqrt{-x^2-\dfrac{2a}{M}x+\dfrac{2\mathcal{E}}{m}}}=\arccos\frac{x+\dfrac{a}{M}}{\sqrt{\dfrac{a^2}{M^2}+\dfrac{2\mathcal{E}}{m}}}\Bigg|_{x=\frac{M}{mr_0}}^{x=\frac{M}{mr}}$$

となる．

(5.11)からわかるように，下限の値を代入したときarccosの中は1となる．簡単な計算の結果

$$r = \frac{\dfrac{M^2}{am}}{-1 + \dfrac{M}{a}\sqrt{\dfrac{a^2}{M^2} + \dfrac{2\mathcal{E}}{m}}\cos\varphi} \tag{5.12}$$

がえられる.

(5.12)は円錐曲線の方程式の標準形である.離心率は $\sqrt{1 + \dfrac{2\mathcal{E}M^2}{ma^2}}$ に等しく,これが1より小さければ(5.12)の分母は0になることはない($\cos\varphi \leqq 1$ だから).これは $-\dfrac{ma^2}{2M^2} < \mathcal{E} < 0$ の場合に相当する.こうして $\mathcal{E} < 0$ のときには楕円軌道がえられる.こうなるためには,$a < 0$ すなわち引力が働いていなくてはならない.そうでないとすると(5.12)から $r < 0$ となり,意味のない結果が得られるからである.

$\mathcal{E} > 0$ のときには離心率は1より大きく,したがって(5.12)の分母はある $\varphi = \varphi_\infty$ に対して0となる.それゆえ軌道は無限遠方にまで達する(双曲線軌道).漸近線の方向は,(5.12)で $r = \infty$ とおけばえられる.すなわち,

$$\cos\varphi_\infty = \frac{a}{M}\frac{1}{\sqrt{\dfrac{a^2}{M^2} + \dfrac{2\mathcal{E}}{m}}}$$

である.二つの漸近線のなす角は,斥力のときは $2\varphi_\infty$,引力のときは $\pi - 2\varphi_\infty$ に等しい.斥力が働く場合の軌道の例を§6 図8(49頁)に示してある.

問　題

$U = \dfrac{ar^2}{2}$, $\mathcal{E} > 0$ のとき,軌道の方程式を求めよ.

§6 粒子の衝突

衝突問題の重要性 粒子間に働く力を知るためには，その力を受けて粒子がどのように運動するかを調べる必要がある．Kepler の法則をもとにして Newton の万有引力の法則が確立されたのはまさにこのようにしてであった．この場合には有限の運動から力が求められたが，無限領域にわたる運動を利用して求めることもできる．それには，何らかの方法で粒子に一定の速度を与え，別の粒子のそばを通過させる．こういう現象を粒子の**衝突**とよぶ．日常生活では物体同士が接触しないと衝突とはいわないが，ここではそのようなことは仮定しない．

もちろん，ぶつかる方の粒子は加速器で人工的に加速されたものである必要はなく，放射性原子核から出て来るものでも，核反応の結果できたものでも，宇宙線の中の高速粒子でもかまわない．

衝突問題の扱い方には 2 通りの方法がある．その第一は，衝突が起るよりずっと前の(粒子がまだ力を及ぼしあっていないときの)両方の粒子の速度だけが与えられたとして，それら粒子が再び力を及ぼしあわなくなったときの速度(大きさと向き)だけを求める．いいかえれば，衝突の結果だけを求めて，途中のこまかい経過は調べないという方法である．この場合には，衝突後の最終的な状態に関して何らかの知識が前以て与えられていなくてはならない．つまり，初速度だけではその衝突における運動の積分をすべて求めることはできず，したがってまた最終の状態がどうなるかを予言することも不可能である．この取扱いでわかっているのは，運動量積分とエネルギー積分だけである．

しかし，これとは別の取扱いもできる．それは，初期条件が精密に与えられたとして，それから最終の状態がどうなるかを計算で求めるのである．

まず第一の方法で衝突を調べてみよう．粒子の初速度が与えられただけでは衝突が完全にはきまらないことは明らかである．たとえば，粒子がどれだけ離れてすれちがうかはわからない．前に，系の最終状態に関する量を何か指定しなければならないと言ったのは，このことを指していたのである．そこで，問

題は普通次のような形に述べられる．すなわち，互いに衝突する二つの粒子の初速度と，一方の粒子の衝突後の速度の方向が与えられたとして，それによって衝突後の状態を表わすほかの量をすべて求める．

こうすれば問題は一義的に解ける．まず未知量は衝突後の両方の粒子の運動量成分で，これは六つある．一方，保存則として，スカラー量(エネルギー)の保存とベクトル量(運動量)の3成分の保存という四つの等式があるから，最終状態に関してあと二つの量を指定する必要がある．それには一方の粒子の速度の方向を示す単位ベクトルを指定すればよい．任意のベクトルは三つの量できまるが，単位ベクトルは明らかに二つの量だけできまるからである．実際，衝突によって一方の粒子が向きを変えた角，すなわちぶつかって来る粒子の初速度とその衝突後の速度とのなす角を与えればよい．両方の速度ベクトルを含む平面の(空間における)向きはこの際問題にならない．

弾性衝突と非弾性衝突　衝突する二つの粒子が初めにもっていた運動エネルギーが，衝突後両者が無限に遠ざかったときに保存されるならば，この衝突を**弾性衝突**という．また，もし無限に遠ざかったときの運動エネルギーが前の値から変化していれば，これを**非弾性衝突**という．原子核物理学では，衝突の際に粒子の性質までが変化してしまうような，もっとずっと一般的な衝突を研究することが多い．これらの衝突も非弾性的で，原子核反応とよばれる．

実験室系と重心系　一つの衝突を実験室の中で観測する場合，一方の粒子は衝突するまでは静止しているのが普通である．この粒子(したがって実験室)に固定した座標系のことを実験室系という．しかし，両方の粒子の質量中心が静止して見えるような座標系(重心系)で計算を行なう方がもっと都合がよい．質量中心の速度の保存則(3.18)によって，質量中心は衝突後もこの座標系に対して静止しているはずである．実験室系に対する質量中心の速度は

$$\mathbf{V} = \frac{m_1 \mathbf{v}_0}{m_1 + m_2} \tag{6.1}$$

に等しい．ここで $\mathbf{v}_0$ は，実験室系に静止している粒子(質量 m_2)に対するもう一方の粒子(質量 m_1)の速度である．

非弾性衝突の一般論　質量中心に対する粒子 m_1 の速度は

$$\mathbf{v}_{10} = \mathbf{v}_0 - \mathbf{V} = \frac{m_2 \mathbf{v}_0}{m_1 + m_2}, \tag{6.2}$$

同じく粒子 m_2 の速度は

$$\mathbf{v}_{20} = -\mathbf{V} = -\frac{m_1 \mathbf{v}_0}{m_1 + m_2} \tag{6.3}$$

である．

したがって $m_1 \mathbf{v}_{10} + m_2 \mathbf{v}_{20} = 0$ となるが，これは重心系で考えているから当然である．

(3.17)によって，重心系におけるエネルギーは

$$\mathcal{E}_0 = \frac{m_1 m_2}{2(m_1 + m_2)} v_0^2 \equiv \frac{m_0 v_0^2}{2} \tag{6.4}$$

に等しい．ここで換算質量に添字 0 を付けておくのは，原子核反応ではこれが変化することがあるからである．

反応の結果えられた粒子の質量を m_3 および m_4，その際放出あるいは吸収されたエネルギー（いわゆる反応熱）を Q としよう．もし Q が放射の形で出されたエネルギーであるとすると，厳密にいえば放射の形で出された運動量も考慮に入れなくてはならない(§13)．しかし，これは粒子の運動量に比べると小さいので，無視することができる．

結局，エネルギーの保存則は次のように書ける：

$$\frac{m_0 v_0^2}{2} + Q = \frac{m v^2}{2}. \tag{6.5}$$

ここで $m = \dfrac{m_3 m_4}{m_3 + m_4}$ は核反応の結果えられた粒子の換算質量，v はそれらの相対速度 $\mathbf{v}$ の大きさである．

(6.5)で $\mathbf{v}$ の大きさが決まるから，あと $\mathbf{v}$ の向きがわかればこの衝突は完全にきまる．すなわち，各粒子の速度はそれぞれ

$$\mathbf{v}_{30} = \frac{m_4 \mathbf{v}}{m_3 + m_4}, \quad \mathbf{v}_{40} = -\frac{m_3 \mathbf{v}}{m_3 + m_4} \tag{6.6}$$

となる．これらは重心系における運動量の保存則 $m_3 \mathbf{v}_{30} + m_4 \mathbf{v}_{40} = 0$ をみたしている．また当然のことながら運動エネルギーの間には次の関係がある：

$$\frac{m_3 v_{30}^2}{2} + \frac{m_4 v_{40}^2}{2} = \frac{mv^2}{2}.$$

実験室系にもどるのは容易である．この系での粒子の速度は

$$\left.\begin{aligned}\mathbf{v}_3 &= \mathbf{v}_{30} + \mathbf{V} = \frac{m_4 \mathbf{v}}{m_3 + m_4} + \frac{m_1 \mathbf{v}_0}{m_1 + m_2}, \\ \mathbf{v}_4 &= \mathbf{v}_{40} + \mathbf{V} = -\frac{m_3 \mathbf{v}}{m_3 + m_4} + \frac{m_1 \mathbf{v}_0}{m_1 + m_2}\end{aligned}\right\} \quad (6.7)$$

に等しい．

もし $\mathbf{v}$ の向きが与えられたとすれば，(6.7) で問題は完全に解けたことになる．

弾性衝突 もし衝突が弾性的ならば，$m_3 = m_1, m_4 = m_2, Q = 0$ であるから式が簡単になる．まず (6.5) から，相対速度は方向が変わるだけで大きさは変化しない．いま，相対速度の方向の変化角 χ が与えられたとしよう．$\mathbf{v}_0$ に沿って x 軸，ベクトル $\mathbf{v}_0$ と $\mathbf{v}$ とでできる平面内に y 軸をとれば，弾性衝突では両方のベクトルの大きさは等しいから

$$v_x = v_0 \cos \chi, \quad v_y = v_0 \sin \chi.$$

重心系における衝突後の速度成分は，(6.6) によってそれぞれ

$$v_{10x} = \frac{m_2 v_0 \cos \chi}{m_1 + m_2}, \quad v_{10y} = \frac{m_2 v_0 \sin \chi}{m_1 + m_2},$$

$$v_{20x} = -\frac{m_1 v_0 \cos \chi}{m_1 + m_2}, \quad v_{20y} = -\frac{m_1 v_0 \sin \chi}{m_1 + m_2}.$$

質量中心の速度は x 軸の方向を向いているから，(6.7) によって，実験室系における速度は

$$v_{1x} = \frac{(m_1 + m_2 \cos \chi) v_0}{m_1 + m_2}, \quad v_{1y} = v_{10y} = \frac{m_2 v_0 \sin \chi}{m_1 + m_2},$$

$$v_{2x} = \frac{m_1 (1 - \cos \chi) v_0}{m_1 + m_2}, \quad v_{2y} = v_{20y} = -\frac{m_1 v_0 \sin \chi}{m_1 + m_2}.$$

これらの式から，衝突の際に第 1 の粒子が実験室系において曲げられた角 θ と，重心系において曲げられた角 χ との関係が求められる．すなわち，

$$\tan \theta = \frac{v_{1y}}{v_{1x}} = \frac{m_2 \sin \chi}{m_1 + m_2 \cos \chi}. \quad (6.8)$$

第2の粒子がはじかれた方向 θ' は次のようになる:

$$\tan\theta' = -\frac{v_{2y}}{v_{2x}} = \frac{\sin\chi}{1-\cos\chi} = \cot\frac{\chi}{2},$$

$$\theta' = \frac{\pi}{2} - \frac{\chi}{2}.$$

(6.9)

$\tan\theta'$ を与える式の第2辺に負号があるのは,v_{1y} と v_{2y} の符号が逆であることによる.

質量が等しい場合　もし衝突する粒子の質量が互いに等しければ,(6.8) はもっと簡単になる.たとえば,中性子と陽子が衝突する場合にはこの条件が近似的にみたされる.このときには,(6.8)から,

$$\tan\theta = \tan\frac{\chi}{2}, \quad \theta = \frac{\chi}{2},$$

$$\theta' = \frac{\pi}{2} - \frac{\chi}{2}, \quad \theta + \theta' = \frac{\pi}{2}.$$

すなわち,粒子は互いに直角な方向に離れて行く.そして,実験室系から見て中性子が曲げられる角は,重心系で見た角の半分に等しい.重心系で見た角は $0°$ から $180°$ までの範囲にあるから,θ は $90°$ をこえることはない.また,ぶつかって来る粒子の速度は,衝突後互いに離れて行く両方の粒子の速度を合成したものになっている.回転を問題にしなければ,今考えている衝突は玉突きのボールの衝突に似ている.

弾性衝突によって受け渡されるエネルギー　衝突の際に第2の粒子が受け取るエネルギーは

$$\mathcal{E}_2 = \frac{m_2 m_1^2 (1-\cos\chi) v_0^2}{(m_1+m_2)^2}$$

に等しい.第1の粒子が最初に持っていたエネルギー $\mathcal{E}_0$ との比をとれば,

$$\frac{\mathcal{E}_2}{\mathcal{E}_0} = \frac{2m_1 m_2 (1-\cos\chi)}{(m_1+m_2)^2}.$$

(6.10)

これから,両方の粒子の質量が等しいときには $\frac{\mathcal{E}_2}{\mathcal{E}_0} = \sin^2\frac{\chi}{2} = \sin^2\theta$ が得られる.したがって,衝突後なお第1の粒子がもっているエネルギー $\mathcal{E}_1$ と $\mathcal{E}_0$

の比は $\frac{\mathcal{E}_1}{\mathcal{E}_0} = \cos^2\theta$ となる．正面衝突の場合は $\chi = 180°, \theta = 90°$ である．このとき第1の粒子は衝突後静止し，そのかわり第2の粒子が等しい速さで運動を続ける．これは玉突きのボールで簡単に実験してみることができる．

散乱の問題　衝突の問題をもう少しくわしく調べてみよう．話を弾性衝突に限り，重心系について計算を行なうことにする．実験室系には，公式 (6.7) を用いれば簡単に移ることができる．

衝突の問題を完全に解くためには，粒子間の相互作用の位置エネルギー $U(r)$ を知り，運動の積分がすべてきまるように初期条件を与えなくてはならないことは明らかである．角運動量積分は次のようにして求められる．図8は，斥力が働く場合に，第2の粒子に対する第1の粒子の相対運動を示したものである．無限に遠くはなれたときには粒子間には力が働かなくなるから，そこでは軌道は直線状になり漸近線が存在する．図では，近づくときの軌道に対する漸近線が AF，遠ざかるときの漸近線が FB である．

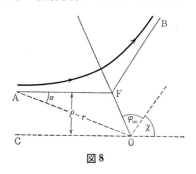

図 8

衝突パラメタ　漸近線 AF と，第2の粒子の位置からこれに平行に引いた直線 OC との間の距離 ρ を**衝突パラメタ**という．図8からわかるように，ρ はまた運動量のモーメントの腕である．もし粒子が力を及ぼしあわないとすると，両方の粒子は互いに ρ という距離をおいてまっすぐにすれちがうことになる．無限遠での粒子の速さを v，O から十分遠方の点 A までの距離を r，OA と AF とのなす角を α とすれば，角運動量は

$$M = mvr\sin\alpha$$

で与えられる．ただし m は換算質量である．$r\sin\alpha = \rho$ だから，これは

$$M = mv\rho \tag{6.11}$$

と書ける．

また，$U(\infty) = 0$ であるから，エネルギーは

$$\mathcal{E} = \frac{mv^2}{2} \tag{6.12}$$

である.

ふれの角 ふれの角 χ は $|\pi - 2\varphi_\infty|$ に等しい. ただし φ_∞ は漸近線のなす角の半分である. 角 φ_∞ は, 粒子の位置ベクトルが無限遠方の OA から OF (長さが最小の位置) まで変化する間の回転角に等しい. したがって, (5.10)により

$$\varphi_\infty = \int_{r_0}^\infty \frac{M}{mr^2} \frac{dr}{\sqrt{\frac{2}{m}\left(\mathcal{E} - \frac{M^2}{2mr^2} - U(r)\right)}}. \tag{6.13}$$

ただし r_0 は (5.11) からきまる. M と $\mathcal{E}$ には (6.11) と (6.12) を代入しなくてはならない.

散乱の微分断面積 もし (6.13) の積分が計算できたとすると, φ_∞ したがって χ が衝突パラメタ ρ の関数としてわかる. これを逆に解けば, ρ がふれの角 χ の関数として求まる:

$$\rho = \rho(\chi). \tag{6.14}$$

散乱の実験では, 衝突パラメタは実際には決して与えられることがない. 何か物質があってその原子または原子核が散乱体となり, そこへ粒子線が一定の速さで一方向に送りこまれて散乱される. その結果, 散乱された粒子は χ について角分布を示す (もっと正確にいえば, 実験室系で見たときに θ に関する角分布が現われる). したがって散乱の実験は, いわば衝突の実験をいろいろな衝突パラメタについて何回も繰返したものになっている.

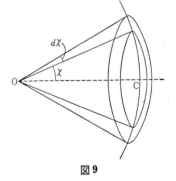

図 9

いま, 粒子が単位時間に, その速度に垂直な単位面積を 1 個通り抜ける割合で, 次々と散乱体に衝突するものとしよう. このときには, ρ と $\rho + d\rho$ の間の円環状の部分を $2\pi\rho\, d\rho$ 個の粒子が通過する. ちょうど射的場で的を同心円で分けておくのと同じように, いろいろな衝突を衝突パラメタによって分類するのである.

§6 粒子の衝突

もし ρ と χ の関数関係がわかれば，χ と $\chi+d\chi$ の間の方向に散乱される粒子の数 $d\sigma \equiv 2\pi\rho\, d\rho = 2\pi\rho \left|\dfrac{d\rho}{d\chi}\right| d\chi$ がわかる*.

散乱された粒子の分布を，散乱体から遠く離れた所で測定するものとしよう．こうすれば散乱体全体が1点と見なされ，散乱された粒子は共通の中心から出る直線軌道を運動して来ると考えることができる．頂点と軸とを共有する二つの円錐の間の空間にはいって来る粒子を考えてみよう．

内側の円錐の半頂角を χ，外側の半頂角を $\chi+d\chi$ とすれば，この部分の立体角は

$$d\Omega = 2\pi \sin\chi\, d\chi \tag{6.15}$$

である．したがって，この立体角要素の中に散乱されて来る粒子の数は

$$d\sigma = \rho \left|\frac{d\rho}{d\chi}\right| \frac{d\Omega}{\sin\chi} \tag{6.16}$$

となる．

$d\sigma$ は面積の次元を持っている．これは，散乱した粒子が立体角要素 $d\Omega$ の中にはいるために，初めどれだけの面積の部分に入射しなくてはならないかを示す量である．これを立体角要素 $d\Omega$ に対する散乱の**微分断面積**という．

実験では実はこの値をきめるのである．というのは，粒子の散乱の角分布を問題にするからである（(6.16)で ρ と χ の関数関係は与えられているとする）．散乱物質の単位体積中にある散乱体の数を n とすれば，立体角要素 $d\Omega$ の中へ散乱した結果，初めの粒子線の強度 J が散乱物質の単位厚さを通りぬける際に減少していく割合は

$$dJ_\Omega = -Jn\, d\sigma = -Jn\rho \left|\frac{d\rho}{d\chi}\right| \frac{d\Omega}{\sin\chi}$$

(単位はたとえば 粒子数/cm)

である．

$d\sigma$ が χ によってどう変わるかを調べれば，衝突パラメタとふれの角との関係がわかり，それによって粒子と散乱体との間に働く力の性質がわかる．

---

* 原文には絶対値の記号がないが，$d\chi > 0$ に対して $d\sigma > 0$ であるためにはつけておいた方がよい．(訳者)

Rutherford の公式　　Rutherford はアルファ粒子を使って古典的な実験を行ない，散乱の法則から力を見事に決定した．§3で述べたように，粒子間に Coulomb 力が働く場合には，万有引力の場合と同様に位置エネルギーは $\frac{1}{r}$ に比例する．したがって，§5の式によってふれの角を計算することができる．まず φ_∞ を求めよう．(5.12)で $r=\infty, a>0$（原子核とアルファ粒子の電荷は同符号）として

$$\cos\varphi_\infty = \frac{1}{\sqrt{1+\frac{2M^2\mathcal{E}}{ma^2}}}, \quad \tan\varphi_\infty = \frac{M}{a}\sqrt{\frac{2\mathcal{E}}{m}}. \tag{6.17}$$

運動の積分 M と $\mathcal{E}$ は(6.11)と(6.12)で与えられるから，

$$\rho = \frac{a}{mv^2}\tan\varphi_\infty = \frac{a}{mv^2}\cot\frac{\chi}{2} \tag{6.18}$$

$\left(\varphi_\infty = \frac{\pi}{2} - \frac{\chi}{2}\ \text{である}\right)$．そこで，重心系から見た散乱の微分断面積は，(6.16)によって

$$d\sigma = \frac{a^2}{4m^2v^4}\frac{d\Omega}{\sin^4\frac{\chi}{2}} \tag{6.19}$$

となる．

　散乱物質の原子核があまり軽いものでなければ，この式は実験室系においてもよい近似で成り立つ．

　結局，立体角 $d\Omega = 2\pi\sin\chi\,d\chi$ の中に散乱される粒子数は，ふれの角の半分の sin の4乗に逆比例することになる．この法則は粒子間に働く力が Coulomb 力である場合に限って成り立つ．

　Rutherford は原子によるアルファ粒子の散乱を調べた結果，10^{-12} cm より小さい衝突パラメタに対応する角 χ に至るまで(6.19)の法則が成り立つことを示した．これによって，原子の全質量がごくせまい部分に集中していることが実験的に証明された（原子の大きさはおよそ 10^{-8} cm である）．このようにして，アルファ粒子の散乱の実験から原子核が発見されるに至り，その大体の大きさがわかったのである．

等方散乱　　(6.19)からわかるように，ふれの角が小さいところで散乱に鋭

§6 粒子の衝突

い極大がある．この極大は衝突パラメタの大きな値に対応している．遠くを走る粒子ほど曲げられ方が少く，また遠くほど大きな面積が対応するので，断面積の角分布が大きくなるのである．したがって，粒子間の力がある有限の距離からさき恒等的に0とならない限り，ふれの角の小さい部分で $d\sigma$ は必ず極大になる．この極大は粒子間の力が距離と共に速く減少するほど顕著に現われる．なぜなら，距離が大きくなるにつれて力が急激に減少すれば，衝突距離が大きい場合にふれの角が非常に小さくなるからである．

しかし，ふれの角があまり小さくなると，粒子がふれたことを実験的に認めることが全然できなくなる．実際，粒子線を最初完全に平行にしておくことはできないから，散乱された粒子線の強度を測定するとき，初めの粒子線にすでに存在していた方向のばらつきと同じ程度の大きさの角度のふれはわからないのである．

力が距離と共に十分速く減少する場合には，$d\sigma$ が極大になる領域は χ の非常に小さい値に対応するので，この角の中にはいって来る粒子に対しては，それが散乱されたものかどうかの判定ができない．これに対して，ほかの粒子は，力が距離と共に速く減少すればするほど一様な角分布を示すようになる．

このことは，剛体球による粒子の散乱を例にとって考えてみるとよくわかる（問題1）．剛体球は，位置エネルギーが $U(r) = U_0 \left(\dfrac{r_0}{r}\right)^n$ で与えられるような斥力を及ぼす中心があるとして，それの $n \to \infty$ の極限と考えられる．実際 $n \to \infty$ とすると，$r < r_0$ に対しては $U(r) \to \infty$，$r > r_0$ に対しては $U(r) \to 0$ となる．$n = \infty$ ならば散乱は完全に等方的に起る．もし n が大きければ，粒子の角分布はほとんど等方的となり，ふれの角のごく小さい値に対してだけ散乱に鋭い極大が現われる．したがって，散乱がほとんど等方的に起るときには，力が距離と共に急激に減少していることがわかる．

陽子による中性子の散乱を重心系で見ると，エネルギーが $10\,\text{MeV}$（$1\,\text{MeV} = 1.6 \times 10^{-6}\,\text{erg}$）をこえるまでは等方的である．断面積を計算すると，核力は短距離力であることがわかる．すなわち，距離が近いと非常に大きな力が働くが，$2 \times 10^{-13}\,\text{cm}$ よりも遠くへ離れると急激に減少して0になる．しかし，この場合を正しく扱うためには，散乱の量子論を基礎にしなくてはならないことを注意しておこう．

問 題

1 半径 r_0 の剛体球の粒子について散乱の微分断面積を求めよ.

(解) 剛体球は次のように表わされる. すなわち, $r > r_0$ (球の外部)では $U(r) = 0$, $r < r_0$ (球の内部)では $U(r) = \infty$ である. したがって, 衝突する粒子のエネルギーがいかに大きくても, $r < r_0$ の領域まではいりこむことはできない.

衝突してはね返るとき, 球面の接線方向の運動量成分は保存され, 垂直成分は符号を変える. 衝突は弾性的だから運動量の大きさは変化しない. 簡単な考察により, $\rho \leqq r_0$ のとき衝突パラメタとふれの角との関係は

$$\rho = r_0 \cos \frac{\chi}{2}$$

であることがわかる. これから, 一般公式によって

$$d\sigma = \frac{r_0^2}{4} d\Omega$$

がえられる. したがって, すべての角にわたって散乱は等方的である. 散乱の全断面積は予想通り πr_0^2 となる. ここで次のことに注意する必要がある. すなわち, 粒子間の力が有限の距離で 0 とならずに無限遠まで及んでいるときには, ρ がいかに大きくてもふれの角は 0 でないから積分 $\int 2\pi \rho \, d\rho$ は発散し, したがって全断面積 σ も無限大になる. 量子論によれば, 距離がふえると共に力が十分速く減少する場合には σ は有限になる.

2 質量 m_1 の粒子が質量 m_2 の粒子に衝突する場合を考える. 衝突の結果, 質量の等しい粒子が発生し, 質量 m_1 の粒子が最初飛んで来た方向に対してそれぞれ角 φ および ψ をなして飛んで行くとする. 衝突の際に吸収あるいは放出されるエネルギー Q を求めよ.

§7 微小振動

微小振動は応用上しばしば現われる．この節では微小振動の理論を述べる．

振り子の微小振動　§4で振り子の振動を調べたとき，振り子の傾角と時間との関係が(4.11)のようになって，初等積分では表わせない(楕円積分になる)ことを述べた．グラフを描けば容易にわかるが，$\varphi(t)$は周期関数である．図10の曲線は，振り子の位置エネルギーとその傾角との関係 $U(\varphi)=mgl(1-\cos\varphi)$ を示す．また，水平な直線は一定の全エネルギーの値 $\mathcal{E}$ に対応している．$\mathcal{E}<2mgl$ ならば運動は $-\varphi_0$ と φ_0 の間で周期的に起る．

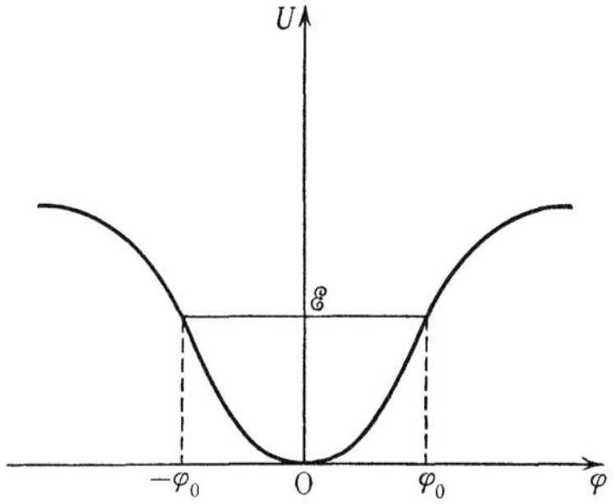

図10

$\varphi_0 \ll 1$ とすると問題は非常に簡単になる．まず $\cos\varphi_0$ を $1-\dfrac{\varphi_0^2}{2}$ と置くことができ，$|\varphi|<\varphi_0$ であるから $\cos\varphi$ も $1-\dfrac{\varphi^2}{2}$ で置きかえられる．こうすれば積分(4.11)は容易に計算できて，

$$t=-\sqrt{\frac{l}{g}}\int_{\varphi_0}^{\varphi}\frac{d\varphi}{\sqrt{\varphi_0^2-\varphi^2}}=\sqrt{\frac{l}{g}}\arccos\frac{\varphi}{\varphi_0} \qquad (7.1)$$

となる．

(7.1)を逆に解けば，

$$\varphi=\varphi_0\cos\sqrt{\frac{g}{l}}t. \qquad (7.2)$$

関数 φ の周期は $2\pi\sqrt{\dfrac{l}{g}}$ である．$\sqrt{\dfrac{g}{l}}$ を角振動数とよんで ω で表わす：

$$\omega=\sqrt{\frac{g}{l}}. \qquad (7.3)$$

ω は(7.2)の cos の中の関数が単位時間にどれだけ変化するかを表わす．$\dfrac{\omega}{2\pi}$ は

振り子が1秒間に行なう振動の回数に等しく,振動数とよばれる.その逆数 $\frac{2\pi}{\omega}$ が微小振動の周期である.微小振動の周期と振動数とが振幅 φ_0 によらないことは重要である.

1自由度の振動の一般論　微小振動の問題を解くためには,任意の振動の問題を積分の形に解いておく必要はなく,Lagrange 関数を前以て適当な方法で簡単化しておけばよい.大小によらずおよそ振動とは,必ず釣合の位置のまわりに起るものであることをまず注意しておこう.たとえば振り子の場合には,糸が鉛直になった位置の両側に振動が起る.安定な釣合の位置から傾くと,もとへもどそうとする力が系に働く.釣合の位置では,定義によって力は明らかに0である.

力は位置エネルギーを座標で微分して符号を変えたものであるから,釣合いの条件は

$$\frac{\partial U}{\partial q} = 0 \tag{7.4}$$

と書ける.この方程式の解を $q = q_0$ としよう.系は1個の自由度しかもたないとして,点 q_0 の近くで U を Taylor 級数に展開すれば,

$$U(q) = U(q_0) + \left(\frac{dU}{dq}\right)_0 (q-q_0) + \frac{1}{2}\left(\frac{d^2U}{dq^2}\right)_0 (q-q_0)^2 + \cdots\cdots. \tag{7.5}$$

ここで,$q-q_0$ の1次の項は(7.4)によって消える.$\left(\frac{d^2U}{dq^2}\right)_0$ を β と書けば,上の展開式でこの項までとって

$$U(q) = U(q_0) + \frac{\beta}{2}(q-q_0)^2. \tag{7.6}$$

釣合の位置の近くで働く力は

$$F(q) = -\frac{dU}{dq} = -\beta(q-q_0). \tag{7.7}$$

これが,角度の傾きと反対向きに働いて系の状態をもとへもどそうとする力であるためには,不等式

$$\beta = \left(\frac{d^2U}{dq^2}\right)_0 > 0 \tag{7.8}$$

§7 微小振動

が成立しなくてはならない．これが釣合の安定であるための条件である．これは，点 $q=q_0$ の両側で関数 $U(q)$ が増加しなくてはならないことを示している．したがって，この点で位置エネルギーは極小になる．これは図10の $\varphi=0$ の点で示される．

次に運動エネルギーの式を考えよう．質点の運動エネルギーの一般式

$$T = \frac{m}{2}(\dot{x}^2+\dot{y}^2+\dot{z}^2)$$

において $x=x(q), y=y(q), z=z(q)$ と置くと，

$$T = \frac{m}{2}\left[\left(\frac{dx}{dq}\right)^2+\left(\frac{dy}{dq}\right)^2+\left(\frac{dz}{dq}\right)^2\right]\dot{q}^2$$

がえられる．[ ]の中は q だけの関数であるから，運動エネルギーは

$$T = \frac{1}{2}\alpha(q)\dot{q}^2 \tag{7.9}$$

と書ける．

係数 $\alpha(q)$ を釣合の位置の近くで $q-q_0$ のベキ級数に展開すれば，

$$T = \frac{1}{2}\alpha(q_0)\dot{q}^2 + \frac{1}{2}\left(\frac{d\alpha}{dq}\right)_{q=q_0}(q-q_0)\dot{q}^2 + \cdots\cdots.$$

質点が釣合の位置から離れてしまわないためには，その速度は小さくなければならない．すなわち微小振動では，運動エネルギーの展開の第1項 $\frac{1}{2}\alpha(q_0)\dot{q}^2$ が $U(q)$ の展開の第2項 $\frac{\beta}{2}(q-q_0)^2$ と同じ程度の微小量である．$q=q_0$ では振動のエネルギーはすべて運動エネルギーであり，q が q_0 から最も離れた点ではすべて位置エネルギーになる．したがって $\frac{1}{2}\alpha(q_0)\dot{q}^2$ と $\frac{\beta}{2}(q-q_0)^2$ とは同じ程度の大きさの量で，展開の中のほかの項は（$(q-q_0)\dot{q}^2$ の項も含めて）これらに対して無視することができる．q を時間 t の関数として具体的に表わしてから，$\frac{1}{2}\alpha(q_0)\dot{q}^2$ と $\frac{\beta}{2}(q-q_0)^2$ の，それぞれの平均値が等しいことをあとで示す．

今後座標 q を釣合の位置から測ることにする．すなわち $q_0=0$ にとる．$U(0)$ は運動方程式には現われないからこれも0と置けば，Lagrange 関数は次のように書かれる：

$$L = \frac{1}{2}\alpha(0)\dot{q}^2 - \frac{1}{2}\beta q^2. \tag{7.10}$$

したがって Lagrange の方程式は
$$\alpha(0)\ddot{q} + \beta q = 0. \tag{7.11}$$
ここで
$$\omega^2 \equiv \frac{\beta}{\alpha(0)} = \frac{\left(\dfrac{d^2U}{dq^2}\right)_0}{\alpha(0)} \tag{7.12}$$
と置けば, 普通の振動の方程式
$$\ddot{q} + \omega^2 q = 0 \tag{7.13}$$
がえられる.

微小振動の解のいろいろな形　方程式(7.13)の解で二つの任意定数を含んだものは, 次の三つの形のどれかで表わされる:
$$q = C_1 \cos \omega t + C_2 \sin \omega t, \tag{7.14a}$$
$$q = C \cos(\omega t + \gamma), \tag{7.14b}$$
$$q = \mathrm{Re}\{C' e^{i\omega t}\}. \tag{7.14c}$$
ここで Re{ } は { } の中の量の実数部をとるものとする. { } の中の定数 C' は複素数で $C' = C_1 - iC_2$ である. 定数 C および γ は, それぞれ振幅および初期位相とよばれる. これらの定数は初期条件からきまる.

振幅や位相は問題でなく振動数だけが知りたいときには, (7.12)を使えばよい. ただし2階の微分係数 $\left(\dfrac{d^2U}{dq^2}\right)_0$ は正であるとする.

方程式(7.13)にしたがう系のことを**調和振動子**という.

(7.10), (7.12)および(7.14b)から, 振動子の位置エネルギーと運動エネルギーを振動の1周期にわたって平均した値が等しいことがわかる. cos の2乗と sin の2乗の平均値が等しいからである. すなわち
$$\overline{\sin^2(\omega t+\gamma)} = \frac{\omega}{2\pi}\int_0^{\frac{2\pi}{\omega}} \sin^2(\omega t+\gamma)\,dt = \frac{1}{2}; \quad \overline{\cos^2(\omega t+\gamma)} = \frac{1}{2};$$
$$\bar{T} = \bar{U} = \frac{1}{4}\alpha(0)\omega^2 C^2 = \frac{1}{4}\beta C^2.$$

2自由度の微小振動　自由度の数が2の振動を次に考えよう. まず§3の二重振り子の例をとる. 話を微小振動だけに限るならば, ふれの角 φ と ϕ は

§7 微小振動

共に 0 に近い(すなわち,振り子は鉛直の位置の近くで振動する)としなくてはならない. まず運動エネルギーの中の $\cos(\varphi-\psi)$ には釣合の位置の値を入れて $\cos 0 = 1$ とする. また1自由度の振動の場合と同様に, 位置エネルギーの式の中の $\cos\varphi$ と $\cos\psi$ をそれぞれ $1-\dfrac{\varphi^2}{2}$ と $1-\dfrac{\psi^2}{2}$ で置きかえる. そうすれば, Lagrange 関数 (3.23) は

$$L = \frac{m+m_1}{2}l^2\dot{\varphi}^2+\frac{m_1}{2}l_1^2\dot{\psi}^2+m_1ll_1\dot{\varphi}\dot{\psi}-\frac{m+m_1}{2}lg\varphi^2-\frac{m_1}{2}l_1g\psi^2 \quad (7.15)$$

となる.

次に, これをもう少し一般的な形に書いて調べてみる. すなわち,

$$L = \frac{1}{2}(\alpha_{11}\dot{q}_1^2+2\alpha_{12}\dot{q}_1\dot{q}_2+\alpha_{22}\dot{q}_2^2) - U(0) - \frac{1}{2}(\beta_{11}q_1^2+2\beta_{12}q_1q_2+\beta_{22}q_2^2) \quad (7.16)$$

とする. 係数 $\alpha_{11}, \alpha_{12}, \alpha_{22}$ は釣合の位置における q_1 および q_2 の値からきまる定数, $\beta_{11}, \beta_{12}, \beta_{22}$ は

$$\beta_{11} = \left(\frac{\partial^2 U}{\partial q_1^2}\right)_0, \quad \beta_{12} = \left(\frac{\partial^2 U}{\partial q_1 \partial q_2}\right)_0, \quad \beta_{22} = \left(\frac{\partial^2 U}{\partial q_2^2}\right)$$

で与えられる定数である. (7.15) と (7.16) を比べれば, 二重振り子の問題では

$$\alpha_{11} = (m+m_1)l^2, \quad \alpha_{12} = m_1ll_1, \quad \alpha_{22} = m_1l_1^2 ;$$
$$\beta_{11} = (m+m_1)lg, \quad \beta_{12} = 0, \quad \beta_{22} = m_1l_1g$$

であることがわかる.

釣合が安定であるためには, 次の不等式が成り立たなくてはならない. すなわち

$$U(q)-U(0) = \frac{1}{2}(\beta_{11}q_1^2+2\beta_{12}q_1q_2+\beta_{22}q_2^2) > 0. \quad (7.17)$$

この条件があれば, U は $q_1 = 0, q_2 = 0$ で極小値をとる.

(7.17) の第2辺を次のように書きなおす:

$$\frac{1}{2}(\beta_{11}q_1^2+2\beta_{12}q_1q_2+\beta_{22}q_2^2) = \frac{\beta_{11}}{2}\left(q_1+\frac{\beta_{12}q_2}{\beta_{11}}\right)^2+\frac{\beta_{22}\beta_{11}-\beta_{12}^2}{2\beta_{11}}q_2^2.$$

右辺の各項の係数が0より大きければ, すなわち

$$\beta_{11} > 0, \quad (7.18)$$
$$\beta_{11}\beta_{22}-\beta_{12}^2 > 0 \quad (7.19)$$

であれば，q_1 および q_2 のすべての値に対して上の式は決して負になることはない．以下では(7.18)と(7.19)の条件，また $\alpha_{11}, \alpha_{12}, \alpha_{22}$ についても同様の条件が満足されているものとする．

さて
$$\frac{\partial L}{\partial \dot{q}_1} = \alpha_{11}\dot{q}_1 + \alpha_{12}\dot{q}_2, \qquad \frac{\partial L}{\partial \dot{q}_2} = \alpha_{12}\dot{q}_1 + \alpha_{22}\dot{q}_2;$$
$$-\frac{\partial L}{\partial q_1} = \beta_{11}q_1 + \beta_{12}q_2, \qquad -\frac{\partial L}{\partial q_2} = \beta_{12}q_1 + \beta_{22}q_2$$

であるから，Lagrange の方程式は
$$\left.\begin{array}{l} \alpha_{11}\ddot{q}_1 + \alpha_{12}\ddot{q}_2 + \beta_{11}q_1 + \beta_{12}q_2 = 0, \\ \alpha_{12}\ddot{q}_1 + \alpha_{22}\ddot{q}_2 + \beta_{12}q_1 + \beta_{22}q_2 = 0 \end{array}\right\} \qquad (7.20)$$

となる．

この方程式を解くために，解を
$$q_1 = A_1 e^{i\omega t}, \qquad q_2 = A_2 e^{i\omega t} \qquad (7.21)$$
の形においてみよう．ただし，(7.14c)と同様に実際の解は(7.21)の実数部分をとるものとする．

振動数をきめる方程式　　(7.21)を(7.20)に代入すれば，A_1 と A_2 の関係を表わす連立方程式がえられる．すなわち
$$\left.\begin{array}{l} (\beta_{11} - \alpha_{11}\omega^2) A_1 + (\beta_{12} - \alpha_{12}\omega^2) A_2 = 0, \\ (\beta_{12} - \alpha_{12}\omega^2) A_1 + (\beta_{22} - \alpha_{22}\omega^2) A_2 = 0. \end{array}\right\} \qquad (7.22)$$

A_2 を含む項を右辺に移して辺々割れば
$$\frac{\beta_{11} - \alpha_{11}\omega^2}{\beta_{12} - \alpha_{12}\omega^2} = \frac{\beta_{12} - \alpha_{12}\omega^2}{\beta_{22} - \alpha_{22}\omega^2} \qquad (7.23)$$

となる．ここで分母を払えば，ω^2 に対する2次方程式がえられる：
$$(\alpha_{11}\alpha_{22} - \alpha_{12}{}^2)\omega^4 - (\alpha_{11}\beta_{22} - 2\alpha_{12}\beta_{12} + \alpha_{22}\beta_{11})\omega^2 + \beta_{11}\beta_{22} - \beta_{12}{}^2 = 0. \quad (7.24)$$

(7.15)に相当する α_{ik} と β_{ik} を代入すれば，二重振り子の角振動数をきめる方程式として
$$mm_1 l^2 l_1{}^2 \omega^4 - (m+m_1) m_1 l l_1 (l_1+l) g\omega^2 + (m+m_1) m_1 l l_1 g^2 = 0$$
がえられる．

§7 微小振動

簡単のため $\dfrac{l_1}{l} = \lambda$, $\dfrac{m_1}{m} = \mu$ と置けば,角振動数は

$$\omega^2 = \frac{g}{2l\lambda}\left[(1+\mu)(1+\lambda) \pm \sqrt{(1+\mu)^2(1+\lambda)^2 - 4\lambda(1+\mu)}\right].$$

この式で与えられる角振動数の値がすべて実数であることは容易に確かめられる.しかし,ここでは(7.24)に対してこのことを一般的に証明しよう.まず次のような関数が与えられたとする:

$$F(\omega^2) \equiv (\alpha_{11}\alpha_{22} - \alpha_{12}{}^2)\omega^4 - (\alpha_{11}\beta_{22} - 2\alpha_{12}\beta_{12} + \alpha_{22}\beta_{11})\omega^2 + \beta_{11}\beta_{22} - \beta_{12}{}^2.$$

この関数は(7.24)を満足する ω に対しては 0 となる.また $\beta_{11}\beta_{22} - \beta_{12}{}^2 > 0$, $\alpha_{11}\alpha_{22} - \alpha_{12}{}^2 > 0$ の関係があるから,$F(\omega^2)$ は $\omega^2 = 0$ および $\omega^2 = \infty$ では正である.いま $\omega^2 = \dfrac{\beta_{11}}{\alpha_{11}}$ と置けば,簡単な変形を行って

$$\alpha_{11}{}^2 F\left(\frac{\beta_{11}}{\alpha_{11}}\right) = -(\alpha_{11}\beta_{12} - \beta_{11}\alpha_{12})^2 \leqq 0$$

が得られる.それゆえ,ω^2 が 0 から ∞ まで変化するとき,$F(\omega^2)$ は初め正で次に負となり,最後にはまた正となる.したがって(7.24)は二つの正根 $\omega_1{}^2$, $\omega_2{}^2$ をもつことになり,上に述べたように角振動数の値はすべて実数となる.

ω の値は四つ出て来るが,絶対値の等しいものが対をなしている.解を(7.21)のような形に表わしてその実数部分をとることにするならば,ω の正の値だけを考えておけば十分である.

基準座標 上の根を(7.22)の第1式に代入すれば,それぞれの根に対して係数の比 $\dfrac{A_2}{A_1}$ がきまる:

$$\zeta_i \equiv \frac{A_2{}^{(i)}}{A_1{}^{(i)}} = -\frac{\beta_{11} - \alpha_{11}\omega_i{}^2}{\beta_{12} - \alpha_{12}\omega_i{}^2} \qquad (i=1,2). \tag{7.25}$$

(7.23)の関係があるから,(7.22)の第2式からも同じ値がえられる.特に二重振り子では $\zeta_i = \dfrac{\omega_i{}^2}{g/l - \lambda\omega_i{}^2}$ である.ここで i は,ω^2 を解いた式の根号の前の符号に応じて1または2の値をとるものとする.

それぞれの ω_i に対して連立方程式(7.20)の解が一つずつきまる.方程式は線形だから,一般解はこれらの解の和である.これを次のように書く:

$$\left.\begin{aligned} q_1 &= A_1{}^{(1)} e^{i\omega_1 t} + A_1{}^{(2)} e^{i\omega_2 t}, \\ q_2 &= \zeta_1 A_1{}^{(1)} e^{i\omega_1 t} + \zeta_2 A_1{}^{(2)} e^{i\omega_2 t}. \end{aligned}\right\} \tag{7.26}$$

ただし,右辺についてはその実数部分をとることはもちろんである.
いま

$$A_1^{(1)} e^{i\omega_1 t} \equiv Q_1, \qquad A_1^{(2)} e^{i\omega_2 t} \equiv Q_2 \tag{7.27}$$

とおくと,Q_1 および Q_2 は微分方程式

$$\ddot{Q}_1 + \omega_1^2 Q_1 = 0; \qquad \ddot{Q}_2 + \omega_2^2 Q_2 = 0 \tag{7.28}$$

を満足する.これらの方程式は,それぞれ

$$L_i = \frac{1}{2}\dot{Q}_i^2 - \frac{1}{2}\omega_i^2 Q_i^2 \tag{7.29}$$

という形をもつ1自由度の振動の Lagrange 関数から導かれる.

このようにして,二つの自由度 q_1, q_2 をもつ連成振動の問題は,1自由度 Q_1 および Q_2 をもつ独立な二つの調和振動の問題に帰着する.座標 Q_1 と Q_2 を**基準座標**とよぶ.

方程式(7.20)の中で,勝手に $q_1 = 0$ あるいは $q_2 = 0$ と置くことはできない.つまり q_1 の振動があれば必ず q_2 の振動も起る.これに反して,Q_1 と Q_2 とは(L に対して(7.16)の形の展開を考える限り)全く無関係である.

方程式(7.26)から Q_1 と Q_2 を q_1 と q_2 で表わせば

$$Q_1 = \frac{\zeta_2 q_1 - q_2}{\zeta_2 - \zeta_1}, \qquad Q_2 = \frac{\zeta_1 q_1 - q_2}{\zeta_1 - \zeta_2}. \tag{7.30}$$

いま,たとえば最初の時刻に $Q_1 = 0, \dot{Q}_1 = 0$ となるように q と $\dot{q}$ の初期値を選んだとすると,角振動数 ω_1 の振動は全然起らない.それには,座標と速度が $t = 0$ で $\zeta_2 q_1 - q_2 = 0$ および $\zeta_2 \dot{q}_1 - \dot{q}_2 = 0$ を満足していればよい.いいかえれば,このときには角振動数 ω_2 をもつ厳密に周期的な振動しか起らない.ω_1 と ω_2 が共に現われる場合には,一般には ω_1 と ω_2 の比を有理分数では表わせないから,振動は周期的でない.

基準座標で表わしたエネルギー　　Lagrange 関数(7.29)の形から,基準座標を用いてエネルギーを表わせば

$$\mathcal{E} = \frac{1}{2} \sum_i (\dot{Q}_i^2 + \omega_i^2 Q_i^2) \tag{7.31}$$

となることがすぐにわかる($L = T - U$, $\mathcal{E} = T + U$ である).この結果は任意

の数の自由度をもつ微小振動について成り立つ.

もし基準座標として(7.30)をそのまま用いると,エネルギーの各項は $\frac{1}{2}(\dot{Q}_i{}^2+\omega_i{}^2 Q_i{}^2)$ にある定数 a_i のかかった形となる.しかし $Q_i\sqrt{a_i}$ を改めて Q_i と書けば,a_i は消えてエネルギーは(7.31)の形をとる.その一例を問題に示す.

このようにして,微小振動を行なう系のエネルギーは,互いに独立な調和振動子のエネルギーの和として表わされる.これによって振動の問題の取扱いがいちじるしく簡単になる.調和振動子はいろいろな点で最も簡単な力学系の一つだからである.

基準座標への変換は多原子分子の振動の研究,結晶理論,電磁力学において,さらにまた振動論の工学的応用に際してきわめて有効な方法である.

振動数が等しい場合　方程式(7.24)が等根を持つ場合には,一般解を(7.26)とは異なる形に書かなくてはならない.すなわち

$$q_1 = A\cos\omega t + B\sin\omega t, \\ q_2 = A'\cos\omega t + B'\sin\omega t. \quad (7.32)$$

この解には任意定数が4個含まれているが,系の自由度の数が2であることからこれは当然である.

振り子を1平面内だけでなく空間的に振らせる場合に上のようなことが起る.(7.32)の近似では,振り子は釣合の位置を中心とする楕円を描いて運動する.位置エネルギーの展開式の中で高次の項までとれば,楕円の軸が時間的に一定でなく回転して行くことが示される.

問　題

二重振り子で,おもりの質量比 μ が $\frac{3}{4}$,長さの比 λ が $\frac{5}{7}$ の場合の振動数を求め,基準振動がどんな運動であるかを述べよ.

(解)　二重振り子の角振動数の式から $\omega_1{}^2 = \frac{7}{2}\frac{g}{l},\ \omega_2{}^2 = \frac{7}{10}\frac{g}{l}$. また $\zeta_1 = -\frac{7}{3},\ \zeta_2 = \frac{7}{5}$.

次に運動エネルギーの式を書いてみる.簡単のため $l=g=m=1$ とすれば,どの

式にも比 λ, μ だけしか現われない。そこで $\alpha_{11}=1+\mu=\dfrac{7}{4}$, $\alpha_{12}=\mu\lambda=\dfrac{15}{28}$, $\alpha_{22}=\mu\lambda^2=\dfrac{75}{196}$; $\beta_{11}=1+\mu=\dfrac{7}{4}$, $\beta_{12}=0$, $\beta_{22}=\mu\lambda=\dfrac{15}{28}$. 運動エネルギーは

$$2T = \frac{7}{4}(\dot{Q}_1+\dot{Q}_2)^2 + \frac{15}{14}(\dot{Q}_1+\dot{Q}_2)\left(-\frac{7}{3}\dot{Q}_1+\frac{7}{5}\dot{Q}_2\right) + \frac{75}{196}\left(-\frac{7}{3}\dot{Q}_1+\frac{7}{5}\dot{Q}_2\right)^2$$
$$= \frac{4}{3}\dot{Q}_1{}^2 + 4\dot{Q}_2{}^2.$$

したがって $\dfrac{2}{\sqrt{3}}Q_1, 2Q_2$ を改めて Q_1, Q_2 と書けば $2T = \dot{Q}_1{}^2+\dot{Q}_2{}^2$ となる。

同様な書きかえによって、位置エネルギーは

$$2U = \frac{7}{4}\left(\frac{\sqrt{3}}{2}Q_1+\frac{1}{2}Q_2\right)^2 + \frac{15}{18}\left(-\frac{7}{2\sqrt{3}}Q_1+\frac{7}{10}Q_2\right)^2 = \frac{7}{2}Q_1{}^2+\frac{7}{10}Q_2{}^2$$

となる。これで全エネルギー $\mathscr{E}$ は確かに (7.31) の形になった。

一般座標 φ, ψ と基準座標 Q_1, Q_2 との関係は次の式で与えられる:

$$Q_1 = \frac{5\sqrt{3}}{28}\left(\frac{7}{5}\varphi-\psi\right), \quad Q_2 = \frac{5\sqrt{3}}{28}\left(\frac{7}{\sqrt{3}}\varphi+\sqrt{3}\,\psi\right).$$

したがって、もし最初の時刻に $7\varphi=-3\psi, 7\dot{\varphi}=-3\dot{\psi}$ であったとすると、それ以後もずっと $Q_2=0$ である。二つの振り子は共に角振動数 ω_1 で振動し、鉛直方向に対して互いに反対向きに傾いて常に $7\varphi=-3\psi$ の関係を保つ。もう一つの基準振動は、角振動数が ω_2 で、$7\varphi=5\psi$ の関係を保ったまま起る。

§8　回転座標系．慣性力

慣性系の同等性　　慣性系が力学で重要な意味を持つことを §2 で述べた．慣性系では，物体の加速度はすべて物体間の相互作用の結果生ずる．自然界には厳密な意味での慣性系は見つからない．どんな座標系でも，そこで十分長い間物体の運動を観察していると，それが慣性系でないことがわかるのである．

問題で Foucault 振り子を考えるが，この振り子は，置かれた地点の地理学的緯度だけできまる速さで振動面が回転して行く．この回転は，地球との相互作用に因るものとして説明することはできない．というのは，われわれの知っている重力は，振り子の振動面を回転させることはできないからである*．しかし比較的少い回数の振動だけを考える場合には，その間に起る振動面の回転はごくわずかであるから，これを無視してもかまわない．このときには，振り子は重力だけの作用をうけると考えられ，振動の1周期に比べてあまり長い時間を考えなければ，地球に固定した座標系を近似的に慣性系と見なすことができる．

慣性系の概念は，現実には近似としての意味しかもたないが，力学ではきわめて有効な理想化である．慣性系では，物体の加速度を測ればそれからすぐに物体間に働く力がわかる．

いま一つの座標系をとり，その座標系は，考えている近似の範囲では慣性系と見なすことができるものとしよう．このとき，この座標系に対して一定の速度で運動している座標系を考えると，これもやはり同じ程度の近似で慣性系である．実際，もし第1の座標系で起る加速度がすべて物体間の相互作用にもとづくものだとすると，第2の座標系でもそれ以外の加速度は現われない．したがってどちらも慣性系である．運動は相対的なものであるから，どちらの座標系についても，一方が静止していて他方が動いていると見なすことができる．

---

* この場合振動面は鉛直線を含む．そうでないと振り子は最初鉛直線のまわりに角運動量をもつので，おもりは楕円を描いて運動し，その軸が回転して行くことになるからである(§7 の終り参照)．

相対性原理 どんな慣性系においても(それらは物理的に全く同等だから)運動法則がすべて完全に同じ形をもつということは,力学における根本原理の一つである.この原理はあらゆる慣性系が同等であることを述べている.これは運動の相対性に関することなので,**相対性原理**とよばれている.

この原理が,慣性系とそうでない系との同等性を主張しているのではないことは注意する必要がある.慣性系でなければ,加速度をすべて物体間の力によって生じたものと見なすことはできないから,そのような系を二つ考えたときに,それらが物理的に同等であるとはいえない.

相対性原理を数学的に表現すると次のようになる.ある慣性系について成り立つ運動方程式は,変数変換を行なって別の慣性系に移っても,やはりそのままの形で成り立つ.

一つの慣性系から別の慣性系へ移る変換式は,いくつかの物理的な仮定をもとにして初めて得られる.Newton 力学では,物体間の相互作用たとえば万有引力はどんな遠方までも瞬間的に伝わることを仮定している.したがって,物体が位置を変えると,いかに遠くの物体にもすぐにいくらかの運動量が伝えられる.その結果,一つの慣性系内にある時計を,別の慣性系といっしょに動いている時計に瞬間的に合わせることができるのである.このようにして,Newton 力学では,時間は普遍的なものと考えられる.すなわち,一つの慣性系からこれに対して速さ V で運動する別の慣性系へ移る場合に,時間 t はどちらの座標系でも同一であるということを仮定する.あとでわかるように,この仮定は実は近似的な性質のもので,系同士の相対速度の大きさが光の速さに比べてはるかに小さい場合に限って正しい.

Galilei 変換 二つの慣性系があるとして,それぞれの中に次のように座標軸を採ろう.すなわち,どちらの x 軸も系の相対速度の方向を向くようにし,y 軸と z 軸もそれぞれ互いに平行に採る.こうすると,図11から直ちにわかるように,勝手な点の,一方の座標系(静止座標系とよぶことにする)における横座標 x と,もう一方の座標系(運動座標系)における横座標 x' との間には次のような簡単な関係がある:

$$x = x' + Vt. \tag{8.1}$$

§8 回転座標系．慣性力

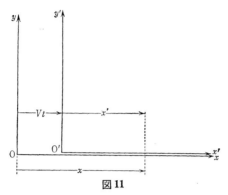

図11

ただし，$t=0$ で両方の座標原点は一致していたとする．このように座標系を選んだとしても，変換式の一般性を制限することにはならない．また残りの座標成分については，変換式は単に次のようになる：

$$y = y', \quad z = z'. \tag{8.2}$$

時間については $t=t'$ とする．しかしこれは仮定であって，V の値が光速に比べてはるかに小さい場合にのみ正しい．

変換式(8.1)は両方の慣性系について完全に対称的な形をしている．すなわち，ダッシュをつけた方の系が静止していてもう一方の系が動いていると考えた場合にも，V を $-V$ にかえれば(8.1)はそのままの形で成り立つ．この対称性は $t=t'$ としたために現われたので，もし $t \neq t'$ とすると変換 $x=x'+Vt$ と $x'=x-Vt'$ とは両立しない．そこで，時間をすべての慣性系に対して同一であると考えないことにすると，相対性原理を数学的に表現することは，(8.1)をもとにする場合に比べて面倒になる．しかも，光速に比べて小さい速さにわれわれがなれているために当り前になっている観念を，思い切って捨て去らなくてはならないことになる．

Newton 力学の方程式の右辺には粒子間の力が現われる．これらの力はそれぞれ対になる粒子の相対位置だけできまるから，座標の差をとると Vt が消え，したがって，(8.1)の変換を行なっても力は変わらない．また，方程式の左辺には加速度，すなわち時間に関する座標の2階導関数が出て来る．ところが，(8.1)には時間は1次ではいっていてどちらの系でも同一であるから，$\ddot{x}=\ddot{x}'$ となる．したがって，力学の方程式はどんな慣性系についても全く同じ形を持

つのである.

結局, (8.1) の変換を行なっても力学の方程式は形を変えない. このことを, 力学の方程式は変換(8.1)——いわゆる **Galilei 変換**——に対して**不変**であるともいう.

Galilei 変換に対して力学の法則が不変に保たれるというのが, Newton 力学における相対性原理である.

この際次のことに注意する必要がある. それは, すべての慣性系の同等性を述べる相対性原理は, 近似的な変換式(8.1), (8.2)で与えられるものよりも, はるかに普遍的な自然法則を表現するということである. 相対性原理を電磁現象にまで拡張しようとすると, 上の式をもっと一般的な式で置きかえる必要が出て来る. これらの式は, すべての速さが光速に比べてはるかに小さい場合にのみ上の式と一致する.

回転座標系 回転する座標系に移ると, 力学の方程式の中に新しい項がいくつか現われる. そこでまず, この変換に対する式を求めよう.

図12に示すように回転軸を鉛直にとり, その上に座標原点 O を選んだとしよう. 軸のまわりに回転する点 A の位置ベクトルを $\mathbf{r}$ とすれば, 回転半径は $\rho = r \sin \alpha$ であるから, 考えている点の速さ v は, 角速度の大きさ ω を用いて

$$v = \omega r \sin \alpha \qquad (8.3)$$

と表わされる. 図に示す向きに回転が起っているとすると, 紙面上にある点 A の速度 $\mathbf{v}$ は, 紙面に垂直にその裏側へ向かう. このことを使って, 速度と角速度の関係をベクトル式の形に表わすことができる. いま, 右ねじの回転方向と進行方向との関係に一致するように, 回転の角速度を, 回転軸の方向を向くベクトルによって表わすことにする. 図のような回転では, ベクトル $\boldsymbol{\omega}$ は紙面内にあって上を向いている. したがって

$$\mathbf{v} = [\boldsymbol{\omega} \mathbf{r}]. \qquad (8.4)$$

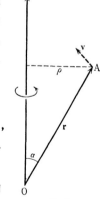

図12

このような書き方をすれば, 考えている点の速度の大きさと方向が正しく表

§8 回転座標系. 慣性力

わされる.

点 A が, 回転のほかに, 原点 O に対して $\mathbf{v}' = \dot{\mathbf{r}}$ の速度で運動を行なっているとしよう. 静止座標系から見たこの点の速度は $\mathbf{v}' + \mathbf{v}$ である. したがって, 静止系に対する運動エネルギーは $\frac{m}{2}(\mathbf{v}'+\mathbf{v})^2$, Lagrange 関数は

$$L = \frac{m}{2}(\mathbf{v}'+\mathbf{v})^2 - U(\mathbf{r}) = \frac{m}{2}(\mathbf{v}'+[\boldsymbol{\omega}\mathbf{r}])^2 - U(\mathbf{r}) \qquad (8.5)$$

となる.

さて $\mathbf{r}$ を一般座標と考えて, 回転系に対する運動を表わす Lagrange の方程式を書いてみよう. それには導関数 $\frac{\partial L}{\partial \dot{\mathbf{r}}}, \frac{\partial L}{\partial \mathbf{r}}$ を計算する必要がある. ただし, ここでベクトルによる微分記号は, 3 成分のおのおのについて微分した結果をまとめて書いたものである. このような微分法の一般規則は §11 で述べることにして, ここでは各成分ごとに別々に微分を行なうことにする.

ベクトル $\boldsymbol{\omega}$ の方向を z 軸にとると, L は

$$L = \frac{m}{2}[(\dot{x}-\omega y)^2 + (\dot{y}+\omega x)^2 + \dot{z}^2] - U(x, y, z) \qquad (8.6)$$

と書ける. これから

$$\frac{\partial L}{\partial \dot{x}} = m(\dot{x}-\omega y), \quad \frac{\partial L}{\partial \dot{y}} = m(\dot{y}+\omega x), \quad \frac{\partial L}{\partial \dot{z}} = m\dot{z};$$

$$\frac{\partial L}{\partial x} = m\omega(\dot{y}+\omega x) - \frac{\partial U}{\partial x}, \quad \frac{\partial L}{\partial y} = -m\omega(\dot{x}-\omega y) - \frac{\partial U}{\partial y}, \quad \frac{\partial L}{\partial z} = -\frac{\partial U}{\partial z}.$$

Lagrange の方程式を x, y, z 成分で書けば,

$$m(\ddot{x}-\omega\dot{y}) - m\omega(\dot{y}+\omega x) - m\dot{\omega}y + \frac{\partial U}{\partial x} = 0,$$

$$m(\ddot{y}+\omega\dot{x}) + m\omega(\dot{x}-\omega y) + m\dot{\omega}x + \frac{\partial U}{\partial y} = 0, \quad .$$

$$m\ddot{z} + \frac{\partial U}{\partial z} = 0.$$

2 階の導関数だけを左辺に残して一つのベクトル方程式にまとめれば,

$$m\ddot{\mathbf{r}} = m[\mathbf{r}\dot{\boldsymbol{\omega}}] + 2m[\dot{\mathbf{r}}\boldsymbol{\omega}] + m[\boldsymbol{\omega}[\mathbf{r}\boldsymbol{\omega}]] - \frac{\partial U}{\partial \mathbf{r}}. \qquad (8.7)$$

公式 $[\mathbf{A}[\mathbf{BC}]] = \mathbf{B}(\mathbf{AC}) - \mathbf{C}(\mathbf{AB})$ を使って右辺の 2 重のベクトル積を分解し, 成分をとってみれば, (8.7) が前の三つの連立方程式と同等であることがわか

る．成分に分けないで，(8.5)をベクトル $\mathbf{r}$ および $\dot{\mathbf{r}}$ について直接微分しても (8.7)は得られるはずである．

慣性力　回転座標系に対する運動方程式は，(8.7)の右辺の初めの三つの項があるために，静止座標系に対する運動方程式とは本質的に異なっている．

基準座標系として慣性系を選ぶかそうでない系を選ぶかは問題の性質によってきまる．たとえば，地上の物体の運動を調べる場合には，基準座標系として地球をとるのが適当で，銀河系(銀河を構成する星の集団)に固定したほかの座標系を選ぶことはない．また，列車が急停車したときに乗客がうける反動を調べようとするなら，基準座標系は静止したプラットホームではなく，列車に固定した系にすべきである．車が急ブレーキをかけても，乗客は慣性でそのまま前方に運動し続ける，あるいは，乗客は地面に固定した慣性系に対して一定の運動を続けるといってもよい．したがって，車の中にいる人は，よく知られた前向きの衝撃をうけるのである．この場合，慣性系でないのは車であって地球ではないことは明らかであろう．プラットホームにいたのでは衝撃を少しも感じないからである．

方程式(8.7)の右辺の三つの項も，列車が止る時の衝撃と全く同じ原因で，すなわち考えている系が慣性系でない(いまの場合は回転系である)ために現われたものである．慣性系でないために生ずる物体の加速度は，その系から見ればもちろん実際に存在しているのであって，慣性系で見たとき加速度が0になっていても少しもかまわないのである．方程式(8.7)は，力が余分に働いたためにこの加速度が生じたという形になっている．普通この力を**慣性力**とよぶ．慣性力が現実の力であるかないかはよく問題になるが，慣性力によって生ずる加速度が現実のものである以上，これは無用の議論である．問題はむしろ，物体間に働く力と慣性力との相違が何かということであろう．

ところが，Newton の万有引力を考えてみると，この力が，慣性力と同様に物体の質量に比例するという驚くべき事実を見のがすことはできない．このことのために，万有引力と慣性力との相違が全然なくなるように力学の方程式を立てることができる．すなわち，これらの力をすべて物理的に同等なものと考えることができるのである．しかし，そのような方程式を立てるには，力学の

基礎を再検討してもっと精密な考察を行なう必要がある．Einsteinの一般相対性理論はこの問題を取り上げたもので，これについては§20の終でもう少しくわしく説明しよう．

Coriolis の力　次に，系の回転によって(8.7)の中に現われた慣性力をさらにくわしく調べてみよう．

(8.7)の右辺第1項は角速度が一定でないことによるもので，これは取り立てて調べるまでもない．第2項は **Coriolis の力**とよばれる．この力が現われるためには，運動している点を回転座標系から見たときの速度が，回転軸に垂直な平面上に0でない射影をもっていなくてはならない．一方，この射影をさらに分解して，回転軸からその点に向かって引いた動径方向の成分と，動径に垂直な成分との二つに分けることができる．力の効果という点で最も興味があるのは，動径方向の速度成分による Coriolis の力で，これは動径にも回転軸にも垂直である．また，もし物体が動径に垂直な方向に運動しているとすると，Coriolis の力による加速度は動径の方向を向くことになり，効果の点ではあとで述べる向心加速度に似ている．

なお，形式的にでも，Coriolis の力を位置エネルギーの勾配という形に書くことはできないことを注意しておこう．

Coriolis の力が運動の向きを変化させる例は自然界にいろいろある．北半球では，子午線の方向すなわち北から南，あるいは南から北へ流れる川の水は，下流に向いて見たとき右側の岸の方へ曲げられる．その結果，このような川では右岸の方が左岸よりもけわしくなっている．この場合の Coriolis の力の成分は，次のようにして容易にわかる．まず地球の自転の角速度ベクトルは地軸の方向を向き，北極で考えれば《上向き》である．一方，北半球の中緯度附近を南下する川の水は，地軸に垂直で軸から遠ざかる方向の速度成分をもっている．したがって，Coriolis の力により地球に対して生ずる水の加速度は，西向きすなわち流れに対して右向きとなる．北向きに流れる川では，水は東に，すなわちこの場合もやはり右にふれることになる．逆に南半球では，ふれは左向きに起こる．

メキシコ湾流は北進するにつれて東に曲がり，これがヨーロッパの気候に大

きな影響を与えている．一般に Coriolis の力は，地球上の空気や水のスケールの大きな運動に本質的にきいてくる．しかし大きさからいうと，この力は重力に比べればはるかに小さい．実際，地球は1昼夜に1回自転するから，その角速度は 10^{-4} radian/sec よりわずかに小さく，また水や空気の速度は 10^2 cm/sec の程度としてよいであろう．これから Coriolis の力による加速度を計算すると 10^{-2} cm/sec^2 の程度となり，重力による加速度の10万分の1にしかならないことがわかる．

Foucault 振り子の振動面の回転も Coriolis の力による．Foucault 振り子を使えば，天体観測を行なわないでも地球の自転を証明することができる．回転していない系では，角運動量の保存則によって振動面は変化しえないからである．

遠心力　(8.7) の右辺第3項は普通の遠心力である．実際，この力は回転軸に垂直で，その絶対値は

$$|m[\boldsymbol{\omega}[\boldsymbol{\omega}\mathbf{r}]]| = m\omega|[\boldsymbol{\omega}\mathbf{r}]| = m\omega(\omega r \sin\alpha) = m\omega^2 r \sin\alpha \quad (8.8)$$

である．第1の等号のところで，ベクトル $\boldsymbol{\omega}$ と $[\boldsymbol{\omega}\mathbf{r}]$ とが垂直であること，また互いに垂直なベクトルのベクトル積の絶対値がそれぞれのベクトルの絶対値の積に等しいことを用いてある．

$r \sin\alpha$ は回転軸からの距離であるから，上の力は確かに遠心力の普通の定義通りになっている．

問　題

地球の自転によって起る Foucault 振り子の振動面の回転を論ぜよ．

　(解)　考えている地点で北向きに軸 Ox，東向きに Oy をとる．この地点の緯度を θ，地球の自転角速度の大きさを ω として $\omega_B = \omega \sin\theta$ とおけば，運動方程式は

$$\ddot{x} = -\omega_0^2 x - 2\dot{y}\omega_B, \quad \ddot{y} = -\omega_0^2 y + 2\dot{x}\omega_B, \quad \omega_0^2 = \frac{g}{l}$$

となる．第1式に y，第2式に x をかけて辺々引けば

$$\frac{d}{dt}(y\dot{x} - x\dot{y}) = -\frac{d}{dt}(y^2 + x^2)\omega_B.$$

積分して球座標に変換すれば $(x = r\cos\varphi, y = r\sin\varphi)$,
$$r^2\dot\varphi = r^2\omega_B.$$
したがって，振動面の回転角速度は
$$\dot\varphi = \omega_B = \omega\sin\theta$$
で与えられる．

§9　剛体の力学

剛体の力学は，力学の中でも独立した一章をなすほどで，工学的な応用の点でも豊富な内容を持っている．この節は，剛体の力学に現われる基礎概念を簡単に説明するのが目的である．しかし，それだけでも，その中には一般法則のよい例がいろいろ含まれている．また，剛体の力学に現われる力学的な量の中には，分子スペクトルを理解する上に必要なものがいくつかある．

剛体の運動エネルギー　　§1で述べたように，剛体は6個の自由度を持っている．そのうち3個は質量中心の運動に，あとの3個は質量中心に対する回転運動に関するものである．

一般に，質点系の運動エネルギーは，系の全質量が質量中心に集中したと考えて，それの運動エネルギーと，その系を構成する各質点の相対運動のエネルギーとの和として表わされることを§4で示した．質点系が剛体である場合には，各部分の間の相対運動は単に回転だけとなり，しかもその角速度 $\boldsymbol{\omega}$ は剛体のどの部分についても共通な値をもっている．ただし，$\boldsymbol{\omega}$ の大きさと方向が一般には時間的に変化することはいうまでもない．

剛体の回転の運動エネルギーを計算しよう．一般に，物体の密度 ρ は物体全体にわたって一様ではなく，座標の関数，すなわち $\rho = \rho(x, y, z) = \rho(\mathbf{r})$ である．物体の体積要素 dV の質量は $dm = \rho dV$，回転による速度 $\mathbf{v}$ は (8.4) によって $[\boldsymbol{\omega}\mathbf{r}]$ であるから，この体積要素の運動エネルギーは $\frac{1}{2}\rho[\boldsymbol{\omega}\mathbf{r}]^2 dV$ に等しい．したがって，剛体全体の運動エネルギーは，これを全体積にわたって積分して，

$$T = \frac{1}{2}\int \rho[\boldsymbol{\omega}\mathbf{r}]^2 dV. \tag{9.1}$$

次にベクトル積の2乗を $\boldsymbol{\omega}$ の成分で表わそう．まず $\boldsymbol{\omega}$ と $\mathbf{r}$ のなす角を α とすれば

$$[\boldsymbol{\omega}\mathbf{r}]^2 = \omega^2 r^2 \sin^2 \alpha = \omega^2 r^2 - \omega^2 r^2 \cos^2 \alpha = \omega^2 r^2 - (\boldsymbol{\omega}\mathbf{r})^2.$$

ただし
$$\omega^2 = \omega_x{}^2 + \omega_y{}^2 + \omega_z{}^2,$$
$$(\boldsymbol{\omega}\mathbf{r})^2 = (\omega_x x + \omega_y y + \omega_z z)^2$$
$$= \omega_x{}^2 x^2 + \omega_y{}^2 y^2 + \omega_z{}^2 z^2 + 2\omega_y \omega_z yz + 2\omega_z \omega_x zx + 2\omega_x \omega_y xy$$

である.

剛体であるから,成分 $\omega_x, \omega_y, \omega_z$ を積分の外へ出すことができ,まとめれば

$$T = \frac{1}{2}\omega_x{}^2 \int \rho(y^2+z^2)dV + \frac{1}{2}\omega_y{}^2 \int \rho(z^2+x^2)dV + \frac{1}{2}\omega_z{}^2 \int \rho(x^2+y^2)dV$$
$$- \omega_y \omega_z \int \rho yz\,dV - \omega_z \omega_x \int \rho zx\,dV - \omega_x \omega_y \int \rho xy\,dV \qquad (9.2)$$

となる.

慣性モーメント 物体に固定した座標系をとれば,(9.2)の中の積分はすべて物体の形と密度分布だけできまり,物体がどんな運動をしているかにはよらない.そこで次のように置く:

$$\left.\begin{array}{ll} J_{xx} = \int \rho(y^2+z^2)dV, & J_{yz} = J_{zy} = -\int \rho yz\,dV, \\ J_{yy} = \int \rho(z^2+x^2)dV, & J_{zx} = J_{xz} = -\int \rho zx\,dV, \\ J_{zz} = \int \rho(x^2+y^2)dV, & J_{xy} = J_{yx} = -\int \rho xy\,dV. \end{array}\right\} \quad (9.3)$$

ここで,二つの添字が同じものを**慣性モーメント**,ちがうもの(の符号をかえたもの)を**慣性乗積**という.

(9.3)の記号を使えば,運動エネルギーは次の形に書かれる:

$$T = \frac{1}{2}(J_{xx}\omega_x{}^2 + J_{yy}\omega_y{}^2 + J_{zz}\omega_z{}^2 + 2J_{yz}\omega_y\omega_z + 2J_{zx}\omega_z\omega_x + 2J_{xy}\omega_x\omega_y).$$
$$(9.4)$$

§2 で Lagrange の方程式を導くときに用いた和の規約にしたがって書けば,運動エネルギーは簡単に次の形をとる:

$$T = \frac{1}{2}J_{\alpha\beta}\omega_\alpha\omega_\beta.$$

慣性主軸　物体に固定した座標系 $Oxyz$ を採る．この座標系については $J_{xx}, \ldots, J_{xy}$ はすべて一定である．次に，やはり物体に固定した別の座標系 $Ox'y'z'$ をとると，1点の初めの系における座標は，解析幾何学でよく知られた公式によって，新しい系における座標を使って次のように表わされる：

$$\left.\begin{array}{l} x = x' \cos \angle(x', x) + y' \cos \angle(y', x) + z' \cos \angle(z', x), \\ y = x' \cos \angle(x', y) + y' \cos \angle(y', y) + z' \cos \angle(z', y), \\ z = x' \cos \angle(x', z) + y' \cos \angle(y', z) + z' \cos \angle(z', z). \end{array}\right\}$$

あるいは，$\cos \angle(x_\alpha', x_\beta)$ を $A_{\alpha\beta}$ と書けば*，和の規約により

$$x_\beta = x_\alpha' A_{\alpha\beta}$$

とも書ける．

同じ公式によって，任意のベクトルの成分，特に角速度ベクトルのもとの座標軸に関する成分 ω_β を新しい軸に関する成分 ω_α' で表わすことができる．

その式を運動エネルギー(9.4)に代入して，$\omega_{y}'\omega_{z}', \omega_{z}'\omega_{x}', \omega_{x}'\omega_{y}'$ および $\omega_{x}'^2, \omega_{y}'^2, \omega_{z}'^2$ についてまとめたとする．新しい座標軸を適当に選べば，必ず積 $\omega_{y}'\omega_{z}', \omega_{z}'\omega_{x}', \omega_{x}'\omega_{y}'$ の係数をすべて0にすることができることを示そう．座標系の任意の回転は，3個の独立なパラメタによって与えられる．つまり，座標系はいわば剛体と見なすことができるから，空間におけるその位置は三つの回転角によってきまる(§1参照)．それゆえ，この三つの角を適当に選ぶことによって，$\omega_{y}'\omega_{z}', \omega_{z}'\omega_{x}', \omega_{x}'\omega_{y}'$ の係数——新旧座標軸の間の角の cos の積の和——を0にすることができるのである．こうしたときの $\omega_{x}'^2, \omega_{y}'^2, \omega_{z}'^2$ の係数をそれぞれ J_1, J_2, J_3 と書けば，

$$J_1 = A_{1\alpha}A_{1\beta}J_{\alpha\beta}, \qquad J_2 = A_{2\alpha}A_{2\beta}J_{\alpha\beta}, \qquad J_3 = A_{3\alpha}A_{3\beta}J_{\alpha\beta}$$

である．したがって，$\omega_1', \ldots$ を改めて $\omega_1, \ldots$ と書くことにすれば，新しい座標系では

$$T = \frac{1}{2}(J_1\omega_1^2 + J_2\omega_2^2 + J_3\omega_3^2) \tag{9.5}$$

となる．

このように選んだ軸をその物体の**慣性主軸**という．剛体の各点についてそれぞれ慣性主軸がきまる．慣性主軸については，定義によって慣性乗積は0であ

---

*　$x_1 \equiv x, x_2 \equiv y, x_3 \equiv z$．

る．この軸に関する慣性モーメントはまた主慣性モーメントとよばれる．以下ではこれを J_1, J_2, J_3 と書くことにする．

剛体の角運動量　剛体の角運動量成分を計算しよう．定義により，角運動量成分は

$$M_x = \int \rho [\mathbf{rv}]_x dV = \int \rho [\mathbf{r}[\boldsymbol{\omega}\mathbf{r}]]_x dV = \int \rho (\omega_x r^2 - x(\boldsymbol{\omega}\mathbf{r})) dV$$
$$= \omega_x \int \rho (y^2+z^2) dV - \omega_y \int \rho xy\, dV - \omega_z \int \rho xz\, dV$$
$$= J_{xx}\omega_x + J_{xy}\omega_y + J_{xz}\omega_z, \tag{9.6}$$

あるいは単に

$$M_\alpha = J_{\alpha\beta}\omega_\beta$$

と書ける．

(9.6) と (9.4) を比べると

$$M_x = \frac{\partial T}{\partial \omega_x} \tag{9.7}$$

であることがわかる．M_y と M_z についても同様の関係が成り立つ．これをベクトル記号で書けば

$$\mathbf{M} = \frac{\partial T}{\partial \boldsymbol{\omega}}. \tag{9.8}$$

(9.7) あるいは (9.8) は，角運動量が回転に関する一般運動量であることを示している．この意味で (9.7) は (5.4) に対応している．ただ異なる点は，$\boldsymbol{\omega}$ の成分が，ある量の時間に関する全微分にはなっていないということである．このことはもう少しあとで示すが，その意味で (9.7) の ω_x は (5.4) の $\dot{\varphi}$ と完全に対応しているわけではない．

もし座標軸を慣性主軸の方向にとれば，角運動量を表わす式は (9.6) よりもさらに簡単になる．すなわち

$$M_1 = \frac{\partial T}{\partial \omega_1} = J_1 \omega_1. \tag{9.9}$$

他の成分についても同様である．

力のモーメント　　角運動量の時間的変化を表わす方程式を求めよう．質点の角運動量の時間微分は

$$\frac{d}{dt}[\mathbf{rp}] = [\dot{\mathbf{r}}\mathbf{p}] + [\mathbf{r}\dot{\mathbf{p}}] = [\mathbf{rF}]$$

となる．$\dot{\mathbf{r}}$ と $\mathbf{p}$ とは平行，したがって $[\dot{\mathbf{r}}\mathbf{p}]$ は0となるからである．この式を剛体の全体積にわたって積分し，角運動量の加算性を用いれば，全角運動量の変化は

$$\dot{\mathbf{M}} = \int [\mathbf{rF}] dV = \mathbf{K}. \qquad (9.10)$$

右辺の $\mathbf{K}$ は物体に働く力の全モーメントである．$\mathbf{F}$ を重力とすれば（大ていの場合がそうである），$\mathbf{K}$ は次のように書ける：

$$\mathbf{K} = -\int \rho g [\mathbf{rz}_0] dV.$$

ただし $\mathbf{z}_0$ は鉛直上向きの単位ベクトルである．ベクトル $\mathbf{z}_0$ は一定であるから積分の外へ出すことができ，上の式は

$$\mathbf{K} = \left[\mathbf{z}_0, \int \rho g \mathbf{r} \, dV \right]$$

となる．

　物体をその質量中心で支えたとしよう．質量中心の定義によって $\rho \mathbf{r}$ の積分は0に等しい．したがって $\mathbf{K} = 0$ となり，全角運動量は一定に保たれる．ジャイロスコープは実際このように作られている．

　剛体では，$\mathbf{K} = 0$ ならば角運動量が保存される．しかし勝手な力学系では，外力が0の場合に限って角運動量が保存される．

Euler の方程式　　$\mathbf{M}$ と $\boldsymbol{\omega}$ の関係は(9.6)で与えられる．$J_{xx}, \cdots\cdots$ などは，剛体に固定した座標系においてのみ一定の値をもつ．したがって，もし方程式(9.10)を静止座標系について書こうとすると，$\mathbf{M}$ を時間で微分する際に J_{xx}, $\cdots\cdots$ などの時間微分まで出て来ることになってきわめて不便である．そこで，物体に固定した座標系をとり，この座標系の運動による加速度を考慮して方程式を書く方がむしろ都合がよい．運動座標系におけるベクトル $\mathbf{M}$ の変化は二つの部分から成る．すなわち，一つはそのベクトル自身の変化によるもの，も

う一つは座標軸の運動によるものである．後者は $[\boldsymbol{\omega}\mathbf{M}]$ に等しい．位置ベクトル $\mathbf{r}$ の変化が $[\boldsymbol{\omega}\mathbf{r}]$ になることを§8で示したが，座標系が回転する場合には，任意のベクトルは位置ベクトルと同じように変化するからである．

座標軸を慣性主軸の方向に選ぼう．この座標系に関する慣性モーメントは一定であるから，たとえば $M_1 = J_1\omega_1$ の時間的変化は
$$\dot{M}_1 = J_1\dot{\omega}_1 + [\boldsymbol{\omega}\mathbf{M}]_1 = J_1\dot{\omega}_1 + \omega_2 M_3 - \omega_3 M_2 = J_1\dot{\omega}_1 + (J_3 - J_2)\omega_2\omega_3$$
で与えられる．

これを力のモーメントの第1成分に等しいとおき，ほかの成分についても同様の式を立てれば，
$$\left.\begin{array}{l} J_1\dot{\omega}_1 + (J_3-J_2)\omega_2\omega_3 = K_1, \\ J_2\dot{\omega}_2 + (J_1-J_3)\omega_3\omega_1 = K_2, \\ J_3\dot{\omega}_3 + (J_2-J_1)\omega_1\omega_2 = K_3. \end{array}\right\} \quad (9.11)$$

これらの式は Euler が導いたもので，**Euler の方程式**とよばれる．運動の積分の値が任意に与えられたとき，次の場合には Euler の方程式は積分できる：

1) $K_1 = K_2 = K_3 = 0$（質量中心を支える）で，慣性モーメントが任意に与えられた場合．

2) $J_2 = J_3 \neq J_1$ で，対称軸上の点を支える場合．これは対称軸に垂直な主軸に関する慣性モーメントが等しい場合で，いわゆる対称こまである．

100年以上の間，上の二つ以外に方程式(9.11)が積分できる場合は知られていなかったが，1887年に Kovalevskaya がもう一つの場合を見出した*．彼女はまた，運動の積分の値が任意に与えられたときに(9.11)が積分できるのはこれら三つの場合に限ることを証明した．

自由な対称こま　　上の三つの場合，中でも Kovalevskaya の場合は積分が非常に面倒である．そこで第1の場合を更に簡単にして，$J_2 = J_3$ のとき（自由な対称こま）だけを考えよう．

まず(9.11)の第1式から直ちに $\omega_1 = $ 一定 が出る．いま簡単のために

---

* Г. К. Суслов: Теоретическая механика, Гостехиздат, 1944（または E. T. Whittaker: Analytical Dynamics, Cambridge, 1917（訳者挿入））参照．

$$\omega_1\left(\frac{J_1}{J_2}-1\right) \equiv \Omega \tag{9.12}$$

と置こう．このとき，(9.11)の第2式および第3式は

$$\dot{\omega}_2+\Omega\omega_3 = 0, \quad \dot{\omega}_3-\Omega\omega_2 = 0 \tag{9.13}$$

と書ける．この方程式は容易に積分できて，

$$\omega_2 = \omega_\perp \cos \Omega t, \quad \omega_3 = \omega_\perp \sin \Omega t. \tag{9.14}$$

ここで $\omega_2{}^2+\omega_3{}^2=\omega_\perp{}^2$ は定数である．

このようにして，対称軸上への角運動量の射影，および他の二つの軸上への射影の2乗の和は一定に保たれる．すなわち，角運動量ベクトルは，対称軸(第1の慣性主軸)のまわりをこれと一定の角 $\arctan\dfrac{\omega_2}{\omega_1}$ をなしたまま角速度 Ω で回転することになる．

以上は物体と共に動く座標系から見た場合である．静止座標系から見れば，力のモーメントが0であるから，全角運動量の大きさも方向も一定に保たれる．すなわち，この座標系では，こまの対称軸は角運動量の方向に対して一定の傾きを保ったままそのまわりをまわり続けるのである．このような運動を**歳差運動**という．歳差運動は，外からの摂動があまり大きくなければ安定である．ジャイロスコープが安定化の働きをするのはこのことによる．

Eulerの角 さて，剛体の位置を表わすパラメタを用いて，剛体の回転を記述する方法を示そう．そのパラメタは図13に示す **Eulerの角**である．図には二つの座標系を示してある．一方は静止座標系 $Oxyz$, 他方は剛体に固定した座標系 $Ox'y'z'$ である．x', y', z' を，剛体を支えている点における慣性主軸の方向にとっておけばきわめて便利である．このとき，Euler の角とは次のようなものである．

θ: 軸 z と z' とのなす角，

φ: 軸 x と直線 OK(平面 xOy と $x'Oy'$ の交線)とのなす角，

ψ: 直線 OK と軸 x' とのなす角．

角 φ が変化するとき，角速度 $\dot{\varphi}$ を表わすベクトルは回転角 φ の平面に垂直であるから，これは軸 Oz の方向を向く．同様に，$\dot{\psi}$ のベクトルは軸 Oz', $\dot{\theta}$ のベクトルは直線 OK の方向を向くことになる．

§9 剛体の力学

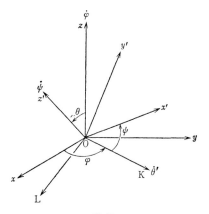

図 13

次に，慣性主軸方向の角速度成分 $\omega_1, \omega_2, \omega_3$ を一般速度 $\dot{\varphi}, \dot{\psi}, \dot{\theta}$ で表わそう．
ω_3 は角速度の Oz' 軸への射影である．この軸への $\dot{\psi}$ の射影は $\dot{\psi}$ そのものであり，$\dot{\varphi}$ の射影は $\dot{\varphi}\cos\theta$ に等しいから，

$$\omega_3 = \dot{\psi} + \dot{\varphi}\cos\theta. \tag{9.15}$$

他の二つの軸への射影を求めるために，平面 $x'Oy'$ 上に OK に垂直な直線 OL を引く．OL はまた平面 zOz' 上にある．図 13 から

$$\angle LOx' = \frac{\pi}{2}+\psi, \qquad \angle zOL = \frac{\pi}{2}+\theta.$$

$\dot{\varphi}$ の OL 上への射影は $\dot{\varphi}\cos\left(\dfrac{\pi}{2}+\theta\right) = -\dot{\varphi}\sin\theta$,

Ox' 上への射影は $-\dot{\varphi}\sin\theta\cos\left(\dfrac{\pi}{2}+\psi\right) = \dot{\varphi}\sin\theta\sin\psi$,

Oy' 上への射影は $-\dot{\varphi}\sin\theta\cos(\pi+\psi) = \dot{\varphi}\sin\theta\cos\psi$.

また，$\dot{\theta}$ の Ox' および Oy' 上への射影はそれぞれ $\dot{\theta}\cos\psi$ および $-\dot{\theta}\sin\psi$ である．よって，

$$\omega_1 = \dot{\theta}\cos\psi + \dot{\varphi}\sin\theta\sin\psi, \tag{9.16}$$
$$\omega_2 = -\dot{\theta}\sin\psi + \dot{\varphi}\sin\theta\cos\psi. \tag{9.17}$$

(9.15), (9.16), (9.17) からわかるように，$\omega_1, \omega_2, \omega_3$ は，ある量*の時間に関する全微分としては表わされない．その意味では，$\dot{\theta}, \dot{\varphi}, \dot{\psi}$ とちがって普通

---

* θ, φ, ψ のように剛体の位置により一義的にきまる量．(訳者)

の一般速度とは完全には同じものでない．

Eulerの角を用いて表わした $\omega_1, \omega_2, \omega_3$ の式を(9.5)に代入すれば，剛体の運動エネルギーを一般座標 θ, φ, ψ で表わす式がえられる．

重力場の中の対称こま 重力場の中で，対称こまを，対称軸上その質量中心から距離 l だけ下の点で支えたときのLagrange関数を求めよう．支点から測った質量中心の高さは $z = l\cos\theta$ であるから，こまの位置エネルギーは

$$U = mgz = mgl\cos\theta \tag{9.18}$$

に等しい．一方，こまの運動エネルギーは，Euler の角を使えば，

$$\begin{aligned}T &= \frac{1}{2}J_1(\omega_1^2+\omega_2^2)+\frac{1}{2}J_3\omega_3^2 \\ &= \frac{1}{2}J_1(\dot\theta^2+\dot\varphi^2\sin^2\theta)+\frac{1}{2}J_3(\dot\psi+\dot\varphi\cos\theta)^2\end{aligned} \tag{9.19}$$

となる．

(9.19)と(9.18)の差をとれば対称こまの Lagrange 関数がえられる．また和をとれば全エネルギーとなる．L が時間をあらわに含んでいないから，エネルギーは運動の積分となる．すなわち

$$\mathcal{E} = T+U = \text{一定}. \tag{9.20}$$

角 φ と ψ が L にあらわに含まれていないことに注意すれば（ψ が含まれないのはこまが対称だからである），運動の積分がさらに二つ求められる．すなわち，

$$p_\varphi = \frac{\partial L}{\partial \dot\varphi} = J_1\sin^2\theta\,\dot\varphi+J_3\cos\theta(\dot\psi+\dot\varphi\cos\theta) = \text{一定}, \tag{9.21}$$

$$p_\psi = \frac{\partial L}{\partial \dot\psi} = J_3(\dot\psi+\dot\varphi\cos\theta) = \text{一定}. \tag{9.22}$$

これらの式を用いてエネルギーの式から $\dot\varphi$ と $\dot\psi$ を消去すれば，変数 θ だけを含む式になるから，問題は単なる積分計算に帰着する．

まず，(9.22)を(9.21)に代入すれば

$$p_\varphi = J_1\sin^2\theta\,\dot\varphi+p_\psi\cos\theta.$$

これから

$$\dot{\varphi} = \frac{1}{J_1 \sin^2\theta}(p_\varphi - p_\psi \cos\theta).$$

この $\dot{\varphi}$ と (9.22) をエネルギー積分の式に代入すれば

$$\mathcal{E} = \frac{1}{2}J_1\dot{\theta}^2 + \frac{1}{2J_1}\frac{(p_\varphi - p_\psi \cos\theta)^2}{\sin^2\theta} + \frac{p_\psi^2}{2J_3} + mgl\cos\theta \quad (9.23)$$

がえられる.

このようにして，もとの問題はいわば1自由度の運動を求める問題に帰着した．ここで運動エネルギーに相当するものは $\frac{1}{2}J_1\dot{\theta}^2$, 位置エネルギーに相当するものは θ の関数である残りの項で表わされる．位置エネルギーは $\theta = 0$ と $\theta = \pi$ で無限大になるから，$0 < \theta < \pi$ の範囲にある θ に対して少なくとも1回は極小になる．もしこの極小が $\theta < \frac{\pi}{2}$ に対して起ったとすれば，こまは質量中心が支点よりも高い位置にあって安定に回転することになる．また，位置エネルギーの極小の附近では微小振動が起りうる．この振動はすでに学んだ歳差運動の上に重なって起るもので，**章動**とよばれる．

§10　力学の一般原理

　これまでは Newton の運動方程式(2.1)を基礎に置いて議論を進めて来た. すなわち, 一般座標を導入して Lagrange の方程式を導きそれからいくつかの結論をえた. この節では, Lagrange 関数の時間積分を基礎にとれば, Newton の第2法則によらないでも Lagrange の方程式がきわめて簡単に導かれることを示す. このような形で述べられた力学の基礎原理は普通**積分原理**とよばれている.

　積分原理によれば, 理論物理学のさまざまの領域——たとえば力学と電磁力学——における法則を統一的に理解することができ, それによって理論をさらに広い範囲にまで一般化することが可能となる. 積分原理の有用なのはこの点にある.

　作　用　　ある力学系に対して, Lagrange 関数
$$L = L(q, \dot{q}, t) \tag{10.1}$$
が与えられたとしよう. ここで q は一般座標, $\dot{q}$ は一般速度, t は時間である. また, 座標および速度はどれも互いに独立であるとする. いま, 座標と時間の間に勝手な関数関係 $q(t)$ を与えたとしよう. 関数 $q(t)$ は運動方程式をみたしている必要はなく, ただなめらか(微分可能)な関数で, 系に加えられたなめらかな束縛の条件をみたしてさえいればよい.

　Lagrange 関数を時間について積分した量
$$S = \int_{t_0}^{t_1} L(q, \dot{q}, t) \, dt \tag{10.2}$$
をその系の**作用**という.

　この積分は, $q(t)$ の選び方によってどのような値でも取りうる. 関数 $q(t)$ と作用 S との関係を調べるには, 勝手に与えた $q(t)$ を, これとごくわずかだけ異なる別の勝手な関数 $q'(t)$ に変えたときに, S がどれだけ変化するかを計算すればよい.

§10 力学の一般原理

変 分　上で述べた二つの道筋を図14に示す．横軸には時間，縦軸には一般座標全体を代表してその一つをとってある．

問題をはっきりさせるために，二つの道筋は，初めと終りの時刻にはそれぞれ同一の点 (t_0, q_0) および (t_1, q_1) を通るものとする．

図中の鉛直の矢印は，同じ時刻における二つの無限に近い道筋の間の差を表わす．この差を**変分**とよび，記号 δq で表わすことにする．δ の記号を用いたのは微分 d と区別するためである．すなわち，微分は同一の道筋について異なる時刻における差，変分は同一の時刻において異なる道筋についての差を表わす．

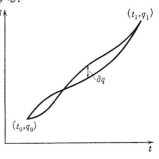

図14

図14に示した二つの道筋は形が異なるから，それに沿って運動速度も当然異なる．座標の変分を δq とすれば，速度の変分は $\delta \dot{q} = \dfrac{d}{dt}\delta q$ で与えられる．実際，近接した道筋の座標の値をそれぞれ q, q' とすれば $\delta q = q'(t) - q(t)$ であるから，その時間微分 $\dfrac{d}{dt}\delta q$ は $\dot{q}'(t) - \dot{q}(t) = \delta \dot{q}$ となって，確かに速度の変分に等しい．

次に，接近した二つの道筋について Lagrange 関数の変分を求めてみよう．$L = L(q, \dot{q}, t)$，かつ変分は同一時刻 ($\delta t = 0$) について考えるから，

$$\delta L = \frac{\partial L}{\partial q}\delta q + \frac{\partial L}{\partial \dot{q}}\delta \dot{q} \tag{10.3}$$

が成り立つ．$\delta \dot{q} = \dfrac{d}{dt}\delta q$ によって右辺の第2項を変形すれば，

$$\frac{\partial L}{\partial \dot{q}}\delta \dot{q} = \frac{\partial L}{\partial \dot{q}}\frac{d}{dt}\delta q = \frac{d}{dt}\left(\frac{\partial L}{\partial \dot{q}}\delta q\right) - \delta q \frac{d}{dt}\frac{\partial L}{\partial \dot{q}}.$$

これを (10.3) に代入すれば

$$\delta L = \frac{d}{dt}\left(\frac{\partial L}{\partial \dot{q}}\delta q\right) + \delta q\left(\frac{\partial L}{\partial q} - \frac{d}{dt}\frac{\partial L}{\partial \dot{q}}\right) \tag{10.4}$$

となる．

さて，(10.2) によって作用の変分 δS は δL の積分に等しい．

δL の積分をつくると，(10.4) の右辺第1項は全微分の形になっているから

積分できてしまう．したがって，変分 δS は

$$\delta S = \frac{\partial L}{\partial \dot{q}} \delta q \bigg|_{t_0}^{t_1} + \int_{t_0}^{t_1} \delta q \left(\frac{\partial L}{\partial q} - \frac{d}{dt} \frac{\partial L}{\partial \dot{q}} \right) dt \tag{10.5}$$

となる．

われわれは，初めと終りの時刻にはそれぞれ同一の点を通るような道筋だけを考えていた．それゆえ，時刻 t_0 および t_1 においては δq は 0 で，(10.5) の右辺第1項は消える．したがって

$$\delta S = \int_{t_0}^{t_1} \delta q \left(\frac{\partial L}{\partial q} - \frac{d}{dt} \frac{\partial L}{\partial \dot{q}} \right) dt. \tag{10.6}$$

作用の停留性　もし現実におこる運動を考えたとすれば，座標 $q(t)$ は Lagrange の方程式

$$\frac{d}{dt} \frac{\partial L}{\partial \dot{q}} - \frac{\partial L}{\partial q} = 0 \tag{10.7}$$

をみたすはずである．

これを (10.6) に代入すれば，現実の運動の近傍では作用の変分が0になることがわかる．一般に，ある量の停留点のごく近くではその量の変化は0に等しい（たとえば関数 $y = x^3$ の停留点は $x = 0$ で，そこでは $y' = 0$ である）．また停留点には3種類ある．すなわち，関数がそこで極小値をとる場合，極大値をとる場合，極値でなく単なる停留値をとるだけの場合である．

一例として，束縛力のほかには外力を全然うけないで球面上を自由に運動する点を考えよう．このような点の軌道は大円の弧である．しかし，球面上に勝手な2点を取るとき，それらを結ぶ大円の弧は長い方と短い方とが二つ考えられる．短い方の弧は S の極小値に対応するが，長い方は単なる停留値を与えるだけである*．始点と終点が直径の両端の点である場合には，S は極小値になるが，運動は一義的にはきまらない．

最小作用の原理　Lagrange の方程式を基礎にとれば $\delta S = 0$ であることがわかった．しかしこれと逆のいい方もできる．すなわち，系の最初と最後の

---

* 球面上の2点を結ぶ曲線には，いくらでも長いものが考えられるから，極大ではない．(訳者)

§10 力学の一般原理

時刻における位置をきめたとき,現実におこる運動に対しては作用の変分が0であることを要求すれば,Lagrange の方程式が導かれる.現実の運動に対しては作用は通例極小になるので,これを**最小作用の原理**とよぶ.作用を(10.2)の形に書いたのは Hamilton であった.しかし,エネルギーが一定の運動についての最小作用の原理は,これよりずっと以前 Euler によって数学的に導かれていた.われわれの場合に本質的なことは,作用が極小になることではなく,$\delta S = 0$ すなわち S が停留値をとることである.

Lagrange の方程式は,最小作用の原理から出発して前の証明を逆にたどれば得られる.まず,勝手な変分 δq に対して,$\delta S = 0$ すなわち方程式(10.6)の右辺が0であると仮定する.このとき,もし積分の中のかっこ内が0でないとすると,変分 δq は任意であることから,特にこれを $\dfrac{\partial L}{\partial q} - \dfrac{d}{dt}\dfrac{\partial L}{\partial \dot{q}}$ と同じ符号をもつように選ぶことができる.たとえば t_0, t_1 の間で $\dfrac{\partial L}{\partial q} - \dfrac{d}{dt}\dfrac{\partial L}{\partial \dot{q}}$ が何度も符号を変える場合には,δq の符号もそれに応じて変わるように選んで,(10.6)の積分の中が決して負にならないようにする.一方,負でない関数の積分は,関数がいたるところ0でない限り0になることはない.したがって,$\delta S = 0$ とすると,$\dfrac{\partial L}{\partial q} - \dfrac{d}{dt}\dfrac{\partial L}{\partial \dot{q}}$ は必ず t_0, t_1 の間のいたるところで0となる.こうして,現実の運動は最小作用の原理にしたがうと仮定すれば,必然的に Lagrange の方程式をみたすような運動が得られることがわかった.

作用を考える利点　　最小作用の原理は一見したところ不自然に感じられ,見慣れた Newton の法則に比べると直観的にはわかりにくい.そこで,次にこの原理を用いる利点がどこにあるかを説明しよう.

まず第一に,Lagrange の方程式も Newton の方程式も必ず何らかの座標変数に関係していて,その座標変数の選び方にはかなりの任意性があることに注意しよう.そればかりか,運動を記述する基準座標系をどう選ぶかも実は任意である.しかし一方,力学系で現実に起る粒子の運動は,それの記述のし方にはよらない一定の内容を持っている.たとえば,粒子が衝突する場合,どんな方法でこれを記述するにしても,衝突という現象が記述の中に必ず現われて来るはずである.

一方,積分原理こそ,座標の選び方によらずに運動法則を立てるのに特に適しているものである.すなわち,上端と下端とが与えられれば,積分の値は積分変数として何をとるかにはよらない.また,積分が停留値をとるという性質は,その積分を計算する方法によって変わることはない.

積分原理 $\delta S = 0$ は,Lagrange の方程式(2.21)と数学的には全く同等である.しかし,具体的な力学系にこの原理を応用するためには,Lagrange 関数の具体的な形がわからなくてはならない.その形は,運動法則が座標軸や基準座標系の選び方によって変わってはならないという物理的な要請から求められる.

最小作用の原理の不変性によって,力学の法則をきわめて一般的な形で考察することができ,したがって,さらに広い領域にまで法則を拡張する道が開けるのである.

Lagrange 関数の一意性　Lagrange 関数の具体的な形を求める前に,それがただ一つにきまるかどうかという問題を考えよう.実は,座標と時間の勝手な関数の時間微分 $\dfrac{d}{dt}f(q,t)$ を Lagrange 関数に加えたものも,やはり Lagrange の方程式をみたすことが示される.このことは,方程式(10.7)に上の形を代入してみればわかるが,積分原理から直接導くこともできる.もとの Lagrange 関数を L' として

$$L = L' + \frac{d}{dt}f(q,t) \tag{10.8}$$

と置けば,

$$S = \int_{t_0}^{t_1} L\,dt = \int_{t_0}^{t_1}\left(L' + \frac{df}{dt}\right)dt = \int_{t_0}^{t_1} L'dt + f\Big|_{t_0}^{t_1}. \tag{10.9}$$

したがって,S の変分には,f の変分は積分路の両端における値だけがきく.f は座標と時間だけの関数で速度を含んでいないから,f の変分は座標の変分の 1 次同次式で,したがって積分路の両端では 0 となる.それゆえ

$$\delta\int_{t_0}^{t_1} L\,dt = \delta\int_{t_0}^{t_1} L'dt. \tag{10.10}$$

結局,Lagrange 関数は,座標と時間の関数の時間に関する常微分係数を除

§10 力学の一般原理

けば一つに定まる*.

Lagrange 関数の形の決定　力学の法則を表わす積分原理がみたすべき条件をもっとはっきり述べよう.

まず第一に，慣性系はすべて同等であるから，この原理の形式はどの慣性系に対しても同じでなければならない．この要請は相対性原理から出て来る(§8 参照)．すなわち，基準座標系としてどの慣性系を選ぶかは観測者の自由であるが，運動方程式から導かれる物理的な結論は，系の選び方によって変わってはならない．

また，座標の原点と時間の原点，さらに空間における座標軸の方向をどう選ぶかも任意である．

作用がどのような形を持つべきかは決して抽象的な議論からきまるものではなく，Newton の法則と同様に，物理的な経験から帰納してきめられるものであることを忘れてはならない．最小作用の原理は，物理法則の内容がその表現方法によらないことを端的に示している．物理法則が何に関して(たとえば回転，平行移動，反転に関してなど)不変であるかは，経験から広く一般化を行なった結果きめられることで，初めから与えられているものでないことはいうまでもない．

さて Lagrange 関数の形をきめる問題に移り，まず慣性系の中の自由質点について考えよう**．慣性系では，質点は直線上を一定の速さで運動する．(このことは，自然界に慣性系が存在するという経験事実にもとづいている．) したがって，慣性系における自由質点の Lagrange 関数は，速度以外の座標の微分を含むことはない．

定義によって，自由質点は，これと互いに力を及ぼしあうような物体からは十分離れている．したがって，与えられた慣性系に固定した勝手な点に座標原点を移したときに，Lagrange 関数の形は変わってはならない．いいかえれば，

---

* ここの証明では，Lagrange 関数に少くとも $\dfrac{df}{dt}$ だけの不定性があるとしか言えていないが，実は任意の $L(q, \dot{q}, t)$ に対し，$L' = L + F(q, \dot{q}, t)$ から作った Lagrange の方程式の解が L から作ったものの解と一致するためには，$F = \dfrac{d}{dt} f(q, t)$ でなければならないことが証明される．(訳者)

** L. D. Landau and E. M. Lifshitz, Mechanics, Pergamon, 日本語訳, 力学, 東京図書, 1960.

自由質点の Lagrange 関数は座標を含んでいない.

同様の考えから, Lagrange 関数が時間を含まないこともわかる.

また座標原点だけでなく座標軸の方向の選び方も任意である. Lagrange 関数が座標軸の方向によらないためには, それはスカラー量でなくてはならない.

結局, 慣性系の中の自由質点の Lagrange 関数は, その慣性系に対する速度だけできまるスカラーである. 一方, 1個のベクトルから作られるスカラーというと, そのベクトルの大きさだけしかない. したがって

$$L = L(v^2).$$

この関数形は相対性原理から定められる. 相対性原理によれば, ある慣性系から別の慣性系に移ったとき Lagrange 関数の形が変わってはならない. Newton 力学では, この変換は (8.1) および (8.2) すなわち Galilei 変換によって与えられる. したがって, Lagrange 関数は Galilei 変換に対して不変でなくてはならない.

Galilei 変換によれば, 速度の加算則

$$\mathbf{v} = \mathbf{v}' + \mathbf{V}$$

がえられる. ここで $\mathbf{V}$ は二つの慣性系の相対速度である. Lagrange 関数は全微分の項を除いてきまるから, 上に述べた不変性が保たれるためには次の式が成り立てばよい:

$$L = L(v^2) = L[(\mathbf{v}' + \mathbf{V})^2] = L(v'^2) + \frac{df}{dt}. \tag{10.11}$$

相対性原理によって $L(v^2)$ と $L(v'^2)$ とは同じ形である.

相対速度 $\mathbf{V}$ が有限であるような任意の変換 (8.1) と (8.2) は, 無限小の変換を次々に重ねていくことによって得られる. したがって, 慣性系の相対速度 $\mathbf{V}$ が質点の速度 $\mathbf{v}$ よりはるかに小さいような変換だけを考えれば十分である. そうすると, 2次の微小量を省略して,

$$(\mathbf{v}' + \mathbf{V})^2 = v'^2 + 2\mathbf{v}'\mathbf{V}.$$

となる. $L[(\mathbf{v}' + \mathbf{V})^2]$ を展開すれば, 上と同じ近似で

$$L[(\mathbf{v}' + \mathbf{V})^2] = L(v'^2) + \frac{\partial L}{\partial (v'^2)} 2\mathbf{v}'\mathbf{V}.$$

これを (10.11) と比べれば,

§10 力学の一般原理

$$\frac{\partial L}{\partial (v'^2)}2\mathbf{v}'\mathbf{V} = \frac{\partial L}{\partial (v'^2)}2\mathbf{V}\frac{d\mathbf{r}'}{dt} = \frac{df(\mathbf{r}')}{dt}$$

がえられる．

さて，この式の第2辺の形からわかるように，これが座標だけの関数の全微分であるためには $\dfrac{\partial L}{\partial (v'^2)}$ が速度によってはならない．実際，

$$\frac{\partial L}{\partial (v'^2)} = \frac{m}{2} = 一定$$

と置けば，

$$\frac{\partial L}{\partial (v'^2)}2\mathbf{V}\frac{d\mathbf{r}'}{dt} = \frac{d}{dt}(m\mathbf{V}\mathbf{r}') = \frac{df(\mathbf{r}')}{dt}.$$

こうして，自由質点の Lagrange 関数は

$$L(v^2) = \frac{m}{2}v^2 \tag{10.12}$$

であることが示された．

互いに力を及ぼしあわない粒子から成る系の Lagrange 関数は，各粒子の Lagrange 関数の和に等しい．なぜなら，$\mathbf{v}_i = \mathbf{v}_i' + \mathbf{V}$ (i は粒子の番号) という置きかえによって全微分だけの変化しか起らないような形は，2次式 (10.12) の和の形しかないからである．

相互作用する粒子の系に対する Lagrange 関数を求めるには，相互作用の性質についていくつかの物理的な仮定を行なうことが必要である．すなわち，

1) 相互作用は粒子の速度によらない．この仮定は重力や静電気力については満たされているが，電磁気的な力に対しては正しくない．しかし，電磁気的な相互作用には粒子の速さと光の速さとの比がかかるから，Newton 力学の近似では，これは小さい量として無視すべきである．Newton 力学の Lagrange 関数はあらゆる場合に正しいわけではなく，すべての $v_i \ll c$ という現象だけに適用できるのである．

2) 相互作用によって粒子の質量は変化しない．

3) 相互作用は Galilei 変換に対して不変である．

これらの仮定から，相互作用は，粒子同士の相対位置だけできまるスカラー関数の形で Lagrange 関数の中に現われることがわかる．すなわち，

$$L = \sum_i \frac{m_i v_i^2}{2} - U(\cdots\cdots, \mathbf{r}_i - \mathbf{r}_k, \cdots\cdots). \tag{10.13}$$

この式から,エネルギー・運動量・角運動量の保存則がえられる(§4参照).

Hamilton 関数　最小作用の原理を用いて,運動方程式を別の変数の方程式に変換しよう.そのために,座標と速度の代りに座標と運動量をとる.いま,次の関係

$$p = \frac{\partial L}{\partial \dot{q}} \tag{10.14}$$

によって速度を消去することにしよう.Lagrange 関数は速度の 2 次式だから,(10.14)の右辺は速度の 1 次式となり,したがって速度について必ず解くことができる.こうして座標と運動量を用いると,Lagrange の方程式よりもっと対称的な形の方程式が得られる.

速度から運動量への変換は,エネルギー積分の式を書き直すときに(5.4),(9.21),(9.22)ですでに行なったことがある.

さて,エネルギーの式の中で,循環座標(あらわに L の中に現われないような座標)を含めてすべての自由度について速度を運動量で置きかえたとしよう.こうして座標と運動量だけで表わしたエネルギーの式を **Hamilton 関数** あるいは単に **ハミルトニアン** という.これを $\mathcal{H}$ と書けば,

$$\mathcal{E}(q, \dot{q}(p)) \equiv \mathcal{H}(q, p) = p\dot{q} - L. \tag{10.15}$$

たとえば,対称こまのハミルトニアンは,(9.23)の $\dot{\theta}$ に $\frac{p_\theta}{J_1}$ を代入して,

$$\mathcal{H} = \frac{p_\theta^2}{2J_1} + \frac{(p_\varphi - p_\psi \cos\theta)^2}{2J_1 \sin^2\theta} + \frac{p_\psi^2}{2J_3} + mgl\cos\theta \tag{10.16}$$

となる.

Hamilton の方程式　新しい変数についての方程式を導くために,最小作用の原理を表わす式の中の L を $\mathcal{H}$ に書き直そう:

$$\delta S = \delta \int_{t_0}^{t_1} (p\dot{q} - \mathcal{H})\, dt = 0. \tag{10.17}$$

ここで $\dot{q}$ は p と q によって表わされているとする.

変分を計算すれば,

$$\delta S = \int_{t_0}^{t_1}\Bigl(\delta p\dot{q}+p\delta\dot{q}-\frac{\partial\mathcal{H}}{\partial p}\delta p-\frac{\partial\mathcal{H}}{\partial q}\delta q\Bigr)dt=0.$$

(10.5)のときと同様にして，かっこ内の第2項を部分積分すれば，

$$\delta S = p\delta q\Big|_{t_0}^{t_1}+\int_{t_0}^{t_1}\Bigl[\delta p\Bigl(\dot{q}-\frac{\partial\mathcal{H}}{\partial p}\Bigr)-\delta q\Bigl(\dot{p}+\frac{\partial\mathcal{H}}{\partial q}\Bigr)\Bigr]dt.$$

第1項は積分の両端の値を代入すれば0となる．さて，この式で独立変数は p と q である．それゆえ，p の変分も q の変分も全く自由に選ぶことができる*．したがって，δS が0となるためには

$$\dot{p}+\frac{\partial\mathcal{H}}{\partial q}=0, \qquad \dot{q}-\frac{\partial\mathcal{H}}{\partial p}=0 \tag{10.18}$$

が成り立たなくてはならない．

これらの方程式は Lagrange の方程式よりも対称的な形になっている．Lagrange の方程式が2階で ν 個あるのに対して，方程式 (10.18) は1階で 2ν 個ある．これらを **Hamilton の方程式** とよぶ．

エネルギー積分による解法　　Hamilton 関数 $\mathcal{H}$ が時間 t を含まないときには，各自由度について(10.18)の第1式を第2式で割れば，方程式から t を完全に消去してしまうことができる．すなわち

$$\frac{dp}{dq}=-\frac{\dfrac{\partial\mathcal{H}}{\partial q}}{\dfrac{\partial\mathcal{H}}{\partial p}}. \tag{10.19}$$

(ここでは簡単のため1自由度の系について説明する．) 方程式(10.19)を積分すれば定数が一つえられる．その結果を使えば $\dfrac{\partial\mathcal{H}}{\partial p}$ は q の関数として形がきまるから，もう一つの定数は，方程式

$$\frac{dt}{dq}=\frac{1}{\dfrac{\partial\mathcal{H}}{\partial p}} \tag{10.20}$$

を積分して得られる．この積分定数は最初の時刻 t_0 にほかならない．

---

* 前の場合には $\delta\dot{q}$ は $\delta(dq(t)/dt)$ で，δq を与えればきまったものである．ここで δp を全く自由にとれることは説明を要する(山内恭彦著, 一般力学, 221頁, 岩波書店, 1955). (訳者)

運動量と作用の関係　現実に起る運動について計算した作用を用いると，運動量がきわめて簡単な形に表わされることを次に示そう．

そのために，積分区間の両端を実際の道筋に沿って移動させたときの作用の変化を考える*．(10.7)により，(10.5)の積分記号の中の式は，この道に沿って0である．しかし，積分された項は0ではない．積分の両端における変位を考えているから，変分は微分で置きかえなければならない．したがって，運動量の定義(4.13)を用いれば

$$dS = \frac{\partial L}{\partial \dot{q}}dq - \frac{\partial L}{\partial \dot{q}_0}dq_0 = p\,dq - p_0\,dq_0 \qquad (10.21)$$

が得られる．

ところで，実際の道筋に沿って計算した作用 S は，出発点と到着点とできまる．すなわち $S = S(q_0, q)$．したがって

$$dS = \frac{\partial S}{\partial q_0}dq_0 + \frac{\partial S}{\partial q}dq. \qquad (10.22)$$

(10.21)と(10.22)を比較すれば，運動量と作用の間に成立つ重要な関係

$$p = \frac{\partial S}{\partial q}, \qquad p_0 = -\frac{\partial S}{\partial q_0} \qquad (10.23)$$

が得られる．

これは量子力学の理論を立てる上に欠くことのできない大切な関係式である．

問　題

中心力場で運動する粒子の Hamilton 関数を求め，その運動を記述する Hamilton の方程式を導け．

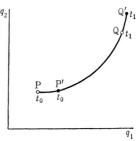

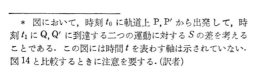

* 図において，時刻 t_0 に軌道上 P, P′ から出発して，時刻 t_1 に Q, Q′ に到達する二つの運動に対する S の差を考えることである．この図には時間 t を表わす軸は示されていない．図14と比較するときに注意を要する．(訳者)

第II部　電磁力学

§11　ベクトル解析

電磁力学の方程式は，ベクトルを用いるとずっと直観的に表わされる．ベクトル記法を使えば，座標系の選び方の任意性がおもてに出て来ないので，方程式の物理的な内容がずっと見やすくなる．

これまでも，ベクトル代数の初歩，すなわちベクトルの定義やベクトルのいろいろな形の積については，読者はすでによく知っているものと仮定して来た．しかし，電磁力学ではベクトルの微分演算が使われるので，この節ではその定義や，あとで必要となる基本的な性質について説明する．

面ベクトル　　まず，面素片を表わすベクトル $d\mathbf{f}$ を次のように定義する．すなわち，図15に示すように，考えている面の面積に等しい大きさを持ち，その面に垂直で，面のへりを回る向きに対しては右ねじの規則にしたがうような方向を向いたベクトルのことを面ベクトルという．

座標系として右手系を用いることにしよう．すなわち，z 軸の正の側から見たとき，x 軸から y 軸へ回る向きが時計の針の回る向きと逆になっていると

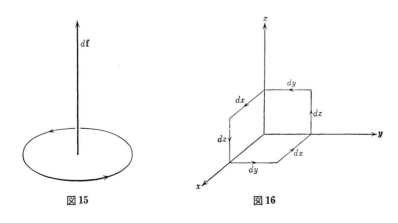

図15　　　　　　　図16

する(図16). この座標系で面ベクトル $d\mathbf{f}$ を成分に分解すれば,

$$df_x = dy\,dz, \qquad df_y = dz\,dx, \qquad df_z = dx\,dy$$

である.

ベクトルの流れ　　図17に示すように, 密度1の流体(水)が $\mathbf{v}$ という速度で, ある面 $d\mathbf{f}$ を通過して流れているとしよう. $\mathbf{v}$ と $d\mathbf{f}$ のなす角を α とする. この場合流線は速度 $\mathbf{v}$ に平行である. さて, 毎秒この面を通過する流体の量を計算してみよう. 流れに垂直で, しかも df を通りぬける流線によって貫かれている面を df' とすれば, 上の量は df' を通過する流量に等しいことは明らかである. 単位時間には, 底面積 df', 高さ v の流体柱が通過するから, この量は $v\,df'$ に等しい. また $df' = df\cos\alpha$ であるから, 求める流量は

$$dJ = v\,df' = v\,df\cos\alpha = \mathbf{v}\,d\mathbf{f} \tag{11.1}$$

で与えられる.

このことから, 一般に微小な面素片 $d\mathbf{f}$ とその点における任意のベクトル $\mathbf{A}$ とのスカラー積のことを, 面 $d\mathbf{f}$ を通過するベクトル $\mathbf{A}$ の流れとよぶ. 流体が流れる場合には, 有限の大きさの面 s を通過する流量は, その面全体にわたる dJ の積分

$$J = \int \mathbf{v}\,d\mathbf{f} \tag{11.2}$$

で与えられるが, 全く同様に, 積分

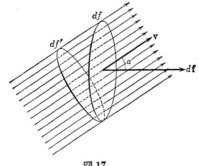

図 17

$$J = \int \mathbf{A}\,d\mathbf{f} \tag{11.3}$$

のことを，考えている面全体を通過するベクトル $\mathbf{A}$ の流れという．

前に面ベクトルを導入したのは，座標系の選び方によらない(11.3)のような見やすい表わし方をするためだったのである．(11.3)の右辺は2重積分で，成分に分けて書けば

$$J = \int \mathbf{A}\,d\mathbf{f} \equiv \iint A_x\,dy\,dz + \iint A_y\,dz\,dx + \iint A_z\,dx\,dy$$

となる．ここで各積分は，考えている面の各座標面への射影について行なう．

Gauss-Ostrogradskii の定理　　閉曲面を通り抜けるベクトルの流れを計算しよう．そのために，まず微小な平行六面体を考える(図18)．そして，面の向きを，その体積の外側に向けて引いた法線の向きであると約束する．

面 ABCD を外向きに通過するベクトル $\mathbf{A}$ の流れ dJ_ABCD は，$\mathbf{A}$ と面 ABCD のベクトルとのスカラー積である．面ベクトルは x 軸のマイナス方向を向いているから $df_x = -dydz$ で，

$$dJ_\mathrm{ABCD} = -A_x(x, y, z)\,dydz.$$

面 A'B'C'D' についても同様の式が成り立つ．ただしこの場合は $df_x = dydz$ で，A_x は $x+dx$ における値をとらなくてはならない：

$$dJ_\mathrm{A'B'C'D'} = A_x(x+dx, y, z)\,dydz.$$

したがって，x 軸に垂直な面を通って六面体の外へ出る流量は，全体で

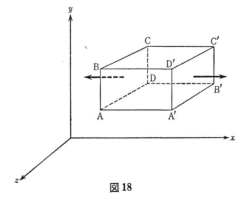

図18

$$dJ_{\mathrm{A'B'C'D'}} + dJ_{\mathrm{ABCD}} = [A_x(x+dx, y, z) - A_x(x, y, z)] dy\, dz$$
$$= \frac{\partial A_x}{\partial x} dx\, dy\, dz. \tag{11.4}$$

ただし，dx が無限小であるとして $A_x(x+dx, x, z)$ を展開してある．

y 軸および z 軸に垂直な境界面についても同様に考えれば，平行六面体からの全流出量は

$$dJ = \left(\frac{\partial A_x}{\partial x} + \frac{\partial A_y}{\partial y} + \frac{\partial A_z}{\partial z} \right) dx\, dy\, dz. \tag{11.5}$$

考えている体積が有限である場合には，これを微小な平行六面体に分割して，そのおのおのに(11.5)の式を適用すればよい．すべての六面体について流出量の和をとれば，隣りあう六面体の境界面では，一方から出た流れは必ず他方に流れこむから互いに消しあい，考えている体積の表面を通過する流量だけが残る．(11.5)の右辺はすべての体積要素 $dV = dx\, dy\, dz$ にわたる和になるから，次の重要な積分定理がえられる：

$$\int \mathbf{A}\, d\mathbf{f} = \int \left(\frac{\partial A_x}{\partial x} + \frac{\partial A_y}{\partial y} + \frac{\partial A_z}{\partial z} \right) dV. \tag{11.6}$$

これを **Gauss-Ostrogradskii の定理** という．

ベクトルの発散　(11.6)の右辺の積分の中は，もっと簡単な記号で表わすことができる．まず，(11.6)の左辺も dV もスカラーだから，積分の中の式もスカラーである．この式をベクトル $\mathbf{A}$ の発散とよんで次のように書く：

$$\mathrm{div}\, \mathbf{A} \equiv \frac{\partial A_x}{\partial x} + \frac{\partial A_y}{\partial y} + \frac{\partial A_z}{\partial z}. \tag{11.7}$$

(11.5)を使えば，座標に無関係に発散を定義することができる．実際，(11.5)によって，

$$\mathrm{div}\, \mathbf{A} \equiv \lim_{V \to 0} \frac{\int \mathbf{A}\, d\mathbf{f}}{V}. \tag{11.8}$$

すなわち，与えられた点をとり囲む閉曲面を通過するベクトルの流れと，面に囲まれている部分の体積との比を考えると，閉曲面を一点に収縮させたときのこの比の極限がこの点におけるベクトルの発散に等しい．

§11 ベクトル解析

いま，ベクトル **A** が，流体の速度場を表わすものとしよう．(11.8) の定義からわかるように，この場合 **A** の発散は流体の湧き出しの密度を与える．それは，この量が大きいほど，閉じた体積から流れ出る流体の量が多くなるからである．div **A** の符号が負の場合には吸い込みがあることになる．しかし，正負の符号までもたせてこれを湧き出しと定義しておくのが便利である．

特に，**r** の成分は x, y, z であるから，

$$\text{div } \mathbf{r} = \frac{\partial x}{\partial x} + \frac{\partial y}{\partial y} + \frac{\partial z}{\partial z} = 1+1+1 = 3 \tag{11.9}$$

となることを注意しておこう．

線積分　閉曲線に沿う次のような形のベクトル積分を考えよう：

$$C = \int \mathbf{A}\, d\mathbf{l} = \int (A_x dx + A_y dy + A_z dz). \tag{11.10}$$

この積分のことを，与えられた閉曲線に沿うベクトル **A** の **循環** という．たとえば **A** が粒子に働く力だとすると，$\mathbf{A}\, d\mathbf{l} = A\, dl \cos\alpha$ (α は力と変位とのなす角) は $d\mathbf{l}$ に沿って力が粒子にする仕事を表わす．したがって，C は閉曲線を1周するときに力がする仕事である．

Stokes の定理　ある閉曲線に沿うベクトル **A** の循環が，その閉曲線をへりとするような面の上の積分に書き直すことができることを示そう．

無限小の長方形を yz 面に射影する．図19のように，この射影もまた長方形であるとして，その周辺に沿う循環を計算しよう．まず辺 AB については $A_y(x, y, z)\, dy$，CD については $-A_y(x, y, z+dz)\, dy$ が得られる．負号を付けたのは $\overrightarrow{\text{CD}}$ が $\overrightarrow{\text{AB}}$ と反対向きだからである．辺 AB および CD についての和は

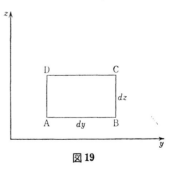

図 19

$$A_y(x, y, z)\, dy - A_y(x, y, z+dz)\, dy = -\frac{\partial A_y}{\partial z}\, dy\, dz.$$

ただし，この式では，$A_y(x,y,z+dz)$ を dz のベキに展開してある．また，辺 BC および DA についての和は

$$A_z(x,y+dy,z)dz - A_z(x,y,z)dz = \frac{\partial A_z}{\partial y}dydz.$$

したがって，ABCD に沿う循環は

$$C = \left(\frac{\partial A_z}{\partial y} - \frac{\partial A_y}{\partial z}\right)dydz = \left(\frac{\partial A_z}{\partial y} - \frac{\partial A_y}{\partial z}\right)df_x \equiv B_x df_x \quad (11.11)$$

となる．

次にこの式の意味を考えてみよう．循環は (11.10) の定義からスカラーであるから，(11.11) の右辺もスカラーでなければならない．閉曲線が yz 面内にあるときにはこの量が $C = B_x df_x$ であるから，閉曲線が一般の方向を向いているときには，(11.11) は

$$C = B_x df_x + B_y df_y + B_z df_z = \mathbf{B}\, d\mathbf{f} \quad (11.12)$$

の形のスカラー積になるはずである．(11.12) がスカラーであるためには，B_x, B_y, B_z はあるベクトルの成分でなければならない．(11.11) によって

$$B_x = \frac{\partial A_z}{\partial y} - \frac{\partial A_y}{\partial z} \quad (11.13)$$

である．zx 面，xy 面内の無限小閉曲線についての循環を求めるには，上の式の中で x, y, z を順に入れかえればよい．したがって

$$B_y = \frac{\partial A_x}{\partial z} - \frac{\partial A_z}{\partial x}, \quad (11.14)$$

$$B_z = \frac{\partial A_y}{\partial x} - \frac{\partial A_x}{\partial y} \quad (11.15)$$

である．

ベクトル $\mathbf{B}$ のことを特にベクトル $\mathbf{A}$ の**回転**とよんで，

$$\mathbf{B} = \operatorname{rot} \mathbf{A}$$

と書く．座標軸方向の単位ベクトル $\mathbf{i}, \mathbf{j}, \mathbf{k}$ を用いて表わせば，

$$\mathbf{B} = \operatorname{rot} \mathbf{A} = \mathbf{i}\left(\frac{\partial A_z}{\partial y} - \frac{\partial A_y}{\partial z}\right) + \mathbf{j}\left(\frac{\partial A_x}{\partial z} - \frac{\partial A_z}{\partial x}\right) + \mathbf{k}\left(\frac{\partial A_y}{\partial x} - \frac{\partial A_x}{\partial y}\right). \quad (11.16)$$

(11.12) は次のようになる：

$$\int \mathbf{A}\, d\mathbf{l} = (\operatorname{rot} \mathbf{A})_n\, df \quad (11.17)$$

ここで，添字 n は，考えている面に垂直な方向(ベクトル $d\mathbf{f}$ の方向)への成分をとることを示す．(11.17)によれば，座標を用いないで rot $\mathbf{A}$ を定義することができる．すなわち，div $\mathbf{A}$ を(11.8)で定義したのと同様に

$$(\text{rot}\,\mathbf{A})_n = \lim_{f \to 0} \frac{\int \mathbf{A}\,d\mathbf{l}}{f} \tag{11.18}$$

とするのである．つまり，与えられた点で，ある面に垂直な方向への rot $\mathbf{A}$ の射影は，その面を一点に収縮させたときの，面の周辺に沿う循環とその面の面積との比の極限に等しい．

積分 $\int \mathbf{A}\,d\mathbf{l}$ が 0 にならないためには，ベクトル $\mathbf{A}$ の場を表わす線が積分路に沿って全体として閉じていなくてはならない*．これは，$\mathbf{A}$ を流体の速度であるとすると，流体が渦運動をしている場合に流線が閉曲線をつくっていることに対応している．この積分の極限を回転と呼ぶのはこのためである．

有限の大きさの面を囲む閉曲線に沿う循環を計算する場合には，この面を細かい網目でいくつかの微小部分に分割する．これら微小部分を囲む閉曲線に沿う循環を加えあわせたとすると，微小部分同士の境界線に沿っては逆向きに2度積分することになるからその効果は消しあい，結局一番外側の周辺に沿う循環だけが残る．一方，(11.17)の右辺を加えあわせたものは，考えている閉曲線をへりとする面を通過する rot $\mathbf{A}$ の流れを与える．したがって，

$$\int \mathbf{A}\,d\mathbf{l} = \int \text{rot}\,\mathbf{A}\,d\mathbf{f}. \tag{11.19}$$

これを **Stokes の定理** という．

位置ベクトルによる微分 ベクトルの発散や回転を求めることは，ベクトル変数 $\mathbf{r}$ による微分演算であった．これらは次のような方法で統一的に書き表わすことができる．すなわち，次の成分をもつベクトルを ∇ と書く**:

$$\nabla_x \equiv \frac{\partial}{\partial x}, \quad \nabla_y \equiv \frac{\partial}{\partial y}, \quad \nabla_z \equiv \frac{\partial}{\partial z}. \tag{11.20}$$

この記号を使えば，(11.7)は

---

* 積分路の中に閉じた流線を含んでいなければならないこと．(訳者)

** ∇ はナブラ(nabla)と読む．ナブラは三角形をした古代の楽器である．この記号をデル(del)ということもある．

$$\mathrm{div}\,\mathbf{A} = \nabla_x A_x + \nabla_y A_y + \nabla_z A_z \equiv (\nabla \mathbf{A}), \qquad (11.21)$$

また (11.16) は

$$\mathrm{rot}\,\mathbf{A} = \mathbf{i}(\nabla_y A_z - \nabla_z A_y) + \mathbf{j}(\nabla_z A_x - \nabla_x A_z) + \mathbf{k}(\nabla_x A_y - \nabla_y A_x)$$
$$\equiv [\nabla \mathbf{A}] \qquad (11.22)$$

と書ける.

これらの記号はベクトル解析にきわめて便利である. 代数的な演算に関しては, ∇ は普通のベクトルによく似ている. ある式に ∇ の演算を施して微分する場合に《∇ をかける》などという. 場合によっては, あるベクトルに ∇ がかかっていても, そのベクトルを微分するのではなくて, 別のベクトルを微分しなくてはならないことがある ((11.30), (11.32) 参照).

勾配　スカラー φ に ∇ の演算を施すとベクトルがえられる. これをスカラー φ の**勾配**とよんで, 次のように書く:

$$\mathrm{grad}\,\varphi \equiv \nabla\varphi = \mathbf{i}\frac{\partial\varphi}{\partial x} + \mathbf{j}\frac{\partial\varphi}{\partial y} + \mathbf{k}\frac{\partial\varphi}{\partial z}. \qquad (11.23)$$

その成分は

$$\nabla_x \varphi = \frac{\partial\varphi}{\partial x}, \quad \nabla_y \varphi = \frac{\partial\varphi}{\partial y}, \quad \nabla_z \varphi = \frac{\partial\varphi}{\partial z} \qquad (11.24)$$

である.

(11.24) から, ベクトル $\nabla\varphi$ は曲面 $\varphi = $ 一定 に垂直であることがわかる. 実際, この曲面上にのっているベクトル $d\mathbf{l}$ をとると, 変位 $d\mathbf{l}$ によって φ は変化しない. すなわち

$$d\varphi = \frac{\partial\varphi}{\partial x}dl_x + \frac{\partial\varphi}{\partial y}dl_y + \frac{\partial\varphi}{\partial z}dl_z = (\nabla\varphi, d\mathbf{l}) = 0. \qquad (11.25)$$

この式は, 曲面 $\varphi = $ 一定 の上の 1 点で曲面に接する平面内にある任意のベクトルと, その点での $\nabla\varphi$ とが直交することを表わしている.

積の微分　∇ を含む微分演算の規則を次に述べよう.

まず二つのスカラーの積の勾配は, 積を微分するときと同じ計算で求められる. すなわち,

§11 ベクトル解析

$$\nabla(\varphi\phi) = \varphi\nabla\psi + \phi\nabla\varphi. \tag{11.26}$$

スカラーとベクトルの積の発散は

$$\operatorname{div}(\varphi\mathbf{A}) = (\nabla_\varphi, \varphi\mathbf{A}) + (\nabla_\mathbf{A}, \varphi\mathbf{A}) = (\mathbf{A}\nabla\varphi) + \varphi(\nabla\mathbf{A})$$
$$= \mathbf{A}\operatorname{grad}\varphi + \varphi\operatorname{div}\mathbf{A}. \tag{11.27}$$

ただし，∇ の添字は ∇ の演算が施される量を示す．

同様に，ベクトル $\varphi\mathbf{A}$ の回転は

$$\operatorname{rot}(\varphi\mathbf{A}) = [\nabla_\varphi, \varphi\mathbf{A}] + [\nabla_\mathbf{A}, \varphi\mathbf{A}] = [\operatorname{grad}\varphi, \mathbf{A}] + \varphi\operatorname{rot}\mathbf{A}. \tag{11.28}$$

次に，二つのベクトルの積に ∇ の演算を施せば

$$\operatorname{div}[\mathbf{AB}] = (\nabla[\mathbf{AB}]) = (\nabla_\mathbf{A}[\mathbf{AB}]) + (\nabla_\mathbf{B}[\mathbf{AB}]).$$

∇ は普通のベクトルと同じように取扱えるから，ここで右辺の二つの項の中の因子の順序をかえる．ただし，第2項についてはまず $\mathbf{A}$ と $\mathbf{B}$ とを入れかえ，$\nabla_\mathbf{B}$ のすぐ後に $\mathbf{B}$ をもって来ておいてから上のことを行なえば，ベクトル積の符号がかわるから，

$$\operatorname{div}[\mathbf{AB}] = (\mathbf{B}[\nabla_\mathbf{A}\mathbf{A}]) - (\mathbf{A}[\nabla_\mathbf{B}\mathbf{B}]) = \mathbf{B}\operatorname{rot}\mathbf{A} - \mathbf{A}\operatorname{rot}\mathbf{B}. \tag{11.29}$$

ベクトル積の回転については，$[\mathbf{A}[\mathbf{BC}]] = \mathbf{B}(\mathbf{AC}) - \mathbf{C}(\mathbf{AB})$ の関係を用いて，

$$\operatorname{rot}[\mathbf{AB}] = [\nabla_\mathbf{A}[\mathbf{AB}]] + [\nabla_\mathbf{B}[\mathbf{AB}]]$$
$$= (\nabla_\mathbf{A}\mathbf{B})\mathbf{A} - (\nabla_\mathbf{A}\mathbf{A})\mathbf{B} + (\nabla_\mathbf{B}\mathbf{B})\mathbf{A} - (\nabla_\mathbf{B}\mathbf{A})\mathbf{B}$$
$$= (\mathbf{B}\nabla)\mathbf{A} - \mathbf{B}\operatorname{div}\mathbf{A} + \mathbf{A}\operatorname{div}\mathbf{B} - (\mathbf{A}\nabla)\mathbf{B}. \tag{11.30}$$

ここで $(\mathbf{A}\nabla)$, $(\mathbf{B}\nabla)$ は共にスカラーで，∇ の定義により，たとえば

$$(\mathbf{A}\nabla) = A_x\nabla_x + A_y\nabla_y + A_z\nabla_z = A_x\frac{\partial}{\partial x} + A_y\frac{\partial}{\partial y} + A_z\frac{\partial}{\partial z} \tag{11.31}$$

である．したがって，$(\mathbf{A}\nabla)\mathbf{B}$ は，ベクトル $\mathbf{B}$ の各成分に (11.31) の演算を施して得られるベクトルである．

最後に，スカラー積 $\mathbf{AB}$ の勾配を前と同じようなやり方で計算しよう．すなわち，

$$\operatorname{grad}(\mathbf{AB}) = \nabla_\mathbf{A}(\mathbf{AB}) + \nabla_\mathbf{B}(\mathbf{AB})$$
$$= [\mathbf{B}[\nabla_\mathbf{A}\mathbf{A}]] + (\mathbf{B}\nabla_\mathbf{A})\mathbf{A} + [\mathbf{A}[\nabla_\mathbf{B}\mathbf{B}]] + (\mathbf{A}\nabla_\mathbf{B})\mathbf{B}$$
$$= [\mathbf{B}\operatorname{rot}\mathbf{A}] + (\mathbf{B}\nabla)\mathbf{A} + [\mathbf{A}\operatorname{rot}\mathbf{B}] + (\mathbf{A}\nabla)\mathbf{B}. \tag{11.32}$$

特別の場合　∇ の演算が現われる重要な場合をいくつか述べておく．
div の定義(11.7)により，(11.27)および(11.9)を用いて

$$\text{div}\,\frac{\mathbf{r}}{r^3} = \frac{1}{r^3}\,\text{div}\,\mathbf{r} + \mathbf{r}\,\text{grad}\,\frac{1}{r^3} = \frac{3}{r^3} - \frac{3(\mathbf{rr})}{r^5} = 0. \quad (11.33)$$

また，

$$(\text{rot}\,\mathbf{r})_x = \frac{\partial z}{\partial y} - \frac{\partial y}{\partial z} = 0$$

であるから

$$\text{rot}\,\mathbf{r} = 0. \quad (11.34)$$

次に，

$$(\mathbf{A}\nabla)x = A_x\frac{\partial x}{\partial x} + A_y\frac{\partial x}{\partial y} + A_z\frac{\partial z}{\partial y} = A_x$$

によって

$$(\mathbf{A}\nabla)\mathbf{r} = \mathbf{A}. \quad (11.35)$$

最後に，位置ベクトルの絶対値だけによるベクトルに ∇ をほどこしたときの公式を求めよう．それにはまず次のことに注意する．すなわち，

$$\frac{\partial r}{\partial x} = \frac{\partial}{\partial x}\sqrt{x^2+y^2+z^2} = \frac{x}{\sqrt{x^2+y^2+z^2}} = \frac{x}{r}$$

から

$$\nabla r = \frac{\mathbf{r}}{r}. \quad (11.36)$$

関数の関数を微分するときの規則にしたがって

$$\text{div}\,\mathbf{A}(r) = (\nabla\mathbf{A}) = \left(\nabla r, \frac{d\mathbf{A}}{dr}\right) = \frac{(\mathbf{r}\dot{\mathbf{A}})}{r}. \quad (11.37)$$

ただし，$\dot{\mathbf{A}}$ は $\mathbf{A}(r)$ を r について微分したベクトルで，その直角成分は $\dot{A}_x, \dot{A}_y, \dot{A}_z$ によって与えられる．

さらに，

$$\text{rot}\,\mathbf{A}(r) = [\nabla\mathbf{A}] = \left[\nabla r, \frac{d\mathbf{A}}{dr}\right] = \frac{[\mathbf{r}\dot{\mathbf{A}}]}{r}. \quad (11.38)$$

二重の微分演算　∇ の演算を 2 回続けて施した場合の公式を導こう．
まず，スカラーの grad の rot は 0 である：

$$\text{rot grad } \varphi = [\nabla, \nabla\varphi] = [\nabla\nabla]\varphi = 0. \tag{11.39}$$

なぜなら，任意のベクトル(今の場合 ∇)とそれ自身とのベクトル積は 0 だからである．(11.39)は成分をとってみても容易に証明できる．同様に，ベクトルの rot の div も常に 0 である：

$$\text{div rot } \mathbf{A} = (\nabla[\nabla\mathbf{A}]) = ([\nabla\nabla]\mathbf{A}) = 0. \tag{11.40}$$

次にスカラーの grad の div を求めてみよう．定義の式 (11.7) と (11.24) によって

$$\text{div grad } \varphi = (\nabla, \nabla\varphi) = (\nabla\nabla)\varphi = \frac{\partial^2 \varphi}{\partial x^2} + \frac{\partial^2 \varphi}{\partial y^2} + \frac{\partial^2 \varphi}{\partial z^2} \equiv \Delta\varphi. \tag{11.41}$$

ここで Δ はいわゆる **Laplace の演算子**あるいは**ラプラシアン**である：

$$\Delta = \frac{\partial^2}{\partial x^2} + \frac{\partial^2}{\partial y^2} + \frac{\partial^2}{\partial z^2}.$$

最後に，ベクトルの rot の rot は，これを2重積と考えて展開すれば

$$\text{rot rot } \mathbf{A} = [\nabla[\nabla\mathbf{A}]] = \nabla(\nabla\mathbf{A}) - (\nabla\nabla)\mathbf{A} = \text{grad div } \mathbf{A} - \Delta\mathbf{A}. \tag{11.42}$$

ベクトル $\mathbf{A}$ のラプラシアンはこの式で定義される．曲線座標では，$\Delta\varphi$ と $\Delta\mathbf{A}$ とは異なる形をとる((11.46)および問題3参照)．

曲線座標　　曲線座標で grad, div, rot およびスカラーの Δ がどのような形に表わされるかを次に示そう．

空間内の線素の2乗 dl^2 を曲線座標 q_1, q_2, q_3 の微分で表わしたとき，その式の中に $dq_1{}^2, dq_2{}^2, dq_3{}^2$ だけが現われて $dq_2 dq_3, dq_3 dq_1, dq_1 dq_2$ が現われない場合に，これを直交曲線座標という(直角座標 x, y, z はその一例である：$dl^2 = dx^2 + dy^2 + dz^2$)．すなわち，直交曲線座標では

$$dl^2 = h_1{}^2 dq_1{}^2 + h_2{}^2 dq_2{}^2 + h_3{}^2 dq_3{}^2 \tag{11.43}$$

が成り立つ．たとえば球座標では $q_1 = r, q_2 = \theta, q_3 = \varphi$ で，線素は

$$dl^2 = dr^2 + r^2 d\theta^2 + r^2 \sin^2\theta \, d\varphi^2$$

だから，

$$h_1 = 1, \quad h_2 = r, \quad h_3 = r\sin\theta$$

である．

いま，図20のような微小六面体を考えよう．このとき，grad の成分は

$$
\begin{aligned}
(\operatorname{grad}\phi)_1 &= \frac{1}{h_1}\frac{\partial\phi}{\partial q_1}, \\
(\operatorname{grad}\phi)_2 &= \frac{1}{h_2}\frac{\partial\phi}{\partial q_2}, \\
(\operatorname{grad}\phi)_3 &= \frac{1}{h_3}\frac{\partial\phi}{\partial q_3}
\end{aligned}
\quad (11.44)
$$

に等しい.

div の式を求めるために,図20の六面体に Gauss-Ostrogradskii の定理を適用する.面 ABCD の面積は $h_2 h_3 dq_2 dq_3$ だから,この面を面ベクトルの方向に通過するベクトル **A** の流れは
$-A_1(q_1, q_2, q_3) h_2 h_3 dq_2 dq_3$.
ただし h_2 と h_3 も点 (q_1, q_2, q_3) におけ

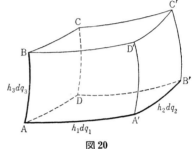

図 20

る値をとるものとする.q_1+dq_1 の位置にあるもう一つの面 A′B′C′D′ を通過する流れとの和をつくれば,(11.4)でやったと同様に後者を dq_1 で展開して,

$$\frac{\partial}{\partial q_1}(h_2 h_3 A_1) dq_1 dq_2 dq_3$$

をうる.したがって,六面体の全表面を通過する流出量は

$$J = \left[\frac{\partial}{\partial q_1}(h_2 h_3 A_1) + \frac{\partial}{\partial q_2}(h_3 h_1 A_2) + \frac{\partial}{\partial q_3}(h_1 h_2 A_3)\right] dq_1 dq_2 dq_3.$$

一方,div の定義(11.8)によって,

$$J = \operatorname{div}\mathbf{A}\, h_1 h_2 h_3 dq_1 dq_2 dq_3 = \operatorname{div}\mathbf{A}\, dV$$

であるから,

$$\operatorname{div}\mathbf{A} = \frac{1}{h_1 h_2 h_3}\left[\frac{\partial}{\partial q_1}(h_2 h_3 A_1) + \frac{\partial}{\partial q_2}(h_3 h_1 A_2) + \frac{\partial}{\partial q_3}(h_1 h_2 A_3)\right]. \quad (11.45)$$

この式の中の A_1, A_2, A_3 に(11.44)を代入すれば,曲線座標におけるスカラーの Δ がえられる.特に球座標では,

$$\Delta\phi = \frac{1}{r^2}\frac{\partial}{\partial r}\left(r^2\frac{\partial\phi}{\partial r}\right) + \frac{1}{r^2\sin\theta}\frac{\partial}{\partial\theta}\left(\sin\theta\,\frac{\partial\phi}{\partial\theta}\right) + \frac{1}{r^2\sin^2\theta}\frac{\partial^2\phi}{\partial\varphi^2}. \quad (11.46)$$

Stokes の定理を用いれば,曲線座標における rot を求めることもできる.

§11 ベクトル解析

あとで使うために結果だけを書いておこう：

$$\begin{aligned}
(\text{rot } \mathbf{A})_1 &= \frac{1}{h_2 h_3}\left[\frac{\partial}{\partial q_2}(h_3 A_3) - \frac{\partial}{\partial q_3}(h_2 A_2)\right], \\
(\text{rot } \mathbf{A})_2 &= \frac{1}{h_3 h_1}\left[\frac{\partial}{\partial q_3}(h_1 A_1) - \frac{\partial}{\partial q_1}(h_3 A_3)\right], \\
(\text{rot } \mathbf{A})_3 &= \frac{1}{h_1 h_2}\left[\frac{\partial}{\partial q_1}(h_2 A_2) - \frac{\partial}{\partial q_2}(h_1 A_1)\right].
\end{aligned} \qquad (11.47)$$

問　題

以下の問題では，成分に分解するよう特に指定してない限り，(11.26)から(11.42)までのベクトル式をそのまま用いるのがよい．

1 次の式を計算せよ：　　　　　　　　答：

a) $\Delta \dfrac{1}{r}$　$(r \neq 0)$．　　　$\Delta \dfrac{1}{r} = \text{div grad}\, \dfrac{1}{r} = -\text{div}\, \dfrac{\mathbf{r}}{r^3} = 0$．

b) $\text{div}\, \varphi(r)\mathbf{r}$, $\text{rot}\, \varphi(r)\mathbf{r}$．　　　$3\varphi + r\dot{\varphi}$,　0．

c) $\nabla(\mathbf{Ar})$　$(\mathbf{A} = 一定)$．　　　$\mathbf{A}$．

d) $\nabla(\mathbf{A}(r)\mathbf{r})$．　　　$\mathbf{A} + \dfrac{\mathbf{r}}{r}(\mathbf{r}\dot{\mathbf{A}})$．

e) $\text{div}\, \varphi(r)\mathbf{A}(r)$, $\text{rot}\, \varphi(r)\mathbf{A}(r)$．　　　$\dfrac{\dot{\varphi}}{r}(\mathbf{rA}) + \dfrac{\varphi}{r}(\mathbf{r}\dot{\mathbf{A}})$,　$\dfrac{\dot{\varphi}}{r}[\mathbf{rA}] + \dfrac{\varphi}{r}[\mathbf{r}\dot{\mathbf{A}}]$．

f) $\text{div}\,[\mathbf{r}[\mathbf{Ar}]]$　$(\mathbf{A} = 一定)$．　　　$-2(\mathbf{Ar})$．

g) $\text{rot}\,[\mathbf{r}[\mathbf{Ar}]]$　$(\mathbf{A} = 一定)$．　　　$3[\mathbf{rA}]$．

h) $\Delta \mathbf{A}(r)$　$((11.42)$を見よ$)$．　　　$\ddot{\mathbf{A}} + \dfrac{2}{r}\dot{\mathbf{A}}$．

i) $\nabla(\mathbf{A}(r)\mathbf{B}(r))$．　　　$\dfrac{\mathbf{r}}{r}(\mathbf{A}\dot{\mathbf{B}}) + \dfrac{\mathbf{r}}{r}(\dot{\mathbf{A}}\mathbf{B})$．

j) $\text{div}\,[\mathbf{Ar}]$　$(\mathbf{A} = 一定)$．　　　0．

k) $\text{rot}\,[\mathbf{Ar}]$　$(\mathbf{A} = 一定)$．　　　$2\mathbf{A}$．

l) $\Delta \dfrac{\mathbf{r}}{r}$．　　　$-\dfrac{2\mathbf{r}}{r^3}$．

2 $\Delta \psi$ を円柱座標で書き表わせ．

3 球座標における $\Delta \mathbf{A}$ の3成分を求めよ．

4 二つの閉曲線 l_1, l_2 が互いにからみあっている．それぞれの曲線上の点の位置ベクトルを $\mathbf{r}_1$ および $\mathbf{r}_2$，曲線に沿う線素を $d\mathbf{l}_1$ および $d\mathbf{l}_2$ とする．いま，閉曲線 l_2 が閉曲線 l_1 のまわりに n 回からみついているとすれば，積分

$$\alpha = \int \left(d\mathbf{l}_2 \int \left[d\mathbf{l}_1, \nabla_1 \frac{1}{|\mathbf{r}_1-\mathbf{r}_2|} \right] \right)$$

の値は $4\pi n$ に等しいこと (Ampère の定理) を証明せよ. ただし, ∇_1 は $\mathbf{r}_1$ に関する演算を示す.

積分の順序を交換し, 積の因子の順序を入れかえれば,

$$\alpha = \iint \left(d\mathbf{l}_1 \left[\nabla_1 \frac{1}{|\mathbf{r}_1-\mathbf{r}_2|}, d\mathbf{l}_2 \right] \right).$$

$d\mathbf{l}_1$ の積分に Stokes の定理 (11.19) を適用して,

$$\alpha = \iint \left(\mathrm{rot}_1 \left[\nabla_1 \frac{1}{|\mathbf{r}_1-\mathbf{r}_2|}, d\mathbf{l}_2 \right] df_1 \right).$$

rot_1 は $\mathbf{r}_1$ に関する微分だから, $d\mathbf{l}_2$ はこの演算に対しては一定と考えてよい. したがって, 公式 (11.30) により

$$\mathrm{rot}_1 \left[\nabla_1 \frac{1}{|\mathbf{r}_1-\mathbf{r}_2|}, d\mathbf{l}_2 \right] = (d\mathbf{l}_2 \nabla_1) \nabla_1 \frac{1}{|\mathbf{r}_1-\mathbf{r}_2|} - d\mathbf{l}_2 \, \mathrm{div}_1 \nabla_1 \frac{1}{|\mathbf{r}_1-\mathbf{r}_2|}.$$

右辺第2項の $\mathrm{div}_1 \nabla_1$ は Δ_1 と書けるから, 問題1 a) によってこの項は0となる. したがって

$$\mathrm{rot}_1 \left[\nabla_1 \frac{1}{|\mathbf{r}_1-\mathbf{r}_2|}, d\mathbf{l}_2 \right] = (d\mathbf{l}_2 \nabla_1) \nabla_1 \frac{1}{|\mathbf{r}_1-\mathbf{r}_2|} = -(d\mathbf{l}_2 \nabla_2) \nabla_1 \frac{1}{|\mathbf{r}_1-\mathbf{r}_2|}.$$

ただし第2辺から第3辺へ移るところで, 微分の中が差 $\mathbf{r}_1-\mathbf{r}_2$ だけの関数であることを用いてある.

簡単のために $\mathbf{r} \equiv \mathbf{r}_1-\mathbf{r}_2$ と書けば, 求める積分は

$$\alpha = -\int (d\mathbf{l}_2 \nabla_2) \int d\mathbf{f}_1 \nabla_1 \frac{1}{|\mathbf{r}_1-\mathbf{r}_2|} = -\int (d\mathbf{l}_2 \nabla_2) \int d\mathbf{f}_1 \nabla \frac{1}{r}$$

となる.

第2の積分の中の意味を考えてみよう. これは

$$d\mathbf{f}_1 \nabla \frac{1}{r} = -\frac{(d\mathbf{f}_1 \mathbf{r})}{r} \frac{1}{r^2}$$

と書けるが, スカラー積 $\frac{(d\mathbf{f}_1 \mathbf{r})}{r}$ は, 閉曲線 l_1 をへりとする面を分割してできた面素片のベクトル $d\mathbf{f}_1$ を, 閉曲線 l_2 の上の点から引いた位置ベクトル $\mathbf{r}$ の上へ射影したものである. いいかえれば, $\frac{(d\mathbf{f}_1 \mathbf{r})}{r}$ はこの面素片を $\mathbf{r}$ に垂直な平面上に射影した面積である, したがって, これを $\mathbf{r}^2$ で割ったものは, 点 $\mathbf{r}_2$ から面素片 df_1 を見たときの立体角に等しい. こうして, 積分 $\int \frac{(d\mathbf{f}_1 \mathbf{r})}{r^3}$ は, 点 $\mathbf{r}_2$ を頂点とし母線がすべて閉曲線 l_1 を通るような錐の頂角 Ω であることがわかる.

さて $(d\mathbf{l}_2 \nabla_2) \Omega$ は, 閉曲線 l_2 に沿って $d\mathbf{l}_2$ だけ移動したときの立体角 Ω の増加量である. したがって,

$$\alpha = \int (d\mathbf{l}_2 \nabla_2)\Omega = \int d\Omega = \Omega_2 - \Omega_1.$$

これは，閉曲線 l_2 を1周したときの，閉曲線 l_1 を見る立体角の全変化を与える．いま，1周する出発の点を面 f_1 の上にとると，そこでの立体角 Ω_1 は -2π である．もし l_2 が l_1 を1回だけ取り巻いているとすれば，1周した後には出発点のちょうど裏側から f_1 を見ることになるから，立体角 Ω_2 は 2π に等しい．また l_1 と l_2 がからみあっていなければ，立体角はもとの値 -2π にもどり，積分は0となる．一般に l_2 が l_1 に n 回からみついていれば，l_2 に沿う積分は $4\pi n$ に等しい．

§12 電磁場. Maxwell の方程式

力学と電磁力学における相互作用　電磁力学における荷電物体の相互作用は，電荷と電磁場との相互作用である．しかし，電磁力学における場の概念は Newton 力学の場の概念とは根本的に異なっている．

重力の働く空間は重力場とよばれる．Newton 力学では，ある時刻に場の中の任意の点で働く力は，重力を及ぼす物体がどんなに遠方にあっても，それら物体のその時刻における位置だけできまる．ところが電磁力学では，場をこのようなものと考えたのでは十分でない．一つの電荷から他の電荷へ電磁的な作用が伝わる間に，作用をうける方の電荷が相当長い距離を移動してしまう可能性があるからである．素電荷をもつ粒子——電子・陽子・中間子など——は，電磁的作用が伝わる速さに近い速さで運動することがしばしばある．

新しい重力理論(一般相対性理論，§20)によれば，重力の相互作用も有限の速さで伝わる．しかし，マクロな世界の物体はこれよりもはるかに小さい速さでしか運動しないから，たとえば太陽系のスケールの現象では，重力の伝わる速度が有限だといっても，Newton 力学の運動法則を修正しなくてはならないほどの影響はない．

素電荷の電磁力学では，電磁的な撹乱の伝わる速さが有限であることは重要な意味をもっている．点電荷を考えると，ある時刻に場がその電荷に及ぼす影響は，電荷が存在する位置におけるその時刻の場だけできまる．Newton 力学に現われる《遠隔作用》に対して，このような作用のことを《近接作用》という．

荷電粒子のエネルギーや運動量が場の影響で変化したとすると，その変化はすぐには電磁場だけにしか伝えられない．ほかの粒子のエネルギーや運動量が変化するまでには，どうしても有限の時間が必要である．ところが，これは電磁場自身がエネルギーと運動量を持っていることを意味している．これに対して，Newton 力学では，相互作用しあう粒子だけがエネルギーと運動量を持っていると仮定することができた．以上のことから，電磁場を荷電粒子などと全く同じ程度に確かな物理的実体であると考える必要がある．また，電磁力学

の方程式は，電磁的な攪乱の伝播や電荷と電磁場の相互作用を直接的に記述するようなものでなくてはならない．

電荷同士の間の相互作用は電磁場を通して行なわれる．Coulomb の法則や Biot-Savart の法則には，荷電粒子の同一時刻における位置や速度だけが出て来るが，これは近似であって，粒子同士の相対速度が電磁的な攪乱の伝播速度に比べてはるかに小さい場合にのみ正しいのである．

あとで述べるように，この伝播速度は電磁力学の方程式の中に現われる基本定数である．これは真空中での光速に等しく，3×10^{10} cm/sec にきわめて近い値をもつ．

電荷のない場　電磁場が電荷とは独立に存在する実体であることは，電荷のない場合に電磁力学の方程式が解をもつことからもよくわかる．この解は真空中の電磁波を表わし，その特別な場合が光波になる．光が電磁的なものであることは，このようにして電磁力学によって示されたのである．

2世紀の間，光の波動論の支持者達は，光波を伝えるものとして，空間に充満している特別な弾性媒質――いわゆる《エーテル》――を考えた．そもそも振動が伝わるためには，振動する何かがなくてはならない．この何かあるもののことを**エーテル**と名づけたのである．媒質中を音波が伝わる現象からの類推によって，エーテルは流体の性質を持つものと考えられた．当時は物理現象を説明するのに，これをすべて何かある物体の力学的な運動に帰着させるという方法がとられていた．特に光の現象は，エーテルという媒質の粒子の運動であると考えられたのである．

ここには，《自然は真空をきらう》という，例のおかしな考え方が現われている．この考えは，真空の空間を《何もない所》したがって何事もおこりえない所とみなす全くの空論である．物理学者は，電磁場が，もっと直接に知覚される，《重さのある物質》と同じ程度に実体的なものであることを決してすぐには認識できなかった．電磁力学の法則はきわめて基本的なものであって，それから原子の相互作用を導くことができ，これによって真空中の場(電荷の存在しない場)とは比較にならないほど複雑な実在の流体(媒質中の電磁場)の性質をも説明する．場を一種の流体と考えるのが，《何もない空間》という概念を避けるだ

けのためであるとしたらそれは意味のないことである．物理空間は電磁場のにない手であり，したがって実在する物体の状態や運動とは不可分のものである．無線工学では今日でもなお《エーテル》という言葉が用いられているが*，これは電磁場にほかならない．

電磁場 電磁力学の基礎方程式を導こう．まず，一般物理学または電磁気学ですでに学んだ簡単な法則から始める．われわれはまずこれらの法則を，原子から成る物質——電磁力学では普通《媒質》という——がない場合に適用する（こういう言葉を使ったからといって，電磁場が実体的なものでないと考えてはならない）．そのあとで，真空に対する方程式から媒質（導体または誘電体）中の電磁場の方程式を導く．

よく知られているように，電磁場は4個の量：電場ベクトル・電束密度ベクトル・磁場ベクトル・磁束密度ベクトルによって記述される．空間内のある点における電場ベクトルとは，その点に置かれた単位の電荷に働く力のことをいう．今後は，場のベクトルのことを単に場とよぶ．磁場ベクトル（あるいは単に磁場）も電場と同様に定義される．電気の場合とちがって，単独の磁荷は自然界に存在しないけれども，長い棒磁石を作れば，その一端に働く磁気力はそこに点磁荷を置いた場合とちょうど同じになる．

電束密度ベクトルと磁束ベクトルの厳密な定義は§16で述べる．そこでは，真空中に点電荷がある場合の方程式から出発して，媒質中の場の方程式を導く．なお，真空中の電磁場を記述するのに4個のベクトルは不必要で，電場と磁場の二つで足りることを注意しておこう．

単位系 この本では，電磁気的な量をすべて Gauss 単位系で表わすことにする．Gauss 単位系では電気量と磁気量の単位はどちらも $g^{\frac{1}{2}} cm^{\frac{3}{2}} sec^{-1}$，電場と磁場の単位は共に $g^{\frac{1}{2}} cm^{-\frac{1}{2}} sec^{-1}$ である．電気量または磁気量を Gauss 単位で表わして Coulomb の法則の式に代入すれば，それらの間に働く力は dyne ($= g\, cm\, sec^{-2}$) 単位で表わされることになる．

---

* これはソ連での話であろう．（訳者）

§12 電磁場．Maxwell の方程式

起電力　閉回路に存在する起電力とは，単位の電気量を回路に沿って一周させたとき電場によってなされる仕事のことである．この際，その閉回路はどんなものでもかまわない．すなわち，回路全体が導体であっても，あるいは単に空間の中に描いた閉曲線であってもよい．§11 の記法を用いて起電力を表わしてみよう．与えられた点で単位の電荷に働く力は電場 **E** である．道筋 $d\mathbf{l}$ に沿って電荷を動かすとき，この力のする仕事はスカラー積 $\mathbf{E}\,d\mathbf{l}$ に等しいから，閉回路全体についての仕事，すなわち起電力は

$$\text{起電力} = \int \mathbf{E}\,d\mathbf{l} \tag{12.1}$$

によって与えられる．

面を通過する磁束　与えられた閉曲線をへりとするような面を考えよう．磁場を **H** で表わすと，この面の微小部分 $d\mathbf{f}$ を通過する磁場ベクトルの流れ——磁束——は，§11 の定義によって $d\Phi = \mathbf{H}\,d\mathbf{f}$ である．したがって，面全体を通過する磁束は

$$\Phi = \int \mathbf{H}\,d\mathbf{f} \tag{12.2}$$

に等しい．

　これは次のように考えるとわかりやすい．考えている面の一部で，通過する磁束が 1，すなわち $\Delta\Phi = 1$ (Gauss 単位で) であるような部分をとり，その上の一点を通ってその点での磁場ベクトルに接するような線を引くのである．よく知られているように，各点で磁場ベクトルに接する曲線のことを**磁力線**とよぶ．

　それゆえ，考えている面を通過する全磁束は，定義によって，その面を通りぬける磁力線の数に等しい．

　磁力線は閉じているか無限遠まで伸びているかである．実際，磁力線に初めか終りがあるとすれば，それは単独の磁荷の上しかない．ところが，自然界には単独の磁荷は存在しない．永久磁石では，磁力線は磁石の中で閉じているのである．

　これから次のことがわかる．すなわち，ある閉曲線をへりとするいろいろな面を考えたとき，それらを通過する磁束は，同一の時刻にはどの面についても

等しい.なぜなら,もしそうでないとすると,通過する磁束が0であるような二つの面で囲まれた空間に,磁力線の始点か終点がなければならないからである.すなわち,ある時刻に,与えられた閉曲線をへりとするような勝手な面を通過する磁力線の数は,どの面についても等しい.したがって,磁束は閉曲線だけできまり,どの面について計算するかにはよらない.

Faraday の電磁誘導の法則　　Faraday の電磁誘導の法則は次の方程式によって与えられる:

$$起電力 = -\frac{1}{c}\frac{\partial \Phi}{\partial t}. \tag{12.3}$$

すべての量を Gauss 単位で表わせば,この式の比例係数 c は速度の次元を持つことになり,その値は 3×10^{10} cm/s に等しい.

Faraday の法則は,普通導体の回路に対して適用される.起電力は $\int \mathbf{E}\, d\mathbf{l}$ に等しく,単位の電荷を回路に沿って一周させたときに場によってなされる仕事である.これは,回路の各部分における場の値が与えられれば,どんな回路に対してもきまる.導体の回路では,この仕事は Joule 熱の発生に使われてしまう.同様のことは真空中にとった閉回路についても考えられる.ただこのときには,ベータトロンの場合のように,電荷に対してなされた仕事は,電荷の運動エネルギーを増加させるのに使われる.

rot E の方程式　　方程式(12.3)は任意の閉曲線について成り立つ.(12.1)と(12.2)の定義式をこれに代入すれば,

$$\int \mathbf{E}\, d\mathbf{l} = -\frac{1}{c}\frac{\partial}{\partial t}\int \mathbf{H}\, d\mathbf{f}. \tag{12.4}$$

左辺は Stokes の定理(11.19)によって面積積分に直すことができる.また,右辺の時間微分と面積積分は共に独立変数に関する演算であるから,順序が交換できる.これを左辺に移せば,

$$\int \left(\operatorname{rot} \mathbf{E} + \frac{1}{c}\frac{\partial \mathbf{H}}{\partial t}\right) d\mathbf{f} = 0. \tag{12.5}$$

ところで,考えている閉曲線は全く任意で,その大きさや形はどのようにと

ってもかまわない．もし仮に積分(12.5)のかっこ内の式が0でないとすると，閉曲線およびそれをへりとする面を適当に選んで，積分(12.5)が0でないようにすることができる．したがって，

$$\text{rot } \mathbf{E} + \frac{1}{c}\frac{\partial \mathbf{H}}{\partial t} = 0 \tag{12.6}$$

でなくてはならない．

　方程式(12.6)は，(12.3)と比べて物理的に特に新しい内容を持っているわけではなく，同じ電磁誘導の法則をただ無限小の回路に対して微分形で書いたものにすぎない．しかし，この法則を応用する場合には，積分形よりも微分形の方が便利なことが多い．

　方程式(12.6)の中の定数 c は真空中の光速に等しいことをあとで示す．

div H の方程式　　すでに述べたように，磁力線は，それ自身で閉じているかまたは無限遠まで伸びているかのどちらかである．したがって，勝手な閉曲面を考えると，その中にはいってくる磁力線の数と，出て行く磁力線の数とは等しい．つまり，真空中では，任意の閉曲面を通過する磁束は0である．すなわち

$$\int \mathbf{H}\, d\mathbf{f} = 0. \tag{12.7}$$

Gauss-Ostrogradskii の定理(11.6)を用いて体積積分に直せば

$$\int \text{div } \mathbf{H}\, dV = 0. \tag{12.8}$$

　いま，もし div H が0でないとすると，閉曲面が全く任意に選べることから，積分領域を div H が一定の符号を持つような小さい領域に選ぶことができる．しかし，そうすると $\int \text{div } \mathbf{H}\, dV$ は0にはならなくなって，(12.8)したがって(12.7)と矛盾する．それゆえ，

$$\text{div } \mathbf{H} = 0 \tag{12.9}$$

でなくてはならない．

　方程式(12.9)は，無限小の体積について(12.7)を微分形に書いたものである．§11で述べたように，ベクトルの div はそのベクトル場の湧き出し密度であ

る. 磁場ベクトルの場合には, 場の湧き出しは磁力線の源としての磁荷であるはずだが, (12.9)はそのような磁荷が存在しないことを示している.

方程式(12.6)と(12.9)とをあわせて **Maxwell の方程式**(第1群)という.

次に第2群の方程式を導こう.

div E の方程式 閉曲面を通過する電束は0でなく, その面の内部に存在する電荷の総量 e の 4π 倍に等しい. すなわち, 次の定理が成り立つ:

$$\int \mathbf{E}\, d\mathbf{f} = 4\pi e. \tag{12.10}$$

この定理は, 点電荷に対する Coulomb の法則から導かれる. 電気量 e の点電荷による電場は

$$\mathbf{E} = \frac{e}{r^2}\frac{\mathbf{r}}{r}$$

で与えられる. $\mathbf{r}$ は点電荷から測った位置ベクトルである. すなわち, 場の大きさは r^2 に逆比例し, その向きは位置ベクトルの向きである.

電荷を中心とする球面でこの電荷を取り囲んだとしよう. 球面の面積要素 $d\mathbf{f}$ が中心に対して張る立体角を $d\Omega$ とすれば, $d\mathbf{f} = r^2 d\Omega \frac{\mathbf{r}}{r}$ である. ここで $\frac{\mathbf{r}}{r}$ は面の法線の方向を示す. したがって, $d\mathbf{f}$ を通過する電束は

$$\mathbf{E}\, d\mathbf{f} = \frac{e}{r^2}\frac{\mathbf{r}}{r}\cdot r^2 d\Omega \frac{\mathbf{r}}{r} = e\, d\Omega.$$

結局, 球面全体を通過する電束は $\int e\, d\Omega = e\int d\Omega = 4\pi e$ となる.

ところが, 電気力線は電荷からしか出て来ないから, 球面でもほかの勝手な閉曲面でも, 電荷を内部に含んでさえいれば, それを通りぬける電束の値にはかわりがない. したがって, 電荷 e が閉曲面の内部に勝手な分布をしている場合にも等式(12.10)が成り立つ.

(12.10)を微分形に書き直すために, 電荷密度という概念を導入する. これは単位体積当りに含まれる電荷のことをいう. すなわち, 電荷密度を ρ とすれば, これは全電荷と

$$e = \int \rho\, dV \tag{12.11}$$

の関係で結ばれている．あるいは $\rho = \lim_{\Delta V \to 0} \frac{\Delta e}{\Delta V}$ である．(12.11)を(12.10)の右辺に代入し，Gauss-Ostrogradskiiの定理によって左辺を変形すれば，

$$\int (\text{div}\,\mathbf{E} - 4\pi\rho)\,dV = 0. \tag{12.12}$$

さらに，(12.8)から(12.9)を導いたときと同じ論法を使えば，

$$\text{div}\,\mathbf{E} = 4\pi\rho \tag{12.13}$$

が得られる．divを(11.8)の意味に解釈すれば，電場の湧き出し密度は電荷密度の4π倍に等しいということができる．

点電荷の密度関数　　点電荷の密度関数は極限操作によってえられる．まず，小さいけれども有限な体積 ΔV の中に有限の電気量 e が分布していると仮定すれば，電荷密度 ρ は比 $\frac{e}{\Delta V}$ で与えられる．

いま，体積 ΔV を0に近づけると，電荷密度はかなり奇妙なものになる．すなわち，電荷密度は，電荷が存在する点を除けばいたる所0だが，$\frac{e}{\Delta V}$ の分子は有限であるのに分母が無限に小さくなるから，その一点だけでは無限に大きくなる．しかし，その積分は

$$\int \rho\,dV = \frac{e}{\Delta V}\int dV = \frac{e}{\Delta V}\cdot \Delta V = e$$

となって電荷そのものの値に等しいのである．そこで，電荷密度という概念を点電荷に対しても使うことができる．つまり，この場合の密度関数 ρ は，電荷が存在する点を除けばいたる所0であって，それを積分したものは，積分領域の内部に電荷が含まれていれば電荷 e そのものとなり，含まれていなければ0となるようなものと考えるのである．

電荷の保存則　　電磁力学における最も重要な法則の一つに電荷の保存則がある．どんな系でも，外から電荷がはいって来ない限り，系の中にある全電気量は一定に保たれる．自然界に起る粒子の変化に際しては，電荷の保存則は厳密に成り立つことが知られている．（これに反して，質量の保存則は近似的にしか成り立たない！）

電荷の保存則を微分形に書き表わすためには，**電流密度**の概念を導入する必

要がある．すなわち，考えている点における電荷密度を ρ，電荷の速度を $\mathbf{v}$ とすると，そこでの電流密度 $\mathbf{j}$ を

$$\mathbf{j} = \rho \mathbf{v} \qquad (12.14)$$

と定義する．電荷密度の単位は[電気量の単位]/cm^3 だから，電流密度の単位は[電気量の単位]/cm^2·sec である．いいかえれば，単位面積を単位時間に単位の電気量が通過する場合を電流密度の単位にとる．点電荷の場合には，$\mathbf{v}$ はそれの速度，ρ は上で定義した密度関数である．

ある面を通って出て行く全電流は

$$I = \int \mathbf{j}\,d\mathbf{f} = \int \rho\,(\mathbf{v}\,d\mathbf{f}) \qquad (12.15)$$

に等しい．面が閉じている場合には，I は，この閉曲面の内部にある電気量が単位時間に減少する割合に等しくなくてはならない．すなわち

$$I = -\frac{\partial e}{\partial t} \qquad (12.16)$$

が成り立つ(電荷の保存則の積分形)．(12.11) の e を (12.16) に代入し，(12.15) に対し Gauss-Ostrogradskii の定理を適用すれば，

$$\int \left(\frac{\partial \rho}{\partial t} + \operatorname{div} \mathbf{j}\right) dV = 0. \qquad (12.17)$$

積分領域は任意であるから，電荷の保存則の微分形として，これから

$$\frac{\partial \rho}{\partial t} + \operatorname{div} \mathbf{j} = \frac{\partial \rho}{\partial t} + \operatorname{div}(\rho \mathbf{v}) = 0 \qquad (12.18)$$

がえられる．

変位電流 定常電流の理論で知られているように，定常電流の流線はすべて閉じている．実際，もし電流が閉じていないとすると，その端の所に電荷がたまってきたり減っていったりして定常ではありえないからである．しかし非定常の場合でも，電流を適当に定義すれば，その流線が必ず閉じているように(あるいは無限遠までとどいているように)することができる．そのために，(12.13) を微分して，$\frac{\partial \rho}{\partial t}$ を電荷の保存則の式 (12.18) に代入すると，

$$\frac{\partial \rho}{\partial t} = \frac{1}{4\pi} \operatorname{div} \frac{\partial \mathbf{E}}{\partial t}$$

であるから,

$$\operatorname{div}\left(\mathbf{j}+\frac{1}{4\pi}\frac{\partial \mathbf{E}}{\partial t}\right)=0. \tag{12.19}$$

これを (12.9) と比べれば, ベクトル

$$\mathbf{j}+\frac{1}{4\pi}\frac{\partial \mathbf{E}}{\partial t}$$

に対する流線は常に閉じていることがわかる. ベクトル $\frac{1}{4\pi}\frac{\partial \mathbf{E}}{\partial t}$ のことを**変位電流**密度とよぶ. 変位電流と真電流 $\mathbf{j}$ をあわせると, 閉じた流線の系が得られる.

次のように考えると変位電流の意味がもっとはっきりする. 図21はコンデンサーの極板を導線でつないだところである. 導線を流れる電流 I は, コンデンサーの両極にある電荷の単位時間当りの変化に等しいから,

$$I=\frac{\partial e}{\partial t}.$$

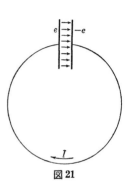

図21

一方, コンデンサーの極板の面積を f とすれば, 極板間の電場 $\mathbf{E}$ と電荷との間には

$$E=\frac{4\pi e}{f}$$

の関係がある. したがって,

$$I=\frac{f}{4\pi}\frac{\partial E}{\partial t}.$$

であるから, $\frac{1}{4\pi}\frac{\partial E}{\partial t}$ を一種の電流密度と見なすことができ, この電流とあわせてはじめて, 真電流 $\left(\text{密度}\ j=\frac{I}{f}\right)$ が閉じたものとなる. これが方程式 (12.19) の意味である.

磁場の影響が, 変位電流に対しても普通の電流に対するのと全く同じように現われるという考えは, Maxwell の電磁力学の基礎となっている.

起磁力 起電力 $\int \mathbf{E}\,d\mathbf{l}$ と同様に, 閉曲線について起磁力 $\int \mathbf{H}\,d\mathbf{l}$ を定義

することができる．定常電流に対する Biot-Savart の法則を用いれば，閉曲線についての起磁力は，その閉曲線をへりとする面を貫く電流の値 I に $\dfrac{4\pi}{c}$ をかけたものであることが示される．すなわち，

$$\int \mathbf{H}\,d\mathbf{l} = \frac{4\pi I}{c}. \tag{12.20}$$

無限に長い直線電流の場合には，この式は簡単に証明できる．それには，電流に垂直な面内で，電流を中心とする円周に沿って起磁力を計算すればよい．Biot-Savart の法則により，磁場はこの円周に沿う方向を向き，その大きさは，円の半径を r とすれば $H = \dfrac{2I}{cr}$ である．したがって，この円周に沿って H は一定で，起磁力は $2\pi r H = \dfrac{4\pi I}{c}$ となる．

勝手な形の閉曲線については，Biot-Savart の法則の微分形を使わなくてはならない．すなわち，

$$d\mathbf{H} = \frac{I[d\mathbf{l}_1, \mathbf{r}]}{cr^3}$$

であるから，起磁力は次の積分

$$\int \mathbf{H}\,d\mathbf{l} = \int \frac{I}{c}\left(d\mathbf{l} \int \frac{[d\mathbf{l}_1, \mathbf{r}]}{r^3}\right)$$

で表わされる．そこで，もし考える閉曲線 l が電流の流れている回路 l_1 を 1 回だけ取巻いていれば，Ampère の定理(§ 11, 問題 4)によって上の積分の値は $\dfrac{4\pi I}{c}$ となる．

rot H の方程式　　Maxwell が考えたように，電場が変化しているときには，変位電流に対しても (12.20) が成り立つと仮定しよう．そうすると電流は常に閉じることとなり，定常電流の場合と全く同様にして起磁力を計算することができる．場と電流が変化する場合には，起磁力の式の中の I を，閉曲線を貫いて流れる全電流，すなわち $\int \mathbf{j}\,df + \dfrac{1}{4\pi}\int \dfrac{\partial \mathbf{E}}{\partial t}df$ であるとするのである．もちろんこれは初めから明らかなことではなくて，この仮定に立って導かれた Maxwell の方程式が，急速に変化する電磁場に関する一連の現象を説明し予言することができるという事実から，その正しさがわかるのである．(場の変化があまり急速でないときには，変位電流は普通小さくて問題にならない．)

§12 電磁場. Maxwell の方程式

さて,全電流が,電荷の移動による電流(密度 $\mathbf{j}$)と変位電流 $\left(\text{密度} \dfrac{1}{4\pi}\dfrac{\partial \mathbf{E}}{\partial t}\right)$ とから成るものとしよう. 仮定により

$$\int \mathbf{H}\,d\mathbf{l} = \frac{4\pi}{c}\int \left(\mathbf{j}+\frac{1}{4\pi}\frac{\partial \mathbf{E}}{\partial t}\right)d\mathbf{f} \equiv \frac{4\pi}{c}I \qquad (12.21)$$

である.

この式の左辺を Stokes の定理 (11.19) によって変形し,第2辺とあわせれば

$$\int \left(\operatorname{rot}\mathbf{H}-\frac{1}{c}\frac{\partial \mathbf{E}}{\partial t}-\frac{4\pi\mathbf{j}}{c}\right)d\mathbf{f}=0. \qquad (12.22)$$

(12.5)から(12.6)を導いたときと同じ論法を用いると,微分方程式

$$\operatorname{rot}\mathbf{H}-\frac{1}{c}\frac{\partial \mathbf{E}}{\partial t}-\frac{4\pi\mathbf{j}}{c}=0 \qquad (12.23)$$

がえられる.

この方程式が電荷の保存則と矛盾していないことは次のようにすればすぐにわかる. 両辺の div をとれば, (11.40) によって $\operatorname{div}\operatorname{rot}\mathbf{H}=0$ であるから,

$$\frac{1}{c}\frac{\partial}{\partial t}\operatorname{div}\mathbf{E}+\frac{4\pi}{c}\operatorname{div}\mathbf{j}=0.$$

そこで, (12.13)によって $\operatorname{div}\mathbf{E}$ を $4\pi\rho$ で置きかえれば,電荷の保存則(12.18)が得られる.

方程式 (12.23) は,単に Biot-Savart の法則を微分形に書いたというだけのものではない. この中には変位電流が現われている. これは定常電流の理論にはなかったものである.

Maxwell の方程式 真空における Maxwell の方程式をもう一度書いてみよう.

第1群の方程式は

$$\operatorname{rot}\mathbf{E}=-\frac{1}{c}\frac{\partial \mathbf{H}}{\partial t}, \qquad (12.24)$$

$$\operatorname{div}\mathbf{H}=0; \qquad (12.25)$$

第2群の方程式は

$$\operatorname{rot}\mathbf{H}=\frac{1}{c}\frac{\partial \mathbf{E}}{\partial t}+\frac{4\pi\mathbf{j}}{c}, \qquad (12.26)$$

$$\text{div}\,\mathbf{E} = 4\pi\rho \tag{12.27}$$

である.

　これらの方程式の中で,電荷密度 ρ と電流密度 $\mathbf{j}$ は与えられた量と考える.定めるべき未知量は場ベクトル $\mathbf{E}$ と $\mathbf{H}$ である.これらはそれぞれ 3 個ずつの成分をもっている.

　Maxwell の方程式は全部で 8 個あるが,そのうち独立なものは場の成分の数と同じく 6 個である.実際,$\text{div}\,\text{rot} \equiv 0$ という関係があるために,(12.24) と (12.26) の左辺の成分は全部がそれぞれ互いに独立でないからである*.

電磁場のポテンシャル　　新しい未知量を導入して,Maxwell の方程式の一つ一つがそれぞれ 1 個の未知量しか含まないようにすることができる.それによって方程式の数は減ることになる.これらの新しい量のことを電磁場のポテンシャルという.

　まず,Maxwell の第 1 群の方程式が恒等的にみたされるようにポテンシャルを選ぼう.方程式(12.25) を満足させるには

$$\mathbf{H} = \text{rot}\,\mathbf{A} \tag{12.28}$$

と置けばよい.こうすれば,(11.40) によって $\text{div}\,\mathbf{H}$ は恒等的に 0 となるからである.$\mathbf{A}$ はベクトルポテンシャルとよばれる.

　次に,電場については

$$\mathbf{E} = -\frac{1}{c}\frac{\partial \mathbf{A}}{\partial t} - \nabla\varphi \tag{12.29}$$

と置く.φ はスカラーポテンシャルとよばれる.(11.39) により $\text{rot}\,\nabla\varphi = 0$ であるから,(12.28) と (12.29) を代入すれば(12.24)は恒等的に満足される.

ポテンシャルの不定性　　電磁場 $\mathbf{E}$ と $\mathbf{H}$ はそれぞれ電荷および電流に働く力を与える量であるから,はっきりした物理的な意味を持っている.これらの場はポテンシャルを微分したものとして表わされる.それゆえ,ポテンシャル

---

*　(12.24)から $0 = \text{div}\,\text{rot}\,\mathbf{E} = -\dfrac{1}{c}\dfrac{\partial}{\partial t}(\text{div}\,\mathbf{H})$, $\text{div}\,\mathbf{H} = C$,

(12.26)から $0 = \dfrac{1}{c}\dfrac{\partial}{\partial t}\text{div}\,\mathbf{E} + \dfrac{4\pi}{c}\text{div}\,\mathbf{j} = \dfrac{1}{c}\dfrac{\partial}{\partial t}(\text{div}\,\mathbf{E} - 4\pi\rho) = 0$, $\text{div}\,\mathbf{E} - 4\pi\rho = C'$.
$t = 0$ で $C, C' = 0$ とすれば(12.25), (12.27)が成り立つ. (訳者)

§12 電磁場.Maxwellの方程式

は,微分したとき 0 になるような項だけは不定である.これらの項は,ポテンシャルができるだけ簡単な形の方程式を満足するように選ぶことが望ましい.そこで,場を変化させない範囲で最も一般的なポテンシャルの変換式を求めよう.

方程式(12.28)からわかるように,ベクトルポテンシャルに勝手な関数の grad を加えても磁場には変化がない.実際,

$$\mathbf{A} = \mathbf{A}' + \nabla f(x, y, z, t) \tag{12.30}$$

と置くと,rot grad が恒等的に 0 であることから,磁場は

$$\mathbf{H} = \operatorname{rot} \mathbf{A} = \operatorname{rot} \mathbf{A}'$$

となって前と変わらない.

ベクトルポテンシャルに ∇f をつけ加えたために電場が変わらないようにするためには,スカラーポテンシャルを

$$\varphi = \varphi' - \frac{1}{c}\frac{\partial f}{\partial t} \tag{12.31}$$

に変えておかなくてはならない.こうすれば,電場は

$$\mathbf{E} = -\frac{1}{c}\frac{\partial \mathbf{A}}{\partial t} - \nabla \varphi = -\frac{1}{c}\frac{\partial \mathbf{A}'}{\partial t} - \frac{1}{c}\frac{\partial}{\partial t}\nabla f - \nabla \varphi' + \nabla\frac{1}{c}\frac{\partial f}{\partial t}$$

$$= -\frac{1}{c}\frac{\partial \mathbf{A}'}{\partial t} - \nabla \varphi'$$

となって変化がない.

このように,ポテンシャルは変換(12.30)および(12.31)だけ不定である.この変換を**ゲージ変換**とよぶ.

Lorentz の条件 任意関数 f を適当に選んで,Maxwell の第 2 群の方程式をできるだけ簡単な形にすることを考えよう.(12.28)と(12.29)を(12.26)に代入すれば

$$\operatorname{rot} \operatorname{rot} \mathbf{A} = -\frac{1}{c^2}\frac{\partial^2 \mathbf{A}}{\partial t^2} - \frac{1}{c}\frac{\partial}{\partial t}\nabla \varphi + \frac{4\pi \mathbf{j}}{c}. \tag{12.32}$$

公式(11.42)にしたがって rot rot **A** を書き直せば,この式は

$$-\Delta \mathbf{A} + \frac{1}{c^2}\frac{\partial^2 \mathbf{A}}{\partial t^2} + \nabla\left(\operatorname{div} \mathbf{A} + \frac{1}{c}\frac{\partial \varphi}{\partial t}\right) = \frac{4\pi \mathbf{j}}{c} \tag{12.33}$$

となる.

ここで(12.33)のかっこの中が0になるようにする. 簡単のために, かっこ内の式を a と書けば, 変換(12.30)と(12.31)を行なって,

$$a = \text{div } \mathbf{A} + \frac{1}{c}\frac{\partial \varphi}{\partial t} = \text{div } \mathbf{A}' + \frac{1}{c}\frac{\partial \varphi'}{\partial t} + \Delta f - \frac{1}{c^2}\frac{\partial^2 f}{\partial t^2}. \quad (12.34)$$

f はこれまでは任意であったが, ここで次の方程式をみたすように定める：

$$\Delta f - \frac{1}{c^2}\frac{\partial^2 f}{\partial t^2} = a. \quad (12.35)$$

そうすると, (12.34)から, ポテンシャルには次の条件が課せられることになる：

$$\text{div } \mathbf{A}' + \frac{1}{c}\frac{\partial \varphi'}{\partial t} = 0. \quad (12.36)$$

これを **Lorentz の条件** という.

すでに示したように, 場をポテンシャルで表わす場合, ポテンシャルにゲージ変換を行なっても場は変わらなかった. そこで, 今後はいつもこの変換を行なってポテンシャルに Lorentz の条件を課し, 記号 ' は省くことにする.

ポテンシャルの方程式 方程式(12.33)と Lorentz の条件から, ベクトルポテンシャルに対する方程式

$$\Delta \mathbf{A} - \frac{1}{c^2}\frac{\partial^2 \mathbf{A}}{\partial t^2} = -\frac{4\pi \mathbf{j}}{c} \quad (12.37)$$

がえられる.

スカラーポテンシャルに対する式も容易にえられる. 方程式(12.27)と(12.29)により,

$$\text{div } \mathbf{E} = -\frac{1}{c}\frac{\partial}{\partial t}\text{div } \mathbf{A} - \Delta \varphi = 4\pi \rho$$

となるから, Lorentz の条件(12.36)によって div $\mathbf{A}$ を書き直せば,

$$\Delta \varphi - \frac{1}{c^2}\frac{\partial^2 \varphi}{\partial t^2} = -4\pi \rho. \quad (12.38)$$

方程式(12.37)も(12.38)も, それぞれ未知量を1個ずつしか含んでいない. したがって, 二つの方程式は互いに独立で, これを別々に解くことができる.

§12 電磁場. Maxwell の方程式

ポテンシャルに対する方程式は座標と時間について2階である. これらを解くには, 初期値として, ポテンシャル自身の値だけでなく, 時間についての導関数の値も与えておかなくてはならない.

ゲージ変換に対する不変性　あとで(特に次節および§21)電磁場における電荷の運動を調べるときに見るように, 多くの場合に, ポテンシャルを含む方程式を取扱うことが必要となる. しかし, ポテンシャルは一義的にはきまらないから, ポテンシャルを含む方程式の形がゲージ変換(12.30)および(12.31)によって変化することがないように注意しなくてはならない*. なぜなら, ゲージ変換は任意関数 f を含んでいて, これを全く自由に選ぶことができるからである. 方程式を解いてえられる物理的な結果は, この任意関数の選び方すなわちゲージ変換に無関係でなくてはならないことは明らかである. いいかえれば, ポテンシャルを含む方程式はゲージ変換に対して不変でなくてはならない**.

---

　* 方程式(12.37)および(12.38)についてはその必要はない. Lorentz の条件(12.36)をみたすということからポテンシャルは一義的にきまる.
　** 条件をみたす $\mathbf{A}', \varphi'$ に対して, ゲージ変換
$$\mathbf{A}' = \mathbf{A}'' + \nabla f, \qquad \varphi' = \varphi'' - \frac{1}{c}\frac{\partial f}{\partial t}, \qquad -\frac{1}{c^2}\frac{\partial^2 f}{\partial t^2} + \Delta f = 0$$
を行なっても, $\mathbf{A}'', \varphi''$ はやはり Lorentz 条件を満たす. これは (12.35) で同次方程式の勝手な解だけの不定さがはじめからあったことによる. (12.37), (12.38) についても, 境界条件を指定しない限り同次方程式の解だけの不定さがある. (訳者)

§13　電磁場の作用原理

電磁場に対する変分原理　　第Ⅰ部では，Newton の法則(§2)から最小作用の原理(§10)が導かれることを示した．また前節では，いくつかの簡単な物理法則と変位電流の磁気作用についての仮定とから電磁力学の方程式を導いた．この節では，Maxwell の方程式を，電磁場に対する最小作用の原理である変分原理に帰着させよう．

電磁力学は，Newton の法則に基礎をおく質点系の力学や流体力学と同等なものではない．しかし，電磁力学の法則には，力学の法則と非常に類似した点がある．この類似性は，電磁場に対する最小作用の原理を調べてみるとよくわかる．

方程式を変分原理の形に書くと，電磁場に対する保存法則が最もすっきりした形で導かれる．場に対する運動の積分は力学におけるエネルギー積分・運動量積分・角運動量積分にちょうど対応する．荷電粒子と場から成る閉じた系については，その全エネルギー・全運動量・全角運動量は保存される．

この意味では，電磁力学は確かに電磁場の《力学》である．しかし，これは決して電磁力学の法則が Newton の法則から導かれるという意味ではない．どちらの法則も変分原理と同等であるが，それぞれの作用関数はもちろん全く異なる形を持っているのである．

Maxwell が，はじめエーテルの力学的なモデルを作ろうとしたが，後にはこの考えを捨て，電磁気学でよく知られた基本法則を一般化することによって電磁力学の方程式を導いたということは心にとめておく必要がある．

電磁場の Lagrange 関数　　最小作用の原理を式で表わすには Lagrange 関数の形が必要である．力学では，Lagrange 関数をきめるのに，Newton 力学の相対性原理すなわち Galilei 変換(§8)を基礎にして考察を進めた．§20 および §21 でくわしく説明するように，Galilei 変換は電磁力学ではもはや成立せず，そのかわり，Einstein の相対性原理にもとづくもっと一般的な Lorentz

§13 電磁場の作用原理

変換を考えなくてはならない．Lorentz 変換を用いれば，電磁場の Lagrange 関数を一義的に定めることができる（§21）．しかしこの節では，Lagrange 関数の形をまず与える．そして，すでに知っている Maxwell の方程式がそれから導かれるということで，その形の正しいことをみとめることにする．第 I 部でも，Newton の法則から Lagrange の方程式を導いた後に，最小作用の原理の成り立つことを確かめたのであった．いくつもの自由質点から成る系の Lagrange 関数は，質点の座標全部についての和の形に表わされる．力学の言葉を使えば，電磁場は無限に多くの自由度を持つ系である．場を完全に記述するには，空間内のあらゆる点における場の成分をすべて与えなくてはならないからである．しかし，空間内のすべての点の集合は可算集合ではない．すなわち，すべての点に番号をつけてこれを数えつくすことはできない．それゆえ，電磁場の Lagrange 関数では，和を連続的に変わるパラメタ——場の中の各点の座標——についての積分で置きかえなくてはならない．この場合，場の各点の座標の値が，力学系の各自由度につけた番号に相当する．

力学の方程式は，一般座標 q_k が未知量で，時間について 2 階の微分方程式であった．電磁場のポテンシャルの方程式 (12.37) および (12.38) もやはり時間について 2 階である．したがって，この場合の一般座標としてはポテンシャルの値を取るべきであろう．つまり，力学系の一般座標 $q_k(t)$ に，電磁場の一般座標であるポテンシャル $\mathbf{A}(\mathbf{r},t), \varphi(\mathbf{r},t)$ を対応させるのである．その場合，着目している一点の位置ベクトル $\mathbf{r}$ の値が，力学系の一般座標につけた番号 k に対応する．

全電磁場の Lagrange 関数は，体積要素 dV についての Lagrange 関数を，場の存在する空間にわたって積分して得られる．前に述べたように，相対性原理から Lagrange 関数の形を決定することは §21 にゆずり，この節では，正しい Maxwell の方程式が導かれるような Lagrange 関数を初めから与えて議論を進める．

Lagrange 関数は次のような形をもつ:

$$L = \int \left(\frac{\mathbf{E}^2 - \mathbf{H}^2}{8\pi} + \frac{\mathbf{A}\mathbf{j}}{c} - \rho\varphi \right) dV. \tag{13.1}$$

一般座標に対応するのはポテンシャルであるから，この式を次のように表わし

ておくのが適当であろう：

$$L = \int \left[\frac{1}{8\pi}\left(\frac{1}{c}\frac{\partial \mathbf{A}}{\partial t} + \nabla\varphi\right)^2 - \frac{1}{8\pi}(\operatorname{rot}\mathbf{A})^2 + \frac{\mathbf{Aj}}{c} - \rho\varphi \right] dV. \quad (13.2)$$

独立な座標についての和がここでは体積積分となっている．

作用の停留性 力学の場合と同様に，電磁力学においても作用積分 $S = \int L\,dt$ が停留値をとること，すなわち，もし場が正しい運動方程式（今の場合 Maxwell の方程式）をみたすならば作用の変分が 0 になることを示そう．

まず，スカラーポテンシャル φ についての変分

$$\delta_\varphi L = \int \left[\frac{1}{4\pi}\left(\frac{1}{c}\frac{\partial \mathbf{A}}{\partial t} + \nabla\varphi\right)\delta\nabla\varphi - \rho\,\delta\varphi \right] dV \quad (13.3)$$

を考える．§10 で述べたように，変分と微分の順序は交換できるから $\delta\nabla\varphi = \nabla\delta\varphi$ である．(12.29)によって $\dfrac{1}{c}\dfrac{\partial \mathbf{A}}{\partial t} + \nabla\varphi$ は $-\mathbf{E}$ と書けるから，

$$\delta_\varphi L = \int \left(-\frac{\mathbf{E}\nabla\delta\varphi}{4\pi} - \rho\,\delta\varphi \right) dV. \quad (13.4)$$

公式(11.27)によれば

$$\mathbf{E}\nabla\delta\varphi = \operatorname{div}(\mathbf{E}\,\delta\varphi) - \delta\varphi\operatorname{div}\mathbf{E} \quad (13.5)$$

であるから，

$$\delta_\varphi L = \int \left[-\frac{\operatorname{div}(\delta\varphi\,\mathbf{E})}{4\pi} + \delta\varphi\left(\frac{\operatorname{div}\mathbf{E}}{4\pi} - \rho\right) \right] dV. \quad (13.6)$$

右辺第 1 項は面積積分に変形できる．したがって，

$$\delta_\varphi L = -\int \delta\varphi\,\mathbf{E}\,d\mathbf{f} + \int \delta\varphi\left(\frac{\operatorname{div}\mathbf{E}}{4\pi} - \rho\right) dV. \quad (13.7)$$

さて，第 1 項の積分を，$\delta\varphi$ が 0 であるような曲面について行なうものとしよう．（これは，§10 で δq を積分区間の両端で 0 と置いたことに対応する．体積積分の限界は曲面だからである．）そうすれば，

$$\delta_\varphi L = \int \delta\varphi\left(\frac{\operatorname{div}\mathbf{E}}{4\pi} - \rho\right) dV. \quad (13.8)$$

ところが，(12.27)によって

$$\operatorname{div}\mathbf{E} = 4\pi\rho \quad (13.9)$$

であるから，$\delta_\varphi L$ したがって $\delta_\varphi S$ は確かに 0 となる．

§13 電磁場の作用原理

次に $\mathbf{A}$ についての変分を考えよう. これは

$$\delta_{\mathbf{A}} L = \int \left[\frac{1}{4\pi} \left(\frac{1}{c}\frac{\partial \mathbf{A}}{\partial t} + \nabla \varphi \right) \frac{1}{c} \delta \frac{\partial \mathbf{A}}{\partial t} - \frac{1}{4\pi} \operatorname{rot} \mathbf{A}\, \delta \operatorname{rot} \mathbf{A} + \frac{\mathbf{j}\delta\mathbf{A}}{c} \right] dV \quad (13.10)$$

である. ここでまた微分と変分の順序を交換した後, ポテンシャルの微分を場の量でおきかえれば,

$$\delta_{\mathbf{A}} L = \int \left(-\frac{1}{4\pi c}\mathbf{E}\frac{\partial}{\partial t}\delta \mathbf{A} - \frac{1}{4\pi}\mathbf{H} \operatorname{rot} \delta \mathbf{A} + \frac{\mathbf{j}\delta \mathbf{A}}{c} \right) dV. \quad (13.11)$$

さて, 次の公式

$$\mathbf{E}\frac{\partial}{\partial t}\delta \mathbf{A} = \frac{\partial}{\partial t}(\mathbf{E}\delta \mathbf{A}) - \frac{\partial \mathbf{E}}{\partial t}\delta \mathbf{A}, \quad (13.12)$$

$$\mathbf{H} \operatorname{rot} \delta \mathbf{A} = -\operatorname{div}[\mathbf{H}\delta \mathbf{A}] + \delta \mathbf{A} \operatorname{rot} \mathbf{H} \quad (13.13)$$

を考える. ((13.13)は(11.29)から出る.) 公式(13.12)を使うためには, L でなく S の変分を考える必要がある. そうすれば, (13.12)の右辺第1項は時間について積分できるから,

$$\delta_{\mathbf{A}} S = \int_{t_0}^{t_1} \delta_{\mathbf{A}} L\, dt = -\frac{1}{4\pi c} \int \mathbf{E}\, \delta \mathbf{A}\, dV \Big|_{t_0}^{t_1} + \frac{1}{4\pi} \int_{t_0}^{t_1} dt \int [\mathbf{H}\delta \mathbf{A}] d\mathbf{f}$$
$$+ \int_{t_0}^{t_1} dt \int dV \left(-\frac{\operatorname{rot} \mathbf{H}}{4\pi} + \frac{1}{4\pi c}\frac{\partial \mathbf{E}}{\partial t} + \frac{\mathbf{j}}{c} \right) \delta \mathbf{A}. \quad (13.14)$$

変分 $\delta \mathbf{A}$ は, 時間の初めと終り(t_0 と t_1)および場の存在する領域の境界面で 0 であるとするから,

$$\delta_{\mathbf{A}} S = \int_{t_0}^{t_1} dt \int dV \left(-\frac{\operatorname{rot} \mathbf{H}}{4\pi} + \frac{1}{4\pi c}\frac{\partial \mathbf{E}}{\partial t} + \frac{\mathbf{j}}{c} \right) \delta \mathbf{A}. \quad (13.15)$$

ところが, (12.26)によって

$$\operatorname{rot} \mathbf{H} = \frac{1}{c}\frac{\partial \mathbf{E}}{\partial t} + \frac{4\pi \mathbf{j}}{c} \quad (13.16)$$

であるから, $\delta_{\mathbf{A}} S$ も 0 に等しい.

Maxwell の第1群の方程式は, 場の量がポテンシャルによって(12.28)および(12.29)のように表わされていれば, もちろん恒等的に満足される.

結局, Maxwell の方程式は, 電磁場の力学の方程式であると解釈することができる. すなわち, Maxwell の方程式は, (13.1)のような Lagrange 関数を採るとき, スカラーポテンシャルおよびベクトルポテンシャルの勝手な変分に

対して作用の変分が0になるという変分原理からも得られるのである．それには，§10でやったのと同じ議論を積分(13.8)と(13.15)に対して行なえばよい．

ゲージ変換に対する作用の不変性　Lagrange 関数は，その中に，場の量だけでなくポテンシャルがそのままの形ではいっているけれども，ゲージ変換(12.30)および(12.31)に対して不変である．これを次に示そう．まず，作用 S の中で，ポテンシャルによって表わされている部分を S_1 とする．すなわち，

$$S_1 = \int dt \int dV \left(\frac{\mathbf{A}\mathbf{j}}{c} - \rho\varphi \right). \tag{13.17}$$

ポテンシャル $\mathbf{A}$ と φ に変換(12.30)および(12.31)を施せば，

$$S_1 = \int dt \int dV \left(\frac{\mathbf{A}'\mathbf{j}}{c} - \rho\varphi' + \frac{\mathbf{j}\nabla f}{c} + \rho \frac{1}{c} \frac{\partial f}{\partial t} \right). \tag{13.18}$$

ここで，f を含む項を次の公式

$$\mathbf{j}\nabla f = \mathrm{div}\,(f\mathbf{j}) - f\,\mathrm{div}\,\mathbf{j}, \quad \rho\frac{\partial f}{\partial t} = \frac{\partial}{\partial t}(\rho f) - f \frac{\partial \rho}{\partial t}$$

によって書きかえ，(13.14)でやったようにして積分を実行すれば，

$$S_1 = \frac{1}{c}\int dt \int d\mathbf{f}\,f\mathbf{j} - \frac{1}{c}\int dV\,f\rho \Big|_{t_0}^{t_1} + \int dt \int dV \left[\frac{\mathbf{A}'\mathbf{j}}{c} - \rho\varphi' - f\left(\mathrm{div}\,\mathbf{j} + \frac{\partial \rho}{\partial t}\right) \right]. \tag{13.19}$$

S_1 の変分をとると，$\delta\varphi$ と $\delta\mathbf{A}$ したがって δf は時間・空間についての積分領域の境界で 0 であるとするから，(13.19)の右辺第 1 項および第 2 項は 0 となって，Maxwell の方程式を変えることはない（すでに方程式(10.9)についても同じことを見た）．また，第 3 項の積分の中で f にかかる量 $\mathrm{div}\,\mathbf{j} + \frac{\partial \rho}{\partial t}$ は，電荷の保存則(12.18)によって恒等的に 0 である．したがって，S_1 はやはり(13.17)の形を保っている．

場のエネルギー　Maxwell の方程式は，電荷や電流を含まない電磁場に対しても成り立つ．このときには $\frac{4\pi\mathbf{j}}{c}$ と $4\pi\rho$ の項を 0 と置けばよい．この場合の Lagrange 関数は，(13.1)と(13.2)により，

§13 電磁場の作用原理

$$L_0 = \int \frac{\mathbf{E}^2 - \mathbf{H}^2}{8\pi} dV = \int \frac{1}{8\pi}\left[\left(\frac{1}{c}\frac{\partial \mathbf{A}}{\partial t} + \nabla\varphi\right)^2 - (\mathrm{rot}\,\mathbf{A})^2\right] dV \quad (13.20)$$

に等しい.

一般式(4.4)にしたがって電磁場のエネルギーを求めてみよう.それには,一般座標が空間の各点におけるポテンシャルの値であることに注意する.それゆえ $\dfrac{\partial \mathbf{A}}{\partial t}$ は一般速度である.したがって,

$$\mathcal{E} = \sum_\kappa \dot{q}_\kappa \frac{\partial L}{\partial \dot{q}_\kappa} - L$$

において,

$$\dot{q}_\kappa \to \frac{\partial \mathbf{A}}{\partial t}, \quad \frac{\partial L}{\partial \dot{q}_\kappa} \to \frac{1}{4\pi c}\left(\frac{1}{c}\frac{\partial \mathbf{A}}{\partial t} + \nabla\varphi\right), \quad \sum_\kappa \to \int dV$$

のような置きかえを行うことにより,

$$\mathcal{E} = \int dV \left[\frac{1}{4\pi c}\left(\frac{1}{c}\frac{\partial \mathbf{A}}{\partial t} + \nabla\varphi\right)\frac{\partial \mathbf{A}}{\partial t} - \frac{\mathbf{E}^2 - \mathbf{H}^2}{8\pi}\right]$$

がえられる.

エネルギーが,ポテンシャルを使わないで場の量だけで表わされることを次に示そう.(12.29)によってエネルギーの式を書き直せば,

$$\mathcal{E} = \int dV \left[\frac{1}{4\pi}\mathbf{E}(\mathbf{E} + \nabla\varphi) - \frac{\mathbf{E}^2 - \mathbf{H}^2}{8\pi}\right].$$

この式はゲージ変換に対しては不変な形をしていないから,これをさらに変形する必要がある.

公式(11.27)によって $\mathbf{E}\,\nabla\varphi$ を書き直せば,

$$\mathbf{E}\,\nabla\varphi = \mathrm{div}\,(\varphi\mathbf{E}) - \varphi\,\mathrm{div}\,\mathbf{E} = \mathrm{div}\,(\varphi\mathbf{E}).$$

ただし,電荷が存在しないから $\mathrm{div}\,\mathbf{E} = 0$ であることを用いてある. $\mathrm{div}\,(\varphi\mathbf{E})$ の体積積分は面積積分に書きかえられる.一方,体積積分は場の存在する全領域にわたって行なう(力学の場合に,系の全自由度について和をとることに相当する).それゆえ,積分領域の境界面では場は 0 に等しく,したがってエネルギーの式の中の面積積分は 0 となる.これから,電荷および電流の存在しない電磁場のエネルギーとして

$$\mathcal{E} = \frac{1}{8\pi}\int (\mathbf{E}^2 + \mathbf{H}^2) dV \quad (13.21)$$

がえられる.

したがって，次の量

$$w = \frac{\mathbf{E}^2 + \mathbf{H}^2}{8\pi} \qquad (13.22)$$

を電磁場のエネルギー密度と見なすことができる．この量はゲージ変換に対して不変である．

場と電荷の全エネルギーの保存　　(13.21)で与えられるエネルギー $\mathcal{E}$ と，場の中に存在する電荷のエネルギーとの和が一定に保たれることを次に示そう． $\mathcal{E}$ は変分原理から導かれたもので，単に形式的の類似からエネルギーとよんだだけのように見えるが，上のことから，実は力学でいう普通の意味でのエネルギーであると考えることができる．

これを証明するために，(12.26)に $\mathbf{E}$ を，(12.24)に $\mathbf{H}$ をそれぞれスカラー的にかけて辺々引けば，

$$\frac{1}{c}\left(\mathbf{E}\frac{\partial \mathbf{E}}{\partial t} + \mathbf{H}\frac{\partial \mathbf{H}}{\partial t}\right) = \mathbf{E}\,\mathrm{rot}\,\mathbf{H} - \mathbf{H}\,\mathrm{rot}\,\mathbf{E} - \frac{4\pi \mathbf{jE}}{c}.$$

公式(11.29)を用いて変形すれば，

$$\frac{\partial}{\partial t}\left(\frac{\mathbf{E}^2 + \mathbf{H}^2}{8\pi}\right) = -\mathrm{div}\,\frac{c}{4\pi}[\mathbf{EH}] - \rho\mathbf{vE}. \qquad (13.23)$$

ただし，定義にしたがって $\mathbf{j} = \rho\mathbf{v}$ と置いてある．この式をある体積(場が占めている全体積である必要はない)にわたって積分し，divの積分を面積積分に直せば*

$$\frac{d}{dt}\int \frac{\mathbf{E}^2 + \mathbf{H}^2}{8\pi}dV = -\int \frac{c}{4\pi}[\mathbf{EH}]d\mathbf{f} - \int \rho\mathbf{vE}\,dV. \qquad (13.24)$$

まず右辺第2項の積分を考えよう．定義によって $\rho\,dV$ は電荷要素 de である．また， $\mathbf{E}\,de$ は電荷 de に働く電気力である．それゆえ， $de\,\mathbf{Ev} = de\,\mathbf{E}\dfrac{d\mathbf{r}}{dt}$ は，単位時間に電荷に対してなされる仕事，したがって電荷の運動エネルギーの単位時間内の増加量に等しい(§21で示すように，磁場は電荷に対して仕事をしない)．考えている体積中の全電荷の運動エネルギーを T とすれば，(13.24)

---

* (13.24)の左辺の全微分は，体積を空間に固定して，その中に含まれているエネルギーの時間的変化を示す．(訳者)

は結局

$$\frac{d}{dt}(\mathcal{E}+T) = -\int \frac{c}{4\pi}[\mathbf{EH}]d\mathbf{f} \tag{13.25}$$

となる．

Poynting ベクトル　　電磁場のエネルギーと，場の中に存在する荷電粒子のエネルギーとの和が単位時間に減少する割合は，場を取り囲む閉曲面を通過するベクトル $\frac{c}{4\pi}[\mathbf{EH}]$ の流れに等しいことがわかった．もしこの面の上で場が 0 だとすると，上のことは，電磁場のエネルギーと電荷のエネルギーとの和が一定に保たれるという法則を表わしていることになる．面上で場が 0 でない場合には，(13.25)の右辺の積分は，この面を通って単位時間に流れ出るエネルギーの量を表わす．したがって，次の量

$$\mathbf{U} = \frac{c}{4\pi}[\mathbf{EH}] \tag{13.26}$$

は，考えている面の単位面積を単位時間内に通過して出て行くエネルギー，すなわちエネルギーの流れの密度を表わす(Poynting ベクトル)．

場の運動量　　ここでは述べないが，上と同様の計算によって，電磁場は運動量を持つことが示される．これは次の積分

$$\mathbf{p} = \int \frac{1}{4\pi c}[\mathbf{EH}]dV \tag{13.27}$$

で与えられる．

電磁場が他の物体(たとえば電磁場を閉じこめている空洞の壁，あるいはついたてなど)と相互作用を行なうときには，場の運動量が物体に移される．単位時間に単位面積を通して伝えられる運動量の，面に垂直な方向の成分は圧力にほかならない(単位時間に伝えられる運動量は力だから)．それゆえ，電磁場(したがってたとえば光波)は物体に圧力を及ぼすことが予想される．これは Lebedev によって実験的に確かめられた．

場の角運動量　　(13.27)によれば，場の運動量密度は $\frac{1}{4\pi c}[\mathbf{EH}]$ である．

これから，角運動量密度は $\dfrac{1}{4\pi c}[\mathbf{r}[\mathbf{EH}]]$，したがって場の全角運動量は

$$\mathbf{M} = \frac{1}{4\pi c}\int [\mathbf{r}[\mathbf{EH}]]dV \qquad (13.28)$$

である．

　場の運動量と角運動量とは，電荷の運動量および角運動量とあわせると保存法則をみたしている．場の角運動量の概念は，放射場の量子論においてきわめて重要である．

§14 点電荷の静電気学. ゆっくり変動する場

電磁力学の方程式の近似解の中で重要なものに,ゆっくり変動する場の解がある.これは Maxwell の方程式の中で $\dfrac{1}{c}\dfrac{\partial \mathbf{E}}{\partial t}$ と $\dfrac{1}{c}\dfrac{\partial \mathbf{H}}{\partial t}$ が無視できる場合で,このときには2組の方程式が完全に分離されて,

$$\operatorname{div} \mathbf{E} = 4\pi\rho, \tag{14.1}$$

$$\operatorname{rot} \mathbf{E} = 0, \tag{14.2}$$

および

$$\operatorname{div} \mathbf{H} = 0, \tag{14.3}$$

$$\operatorname{rot} \mathbf{H} = \frac{4\pi \mathbf{j}}{c} \tag{14.4}$$

となる.

初めの二つの方程式には,電場およびそれをつくり出す電荷の密度だけが含まれている.これに対して,あとの二つには磁場と電流密度だけが現われる.どちらの方程式についても,右辺は座標と時間の与えられた関数と見なすことができる.これらの方程式には時間微分が含まれていないから,時間的には,電場は電荷密度と,磁場は電流密度と同じように変動する.したがって,方程式(14.1)—(14.4)の近似では,電荷と電流の分布によって場はいわば瞬間的にきまってしまう.

実は,場の変化はすべて光の速さで空間を伝わる.それゆえ,電荷から R だけ離れた点に電磁的な攪乱が達するには $\dfrac{R}{c}$ だけの時間がかかる.速さ v で運動している電荷はその間に $v\dfrac{R}{c}$ の距離を移動する.近似方程式(14.1)—(14.4)は,この移動によって電荷分布にあまり大きな変化がおこらない場合にのみ成立するのである.たとえば,大きさが等しく符号が反対の電荷2個から成る系を考え,$\dfrac{R}{c}$ だけの時間の間にそれらの電荷が位置を交換したとしよう.電荷から R だけ離れた点で時刻 $t = \dfrac{R}{c}$ に観測される電場の向きは,影響が瞬間的に伝わると仮定した場合に観測されるはずの電場とちょうど逆である.

136　　　　　　　　第II部　電　磁　力　学

したがって，電荷の系が占める空間の大きさを r，電荷の速さを v の程度とするとき，不等式 $\dfrac{r}{v} \gg \dfrac{R}{c}$ すなわち $R \ll r\dfrac{c}{v}$ が成り立つような距離 R の所までは方程式(14.1)—(14.4)を適用することができる．

以下では $v \ll c$ の極限の場合を考えることにする．この場合には，われわれの近似が成り立つ範囲はきわめて広いものとなる．

方程式(14.1)と(14.2)は静電場の方程式，(14.3)と(14.4)は静磁場の方程式とよばれる．

静電場のスカラーポテンシャル　　方程式(14.2)を満足させるために，
$$\mathbf{E} = -\nabla \varphi \tag{14.5}$$
と置く．φ はスカラーポテンシャルである((12.29)参照)．φ に対する方程式は(14.1)から得られる：
$$\operatorname{div} \operatorname{grad} \varphi = \Delta \varphi = -4\pi \rho. \tag{14.6}$$
この方程式は，(12.38)の中の非定常の項 $\dfrac{1}{c^2}\dfrac{\partial^2 \varphi}{\partial t^2}$ を 0 と置くことによっても得られる．

点電荷に対して，すなわち ρ が空間内の一点を除いては至る所 0 であるとして，方程式(14.6)の解を求めよう．この点を座標原点に選べば，φ は原点からの距離 r だけの関数となる．

球座標におけるラプラシアン Δ の式を§11で導いた．求める関数 φ は r だけによるから，(11.46)により，
$$\frac{1}{r^2}\frac{d}{dr}r^2\frac{d\varphi}{dr} = -4\pi\rho. \tag{14.7}$$

方程式の両辺に r^2 をかけた後 r_1 から r_2 まで積分すれば ($r_1, r_2 \neq 0$)，積分区間は原点を含まないから右辺の積分は 0 となる．したがって，
$$\left(r^2\frac{d\varphi}{dr}\right)_{r=r_2} - \left(r^2\frac{d\varphi}{dr}\right)_{r=r_1} = 0, \quad \text{すなわち} \quad r^2\frac{d\varphi}{dr} = A = \text{一定}.$$
それゆえ，ポテンシャルは
$$\varphi = -\frac{A}{r} + B.$$

電荷から無限の遠方でポテンシャルは 0 であると仮定すれば，定数 B は 0

§14 点電荷の静電気学．ゆっくり変動する場

となる．次に定数 A を定めるのに，原点を中心とする一つの球の内部にわたって方程式(14.6)を積分する．$\Delta\varphi = \operatorname{div}\operatorname{grad}\varphi$ であるから，左辺の体積積分は球面上の積分に直すことができる．したがって，$\Delta\varphi$ の積分は

$$\int \operatorname{grad}\varphi\,d\mathbf{f} = \int \frac{A}{r^2}r^2 d\Omega = 4\pi A.$$

一方，右辺の積分は，積分領域が電荷の存在する点を含んでいるから，

$$-\int 4\pi\rho\,dV = -4\pi e$$

(e は点電荷の電気量)となる．したがって $A = -e$ である．

結局，点電荷によるポテンシャルは

$$\varphi = \frac{e}{r} \tag{14.8}$$

で与えられる．

電荷が連続的に分布している場合でも，その分布が球対称であれば，電荷が占めている領域の外側のポテンシャルは上と全く同じ形に表わされる．いいかえれば，球対称の電荷分布によるポテンシャルは，電荷の外側では，全電荷が球の中心に集中している場合のポテンシャルと全く等しい．同じことは万有引力のポテンシャルについても成り立つ．天体力学では，このことを応用してたいていの場合に天体を質点として取扱う．

点電荷が座標原点になくてその座標が x, y, z (位置ベクトル $\mathbf{r}$) であるとすると，点 X, Y, Z (位置ベクトル $\mathbf{R}$) におけるポテンシャルは

$$\varphi = \frac{e}{|\mathbf{R}-\mathbf{r}|} = \sum_i \frac{e}{\sqrt{(X-x)^2+(Y-y)^2+(Z-z)^2}} \tag{14.9}$$

に等しい．

点電荷の系のポテンシャル 方程式(14.6)は φ に関して線形である．したがって，電荷がいくつもある場合の解は，個々の電荷に対する解の和に等しい．位置ベクトルが $\mathbf{r}^1, \mathbf{r}^2, \ldots, \mathbf{r}^i, \ldots$ の点に電荷 $e_1, e_2, \ldots, e_i, \ldots$ が存在する場合，点 $\mathbf{R}$ におけるポテンシャルは

$$\varphi = \sum_i \frac{e_i}{|\mathbf{R}-\mathbf{r}^i|} = \sum_i \frac{e_i}{\sqrt{(X-x^i)^2+(Y-y^i)^2+(Z-z^i)^2}}$$

で与えられる.

和の規約によれば,上式の根号の中は $(X_\lambda-x_\lambda{}^i)(X_\lambda-x_\lambda{}^i)$ と書ける(λ について1から3までの和. $X_1=X,\ X_2=Y,\ X_3=Z$). しかし,簡単のためにこれを $(X_\lambda-x_\lambda{}^i)^2$ と書くことにすれば,点電荷から成る系のポテンシャルは

$$\varphi = \sum_i e_i [(X_\lambda-x_\lambda{}^i)^2]^{-\frac{1}{2}} \tag{14.10}$$

となる.

遠方におけるポテンシャルの形 電荷が占めている空間領域内の勝手な点(たとえば全電荷を内部に含むような最小の球の中心)に座標原点を取ろう. 場を考える点の位置ベクトルを $\mathbf{R}$ とするとき,各電荷の位置ベクトル $\mathbf{r}^i$ はすべて不等式

$$|\mathbf{R}| \gg |\mathbf{r}^i| \tag{14.11}$$

を満足するものとする. いいかえれば,電荷の系から十分離れた位置におけるポテンシャルを考えるのである.

関数(14.10)は,遠方では x^i, y^i, z^i のベキ級数に展開できる. 2次の項までとることにすれば,(14.10)の和の中の一つの項は(添字 i を省いて)次のように展開される:

$$[(X-x)^2+(Y-y)^2+(Z-z)^2]^{-\frac{1}{2}} = [(X_\lambda-x_\lambda{}^i)^2]^{-\frac{1}{2}}$$
$$= [X_\lambda{}^2]^{-\frac{1}{2}} - x_\mu \frac{\partial}{\partial X_\mu}[X_\lambda{}^2]^{-\frac{1}{2}} + \frac{1}{2} x_\mu x_\nu \frac{\partial^2}{\partial X_\mu \partial X_\nu}[X_\lambda{}^2]^{-\frac{1}{2}}. \tag{14.12}$$

$X_\lambda{}^2 = R^2$ であるから,右辺に現われる1階の微係数は

$$\frac{\partial}{\partial X_\mu}[X_\lambda{}^2]^{-\frac{1}{2}} = \frac{\partial}{\partial X_\mu}\frac{1}{R} = \frac{\partial R}{\partial X_\mu}\frac{d}{dR}\frac{1}{R} = -\frac{X_\mu}{R^3}. \tag{14.13}$$

したがって,和(14.12)の中で x_μ について1次の項は

$$\frac{x_\mu X_\mu}{R^3} = \frac{xX+yY+zZ}{R^3} = \frac{\mathbf{rR}}{R^3} \tag{14.14}$$

となる.

積 $x_\mu x_\nu$ を含む項の計算は少し面倒である. まず,その中の2階の微係数を次のように書く:

§14 点電荷の静電気学. ゆっくり変動する場

$$\frac{\partial^2}{\partial X_\mu \partial X_\nu}\frac{1}{R} = -\frac{\partial}{\partial X_\nu}\frac{X_\mu}{R^3} = -\frac{1}{R^3}\frac{\partial X_\mu}{\partial X_\nu} - X_\mu\frac{\partial}{\partial X_\nu}\frac{1}{R^3}.$$

偏微係数 $\dfrac{\partial X_\mu}{\partial X_\nu}$ は $\mu \neq \nu$ ならば 0, $\mu = \nu$ ならば 1 に等しい. また,

$$\frac{\partial}{\partial X_\nu}\frac{1}{R^3} = \frac{\partial R}{\partial X_\nu}\frac{d}{dR}\frac{1}{R^3} = -\frac{X_\nu}{R}\frac{3}{R^4} = -\frac{3X_\nu}{R^5}$$

であるから,

$$\frac{\partial^2}{\partial X_\mu \partial X_\nu}\frac{1}{R} = -\frac{1}{R^3}\frac{\partial X_\mu}{\partial X_\nu} + \frac{3X_\mu X_\nu}{R^5}.$$

結局, 求める $|\mathbf{R}-\mathbf{r}|^{-1}$ の展開は

$$\frac{1}{|\mathbf{R}-\mathbf{r}|} = \frac{1}{R} + \frac{\mathbf{r}\mathbf{R}}{R^3} + \frac{1}{2}x_\mu x_\nu\left(\frac{3X_\mu X_\nu}{R^5} - \frac{1}{R^3}\frac{\partial X_\mu}{\partial X_\nu}\right). \quad (14.15)$$

2次の項は次のように書ける:

$$\frac{1}{2}\Bigg[x^2\left(\frac{3X^2}{R^5}-\frac{1}{R^3}\right)+y^2\left(\frac{3Y^2}{R^5}-\frac{1}{R^3}\right)+z^2\left(\frac{3Z^2}{R^5}-\frac{1}{R^3}\right)+2yz\left(\frac{3YZ}{R^5}\right)$$
$$+2zx\left(\frac{3ZX}{R^5}\right)+2xy\left(\frac{3XY}{R^5}\right)-\left(\frac{x^2+y^2+z^2}{3}\right)\left(\frac{3(X^2+Y^2+Z^2)}{R^5}-\frac{3}{R^3}\right)\Bigg].$$

($X^2+Y^2+Z^2=R^2$ により恒等的に 0 に等しい項を最後に加えてある.) 整頓すれば,

$$\frac{1}{2}\Bigg[\left(x^2-\frac{r^2}{3}\right)\left(\frac{3X^2}{R^5}-\frac{1}{R^3}\right)+\left(y^2-\frac{r^2}{3}\right)\left(\frac{3Y^2}{R^5}-\frac{1}{R^3}\right)+\left(z^2-\frac{r^2}{3}\right)\left(\frac{3Z^2}{R^5}-\frac{1}{R^3}\right)$$
$$+2yz\frac{3YZ}{R^5}+2zx\frac{3ZX}{R^5}+2xy\frac{3XY}{R^5}\Bigg].$$

展開(14.15)を和(14.10)の各項に代入すれば, 全電荷によるポテンシャルの展開式がえられる.

ここで, 簡単のために次のように置く:

$$\mathbf{d} = \sum e_i \mathbf{r}^i; \quad (14.16)$$

$$\left.\begin{array}{l} q_{xx} = \sum_i e_i\left(x^{i2}-\dfrac{r^{i2}}{3}\right), \\[6pt] q_{yy} = \sum_i e_i\left(y^{i2}-\dfrac{r^{i2}}{3}\right), \\[6pt] q_{zz} = \sum_i e_i\left(z^{i2}-\dfrac{r^{i2}}{3}\right); \end{array}\right\} \quad (14.17)$$

$$\left.\begin{array}{l} q_{yz} = q_{zy} = \sum_i e_i y^i z^i, \\ q_{zx} = q_{xz} = \sum_i e_i z^i x^i, \\ q_{xy} = q_{yx} = \sum_i e_i x^i y^i. \end{array}\right\} \quad (14.18)$$

ベクトル $\mathbf{d}$ すなわち3個の量 d_x, d_y, d_z, および6個の量 $q_{xx}, q_{yy}, q_{zz}, q_{yz}, q_{zx}$, q_{xy} は系の電荷の分布だけできまり，ポテンシャルを考えている点の位置にはよらない．(14.16)—(14.18)を用いれば，系から十分離れた点におけるポテンシャルは

$$\varphi = \frac{\sum e_i}{R} + \frac{(\mathbf{dR})}{R^3} + \frac{1}{2} q_{\mu\nu}\left(\frac{3 X_\mu X_\nu}{R^5} - \frac{1}{R^3}\frac{\partial X_\mu}{\partial X_\nu}\right) \quad (14.19)$$

のように表わされる．

ベクトル $\mathbf{d}$ のことを電荷の系の**二重極モーメント**とよぶ．また，6個の量 q をまとめて**四重極モーメント**とよぶ．

二重極モーメント　　上で導いたポテンシャルの式を吟味してみよう．まず0次の項は全電荷が座標原点に集中していると考えた近似である．すなわち，これは，いくつもの電荷から成る系をただ1個の点電荷で置きかえたことに対応する．この項だけでは不十分なことは，系が全体として電気的に中性の場合，すなわち $\sum_i e_i = 0$ の場合を考えてみれば明らかであろう．原子や分子では電子の電荷と核の電荷とが打ち消しあって全体として中性であるから，このような場合はきわめて多い．

次に，全電荷の和が0であると仮定して，二重極モーメントを含む項を調べてみよう．R が大きくなるとこの項は $\dfrac{1}{R^2}$ に比例して減少する．すなわち電荷の総量が0でない場合のポテンシャルよりも速く0に近づく．またこの項は，ベクトル $\mathbf{d}$ と $\mathbf{R}$ とのなす角の cos に比例する．電気的に中性の系の最も簡単なものとして，等しい大きさで符号の異なる2個の電荷から成る系が考えられる．このような系は**二重極**とよばれ，そのモーメントは

$$\mathbf{d} = \sum e_i \mathbf{r}^i = e(\mathbf{r}^1 - \mathbf{r}^2) \quad (14.20)$$

で与えられる．普通，負電荷から正電荷に向かって引いたベクトルに電気量をかけたものを二重極モーメントというが，上の式はちょうどこれと一致してい

る．

(14.20)からわかるように，二重極モーメントは二つの電荷の相対位置だけできまるから，座標原点の選び方にはよらない．一般に二重極モーメントは常にこの性質を持っていることを次に示そう．

実際，座標原点をベクトル $\mathbf{a}$ だけずらしたとすると，各電荷の位置ベクトルは

$$\mathbf{r}^i = \mathbf{r}'^i + \mathbf{a}$$

のように変わる．これを二重極モーメントの定義式(14.16)に代入すれば，$\sum_i e_i = 0$ によって，

$$\mathbf{d} = \sum_i e_i \mathbf{r}^i = \sum_i e_i \mathbf{r}'^i + \mathbf{a}\sum_i e_i = \sum_i e_i \mathbf{r}'^i \tag{14.21}$$

がえられるのである．

系が電気的に中性でない場合には，$\mathbf{a}$ を次のように選ぶ：

$$\mathbf{a} = \frac{\sum_i e_i \mathbf{r}^i}{\sum_i e_i}. \tag{14.22}$$

これは質量中心の定義と同じ形である．それゆえ，ベクトル $\mathbf{a}$ は電荷の系の電気的中心の位置を与えるといってもよいであろう．中性の系では，(14.22)の分母が0となるから $\mathbf{a}$ を定義することはできない．中性でない系では，(14.22)のように $\mathbf{a}$ を選べば $\sum_i e_i \mathbf{r}'^i = 0$ となる．すなわち，この系の電気的中心に関する二重極モーメントは0に等しい．

結局，次の二つの場合が生ずる．一つは系が電気的に中性の場合で，このときには展開(14.19)は二重極の項から始まる．そのモーメントは座標原点のとり方にはよらない．もう一つは系が中性でない場合で，このときには座標原点を適当に選んで二重極の項を0にすることができる．

四重極モーメント　次に，展開(14.19)の2次の項すなわち四重極モーメントを含む項を考えよう．モーメントの大きさが等しく向きが反対の二つの二重極から成る系のことを**四重極**とよぶ．このような系では，ポテンシャルの展開式の中の0次と1次の項は消えて，(14.19)の右辺には2次の項だけが残る．四重極の最も簡単な例は，平行四辺形の各頂点に等しい大きさの正負の電荷を

交互に置いたものである．これは電気的に中性の場合であるが，中性でなくて四重極モーメントをもつような系もありうる．四重極モーメントは，電荷分布が球対称からはずれた程度を示す量である．実際，すでに述べたように，球対称に分布した電荷のポテンシャルは $\frac{1}{R}$ に厳密に比例する．これに反して，四重極のポテンシャルは $\frac{1}{R^3}$ に比例する．したがって，ポテンシャルの展開式中の四重極の項は，球対称でない電荷分布によって初めて現われる．

四重極モーメントの主軸　四重極モーメントが球対称からのずれを表わすということの意味を次に説明しよう．質量中心と電気的中心との間に類似が成り立つことは前に述べた．同様に，(14.17) と (14.18) によれば，四重極モーメントの成分と慣性モーメントの成分 ((9.3) 参照) との間にもある対応が付けられる．

まず，(14.17) と (14.18) の中の和は (9.3) では積分になっているが，これは問題にならない．連続的な電荷分布を考えるか，不連続的な質量分布（たとえば分子の中の原子核）を考えるかすればこのちがいはなくなる．以下では後者の場合をとることにしよう．さらに，慣性モーメントの式にはいって来るのは電荷でなくて質量であるが，このちがいも考えないことにする．このとき，四重極モーメントと慣性モーメントの間には次のような関係が成り立つ：

$$q_{xx} \cong -J_{xx}+\frac{1}{3}(J_{xx}+J_{yy}+J_{zz}), \qquad q_{yz} \cong -J_{yz},$$

$$q_{yy} \cong -J_{yy}+\frac{1}{3}(J_{xx}+J_{yy}+J_{zz}), \qquad q_{zx} \cong -J_{zx},$$

$$q_{zz} \cong -J_{zz}+\frac{1}{3}(J_{xx}+J_{yy}+J_{zz}), \qquad q_{xy} \cong -J_{xy}.$$

ここで等号の上につけた記号 $\cong$ は，その両辺が対応する量であることを示す．実際，たとえば第1式は，(9.3) によって，

$$-\sum_i e_i(y^{i2}+z^{i2})+\frac{2}{3}\sum_i e_i(x^{i2}+y^{i2}+z^{i2})$$
$$=\sum_i \frac{e_i}{3}(2x^{i2}-y^{i2}-z^{i2}) = \frac{1}{3}\sum_i e_i(3x^{i2}-r^{i2}) = q_{xx}.$$

また，第2式が成り立つことは明らかであろう．

§9で述べたように，慣性乗積が0となるような座標軸(慣性主軸)が必ず存在する．ところが，上の q と J との対応関係はどんな座標系においても成り立つから，慣性主軸に関しては四重極モーメントの成分 q_{yz}, q_{zx}, q_{xy} も0となる．したがって，この軸に関する四重極モーメントは(質量を電荷で置きかえた)慣性モーメントによって次のように表わされる：

$$\left.\begin{aligned} q_1 &\cong \frac{1}{3}(J_2+J_3-2J_1), \\ q_2 &\cong \frac{1}{3}(J_3+J_1-2J_2), \\ q_3 &\cong \frac{1}{3}(J_1+J_2-2J_3). \end{aligned}\right\} \quad (14.23)$$

もし系が球対称であれば $J_1=J_2=J_3$，したがって $q_1=q_2=q_3=0$ である．すなわち，電荷の系の四重極モーメントが0でなければ電荷分布は球対称ではない．しかしこの裏は必ずしも成り立たない．すなわち，四重極モーメントが0でも電荷分布が球対称でないこともある．球対称であるかないかは，φ の展開式で(14.19)よりももっと高次の項をとって調べてみなくてはわからない．

(14.23)から直ちに恒等式 $q_1+q_2+q_3=0$ が導かれることを注意しておこう．これは，四重極モーメントの三つの主成分のうち二つだけが独立であることを示している．

(14.23)は，万有引力ポテンシャルを問題にする場合にもそのまま成り立つ．よく知られているように，地球は正確な球ではなくて極の方向につぶれた形をしている．そのため，地球の重力には逆2乗の法則にしたがわない部分が現われる．これは月の運動に影響を及ぼす．また，人工衛星の運動に及ぼす影響は，それが地球に近いだけにさらに大きい．

対称軸があるときの四重極モーメント　物体の慣性モーメントのうちの二つが等しいときには(たとえば $J_1=J_2$)，(14.23)は簡単になる：

$$q_1 \cong \frac{1}{3}(J_3-J_1) \equiv -\frac{q}{2},$$

$$q_2 \cong \frac{1}{3}(J_3-J_1) \equiv -\frac{q}{2},$$

$$q_3 \cong \frac{2}{3}(J_1-J_3) \equiv q.$$

この場合には，四重極モーメントの成分で独立なものは $q = \sum_i e_i\left(z^{i2}-\dfrac{r^{i2}}{3}\right)$ ただ 1 個だけである．q の符号を四重極モーメントの符号とよぶ．

もし電荷分布が球対称ならば $\sum_i e_i x^{i2} = \sum_i e_i y^{i2} = \sum_i e_i z^{i2}$ であるから，等式 $\sum_i e_i r^{i2} = 3 \sum_i e_i z^{i2}$ が成立する．したがって，この場合 q は 0 に等しい．

$q > 0$ とすると $\sum_i e_i z^{i2} > \dfrac{1}{3} \sum_i e_i r^{i2}$ である．すなわち，この場合には電荷の分布は軸の方向に伸びている．このような四重極のポテンシャルは，(14.19) により，

$$\begin{aligned}
\varphi_q &= -\frac{1}{4}q\left(\frac{3X^2}{R^5}-\frac{1}{R^3}\right)-\frac{1}{4}q\left(\frac{3Y^2}{R^5}-\frac{1}{R^3}\right)+\frac{1}{2}q\left(\frac{3Z^2}{R^5}-\frac{1}{R^3}\right) \\
&= -\frac{3}{4}q\frac{X^2+Y^2-2Z^2}{R^5} = -\frac{3}{4}q\left(\frac{R^2-3Z^2}{R^5}\right) \\
&= -\frac{3}{4}\frac{q}{R^3}(1-3\cos^2\theta).
\end{aligned} \qquad (14.24)$$

ただし，θ は，対称軸の方向と着目する点の位置ベクトルとのなす角である．

球対称分布からのこのようなはずれは，多くの原子核の静電場について見出されている．原子核の四重極モーメントからその構造を推定することができる．

電場の中に置かれた電荷系のエネルギー　　外部電場の中に置かれた電荷系が持つエネルギーを計算しよう．電荷の位置エネルギーは $U = e\varphi$ である．これは電荷に働く力が $\mathbf{F} = e\mathbf{E} = -e\nabla\varphi = -\nabla U$ であることからわかる．したがって，全系のエネルギーは

$$U = \sum_i e_i \varphi(\mathbf{r}^i) \qquad (14.25)$$

で与えられる．ここで $\mathbf{r}^i$ は i 番目の電荷の位置ベクトルである．

系が占める領域にわたって電場があまり変化していないと仮定すれば，ポテンシャル φ は Taylor 級数に展開できる：

$$\varphi(\mathbf{r}) = \varphi(0) + x_\mu\left(\frac{\partial\varphi}{\partial x_\mu}\right)_0 + \frac{1}{2}x_\mu x_\nu\left(\frac{\partial^2\varphi}{\partial x_\mu \partial x_\nu}\right)_0. \qquad (14.26)$$

(14.15) の展開式について行なったのと同様の方法で，上式の右辺の最後の項

§14 点電荷の静電気学.ゆっくり変動する場

を変形しよう.まず,φ が外部電場のポテンシャル(すなわち電荷自身によるポテンシャルを除く)であること,したがって $\Delta\varphi=0$ が成り立つことを用いて,(14.26) の右辺から $\dfrac{r^2}{3}\Delta\varphi(=0)$ を引く.$\mathbf{r}$ を $\mathbf{r}^i$ とおき,e_i をかけて加えれば,

$$U = \varphi(0)\sum_i e_i - (\mathbf{dE}_0) + \frac{1}{2}\Big[q_{xx}\Big(\frac{\partial^2\varphi}{\partial x^2}\Big)_0 + q_{yy}\Big(\frac{\partial^2\varphi}{\partial y^2}\Big)_0 + q_{zz}\Big(\frac{\partial^2\varphi}{\partial z^2}\Big)_0$$
$$+ 2q_{yz}\Big(\frac{\partial^2\varphi}{\partial y\partial z}\Big)_0 + 2q_{zx}\Big(\frac{\partial^2\varphi}{\partial z\partial x}\Big)_0 + 2q_{xy}\Big(\frac{\partial^2\varphi}{\partial x\partial y}\Big)_0\Big]$$
$$= \varphi(0)\sum e_i - (\mathbf{dE}_0) + \frac{1}{2}q_{\mu\nu}\Big(\frac{\partial^2\varphi}{\partial x_\mu \partial x_\nu}\Big)_0. \tag{14.27}$$

ただし,二重極モーメントを含む項で $(\nabla\varphi)_0 = -\mathbf{E}_0$(座標原点における場の値)と置いてある.

四重極モーメントの主軸に関して (14.27) を書けば,

$$U = \varphi(0)\sum_i e_i - (\mathbf{dE}_0) - \frac{1}{2}\Big[q_1\Big(\frac{\partial E_x}{\partial x}\Big)_0 + q_2\Big(\frac{\partial E_y}{\partial y}\Big)_0 + q_3\Big(\frac{\partial E_z}{\partial z}\Big)_0\Big] \tag{14.28}$$

となる.

電気的に中性な系では,二重極モーメントを含む項が特に重要である.四重極を含む項には場の微係数が現われているから,この項によって系の広がりの影響が表わされていることになる.系が球対称,したがってその四重極モーメントが 0 に等しければ,系が有限の広がりを持つことによる補正項は 0 となる.実は,この場合にはもっと高次の補正項も消えるので,系の位置エネルギーは常にその中心におけるポテンシャルの値だけできまる.それゆえ,電荷分布が球対称の物体は,他の電荷に力を及ぼすときだけでなく,外部から力を受けるときにも一点として振舞うことになる.これは Newton の第3法則にほかならない.静電場では,電荷の配置を与えればその瞬間に全体の場がきまってしまうから,第3法則が成り立つのである.

問 題

1 球面上におけるポテンシャル φ の平均値は球の中心におけるポテンシャルの値に

等しいことを示せ．ただし球の内部では至る所 $\Delta\varphi = 0$ とする．これを，外部電場の中に置かれた球対称の系の位置エネルギーについて得られた結果と比べてみよ．

　(解)　ポテンシャルを球の中心のまわりに展開する．球面上で積分を行なえば，x, y, z の少くとも一つが奇数ベキの形ではいっている項はすべて 0 となる．x, y, z のどれについても偶数ベキの項は，積分した結果 $\Delta\varphi, \Delta\Delta\varphi, \cdots\cdots$ に比例する項にまとめられる．したがって展開の最初の項だけが残る．

2 二重極による電場を計算せよ．

§15 点電荷の静磁気学

静磁場の方程式 前節で述べたように,電荷の動く速さが光速に比べて十分小さい場合には,磁場は次の方程式を満足する:

$$\text{div}\,\mathbf{H} = 0, \tag{15.1}$$

$$\text{rot}\,\mathbf{H} = \frac{4\pi}{c}\mathbf{j}. \tag{15.2}$$

これらを静磁場の方程式という.(15.2)から,

$$\text{div}\,\text{rot}\,\mathbf{H} = \frac{4\pi}{c}\text{div}\,\mathbf{j} = 0. \tag{15.3}$$

したがって,方程式(15.2)が厳密に成り立つためには,電流は $\text{div}\,\mathbf{j} = 0$ の条件を満たしていなくてはならない.しかし,点電荷に対しては,電荷保存の方程式(12.18)は成り立つが,この条件は厳密には成り立たない.

平均値 点電荷が運動する場合, $\text{div}\,\mathbf{j} = 0$ の条件は,ある時間間隔 t_0 にわたっての平均の意味でしか満足されない.一般に座標と速度の関数 $f(\mathbf{r}, \mathbf{v})$ の平均値を次のように定義する.すなわち,任意の時刻を $t = 0$ に選んで

$$\bar{f} = \frac{1}{t_0}\int_0^{t_0} f(\mathbf{r}, \mathbf{v})\,dt. \tag{15.4}$$

このような平均を取る操作と座標に関する微分とは,異なる変数についての演算であるから順序を交換することができる.

方程式(12.18)を平均すれば

$$\frac{1}{t_0}\int_0^{t_0}\text{div}\,\mathbf{j}\,dt = \text{div}\,\bar{\mathbf{j}} = -\frac{1}{t_0}\int_0^{t_0}\frac{\partial \rho}{\partial t}\,dt = -\frac{\rho(t_0)-\rho(0)}{t_0}.$$

時間間隔 t_0 を増したとき,差 $\rho(t_0)-\rho(0)$ は t_0 よりゆっくりしか増加しないものと仮定する.このときには,t_0 を十分大きくとれば,比 $\dfrac{\rho(t_0)-\rho(0)}{t_0}$ をいくらでも小さくすることができる.それゆえ,電流の平均値は確かに方程式

$$\text{div}\,\bar{\mathbf{j}} = 0 \tag{15.5}$$

を満足する.

そこで，方程式(15.2)および今後この節で出て来る方程式は，すべて時間平均をとったものと解釈することにする．なお時間平均は，電荷の運動に関係する量の上に横線を引いて表わす(たとえば磁場 $\mathbf{H}$ の上には横線を引かない)．

定常運動　電荷密度だけでなく，電荷の運動に関係するどんな関数 f に対しても $\lim_{t_0 \to \infty} \dfrac{f(t_0) - f(0)}{t_0} = 0$ の条件がみたされていると仮定しよう．このような運動は**定常**であるといわれる．

定常運動の特別の場合として周期運動(たとえば円周上の回転運動)がある．しかし，状態が定常であるためには，一般には電荷が常に空間の限られた領域内に留まってさえいればよい．このときは差 $f(t_0) - f(0)$ は有限だからである．

この節で導く式はすべて電荷の定常運動に関するものである．

ベクトルポテンシャルの方程式　方程式(15.1)を満足させるために，ベクトルポテンシャル $\mathbf{A}$ を用いて磁場を次のように表わす((12.28)参照)：

$$\mathbf{H} = \operatorname{rot} \mathbf{A}. \tag{15.6}$$

この式だけでは $\mathbf{A}$ を完全には定めることができない．(12.30)のように，勝手な関数の grad を $\mathbf{A}$ に加えても $\mathbf{H}$ の形は変わらないからである．それゆえ，$\mathbf{A}$ に対して条件をさらにつけ加える必要がある．Lorentz の条件(12.36)から考えれば，

$$\operatorname{div} \mathbf{A} = 0 \tag{15.7}$$

という条件を課さなくてはならない．

(15.6)を(15.2)に代入すれば，

$$\operatorname{rot} \mathbf{H} = \operatorname{rot} \operatorname{rot} \mathbf{A} = \frac{4\pi}{c} \overline{\mathbf{j}}. \tag{15.8}$$

一方，(11.42)および(15.7)により，

$$\operatorname{rot} \operatorname{rot} \mathbf{A} = \operatorname{grad} \operatorname{div} \mathbf{A} - \Delta \mathbf{A} = -\Delta \mathbf{A}. \tag{15.9}$$

したがって，$\mathbf{A}$ は方程式

$$\Delta \mathbf{A} = -\frac{4\pi}{c} \overline{\mathbf{j}} = -\frac{4\pi}{c} \overline{\rho \mathbf{v}} \tag{15.10}$$

を満足する．これはスカラーポテンシャルに対する方程式(14.6)と同じ形をし

ている．

方程式(15.10)はまた，静磁場であるという条件から，方程式(12.37)の $\frac{1}{c^2}\frac{\partial^2 \mathbf{A}}{\partial t^2}$ の項を0と置けばすぐに得られる．

点電荷のベクトルポテンシャル　方程式(15.10)の解は方程式(14.6)の解(14.8)と全く同じ形を持つ．すなわち，$\mathbf{A}$ の各直角成分は(14.6)の右辺の $4\pi\rho$ をそれぞれ $\frac{4\pi}{c}\rho v_x, \frac{4\pi}{c}\rho v_y, \frac{4\pi}{c}\rho v_z$ で置きかえた方程式を満足するから，点電荷によるベクトルポテンシャルは

$$\mathbf{A} = \overline{\frac{e\mathbf{v}}{c|\mathbf{R}-\mathbf{r}|}} \tag{15.11}$$

である．

ベクトル $\mathbf{A}$ が(15.7)の条件を満たしていることを次に示そう．

(15.7)の div は，問題にしている点の位置ベクトル $\mathbf{R}$ に対する演算である．ところが，$\nabla_\mathbf{R}|\mathbf{R}-\mathbf{r}| = -\nabla_\mathbf{r}|\mathbf{R}-\mathbf{r}|$ であるから，

$$\mathrm{div}\,\mathbf{A} = \frac{e}{c}\overline{\mathbf{v}\nabla_\mathbf{R}\frac{1}{|\mathbf{R}-\mathbf{r}|}} = -\frac{e}{c}\overline{\mathbf{v}\nabla_\mathbf{r}\frac{1}{|\mathbf{R}-\mathbf{r}|}} = -\frac{e}{c}\overline{\frac{d}{dt}\frac{1}{|\mathbf{R}-\mathbf{r}|}}. \tag{15.12}$$

右辺は $\frac{1}{|\mathbf{R}-\mathbf{r}(t)|}$ の時間微分の平均値である．運動が定常であることから，これは0に等しい．

Biot-Savart の法則　点電荷による磁場を計算しよう．公式(11.28)により

$$\mathbf{H} = \mathrm{rot}\,\mathbf{A} = \frac{e}{c}\overline{\left[\nabla_\mathbf{R}\frac{1}{|\mathbf{R}-\mathbf{r}|}, \mathbf{v}\right]} = \frac{e}{c}\overline{\frac{[\mathbf{v}, \mathbf{R}-\mathbf{r}]}{|\mathbf{R}-\mathbf{r}|^3}}.$$

この式は定常運動に対してしか成り立たないことはもちろんである．特に定常電流の場合にはこの式が使える．

定常電流の系の遠方におけるベクトルポテンシャル　点電荷から成る系のベクトルポテンシャルは個々の電荷のポテンシャルの和に等しい：

$$\mathbf{A} = \sum_i \overline{\frac{e_i \mathbf{v}^i}{c|\mathbf{R}-\mathbf{r}^i|}}. \tag{15.13}$$

静電ポテンシャルの場合と同様のやり方で，系から十分離れた所で成立する近似式を求めてみよう．そのために，距離の逆数ベキの展開((14.15)参照．ただし今度は 2 次の項までは考えない)

$$\frac{1}{|\mathbf{R}-\mathbf{r}^i|} = \frac{1}{R}+\frac{\mathbf{r}^i\mathbf{R}}{R^3} \tag{15.14}$$

を(15.13)に代入する．

この近似では，ベクトルポテンシャルは

$$\begin{aligned}\mathbf{A} &= \frac{1}{cR}\sum_i \overline{e_i\mathbf{v}^i}+\frac{1}{cR^3}\sum_i \overline{e_i(\mathbf{r}^i\mathbf{R})\mathbf{v}^i} \\ &= \frac{1}{cR}\overline{\frac{d}{dt}\sum_i e_i\mathbf{r}^i}+\frac{1}{cR^3}\sum_i \overline{e_i(\mathbf{r}^i\mathbf{R})\mathbf{v}^i}\end{aligned} \tag{15.15}$$

の形をとる．ただし $\dot{\mathbf{r}}^i = \mathbf{v}^i$ の関係を用いてある．

第1項は時間微分の平均値だから，定常の条件によって 0 である．次に，第2項を恒等式

$$0 = \overline{\frac{d}{dt}\sum_i e_i(\mathbf{r}^i\mathbf{R})\mathbf{r}^i} = \sum_i \overline{e_i(\mathbf{r}^i\mathbf{R})\mathbf{v}^i}+\sum_i \overline{e_i(\mathbf{v}^i\mathbf{R})\mathbf{r}^i} \tag{15.16}$$

によって変形すれば，ベクトルポテンシャルは

$$\mathbf{A} = \frac{1}{2cR^3}\sum_i e_i\overline{(\mathbf{v}^i(\mathbf{r}^i\mathbf{R})-\mathbf{r}^i(\mathbf{v}^i\mathbf{R}))} = -\frac{1}{2cR^3}\sum_i e_i\overline{[\mathbf{R}[\mathbf{r}^i\mathbf{v}^i]]} \tag{15.17}$$

となる．和とベクトル積の順序を交換すれば，

$$\mathbf{A} = -\left[\frac{\mathbf{R}}{R^3}\sum_i \overline{\frac{e_i[\mathbf{r}^i\mathbf{v}^i]}{2c}}\right]. \tag{15.18}$$

磁気モーメント　(15.18)の中の和は電荷の系(あるいは電流の系)の磁気モーメントとよばれる．平均の磁気モーメントは

$$\overline{\boldsymbol{\mu}} = \overline{\sum_i e_i\frac{[\mathbf{r}^i\mathbf{v}^i]}{2c}} \tag{15.19}$$

と書かれる．

磁気モーメントを用いてベクトルポテンシャルを表わせば，

$$\mathbf{A} = -\left[\frac{\mathbf{R}}{R^3}\overline{\boldsymbol{\mu}}\right] = \left[\nabla\frac{1}{R},\overline{\boldsymbol{\mu}}\right] \tag{15.20}$$

となる．

磁気二重極による場　次に磁場を計算しよう．定義により
$$\mathbf{H} = \text{rot}\,\mathbf{A} = \text{rot}\left[\nabla\frac{1}{R}, \overline{\boldsymbol{\mu}}\right].$$
$\overline{\boldsymbol{\mu}}$ は一定のベクトルであるから，公式(11.30)によって
$$\mathbf{H} = (\overline{\boldsymbol{\mu}}\nabla)\nabla\frac{1}{R} - \overline{\boldsymbol{\mu}}\Delta\frac{1}{R} = -(\overline{\boldsymbol{\mu}}\nabla)\frac{\mathbf{R}}{R^3}.$$
ただし $\Delta\dfrac{1}{R}=0$ を用いてある．さらに，公式(11.35)によって $(\overline{\boldsymbol{\mu}}\nabla)\mathbf{R}=\overline{\boldsymbol{\mu}}$ である．また，公式(11.36)によれば，
$$(\overline{\boldsymbol{\mu}}\nabla)\frac{1}{R^3} = \left(\overline{\boldsymbol{\mu}}, \nabla\frac{1}{R^3}\right) = -\frac{3}{R^4}(\overline{\boldsymbol{\mu}}, \nabla R) = -\frac{3(\overline{\boldsymbol{\mu}}\mathbf{R})}{R^5}.$$
したがって，磁場は
$$\mathbf{H} = \frac{3\mathbf{R}(\mathbf{R}\overline{\boldsymbol{\mu}}) - R^2\overline{\boldsymbol{\mu}}}{R^5}. \tag{15.21}$$
比較のために，電気二重極による電場の式を出しておこう：
$$\mathbf{E} = -\nabla\varphi = -\nabla\frac{(\mathbf{Rd})}{R^3} = \frac{3\mathbf{R}(\mathbf{Rd}) - R^2\mathbf{d}}{R^5}. \tag{15.22}$$
これからわかるように，電気と磁気のちがいを除けば，電場と磁場を表わす式は完全に同形である．どちらに対しても二重極という名でよんだのはこのためである．

1個の電荷が一平面内で閉曲線を描いて運動している場合には，磁気モーメントの定義(15.19)は《板磁石》による初等的な定義と一致する．§5で述べたように((5.2)と(5.4)参照)，ベクトル積 $[\mathbf{rv}]$ は電荷の面積速度の2倍に等しい：$[\mathbf{rv}] = 2\dfrac{d\mathbf{f}}{dt}$．平均値の定義(15.4)から
$$\overline{\boldsymbol{\mu}} = \frac{1}{t_0}\int_0^{t_0}\frac{e}{c}\frac{d\mathbf{f}}{dt}dt = \frac{e}{ct_0}\mathbf{f}. \tag{15.23}$$
t_0 として電荷が軌道を一周する時間をとれば，$\dfrac{e}{t_0}$ は平均の電流 I に等しいから，一般物理学で学んだ磁気モーメントの定義
$$\overline{\boldsymbol{\mu}} = \frac{I\mathbf{f}}{c} \tag{15.24}$$
が得られる．

(15.21)と(15.22)が同形であることから,閉じた電流(すなわち板磁石)と,それと等しいモーメントを持った仮想的な二重極とは同等であることがわかる.電流から遠く離れた点における磁場は,電流と同等な二重極によるものとみなすこともできる.

磁気モーメントと力学的モーメントの関係 考えている系の荷電粒子がすべて同種のもの(たとえば電子)である場合は特に興味がある.このときには,磁気モーメントは力学的モーメント(角運動量)に比例する.実際,$\frac{e}{m}$ が等しいような粒子の系に対しては

$$\boldsymbol{\mu} = \frac{e}{2c}\sum_i [\mathbf{r}^i \mathbf{v}^i] = \frac{e}{2mc}\sum_i m[\mathbf{r}^i \mathbf{v}^i] = \frac{e}{2mc}\sum_i [\mathbf{r}^i \mathbf{p}^i] = \frac{e}{2mc}\mathbf{M} \quad (15.25)$$

が成り立つ.

(15.25)は応用上きわめて大切な関係である.

磁場の中を運動する電荷の系 電流の系と外部磁場との相互作用の問題を考えよう.それには点電荷と場との相互作用を表わす式が必要である.この式は,電荷が連続的に分布している一般の場合に対して,すでに(13.17)の形にえられている.いまの場合,作用は

$$S_1 = \int dt \sum_i \left(\frac{e_i(\mathbf{v}^i \mathbf{A}_i)}{c} - e_i \varphi_i \right). \quad (15.26)$$

と書かれる.ただし $\mathbf{A}_i, \varphi_i$ は,i 番目の電荷が存在する点におけるポテンシャルの値である.

静磁場の取扱いでは,電荷の速さが小さい場合 ($v \ll c$) だけを考える.それゆえ,ここでは Newton 力学が成り立つ.場が存在しないときには,荷電粒子系の作用は次の形をもつ:

$$S_0 = \int dt \sum_i \frac{m_i v^{i2}}{2}. \quad (15.27)$$

(作用がこのように書けるのは $v \ll c$ の場合に限る(§21).) したがって,場が存在するときには,系の作用は

$$S = S_0 + S_1 = \int dt \sum_i \left(\frac{m_i v^{i2}}{2} + e_i \frac{\mathbf{A}_i \mathbf{v}^i}{c} - e_i \varphi_i \right). \quad (15.28)$$

電荷自身がつくり出す場はこの式の中に現われていない．積分の中の式は系の Lagrange 関数である．これは速度について 1 次の項を含んでいるから，第 I 部で用いた $L = T - U$ の関係はここでは成り立たない．

しかし基本的な関係はこの場合にも成り立つから，たとえば運動量は

$$\mathbf{p}_i = \frac{\partial L}{\partial \mathbf{v}^i} = m_i \mathbf{v}^i + \frac{e_i}{c} \mathbf{A}_i. \tag{15.29}$$

また，(4.4) によって，系のエネルギーは

$$\mathcal{E} = \sum_i \mathbf{v}^i \mathbf{p}_i - L = \sum_i \left(m_i v^{i2} + \frac{e_i}{c} \mathbf{A}_i \mathbf{v}^i - \frac{m_i v^{i2}}{2} - \frac{e_i}{c} \mathbf{A}_i \mathbf{v}^i + e_i \varphi_i \right)$$

$$= \sum_i \left(\frac{m_i v^{i2}}{2} + e_i \varphi_i \right). \tag{15.30}$$

すなわち，エネルギーを速度で表わせば，速度について 1 次の項は消える．

磁場の中の系に対するハミルトニアン　　Lagrange 関数の中に速度について 1 次の項があるために，ハミルトニアンにもそれに相当する項がつけ加わる．そこで，定義 (10.15) にしたがってハミルトニアンを書いてみよう．それには，エネルギーの中の速度を運動量で表わせばよい．(15.29) によって

$$\mathbf{v}^i = \frac{1}{m_i} \left(\mathbf{p}_i - \frac{e_i}{c} \mathbf{A}_i \right) \tag{15.31}$$

であるから，ハミルトニアンは

$$\mathcal{H} = \sum_i \left[\frac{1}{2m_i} \left(\mathbf{p}_i - \frac{e_i}{c} \mathbf{A}_i \right)^2 + e_i \varphi_i \right]. \tag{15.32}$$

さて，系に加えられた磁場は弱くかつ一様 (少くとも系が占めている領域にわたっては) であると仮定しよう．一様な場のベクトルポテンシャルは次のように表わされる：

$$\mathbf{A} = \frac{1}{2} [\mathbf{Hr}]. \tag{15.33}$$

実際，公式 (11.30) と (11.35) によって rot $\mathbf{A} = \mathbf{H}$，また (11.29) と (11.34) によって div $\mathbf{A} = 0$ であることが確かめられる．

磁場は弱いと仮定しているから，(15.32) の中で A_i^2 の項を無視することができる．これに (15.33) を代入して，

$$\mathcal{H} = \sum_i \left[\frac{p_i^2}{2m_i} + e_i\varphi_i - \frac{e_i}{2m_i c}(\mathbf{p}_i[\mathbf{H}\mathbf{r}^i]) \right]. \quad (15.34)$$

この式の最後の項がはじめに述べた附加項である．この項には $\mathbf{H}$ がすでに 1 次ではいっているから，今考えている近似（H^2 を省略する近似）の範囲では $\mathbf{p}_i$ のかわりに $m_i \mathbf{v}^i$ と置くことができる．積の順序を入れかえてから $\sum$ を中に入れれば，この項は

$$\mathcal{H}' = -\left(\mathbf{H}, \sum_i \frac{e_i}{2c}[\mathbf{r}^i \mathbf{v}^i]\right) = -(\mathbf{H}\boldsymbol{\mu}) \quad (15.35)$$

となる．

これは，一様な電場の中に電気二重極がおかれているときのエネルギーの式と同じ形をしている．（電気二重極の場合は $-(\mathbf{E}\mathbf{d})$ であった．(14.28) 参照．）電気モーメントと磁気モーメントの類似がここにも現われている．

Larmor の定理 時間的に変わらない一様磁場の中に置かれた電荷の運動量の式と，回転座標系に対する質点の運動量の式とを比べてみよう．前者は (15.29) と (15.33) によって

$$\mathbf{p} = m\mathbf{v} + \frac{e\mathbf{A}}{c} = m\mathbf{v} + \frac{e}{2c}[\mathbf{H}\mathbf{r}], \quad (15.36)$$

後者は (8.5) によって

$$\mathbf{p} = m\mathbf{v}' + m[\boldsymbol{\omega}\mathbf{r}] \quad (15.37)$$

である．

さて，同種の荷電粒子から成る系の定常運動（たとえば原子や分子の中の電子の運動．核は重いから静止しているとみなせる）を考えよう．磁場が存在しないときの粒子の運動はわかっているものとする．(15.36) と (15.37) を比べてみればわかるように，磁場 $\mathbf{H}$ が存在するとき，もし角速度

$$\boldsymbol{\omega} = -\frac{e\mathbf{H}}{2mc} \quad (15.38)$$

で回転している系から荷電粒子の運動を見たとすると，その運動は，磁場が存在しない場合に静止座標系から見た運動とちがいがないであろう．このとき，回転座標系における運動方程式は通常の形 $\dot{\mathbf{p}}_i = \mathbf{F}$ になる．ここで $\mathbf{F}_i$ は磁場がないときに i 番目の電荷に働く力である．つまり，角速度 $\boldsymbol{\omega}$ があるために

運動量につけ加わる項が,磁場の存在による附加項とちょうど打ち消しあうからである.ただし,このことは磁場の強さが弱いときだけに成り立つ.

したがって,時間的に変わらない一様磁場を加えた場合,比 $\dfrac{e}{m}$ が等しいような粒子から成る系は,大きさが $|\omega_L| = \dfrac{eH}{2mc}$ の一定角速度で回転を始める (Larmor の定理). ω_L を **Larmor 周波数** という.

磁気モーメントの歳差運動 ある系が,磁場によって乱されずに運動しているときに磁気モーメント $\boldsymbol{\mu}$ を持っていたとする.これに磁場を加えると,磁気モーメントは,自由なこまと同じように((9.14)参照)磁場の方向のまわりに回転し初める.($\boldsymbol{\omega}$ は回転軸の方向すなわち磁場の方向に向く.)場の方向を軸として磁気モーメントが行なう回転運動のことを **Larmor の歳差運動** という.

一様でない場の中に置かれた磁気モーメント 磁場が一様な状態からわずかにはずれていると仮定しよう.このときには,運動方程式の中に力として次の項

$$\mathbf{F} = -\nabla \mathcal{H}' = -\nabla(\mathbf{H}\boldsymbol{\mu}) \tag{15.39}$$

が現われる.これは,磁気モーメントに働いてこれを全体として動かそうとする力である.公式(11.32)によって,

$$\mathbf{F} = -(\boldsymbol{\mu}\nabla)\mathbf{H} - [\boldsymbol{\mu}\,\mathrm{rot}\,\mathbf{H}].$$

外部磁場については $\mathrm{rot}\,\mathbf{H} = 0$ であるから,力は結局

$$\mathbf{F} = -(\boldsymbol{\mu}\nabla)\mathbf{H} \tag{15.40}$$

となる.

これがよく知られた磁石の吸引力である.磁極の近くでは場の不均一さが最も大きいから,吸引力は磁極が最も強い.

問 題

$H_z = -H_0,\ H_x = H_1 \cos \omega t,\ H_y = H_1 \sin \omega t$ で与えられる磁場がある.この中で磁

気モーメント μ が行なう運動を論ぜよ．特に $\omega = \omega_0 = \dfrac{eH_0}{2mc}$，および $\omega \to 0$ の場合を吟味せよ．

(解) §8 と §9 により，角速度 $\boldsymbol{\omega}_L$ で回転するベクトル $\boldsymbol{\mu}$ の運動は，次の方程式
$$\frac{d\boldsymbol{\mu}}{dt} = [\boldsymbol{\omega}_L \boldsymbol{\mu}]$$
によって表わされる．したがって，磁気モーメントの歳差運動は
$$\frac{d\boldsymbol{\mu}}{dt} = \frac{e}{2mc}[\boldsymbol{\mu}\mathbf{H}]$$
で与えられる．

両辺に $\boldsymbol{\mu}$ をスカラー的にかけてみればわかるように，磁気モーメント $\boldsymbol{\mu}$ の大きさは一定である．それゆえ，$\mu_z = \sqrt{\mu^2 - \mu_x^2 + \mu_y^2}$ とおいて成分 μ_x と μ_y に対する方程式だけを考えれば十分である．

簡単のため $\omega_0 = \dfrac{eH_0}{2mc}$, $\omega_1 = \dfrac{eH_1}{2mc}$ とおき（(15.38) 参照），μ_y の方程式に $\pm i$ をかけて μ_x の方程式に加えれば
$$\frac{d}{dt}(\mu_x \pm i\mu_y) = \pm i\omega_0(\mu_x \pm i\mu_y) \pm i\omega_1 e^{\pm i\omega t}\sqrt{\mu^2 - \mu_x^2 - \mu_y^2}.$$
これを解くために $\mu_x \pm i\mu_y = A_\pm e^{\pm i\omega t}$ とおけば，
$$(\omega - \omega_0)A_\pm = \omega_1\sqrt{\mu^2 - A_+ A_-}.$$
これらの方程式をかけて
$$A_+ A_- = \frac{\mu^2 \omega_1^2}{(\omega - \omega_0)^2 + \omega_1^2}; \quad A_\pm = \frac{\mu \omega_1}{\sqrt{(\omega - \omega_0)^2 + \omega_1^2}}.$$

$\omega = \omega_0$（いわゆる常磁性共鳴）の場合には，磁気モーメントは xy 面内を角速度 ω_0 で回転する．$\omega \to 0$ すなわち場の回転がおそい場合の極限では，モーメントは常に場の方向を向いた状態で場の回転についていく．

§16 物質の電磁力学

物質内の場　物質は原子核と電子とからできている．これら微小な粒子は電荷を持ち，きわめて高速度で運動している．したがって，物質内に原子の大きさ程度の微小な領域をとると，その中ではあらゆる電磁気的な量——場，電荷密度，電流密度など——は時間的にきわめて急速に変動している．物質内に隣りあう微小部分を二つとったとき，同一時刻においても，これらの量が両方の部分で全く異なる値を持つことも可能である．それゆえ，荷電粒子で満たされた物質内の場をくわしく調べようとすると，空間的にも時間的にも，きわめて急激に，しかも不規則に変化する関数を取扱わなくてはならない．

平均値　場の微細な変化が原子的なスケールで起っていることは上に述べた．しかし通常は，それほど詳細に場を調べても意味がない．マクロな物体を記述する場合に重要なのは，いつも多数の原子についての平均値だからである．

たとえば，力学では平均密度という量を用いる．この量は，物体から多数の原子を含む部分を取り出して，その質量をその体積で割ったものとして定義される．その際，取り出した部分の体積は，密度の平均値に対してその物体のミクロな原子構造の影響が現われない程度に十分大きくなければならない．しかし同時に，その体積は，平均したマクロな値がその体積にわたって一定であるくらい小さいことも必要である．つまり，考えている体積を任意に2等分したとき，各部分についてとった平均値が，もとの体積についての平均値と異なっては困るのである．

このような体積を《物理的に無限小》であるという．以下では，これを V_0 と書くことにしよう．V_0 は原子のひろがりに比べてはるかに大きくなくてはならないが，それと同時に，その形——球であるか立方体であるかなど——によって平均値が変わるようなことがあってはならない．

体積について平均するほかに，時間についても平均をとらなくてはならない．平均をとるべき時間間隔は，原子が行なう運動に関係した時間に比べれば十分

大きくなくてはならないが，あい続く時間間隔についての平均値が等しい程度には小さくなければならない．

一稜の長さ a の立方体の物質部分を考えよう．その中心の座標を (x, y, z) とする．また，時刻 t を考えたとき，時間平均はその時刻を中心として t_0 の時間間隔についてとるものとする．さらに，立方体の中心から見たその内部の一点の座標を (ξ, η, ζ) とし，t から測った時間を θ とする．これらの量の変域は不等式

$$-\frac{a}{2} \leq \xi, \eta, \zeta \leq \frac{a}{2}, \quad -\frac{t_0}{2} \leq \theta \leq \frac{t_0}{2}$$

で与えられる．

さて，量 f を考えたとき，ある点，ある時刻における f の真の値は $f(x+\xi, y+\eta, z+\zeta, t+\theta)$ である．これは《数学的に無限小》な体積 $dV = d\xi d\eta d\zeta$ および時間 $d\theta$ に関係した値である．物理的に無限小な体積 V_0 および時間 t_0 にわたっての平均値は，普通の定義通り，

$$\bar{f}(x,y,z,t) = \frac{1}{V_0 t_0} \int_{-\frac{a}{2}}^{\frac{a}{2}} d\xi \int_{-\frac{a}{2}}^{\frac{a}{2}} d\eta \int_{-\frac{a}{2}}^{\frac{a}{2}} d\zeta \int_{-\frac{t_0}{2}}^{\frac{t_0}{2}} d\theta f(x+\xi, y+\eta, z+\zeta, t+\theta)$$

(16.1)

で与えられる．この平均値が x, y, z, t の関数であることはいうまでもない．このような平均値を取扱うのがマクロな電磁力学である．これに対して，ミクロな電磁力学では，一個一個の荷電粒子による場や，電荷のない真空中の場を問題にする．

上で定義した平均値は，時間および座標について微分することができる．この場合の変数は，物理的に無限小な体積および時間の中心 x, y, z, t である．たとえば，x についての微分は

$$\frac{\partial}{\partial x} \bar{f}(x, y, z, t)$$

$$= \frac{1}{V_0 t_0} \int_{-\frac{a}{2}}^{\frac{a}{2}} d\xi \int_{-\frac{a}{2}}^{\frac{a}{2}} d\eta \int_{-\frac{a}{2}}^{\frac{a}{2}} d\zeta \int_{-\frac{t_0}{2}}^{\frac{t_0}{2}} d\theta \frac{\partial}{\partial x} f(x+\xi, y+\eta, z+\eta, t+\theta)$$

$$= \overline{\frac{\partial f}{\partial x}}. \qquad (16.2)$$

§16 物質の電磁力学

すなわち，ある量の平均値の導関数は導関数の平均値に等しい．

物質内の電荷密度と電流密度　電場や磁場を加えると，物質内の電荷や電流の分布が変わる．いま，電荷密度と電流密度の平均値をそれぞれ $\bar{\rho}$ および $\bar{\mathbf{j}}$ とする．適当な量を導入すると，Maxwell の方程式を平均したとき，その形が対称的になるようにすることができることをあとで示す．ここでは，それらの量を用いて $\bar{\rho}$ と $\bar{\mathbf{j}}$ を表わしてみよう．

物質内の任意の部分の電気二重極モーメントを $\mathbf{d}$ とするとき，電気モーメント密度 $\mathbf{P}$ を次の式で定義する：

$$\mathbf{d} = \int \mathbf{P} dV. \tag{16.3}$$

$\mathbf{P}$ は単位体積当りの二重極モーメントで，**電気分極**ともよばれる．物質が全体として電気的に中性であれば，(14.21)によって，その二重極モーメントは $\sum_i e_i \mathbf{r}_i$ として一義的に定まる．したがって，連続的な電荷分布に対しては，

$$\mathbf{d} = \int \bar{\rho} \mathbf{r} \, dV. \tag{16.4}$$

(16.3)の積分については次の恒等式が成り立つ：

$$\int \mathbf{P} \, dV = -\int \mathbf{r} \, \text{div} \, \mathbf{P} \, dV. \tag{16.5}$$

なぜなら，たとえば右辺の x 成分は

$$\iiint x \left(\frac{\partial P_x}{\partial x} + \frac{\partial P_y}{\partial y} + \frac{\partial P_z}{dz} \right) dxdydz = \iint x P_x \Big|_{x_1}^{x_2} dydz$$
$$+ \iint x P_y \Big|_{y_1}^{y_2} dzdx + \iint x P_z \Big|_{z_1}^{z_2} dxdy - \iiint P_x \, dxdydz$$

と書けるが，積分限界を物質の境界にとれば，そこでは $P_x = P_y = P_z = 0$ となるからである．

(16.3)—(16.5)から，

$$\int \mathbf{r} (\text{div} \, \mathbf{P} + \bar{\rho}) dV = 0. \tag{16.6}$$

$\mathbf{r}$ の原点の採り方は任意であるから，この式から

$$\text{div} \, \mathbf{P} + \bar{\rho} = 0 \tag{16.7}$$

がえられる．すなわち，場によって《誘導》された電荷の平均密度は，電気分極ベクトルの発散の符号を変えたものに等しい．

誘導電流の平均密度も同様に表わすことができる．そのために，磁気モーメント密度として**磁気分極**ベクトル $\mathbf{M}$ を次の式で定義する：

$$\boldsymbol{\mu} = \int \mathbf{M}\,dV. \tag{16.8}$$

$\boldsymbol{\mu}$ は磁気モーメントで，定義により $\boldsymbol{\mu} = \sum_i \dfrac{e_i[\mathbf{r}^i \mathbf{v}^i]}{2c}$ であるが，電流分布 $\bar{\mathbf{j}}$ がある場合には

$$\boldsymbol{\mu} = \int \frac{[\mathbf{r}\bar{\mathbf{j}}]dV}{2c} \tag{16.9}$$

と書ける．

さて，次の恒等式

$$\int \mathbf{M}\,dV = \frac{1}{2}\int [\mathbf{r}\,\mathrm{rot}\,\mathbf{M}]dV \tag{16.10}$$

を証明しよう．

右辺の x 成分を書けば

$$\int [\mathbf{r}\,\mathrm{rot}\,\mathbf{M}]_x\,dV = \int \Big\{ y(\mathrm{rot}\,\mathbf{M})_z - z(\mathrm{rot}\,\mathbf{M})_y \Big\}dV$$
$$= \iiint \Big\{ y\Big(\frac{\partial M_y}{\partial x} - \frac{\partial M_x}{\partial y}\Big) - z\Big(\frac{\partial M_x}{\partial z} - \frac{\partial M_z}{\partial x}\Big) \Big\}dxdydz.$$

ここで第1項と第4項はすぐに1回積分できる．第2，第3項は部分積分する．積分できた項はすべて境界上で 0 となるから，$2M_x$ の積分だけが残り，(16.10) の左辺が導かれる．

(16.9) と (16.10) を比べれば，

$$\boldsymbol{\mu} = \int \frac{[\mathbf{r}\bar{\mathbf{j}}]}{2c}dV = \int \frac{[\mathbf{r}\,\mathrm{rot}\,\mathbf{M}]}{2}dV. \tag{16.11}$$

$\bar{\mathbf{j}}$ を完全にきめるために，その div をとって電荷の保存則 (12.18) を用いる：

$$\mathrm{div}\,\bar{\mathbf{j}} = -\frac{\partial \bar{\rho}}{\partial t} = \mathrm{div}\,\frac{\partial \mathbf{P}}{\partial t}. \tag{16.12}$$

したがって

§16 物質の電磁力学

$$\bar{\mathbf{j}} = \frac{\partial \mathbf{P}}{\partial t} + \text{rot } \mathbf{W}.$$

これを(16.11)の第1式に代入すれば,

$$\boldsymbol{\mu} = \frac{1}{2c}\int \left[\mathbf{r}\frac{\partial \mathbf{P}}{\partial t}\right]dV + \frac{1}{2c}\int [\mathbf{r} \text{ rot } \mathbf{W}]dV$$

ところが

$$\int \left[\mathbf{r}\frac{\partial \mathbf{P}}{\partial t}\right]dV = \frac{\partial}{\partial t}\int [\mathbf{rP}]\,dV,$$

$$[\mathbf{rP}] = [\mathbf{r}, \bar{\rho}\mathbf{r}] = 0$$

であるから,

$$\boldsymbol{\mu} = \frac{1}{2c}\int [\mathbf{r} \text{ rot } \mathbf{W}]dV.$$

これを(16.11)の第2式と比較して rot $\mathbf{W} = c$ rot $\mathbf{M}$, したがって,

$$\bar{\mathbf{j}} = \frac{\partial \mathbf{P}}{\partial t} + c \text{ rot } \mathbf{M} \tag{16.13}$$

の関係が得られた.

Maxwell の方程式の平均化 Maxwell の方程式の平均をとろう. (16.2)によって, 微分と平均とは順序が交換できるから, 第1群の方程式は

$$\text{rot } \bar{\mathbf{E}} = -\frac{1}{c}\frac{\partial \bar{\mathbf{H}}}{\partial t}, \tag{16.14}$$

$$\text{div } \bar{\mathbf{H}} = 0 \tag{16.15}$$

となる.

電場の平均値 $\bar{\mathbf{E}}$ のことを物質内の電場とよぶ. 物質の内部では常に平均値を考えるという約束で, 今後はこれを単に $\mathbf{E}$ と書く. 次に, 磁場の平均値のことを**磁束密度**(磁気誘導)とよび, これを $\mathbf{B}$ で表わす. 磁場とちがって, これも物質の内部で初めて意味を持つ量であるから, 字の上に横線をつけない. 電場と磁場の平均値に対して対称的でない名前をつけたが, その理由はあとでわかる.

結局, Maxwell の第1群の方程式は次の形となる:

$$\text{rot } \mathbf{E} = -\frac{1}{c}\frac{\partial \mathbf{B}}{\partial t}, \tag{16.16}$$

次に，第2群の方程式の平均をとれば

$$\text{div } \bar{\mathbf{B}} = 0. \tag{16.17}$$

$$\text{rot } \bar{\mathbf{H}} = \frac{1}{c}\frac{\partial \bar{\mathbf{E}}}{\partial t} + \frac{4\pi}{c}\bar{\mathbf{j}}, \tag{16.18}$$

$$\text{div } \bar{\mathbf{E}} = 4\pi\bar{\rho}. \tag{16.19}$$

$\bar{\rho}$ と $\bar{\mathbf{j}}$ にそれぞれ (16.7) と (16.13) を代入して変形すれば,

$$\text{rot}(\mathbf{B} - 4\pi\mathbf{M}) = \frac{1}{c}\frac{\partial}{\partial t}(\mathbf{E} + 4\pi\mathbf{P}), \tag{16.20}$$

$$\text{div}(\mathbf{E} + 4\pi\mathbf{P}) = 0. \tag{16.21}$$

ここで

$$\mathbf{E} + 4\pi\mathbf{P} \equiv \mathbf{D} \tag{16.22}$$

と置いて新しい量 $\mathbf{D}$ を導入し，これを**電束密度**(電気誘導)とよぶ．

さらに，

$$\mathbf{B} - 4\pi\mathbf{M} \equiv \mathbf{H} \tag{16.23}$$

を物質内の磁場と定義する．これは真空中の磁場の平均値とは等しくない．

このようにして，第2群の方程式も第1群と同じ形に書ける：

$$\text{rot } \mathbf{H} = \frac{1}{c}\frac{\partial \mathbf{D}}{\partial t}, \tag{16.24}$$

$$\text{div } \mathbf{D} = 0. \tag{16.25}$$

方程式 (16.25) と (16.17) が同形であることから，磁場の平均値を磁束密度とよぶ理由がわかるであろう．これらの式からわかるように，電束密度と磁束密度は，共に物質の中に湧き出しを持っていない．また (16.24) と (16.16) の形が似ていることから，(16.23) のベクトル $\mathbf{H}$ を磁場とよぶことの正当さがわかる．

物質内の Maxwell の方程式は閉じていない 上で述べたように，適当な量を新しく導入したために，物質内の Maxwell の方程式は，真空中の方程式よりも形が対称的になった．しかし，そうすると今度は，これらの方程式が閉じた系ではなくなったことを忘れてはならない．前と同様，方程式は8個で，そのうち6個だけが独立である．これに対して，未知量の数は12である($\mathbf{B}, \mathbf{E}, \mathbf{D}, \mathbf{H}$ がそれぞれ3個の成分を持つ)．したがって，電磁束密度と電磁場との間

に何か関係を見出さない限り，方程式 (16.16), (16.17), (16.24), (16.25) は解けない．この関係は，具体的な物質構造がわからなければ決められない．

誘電体と導体　一定の電場を加えたとき，物体内部で電荷がどのように行動するかをまず考えてみよう．電場によって，正の電荷はその方向に，負の電荷はそれと反対方向に移動し，その結果として分極 $\mathbf{P}$ が起る．ここで，本質的に異なる次の二つの場合が可能である．

1) 場の影響によって，（場の強さできまる）有限の大きさの分極 $\mathbf{P}$ が物体内部に生ずる場合．この分極は，バネにつけたおもりが重力場の中で下がるのと同様に，電場のないときの平衡位置から電荷が新たな平衡位置へ移動するために起ったと考えればわかり易い（もちろん事実はそれほど単純なものではない）．物体内部の場に応じて有限の大きさの分極を生ずるような物体を，絶縁体あるいは**誘電体**とよぶ．

2) 一定の電場を加えたときに電荷が平衡に達せず，分極が一定の割合 $\dfrac{\partial \mathbf{P}}{\partial t}$ で増加していく場合．このような物体を導体とよぶ．

この場合には，ベクトル $\dfrac{\partial \mathbf{P}}{\partial t}$ に垂直な面を物体内部にとると，この面を通って電荷の流れ（すなわち電流）が生ずる．実際，(16.13) から，$\dfrac{\partial \mathbf{P}}{\partial t}$ は電流 $\bar{\mathbf{j}}$ の一部分と解釈できる．$\bar{\mathbf{j}}$ の中の残りの部分 $c\,\mathrm{rot}\,\mathbf{M}$ は，考えている時刻だけの $\mathbf{M}$ の値に関係した量であるから，物理量の時間的変化を表わすものとは考えられない．それゆえ，導体と誘電体との区別は，もっぱら $\dfrac{\partial \mathbf{P}}{\partial t}$ がどうなるかによるのである．

よく知られているように，粘性流体中を落下する物体は，摩擦力を受けて最終的には一定の速さに達する．導体に電場を加えたときおこる電荷の移動も，大体これと同様であると考えることができる．一般に導体では，一定の電場が加わると一定の電流が生ずる．

真空中の電場の中に導体（たとえば球，楕円体など）を持って来ると，導体内の電荷は移動して，導体の内部の電場は 0 となる．そのためには，導体内部の平均電荷密度も 0 とならなくてはならない．一般に，電場の力線は電荷から出て電荷に終る．それゆえ，もし導体内部に電荷があると，それのつくる電場に

よって電荷は移動してしまうからである．結局，誘導された電荷がすべて表面に集まったときに限って，導体内には平衡状態が実現される．導体表面に現われた電荷は内部の平均電場が 0 となるように分布し，導体外部の電気力線は表面の各点でこれに垂直となる．

導体内の定常電流　導体内の定常電流は必ず閉回路に沿って流れる．このとき，電場は閉回路上いたる所でこれと同じ方向を向き，したがって，電荷は常に一方向に動かされて閉じた電流をつくる．閉回路に沿って単位の電荷を一周させるときに場がする仕事を，この回路についての起電力という（(12.1)参照）：

$$\text{起電力} = \int \mathbf{E} \, d\mathbf{l}. \tag{16.26}$$

この式と(12.1)との違いは，$\mathbf{E}$ が導体内の電場（平均値）であることである．

起電力の源　導体内に一定の起電力をつくり出しておくには，外部に電池のようなエネルギーの供給源が何かなければならない．電池の内部の回路を電流が通じるときには，イオンが電極と中和する．これがエネルギーの源となって，起電力が保ち続けられるのである．

ここでまた $\mathbf{E} = -\nabla \varphi$ と置けば，

$$\begin{aligned}\text{起電力} &= -\int \nabla \varphi \, d\mathbf{l} = -\int \left(\frac{\partial \varphi}{\partial x} dx + \frac{\partial \varphi}{\partial y} dy + \frac{\partial \varphi}{\partial z} dz \right) \\ &= -\int d\varphi = \varphi_1 - \varphi_2 \end{aligned} \tag{16.27}$$

である．

したがって，起電力を，閉回路に沿って一周したときのポテンシャルの差と定義することもできる．すなわち，回路を一周するごとにポテンシャルは起電力の値だけ変化する．

物質の磁性　次に物質の磁性について考えよう．一定の磁場の中に物体を置くと，物体の内部には一定の平衡状態が実現される．ここで，次の二つの場

§16 物質の電磁力学

合を分けて考える必要がおこる．

1) 磁場が存在しないときにも，物質の原子または分子が 0 でない固有の磁気モーメントを持っている場合．

前節で述べたように，磁気モーメント μ の要素磁石が磁場 $\mathbf{H}$ の中に置かれたときに持つエネルギーは $-(\mu \mathbf{H})$ である．それゆえ，場の方向へのモーメントの射影が正であるような要素磁石のエネルギーは，射影が負のもののエネルギーよりも小さい．一方，原子や分子は不規則な熱運動を行なっている．この運動と磁場の作用との結果，エネルギー的に最も都合のよい状態——モーメントの射影が正となるものが大部分を占めるような状態——が実現される．このような平衡のくわしい取扱いは第 IV 部で行なう．

磁場の中に磁気モーメントが単独に存在するときには，それは磁場のまわりに単に Larmor の歳差運動を行なうだけだから，磁場の方向へのモーメントの射影は一定である．しかし，物質の中では，分子間の相互作用によって，個々の磁気モーメントの運動が乱される．けれども，結果においては，平均して 0 でない磁気分極を持つ状態が実現されるのである．

2) 磁場が存在しないときには，原子または分子が固有の磁気モーメントを持たない場合．

前節で述べたように，外から磁場が加わると，Larmor の歳差運動のために原子または分子の中の電荷の運動が変化する．実際，磁場がかかっていないときの運動に，角速度 $\omega = \dfrac{eH}{2mc}$ の歳差運動が加わるのである．この歳差運動のために，荷電粒子系が磁気モーメントを持つようになることを問題 4 で扱う．ここでは，場によって誘導された磁気モーメントの方向が場と反対向きであることだけを注意しておこう．実際，Lenz の法則によって誘導電流はもとの磁場と逆方向の磁場を作るからである．

磁場を加えたとき，これと同じ向きに磁気モーメントを生ずるような物質を**常磁性体**とよぶ．また，加えた磁場と反対向きに磁化がおこるような物質を**反磁性体**とよぶ．

強磁性　外から磁場が加えられなくても，磁気モーメントがもともと一方向に揃っているような結晶体がある．このような物質は**強磁性体**とよばれる．

強磁性体の固有の磁気分極は，その結晶軸の方向に関係がある．たとえば，鉄の結晶は立方格子からできているが，その固有の磁化の向きは格子の一稜の方向と一致している．この方向を磁化容易方向とよぶ．磁気分極の向きをこの方向からそらせるには，外から仕事を加えなくてはならない．

強磁性体の単結晶は，全体としてエネルギーが極小になるように磁化している（一般に，平衡状態はエネルギーが極小の状態である）．しかし，1個の単結晶全体が一方向に磁化しているわけではない．なぜなら，もしそうなっているとすると，この結晶は外部に磁場 $\mathbf{H}$ をつくり出す．そのエネルギーは $\frac{1}{8\pi}\int H^2 dV$ で，これは常に正の量である．したがって，このために全エネルギーが増加することになるからである．これに反して，結晶が，磁化の方向が交互に逆向きであるようないくつもの領域あるいは層（いわゆる**磁区**）に分かれているとすれば，隣接した磁区は反対向きの場をつくるから，全体として外側には場が現われない．磁区と磁区との間の遷移領域では，一方の磁区でその磁化容易方向を向いている分極がしだいに向きを変え，もう一方の磁区でそれと正反対の方向を向くまでになる．ある方向が容易方向であるとすると，それと正反対の方向もやはり同じ性質を持つことは明らかであろう．遷移領域の構造は Landau および Lifshitz によって理論的に研究された．

結晶の磁区構造は後に実験的に確認された．強磁性物質の粉末を懸濁したコロイドを，強磁性体単結晶のなめらかな面の上に薄くぬると，粉末が磁区の境界線に沿って分布するのである．

磁区と磁区との間では，分極の方向が磁化容易方向からずれているので，そのような遷移領域をつくり出すには仕事が必要である．結局，次のようにいうことができる．単結晶全体が一つの磁区から成っているとすると，これは外部に場をつくっているから $\frac{1}{8\pi}\int H^2 dV$ だけのエネルギーを持つ．一方，結晶がいくつもの磁区から成っているとすると，遷移領域の存在によって余分のエネルギーを持つ．さて，平衡状態はエネルギーが最小の状態である．場のエネルギーは，場が占めている体積すなわち結晶の長さのスケールの3乗に比例して増す．これに対して，遷移領域のエネルギーはその領域の全面積に比例して増す．十分小さい単結晶では，ただ1個の遷移領域しか存在しえない．その面積は結晶の長さの2乗に比例する．それゆえ，このように小さな結晶では，体積

エネルギーは長さの3乗に,表面エネルギーは長さの2乗に比例して変化する.したがって,十分小さい結晶では,体積エネルギーは表面エネルギーより小さくなる.したがって,そのような結晶は磁区に分かれないで全体として磁化する.このことは,大きさが $10^{-4}\sim10^{-6}$cm 程度の結晶について実験的に確かめられている.強磁性体の大きな結晶でも,磁区の厚さはこれと同じ程度である.

図22は,Landau と Lifshitz が提唱した磁区の形の一例である.矢印は各磁区における分極の向きを示す.上下の境界の鋸歯状の部分が,外部に出る磁場をほとんど完全に消してしまっている.結晶内の磁束線はこの部分を通って閉曲線をつくるので,結晶の外へは出て来ない.

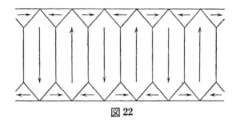

図22

磁場をかけたときの強磁性体の磁化　　強磁性体結晶の磁化容易方向に磁場をかけると磁区の境界面が移動し,分極が磁場と反対向きであるような領域はしだいに狭くなって,比較的弱い磁場をかけた場合でも完全に消えてしまうことがある.このとき,結晶は磁化されて飽和に達したわけである.磁区の分極がはじめに向いていたのと異なる方向に結晶を磁化させ,これを飽和させるには,上の場合よりもはるかに大きい磁場が必要である.

普通の鋼など多結晶の物体では,一つ一つの結晶はかなり不規則に互いに勝手な方向を向いているので,磁化容易方向は結晶ごとに異なる向きをもっている.これに外から磁場を加えると,各結晶ごとに磁化され方がちがうので,磁化曲線の傾斜は単独の結晶の場合ほど急でない.鋼をいったん磁化してから場を取去っても,各結晶間の磁気的な相互作用によって,一定の磁気分極が残る.これがいわゆるヒステリシスである*.

---

* 残留磁気という方がよかろう.(訳者)(ヒステリシスは磁場を時間的に交互に逆方向に変えたときの磁化の様子をいう.)

原子の磁気的な相互作用　　要素磁石(原子磁石)同士の磁気的な相互作用を考えるだけでは，強磁性の原因を説明することができないことを注意しておこう．二つの要素磁気モーメントの相互作用のエネルギーは 10^{-16} erg の程度で，これに対して，室温における熱運動のエネルギーはおよそ 10^{-14} erg である(第IV部参照)．それゆえ，これでは絶対温度 $1°$ というような低温でさえ，不規則な熱運動が規則正しい磁化を乱すことになってしまう．実際には，鋼の強磁性は $1,000°K$ の近くで消失する．したがって，要素磁石間の相互作用は，実は 10^{-13} erg の程度であることがわかるのである．

強磁性の原因は量子的なものであって，古典論からの類推によっては説明することができない．

電磁場と電磁束との関係　　一定の磁場の中に物質を置くと常に平衡状態が実現される．この状態には，定まった磁束密度と磁気分極とが対応している．外から加えた場が弱ければ，これらの量の間の関係は線形である．たとえば，磁束密度は物質内の磁場に比例する：

$$\mathbf{B} = \chi \mathbf{H}. \qquad (16.28)$$

誘電体内では，きまった電場に対してはあるきまった分極がおこって平衡が保たれる．場が弱ければ，この場合も同様の関係が成り立つ：

$$\mathbf{D} = \varepsilon \mathbf{E}. \qquad (16.29)$$

χ は物質の透磁率，ε は誘電率とよばれる．

強磁性体では，飽和が始まるために，(16.28)の比例関係が成り立つような磁場の強さには限度($10^2 \sim 10^4$ oersted まで)があることを注意する必要がある．反磁性体や常磁性体では，室温においては，現実につくり出すことのできる強さの磁場に対しては比例関係が成り立つ．

電場と磁場のベクトルとしての性質　　次のような疑問がおこる：磁束密度が磁場だけに比例するのはなぜなのか？　また，電束密度が電場だけに比例するのはなぜなのか？

これに答えるには，電磁気的な量の，ベクトルとしての性質をもっとくわしく調べる必要がある．

§16 物質の電磁力学

空間の中の直角座標系には2種類のものがある．すなわち，右手系と左手系である．これらのうちの一方を，回転によって他方に一致させることができないことは明らかである．しかし，もし一方の系の座標の符号を逆にすれば，もう一方の系に移り変わる．もちろん，どちらの座標系も物理的には完全に同等で，どちらを選ぶかは全く任意である．したがって，電磁力学の法則を記述する方程式の形は，右手系から左手系へ変換した際に変化してはならない．

さて，Maxwell の方程式 (12.24) を考えよう．これを他方の系に変換するには座標の符号を変えればよい．そうすると，座標についての微分である rot の演算の符号が変わる．それでは，電場の成分についてはどうだろうか？ この式には二つのベクトル **E** と **H** が含まれていて，**E** だけを座標で微分してあるから，方程式の形が変わらないためには，どちらかの符号が変わらなくてはならない．容易にわかるように，符号を変えるのは実は **E** である．実際，方程式 $\mathrm{div}\,\mathbf{E} = 4\pi\rho$ において，右辺はスカラーだから符号を変えない．左辺では div の演算が符号を変えるから，**E** のすべての成分の符号も変わらなくてはならない．したがって，たとえば右手系から左手系に移るとき，磁場の成分は符号を変えない．

解析幾何学によれば，座標系の回転に際してベクトルの成分は座標と同じ変換を受ける．3個の座標の符号を変えることは，どのような回転とも同等ではないことを上に述べた．そこで，ベクトルの中のあるもの，たとえば **E** のようなベクトルは，位置ベクトル **r** と全く同様に振舞うことがわかる．すなわち，**r** の成分の符号を変えれば **E** のすべての成分の符号も変わるのである．また，他のベクトル，たとえば **H** のようなベクトルは，座標系の回転に際しては位置ベクトルと同様に振舞うけれども，右手系から左手系への変換に際しては異なる振舞いをする．

E と同様に変換されるベクトルを**真のベクトル**，あるいは**極性ベクトル**とよぶ．これに対して，**H** のようなベクトルのことを**擬ベクトル**，あるいは**軸性ベクトル**とよぶ．電場のほかに速度・力・加速度・電流密度・ベクトルポテンシャルなどは真のベクトル，磁気モーメント・角運動量・角速度などは擬ベクトルである．

角運動量が擬ベクトルであることは，その定義 $\mathbf{M} = [\mathbf{rp}]$ から容易にわか

る．変換に際して r も p も符号を変えるために，M の符号は変わらないからである．

　電磁力学では，擬ベクトルが真のベクトルの 1 次式で表わされることはありえない．もしそのようなことがあったとすると，式の符号が座標系の選び方によることになって，その式が物理的に意味をなさなくなるからである．ベクトル B と H, D と E が (16.28) と (16.29) の比例式にそれぞれ別々に出て来たのはこのためである．

一定の場の中に置かれた導体に対する方程式　時間的に変化しない電場を導体に加えたときの方程式を考えよう．すでに述べたように，一定の場の中に置かれた導体については，一定に保たれるのは分極 P そのものの値ではなく分極の増加の割合 $\frac{\partial \mathbf{P}}{\partial t}$ で，これは電流密度 $\mathbf{j}'$ という意味を持つものであった．電場 E は一定と考えているから，Maxwell の方程式の右辺にある $\frac{\partial \mathbf{D}}{\partial t}$ は次のように書きかえられる：

$$\frac{\partial \mathbf{D}}{\partial t} = 4\pi \frac{\partial \mathbf{P}}{\partial t} = 4\pi \mathbf{j}'. \qquad (16.30)$$

ただし，ここで電流 $\mathbf{j}'$ もまた一定である．

　磁場は擬ベクトルであるから，そのままの形では電流密度と線形の関係にはありえない．金属に対する場と電流密度との比例関係 $\mathbf{j}' = \sigma \mathbf{E}$ (Ohm の法則) は，場がどんなに強くても破れることがないことを注意しておこう．σ は物質の**電気伝導率**とよばれ，Gauss 単位系では sec^{-1} の次元をもつ．金属では σ の値は $10^{17}/\text{sec}$ の程度である．

ゆっくり変動する場　これまで，物質内の電磁場は時間的に厳密に一定であると考えてきた．しかし，場が変動するときでも，変動が十分ゆっくりおこるならば，場を一定と見なすことができる．そのための一般的な条件を次に与えよう．

　ある瞬間 $t = 0$ から以後，物質に一定の電場を加えたとしよう．このとき，定常状態は物質の中で瞬間的には達せられず，ある時間 θ だけ経過した後に実現される．たとえば，物質が誘電体である場合には，与えられた電場に応じて

あるきまった分極が θ だけの時間かかって起こる．金属の場合には，θ は電流が定常的に流れるようになるまでの時間である．θ のことを**緩和時間**とよぶ．緩和時間の間に，もし場がもとの値に比べてごくわずかしか変化しないならば，両者の比の値を無視する近似で場は一定であると見なすことができる．いいかえれば，場の変動がゆっくりしているというのは，場が変化するのに要する時間に比べて，物質の緩和時間がはるかに短いということにほかならない．ゆっくり変動する場については，Maxwell の方程式の中で，場のほかに透磁率・誘電率・電気伝導率も一定としてよい．

導体内部のゆっくり変動する場に対する Maxwell の方程式を書いてみよう．まず，式

$$\frac{\partial \mathbf{D}}{\partial t} = \frac{\partial \mathbf{E}}{\partial t} + 4\pi \frac{\partial \mathbf{P}}{\partial t} = \frac{\partial \mathbf{E}}{\partial t} + 4\pi \sigma \mathbf{E} \tag{16.31}$$

の右辺第1項はたいていの場合省略することができる．この項の大きさは $\frac{E}{\theta}$ を超えることはなく，金属では σ が 10^{17}/sec の程度なので，$\sigma E \gg \frac{E}{\theta}$ が成り立つからである．したがって，この場合の電磁場の方程式は

$$\operatorname{rot} \mathbf{H} = \frac{4\pi \mathbf{j}'}{c} = \frac{4\pi \sigma \mathbf{E}}{c}, \tag{16.32}$$

$$\operatorname{rot} \mathbf{E} = -\frac{\chi}{c} \frac{\partial \mathbf{H}}{\partial t}, \tag{16.33}$$

$$\operatorname{div}(\chi \mathbf{H}) = 0 \tag{16.34}$$

となる．これらの方程式と境界条件(問題1と5参照)によって，導体内のゆっくり変動する場が完全に決定される．

急速に変動する場 次に，急速に変動する場を考えよう．これは，緩和が起るよりも速く，すなわち物質内に定常状態が実現するよりも速く場が変化する場合である．このときには，物質の状態は場の刻々の値だけではきまらず，それより前の時刻における値にも関係する．いいかえれば，物質の状態は，場が時間的に変動する有様による．そのより方は一般にはきわめて複雑である．しかし，場が弱いときにはこの関係は簡単になり，少くとも線形にはなるものと考えられる．

調和成分による展開　線形の関係が成り立つ場合の一般形を調べてみよう．そのために，場を次のように調和成分で展開する：

$$\mathbf{E}(t) = \sum_k \mathbf{E}_k \cos(\omega_k t + \varphi_k). \tag{16.35}$$

ここに $\mathbf{E}_k$ は振幅，ω_k は周波数*，φ_k は初期位相である．展開の項を多くとるほど $\mathbf{E}(t)$ に対するよい近似がえられることは明らかであろう．もし電束密度 $\mathbf{D}$ と電場 $\mathbf{E}$ との関係が線形であるならば，$\mathbf{D}$ もまた調和成分 $\mathbf{D}_k \cos(\omega_k t + \psi_k)$ の和の形に表わされる．しかも，その各項が，(16.35) の中でそれと同じ周波数を含む項だけによってきまることは大切である．

場が急速に変化する場合，電束密度は，一般に電場の時間的な変化のし方が完全に与えられて初めてきまることを前に述べた．すぐ上に述べたことは，このことと決して矛盾するものではない．場が時間的に調和振動を行なう場合，場と時間との関係は，振動の振幅・初期位相・周波数によって完全に決定される．そして，もし電場と電束密度との関係が線形であれば，ある周波数の電場の成分が，これと異なる周波数の電束密度の成分を誘起することは決してない．なぜなら，自変数の異なる三角関数の間には線形の関係は存在しないからである．したがって，たとえ周波数が等しくても，たとえば φ_k と ψ_k というように初期位相が異なる関数の間にも，直接には線形の関係はつけられない．しかし，複素表示を用いて，電場と電束密度を

$$\left. \begin{array}{l} \mathbf{E}(t) = \sum_k (\mathbf{E}_k e^{-i\omega_k t} + \mathbf{E}_k{}^* e^{i\omega_k t}), \\ \mathbf{D}(t) = \sum_k (\mathbf{D}_k e^{-i\omega_k t} + \mathbf{D}_k{}^* e^{i\omega_k t}) \end{array} \right\} \tag{16.36}$$

のように表わしたとすると（* は共役複素数をとることを示す），$\mathbf{E}$ と $\mathbf{D}$ の間の線形の関係は

$$\mathbf{D}_k = \varepsilon_k \mathbf{E}_k \quad \text{あるいは} \quad \mathbf{D}(\omega) = \varepsilon(\omega) \mathbf{E}(\omega) \tag{16.37}$$

の形に書かれる．

$\mathbf{D}_k$ と $\mathbf{E}_k$ はどちらも複素量である．(16.35) と (16.36) を比べれば，これらは実の電場および電束密度の複素数倍，すなわち $\frac{1}{2} e^{-i\varphi_k}$ 倍および $\frac{1}{2} e^{-i\psi_k}$ 倍であることがわかる．それゆえ，誘電率 $\varepsilon_k \equiv \varepsilon(\omega)$ も複素数でなければならない．

---

* 正しくは角周波数または角振動数とよぶべきであるが，以下単に周波数とよぶ．(訳者)

透磁率についても同様で，$\chi(\omega)$ は複素数となる．

Maxwell の方程式の複素形　Maxwell の方程式を場の複素成分について書いてみよう．それには，場の成分が時間については $e^{-i\omega t}$ の形で変化することに注意する．各方程式を $e^{-i\omega t}$ で約すると，急速に変動する場の調和成分に対する Maxwell の方程式がえられる：

$$\text{rot } \mathbf{H} = -i\frac{\omega}{c}\varepsilon(\omega)\mathbf{E}, \tag{16.38}$$

$$\text{rot } \mathbf{E} = i\frac{\omega}{c}\chi(\omega)\mathbf{H}, \tag{16.39}$$

$$\text{div}(\varepsilon\mathbf{E}) = 0, \tag{16.40}$$

$$\text{div}(\chi\mathbf{H}) = 0. \tag{16.41}$$

ε と χ に虚数部分があれば，場のエネルギーは消費されて物質の内部に熱が発生する(問題 18)．

なお，急速に変動する場に対しては，物体を導体と誘電体とに無条件に分けてしまうことはできず，むしろ，この区別は誘電率の虚数部と実数部との関係によってきまるものであることに注意する必要がある．場が急速に変動する場合，不等式 $\dfrac{1}{\omega} \gg \theta$ が成り立つような周波数までは，物質は導体の性質を持ち続ける．

問　題

1 二つの物質の境界では，電場と磁場の接線成分，および電束密度と磁束密度の法線成分は連続であることを示せ．

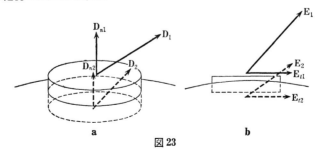

図 23

(解) 境界面をはさむ平たい柱面(図23a)について電束密度を，細長い四辺形(図23b)に沿って電場を，それぞれ積分してみよ．

2 時間について正弦的に変動する磁場は，導体($\chi=1$)の内部へはいるにつれて減衰することを示せ．

(解) 導体表面に垂直に x 軸をとれば，方程式(16.32)—(16.33)により，

$$\frac{dH_z}{dx}=-\frac{4\pi\sigma}{c}E_y, \quad \frac{dE_y}{dx}=\frac{i\omega}{c}H_z, \quad \frac{d^2H_z}{dx^2}=-\frac{4\pi\sigma i\omega}{c^2}H_z.$$

したがって，

$$H_z = H_z{}^0 e^{\sqrt{2\pi\sigma\omega}(1-i)x/c}.$$

3 場が時間的に調和振動する場合には，急速に変動する場に対しても，方程式(16.32)—(16.34)はそのまま形式的に成り立つことを示せ．この場合には，電気伝導率 σ は ε の虚数部に比例し，ε の実数部は0に等しい．

4 分子が固有の磁気モーメントをもたないような物質の透磁率を計算せよ．

(解) 磁場を加えたとき，電荷は $\mathbf{v}=[\boldsymbol{\omega r}]$ だけの速度を余分にもつようになる．ただし，$\boldsymbol{\omega}$ は Larmor の定理(15.38)によって与えられる．したがって，磁気モーメントは一般式(15.19)から求められる．モーメントの磁場方向の成分の平均値は $\mathbf{H}$ と $\mathbf{r}$ のなす角について平均をとればえられる．これから磁気分極を計算すると，

$$\chi = 1 - 4\pi N \sum_i \frac{e_i{}^2 \overline{(r^i)^2}}{6m_i c^2}$$

となる．ここに N は単位体積当りの分子数，$\overline{(r^i)^2}$ は i 番目の電荷の原子核からの距離の2乗平均である．

5 帯電した導体の表面近くの電場の強さは $4\pi\gamma$ であることを示せ．ただし γ は導体上の静電荷の面密度である．

(解) 問題1と同様に，導体表面を間にはさむ平たい微小柱体の表面にわたって方程式(12.27)を積分し，導体内部では場が0であることを用いる．準定常の場では，外向き法線の方向への $\mathbf{j}'$ の成分を $j_n{}'$ とすれば $\frac{\partial \gamma}{\partial t} = j_n{}'$ である．

6 真空中に置かれた帯電導体系のエネルギーを計算せよ．

(解) エネルギーの定義 $\mathscr{E}_{\text{el}} = \frac{1}{8\pi}\int E^2 dV$ に $\mathbf{E}=-\nabla\varphi$ を代入して部分積分を行ない，真空中では $\Delta\varphi=0$ であることを用いる．問題5により，導体のすぐ近くの場の強さは $4\pi\gamma$ に等しく，導体表面は等ポテンシャル面であるから，$\mathscr{E}_{\text{el}}$ は次の形になる：

$$\mathscr{E}_{\text{el}} = \frac{1}{2}\sum_i e_i \varphi_i.$$

ただし，e_i は i 番目の導体上の電荷，φ_i はその導体のポテンシャルである．

7 一様な電場の中に導体球を入れたとき，場がどのように変化するかを計算せよ．

(解) 一様な電場 $\mathbf{E}_0$ の方向を向くベクトルを $\mathbf{d}$ とし，ポテンシャルを $\varphi = -\mathbf{E}_0 \mathbf{r} + \frac{\mathbf{rd}}{r^3}$ の形においてみる．$\mathbf{d}$ は，球面上で $\mathbf{E}=-\nabla\varphi$ の接線成分が0に等しいという条

§16 物質の電磁力学

件からきまる.

8 一様な電場の中に誘電率 ε の誘電体球を入れたとき,場がどのように変化するかを計算せよ.

(解) 球の外部のポテンシャルは問題7と同じ形に,球の内部のポテンシャルは $-\mathbf{E}'\mathbf{r}$ ($\mathbf{E}'=$ 一定) の形におく. 問題1で導いた境界条件から,ベクトル $\mathbf{d}$ および $\mathbf{E}'$ を定める.

9 無限に広い導体平板から a の距離に点電荷 e をおいたとき生ずる電場を求めよ.

(解) 点電荷の位置から導体表面に垂線を下し,それを導体内部に長さ a だけ延長した位置に,大きさが等しく符号が反対の (仮想的な) 電荷 $-e$ を置いたとする. こうすれば,面に平行な場の成分は 0 となって境界条件はみたされる. 導体外部の場は, いたる所もとの電荷と仮想的な電荷による場のベクトル和になっている.

10 半無限の空間を占める誘電体 (誘電率 ε) の表面から a の距離に点電荷 e をおいたとき生ずる電場を求めよ. ただし,誘電体の表面は平面であるとする.

(解) 問題9と同様の方法で解を求める. まず,誘電体内部の場を $\dfrac{e'\mathbf{r}_1}{r_1^3}$ ($\mathbf{r}_1$ は電荷 e からの位置ベクトル) の形に,誘電体外部の場を $\dfrac{e\mathbf{r}_1}{r_1^3}+\dfrac{e''\mathbf{r}_2}{r_2^3}$ ($\mathbf{r}_2$ は電荷 e の《像》からの位置ベクトル) の形におく. 次に,問題1の境界条件によって e' と e'' を定める.

11 定常電流の流れている導体系の磁気エネルギーを求めよ. ただし $\chi=1$ とする.

(解) 方程式 $\mathcal{E}_{\mathrm{mag}}=\dfrac{1}{8\pi}\int H^2 dV$ に $\mathbf{H}=\mathrm{rot}\,\mathbf{A}$ を代入し,公式 (11.29) を用いて部分積分を行なう. 無限遠の面積積分は 0 となるから,(16.32) により

$$\mathcal{E}_{\mathrm{mag}}=\frac{1}{2c}\int \mathbf{A}\mathbf{j}\,dV.$$

12 電流の系の磁気エネルギーを,導体の体積全体にわたる二重積分によって表わせ.

(解) (15.13) の和を体積積分に書きかえて問題 11 の式に代入すれば,

$$\mathcal{E}_{\mathrm{mag}}=\frac{1}{2c^2}\int\!\!\int\frac{\mathbf{j}(\mathbf{r})\mathbf{j}(\mathbf{r}')}{|\mathbf{r}-\mathbf{r}'|}dV\,dV'.$$

導体が導線から成る場合には $\mathbf{j}dV$ を $I d\mathbf{l}$ とおく. i 番目と k 番目の導線に対する相互磁気エネルギーは

$$\mathcal{E}_{\mathrm{mag}}{}^{ik}=\frac{I_i I_k}{2c^2}\int\!\!\int\frac{d\mathbf{l}_i d\mathbf{l}_k}{|\mathbf{r}_i-\mathbf{r}_k|}=M_{ik}I_i I_k.$$

ただし,$|\mathbf{r}_i-\mathbf{r}_k|$ は線要素 $d\mathbf{l}_i$ と $d\mathbf{l}_k$ の間の距離である. $i=k$ の場合には,導線を無限に細いとすると積分が発散してしまうから,導線は細いけれども有限の太さであると考えなくてはならない. このとき,1個の導体のもつ磁気エネルギーは

$$\mathcal{E}_{\mathrm{mag}}{}^{ii}=\frac{1}{2}M_{ii}I_i^2$$

である. M_{ik} を相互誘導係数,M_{ii} を自己誘導係数とよぶ.

13 電流の系に対する Lagrange 関数を書け.ただし,回路の中にはコンデンサーがあって,導体間には容量結合が存在するものと仮定する.

(解) 電磁力学の方程式は線形であるから,i 番目の導体のポテンシャルは各導体上の電荷の1次式として表わされる:

$$\varphi_i = \sum_k C_{ik} e_k.$$

したがって,問題6により,電気エネルギーは

$$\mathcal{E}_{\rm el} = \frac{1}{2} \sum_{i,k} C_{ik} e_i e_k.$$

コンデンサーの極板上の電荷 e_k と,そこに流れこむ電流 I_k との間には $\dot{e}_k = I_k$ の関係がある.問題12から,磁気エネルギーは

$$\mathcal{E}_{\rm mag} = \frac{1}{2} \sum_{i,k} M_{ik} I_i I_k = \frac{1}{2} \sum_{i,k} M_{ik} \dot{e}_i \dot{e}_k.$$

§13により,Lagrange 関数は(符号を問題にしなければ)$\frac{1}{8\pi}\int(H^2-E^2)dV$ である.したがって,

$$L = \mathcal{E}_{\rm mag} - \mathcal{E}_{\rm el} = \frac{1}{2}\sum_{i,k}(M_{ik}\dot{e}_i\dot{e}_k - C_{ik}e_ie_k).$$

((7.16)と比べてみよ.)

14 変動する電磁場によって,物質中で単位時間になされる仕事を計算せよ.

(解) 物質の外部の空間 ($\rho = 0$) について方程式(13.23)を書く.問題1の境界条件によって,物体表面における Poynting ベクトル **U** の法線成分は連続である.(13.23)を導いたときと同様にして,物質のエネルギーの増加の割合は,(16.16)と(16.24)から

$$\frac{dA}{dt} = \frac{1}{4\pi}\int\left(\mathbf{E}\frac{\partial \mathbf{D}}{\partial t} + \mathbf{H}\frac{\partial \mathbf{B}}{\partial t}\right)dV.$$

$\dfrac{dA}{dt}$ は物質外部の空間における場のエネルギーの変化を用いて表わすことができる.

15 一定の場の中におかれた導体内部で,単位時間に熱に変換されるエネルギーを計算せよ.ただし,**H** は **B** の1価関数であると仮定する.

(解) このような物質については $\mathbf{H}\dfrac{\partial \mathbf{B}}{\partial t} = \dfrac{\partial}{\partial t}f(\mathbf{B})$ と書ける(たとえば,$\mathbf{B} = \chi\mathbf{H}$ の場合には $f = \dfrac{B^2}{2\chi}$ である).前問の結果と(16.31)により

$$\frac{dA}{dt} - \frac{d}{dt}\int\frac{f(\mathbf{B})}{4\pi}dV = \frac{1}{4\pi}\int\mathbf{E}\frac{\partial \mathbf{D}}{\partial t}dV = \int\sigma E^2 dV.$$

場が時間的に変動しなければ左辺は0である.一方,右辺は決して負にはならない.エネルギーの保存則によりこのエネルギーは熱に変換されなくてはならない.

§16 物質の電磁力学

16 エネルギーが熱に変わることを考慮して,電流の系に対する Lagrange の方程式を書け.

(解) 前問により,単位時間に発生する熱量は $\sum_i r_i I_i^2$ である(r_i は i 番目の導体の電気抵抗). Lagrange の方程式を

$$\frac{d}{dt}\frac{\partial L}{\partial \dot{e}_i}-\frac{\partial L}{\partial e_i}=\nu_i$$

と書いたときの右辺の ν_i の形を求めよう. 定義(4.4)により

$$\frac{d\mathcal{E}}{dt}=\sum_i \dot{e}_i\left[\frac{d}{dt}\frac{\partial L}{\partial \dot{e}_i}-\frac{\partial L}{\partial e_i}\right]=-\sum r_i \dot{e}_i^2.$$

したがって, $\nu_i=-r_i\dot{e}_i=-r_i I_i$ である.

17 $\mathbf{H}$ は $\mathbf{B}$ の2価関数で, $\frac{\partial \mathbf{B}}{\partial t}>0$ の場合と $\frac{\partial \mathbf{B}}{\partial t}<0$ の場合とで異なる値をとるものとする. 問題15と同様に考えて, $\mathbf{B}$ が周期的に変化するとき,1周期の間に発生する熱量は $\int\frac{\mathbf{H}d\mathbf{B}}{4\pi}$ に等しいことを示せ. ただし,積分は1周期にわたって行なうものとする.

18 場が急速に変動する場合,もし物質の $\varepsilon(\omega)$ または $\chi(\omega)$ の虚数部が0でなければ,その物質内には熱が発生することを示せ.

(解) 熱の発生密度は Poynting ベクトル $\mathbf{U}=\frac{c}{4\pi}[\mathbf{EH}]$ の発散として表わされる. $\mathbf{E}$ と $\mathbf{H}$ を複素量とし,時間的には $e^{-i\omega t}$ にしたがって変化するものとすれば,その積の中で,$e^{-2i\omega t}$ および $e^{2i\omega t}$ に比例する項は時間平均をとったとき0となるから,残るのは $[\mathbf{EH}^*]+[\mathbf{E}^*\mathbf{H}]$ である. 方程式(16.38)と(16.39)から,公式(11.29)を用いて

$$\frac{c}{4\pi}\mathrm{div}\,([\mathbf{EH}^*]+[\mathbf{E}^*\mathbf{H}])=\frac{1}{4\pi}i\omega(\varepsilon-\varepsilon^*)\mathbf{EE}^*+\frac{1}{4\pi}i\omega(\chi-\chi^*)\mathbf{HH}^*.$$

この方程式は各辺とも実数である. $\varepsilon=\varepsilon_1+i\varepsilon_2$, $\chi=\chi_1+i\chi_2$ とおけば,右辺は

$$-\frac{1}{2\pi}\omega(\varepsilon_2\mathbf{EE}^*+\chi_2\mathbf{HH}^*)$$

となる. エネルギーは物質に吸収されるのであるから,この式により $\varepsilon_2>0, \chi_2>0$ であることがわかる.

19 物質内の電荷がすべて弾性力によって平衡位置の近くに拘束されているとして,この物質の誘電率を計算せよ. ただし,電荷の固有振動の周波数を ω_0, 外から加えた場の周波数を ω とする.

(解) 電荷の位置ベクトルは次の微分方程式を満足する:
$$m(\ddot{\mathbf{r}}+\omega_0^2\mathbf{r})=e\mathbf{E}=e\mathbf{E}_0 e^{-i\omega t}.$$

これの解は電場と同じ周波数をもち,次のように書かれる:
$$\mathbf{r}=\frac{e\mathbf{E}}{m(\omega_0^2-\omega^2)}.$$

分極 $\mathbf{P}$ は，これに e と単位体積内の電荷の数 N とをかければえられる．電束密度は $\mathbf{D}=\mathbf{E}+4\pi\mathbf{P}=\varepsilon\mathbf{E}$ だから，$\varepsilon=1+\dfrac{4\pi Ne^2}{m(\omega_0{}^2-\omega^2)}$ となる．$\omega\to 0$ とすれば，静電場に対する誘電率 $\varepsilon_0=1+\dfrac{4\pi Ne^2}{m\omega_0{}^2}$ がえられる．$\omega\to\infty$ とすれば，きわめて大きい周波数に対する誘電率 $\varepsilon(\omega)=1-\dfrac{4\pi Ne^2}{m\omega^2}$ がえられる．これは，物質内の電荷が拘束されていない場合に対応する．

§17 平面電磁波

基礎方程式　この節では，まず自由空間，すなわち電荷が存在しない空間に対する Maxwell の方程式を考える．その解は，あとで見るように進行波の形を持つ．同様の解は，吸収のおこらない物質に対しても存在する．その解もこの節で求めることにする．

電流も電荷も存在しない場合には，ベクトルポテンシャルとスカラーポテンシャルに対する方程式は，(12.37) と (12.38) により，

$$\Delta \mathbf{A} - \frac{1}{c^2}\frac{\partial^2 \mathbf{A}}{\partial t^2} = 0, \tag{17.1}$$

$$\Delta \varphi - \frac{1}{c^2}\frac{\partial^2 \varphi}{\partial t^2} = 0 \tag{17.2}$$

である．$\mathbf{A}$ と φ はさらに条件(12.36)を満足する：

$$\mathrm{div}\,\mathbf{A} + \frac{1}{c}\frac{\partial \varphi}{\partial t} = 0. \tag{17.3}$$

(17.1) または (17.2) の形の方程式を**波動方程式**という．

波動方程式の解　方程式 (17.1) および (17.2) の解で，特に一つの座標成分（たとえば x）と時間だけによるものを求めよう．この場合，波動方程式は次のように書ける：

$$\frac{\partial^2 \mathbf{A}}{\partial x^2} - \frac{1}{c^2}\frac{\partial^2 \mathbf{A}}{\partial t^2} = 0, \tag{17.4}$$

$$\frac{\partial^2 \varphi}{\partial x^2} - \frac{1}{c^2}\frac{\partial^2 \varphi}{\partial t^2} = 0. \tag{17.5}$$

また，附加条件 (17.3) は

$$\frac{\partial A_x}{\partial x} + \frac{1}{c}\frac{\partial \varphi}{\partial t} = 0. \tag{17.6}$$

となる．

さて，まず何も条件をつけないで (17.4) および (17.5) の解を求めてみよう．

まず次のように置く:

$$\left. \begin{array}{l} x+ct = \xi, \\ x-ct = \eta. \end{array} \right\} \qquad (17.7)$$

ξ, η を独立変数に選んで(17.5)を書きなおそう. 方程式(17.5)を記号的に書くと,

$$\left(\frac{\partial}{\partial x}+\frac{1}{c}\frac{\partial}{\partial t}\right)\left(\frac{\partial}{\partial x}-\frac{1}{c}\frac{\partial}{\partial t}\right)\varphi = 0. \qquad (17.8)$$

一方,

$$\frac{\partial \varphi}{\partial x} = \frac{\partial \varphi}{\partial \xi}\frac{\partial \xi}{\partial x}+\frac{\partial \varphi}{\partial \eta}\frac{\partial \eta}{\partial x} = \frac{\partial \varphi}{\partial \xi}+\frac{\partial \varphi}{\partial \eta},$$

$$\frac{1}{c}\frac{\partial \varphi}{\partial t} = \frac{\partial \varphi}{\partial \xi}\frac{1}{c}\frac{\partial \xi}{\partial t}+\frac{\partial \varphi}{\partial \eta}\frac{1}{c}\frac{\partial \eta}{\partial t} = \frac{\partial \varphi}{\partial \xi}-\frac{\partial \varphi}{\partial \eta}$$

だから,

$$\frac{\partial}{\partial x}+\frac{1}{c}\frac{\partial}{\partial t} = 2\frac{\partial}{\partial \xi}, \qquad \frac{\partial}{\partial x}-\frac{1}{c}\frac{\partial}{\partial t} = 2\frac{\partial}{\partial \eta}.$$

したがって, (17.8)は

$$\left(\frac{\partial}{\partial x}+\frac{1}{c}\frac{\partial}{\partial t}\right)\left(\frac{\partial}{\partial x}-\frac{1}{c}\frac{\partial}{\partial t}\right)\varphi = 4\frac{\partial^2 \varphi}{\partial \xi \partial \eta} = 0$$

となる.

それゆえ, 方程式(17.4)および(17.5)は

$$\frac{\partial^2 \mathbf{A}}{\partial \xi \partial \eta} = 0, \qquad \frac{\partial^2 \varphi}{\partial \xi \partial \eta} = 0 \qquad (17.9)$$

と書ける.

まず, ξ について積分すれば,

$$\frac{\partial \mathbf{A}}{\partial \eta} = \mathbf{C}(\eta), \qquad \frac{\partial \varphi}{\partial \eta} = C'(\eta). \qquad (17.10)$$

次に, η についても容易に積分できて,

$$\mathbf{A} = \int^{\eta}\mathbf{C}(\eta)\,d\eta + \mathbf{C}_1(\xi), \qquad \varphi = \int^{\eta}C'(\eta)\,d\eta + C_1'(\xi).$$

結局, 求める解は次の形となる:

$$\mathbf{A} = \mathbf{A}_1(\eta) + \mathbf{A}_2(\xi), \qquad \varphi = \varphi_1(\eta) + \varphi_2(\xi). \qquad (17.11)$$

独立変数を x, t にもどせば, (17.4)および(17.5)の解として,

§17 平面電磁波

$$\left.\begin{array}{l}\mathbf{A} = \mathbf{A}_1(x-ct)+\mathbf{A}_2(x+ct),\\ \varphi = \varphi_1(x-ct)+\varphi_2(x+ct)\end{array}\right\} \quad (17.12)$$

がえられる．

平面進行波　上の解で，$x-ct$ の関数の部分と $x+ct$ の関数の部分とは互いに無関係で，それぞれ 1 次独立な解となっている．したがって，それぞれの解を別々に調べることができる．そこで，たとえば

$$\mathbf{A} = \mathbf{A}(x-ct), \quad (17.13)$$
$$\varphi = \varphi(x-ct) \quad (17.14)$$

を考えよう．

附加条件(17.6)を満足させるために，次のゲージ変換を行なう：

$$\varphi(x-ct) = \varphi'(x-ct)-\frac{1}{c}\frac{\partial}{\partial t}f(x-ct) = \varphi'+\dot{f}. \quad (17.15)$$

(f の上の点は $\eta = x-ct$ に関する微分を示す．) いま $\dot{f}=-\varphi'$ となるように f を選んだとすれば $\varphi=0$ となる．このときには，(17.6)から $A_x=0$ とすることができる．したがって，$x-ct$ だけの関数の解を考えるときには，単に $\varphi=0$ および $A_x=0$ ととることによって，Lorentz の条件を満足させることができる．

電場の x 成分は，

$$E_x = -\frac{1}{c}\frac{\partial A_x}{\partial t}-\frac{\partial \varphi}{\partial x} = 0 \quad (17.16)$$

によって 0 に等しい．§12 の一般的な結論によれば，$E_x=0$ の性質はポテンシャルにゲージ変換を行なっても変わらない．

磁場の x 成分も 0 に等しい：

$$H_x = \frac{\partial A_z}{\partial y}-\frac{\partial A_y}{\partial z} = 0. \quad (17.17)$$

他の成分は次のようになる：

$$\left.\begin{array}{l} E_y = -\dfrac{1}{c}\dfrac{\partial A_y}{\partial t} = \dot{A}_y, \quad E_z = -\dfrac{1}{c}\dfrac{\partial A_z}{\partial t} = \dot{A}_z, \\ H_y = -\dfrac{\partial A_z}{\partial x} = -\dot{A}_z, \quad H_z = \dfrac{\partial A_y}{\partial x} = \dot{A}_y. \end{array}\right\} \quad (17.18)$$

これらの方程式から，**E** と **H** は垂直であることがわかる．なぜなら，
$$\mathbf{EH} = E_y H_y + E_z H_z = 0. \qquad (17.19)$$
$E = H = \sqrt{\dot{A}_y^2 + \dot{A}_z^2}$ であるから，電場と磁場の絶対値は等しい．

(17.13)の形の解は簡単な物理的意味をもっている．

まず，平面 $x = 0$ の上で，時刻 $t = 0$ における電場の値は $\mathbf{E}(0)$ である．いま，面 $x = ct$ を考えると，この面上では $\mathbf{E}(x-ct) = \mathbf{E}(0)$ となるから，電場は明らかに同じ値 $\mathbf{E}(0)$ をとる．すなわち，電場が $\mathbf{E}(0)$ という値をとる面は，時間 t の間にそれ自身に平行に距離 ct だけ移動する，あるいは速さ c で動くということができる．$t = 0$ のとき $x = x_0$ にあった面についても同様である ($\mathbf{E} = \mathbf{E}(x_0)$)．結局，場の値が一定であるような面は，すべて空間を c の速さで伝わって行く．そこで，解 $\mathbf{E}(x-ct)$ のことを平面進行波とよぶ．

波が進むときその形は変化しない．すなわち，電場の値が $\mathbf{E}(x_1)$ および $\mathbf{E}(x_2)$ に等しいような二つの面 $x = x_1$ および $x = x_2$ の間の距離は変わらない．波が真空中を伝わる限りは，この結果はどんな形の波についても成り立つ．

要約すれば，電磁波が真空中を伝わる速さは，波の形や振幅にはよらず普遍定数 c に等しい．

電磁波は横波である　　(17.16), (17.17), (17.19)からわかるように，電場と磁場とは波の伝播方向に対しても，また相互にも垂直である．このため，電

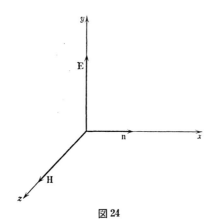

図 24

磁波は横波であるといわれる．（これに対して，空気中の音波は，伝播方向に振動がおこるから縦波である．）波の伝播方向・電場・磁場を図24に示す．**n** は x 方向の単位ベクトルである．

今後は，たとえば，図のように電場の方向を y 軸にとることにする．こうすれば，電場については一つの成分だけを考えればよい．また，もちろんこれによって一般性が失われることはない．

x 座標は $x = \mathbf{rn}$ と書けるから，
$$E_y = \dot{A}_y(\mathbf{rn}-ct) \tag{17.20}$$
である．しかし，この形に書けば，波の伝播方向 **n** を必ずしも x 方向であるとしなくてもよい．ベクトル **n, E, H** が互いに垂直でさえあれば，$\mathbf{rn}-ct$ を自変数とする(17.20)の形の解は **n** の方向に進む波を表わす．

電磁波の運動量密度((13.27)参照)は
$$\frac{1}{4\pi c}[\mathbf{EH}] = \frac{1}{4\pi c}\dot{A}^2\mathbf{n}$$
に等しい．また，エネルギー密度は
$$\frac{E^2+H^2}{8\pi} = \frac{1}{4\pi}\dot{A}^2$$
である．これは運動量密度のちょうど c 倍になっている．あとで見るように，このことは光の量子論にとってきわめて本質的な意味を持っている．

光の圧力　電磁波が吸収体，たとえば黒い壁に入射したとすると，そこでは反射はおこらないから，運動量の保存則にしたがって波の運動量は壁に伝えられる．一方，Newton の第2法則によれば，単位時間に物体に伝えられる運動量はその物体に働く力にほかならない．したがって，波が垂直に入射したとすると，吸収体の表面の単位面積あたりに $\dfrac{\dot{A}^2}{4\pi}$ の力が働くことになる．これは，定義によって電磁波が壁に及ぼす圧力である．すなわち，電磁力学によれば，**光の圧力** が存在するはずである．実際，これは Lebedev によって観測され測定された．

正弦波　電場 $\mathbf{E}(x-ct)$ が正弦関数である場合の進行波は特に興味がある．

正弦波の解の最も一般の形は

$$\mathbf{E} = \mathrm{Re}\{\mathbf{F}e^{-i\omega(t-\frac{\mathbf{r}\mathbf{n}}{c})}\} \tag{17.21}$$

である．ここに，$\mathrm{Re}\{\ \}$ は括弧内の関数の実数部をとることを示し，$\mathbf{F}$ は $\mathbf{F}_1+i\mathbf{F}_2$ の形の複素ベクトル（(7.14c)参照），ω は周波数である．

波動ベクトル　　ベクトル $\omega\dfrac{\mathbf{n}}{c}$ を波動ベクトルとよび，$\mathbf{k}$ で表わす：

$$\mathbf{k} \equiv \omega\frac{\mathbf{n}}{c}. \tag{17.22}$$

$\mathbf{k}$ の幾何学的意味は，次のように考えれば容易にわかる．まず，$\mathbf{E}$ が等しい値をとるような最も近い距離 $(\Delta\mathbf{r}, \mathbf{n})$ を波長と定義する．これを λ と書けば，

$$e^{i\omega\frac{\lambda}{c}} = e^{i\omega\frac{(\Delta\mathbf{r}, \mathbf{n})}{c}} = e^{2\pi i}(=1), \tag{17.23}$$

したがって

$$\lambda = \frac{2\pi c}{\omega} \tag{17.24}$$

である．波動ベクトルと波長との関係は

$$\mathbf{k} = \frac{2\pi}{\lambda}\mathbf{n}, \quad \lambda = \frac{2\pi}{k} \tag{17.25}$$

で与えられる．

平面正弦波のかたより　　次に，電場の振動の性質を調べよう．そのために，ベクトル $\mathbf{F}$ を次の形に書く：

$$\mathbf{F} = \mathbf{F}_1 + i\mathbf{F}_2 = (\mathbf{E}_1 - i\mathbf{E}_2)e^{i\alpha}. \tag{17.26}$$

ここで，位相 α は，ベクトル $\mathbf{E}_1$ と $\mathbf{E}_2$ が直交するように選ぶ．この式に $e^{-i\alpha}$ をかけて2乗すれば

$$(\mathbf{E}_1 - i\mathbf{E}_2)^2 = E_1^2 - E_2^2 = e^{-2i\alpha}(F_1^2 - F_2^2 + 2i(\mathbf{F}_1\mathbf{F}_2)). \tag{17.27}$$

$\mathbf{E}_1$ と $\mathbf{E}_2$ とは直交するから，左辺は実の量，したがって右辺の虚数部は 0 でなければならない．$e^{-2i\alpha}$ を $\cos 2\alpha - i\sin 2\alpha$ と書けば，この条件は

$$-(F_1^2 - F_2^2)\sin 2\alpha + 2(\mathbf{F}_1\mathbf{F}_2)\cos 2\alpha = 0,$$

すなわち

§17 平面電磁波

$$\tan 2\alpha = \frac{2(\mathbf{F}_1\mathbf{F}_2)}{F_1{}^2 - F_2{}^2} \tag{17.28}$$

となり，解(17.21)が与えられたとき，この式によって α が決定される．

(17.26)から $\mathbf{E}_1$ と $\mathbf{E}_2$ を求めることは容易である．実際，

$$\begin{aligned}\mathbf{E}_1 - i\mathbf{E}_2 &= (\mathbf{F}_1 + i\mathbf{F}_2)e^{-i\alpha}\\ &= (\mathbf{F}_1\cos\alpha + \mathbf{F}_2\sin\alpha) - i(\mathbf{F}_1\sin\alpha - \mathbf{F}_2\cos\alpha)\end{aligned}$$

から，

$$\left.\begin{aligned}\mathbf{E}_1 &= \mathbf{F}_1\cos\alpha + \mathbf{F}_2\sin\alpha,\\ \mathbf{E}_2 &= \mathbf{F}_1\sin\alpha - \mathbf{F}_2\cos\alpha\end{aligned}\right\} \tag{17.29}$$

となる．定数 α を(17.21)の指数関数の中にくり入れ，簡単のために

$$\alpha - \omega\left(t - \frac{\mathbf{rn}}{c}\right) \equiv \phi \tag{17.30}$$

と置けば，最も一般の場合の平面正弦波に対する電場は

$$\mathbf{E} = \mathrm{Re}\{(\mathbf{E}_1 - i\mathbf{E}_2)e^{i\phi}\} = \mathbf{E}_1\cos\phi + \mathbf{E}_2\sin\phi \tag{17.31}$$

の形に書ける．ここで $\mathbf{E}_1$ と $\mathbf{E}_2$ は互いに垂直である．

いま，x 軸の方向に進む波を考え，$\mathbf{E}_1$ の方向に y 軸，$\mathbf{E}_2$ の方向に z 軸をとれば，(17.31)により

$$E_y = E_1\cos\phi, \qquad E_z = E_2\sin\phi \tag{17.32}$$

である．これから ϕ を消去すれば，

$$\frac{E_y{}^2}{E_1{}^2} + \frac{E_z{}^2}{E_2{}^2} = 1. \tag{17.33}$$

したがって，x 方向に速さ c で運動しながら見ると，電場ベクトルは yz 面内で楕円を描く．そして，1波長だけ進んだときちょうど楕円の全周を描き終る．これを静止系から見れば，電場ベクトルは楕円柱に巻きつくらせんを描くことになる．そのピッチは1波長である．

このような電磁波のことを楕円偏光とよぶ．これは平面正弦波の最も一般の形である．

もし一方の成分($\mathbf{E}_1$ または $\mathbf{E}_2$)が0であるときには，電場の振動は一つの面内でおこる．このような波を直線偏光という．

E_1 と E_2 が等しい場合には，ベクトル $\mathbf{E}$ は yz 面内で円を描く（円偏光）．

E_z の符号によって，円周をまわる向きが時計方向の場合と反時計方向の場合とに分かれる(図 25)．

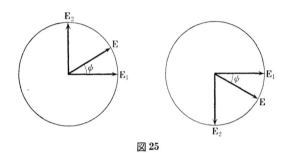

図 25

振幅が等しく互いに逆まわりの二つの円偏光を加えると直線偏光が得られる．もとの二つの波の位相の間の関係によって，合成された波のかたよりの方向がきまる．たとえば，図 25 に示すような二つの波を加えると，E_2 の振動が互いに消し合うから E_1 の方向にかたよった振動だけが残る．

逆に，円偏光は，互いに垂直な二つの直線偏光に分解することができる．

電気石のような結晶は，光を通したときこれを偏光に変える性質を持っている．

かたよりのない光　自然界では，たいていの場合かたよりのない光(自然光)が観測される．そのような光は，もちろん厳密な意味では単色光ではない(すなわち，厳密に一つのきまった周波数 ω を持ってはいない)．なぜなら，上に述べたように，単色光は何らかの意味で必ずかたよっているからである．一方，もし図 25 の成分 E_1 および E_2 の位相の間に (17.32) の関係が厳密には成り立たず，両者の相対的な位相が不規則に変化する場合には，両者を合成したベクトルの方向も全く不規則に変化する．けれども，二つの振動が厳密に一定でしかも周波数が完全に一致していれば，その間の位相差も一定になるはずであるから，上のことがおこるためには，ある範囲 $\Delta\omega$ の中で周波数が時間的に変動しなくてはならない．

物質中の光の伝播　次に，物質中を光が伝播する問題を考えよう．ε と χ

§17 平面電磁波

とは一定の周波数 ω の振動に対してだけ意味を持つことを前節の終りに述べた．式を簡単にするため，以下では Re{ } の記号を省略するが，いつも実数部をとるものと約束しておこう．すべての量は時間的には $e^{-i\omega t}$ にしたがって変動するから，時間微分 $\dfrac{\partial}{\partial t}$ は $-i\omega$ をかけることと同等である．このとき，Maxwell の方程式は次の形をとる：

$$\text{rot } \mathbf{H} = -\frac{i\omega}{c}\varepsilon\mathbf{E}, \tag{17.34}$$

$$\text{div } \mathbf{E} = 0, \tag{17.35}$$

$$\text{rot } \mathbf{E} = \frac{i\omega}{c}\chi\mathbf{H}, \tag{17.36}$$

$$\text{div } \mathbf{H} = 0. \tag{17.37}$$

ここで，また平面波の解を求めてみよう．時間についての関係はすでに消去されているから，すべての量は一つの座標(たとえば x)だけの関数と考えられる．方程式(17.35)と(17.37)から，

$$\frac{dE_x}{dx} = 0, \quad \frac{dH_x}{dx} = 0.$$

全空間で一定であるような解は波を表わさないから，いまの場合

$$E_x = 0, \quad H_x = 0$$

ととることができる．すなわち，これは横波であることを示す．方程式(17.34)と(17.36)は，さらに $E_y = E(x), E_z = 0, H_y = 0, H_z = H(x)$ と置けば満足される．すなわち，電場は y 軸を，磁場は z 軸を向いている(右手系)とする．

この場合には，方程式は

$$\frac{dH}{dx} = \frac{i\omega}{c}\varepsilon E, \tag{17.38}$$

$$\frac{dE}{dx} = \frac{i\omega}{c}\chi H \tag{17.39}$$

となる．そこで，E または H を消去すれば同形の方程式がえられる．たとえば，

$$\frac{d^2 E}{dx^2} = -\frac{\omega^2}{c^2}\varepsilon\chi E. \tag{17.40}$$

これを解けば

$$E = Fe^{i\frac{\omega}{c}\sqrt{\varepsilon\chi}\,x - i\omega t}. \tag{17.41}$$

波が x 方向とは限らず任意の方向に進む場合の解は，(17.41)を次のように書きかえておけばよい(解(17.21)と比較するために，ここでは Re{ } の記号をつけておく)：

$$\mathbf{E} = \mathrm{Re}\{\mathbf{F}e^{-i\omega(t-\frac{\mathbf{r}\mathbf{n}}{c}\sqrt{\varepsilon\chi})}\}. \tag{17.42}$$

解(17.21)と比べると，今度の場合は波の速さが $\dfrac{1}{\sqrt{\varepsilon\chi}}$ 倍になっている．したがって，波動ベクトルは(17.22)のかわりに形式的に

$$\mathbf{k} = \frac{\omega}{c}\sqrt{\varepsilon\chi}\,\mathbf{n} \tag{17.43}$$

と書ける．

もし ε と χ が共に実数であれば，解(17.42)は空間・時間に関して周期的となり，速さ $\dfrac{c}{\sqrt{\varepsilon\chi}}$ で伝わる平面波を表わす．この場合，(17.43)の $\mathbf{k}$ は(17.25)と全く同じ式で表わされ，波動ベクトルの意味を持つ．

電磁波の真空中での速さと物質中での速さとの比を，与えられた周波数 ω の波に対するその物質の屈折率という．可視光の周波数に対する物質の誘電率 $\varepsilon(\omega)$ が，静電場に対する ε とは全く異なる値を持つことは注意しなくてはならない．たとえば，水は $\varepsilon = 81$ したがって $\sqrt{\varepsilon} = 9$ であるが，可視光に対する水の屈折率はおよそ 1.33 である(χ は1に等しいと考えてよい)．

物質による電磁波の吸収　　もっと一般に，誘電率が複素数 $\varepsilon = \varepsilon_1 + i\varepsilon_2$ の場合を考えよう(簡単のため $\chi = 1$ とする)．§16, 問題18で示したように，ε に虚数部があれば電磁波の吸収がおこる．

いま，

$$\sqrt{\varepsilon} = \sqrt{\varepsilon_1 + i\varepsilon_2} = \nu_1 + i\nu_2 \tag{17.44}$$

と書いてこれを解(17.42)に代入し，$n_x = 1, n_y = n_z = 0$ と置けば，

$$\mathbf{E} = \mathrm{Re}\{\mathbf{F}e^{-i\omega(t-\frac{x\nu_1}{c})}\}e^{-\frac{x\omega\nu_2}{c}}. \tag{17.45}$$

したがって，波は伝播するにつれて減衰する．その振幅は，距離 $\dfrac{c}{\omega\nu_2}$ だけ進むともとの値の $\dfrac{1}{e}$ になる．(17.45)で $x = -\infty$ と置くと $\mathbf{E} = \infty$ になるから，

§17 平面電磁波

すべての方向に無限に広い領域に対してはこの形の解は存在しない．空間的に減衰するような解は，たとえば電磁波が真空中から吸収体の中にはいって行く場合には採用することができる．この場合，解(17.45)の x は，物質の内部に向かって測るものとしなくてはならない．

問 題

1 2種の透明な(吸収のない)物質 a, b の境界面における平面電磁波の反射を論ぜよ．ただし，それぞれの物質の屈折率を $\nu_{1a} \equiv \nu_a$ および $\nu_{1b} \equiv \nu_b$ とする $(\nu_{2a}=\nu_{2b}=0)$．次の二つの場合を解け： I）電場ベクトルが，境界面に立てた法線と波動ベクトル **k** とを含む平面内にある場合，II）電場ベクトルが境界面に平行である場合．入射角を θ，屈折角を ϑ として，両方の場合に，入射波と反射波の振幅の比を求めよ(図26)．

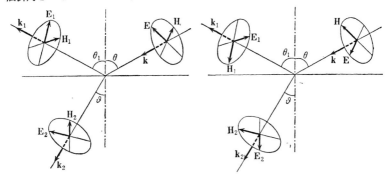

図26

(解)　境界面では，電磁束密度の法線成分，および電磁場の接線成分はそれぞれ連続でなければならない．これらの境界条件を満足させるためには，境界で反射する第3の波(反射角を θ_1 とする)を考える必要がある．いま，境界面の方程式を $y=0$ としよう．境界面における入射波の初期位相は $\frac{\nu_a}{c} n_x x = \frac{\nu_a}{c} x \sin\theta$，反射波のは $\frac{\nu_a}{c} x \sin\theta_1$，屈折波のは $\frac{\nu_b}{c} x \sin\vartheta$ である．これら三つの位相は境界面上いたる所で一致しなくてはならない．したがって，

$$\theta = \theta_1 \qquad (\text{反射の法則}),$$
$$\nu_a \sin\theta = \nu_b \sin\vartheta \qquad (\text{屈折の法則})$$

が成り立つ．

(17.39)と(17.41)によって $H = \nu E$ であるから(両物質の χ は共に1とする)，I の場合の境界条件は

$$\nu_a{}^2(E\sin\theta + E_1\sin\theta) = \nu_b{}^2 E_2 \sin\vartheta,$$
$$E\cos\theta - E_1\cos\theta = E_2\cos\vartheta,$$
$$\nu_a(E+E_1) = \nu_b E_2.$$

ただし，E, E_1, E_2 はそれぞれ入射波，反射波，屈折波の電場である．これらの式から E, E_1, E_2 を消去すれば，再び屈折の法則がえられる．反射波と入射波の振幅の比は

$$\frac{E_1}{E} = \frac{\tan(\theta-\vartheta)}{\tan(\theta+\vartheta)}. \tag{I}$$

もし $\theta+\vartheta = \dfrac{\pi}{2}$ とすると $E_1=0$ となり，反射はおこらない．(二重反射を考えてこのことを証明してみよ．)

II の場合には，境界条件から

$$\frac{E_1}{E} = \frac{\sin(\theta-\vartheta)}{\sin(\theta+\vartheta)} \tag{II}$$

となる．

(I)および(II)は Fresnel の式とよばれる．

2 $\dfrac{\nu_a}{\nu_b}\sin\theta > 1$ (全反射)の場合には，反射率 $\left|\dfrac{E_1}{E}\right|$ が 1 に等しいことを示せ．このとき，物質 b にしみ込んだ波の強さは，どれだけの深さの所で境界面における値の $\dfrac{1}{e}$ に減っているか．

3 完全反射体の壁で囲まれた正方形断面の管(無限に長いとする)の中におこる電磁振動の周波数を求めよ．ただし，電場は管の軸方向を向き，その振幅は軸方向には変化しないとする．また，管内では電場は 0 にならないものとする．

(解) 管壁で Poynting ベクトルの法線成分が 0 となるためには，電場の接線成分が 0 に等しいと考えなくてはならない．いま，管の軸方向に x 軸，断面の 2 辺の方向に y 軸と z 軸をとれば，Maxwell の方程式の解は，ポテンシャル $A_x = A_0 e^{-i\omega t}\sin\dfrac{\pi y}{a}$ $\times\sin\dfrac{\pi z}{a}, A_y = A_z = 0, \varphi = 0$ から導かれる(a は断面の 1 辺の長さ)．すなわち，

$$E_x = E_0 e^{-i\omega t}\sin\frac{\pi y}{a}\sin\frac{\pi z}{a},$$
$$H_y = -i\frac{H_0}{\sqrt{2}} e^{-i\omega t}\sin\frac{\pi y}{a}\cos\frac{\pi z}{a},$$
$$H_z = i\frac{H_0}{\sqrt{2}} e^{-i\omega t}\cos\frac{\pi y}{a}\sin\frac{\pi z}{a}.$$

ただし $E_0 = H_0$．また，方程式(17.1)により

$$\omega^2 = \frac{2\pi^2}{a^2}c^2$$

である．

§17 平面電磁波

4 上と同じ問題を,進行波について解け(導波管の問題).ただし,導波管内の電場は壁の上を除けば0にならないとする.

(解) 前問のベクトルポテンシャルの形から,今の問題の解としては次の形のものが考えられる:

$$A_x = A_{0x} e^{-i(\omega t - kx)} \sin\frac{\pi y}{a} \sin\frac{\pi z}{a},$$

$$A_y = A_{0y} e^{-i(\omega t - kx)} \cos\frac{\pi y}{a} \sin\frac{\pi z}{a},$$

$$A_z = 0, \quad \varphi = 0.$$

条件 div **A** = 0 を満足させるためには

$$ikA_{0x} - \frac{\pi}{a} A_{0y} = 0$$

でなければならない.壁の上では $E_x = 0$ だから,Poynting ベクトル **U** の壁に垂直な成分はやはり0となっている.

周波数 ω は,

$$\omega^2 = c^2 k^2 + \frac{2\pi^2 c^2}{a^2}.$$

この式からわかるように,問題3で求めた ω は,この管の中を伝播する波の最小の周波数である.これは $\lambda = \infty$ の波に対応している.

5 振幅が等しく周波数がわずかに異なる二つの逆まわりの円偏光が,同一方向に進んで行くものとする.これらを合成すると,進むにつれてかたよりの面がしだいに回転していく波がえられることを示せ.

§18 信号の伝達．平面波に近い波

単色波では信号を送ることはできない　(17.42)の平面単色波は，空間的にも時間的にも限りなく続いていて，いわば初めもなければ終りもない．さらにまた，その性質はいたる所で常に同じである．すなわち，周波数も振幅も，また波の山と山の間の距離(つまり波長 λ)も常に一定である．このことは正弦波形やらせんを考えてみれば容易にわかる．

さて，ある距離をへだてて電磁的な信号を送ることの可能性を考えてみよう．信号を送るためには，電磁的な攪乱をある体積内に集中させて作らなければならない．この攪乱は空間の他の領域へ伝播して行くが，何かの方法(たとえばラジオの受信機)でこれを捕えたとすれば，ある点で起こった出来事の信号がそれを受け止めた点まで伝えられたことになる．同様に，われわれの視覚も，周囲の物体から発せられた電磁的攪乱(光)を連続的に記録しているわけである．

出来事の初めと終りを示すためには，信号はなんらかの意味で時間的に限られたものでなければならない．

信号を送るには，波の振幅を一時的に少し変える必要がある．たとえば，正弦波の一つの山だけを大きくしておき，それがやって来るのを受信装置で受けとめるというようにする．厳密な単色光，すなわち正弦波はいたる所で振幅が等しいから，これを用いて信号を送ることはできない．同様に，一定の波動ベクトルを持つ理想的な平面波では，空間内に極限された物体の像を送ることは不可能である．

単色でない波の伝播　次に，正弦波をいくつも重ね合わせることによってどのようなことができるかを考えてみよう．まず，これら進行波の周波数 ω は，すべて $\omega_0 - \dfrac{\Delta\omega}{2} \leqq \omega < \omega_0 + \dfrac{\Delta\omega}{2}$ の範囲にあるものとし，周波数の幅 $\Delta\omega$ は，搬送波の周波数 ω_0 に比べてはるかに小さいと仮定する．また，考える波の振幅 $E_0(\omega)$ は，上の範囲の周波数に対しては一定値 E_0，それ以外の ω に対しては 0 であるとする．

§18 信号の伝達. 平面波に近い波

このとき，合成された波は，個々の波を積分したものである：

$$E = \int E_0(\omega) e^{-i(\omega t - kx)} d\omega = E_0 \int_{\omega_0 - \frac{\Delta\omega}{2}}^{\omega_0 + \frac{\Delta\omega}{2}} e^{-i(\omega t - kx)} d\omega. \quad (18.1)$$

ただし，ここでは ω だけでなく波動ベクトルの絶対値 k(いわゆる波数)も変化する．すなわち，真空中では(17.22)によって $k = \dfrac{\omega}{c}$，物質中では(17.43)によって $k = \dfrac{\omega}{c}\nu$，しかも ν は ω の関数である．今後この節では，いつも $\nu_2 = 0$ すなわち吸収はおこらないものと仮定する．

周波数が変化する範囲は小さいから，k を $\omega - \omega_0$ のベキで展開することができる：

$$k(\omega) = k(\omega_0) + (\omega - \omega_0)\left(\frac{dk}{d\omega}\right)_0. \quad (18.2)$$

これを(18.1)に代入すれば，合成された電場は

$$E = E_0 e^{-i(\omega_0 t - k_0 x)} \int_{\omega_0 - \frac{\Delta\omega}{2}}^{\omega_0 + \frac{\Delta\omega}{2}} e^{-i(\omega - \omega_0)\left[t - \left(\frac{dk}{d\omega}\right)_0 x\right]} d\omega \quad (18.3)$$

と書ける．

積分変数 $\xi = \omega - \omega_0$ を新たに導入すれば，積分は簡単に実行できて，

$$E = E_0 e^{-i(\omega_0 t - k_0 x)} \int_{-\frac{\Delta\omega}{2}}^{\frac{\Delta\omega}{2}} e^{i\xi\left[t - \left(\frac{dk}{d\omega}\right)_0 x\right]} d\xi$$

$$= E_0 e^{-i(\omega_0 t - k_0 x)} \frac{2\sin\left\{\left[t - \left(\dfrac{dk}{d\omega}\right)_0 x\right]\dfrac{\Delta\omega}{2}\right\}}{t - \left(\dfrac{dk}{d\omega}\right)_0 x} \quad (18.4)$$

となる．

信号の波形 いま求めた式をくわしく調べてみよう．E は二つの因子から成る．第1因子 $E_0 e^{-i(\omega_0 t - k_0 x)}$ は，空間的に一様で，平均の《搬送》周波数 ω_0 をもつ進行波である．ところが，第2因子

$$\frac{2\sin\left\{\left[t - \left(\dfrac{dk}{d\omega}\right)_0 x\right]\dfrac{\Delta\omega}{2}\right\}}{t - \left(\dfrac{dk}{d\omega}\right)_0 x} \equiv g\left\{\left[t - \left(\frac{dk}{d\omega}\right)_0 x\right]\frac{\Delta\omega}{2}\right\} \equiv g(\phi)$$

があるために、全体の波形は空間的に一様でなくなる．この因子は、sinの中
および分母が0になるとき、すなわち $x = \left(\dfrac{d\omega}{dk}\right)_0 t$ において最大の極大値を
とる．他の極値は、この位置から遠いものほど小さくなっている(図27)．最
大の極大値は $\Delta\omega$ に等しく $\left(\phi \to 0 \text{ のとき } \dfrac{\sin\phi}{\phi} \to 1 \text{ だから}\right)$、その位置は空
間に固定しているわけではなくて、

$$v = \left(\frac{d\omega}{dk}\right)_0 \tag{18.5}$$

の速さで動いて行く．

この節の初めに述べたように、この極大の部分が移動することによって、空間内の一点から他の点へ信号が伝えられる．なぜなら、この極大は他の極大と区別できるからである．

空間の一部分に集中して存在するこの種の擾乱のことを**波束**とよぶ．

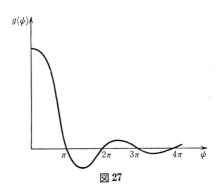

図 27

勝手な形の信号の伝播 波束は必ずしも図27のような形をしている必要はない．$E_0(\omega)$ の関数形を方程式(18.1)のと異なるように(すなわち、振幅を $\Delta\omega$ の範囲にわたって一定としないで、もっと複雑な形に)選べば、$g(\phi)$ の関数形もまた変わる．たとえば、合成波の波形を四角い形にして、モールス符号のツーに似た信号を作ることもできる．もし ω_0 がラジオ周波数の範囲にあるときには、これに可聴周波数の波をのせて送れば、音楽や会話の再生を行なうことができる．

§18 信号の伝達．平面波に近い波

周波数の幅と信号の継続時間 信号を送るためには，どうしてもある範囲にわたる周波数を用いなくてはならない．そこでこの範囲を定めよう．いま，信号を受ける装置は一点に固定されていて，信号の形は図27のようなものであると仮定する．信号の幅は，位相 ψ についていえば π の程度である．したがって，その継続時間は

$$\Delta\psi = \frac{\Delta\omega}{2}\Delta t \sim \pi$$

から定まる．すなわち，信号の継続時間と信号の伝達に必要な周波数の幅との間には

$$\Delta\omega \Delta t \sim 2\pi \tag{18.6}$$

の関係がある．

この評価はただ $\Delta\omega$ と Δt の大きさの大体の程度を与えるだけのものであることは注意を要する．$\Delta\psi$ の定義はかなりあいまいなものであるから，場合によっては $\Delta\omega\Delta t \gg 2\pi$ となることもある．したがって，(18.6)は，$\Delta\omega\Delta t$ の値を低目に見積ったことになっている．

人間の耳に聞える音は，最高毎秒 2×10^4 振動のものまでである．これを放送局から電波で送ろうとするならば，Δt を 0.5×10^{-4} sec より大きくすることはできない．したがって $\Delta\omega \sim 2\pi\times 2\times 10^4$/sec である．

$\varDelta\omega$ は電波放送の搬送周波数 ω_0 より必ず小さい．一方 ω_0 は，どんなに波長の長い電波を出す放送局でも $2\pi\times 1.5\times 10^5$/sec より小さくはない．音楽や会話の場合，非常に高い周波数はカットしても音はそれほどひずまないから，$\varDelta\omega$ として実際には上の値の $\frac{1}{3}$ か $\frac{1}{4}$ をとるだけでも十分である．

テレビジョンの送信には，これよりもはるかに広い周波数の幅が必要になる．まず，映像を毎秒30コマの割合で再成しなくてはならず，さらに，その一つの像が何万個という別々の信号（点）から成っているからである．その結果，メートル波（超短波）に相当するおよそ $2\pi\times 6\times 10^7$/sec の搬送周波数が必要となるのである．地球の表面が曲率を持っているために，このような波長の短い波は光と同様に比較的近距離までしか伝わらないので，遠方まで送るには，中継局を置くとか，非常に高い所から送信するとか，あるいは有線で送るとかしなくてはならない．

位相速度と群速度　信号が伝達される速度についてもう少しくわしく調べてみよう．波束の速度は，(18.5)から，

$$v = \frac{d\omega}{dk}$$

である．これは，位相が一定の面の伝播速度

$$u = \frac{\omega}{k} \tag{18.7}$$

とは等しくない．

実際，単色の進行波を表わす式は

$$E = E_0 e^{ik\left(x - \frac{\omega}{k}t\right)}$$

で，これを速度 u で進む波の一般式 $E = E(x - ut)$ と比べれば(18.7)が得られる．(18.7)は必ずしも真空中を伝播する場合でなくても成り立つから，波の速度 u は c とは異なる．

u のことを波の**位相速度**，v のことを(一群の波を重ね合せてえられた)波束の**群速度**とよぶ．真空中では $\omega = ck$ であるから，v と u とは一致する．これに対して，分散があるとき，すなわち屈折率が周波数によって変化するときには $\omega = \dfrac{c}{\nu}k$，したがって $v \neq u$ である．

群速度は，それが真空中の光速 c よりも小さい場合に限って，信号の伝達の速さと見なすことができる．(18.5)で計算した結果が形式的に $v > c$ となる場合には，吸収を考慮してもっとくわしい解析を行なう必要がある．その結果によると，まずきわめて弱い波が光速で伝播し，波のエネルギーの主要な部分はこれよりも小さい速さで受信点に達することになる(A. Sommerfeld: Optik, Wiesbaden, 1950 参照)．

群速度を計算する例として，周波数と波動ベクトルとの間に次の関係がある場合を考えよう：

$$\omega^2 = a^2 + c^2 k^2.$$

この形は導波管の場合にえられたものである(§17, 問題4 または §16, 問題19 (周波数が大きい場合の極限)参照)．

群速度を計算すれば，

$$v = \frac{c^2 k}{\omega}$$

となり，$ck < \omega$ だから $v < c$ である．

一方，位相速度は c よりも大きいことがわかる：

$$u = \frac{\omega}{k} = c\frac{\omega}{ck} > c.$$

なお，$uv = c^2$ であることを注意しておこう．

ベクトル形で書けば，群速度は次のように定義される：

$$\mathbf{v} = \frac{\partial \omega}{\partial \mathbf{k}}. \tag{18.8}$$

もっと精密な分散法則(§16，問題19)を使えば，$\varepsilon(\omega)$ が負になる ω の領域が ω_0 の近くに現われる．この場合には屈折率は純虚数になるから，(18.5)あるいは(18.8)は意味がなくなる．

空間的な波形と波動ベクトルの範囲　時刻をきめたときの波の空間的な形に対しても，(18.6)に似た関係が得られる．それには $t = $ 一定 として $\Delta\varphi \sim \pi$ と置けばよい．すなわち

$$\Delta\varphi = \frac{\Delta\omega}{2}\frac{dk}{d\omega}\Delta x = \frac{\Delta k \Delta x}{2} \sim \pi,$$

あるいは

$$\Delta k \Delta x \sim 2\pi. \tag{18.9}$$

この式は，電磁的攪乱の空間的な広がりを Δx の範囲におさめようとするならば，波数 k の範囲がおよそ $\dfrac{2\pi}{\Delta x}$ の程度にわたるような一群の単色光を重ね合わせなくてはならないことを示している．3次元の場合には，これは次のように書ける：

$$\left.\begin{array}{l} \Delta k_x \Delta x \sim 2\pi, \\ \Delta k_y \Delta y \sim 2\pi, \\ \Delta k_z \Delta z \sim 2\pi. \end{array}\right\} \tag{18.10}$$

電波で物体の位置を定めるときの精度　具体的な例を用いて(18.10)の関係式を説明しよう．いま，レーダーの電波のように，特定の方向だけに限られ

て進む電磁波を考える．そして，レーダーから距離 l だけ離れた点にある物体の位置が，レーダーによってどれだけ正確に認知できるかを問題にする．この精度は，レーダーから l の距離におけるビームの断面の直径 d によってきまることは明らかであろう．

まず，レーダーから放射される電磁波の周波数を ω とすれば，その波長は $\lambda = \dfrac{2\pi c}{\omega}$ である．もしこの電磁波が横方向に無限の広がりを持って進行するとすれば，これは，進行方向の単位ベクトルを $\mathbf{n}$ として

$$\mathbf{k} = \frac{2\pi}{\lambda}\mathbf{n} \tag{18.11}$$

で与えられるはっきりきまった波動ベクトルを持った，ただ一つの平面波として表わされるであろう．しかし，もし波が進行方向に垂直に d だけの広がりしか持たないとすると，波動ベクトルを，(18.11) のように $\mathbf{n}$ の方向を向くはっきりした一つのベクトルであると見なすことはできない．この場合に波を表わすには，その進行方向 $\mathbf{n}$ を軸とする円錐内に分布するような波動ベクトルをもつ一群の平面波を考えなければならない．いま，これらの波の波動ベクトルの中で，(18.11) で与えられる平均のベクトル $\mathbf{k}$ からのずれが最も大きいものと $\mathbf{k}$ との差の大きさを $k_\perp$ と書くことにしよう．上で円錐といったけれども，別に境界がはっきりしているわけではなく，したがって $k_\perp$ はビームの広がりのおよその程度を示す量である．(18.10) において $\Delta k_y = \Delta k_z = 2k_\perp$, $\Delta y = \Delta z = 2d$ と置けば，$k_\perp$ とビームの直径 d との間には次の関係が成り立つ：

$$2k_\perp \cdot d \gtrsim 2\pi. \tag{18.12}$$

レーダーから遠く離れた位置でビームの直径を考える場合には，レーダーのアンテナそのものの大きさは問題にならない．これは実際問題として興味のあることで，d はアンテナの大きさとは無関係に (18.12) だけできまってしまうのである．

各点におけるビームの広がりは，比 $\dfrac{k_\perp}{k}$ で与えられる．したがって，ビームの直径 d とレーダーからの距離 l との比は $\dfrac{2k_\perp}{k}$ より小さくなることはできない：

$$\frac{d}{l} \gtrsim \frac{2k_\perp}{k}. \tag{18.13}$$

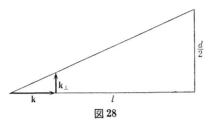

図 28

　この式で等号が成立する極限の場合を図 28 に示す．しかし，上の関係は実は大きさの程度を表わすだけの式で，等式ではないことを忘れてはならない．同様に，(18.12) もおよその程度を示す式である．

　こうして，$k_\perp$ に対する二つの評価式がえられた．すなわち，一つは (18.12) によって，

$$k_\perp \gtrsim \frac{\pi}{d} \quad \text{(下からの評価)},$$

もう一つは，(18.13) によって，

$$k_\perp \lesssim \frac{kd}{2l} = \frac{\pi d}{l\lambda} \quad \text{(上からの評価)}$$

である．

　これらから $k_\perp$ を消去すれば

$$\frac{\pi d}{l\lambda} \gtrsim \frac{\pi}{d},$$

したがって，結局

$$d \gtrsim \sqrt{l\lambda} \tag{18.14}$$

がえられる．

　たとえば $l = 100\,\text{km}, \lambda = 1\,\text{m}$ とすれば，物体の位置を $320\,\text{m}$ 以下の誤差範囲で決定することはできないことがわかる．前に評価式を導くとき，アンテナの大きさを問題にしなかったのはこのためである．

光線の概念の適用限界　(18.10) から，光学における光線の概念がどういう範囲内で有効であるかがわかる．ある光が，一方向を向く光線であるということができるためには

$$\Delta k \ll k, \tag{18.15}$$

すなわち，波動ベクトルの横方向の広がりが，波動ベクトル自身の大きさに比べてはるかに小さくなくてはならないことは明らかであろう．一方，$\Delta k \sim \dfrac{2\pi}{d}$ および $k \sim \dfrac{2\pi}{\lambda}$ が成り立つから，(18.15)は次の条件

$$d \gg \lambda \qquad (18.16)$$

と同等である．

いいかえれば，光線の概念がはっきりした意味をもつためには，考えている領域が光波の波長に比べてはるかに大きくなければならない．たとえば，ピンホールカメラで写真を撮る場合，孔の直径が仮に 1 mm としても，これは可視光の波長のおよそ 0.5×10^{-4} cm に比べればはるかに大きい．したがって，このカメラでえられる像は，光を光線と見なして作図したものと一致するのである．

光線を取扱う光学のことを**幾何光学**とよぶ．光線は，その方向すなわち波面に対する法線が与えられてはじめて定義される．もし平行でない(たとえば収束する)光束が与えられたとすると，その波面は曲面である．しかし，波面の各点における曲率半径が波長に比べてはるかに大きいとすれば，そのような収束光束は《ほとんど平面的な》波に対する法線の集合である．しかし，光束の焦点近くでは波面の曲率半径が波長と同程度になりうるので，そこでは幾何光学からのずれが現われる．そのような効果を**回折**という．回折はまた，光が不透明体に入射する場合にも観測される．この場合，もし幾何光学にしたがって考えたとすれば，場が 0 でない領域と 0 に等しい領域(影)との間にはっきりした境界ができるはずである．しかし，Maxwell の方程式は真空中で不連続な解をもたない(§ 16, 問題 1 の境界条件参照)．現実には，明るい部分と影の部分との間に必ず遷移領域が存在する．この領域では波の様子は非常に複雑で，空間的に見たときその振幅は振動的に変化している．

問　題

1 波長 λ の光を用いたとき，顕微鏡で見ることのできる物体の最小の大きさを求めよ．

(解) 物体から対物レンズに向かう光線錐の半頂角を θ とすれば，$\Delta k \sim k \sin \theta$ である．したがって，

§18 信号の伝達．平面波に近い波

$$\Delta x \sim \frac{2\pi}{\Delta k} \sim \frac{2\pi}{k\sin\theta} = \frac{\lambda}{\sin\theta}.$$

すなわち，大きい立体角内に広がる短波長の光束を使えば，小さい物まで見ることができる．

2 §16, 問題 19 の分散公式を用いれば $v < c$ となることを示せ．

（解） v の逆数は

$$\frac{1}{v} = \frac{dk}{d\omega} = \frac{1}{c}\left(\sqrt{\varepsilon} + \omega\frac{d\sqrt{\varepsilon}}{d\omega}\right) = \frac{1}{c\sqrt{\varepsilon}}\left(\varepsilon + \frac{\omega}{2}\frac{d\varepsilon}{d\omega}\right).$$

したがって，$v < c$ を証明するには

$$\varepsilon + \frac{\omega}{2}\frac{d\varepsilon}{d\omega} > \sqrt{\varepsilon}$$

を示せばよい．$\frac{d\varepsilon}{d\omega} > 0$ であるから，$\varepsilon \geqq 1$ の場合に上の不等式が成り立つことはすぐにわかる．

また，

$$\varepsilon + \frac{\omega}{2}\frac{d\varepsilon}{d\omega} = 1 + \frac{4\pi Ne^2\omega_0^2}{(\omega_0^2 - \omega^2)^2} \geqq 1$$

により，$\varepsilon < 1$ の場合にも，これは $\sqrt{\varepsilon}$ より大きい．

§19 電磁波の放射

基礎方程式と境界条件 これまで電磁波を問題にしたときには，それを放射する電荷のことは考えなかった．この節では，真空中を運動する点電荷による電磁波の放射を考える．この場合の基礎方程式は (12.37)，(12.38) および Lorentz の条件 (12.36) である．もう一度書けば，

$$\Delta \mathbf{A} - \frac{1}{c^2}\frac{\partial^2 \mathbf{A}}{\partial t^2} = -\frac{4\pi}{c}\mathbf{j}, \tag{19.1}$$

$$\Delta \varphi - \frac{1}{c^2}\frac{\partial^2 \varphi}{\partial t^2} = -4\pi\rho, \tag{19.2}$$

$$\operatorname{div}\mathbf{A} + \frac{1}{c}\frac{\partial \varphi}{\partial t} = 0. \tag{19.3}$$

まず (19.2) の解から始めることにして次のように考えよう．電荷密度 ρ は無限小の体積 dV の中でだけ 0 と異なる値をもつものとする．すなわち，そのような《点源》に対するポテンシャル φ を求めるのである．方程式 (19.2) は線形であるから，その右辺に現われる電荷分布全体によるポテンシャルは，無限小の電荷要素 $\delta e = \rho\,dV$ によるポテンシャルを積分したものに等しい．

解が一義的にきまるようにするためには，境界条件を課する必要がある．もし非同次方程式の解に境界条件を課さないとすると，これに同次方程式の勝手な解を加えたものも解になるから，一義的な答がえられないのである．そこで，電荷は無限の空間中に存在していて，導体や誘電体はどこにも存在しないと仮定する．

真空中では，境界条件は電荷から無限の遠方においてのみ課することができる．電磁波の放射を問題にするのだから，次のような仮定を置くのが自然であろう．すなわち，放射が始まった時刻よりも無限の時間前には，放射の源から無限の遠方には場が存在しなかったとする：

$$\left.\begin{array}{l}\varphi(t\to-\infty, r\to\infty) = 0, \\ \mathbf{A}(t\to-\infty, r\to\infty) = 0.\end{array}\right\} \tag{19.4}$$

§19 電磁波の放射

微小な電荷要素からの放射　まず,無限小の電荷要素 $\delta e = \rho\, dV$ を考え,これを座標原点に選べば,(19.2)の解は球対称になる.球座標におけるラプラシアン Δ の形は §11 で導いた((11.46)参照).電荷が静止している場合(方程式(14.7))と同様,Δ の中では r に関する微分を含む項だけを残しておけばよいが,いまの場合には,φ の t に関する微分をつけ加えておかなければならないことは明らかであろう.しばらくの間,電荷密度は原点以外の点では 0 であると仮定しよう.したがって,方程式(19.2)は,$r \ne 0$ に対して次のように書かれる:

$$\frac{1}{r^2}\frac{\partial}{\partial r}\left(r^2\frac{\partial \varphi}{\partial r}\right) - \frac{1}{c^2}\frac{\partial^2 \varphi}{\partial t^2} = 0. \tag{19.5}$$

いま

$$\varphi = \frac{\Phi(t,r)}{r} \tag{19.6}$$

と置けば,

$$\frac{\partial \varphi}{\partial r} = \frac{1}{r}\frac{\partial \Phi}{\partial r} - \frac{\Phi}{r^2}, \quad r^2\frac{\partial \varphi}{\partial r} = r\frac{\partial \Phi}{\partial r} - \Phi,$$

$$\frac{\partial}{\partial r}\left(r^2\frac{\partial \varphi}{\partial r}\right) = r\frac{\partial^2 \Phi}{\partial r^2}.$$

これを(19.5)に代入して r をかければ(r は 0 でないとしている),

$$\frac{\partial^2 \Phi}{\partial r^2} - \frac{1}{c^2}\frac{\partial \Phi}{\partial t^2} = 0. \tag{19.7}$$

これは,波の伝播の方程式(17.5)と同じ形をしている.したがってその解は,(17.12)と同様に次のようになる:

$$\Phi = \Phi_1\left(t - \frac{r}{c}\right) + \Phi_2\left(t + \frac{r}{c}\right). \tag{19.8}$$

Φ_1 は $t - \dfrac{r}{c}$ の関数,Φ_2 は $t + \dfrac{r}{c}$ の関数である.$t + \dfrac{r}{c}$ は,$r \to \infty$, $t \to -\infty$ とすると $\infty - \infty$ となって形が不定であるから,極限のとり方によってどんな値でも取らせることができる.一方,条件(19.4)によって関数 Φ は $r \to \infty$, $t \to -\infty$ に対して 0 となる.したがって,Φ_2 は自変数の勝手な値に対して 0,すなわち恒等的に 0 に等しくなければならない.(放射がない場合には,ポテンシャルは遠方で $\dfrac{1}{r}$ より速く 0 に近づかなくてはならない.これについては

この節のあとの方を参照．）関数 Φ_1 に対しては，条件 (19.4) は $\Phi_1(-\infty)=0$ となる．もちろん，Φ_1 はいたる所で 0 に等しいわけではない．結局，

$$\Phi = \Phi_1\left(t-\frac{r}{c}\right)$$

となるから，添字 1 を除いて書けば，ポテンシャルは

$$\varphi = \frac{1}{r}\Phi\left(t-\frac{r}{c}\right) \tag{19.9}$$

となる．

Φ の関数形はまだきまらない．しかし，自変数の形から，φ は原点からの距離が増す方向に伝播する波を表わしていることがわかる．このような波を**発散波**とよぶ．

遅延ポテンシャル　$r=0, t=0$ における関数の値は，時間 $t=\frac{r}{c}$ の後には r の位置まで移動している．いいかえれば，位置 r，時刻 t におけるポテンシャルは，t よりも前の時刻 $t-\frac{r}{c}$ における電荷によってきまる．$\frac{r}{c}$ は，波の伝播速度が有限であるために起こる時間のおくれである．

しかし，おくれ $\frac{r}{c}$ がきわめて小さいときには，電荷のごく近くのポテンシャルは，その瞬間における電荷の値 $\delta e(t)$ によってきまるはずである．§14 で学んだように，点電荷 δe によるポテンシャルは $\frac{\delta e}{r}$ であるから（(14.8)参照），

$$\frac{\Phi(t)}{r} = \frac{\delta e(t)}{r} = \frac{\rho(t)dV}{r}.$$

それゆえ，

$$\Phi(t) = \rho(t)dV \tag{19.10}$$

である．したがって，点電荷による**遅延ポテンシャル** $\varphi(t,r)$ は，(19.9) および (19.10) によって

$$\varphi(t,r) = \frac{\rho\left(t-\frac{r}{c}\right)}{r}dV \tag{19.11}$$

となる．

いま，座標原点を他の点に移せば，(14.9) と同様に

$$\varphi(t, \mathbf{R}\,;\,\mathbf{r}) = \frac{\rho\left(t - \dfrac{|\mathbf{R}-\mathbf{r}|}{c},\,\mathbf{r}\right)}{|\mathbf{R}-\mathbf{r}|}dV \tag{19.12}$$

がえられる.ただし,電荷密度が点 $\mathbf{r}(x,y,z)$ で与えられており,点 $\mathbf{R}(X, Y, Z)$ のポテンシャルを問題にしている.したがって,ρ は空間座標 $\mathbf{r}$ そのものの関数でもある[*].

最後に,(19.2)の完全な解を得るには,すべての体積要素 $dV = dxdydz$ にわたって(19.12)を積分する:

$$\varphi = \int \frac{\rho\left(t - \dfrac{|\mathbf{R}-\mathbf{r}|}{c},\,\mathbf{r}\right)}{|\mathbf{R}-\mathbf{r}|}dV. \tag{19.13}$$

点電荷の場合には,ρ は §12 で定義した特別の関数を表わすものとする.

方程式(19.1)は(19.2)と全く同形で,その解も同じ境界条件を満足する.したがって,(19.13)と全く同様に,ベクトルポテンシャルは

$$\mathbf{A} = \int \frac{\mathbf{j}\left(t - \dfrac{|\mathbf{R}-\mathbf{r}|}{c},\,\mathbf{r}\right)}{c|\mathbf{R}-\mathbf{r}|}dV \tag{19.14}$$

で与えられる.

この式を,定常電流による $\mathbf{A}$ を与える式(15.11)と比べてみよう.いまの場合の電流 $\mathbf{j}$ は,2通りの形で $\mathbf{r}$ を含んでいる.一つは直接に電流の空間分布を示すものとして,もう一つは $t - \dfrac{|\mathbf{R}-\mathbf{r}|}{c}$ を通してである.電流系が有限の広がりを持っているために,系の各部分から出る波のおくれは皆それぞれ異なるのである.

電荷系から遠方の遅延ポテンシャル 次に,解(19.13)および(19.14)の,放射源から遠くにおける形を求めよう.それには,被積分関数が2通りの仕方で R に因っていることに注意する.すなわち,分母および $t - \dfrac{|\mathbf{R}-\mathbf{r}|}{c}$ を通してである.分母の関数は R についてはきわめてなめらかである.これを R のベキ級数に展開すれば,遠方で 0 に近づく $\dfrac{1}{R^n}$ の形の項が現われる.あとで示

---

[*] 電気密度は時間 t,位置 $\mathbf{r}$ の函数として与えられている:$\rho = \rho(t, \mathbf{r})$.(訳者)

すように，$n>1$ の項は電磁波の放射には何も寄与しないから，$\dfrac{1}{|\mathbf{R}-\mathbf{r}|}$ は単に $\dfrac{1}{R}$ で置きかえることにする．また，$|\mathbf{R}-\mathbf{r}|$ は遠方では，

$$|\mathbf{R}-\mathbf{r}| \fallingdotseq R-\mathbf{r}\nabla R = R-\frac{\mathbf{r}\mathbf{R}}{R} = R-\mathbf{r}\mathbf{n} \tag{19.15}$$

の形に書ける．ただし，$\mathbf{n}$ は $\mathbf{R}$ の方向の単位ベクトルである．展開(19.15)のもっと先の項は，R を分母に含むから遠方では問題にならない．したがって，波源から遠方のポテンシャルは

$$\varphi = \frac{1}{R}\int \rho\left(t-\frac{R}{c}+\frac{\mathbf{r}\mathbf{n}}{c}, \mathbf{r}\right)dV, \tag{19.16}$$

$$\mathbf{A} = \frac{1}{cR}\int \mathbf{j}\left(t-\frac{R}{c}+\frac{\mathbf{r}\mathbf{n}}{c}, \mathbf{r}\right)dV. \tag{19.17}$$

となる．

系内での遅れの評価　(19.16)および(19.17)の被積分関数中の $\dfrac{\mathbf{r}\mathbf{n}}{c}$ の項は，系の中で遠くの部分から放射された波が，近くの部分から放射された波に比べてどのくらい遅れてやって来るかを示す．いいかえれば，$\dfrac{\mathbf{r}\mathbf{n}}{c}$ は，電磁波が電荷の系を通過するのに要する時間を与える．電荷の速さを v とすれば，この時間に電荷が移動する距離は $\dfrac{v}{c}\mathbf{r}\mathbf{n}$ である．系の大きさ r に比べてこの距離が小さいときには，系の内部での遅れは無視できる．すなわち，もし $\dfrac{v}{c}\mathbf{r}\mathbf{n} \ll r$（あるいはもっと簡単には $v \ll c$）ならば，系の中を電波が伝播する時間内に電荷はその位置をほとんど変えない．

しかし，系の中で実際に変化が何も起こらないためには，電荷の速度も一定に保たれなければならない．ベクトルポテンシャルは電流すなわち電荷の速度によってきまるからである．このことのために，次に述べるような新たな条件が加わることになる．いま，電荷が振動して周波数 ω の光を放射するとしよう．時間 $\dfrac{r}{c}$ の間に電荷の振動の位相は $\omega\dfrac{r}{c}$ だけ変化する．この変化は 2π に比べて小さくなければならないから，系内での遅れが問題にならないためには，放射される光の波長 λ に比べて系の大きさが小さくなければならない．結局，二つの不等式 $v \ll c, r \ll \lambda$ が満足されていれば，被積分関数の中の項 $\dfrac{\mathbf{r}\mathbf{n}}{c}$ は小さ

いと見なすことができる.

二重極近似におけるベクトルポテンシャル　　上の二つの不等式がみたされていると仮定して，ベクトルポテンシャル(19.17)の中の $\dfrac{\mathbf{rn}}{c}$ の項を省略する．このとき，被積分関数全体は時刻 $t-\dfrac{R}{c}$ だけに関係したものとなり，

$$\mathbf{A} = \frac{1}{cR}\int \mathbf{j}\left(t-\frac{R}{c}, \mathbf{r}\right)dV \qquad (19.18)$$

がえられる．

点電荷だけを考えているから，積分(19.18)は各点電荷についての和になる．また $\mathbf{j} = \rho\mathbf{v}$ であるから

$$\mathbf{A} = \frac{1}{cR}\left(\sum_i e_i \mathbf{v}^i\right)_{t-\frac{R}{c}}. \qquad (19.19)$$

ただし，添字 $t-\dfrac{R}{c}$ はこの時刻における値をとることを示す．$\mathbf{v}^i = \dfrac{d\mathbf{r}^i}{dt}$ であるから

$$\mathbf{A} = \frac{1}{cR}\frac{d}{dt}\left(\sum_i e_i \mathbf{r}^i\right)_{t-\frac{R}{c}} = \frac{1}{cR}\dot{\mathbf{d}}\left(t-\frac{R}{c}\right). \qquad (19.20)$$

ただし，二重極モーメントの定義(14.20)を使っている．この式が $\mathbf{d}$ を時間微分の形でしか含んでいないことに注意すれば，系が全体として電気的に中性でなくても，座標原点の移動によって $\mathbf{A}$ は変わらないことがわかる((14.21)参照)．したがって，特に電荷が1個の場合にも(19.20)は成り立つ．

(19.20)の近似では，$\mathbf{A}$ が系全体の二重極モーメントの時間微分として表わされている．これを**二重極近似**とよぶ．

二重極近似におけるLorentzの条件　　§17では，進行平面波のポテンシャルにゲージ変換を行なってスカラーポテンシャルが0になるようにした．ここでは，発散球面波に対して同じ変換を行なってみよう．そのためには，(19.3)で $\varphi = 0$ と置いてえられる条件

$$\operatorname{div} \mathbf{A} = 0 \qquad (19.21)$$

をベクトルポテンシャル $\mathbf{A}$ に課さなくてはならない．

(19.21)を計算するとき，$\mathbf{A}$ の分母にある R を微分する必要はない．仮に微

分したとすると，R の次数が 1 だけ増すことになるが，系から十分遠方のポテンシャルを考えているので，放射のエネルギーには $\dfrac{1}{R}$ の項だけしかきかないからである(以下を参照). また, 微分したときに現われる単位ベクトル $\mathbf{n} = \dfrac{\mathbf{R}}{R}$ を再び微分する必要はない. この場合にも，分母の R の次数が高くなるからである.

次の形のゲージ変換を行なったとしよう:

$$f = \frac{\mathbf{n}\mathbf{d}\left(t - \dfrac{R}{c}\right)}{R}. \tag{19.22}$$

条件(19.21)が満足されることは，公式(11.37)によって容易にわかる. すなわち,

$$\operatorname{div}(\mathbf{A}+\nabla f) = -\frac{\mathbf{n}\ddot{\mathbf{d}}}{c^2 R} - \operatorname{div}\left\{\mathbf{n}\frac{\mathbf{n}\dot{\mathbf{d}}}{cR}\right\} = -\frac{\mathbf{n}\ddot{\mathbf{d}}}{c^2 R} + \mathbf{n}\cdot\mathbf{n}\frac{\mathbf{n}\ddot{\mathbf{d}}}{c^2 R} = 0.$$

また，スカラーポテンシャルは $-\dfrac{1}{c}\dfrac{\partial f}{\partial t}$ があるために 0 となる.

二重極近似における場　　次に電磁場を計算しよう. それには, $t - \dfrac{R}{c}$ による部分だけを微分すればよい.

公式(11.38) および rot grad $f = 0$ により, 磁場は

$$\mathbf{H} = \operatorname{rot}(\mathbf{A}+\nabla f) = \frac{1}{cR}\operatorname{rot}\dot{\mathbf{d}}\left(t - \frac{R}{c}\right) = -\frac{1}{c^2 R}[\mathbf{n}\ddot{\mathbf{d}}]. \tag{19.23}$$

また, 電場は

$$\mathbf{E} = -\frac{1}{c}\frac{\partial}{\partial t}(\mathbf{A}+\nabla f) = -\frac{\ddot{\mathbf{d}}}{c^2 R} + \frac{1}{c^2 R}\mathbf{n}(\mathbf{n}\ddot{\mathbf{d}})$$

$$= \frac{1}{c^2 R}[\mathbf{n}[\mathbf{n}\ddot{\mathbf{d}}]] = [\mathbf{Hn}]. \tag{19.24}$$

これらの式から，電場と磁場と $\mathbf{n}$ とは相互に垂直であることがわかる. さらに, $E^2 = [\mathbf{Hn}]^2 = H^2 - (\mathbf{Hn})^2 = H^2$ によって $E = H$ である. すなわち, 放射源から遠方の点 $\mathbf{R}$ における電磁波は平面電磁波と同じ性質を示す. 電荷から遠方では，波面は近似的に平面であると見なすことができ，解は§17で求めたのと同じものになるから，これは当然の結果である.

§19 電磁波の放射

場の様子を示すと図29のようになる。大きな半径 R の球の中心に、極線の方向、たとえば《北極》の方向を向けてベクトル $\ddot{\mathbf{d}}$ をおいたとする。球面上に勝手な点をとり、この点を通って経線と緯線を引く。このとき電場ベクトルは経線に接し、磁場ベクトルは緯線に接している。そして、電場がたとえば《南向き》であれば磁場は《東向き》である。(19.23)と(19.24)からわかるように、場は極で0、赤道上で最大で、球対称性をもたない。横波が球対称でありえないことは、幾何学的に考えれば明らかであろう。場が(19.23)および(19.24)で表わされるような領域を**波動領域**とよぶ。

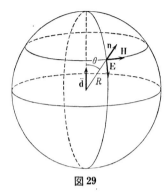

図29

二重極放射の強度　放射の形で系から失われるエネルギーを求めよう。それには、無限に大きい球面を通過するエネルギーの流れを計算すればよい。エネルギーの流れの密度、すなわち Poynting ベクトルは

$$\mathbf{U} = \frac{c}{4\pi}[\mathbf{E}\mathbf{H}] = \frac{c}{4\pi}[[\mathbf{H}\mathbf{n}]\mathbf{H}] = \frac{c}{4\pi}H^2\mathbf{n} \qquad (19.25)$$

である。すなわち、波動領域では、エネルギーの流れは確かに半径方向を向いている。単位時間に球面を通って流れ出る全エネルギーは

$$P = \int \mathbf{U}\,d\mathbf{f} = \frac{c}{4\pi}\int H^2 \mathbf{n}\,d\mathbf{f} = \frac{c}{4\pi}\int H^2\,df. \qquad (19.26)$$

(19.23)から

$$H^2 = \frac{1}{c^4 R^2}\ddot{d}^2 \sin^2\theta, \qquad (19.27)$$

また $df = 2\pi R^2 \sin\theta\,d\theta$ であるから、単位時間に放射されるエネルギーは

$$P = \frac{2}{3}\frac{\ddot{d}^2}{c^3} \qquad (19.28)$$

となる。

R が十分大きいとすれば、場を表わす式の中で $\dfrac{1}{R}$ よりも高次の項は、(19.

26) の積分したがって (19.28) の結果にはきいてこない．前に $|\mathbf{R}-\mathbf{r}|$ を単に R とおいたのはこのためである．

式 (19.28) の重要性　(19.28) は，電荷が加速されるときにはエネルギーを放射するというきわめて重要な法則を表わしている．$\ddot{\mathbf{d}} = \sum_i e_i \ddot{\mathbf{r}}^i$ であるから，$\ddot{\mathbf{d}}$ が 0 でないとすると，電荷はとにかく加速運動をしていなければならない．

原子の中で運動する電子は加速度をもっている．上の結果によれば，このとき電子はエネルギーを連続的に放射するから，いずれは原子核の中に落ちこんでしまうはずである．しかし現実には，原子は明らかに安定で，電子が核に落ちこむようなことはない．

古典的な Newton 力学が原子内の電子の運動には全く適用できないことがここで明らかになる．第Ⅲ部では，量子力学を用いて原子の安定性を説明する．量子力学では，運動というものの概念が古典力学における概念とは質的に異なっているのである．

磁気二重極放射と電気四重極放射　放射が起こるためには，電荷が加速運動をしていなければならないことを述べた．しかし電荷が加速運動をしていても，放射されるエネルギーが 0 になることはある．その簡単な例は，系が全く等しい 2 個の荷電粒子から成る場合である．Newton の第 3 法則によれば，それらの加速度は大きさが等しく方向が反対であるから，$\ddot{\mathbf{d}} = \sum_i e_i \ddot{\mathbf{r}}^i = e(\ddot{\mathbf{r}}_1 + \ddot{\mathbf{r}}_2) = 0$ となる．二重極近似では，系内の電磁的相互作用の遅れが小さくて無視でき，したがって電荷の間に働く力は瞬間的に伝わると見なすことができるので，いまの場合第 3 法則が成り立つ．一方，このときには電荷から場へ運動量が伝達されることは考える必要がないから，粒子系の全運動量は保存され，したがって $\ddot{\mathbf{r}}_1 = -\ddot{\mathbf{r}}_2$ が導かれるのである．この場合には，(19.18) の近似では放射がおこらないことになってしまうので，もっと高い近似をとらなくてはならない．

$\dfrac{\mathbf{rn}}{c}$ を 0 としないでこの量による展開の第 1 項を残しておくと，系の磁気二重極モーメントおよび電気四重極モーメントの変化による放射がえられる．しかし今度は，静電気・静磁気の場合のように $\dfrac{1}{R}$ の展開とはならず，系内での

§19 電磁波の放射

遅れを表わす量のベキ展開の形をとることは重要である.

系内での遅れは, $v \ll c$ かつ $r \ll \lambda$ のときに小さくなることを前に述べた. 磁気二重極モーメントは $\frac{v}{c}$ に比例するから, 遅れの量による展開式の中で $\frac{v}{c}$ に比例する項は, 磁気二重極放射を表わすことになる. 系の四重極モーメントは, 二重極モーメントにさらに r がかかった形である. それゆえ, 上の展開式の中で $\frac{r}{\lambda}$ に比例する項は電気四重極放射を表わす. 等しい二つの荷電粒子の場合のように, 低い近似が何らかの理由で 0 になるときには, もっと高い近似が重要になる.

磁気二重極放射の場は電気二重極放射の場に似ている. しかし図 29 とはちがって, 磁気二重極放射では, 磁場は $\vec{\mu}$ を含む平面内(すなわち経線の方向)に, 電場は緯線の方向を向いている. 放射エネルギーを与える式は, $\ddot{d}^2$ のかわりに $\ddot{\mu}^2$ となるだけで, (19.28) と同様である. 磁気二重極モーメントは $\frac{v}{c}$ に比例するから, 磁気二重極放射の強度は電気二重極放射の強度に比べて $\left(\frac{v}{c}\right)^2$ 倍だけ小さい.

電気四重極放射の場の様子はもっと複雑である. 放射強度を与える式には四重極モーメントの 3 階微係数の 2 乗が現われる. 大きさの程度でいうと, 四重極放射強度は二重極放射強度に $\left(\frac{r}{\lambda}\right)^2$ がかかっただけ小さい.

問 題

1 固定中心から Coulomb 引力を受けて円運動している荷電粒子が, 電磁波を放射しながら中心に落ちこむ. このときどれだけ時間がかかるかを計算せよ. ただし, 粒子の軌道は近似的に円であるとする.

2 電荷 e, 質量 m の粒子が, 電荷 e_1 の静止した粒子から ρ の距離の所を速さ v で通過する. 放射の形で失われる電荷 e の粒子のエネルギーを計算せよ. ただし, この粒子の軌道は直線であるとする.

(解) $$\Delta \mathcal{E} = \frac{2}{3}\frac{e^2}{c^3}\int_{-\infty}^{\infty}|\ddot{\mathbf{r}}|^2 dt = \frac{2}{3}\frac{e^4 e_1^2}{m^2 c^3}\int_{-\infty}^{\infty}\frac{dt}{(\rho^2+v^2t^2)^2}$$
$$= \frac{\pi}{3}\frac{e^4 e_1^2}{m^2 c^3 \rho^3 v}.$$

3 電荷と質量が互いに等しい二つの粒子が衝突するとき, 粒子間の相互作用が Coulomb の法則にしたがうものとすると, 磁気二重極放射は起こらない. これはなぜか.

磁気二重極放射の強度は $\dfrac{2}{3}\dfrac{\ddot{\mu}^2}{c^3}$ である.

4 平面光波は，自由電子に当たるとこれに振動をおこさせる．このとき，電子は二次波を放射し始める．すなわち，電子は光を散乱する．この場合の散乱断面積——単位時間に散乱されるエネルギーと入射光のエネルギー流密度との比——を求めよ．

(解) $\ddot{\mathbf{r}} = \dfrac{e\mathbf{E}}{m}$ を (19.28) に代入して P を求め，これをエネルギー流の密度 $\dfrac{cE^2}{4\pi}$ で割れば，散乱断面積は

$$\sigma = \frac{8\pi}{3}\frac{e^4}{m^2 c^4}.$$

§20 相対性理論

速度の加算則と電磁力学　§15では電荷と電磁場との相互作用について考察した(ハミルトニアン(15.34)参照). そこでは, 電荷の運動はゆっくり起こると仮定した. すなわち, 電荷の速さ v は不等式 $v \ll c$ を満足するものと考えた.

しかし, この不等式は決していつも満足されているわけではない. ベータ崩壊の際に放出される電子, 宇宙線の中の粒子, 加速器内の粒子などは光速にきわめて近い速さで運動する. したがって, これら超高速の荷電粒子に対する力学の法則を見出さなければならない.

これらの粒子の運動にNewton力学の法則を適用しようとすると, 救うことのできない矛盾に陥る. すなわち, 電磁力学においては, 速度の加算が普通の形では成り立たないのである(§8および§10参照).

Newton力学の方程式は, 一定の速度で互いに運動する慣性系に対してはすべて同じ形をしている. そのような座標系には慣性力は現われない. 慣性系の同等性の原理は, どんな場合にも破れることがないことはもちろんである. なぜなら, もしこれが破れたとすると, 絶対静止系が存在すると考えなくてはならなくなるからである. 真空中の電磁力学の方程式はすべての慣性系に対して同じ形——方程式(12.24)—(12.27)——を取ると考えなくてはならない. ところで, これらの方程式からは, 電磁的な攪乱の伝播する速さが空間のどの方向にも等しく c であることが導かれる. そこで, もし光の速さが伝播方向によって異なるような慣性系があったとすると, そのような系は, 光の速さがすべての方向に等しいような系とは同等でなくなるであろう. 後者では, 電磁力学の方程式は前節で求めたような球面波の形の解をもつが, それ以外の慣性系では, 波面の法線の方向によって光の速さが異なることになる.

これは空気中を音波が伝播する場合とよく似ている. 空気に対して静止している系では, 音速はその伝播方向によらない. ところが, 空気に対して動いている座標系では, 音速は, たとえば座標系の運動方向には小さく, それと逆の

方向には大きくなる．その関係は，速度の加算則に従っているのである．

これまでは，光はある弾性的な媒質《エーテル》の中を伝わると考え，光の速度も空気中の音の速度と同じ加算則に従うことを自明なことと見なしてきた．そうすると，《エーテル》に対して静止した座標系は絶対的に静止した系，ほかの系は絶対的な意味で運動している系と考えなくてはならないであろう．これらの運動座標系では，光の速度は伝播方向によって異なり，次の法則

$$c' = c+v \tag{20.1}$$

に従うことになる．ただし，簡単のために，この式では伝播方向が系の相対速度の方向に平行であるとしてある．

Michelson の実験　光の速度はほかのどんな速度と加えても変わらず，あらゆる座標系においてその大きさは普遍定数 c であることを直接に示す実験が行なわれた．これが Michelson の有名な実験 (1887年) である．次にこれを簡単に説明しよう．図30のように，半ば銀メッキしたガラス板 SS に光線を左から当て，そこで光を2筋に分ける．光の一部は反射して鏡 A に，残りは透過して鏡 B にそれぞれ入射する．いま，SA を地球の運動に対して垂直に，SB を平行に置いたとしよう．鏡 A および B で反射した光はまた SS に戻って来るが，今度は光線 BS はそこで反射してからついたて C へ，光線 AS は

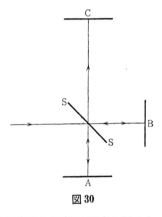

図30

そのまま透過して C へ入射する．どちらの光線も透過と反射に関する限り全く同等であるが，ただ AS と BS の部分で，地球の運動に対して互いに異なる伝播の仕方をしている．

さて，光の速度と地球の運動速度とが普通の法則通りに加えられるものと仮定しよう．そうすると，径路 SB に沿っては地球に対する光の速さは $c-V$，帰り路 BS では $c+V$ に等しい（地球の速さを V とする）．したがって，SB $= l$ とすれば，全径路 SBS を光が通過するのに要する時間は

$$\frac{l}{c-V}+\frac{l}{c+V}=\frac{2lc}{c^2-V^2}\cong\frac{2l}{c}+\frac{2lV^2}{c^3}$$

である.ただし $V\ll c$ の関係を用いてある.次に,SA の部分では,光の速度と地球の速度とは(実験装置に固定した座標系においては)互いに垂直である.ここでもまた,速度に対して普通の加算の法則が成り立つものとすると,SA の部分では,装置に対する光の速さは $\sqrt{c^2-V^2}$ に等しい(速度の三角形を描いたとき,斜辺が c,直角をはさむ2辺が V と $\sqrt{c^2-V^2}$ である).したがって,全径路 SAS(長さを $2l$ とする)を光が通過する時間は

$$\frac{2l}{\sqrt{c^2-V^2}}\cong\frac{2l}{c}+\frac{lV^2}{c^3}$$

である.

このようにして,径路 SBS と SAS とで,光の通過する時間に $\frac{lV^2}{c^3}$ だけの差が生ずる.反射を何度も繰返させれば,光の径路を十分長く(数十メートルにも)することができ,これを適当に選べば,通過時間の差を光の振動周期の半分に等しくすることが可能である.このときには,2筋の光はついたて C の上で互いに消し合うことになる.これが偶然おこったことではなく,確かに光の速度と地球の速度とが加え合わされた結果であることを見るには,装置を 45° だけ回転させて,地球の速度が角 ASB を2等分する方向を向くようにしてみればよい.こうすれば,光が SAS と SBS を通過する時間の差がとにかく 0 になるから,前の位置で2筋の光が消し合ったとすれば,今度の位置では互いに強め合うはずである.すなわち,ついたての上の干渉縞は半間隔だけずれるであろう.

しかし実際には,装置を回転しても2筋の光線の行路差には変化が起こらず,予期していた効果は全く現われなかった.光の速度と地球の速度とが加え合わされていなかったのである.

Michelson の実験によってえられた否定的な結果は,《エーテル》の仮説を捨ててしまえば完全に理解することができる.しかし,実験が行なわれた当時は,電磁力学が力学と同様完全で明確な学問となるためには《エーテル》は不要であるということを理解していた人は1人もいなかった.それまでの物理学者にとっては至極当然の真理であった速度の加算の法則が破れたことは,何とも説明

しようのないパラドックスと思われたのである．

さらに，Michelson の実験は，天文学的に観測されていた光行差の現象とも，また Fizeau の実験とも見かけ上矛盾していた．（これらの問題はこの節のあとの方で相対性理論の立場から考えることにする．）

Einstein の相対性原理　このパラドックスを解明しようとして幾多の努力が重ねられたが，ここではその歴史を語ることはやめ，1905 年 Einstein によって与えられた正しい解答——**特殊相対性理論**——をすぐに述べることにする．一般の人々の間には，相対性理論という名称は物理的知識の相対性を意味するものだという誤解が広く行きわたっているが，実は決してそうではなく，これは相対的に運動する慣性系がすべて互いに同等であることを述べているのである．

電磁力学の方程式には，電磁的な擾乱を伝えるものとしての弾性媒質（エーテル）の存在は仮定されていない．すでに§12で述べたように，実在するのは電磁場そのものである．それゆえ，力学の方程式がそうであったように，電磁力学の方程式も慣性系の選び方には無関係に成り立つ．そして，どちらの方程式も，直接に，運動すなわち状態の時間的変化を——力学は質量の配置の変化を，電磁力学は電磁場の変化を——記述している．慣性系の選び方によって方程式の形が変わることがあってはならないのである．

それゆえ，Michelson の実験は，運動は相対的なものであるという考え方と矛盾するものではなく，むしろこれを確証したことになっている．真空中の光の速さは，あらゆる慣性系について同一であることがこの実験によって示された．相互作用の伝播速度は，電磁力学の方程式の中に基本定数として現われている．ある慣性系から別の慣性系に移ったとき，相互作用の伝播速度が両方の系で等しい場合に限ってこれらの方程式は不変である．したがって，Michelson の実験は，速度の加算則すなわち Galilei 変換(8.1)と合わなかったというにすぎない．速度の加算則は，相対速度および運動速度が光速 c に比べてはるかに小さい場合に対してしか実験的に確かめられてはいない．それゆえ，高速の領域では，当然もっと精密な法則でこれを置きかえなければならないことは明らかであろう．しかもその法則は，高速粒子の力学においても成立しなければな

らない．このことは，以下の説明で明らかにしていく．

いま，一つの慣性系の中で電荷と電磁場とが作用し合って，たとえば電荷同士の衝突というような現象がおこったとする．この現象は，力学および電磁力学の方程式を基礎として計算すれば予測できるはずである．次に，別の慣性系に移ったとき，これらの方程式は形を変えることがあってはならない．そうでないと，たとえば一方の慣性系で計算すれば起こるはずの現象が，もう一方の系では必ずしも起こらないというようなちがった結果が出て来るかも知れない．しかし，衝突のような現象は客観的な事実であって，どんな座標系においても観測されなくてはならない．Galilei 変換 (8.1) と (8.2) を行なったとき，Newton 力学の方程式は変わらないが，電磁力学には速度の加算則が適用できないから，電磁力学の方程式は形が変わる．それゆえ，Galilei 変換の代わりに，力学の方程式と電磁力学の方程式の両方を不変に保つような変換を見出さなくてはならない．それにはまず，Newton 力学の法則をもっと精密化しておく必要がある．これらの法則は，物体の速さが小さい場合にしか正しくないからである．

物理学の理論は，それを記述する仕方と無関係に物理的事実を予言することができない場合には不完全なものであって，どこかに矛盾を含んでいる．われわれの日常生活では，光の速さよりもはるかに遅い運動しか取扱わない．その範囲ではどんなに力学の基礎事実が自明と思われる場合でも，やはりもう一度考え直してみなくてはならないのである．

Lorentz 変換 一つの慣性系から別の慣性系に移るときの変換で，Galilei 変換よりももっと一般的なものを求めてみよう．Galilei 変換の場合と同様，この変換は，一般的な性質をもついくつかの要求をみたさなくてはならない．それは次のようなものである．

1) 変換式は両方の系に関して対称的である．いま，第1の系の座標と時刻を (x, y, z, t)，第2の系のを (x', y', z', t') とし，系1に対する系2の速度を $\mathbf{V}$ とする．このとき，(x', y', z', t') を (x, y, z, t) および $\mathbf{V}$ で表わす式の形は，これを逆に解いてえられる式の形と，$\mathbf{V}$ の符号を逆にすれば全く同じである．この条件は，両方の系が同等であるためにはぜひとも必要である．

2) 有限の所にある点 (x, y, z, t) は,この変換によってやはり有限の点に移される.すなわち, (x, y, z, t) が有限だとすると,有限な係数をもつ変換によってえられた (x', y', z', t') も有限でなくてはならない.

条件 1) によって,可能な変換の形は著しく制限される.たとえば,変換関数は 2 次式ではありえない.逆に解いたとき無理関数が出て来るからである.一般に,1 以外の次数の関数については同じことがいえる.1 次分数関数(すなわち 1 次式の比)は,係数に適当な条件をつければ逆に解いたとき同じ形になる.たとえば,変数が 1 個の場合には

$$x' = \frac{ax+b}{ex+f}, \quad x = \frac{b-fx'}{ex'-a}$$

が成立する.しかし, $e \neq 0$ であるとこの変換は条件 2) を満足しない. $x = -\frac{f}{e}$ とすると x' は無限大になるからである.結局,可能な変換関数は 1 次関数しかない.

3) 二つの系の相対速度が 0 に近づいた極限では恒等変換 $x' = x, y' = y, z' = z, t' = t$ になる.

4) この変換によって定まる速度の加算則を用いると,真空中の光速の値は不変である: $c' = c$.

以上をまとめると次のようになる.変換式は,1) 逆に解いても同じ形をもつ,2) 1 次式である,3) 相対速度が小さい極限では恒等変換になる,3) 真空中の光速の値を不変に保つ.

これら四つの条件があれば十分である.求める変換式は,一つの座標軸(たとえば x 軸)を相対速度の方向に選べば最も簡単に導かれる.こうすれば,ほかの軸は変換によって影響を受けないからである.

図 11 (67 頁)に戻って考えよう.ただし,今度は $t = t'$ とは仮定しない(前には勝手にこう仮定したが,これが実験的に確かめられているのは両方の系の相対速度が小さい場合だけである).条件 1)—4) からどのような結果がえられるかを見よう.まず,相対速度の方向を x 軸にとれば,すぐ上で述べたように $y' = y, z' = z$ である.このことは図 11 から簡単にわかる.さて (x, t) から (x', t') への 1 次変換の最も一般の形は次のようなものである:

$$x' = \alpha x + \beta t, \tag{20.2}$$

§20 相対性理論

$$t' = \gamma x + \delta t. \tag{20.3}$$

定数項を加えておく必要はない。座標原点を適当に選ぶことによって消してしまうことができるからである。

系2の原点 $x' = 0$ を考えてみよう。この点は系1に対しては速度 V で動いているから，$x = Vt$ である。$x' = 0$ と $x = Vt$ を(20.2)に代入して t で約すると，

$$\alpha V + \beta = 0. \tag{20.4}$$

方程式(20.2)と(20.3)を x と t について解けば，

$$x = \frac{\delta x' - \beta t'}{\alpha\delta - \beta\gamma}, \tag{20.5}$$

$$t = \frac{\gamma x' - \alpha t'}{\beta\gamma - \alpha\delta}. \tag{20.6}$$

そこで条件1)を適用してみよう。それには，座標と時刻とを結びつけている係数 β および γ が，速度 V の符号を変えたときに同時に符号を変えなくてはならないことに注意する。そうでないと，x 軸と x' 軸の向きを逆にしたとき，方程式の形が不変に保たれなくなってしまうからである。したがって，(x', t') から (x, t) への逆変換は，次のように(20.2)および(20.3)と同様の形でなければならない：

$$x = \alpha x' - \beta t', \tag{20.7}$$

$$t = -\gamma x' + \delta t'. \tag{20.8}$$

(20.5)と(20.7)を比べれば，

$$\alpha = \frac{\delta}{\alpha\delta - \beta\gamma}, \tag{20.9}$$

$$-\beta = \frac{-\beta}{\alpha\delta - \beta\gamma}. \tag{20.10}$$

(20.10)から，

$$\alpha\delta - \beta\gamma = 1. \tag{20.11}$$

これを(20.9)に代入すれば

$$\alpha = \delta \tag{20.12}$$

となる。変換式の比較によっては，もうこれ以上の関係はえられない。

次に条件 4)を用いる。(20.2)を(20.3)で割れば，

$$\frac{x'}{t'} = \frac{\alpha \dfrac{x}{t} + \beta}{\gamma \dfrac{x}{t} + \delta}. \tag{20.13}$$

系1の原点を時刻 $t=0$ に出て x 軸の方向に進む光の信号を考えよう．この光については明らかに $\dfrac{x}{t} = c$ が成り立つ．一方，条件 4) によれば $\dfrac{x'}{t'} = c$ であるから，(20.13) により，

$$c = \frac{\alpha c + \beta}{\gamma c + \delta}. \tag{20.14}$$

(20.4) と (20.12) を使って (20.14) から β と δ を消去すれば，

$$\gamma c^2 + \alpha c = \alpha c - \alpha V.$$

したがって

$$\gamma = -\alpha \frac{V}{c^2}. \tag{20.15}$$

(20.15), (20.4), (20.12) を (20.11) に代入すれば，α に対する方程式がえられる：

$$\alpha^2 \left(1 - \frac{V^2}{c^2}\right) = 1. \tag{20.16}$$

相対速度が 0 の極限では，条件 3) によって $t' = t$ となるべきことから，α としては正の平方根をとらなくてはならない．（負号をとれば $t' = -t$ となって物理的に意味をなさなくなる．）

方程式 (20.16), (20.4), (20.15), (20.12) によってすべての係数 $\alpha, \beta, \gamma, \delta$ がきまったから，これを (20.2) および (20.3) に代入すれば，求める変換式がえられる：

$$x' = \frac{x - Vt}{\sqrt{1 - \dfrac{V^2}{c^2}}}, \tag{20.17}$$

$$t' = \frac{t - \dfrac{Vx}{c^2}}{\sqrt{1 - \dfrac{V^2}{c^2}}}. \tag{20.18}$$

この変換を **Lorentz 変換**とよぶ．(20.7) と (20.8) により，逆変換は

§20 相対性理論

$$x = \frac{x' + Vt'}{\sqrt{1 - \frac{V^2}{c^2}}}, \tag{20.19}$$

$$t = \frac{t' + \frac{Vx'}{c^2}}{\sqrt{1 - \frac{V^2}{c^2}}} \tag{20.20}$$

となる.

これらの式の意味を明らかにするために，次の特別な場合を考えてみよう. 系2の原点 $x'=0$ に時計があって，それが時刻 t' を示しているとする. そうすると，(20.20)によって，

$$t = \frac{t'}{\sqrt{1 - \frac{V^2}{c^2}}}. \tag{20.21}$$

座標系に対して静止している時計のことを《観測者の時計》とよぶことにすると，(20.21)から次のことがわかる：ある系の観測者が，自分の時計をほかの系の観測者の時計と見比べるとき，前の観測者は後の観測者の時計が常におくれることを知る，すなわち $t' < t$ である．また，もし時計が系1の原点 $x=0$ に置いてあるとすると，(20.18)から

$$t' = \frac{t}{\sqrt{1 - \frac{V^2}{c^2}}}$$

が得られる．これは決して(20.21)と矛盾するものではない．むしろ，まさしく次の事実——観測者に対して運動する時計は観測者自身の時計よりもおくれること——を表現しているのである．

相対性理論においては，Newton 力学におけるようなただ一つの普遍的な時間というものは存在しない．むしろ，Newton 力学でいう絶対時間は実は近似であって，時計同士の相対速度が小さい場合にのみ正しいものであると言った方がよい．Newton 力学における時間が絶対的なものであったということが，これまでしばしば時間を物質の運動とは無関係なアプリオリにきまっているものと見なすことの原因になったのである．

いずれにしても，Newton は作用が距離をへだてて瞬間的に伝わるとしたか

ら，時間が普遍的なものであると考えざるをえなかった．すなわち，(20.18) で形式的に $c=\infty$ と置くと $t'=t$ となるのである．もし信号が瞬間的に伝達されるものとすると，すべての慣性系で，それらの相対速度とは無関係に時計を合わせることができることになる．Newton 力学では，そのような瞬間的な信号の役割を果すものは万有引力だったのである．

光速 c の値がわかっている以上，時計の読みに適当な補正を加えれば，異なる慣性系で，時間の経過の割合がどこでも等しいようにすることができるはずだと考える人がある．しかし，たとえ光の伝播に有限の時間がかかることを考慮して補正を加えたとしても，その後に両方の系で経過する時間の割合がまた (20.21) の関係になってしまうのである．すでに述べたように，自分のいる系では時間の経過し方が速いというのは全く相互的なことである．したがって，これを運動によって時計の性質が変化したためであるとして説明することはできない．これは純粋に運動の記述だけに関係した効果なのである．

さらに次のことをつけ加えておこう．《時計》といっても，必ずしも人間が作った時計だけを考える必要は少しもなく，自然におこる振動現象で，正しい時間の刻みを与えるようなものならば何でもよい．光波の振動などはその一例である．光を放出する原子の物理的性質が，その原子の運動を記述する慣性系によって変わることがないことは明らかであろう．(20.21) が全く等しい二つの時計に対して成り立つと言ったのは，まさにこのことのゆえなのである．

さらにまた，振動現象と関連させることなしに，すなわち運動と無関係に時間を定義することは不可能であることを忘れてはならない．

相対性と客観性 時間が相対的なものであるということは，与えられた慣性系で行なわれた測定に客観性がないということではない．どの観測者が時計を見るかは少しも重要なことではない．問題は，慣性系によって時間の経過し方が相対的にどうなるかということである．地球が球形をしているために地方時を考えなくてはならず，そのために，時刻の原点の相対性というものにはわれわれは昔から慣れている．しかし，相対性理論の教える所によれば，時間の刻みもまた相対的なのである．

客観的な概念であってもそれが相対的なものでありうるということは，次の

例からもわかる．中世においては，空間はその方向まで絶対的なものであると考えられていたので，地球が丸いなどとは想像もできなかった．なぜなら，もしそうだとすると，地球の反対側の地点にいる人は逆立ちして歩かなければならないことになるからである．《上》とか《下》とかの概念は，当時はおもりを吊るしたときの糸の方向と関係づけて考えられたのではなく，中世の思想の中心をなす何か別の範疇に属する事柄と結びつけられていた．Moscow と Vladivostok とでは，それぞれの鉛直方向は互いにかなりの角をなしている．しかし今日では，どちらの方向がより《鉛直》であるかを議論しようなどと考える人はいないであろう．鉛直という概念は，地球上の各点ごとには全く客観的な意味をもっている．しかし，異なる点同士については相対的なものである．同様に，時間は，個々の慣性系においては**客観的**であるが，慣性系同士の間では**相対的**なものなのである．

ものさしの縮み　次に，長さを測定する問題を考えよう．運動している物体——《ものさし》——の長さを測るためには，物体の両端の位置を，静止座標系で同時にしるさなくてはならない．静止した観測者にとっては，これと本質的に異なるような測定法はない．もしあるとすれば，どうしてもものさしの運動をとめる（すなわちものさしを自分の座標系に持ちこむ）よりほかに方法がないからである．

静止した観測者がものさしの両端の位置を同時に*しるす場合には，$t=0$ と置かなくてはならない**．いま，静止した観測者が，運動しているものさし（長さ $\Delta x'$）の長さを測って Δx という値を得たとすると，(20.17)から，

$$\Delta x' = \frac{\Delta x}{\sqrt{1-\dfrac{V^2}{c^2}}}. \tag{20.22}$$

(20.21) と同様に，この式は立場を逆にして考えても同じ形になる．すなわち，《運動している》観測者が《静止した》ものさしの長さを測ったとすると，

---

* 同一の座標系の中で行なわれた二つの操作の**同時性**は，光の信号を利用すれば一義的に定められる．実際，光を信号に用いれば，一定の距離だけ離れて互いに静止している2人の観測者は，その間を光が伝わる時間を知っているから，適当な補正をほどこすことによって常に時刻を合わせることができる．

** $t=$ 一定 として，$x_1-x_2=\Delta x$, $x_1'-x_2'=\Delta x'$ を求める．(訳者)

(20.19)で $t' = 0$ とおいて,

$$\Delta x = \frac{\Delta x'}{\sqrt{1-\frac{V^2}{c^2}}}$$

がえられる. (20.22)から，運動しているものさしは，静止した観測者には縮んで見えるということが結論される．この縮みは運動の方向におこる．

Lorentz は，ものさしの縮みはどちらの慣性系でも見られるわけではなく，なぜか理由はわからないが，ものさしが《エーテル》に対して運動している場合に現われるのであると考えた．Lorentz その他の人々は，Michelson の実験の否定的な結果をこのように考えて説明しようと試みたのであった．しかし，Lorentz 変換の式——長さの縮みは単に特別な場合としてこの中に含まれている——が逆に解いても同じ形をしているという事実こそ，《エーテル》に対して絶対的に静止した系などというものが存在しないことをはっきり示しているのである．(Lorentz 変換(20.17)−(20.20)は相対性理論が提出される前にすでに知られていた．) 光の振動を伝える媒質として Huygens によって導入された《エーテル》は，20 世紀初頭には単に過去の遺物的な概念になっていた．光が電磁的な性質のものであることが発見され確かめられて以来，この仮想的な弾性媒質は全く不用なものとなってしまったのである(§12 参照)．相対性理論がはじめて Lorentz 変換の真の意味を解明した．しかし，それによって，Newton 力学では絶対的なものと考えられていた多くの概念が，慣性系同士の運動に帰せられる結果となった．

速度の加算公式　次に，Lorentz 変換から速度の加算公式を導こう．(20.17) と (20.18) の微分をとって辺々割れば，

$$v_x' \equiv \frac{dx'}{dt'} = \frac{\frac{dx}{dt}-V}{1-\frac{V}{c^2}\frac{dx}{dt}} = \frac{v_x-V}{1-\frac{Vv_x}{c^2}}. \tag{20.23}$$

また，$dy' = dy, dz' = dz$ に注意すれば，$\mathbf{V}$ に垂直な速度成分については，

$$v_y' \equiv \frac{dy'}{dt'} = \frac{\frac{dy}{dt}\sqrt{1-\frac{V^2}{c^2}}}{1-\frac{V}{c^2}\frac{dx}{dt}} = \frac{v_y\sqrt{1-\frac{V^2}{c^2}}}{1-\frac{Vv_x}{c^2}}, \qquad v_z' = \frac{v_z\sqrt{1-\frac{V^2}{c^2}}}{1-\frac{Vv_x}{c^2}}. \quad (20.24)$$

$c \to \infty$ として $\frac{V}{c} = 0$ とおけば，速度が小さい場合には，(20.23)および(20.24)が普通の加算公式と一致することがわかる．

また，もし $v = \sqrt{v_x{}^2 + v_y{}^2 + v_z{}^2} = c$ ならば $v' = c$ であること，すなわち，別の慣性系に移っても光速度の大きさは変わらないことも容易に確かめられる．しかし，光速度の各成分（c より小さい）が変化することはもちろんありうる．空間に絶対的な方向があるわけではないから，光線の方向は観測者によって異なるのである．

光行差　いま述べたことに関連して，光行差の現象を考えてみよう．天文学でいう光行差あるいは光のふれとは，恒星が1年間かかって天球の上に楕円を描く現象のことである．その理由は簡単で，地球の年周運動の速度と恒星から来る光の速度との加えあわさり方が時期によってちがうからである．図31において，星から来る光の太陽に対する速度ベクトルを $\overrightarrow{ES}$ とすれば，ある時刻に地球に対する光の速度の方向はたとえば $\overrightarrow{ET_1}$，それから半年後には $\overrightarrow{ET_2}$ である．これらの速度を逆に延長すると天球上の異なる点をさすから，星は1年間に閉じた楕円を描くことになる．この楕円の半長径を角度で表わせば，地球の速さを V として $\frac{V}{c}$ に等しい．数値を代入すれば $\frac{V}{c} \fallingdotseq 10^{-4} = 20''25$ である．

そこで次のような疑問が生ずる．光行差の現象は，光の速度と地球の速度とが加え合わさった結果として

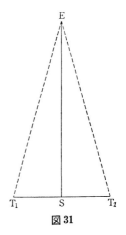

図31

現われるものであるのに，Michelson の実験では（地球の外から来る光についても実験が行なわれた）それがおこらず，光速が常に c であったのはなぜだろうか？　これは次のように説明される．Michelson の実験で（光線の行路差から）測定されたものは光の速度の大きさ c であったのに対して，光行差の現象

では，地球の速度と組み合わさって光の速度の方向の変化が観測されるのである．いま，太陽に対する光の速度の方向が地球の軌道面(黄道面)に垂直とし，(20.23)および(20.24)に $v_x=0, v_y=c, v_z=0$ を代入すれば，地球に対する光の速度成分は，

$$v_x' = -V, \quad v_y' = c\sqrt{1-\frac{V^2}{c^2}}, \quad v_z' = 0$$

となる．したがって，$v_x'^2+v_y'^2+v_z'^2=c^2$ となるから，これは確かに Michelson の実験結果と一致している．結局，地球に対する光の速度を黄道面へ射影したベクトルが，半年たつと向きを逆転するために光行差の現象が起こるのである．

恒星からの光が黄道面に垂直でない場合にも，複雑にはなるが同様の式がえられる．$\dfrac{V^2}{c^2}$ の項を省略すれば，これらの式は速度の簡単な加算公式と一致する．

相対性理論が出される前には，Michelson の実験結果は光行差の現象と矛盾するもののように誤解されていた．

Fizeau の実験　Fizeau は運動する媒質中の光速を測定したが，その結果はまた Michelson の実験結果と矛盾すると考えられた．Fizeau の方法は次のようなものである．図32のように，まず1本の光線を半ば銀メッキしたガラス板を用いて2筋に分け，水を入れた管の中を通過させる．出て来た光を適当な方法でまた1筋に集めれば，同一の光源から出た光であるから干渉をおこし，

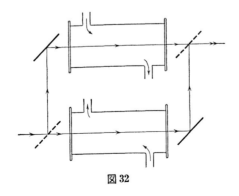

図32

行路差が半波長の奇数倍に等しいときには消し合い,偶数倍に等しいときには強め合う.まず,管の中の水を静止させ,行路差を適当に選んで,通過した光が強め合うようにしておく.次に,管を通して,一つは光の進む方向に,もう一つはそれと逆方向に水を流したところ,2筋の光の行路差に変化が認められた.光の振動数と管の長さは前と変わらないから,行路差が変化したということは,管に対する光の速度に変化が起こったことを示している.

まず,Fizeau のえた実験結果が,運動の相対性に関する一般的な考え方と少しも矛盾するものでないことに注意しよう.水中の光の伝播を考える場合,流れている水に固定した座標系は,管に固定した座標系と同等ではないからである.

水の屈折率を ν とすれば,水に対して静止した座標系で見たときには,水中での光速は $\dfrac{c}{\nu}$ に等しいが,別の座標系に移ったときには,速度の加算公式(20.23)によって水中の光速は変わる.しかも,この式の分母は $1-\dfrac{V}{\nu c}$ (V は水流の速さ)で1とは異なるから,速さの変化には単純な加算がきかない.いま,$V \ll c$ と考えて(20.23)を展開し,$\dfrac{V}{c}$ の1次の項までとれば,流れている水の中での光速として,

$$u = \frac{c}{\nu} \pm V\left(1-\frac{1}{\nu^2}\right)$$

がえられる(問題1参照).

Fizeau によってえられた光速の値は,単純な加算則からえられる値ではなく,まさに上の式で与えられる値だったのである.Michelson が測ったのは真空中の光速 c であり,Fizeau が測ったのは動く水の中の光速 u である.両者の測定結果は互いに矛盾するものではない.

へだたり Lorentz 変換では x と t はそれぞれ変化するが,変換に際して不変な量をこれらからつくることができる.すなわち,差 $c^2t^2-x^2$ がこの性質をもつことが容易に示される.実際,

$$c^2t^2 = \frac{c^2t'^2+2Vx't'+\dfrac{V^2x'^2}{c^2}}{1-\dfrac{V^2}{c^2}},$$

$$x^2 = \frac{x'^2 + 2Vx't' + V^2 t'^2}{1 - \dfrac{V^2}{c^2}}$$

であるから,
$$c^2 t^2 - x^2 = c^2 t'^2 - x'^2 \equiv s^2. \tag{20.25}$$

この量 s のことを, 二つの出来事——座標原点 $x=0$ で最初の時刻 $t=0$ に起こった出来事と, 点 x で時刻 t に起こった出来事——の**へだたり**とよぶ.

《出来事》ということばは, 座標と時刻とがはっきり与えられているならば, ごく普通に使われるのと同じ意味だと考えてよい. もし二つの出来事がそれぞれ $(x_1, t_1), (x_2, t_2)$ に起こったものとすれば
$$s^2 = c^2(t_2 - t_1)^2 - (x_2 - x_1)^2 = c^2(t_2' - t_1')^2 - (x_2' - x_1')^2 \tag{20.26}$$
である.

無限に近接した二つの出来事のへだたり ds:
$$ds^2 = c^2 dt^2 - dx^2 \tag{20.27}$$
は特に重要な意味をもつ.

二つの出来事が共に x 軸の上で起こる必要は少しもない. $dy' = dy, dz' = dz$ だから, へだたりは常に不変である:
$$ds^2 = c^2 dt^2 - dx^2 - dy^2 - dz^2 = c^2 dt^2 - dl^2 = c^2 dt'^2 - dl'^2. \tag{20.28}$$
へだたりをこの形に書いてみるとわかるように, これは二つの出来事の空間的な関係位置にはよらない.

空間的なへだたりと時間的なへだたり　　へだたりという概念を用いると, 二つの出来事の間の空間・時間的な関係を, 可能ないろいろの場合について調べることが直観的にできるようになる. 今後, 二つの出来事が起こった点の空間的な距離を横軸に, その間の時間間隔を縦軸にとって表わすことにしよう (図33).

まず $ct > l$, すなわち
$$s^2 = c^2 t^2 - l^2 > 0 \tag{20.29}$$
の場合から考えよう. いま, あるきまった二つの出来事をいろいろな慣性系で観測したとして, 測定された ct および l の値を図に描きこんでみる. このと

き，それぞれの場合に ct と l とがどういう値をとろうと，(20.29)のへだたりはすべて等しい．したがって，可能な ct と l とを表わす点の軌跡は直角双曲線 $s^2 = c^2t^2 - l^2$ となる．これには二つの分枝があって，一つは $t=0, x=0$ で起こった出来事の**過去**の領域に，もう一つは**未来**の領域に存在する．もし二つの出来事の間に因果関係があるとすれば，図の上では必ずこのような関係位置になくてはならないことが容易に示される．いま，ある慣性系の同一の場所で二つの出来事——たとえば種まきと取入れ——が起こったとしよう．この系に対しては，これ

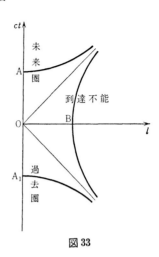

図 33

らの出来事は図の O (種まき) および A (取入れ) に対応する．ところが，問題にしている双曲線の分枝の上の点はすべて $t>0$ の側にあるから，実はどんな座標系から見ても，種まきの方が取入れよりも前に起こっていなければならないのである．

弾丸の発射と的への命中というように，われわれの座標系では異なる点で起こる(弾丸に固定した座標系では同一の点でおこる)因果的な二つの出来事を考えることもできる．今度は，弾丸に固定した座標系に対しては図 33 の鉛直線分 OA が対応し，われわれの座標系に対しては，原点から双曲線の同じ分枝の上のある 1 点に引いた斜めの線分が対応することになる．したがって，この場合にもまた，どんな座標系で見ても命中は発射よりあとで起こる．

弾丸(一般にどんな物質粒子でもよい)の速さを v とすれば $l = vt$ である．したがって，不等式(20.29)から $l = vt < ct$ すなわち $v < c$ がえられる．つまり，物質粒子の速さは光速以下でしかありえないことがわかる．

右上にのびる漸近線の上側にある領域のことを，原点 O の出来事に対する**《未来圏》**とよぶ．

弾丸が的に当たる例は特殊な場合に過ぎないように見えるが，上の考え方は，物質(粒子の形としてでも波束の形としてでもよい)が移動することによって因果的に関係する現象に対しては実はいつでも適用される．運動している物質に

一致させて座標系をとることは可能であるから，物質の移動速度に対しては不等式 $v \leqslant c$ が常に成立する．

したがって，相対性理論は因果律の客観性と矛盾することはない．そして，時間の向きを定めるものは，まさにこの原因と結果の順序にほかならないのである．

上に述べたのとは別種の二つの出来事の組も考えられる．たとえば，一つの出来事が太陽で起こり，もう一つの出来事がその5分後に地球の上で起こったとしよう*．これらに対しては $ct < l$ であるから，$s^2 = c^2t^2 - l^2 < 0$ が成り立つ．物質が移動する速さは c をこえないから，そのような二つの出来事は，純粋に物理的な理由から，互いに因果関係をもちえない．それらの出来事に対しては，どんな座標系でも l^2 が0になることはない．すなわち，へだたりが虚数 ($s^2 < 0$) であるような二つの出来事は，どんな座標系をとっても，空間の同一点で起こるようにすることはできない．むしろそれらの時間的な順序はきまっておらず，第1の出来事が第2の出来事より前に起こるような座標系を採ることも，その逆の座標系を採ることもできる**．したがって，相対性理論によれば，虚のへだたりをもつ空間の2点でおこった二つの出来事が同時であるかないかという問題は全く意味がない．図33のOとBはそのような二つの出来事である．Bは双曲線の上にあるが，この双曲線の一部はOの未来に，一部は過去に属している．BからOへはどんな作用も瞬間的に伝わることはできないから，OとBとが因果関係で結ばれることは決してありえない．

このように，同時性の概念は相対的なものではあるけれども，因果性の本質と矛盾することはない．

二つの漸近線の間の領域は，原点から絶対的に離れた領域ということができよう．

光円錐　　漸近線 $l = ct$ は特に興味がある．その上では $s = 0$ である．

$l = ct$ の関係は，電磁的な信号によって結ばれた二つの出来事——たとえば

---

*　光が太陽から地球へ到達するにはおよそ8分かかる．(訳者)

**　上の例では，太陽から地球へ向かって $\frac{5}{8}c$ よりも大きい速さで運動する座標系でならば，地球上の出来事の方が太陽での出来事よりも前におこっている．このことは (20.18) から容易にわかる．

電磁波の放射と吸収——に対して成立する.この二つの出来事に対しては,どんな座標系でも $s=0$ である.光速が不変で常に $l=ct$ が成り立つからである.図33の曲線は実は3+1次元空間(座標空間が3次元,時間が1次元)の超曲面である.したがって,へだたりが0であるような点の軌跡は2次元的な面ではないけれども,これを比喩的に《**光円錐**》とよぶ.

固有時間 物質粒子に固定した座標系で測った時間をその粒子の**固有時間**という.固有時間の概念はへだたりの概念と密接な関係にある.粒子に固定した系に対しては粒子の空間的変位は0であるから,粒子が一つの点から他の点へ移動したとき経過する固有時間 dt_0 は,その間のへだたり ds に比例する.いま,勝手に選んだ座標に対する粒子の速さを v,その系での時間間隔を dt,空間距離を dl とすれば,

$$dt_0 = \frac{ds}{c} = \sqrt{dt^2 - \frac{dl^2}{c^2}} = dt\sqrt{1-\frac{v^2}{c^2}}. \tag{20.30}$$

この式あるいは(20.21)から,固有時間は常に最も短いものであることがわかる.有限の時間間隔については

$$t_0 = \int dt\sqrt{1-\frac{v^2}{c^2}} \leqslant \int dt, \tag{20.31}$$

すなわち

$$t_0 \leqslant t \tag{20.32}$$

である.

一見納得できないような結論が(20.32)から導かれる.固有時間というのは人体の生理現象のリズムを決定する時間である.そこでいま架空の旅行者が光速に近い速さで地球を離れ,また地球に戻って来たとする.(20.32)によれば,この人の方が,地球を出発するときにこの人と同じ年齢でそのまま地球に留まっていた人よりも歳のとり方が少ないことになる.

旅行して来た人と地球上にいた人とに対して結果が対称的でないのは,旅行者が慣性運動をしなかったことによる.かれは行ってまた戻って来た以上,とにかく運動の向きを変えなくてはならなかったわけである.すなわち,地上の人はずっと慣性系にいたのに,旅行者はそうではなかったのである.向きを変

える間の時間は，もし旅行時間を十分長くとるならば，全旅行時間に対する割合をいくらでも小さくすることができるから，この間におこる時間経過のちがいによって t と t_0 とが結局は等しくなってしまうということはありえない．しかし，2人を空間の同一点に，しかも同一座標系の中に戻して年齢を比較するためには，このように向きを変える操作が必要である．さて，この驚くべき浦島太郎の話はさておくとしても，一般に次のように言うことができる：ある座標系がきわめて短い時間だけ慣性系からはずれたとしても，この座標系で経過する時間ともとの慣性系で経過する時間との差がいくらでも大きくなることはありうる．

上の旅行者の例はもちろん全く想像上の話で，説明の便宜のために述べたにすぎない．しかし，(20.32)の関係は，宇宙線の中の中間子が崩壊するとき実際に観測される．正の π 中間子(質量は電子の273倍)は μ 中間子(質量は電子の207倍)とある中性粒子とに崩壊するが，その平均寿命はおよそ 2×10^{-8} sec である(負の π 中間子はたいてい原子核に捕えられてしまう)．この寿命は，物質の中で止められた π 中間子について測られた時間——固有時間——である．中間子の速さはほかの粒子と同様に光速 c を超えることはない．そこで，(20.32)の関係がないとすると，光速 c に近い速さで走る π 中間子は，崩壊するまでに空気中を平均 $c\times 2\times 10^{-8}$ sec $= 600$ cm だけしか進むことができないはずである．しかし，実際には，π 中間子が走る平均距離はこれよりもはるかに長い．これは，空気に対して静止した座標系における寿命が，固有時間で測った寿命よりもはるかに長いことを示している．

電磁波の波動ベクトルと周波数との変換式 座標変換に対する不変量を用いると，不変でない量がどのように変換されるかを見出すことができる．波動ベクトル成分と周波数の変換式が，座標と時間の変換式と同じ形であることを次に示そう．

これを証明するには，位相が不変量であることに注意すればよい．実際，位相とは，ある時刻にある位置で電場と磁場がたとえば0になるという出来事を表わす量である．そこで，もしこの波を別の座標系で観測したとすると，(場が0になるという出来事に対応する)座標と時刻とはもとの系と異なる値をも

つであろうが，出来事そのものはもちろん変化しえない．このことは，電場や磁場を慣性のない計器の読みで測ったと考えれば容易に理解できよう．そのような二つの計器がある時刻に同じ位置にあったとすると（両者は相対的に運動してはいる），当然両方とも0の読みを示すはずである．もしそうでないと，電磁場が0であるような座標系が，ある意味でほかの系と区別されることになるからである．

(17.21)と(17.22)により，波の位相は

$$\phi = k_x x + k_y y + k_z z - \omega t$$

である．この量は座標系を変えても不変でなくてはならない．変換式(20.17)と(20.18)を用いてこの条件を書けば，

$$k_x x + k_y y + k_z z - \omega t = k_x' x' + k_y' y' + k_z' z' - \omega' t'$$

$$= k_x' \frac{x - Vt}{\sqrt{1 - \frac{V^2}{c^2}}} + k_y' y + k_z' z - \omega' \frac{t - \frac{Vx}{c^2}}{\sqrt{1 - \frac{V^2}{c^2}}}.$$

x, y, z, t の係数をそれぞれ比べれば，求める変換式が得られる：

$$k_x = \frac{k_x' + \frac{V\omega'}{c^2}}{\sqrt{1 - \frac{V^2}{c^2}}}, \tag{20.33}$$

$$k_y = k_y', \tag{20.34}$$

$$k_z = k_z', \tag{20.35}$$

$$\omega = \frac{\omega' + Vk_x'}{\sqrt{1 - \frac{V^2}{c^2}}}. \tag{20.36}$$

これは変換式(20.19)および(20.20)と全く同形である．

Dopplerの縦効果と横効果 光源に固定した座標系で測った光源の周波数を ω'，光源の速度 **V** の方向と光源から観測者に向かう方向とのなす角を θ' とすれば，$k_x' = k' \cos\theta' = \frac{\omega'}{c} \cos\theta'$ であるから，(20.36)によって，

$$\omega = \omega' \frac{1+\dfrac{V}{c}\cos\theta'}{\sqrt{1-\dfrac{V^2}{c^2}}} \qquad (20.37)$$

がえられる．特に光源が観測者に向かって運動しているときには(縦効果)，

$$\omega = \omega' \frac{1+\dfrac{V}{c}}{\sqrt{1-\dfrac{V^2}{c^2}}}. \qquad (20.38)$$

これらはよく知られた Doppler 効果を表わす式で，恒星の視線方向の速さを測定するのに用いられる．分母の平方根は，相対性理論による補正を表わす因子である．

光源の速度と観測者から見た光線の方向とが垂直な場合には，$k_x = 0$ であるから，(20.33) と (20.36) を用いて，

$$\omega = \omega' \sqrt{1-\frac{V^2}{c^2}} \qquad (20.39)$$

をうる(横効果)．この場合の周波数の変化は $\left(\dfrac{V}{c}\right)^2$ の程度である．これは，高速で運動するイオン(カナル線)から放射される光について Ives によって観測された．これは相対運動の際に時間がおくれることを直接示した実験である．

慣性力と万有引力との比較　　次に，慣性系からそうでない系への変換について考察しよう．慣性系でない系というのは，慣性力が現われるような系のことである．

慣性力は，すべて物体の質量に比例するという共通の性質をもっている．物質間の相互作用の力の中にはこの性質をもつ力がただ一つある．それは万有引力である．万有引力が物体の質量に比例するということは余りにもよく知られたことであるが，よく考えてみるとこれは実に驚くべき事実である．そもそも物体の質量とは，どんな種類の力でもよいから(電気力，磁気力，弾性力など)それが物体に働いたとした場合に，Newton の第2法則(2.1)によって定義される量である．したがって，なぜ物体同士の間に働く万有引力が第2法則の中にはいって来る質量に比例するかは，きわめて理解しにくいことである．事実，

万有引力以外の力はどれも質量には関係しない．

さらに，万有引力の法則の形そのものは，われわれの物理的直観と矛盾する要素を含んでいる．すなわち，この法則によれば，万有引力はどんな距離をも瞬間的に伝わることになるからである．

Einstein は，慣性力と万有引力の間のこの類似性の深い意味に着目したのであった．これらの力は，その効果の上では全く区別できない場合がある．たとえば，飛行機が旋回するときには翼面を適当に傾けるが，乗っている人は，このときにも前と同様に重力が客室の床に垂直に働いているように感じる．この場合には，重力と遠心力の合力が物体に働く．しかし，どちらの力も質量に比例するので，これらの力は飛行機の中の物体にはすべて同じように働き，その結果重力だけが働いているのと同じ効果を示すのである．飛行機の外の物体を考えに入れない限り，これら二つの力を分離することは物理的に不可能である．

エレベータが上昇し始めるときには重力が増したように感じられる．これはエレベータの加速度による慣性力が余分に加わったためである．

これらのわかり切った例では，慣性力と万有引力とは局所的には，すなわち空間のある限られた領域内では同等である．しかし，広い領域にわたって見ると，二つの力の振舞いの間に本質的な相違のあることがわかる．すなわち，万有引力の大きさはその中心からの距離と共に減るが，慣性力は一定であったり，あるいは限りなく大きくなったりする．たとえば，遠心力は回転軸からの距離に比例して増す．また，加速運動しているエレベータに固定した座標系に現われる慣性力は，エレベータからどれだけ離れた所でも同じである．

一般相対性理論 Einstein の万有引力理論の根本の考え方は次のようなものである：万有引力場における運動は，ブレーキをかけている車の中の人が車に対して行なう加速運動と同じ種類の慣性運動である．万有引力の作用によって生じる加速度が物体の質量によらないのは，このためである．慣性力とちがって，物体から無限に遠ざかると万有引力は 0 となる．それがなぜかを理解するには，物体のごく近くの空間が Euclid 空間の幾何学的性質を持っていないということを仮定しなければならない．言いかえれば，空間と時間は，はじ

め Lobachevsky, 後に Riemann によって発展させられたような非 Euclid 幾何学の法則に従うと考えなくてはならないのである．そのような非 Euclid 空間(Riemann 空間)における自由な運動は曲線運動になる．しかし，その曲率をきめるのは空間自身の性質であるから，物体の加速度はその質量にはよらない．(もっとも，これは，物体の質量がもとの万有引力場に影響を与えない——落下する石が地球の重力場を変化させないという意味で——と考えられるとしての話である．)

こうして，空間のせまい領域では，万有引力と慣性力とを区別して考えることはできない．そのような領域では，慣性系でない系は，万有引力場を伴う慣性系と同等である．そして，物体の加速度は，前の系では慣性力によるものと見なされるが，あとの系では万有引力によって起こるものと解釈されるのである．以上の理由から，万有引力理論はまた一般相対性理論ともよばれる．これに対して，特殊相対性理論は慣性系だけを扱うものであった．

ほかのあらゆる運動方程式と同様に，一般相対性理論における運動方程式も微分方程式の形にまとめられるから，せまい領域での同等性が成り立てば方程式を立てるには十分である．

しかし，注意しなくてはならないのは，回転座標系は全体としては万有引力場と同等ではないことである．実際，回転系が定義できるのは，一般に回転による速さが光速よりも小さいような距離の所までである．したがって，回転系は回転していない系(無限にわたる空間で意味をもつ)と同等ではない．

Einstein の一般相対性理論の力学は，特別の場合として Newton の力学を含み，それよりもはるかに複雑である．しかし，Einstein の理論には，遠隔作用の仮説などという，われわれにはおよそ無縁な神秘的直観のようなものは存在しない．Einstein の理論では，空間と時間は，物質の運動が行なわれるために必要な《環境》であるばかりでなく，物質の運動そのものと不可分に結びついた実体として把握されるのである．Newton 力学における抽象的な空間と時間は，しばしばアプリオリにきまった論理的な概念と考えられる．しかし，そのようなものは Einstein の万有引力理論には存在しない．一般相対性理論の中では，空間と時間とは物理的な性質をそなえているのである．

Einstein の万有引力理論の帰結　　Einstein の精密な万有引力理論から導かれた一連の結果は，天文学的な観測によって裏づけられた．

1) 水星の近日点は1世紀に43″だけ回転する．これは天文学的事実と見事に一致している．

2) 恒星から出た光は，太陽のへり近くを通過するときに太陽の方へ向かって進路が曲げられる．非 Euclid 空間では光はまっすぐには伝わらないからである．この結果もまた，日食のとき行なわれた精密な観測とよい一致を示した．

3) 重い星から出る光のスペクトル線は赤の方にずれる．これもまた観測によって確かめられている．

一般相対性理論によって，科学史上はじめて宇宙論の問題——宇宙の構造と進化の問題——の提起が可能となった．観測データの不足や，Einstein の万有引力場の方程式に関係した数学的な困難のために，宇宙論の問題は現在なお解決にはほど遠い状態にある．しかし，一般相対性理論が出るまでは，宇宙論の問題は全く抽象論的な形で出されていたにすぎなかったことは注意すべきであろう．Einstein の理論は，この問題を科学的に研究するための道を開き，いくつかの重要な結果を導いたのであった．

問　題

1 Fizeau の実験で，流れている水の中を伝播する光の速度を計算せよ．
（解）
$$u_\pm = \frac{\frac{c}{\nu} \pm V}{1 \pm \frac{V}{\nu c}} \cong \left(\frac{c}{\nu} \pm V\right)\left(1 \mp \frac{V}{\nu c}\right) \cong \frac{c}{\nu} \pm V\left(1 - \frac{1}{\nu^2}\right).$$

相対論的に考えなければ $u_\pm = \frac{c}{\nu} \pm V$ である．

2 光線と黄道面とが任意の角 θ だけ傾いている場合に，光行差の精密な式を導け．
（答）
$$\cos\theta' = \frac{\cos\theta - \frac{V}{c}}{1 - \frac{V}{c}\cos\theta}.$$

3 座標系の相対速度 **V** が勝手な方向を向いている場合，Lorentz 変換の式を導け．
（解）
$$x = \frac{\mathbf{rV}}{V}, \quad x' = \frac{\mathbf{r'V}}{V}$$

である．また，位置ベクトルの，速度に垂直な成分は

$$\mathbf{r}' - \frac{\mathbf{V}(\mathbf{r}'\mathbf{V})}{V^2} = \mathbf{r} - \frac{\mathbf{V}(\mathbf{r}\mathbf{V})}{V^2}.$$

(20.17)から，

$$\frac{\mathbf{r}'\mathbf{V}}{V} = \frac{\frac{\mathbf{r}\mathbf{V}}{V} - Vt}{\sqrt{1 - \frac{V^2}{c^2}}}.$$

両辺に $\dfrac{\mathbf{V}}{V}$ をかけ，前の式を辺々加えれば，

$$\mathbf{r}' = \mathbf{r} - \frac{\mathbf{V}(\mathbf{r}\mathbf{V})}{V^2} + \left(\frac{\mathbf{V}(\mathbf{r}\mathbf{V})}{V^2} - \mathbf{V}t\right)\left(1 - \frac{V^2}{c^2}\right)^{-\frac{1}{2}}.$$

4 加速度成分に対する Lorentz 変換の式を導け．

5 4次元の《体積要素》$dxdydzdt$ は Lorentz 変換に対して不変であることを示せ．

（解）(20.22)および(20.21)によって

$$dx = dx'\left(1 - \frac{V^2}{c^2}\right)^{\frac{1}{2}} \quad \text{および} \quad dt = dt'\left(1 - \frac{V^2}{c^2}\right)^{-\frac{1}{2}}.$$

これからすぐに上のことが導かれる．

6 立体角 $d\Omega$ の中に広がる光束がある．Lorentz 変換に際して $\omega^2 d\Omega$ は不変に保たれることを示せ．

（ヒント）　問題2の結果を用いる：$d\Omega = -2\pi d\cos\theta.$

§21 相対論的力学

相対性理論における粒子の作用関数　《相対論的》という言葉は，Lorentz 変換に対して不変であるという意味である．この不変性は相対性原理をみたす．たとえば，真空中における Maxwell の方程式は相対論的である．

元来 Lorentz 変換は，電磁力学の方程式を不変にするという要求から導かれたものである．少しあとで Maxwell の方程式の不変性を示すが，これはむしろ不変性をもう一度確かめるというだけのことである．

一方，力学については事情は全く異なる．Newton 力学は Galilei の相対性原理(光速よりはるかに小さい速さについてのみ正しい)しか満たしていない．それゆえ，Lorentz 変換に対して不変であるような方程式を見出す必要がある．

§10 では，最小作用の原理をもとにして力学を組立てる方法を示した．そして，次の二つの仮定から自由粒子の Lagrange 関数の形を決定することができた((10.11)－(10.13)参照)：

1) 作用関数は Galilei 変換に対して不変である．

2) 自由粒子の Lagrange 関数は速度の絶対値だけできまり，ベクトルとしての速度 **v** には関係しない．これは，外部に場がなければ，ベクトル **v** を表示するための特定の(空間的)方向というものが存在しないからである．

相対論的力学では，条件 1) は Lorentz 変換に対する不変性で置きかえなくてはならない．条件 2) はそのままである．これら二つの条件は，作用関数として次の形のものをとれば満足される：

$$S = \int \alpha \, ds = \int \alpha c \sqrt{1 - \frac{v^2}{c^2}} \, dt. \qquad (21.1)$$

ここに，α は粒子によって定まるある定数(具体的な形はあとで与える)である．また ds と dt の間の関係(20.30)を用いてある．条件 1) が満たされていることは，作用関数がへだたり ds だけで表わされていることからわかる．また，条件 2) については明らかであろう．dl と dt から作ることのできる不変量はへだたり ds のほかにはないから，作用関数は (21.1) の形のものしか考えられない．

自由粒子の Lagrange 関数　定数 α を定めるために，粒子の速さを小さいとした極限で(21.1)の形を調べてみよう．$v \ll c$ ならば

$$\sqrt{1-\frac{v^2}{c^2}} \cong 1-\frac{v^2}{2c^2}. \tag{21.2}$$

また，Lagrange 関数の定義

$$S = \int L\,dt \tag{21.3}$$

により，

$$L = \alpha c\sqrt{1-\frac{v^2}{c^2}} \cong \alpha c - \frac{\alpha v^2}{2c}. \tag{21.4}$$

右辺第 1 項は定数で，Lagrange の方程式には現われて来ないから問題にならない．第 2 項は Newton 力学における自由粒子の Lagrange 関数

$$L = \frac{mv^2}{2} \tag{21.5}$$

と比較されるべきものである．二つを比べれば，

$$\alpha = -mc. \tag{21.6}$$

この式の m の意味は，粒子に対して静止している座標系における粒子の質量——**静止質量**——である．したがって，定義そのものによりこれは不変量である．結局，Lagrange 関数は次の形を持つ：

$$L = -mc^2\sqrt{1-\frac{v^2}{c^2}}. \tag{21.7}$$

相対論的力学における運動量　Lagrange 関数(21.7)から，相対論的力学における運動量の式がすぐに導かれる：

$$\mathbf{p} = \frac{\partial L}{\partial \mathbf{v}} = \frac{m\mathbf{v}}{\sqrt{1-\dfrac{v^2}{c^2}}}. \tag{21.8}$$

粒子の速さが小さいときには，これは $\mathbf{p} = m\mathbf{v}$ となって確かに Newton 力学における式がえられる．

速度と運動量の比例係数 $\dfrac{m}{\sqrt{1-\dfrac{v^2}{c^2}}}$ のことを，静止質量 m に対して粒子の**運**

動質量とよぶことがある．しかし，混乱を避けるために，この本では運動質量という言葉は用いない．質量といえば不変量 m を指すものとする．

光速は速さの上限を与える　光の速さはあらゆる物質の速さの上限を与えるものであることを §20 ですでに述べたが，これは (21.8) からもわかる．すなわち，粒子の速さが光の速さに近づけば，その運動量は無限大となるからである．ただ，質量が 0 に等しい粒子だけは例外である．そのような粒子の運動量を (21.8) の形に書くと，$v=c$ に対して不定形 $\dfrac{0}{0}$ となるから，これは有限の値をとることもありうる．しかし，その場合には，この粒子の速さは必ず光速 c に等しくなければならない．光速はどんな慣性系でも等しいから，上の性質は相対論的に不変である．このような粒子の運動量は，その速度とは独立に ((21.8) によってではなく) 与えなくてはならない．速度は c で，これはすでに決っているからである．

速さが c を超えたとすると運動量は虚数になるから，このような速さは全く無意味である．

相対性理論におけるエネルギー　次に粒子のエネルギーを求めよう．エネルギーの一般的な定義 (4.4) から，

$$\mathcal{E} = \mathbf{v}\frac{\partial L}{\partial \mathbf{v}} - L = \frac{mv^2}{\sqrt{1-\dfrac{v^2}{c^2}}} + mc^2\sqrt{1-\frac{v^2}{c^2}} = \frac{mc^2}{\sqrt{1-\dfrac{v^2}{c^2}}}. \quad (21.9)$$

この式によっても，光速が速さの上限を与えることが確かめられる．v が c に近づくと粒子のエネルギー $\mathcal{E}$ は無限大になる．いいかえれば，粒子を加速して光と同じ速さにするためには，これに無限大の仕事を加えなければならない．

静止エネルギー　静止した粒子のエネルギーは，(21.9) によって mc^2 に等しい．いま，複合粒子がひとりでに崩壊して二つあるいは三つの粒子に分かれる場合にこの式を適用してみよう．原子核のあるものや不安定な素粒子 (たとえば中間子) はこのような壊れ方をする．これらの粒子では，崩壊は外部と

の相互作用によらず,複合粒子自身の内部運動によってひとりでに起こるから,崩壊に際してエネルギーは保存されなければならない:

$$\mathcal{E} = \mathcal{E}_1 + \mathcal{E}_2. \tag{21.10}$$

内部運動の Lagrange 関数の形は具体的にはわからないが,いずれにしてもそれが時間を含むことはありえない.したがって,もし崩壊してできた粒子間に相互作用がなくなったとすれば,崩壊前の複合粒子のエネルギーは崩壊後の各粒子のエネルギーの和に等しい.

自由粒子のエネルギーについては,その全体としての運動だけを考える限り,単一粒子・複合粒子を問わず(21.9)は常に成り立つ.自由運動に対する Lagrange 関数の形は(21.7)以外にはないから,エネルギーは(21.9)となるのである.そこで,(21.9)を(21.10)に代入すれば,はじめの粒子は静止していたものとして,

$$mc^2 = \frac{m_1 c^2}{\sqrt{1-\dfrac{v_1^2}{c^2}}} + \frac{m_2 c^2}{\sqrt{1-\dfrac{v_2^2}{c^2}}}. \tag{21.11}$$

ところが,右辺の各項はそれぞれ $m_1 c^2$ および $m_2 c^2$ より小さくはないから,次の基本的な不等式がえられる:

$$m \geqq m_1 + m_2. \tag{21.12}$$

すなわち,自然崩壊する複合粒子の質量は,崩壊後の各粒子の質量の和よりも一般には必ず大きい.Newton 力学では,粒子系全体の運動を定める質量は各成分粒子の質量の和に等しかった((4.17)の右辺の最後の項).

mc^2 をその粒子の**静止エネルギー**とよび,

$$T = \frac{mc^2}{\sqrt{1-\dfrac{v^2}{c^2}}} - mc^2 \tag{21.13}$$

を粒子の**運動エネルギー**と定義する(速度が小さいときには $T = \dfrac{mv^2}{2}$ となる).こうすると,エネルギーの保存則(21.11)を,複合粒子の静止エネルギーはその一部が崩壊後の粒子の運動エネルギーに,一部が静止エネルギーに変換されると言い表わすことができる.

化学反応の際には,反応物質の静止質量には全質量の 10^{-9} 程度(あるいはそ

§21 相対論的力学

れ以下)の変化がおこる．原子核反応では，反応後の粒子の速度が $\frac{c}{10}$ 程度になるので，質量の変化は1％にも達することがある．

電子と陽電子がいっしょになると，粒子は消えて，それらの全エネルギーは電磁波の放射エネルギーに完全に変わってしまう．

量子論によれば，放射はばらばらの粒子——いわゆる光量子——の形で空間を伝播する(量子論ではこのことと放射の波動性とは両立するのである！)．光量子の速さは c であるから，その質量は恒等的に0に等しい．したがって，電子・陽電子の消滅の過程では，粒子系の全静止質量は $2mc^2$ から0に変わる．

いま，電子と陽電子が運動エネルギーをもっていなかったとすると，これらの消滅によっておこる電磁場のエネルギーの増加は当然 $2mc^2$ に等しい．そこで，電磁場のエネルギーを c^2 で割って，それを電磁場の質量とよぶこともできるであろう．質量をこのように定義すれば，全《質量》は保存することになる．しかし，そのような《質量》の保存則は，単にエネルギーの保存則を別の単位で述べただけで，新しい内容は何も含んでいない．

原子核反応を記述するには，静止質量を用いるのが最も都合がよい．反応によって発生したエネルギー(生成物質の運動エネルギーのこともあれば，放射エネルギーのこともある)を決定するのは静止質量の変化だからである．

光量子のエネルギーを c^2 で割って，これを光量子の質量であると定義しても意味がない．なぜなら，これは光量子に固有な量ではないからである．すなわち，粒子のエネルギーはその運動を記述する座標系によるから，エネルギーを c^2 で割った量は，一つの座標系では一定の値をもっていたとしても，別の座標系に移れば前と異なる値になってしまうのである．これに反して，静止質量はその粒子に固有な量である．たとえば，力学の式の中に現われる電子の静止質量は 9×10^{-28} g である．また，光量子についてこれに対応する量は恒等的に0である．この量は，9×10^{-28} g という量が電子に固有な量であるのと同じ意味で光量子に固有な量である．

粒子の質量によって，(21.8)から運動量と速度との関係が定まる．運動量が等しい粒子でも質量は全く異なることがありうるから，運動量だけで粒子の質量をきめることはできない．したがって，光に圧力(電磁場の運動量)があるからといって，光量子の質量は0でないと結論するのは(時折こういう人がある

けれども)意味のないことである.

　1gの質量は 9×10^{20} erg(1g$\times c^2$)のエネルギーを放出することができるということがよくいわれる. しかし, 原子から成る物質がこれだけのエネルギーを発生しうるかどうかは疑問である. 陽子と中性子(両者をいっしょにして核子という)の全質量がエネルギーに変わってしまうような過程はまだ知られていないからである*. 前にも述べたように, 原子核反応でおこる静止質量の変化は, 常に全質量の1%程度である.

自由粒子のハミルトニアン　次に, 運動量を用いてエネルギーを表わそう. (21.8)と(21.9)から,

$$\mathcal{E}^2 - c^2 p^2 = m^2 c^4. \tag{21.14}$$

前に, エネルギーを運動量で表わしたとき, これをハミルトニアンとよんだ((10.15)参照). いまの場合には, ハミルトニアンは

$$\mathcal{H} = \mathcal{E} = \sqrt{m^2 c^4 + c^2 p^2} \tag{21.15}$$

である.

　これから, 静止質量が0の粒子に対するエネルギーと運動量の関係が得られる:

$$\mathcal{E} = cp. \tag{21.16}$$

運動量とエネルギーに対する Lorentz 変換　Lorentz 変換に際して, 運動量とエネルギーがどのように変換されるかを調べよう. (21.8)と(21.9)から,

$$\left.\begin{aligned} p_x &= \frac{mv_x}{\sqrt{1-\frac{v^2}{c^2}}} = \frac{m\,dx}{dt\sqrt{1-\frac{v^2}{c^2}}} = mc\frac{dx}{ds}, \\ p_y &= mc\frac{dy}{ds}, \quad p_z = mc\frac{dz}{ds}, \\ \mathcal{E} &= \frac{mc^2}{\sqrt{1-\frac{v^2}{c^2}}} = \frac{mc^2\,dt}{dt\sqrt{1-\frac{v^2}{c^2}}} = mc^3\frac{dt}{ds}. \end{aligned}\right\} \tag{21.17}$$

＊　ある物質の全質量を消してしまうには, その物質の《反物質》をもって来なければならないであろう(通常の物質が反物質と作用すると両者とも消滅してしまう. これについては§38参照). しかし, 反物質をこしらえておくには, 逆に同じだけのエネルギーが必要である.

§21 相対論的力学

m, c, ds は不変量である．したがって，運動量の成分 p_x, p_y, p_z は dx, dy, dz と同様に，すなわち x, y, z と同様に変換される．また，エネルギー $\mathcal{E}$ は時間 t と同様に変換される．すなわち，対応関係で書けば $p_x \sim x$, $p_y \sim y$, $p_z \sim z$, $\mathcal{E} \sim c^2 t$ である．

次に，これらの対応関係を Lorentz 変換の式 (20.17) および (20.18) に代入すれば，

$$p_x' = \frac{p_x - \frac{V\mathcal{E}}{c^2}}{\sqrt{1 - \frac{V^2}{c^2}}}, \tag{21.18}$$

$$p_y' = p_y, \tag{21.19}$$

$$p_z' = p_z, \tag{21.20}$$

$$\mathcal{E}' = \frac{\mathcal{E} - Vp_x}{\sqrt{1 - \frac{V^2}{c^2}}}. \tag{21.21}$$

(21.18) から非相対論的な方程式へ正しく移行するには，$\mathcal{E}$ を静止質量 mc^2 でおきかえなくてはならないことに注意しよう．こうすれば $p_x' = p_x - mV$, すなわち $v_x' = v_x - V$ となって，速度の Galilei 変換の公式が得られる．

このように，Lorentz 変換から極限移行によって Galilei 変換を正しく導くためには，粒子の全エネルギーの中に静止エネルギーをも含めておかなければならない．(21.13) で与えられる運動エネルギー T だけでは正しい結果は得られない．

さらに，(21.17) を用いて $\mathcal{E}^2 - c^2 p^2$ を計算すれば，

$$\mathcal{E}^2 - c^2 p^2 = m^2 c^4 \frac{c^2 dt^2 - dx^2 - dy^2 - dz^2}{ds^2} = m^2 c^4$$

となって，(21.14) と一致することを注意しておこう．

相対性理論における粒子系の速度　相対性理論では粒子系の速度をどうやって定義するかを述べよう．以下では 2 個の粒子を考える．各粒子の速度とエネルギーの間には次の関係がある：

$$\mathbf{p} = \frac{\mathcal{E}\mathbf{v}}{c^2}. \tag{21.22}$$

この式は(21.8)を(21.9)で割れば得られる．しかし，これは別の方法でも導くことができる．まず，粒子の運動量が 0 となるような座標系の速度 V を求めよう．すなわち，(21.18)で $p_x' = 0$ と置けば

$$V = \frac{c^2 p_x}{\mathcal{E}}.$$

速度が x 軸の方向を向いていないときには，一般に $\mathbf{V} = \dfrac{c^2 \mathbf{p}}{\mathcal{E}} = \mathbf{v}$ である．粒子が 1 個だけのときにはこの式はあたりまえで，この場合には，粒子自身と同じ速度で運動する座標系における粒子の運動量は 0 に等しいというだけのことである．

次に，変換式(21.18)を 2 個の粒子に適用して，それらの全運動量が 0 に等しいような座標系の速度を求めてみよう．もとの系における各粒子の運動量を $\mathbf{p}_1, \mathbf{p}_2$，エネルギーを $\mathcal{E}_1, \mathcal{E}_2$ とする．Lorentz 変換は 1 次同次式であるから，これらの量の和についても全く同じ式が成立し，前と同様にして

$$\mathbf{V} = \frac{c^2 (\mathbf{p}_1 + \mathbf{p}_2)}{\mathcal{E}_1 + \mathcal{E}_2} \tag{21.23}$$

が得られる．この式から，極限として Newton 力学における質量中心の速度を導くには，$\mathbf{p}_1 = m_1 \mathbf{v}_1$, $\mathbf{p}_2 = m_2 \mathbf{v}_2$, $\mathcal{E}_1 = m_1 c^2$, $\mathcal{E}_2 = m_2 c^2$ と置かなければならない．

方程式(21.23)の右辺を(21.8)と(21.9)によって各粒子の速度で表わすと，ある関数の時間微分の形にはならないことがわかる．すなわち，相対論的力学では，質量中心の速度を用いて位置を表わすことはできない．あるいは，次のように言った方がよいかも知れない：古典的な(あるいはほかのどんな)方程式を用いて質量中心の座標を表わそうとしても，その速度 $\mathbf{V}$ を座標の時間微分の形には書くことができない．($\mathbf{v}_1$ と $\mathbf{v}_2$ が共に一定の場合は例外である．ただし，この場合は考えても意味がない．)それゆえ，加速運動を行なっている粒子系に対しては，質量中心という概念を用いることができない．

一方，相対速度 $\mathbf{v}_1 - \mathbf{v}_2$ も，相対論的力学ではあまり意味がない．速度の加算則が簡単なものではないからである．

電磁場中の粒子の作用関数　　今度は，電磁場中の荷電粒子に対する運動方

程式を考えよう．作用関数の中で，電荷と場の相互作用を表わす部分はすでに求めてある．(15.26)の S_1 がそれである．S_1 の変分をとると Maxwell の方程式が導かれるから，S_1 は確かに相対論的に不変である．(自由粒子に対する作用関数(15.27)は，粒子の速度が小さい場合にしか用いることができない．)

場が存在しないときの高速粒子の Lagrange 関数は(21.7)で与えられることを知った．したがって，場が存在するときの Lagrange 関数は，これら相対論的に不変な式(21.7)と(15.26)との和である：

$$L = -mc^2\sqrt{1-\frac{v^2}{c^2}} + \frac{e}{c}\mathbf{v}\mathbf{A} - e\varphi. \tag{21.24}$$

次に，運動量とエネルギーの式を求めよう．運動量は

$$\mathbf{p} = \frac{\partial L}{\partial \mathbf{v}} = \frac{m\mathbf{v}}{\sqrt{1-\frac{v^2}{c^2}}} + \frac{e}{c}\mathbf{A} \equiv \mathbf{p}_0 + \frac{e}{c}\mathbf{A} \tag{21.25}$$

である．ただし，$\mathbf{p}_0$ は場が存在しないときの運動量を表わす．

エネルギーは，(4.4)から，

$$\mathcal{E} = \mathbf{v}\frac{\partial L}{\partial \mathbf{v}} - L = \mathbf{v}\mathbf{p}_0 + \frac{e}{c}\mathbf{v}\mathbf{A} + mc^2\sqrt{1-\frac{v^2}{c^2}} - \frac{e}{c}\mathbf{v}\mathbf{A} + e\varphi$$

$$\equiv \mathcal{E}_0 + e\varphi. \tag{21.26}$$

$\mathcal{E}_0$ は場が存在しないときのエネルギーである（(21.9)参照）．すなわち，

$$\mathcal{E}_0 = \mathbf{v}\mathbf{p}_0 + mc^2\sqrt{1-\frac{v^2}{c^2}} = \frac{mc^2}{\sqrt{1-\frac{v^2}{c^2}}}.$$

このように，エネルギーの表式の中には，速度について1次の項は現われない．Lagrange 関数 L は1次の項 $\frac{e}{c}\mathbf{v}\mathbf{A}$ を含んでいるから，L を $T-U$ の形に書くことはできない．

場の中の荷電粒子のハミルトニアン　　(21.25)から

$$\mathbf{p}_0 = \mathbf{p} - \frac{e}{c}\mathbf{A}, \tag{21.27}$$

また，(21.26)から

$$\mathcal{E}_0 = \mathcal{E} - e\varphi \tag{21.28}$$

が得られる.

自由質点の運動量とエネルギーの関係はすでに(21.15)の形に求めてあるから，$\mathbf{p}_0$ と $\mathcal{E}_0$ に対してこの関係を書けば，場の中の荷電粒子に対するハミルトニアンとして

$$\mathcal{H} = \sqrt{m^2c^4+c^2\left(\mathbf{p}-\frac{e}{c}\mathbf{A}\right)^2}+e\varphi \tag{21.29}$$

が得られる.

場の中の荷電粒子の運動方程式　ハミルトニアン(21.29)から，場の中の荷電粒子に対する運動方程式を導くことができる．しかし，Lagrange 関数(21.24)を用いる方がもっと簡単である．Lagrange の方程式は((2.21)参照)

$$\frac{d}{dt}\frac{\partial L}{\partial \mathbf{v}}-\frac{\partial L}{\partial \mathbf{r}}=0. \tag{21.30}$$

導関数 $\dfrac{\partial L}{\partial \mathbf{v}}$ は $\mathbf{p}=\mathbf{p}_0+\dfrac{e}{c}\mathbf{A}$ に等しいから，

$$\frac{d}{dt}\frac{\partial L}{\partial \mathbf{v}}=\frac{d\mathbf{p}_0}{dt}+\frac{e}{c}\frac{d\mathbf{A}}{dt}. \tag{21.31}$$

$\dfrac{d\mathbf{A}}{dt}$ を計算するのに，まずこれを成分で書く(公式(11.31)参照):

$$\frac{dA_x}{dt}=\frac{\partial A_x}{\partial t}+\frac{\partial A_x}{\partial x}\frac{dx}{dt}+\frac{\partial A_x}{\partial y}\frac{dy}{dt}+\frac{\partial A_x}{\partial z}\frac{dz}{dt}=\frac{\partial A_x}{\partial t}+(\mathbf{v}\nabla)A_x. \tag{21.32}$$

これから，(21.31)は

$$\frac{d}{dt}\frac{\partial L}{\partial \mathbf{v}}=\frac{d\mathbf{p}_0}{dt}+\frac{e}{c}\left(\frac{\partial \mathbf{A}}{\partial t}+(\mathbf{v}\nabla)\mathbf{A}\right). \tag{21.33}$$

次に，方程式(21.30)の第2項を計算しよう．まず

$$\frac{\partial L}{\partial \mathbf{r}}\equiv \nabla L=\frac{e}{c}\nabla(\mathbf{v}\mathbf{A})-e\nabla\varphi.$$

$\nabla(\mathbf{v}\mathbf{A})$ を公式(11.32)によって書き直せば(∇ が座標に関する微分演算であることを考慮して)，

$$\frac{\partial L}{\partial \mathbf{r}}=\frac{e}{c}(\mathbf{v}\nabla)\mathbf{A}+\frac{e}{c}[\mathbf{v}\,\mathrm{rot}\,\mathbf{A}]-e\nabla\varphi. \tag{21.34}$$

(21.33)と(21.34)を(21.30)に代入し，ポテンシャルを含む項を右辺に移せば，

§21 相対論的力学

$$\frac{d\mathbf{p}_0}{dt} = e\left(-\frac{1}{c}\frac{\partial \mathbf{A}}{\partial t} - \nabla\varphi\right) + \frac{e}{c}[\mathbf{v}\,\mathrm{rot}\,\mathbf{A}]. \tag{21.35}$$

この式の右辺は，ポテンシャルの定義(12.28)と(12.29)によって電磁場だけで表わすことができる．これはゲージ変換に対する不変性から当然期待されることである．結局，

$$\frac{d}{dt}\frac{m\mathbf{v}}{\sqrt{1-\dfrac{v^2}{c^2}}} = e\mathbf{E} + \frac{e}{c}[\mathbf{v}\mathbf{H}]. \tag{21.36}$$

(21.36)の右辺を **Lorentz 力**とよぶ．その第1項は静電気学でよく知られた力である．第2項は，Lagrange 関数の中の速度について1次の項から出て来たもので，Coriolis の力に似た形をしている．

Lorentz 力の磁気的な部分すなわち $\dfrac{e}{c}[\mathbf{v}\mathbf{H}]$ は，磁場が電流に及ぼす力と形がよく似ている．実は，上の式はそれから導くこともできたのだが，§15 で電荷と場の相互作用の Lagrange 関数がすでにわかっているので，ここではそうする必要がなかったのである．なお，方程式(21.36)の相対論的な不変性を，磁場が電流及ぼす力という初等的な概念を使って導こうとすると相当面倒なことになるが，これは Lagrange 関数が不変であることを考えれば直ちにわかることである．

場が荷電粒子にする仕事 方程式(21.36)から，電磁場が荷電粒子にする仕事を表わす式を導くことができる．定義によって，外力のする仕事は粒子の運動エネルギーの増加に等しい．いま，(21.36)の各辺と $\mathbf{v}$ とのスカラー積をつくる．Hamilton の方程式によって，

$$\mathbf{v} = \frac{\partial \mathcal{E}}{\partial \mathbf{p}} = \frac{d\mathcal{E}_0}{d\mathbf{p}_0}$$

であるから，左辺のスカラー積は

$$\mathbf{v}\frac{d\mathbf{p}_0}{dt} = \frac{d\mathcal{E}_0}{d\mathbf{p}_0}\frac{d\mathbf{p}_0}{dt} = \frac{d\mathcal{E}_0}{dt} = \frac{dT}{dt}.$$

すなわち，これは求めようとする単位時間あたりの運動エネルギーの増加である．右辺については，第2項は $\mathbf{v}[\mathbf{v}\mathbf{H}] = [\mathbf{v}\mathbf{v}]\mathbf{H} = 0$ であるから，電気力のする仕事だけが残り，結局

$$\frac{d\mathcal{E}_0}{dt} = \frac{dT}{dt} = e\mathbf{v}\mathbf{E} \tag{21.37}$$

がえられる．磁気力 $\frac{e}{c}[\mathbf{v}\mathbf{H}]$ はいつでもその時刻における荷電粒子の速度に垂直だから，仕事を表わす式の中に現われて来ないのは当然であろう．

場の成分に対する Lorentz 変換　方程式 (21.36) と (21.37) から，電磁場の成分に対する Lorentz 変換の式を容易に導くことができる．すなわち，これらの方程式が，座標系を変えたときに形を変えないということを用いるのである．まず，方程式 (21.36) の x 成分をとり，これに $\frac{dt}{ds}$ をかける．次に，(21.37) に $\frac{V}{c^2}\frac{dt}{ds}$ をかけて前の式から引けば，左辺は

$$\frac{d}{ds}\left(p_x - \frac{V\mathcal{E}}{c^2}\right) = \frac{dp_x'}{ds}\sqrt{1 - \frac{V^2}{c^2}}$$

となる．一方，右辺は

$$e\left(E_x \frac{dt}{ds} + \frac{1}{c}H_z \frac{dy}{ds} - \frac{1}{c}H_y \frac{dz}{ds}\right) - \frac{eV}{c^2}\left(E_x \frac{dx}{ds} + E_y \frac{dy}{ds} + E_z \frac{dz}{ds}\right)$$
$$= eE_x\left(\frac{dt}{ds} - \frac{V}{c^2}\frac{dx}{ds}\right) + \frac{e}{c}\left(H_z - \frac{V}{c}E_y\right)\frac{dy}{ds} - \frac{e}{c}\left(H_y + \frac{V}{c}E_z\right)\frac{dz}{ds}.$$

右辺第 1 項の第 2 因子は，変換式 (20.18) によって，

$$\frac{dt}{ds} - \frac{V}{c^2}\frac{dx}{ds} = \frac{dt'}{ds}\sqrt{1 - \frac{V^2}{c^2}}.$$

また $\frac{dy}{ds} = \frac{dy'}{ds}, \frac{dz}{ds} = \frac{dz'}{ds}$ である．そこで，はじめの方程式の両辺に $\frac{ds}{dt'}\Big/\sqrt{1 - \frac{V^2}{c^2}}$ をかければ，新しい座標系での運動量の時間変化として

$$\frac{dp_x'}{dt'} = eE_x + \frac{H_z - \frac{V}{c}E_y}{\sqrt{1 - \frac{V^2}{c^2}}} \frac{e}{c}\frac{dy'}{dt'} - \frac{H_y + \frac{V}{c}E_z}{\sqrt{1 - \frac{V^2}{c^2}}} \frac{e}{c}\frac{dz'}{dt'}$$

が得られる．

相対性原理によれば，方程式 (21.36) は新しい座標系においても同じ形に表わされなくてはならないから，

§21 相対論的力学

$$\frac{dp_x'}{dt'} = eE_x' + \frac{e}{c}H_z'\frac{dy'}{dt'} - \frac{e}{c}H_y'\frac{dz'}{dt'}$$

が成り立つ．

最後の二つの方程式を比べれば，場の変換式として，

$$E_x' = E_x, \tag{21.38}$$

$$H_y' = \frac{H_y + \frac{V}{c}E_z}{\sqrt{1 - \frac{V^2}{c^2}}}, \tag{21.39}$$

$$H_z' = \frac{H_z - \frac{V}{c}E_y}{\sqrt{1 - \frac{V^2}{c^2}}}. \tag{21.40}$$

が得られる．

同様に，(21.36) のほかの成分の式から，

$$H_x' = H_x, \tag{21.41}$$

$$E_y' = \frac{E_y - \frac{V}{c}H_z}{\sqrt{1 - \frac{V^2}{c^2}}}, \tag{21.42}$$

$$E_z' = \frac{E_z + \frac{V}{c}H_y}{\sqrt{1 - \frac{V^2}{c^2}}}. \tag{21.43}$$

したがって，座標成分の場合とちがって，変化するのは運動方向に垂直な成分である．

座標系を変えたときの場の変化は，単極誘導の実験を行なえば非相対論的な近似 ($\frac{V}{c}$ の程度まで正しい近似) の範囲で確かめられる．この実験は図 34 に示すようなものである．針金の一端を磁石 NS の中央部に，他端をその中心軸に接触させる．磁石を回転させると，針金の中には起電力が発生する．

この実験は，普通，磁石から出ている磁力線が磁石と共に回転し，針金がこれを切るからであるとして説明される．しかし，正しくは次のように解釈すべきである．すなわち，磁石に固定した座標系では，電場は 0 で磁場 H だけが

存在する．ところが，針金に固定した座標系（磁石に対して運動している）では，(21.42)あるいは(21.43)によって電場も観測されなくてはならない．この電場は$\frac{V}{c}H$の程度の大きさで，これが起電力のもとになるのである．

次のことを注意しておこう：座標系は電場と磁場の両方を与えたときはじめてはっきり定まるもので，そのうちの一方だけを与えただけでは不十分である．

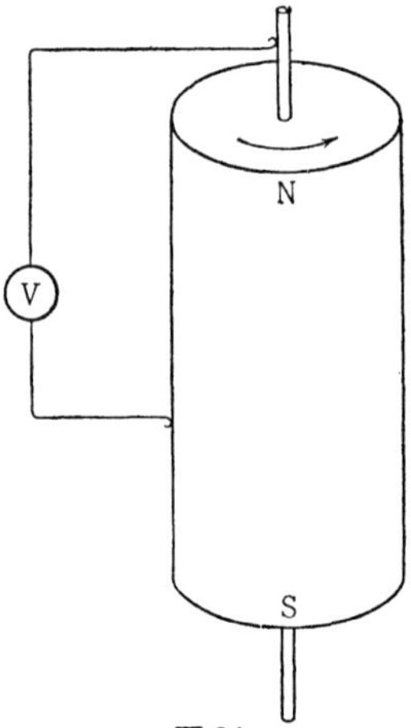

電磁場の不変量　変換式(21.38)―(21.43)から次の二つの関係が得られる：

$$E'^2 - H'^2 = E^2 - H^2, \tag{21.44}$$
$$\mathbf{E'H'} = \mathbf{EH}. \tag{21.45}$$

図 34

これらの式の各辺が不変量であることから，平面電磁波の場はどんな系からも同じように見えることがわかる．実際，平面波では$E = H$すなわち$E^2 - H^2 = 0$であるが，この性質は(21.44)の関係があるから変わらない．また，$\mathbf{E} \perp \mathbf{H}$すなわち$\mathbf{EH} = 0$であるが，この性質も(21.45)によって不変である．

EHは，Lorentz変換に対しては不変であるが，(x, y, z)を$(-x, -y, -z)$に変えた場合（座標の符号を逆転した場合）には変化する．§16で述べたように，このとき**E**は符号を変えるが**H**は変えないからである．$E^2 - H^2$の方は座標の符号を逆転しても不変である．これはちょうど電荷や電流のない場合のLagrange関数を与える量であって（(13.1)参照），これに不変な体積$dxdydzdt$をかけて積分すれば不変な作用量が得られる．これに対して，**EH**の方は真の意味での不変量ではない．

Maxwellの方程式は場の量に関して線形である　**EH**を2乗すれば真の不変量がえられる．電磁場に対するLagrange関数の中に，そのような量や$E^2 - H^2$の2乗などのような不変量がなぜ現われないかは，決してはじめから明らかなことではない．同じことは，xを$-x$などに変えたとき符号を変え

ないようなもっと高次の量についてもいえる．しかし，もし場の量について2次より高い次数の項が Lagrange 関数の中にあったとすると，Maxwell の方程式が非線形の項を含むことになる．

非線形の方程式と線形の方程式との本質的なちがいは，非線形の方程式では二つの解の和が解にならないということである．二つの電磁波が真空中を伝播するとき，それらは単に加え合わさるだけで互いにゆがめ合うことは決してない．また，電磁力学では光速度は普遍定数である．これに反して，非線形の方程式にしたがう波では，波の振幅によって速度が変わる．

それゆえ，Lagrange 関数として最も簡単な形 E^2-H^2 を選ぶということは，真空中における電磁波の空間・時間的な変動の法則が，ほかの場のあるなしにはよらないという実験事実を表現している．

実は，量子電磁力学によれば，ある種の非線形効果の存在することがわかっている．しかし，古典電磁力学が適用できるような現象では，これらの効果は本質的にはきいて来ない．

電荷密度と電流密度の変換　　電荷密度の定義からその変換則を導くことができる．電荷は不変量であるから，

$$de = \rho\, dx\, dy\, dz = \rho_0\, dx_0\, dy_0\, dz_0 \tag{21.46}$$

が成り立つ．ここに，ρ_0 は電荷が静止しているような系における電荷密度で，その定義から当然不変量である．したがって，(20.30) および §20 問題 5 により，

$$\rho = \rho_0 \frac{dx_0\, dy_0\, dz_0}{dx\, dy\, dz} = \rho_0 \frac{dt}{dt_0} = \rho_0 c \frac{dt}{ds}. \tag{21.47}$$

また，電流密度は

$$\left.\begin{aligned}j_x &= \rho v_x = \rho_0 c \frac{dx}{dt}\frac{dt}{ds} = \rho_0 c \frac{dx}{ds}, \\ j_y &= \rho_0 c \frac{dy}{ds}, \quad j_z = \rho_0 c \frac{dz}{ds}.\end{aligned}\right\} \tag{21.48}$$

これらの式から，電流密度は座標と，電荷密度は時間と同様に変換されることがわかる．

いま，電流の流れている導体を考えてみよう．導体に固定した座標系から見れば，導体は電気的に中性である．しかし，上の変換則によれば，ほかの系から見たときには電荷密度が現われなくてはならない．これは全電荷の不変性に矛盾するように見えるが，実はむしろその不変性によって(21.46)—(21.48)から導かれることなのである．

場の作用関数の不変性　　最後に，場と電荷の相互作用を表わす作用関数(13.17)が不変であることを証明しよう．(21.27)と(21.28)から，ベクトルポテンシャルは運動量（したがって位置ベクトル）と，スカラーポテンシャルはエネルギー（したがって時間）とそれぞれ同様に変換されることがわかる．それゆえ，$\frac{1}{c}\mathbf{Aj}-\varphi\rho$ は Lorentz 変換に対してへだたりと同じ性質を示す．すなわちこれは不変である．そこで，これに不変な4次元体積 $dxdydzdt$ をかけて積分した作用関数 S_1 はやはり不変量となる．それゆえ，Maxwell の方程式は不変な作用関数から導かれることになり，したがって，それ自身がまた不変な方程式となる．このことは，方程式(21.38)—(21.43)を用いて証明することもできる．

問　題

1 自由に運動する荷電粒子のスカラーポテンシャルとベクトルポテンシャルを求めよ．

(解)　粒子自身の座標系では，スカラーポテンシャルは $\varphi_0 = \frac{e}{r_0}$，ベクトルポテンシャルは 0 である．したがって，粒子の速度が $\mathbf{v}$ であるような静止座標系では，スカラーポテンシャルは

$$\varphi = \frac{\varphi_0}{\sqrt{1-\frac{v^2}{c^2}}} = \frac{e}{r_0\sqrt{1-\frac{v^2}{c^2}}},$$

ベクトルポテンシャルは

$$\mathbf{A} = \frac{\varphi_0 \frac{\mathbf{v}}{c}}{\sqrt{1-\frac{v^2}{c^2}}} = \frac{e\mathbf{v}}{r_0 c\sqrt{1-\frac{v^2}{c^2}}}$$

となる．

次に，r_0 を静止系の座標で表わせば，

$$r_0 = \sqrt{x_0{}^2+y_0{}^2+z_0{}^2} = \sqrt{\frac{(x-vt)^2}{1-\frac{v^2}{c^2}}+y^2+z^2}.$$

いま，運動している粒子の x 座標 vt を ξ と置く．時刻 t に点 (x, y, z) に到達した電磁的な攪乱が，それよりも前の時刻に粒子が存在した位置 ξ' から来たものであるとすれば，そのおくれは

$$\frac{\xi-\xi'}{v} = \frac{\sqrt{(x-\xi')^2+y^2+z^2}}{c} \equiv \frac{R'}{c}$$

で与えられる．r_0 を表わす式の中で $vt=\xi$ と置き，上の式を用いて r_0 を R' で表わせば，

$$\varphi = \frac{e}{R'-\frac{\mathbf{v}\mathbf{R}'}{c}}, \qquad \mathbf{A} = \frac{e\mathbf{v}}{c\left(R'-\frac{\mathbf{v}\mathbf{R}'}{c}\right)}.$$

2 時間的に変化しない一様な磁場の中でおこる荷電粒子の運動を決定せよ．

(解)　磁場の方向を z 軸にとれば，運動方程式は

$$\frac{dp_x}{dt} = \frac{e}{c}\frac{dy}{dt}H, \quad \frac{dp_y}{dt} = -\frac{e}{c}\frac{dx}{dt}H, \quad \frac{dp_z}{dt} = 0.$$

したがって　$p_x{}^2+p_y{}^2=$ 一定，$p_z=$ 一定，$p^2=$ 一定．また，

$$p_x = \frac{mv_x}{\sqrt{1-\frac{v^2}{c^2}}} = \frac{\mathcal{E}v_x}{c^2}, \qquad \mathcal{E} = \text{一定}.$$

解を

$$x = R\cos\omega t, \qquad y = R\sin\omega t$$

の形におけば，

$$R = \frac{\mathcal{E}v}{ecH}, \qquad \omega = \frac{ecH}{\mathcal{E}}.$$

$z=At$ (A は定数)であるから，粒子はらせん軌道を描く．速度が小さい場合には，ω は $\frac{eH}{mc}$ となる．

3 時間的に変化しない一様な電場の中でおこる荷電粒子の運動を決定せよ．

(解)　運動方程式は

$$\frac{dp_x}{dt} = eE, \quad \frac{dp_y}{dt} = 0, \quad \frac{dp_z}{dt} = 0, \quad \frac{d\mathcal{E}_0}{dt} = eE\frac{dx}{dt}.$$

これらの式から

$$p_x - p_{x0} = eEt, \quad p_y - p_{y0} = 0, \quad p_z - p_{z0} = 0,$$
$$\sqrt{m^2c^4+c^2(p_x{}^2+p_y{}^2+p_z{}^2)} - \sqrt{m^2c^4+c^2(p_{x0}{}^2+p_{y0}{}^2+p_{z0}{}^2)} = eEx.$$

これらから x が t の関数として定まる．

p_x を p_y で割り，エネルギー積分を用いて t を消去すれば，$\dfrac{dx}{dy}$ が x で表わされる．$p_{z0}=0$ とすれば，粒子の軌道は懸垂線となる．

4 Coulomb 引力場における荷電粒子の運動を決定せよ．

(解) エネルギー積分は

$$(\mathcal{E}-e\varphi)^2-c^2\left(p_r^2+\dfrac{M^2}{r^2}\right)=m^2c^4, \qquad \varphi=-\dfrac{a}{r}.$$

また，引力中心のまわりの回転角を ψ とすれば，

$$p_r=\dfrac{dr}{dt}\dfrac{m}{\sqrt{1-\dfrac{v^2}{c^2}}}, \qquad M=\dfrac{d\psi}{dt}\dfrac{mr^2}{\sqrt{1-\dfrac{v^2}{c^2}}}.$$

したがって，

$$\dfrac{1}{r^2}\dfrac{dr}{d\psi}=\dfrac{p_r}{M}.$$

エネルギー積分の中の p_r をこの式に代入すれば簡単に積分が実行できる．$\mathcal{E}<mc^2$ のとき運動は有限領域に限られ，軌道は楕円に似た形をとる．ただし，近日点が回転していく．

5 質量 m の静止した粒子に質量 0 の粒子が衝突するときの運動を調べよ．ふれの角 θ がわかったとして，入射粒子の衝突後のエネルギーを求めよ．

(答)
$$\mathcal{E}'=\dfrac{\mathcal{E}}{1+\dfrac{\mathcal{E}}{mc^2}(1-\cos\theta)}.$$

6 一点のまわりに弾性的に振動する荷電粒子(周波数 ω_0)に，一様な磁場 $H_z=H(=$ 一定$)$, $H_x=H_y=0$ を加えたときの粒子の運動と粒子からの放射を調べよ．

(解) 粒子の運動は次の非相対論的方程式にしたがう：

$$m\ddot{x}=-m\omega_0^2 x+\dfrac{e}{c}H\dot{y},$$

$$m\ddot{y}=-m\omega_0^2 y-\dfrac{e}{c}H\dot{x},$$

$$m\ddot{z}=-m\omega_0^2 z.$$

第3の方程式は前の二つとは無関係である．はじめの二つは $x=ae^{i\omega t}$, $y=be^{i\omega t}$ とおけば満足される．ただし

$$a(\omega_0^2-\omega^2)-i\omega\dfrac{eH}{mc}b=0,$$

$$b(\omega_0^2-\omega^2)+i\omega\dfrac{eH}{mc}a=0.$$

したがって

§21 相対論的力学

$$\omega^2 - \omega_0^2 \pm \frac{eH\omega}{mc} = 0.$$

いま，ω_0 に比べて $\dfrac{eH}{mc}$ が小さいとすれば，第3項の ω を ω_0 とおくことができ，$\omega^2-\omega_0^2 = (\omega+\omega_0)(\omega-\omega_0) \cong 2\omega_0(\omega-\omega_0)$ としてよいから，ω と ω_0 の関係として

$$\omega = \omega_0 \mp \frac{eH}{2mc}$$

がえられる．すなわち，ω は，磁場のないときの周波数からちょうど Larmor 周波数 $\omega_L = \dfrac{eH}{2mc}$ だけ変化している．

a と b の方程式に $\omega = \omega_0 \mp \omega_L$ を代入すれば，同じ近似の範囲で $a = \pm ib$ を得る．したがって，実数で表わせば，振動は $x = a\cos(\omega_0 \mp \omega_L)t$，$y = \pm a \sin(\omega_0 \mp \omega_L)t$ となる．

これから，粒子の位置ベクトルは時計方向には周波数 $\omega_0 + \omega_L$ で，反時計方向には $\omega_0 - \omega_L$ で回転することがわかる．すなわち，粒子の回転方向によってもとの周波数 ω_0 に周波数 ω_L が加減されることになり，Larmor の定理と一致する（電荷が負であれば ω_L の符号は変わる）．

次に，この荷電粒子からの放射を考えよう．放射された電磁波の電場ベクトルは，電荷の変位ベクトルを含む面内にあることをすでに知っている（§19, 図29）．二重極モーメントの z 成分による放射は，$z = 0$ の面内では電場が z 方向を向き，その大きさは $\ddot{z}$ に比例する．それゆえ，この放射は平面偏光で周波数は ω_0 である．すなわち，磁場に平行で周波数 ω_0 の振動によって放射される電磁波は外部磁場を含む面内にかたよっている．この振動は外部磁場の方向には全く放射を出さない．これに反して，$\omega_0 \pm \omega_L$ の振動はこの方向に円偏光を放射する．この電場ベクトルは，電荷の変位ベクトルが回転するのと同じ向きに回転する．

これら三つの振動はどれも磁場に垂直な方向には放射を出す．もし $z = 0$ の面内の一点で観測すれば，$\omega_0 \pm \omega_L$ の振動による電場ベクトルは外部磁場に垂直な面内にあるから，これら二つの振動による電磁波は平面偏光になっている．しかし，$z = 0$ でない点から斜めに観測したとすると，周波数 $\omega_0 \pm \omega_L$ の波は楕円偏光，ω_0 の波は平面偏光である．

上で行なった計算は Zeeman 効果の古典論的な説明になっている．磁場の値をいろいろに変えたときに実際観測されるスペクトル線の分裂は，量子論によってはじめて正しく説明される（§35）．

第Ⅲ部 量子力学

§22 古典力学の不完全さ．力学と幾何光学との類似

古典論によれば原子は不安定となる　1910年に行なわれた Rutherford の実験によって，原子はそれ自身に比べてはるかに小さい粒子——負の電荷を帯びた軽いいくつかの電子と正の電荷を帯びた1個の重い核——から成ることがわかった(§6)．そのような系が安定に存在するためには，ちょうど惑星が太陽のまわりを回るように，電子が核のまわりを回っていなければならない．符号の異なる電荷は，静止していれば引き合って一つになってしまうからである．

しかし，原子が安定でいられるための条件としては，これだけでは不十分である．軌道運動をしている電子は向心加速度をもつ．しかし，§19で述べたように，荷電粒子が加速運動をすれば電磁波を放射し，それによって自分自身のエネルギーを電磁場のエネルギーに変えてしまう．したがって，核のまわりを回る電子のエネルギーは連続的に減少し，電子はついには核に落ち込んでしまうはずである．これは，原子が安定に存在しているという明白な事実と明らかに矛盾する．

Bohr の理論　1913年 Bohr は，この困難をのがれるために一つの妥協的な説を出した．Bohr によれば，原子の中には安定な軌道がいくつかあって，電子がその上を運動しているときには放射はおこらない．一方，電子がエネルギーの高い軌道から低い軌道へ移るときには電磁波を放射する．放射された電磁波の周波数を ω，二つの軌道における電子のエネルギーをそれぞれ $\mathcal{E}_1, \mathcal{E}_2$ ($\mathcal{E}_1 > \mathcal{E}_2$) とすれば

$$h\omega = \mathcal{E}_1 - \mathcal{E}_2$$

の関係がある．ここに h は普遍定数で，その値は 1.054×10^{-27} erg·sec である．

Bohr の原理は一種の仮説であった．しかし，これによって，水素原子と水素原子に似た一連の原子やイオン（たとえばヘリウムの正イオン——1個の核

と1個の電子から成る)のスペクトルに関する観測事実がきわめてよく説明できた．Bohr の仮説は本質において量子論的なもので，古典物理学の概念では説明することのできない全く異質のものであった．しかし，これによって原子の理論がきわめて大きな1歩を踏み出したのである．

Bohr の第1の仮説は，原子がどんな状態でも安定でいられるわけではなく，いくつかのきまった状態だけが可能であることを述べている．惑星の軌道が楕円になることが Newton 力学から導かれるのと同様に，上のことは量子力学から導かれることが今日ではわかっている．

Bohr の理論は，電子1個をもつ原子については，そのスペクトルを実に見事に説明した．しかし，たとえばヘリウム原子のように2個の電子をもつ原子になると，この理論による計算結果は実験結果とよく合わなかった．また，水素分子の安定性を説明する段になるとなおさらであった．それゆえ，Bohr の理論が見事な成果をあげたとはいえ，物理学としてはまだきわめて不満足な状態にあったのである．上に述べた個々の困難のほかに，Bohr の理論は全体として自己矛盾を含むものであった．それは，これが古典的な概念と量子的な概念とをいっしょにした一種の折衷理論だったからである．

光量子 古典的な考え方が不適当であることは，原子の安定性の問題で最も端的に現われた．しかし，これより前にも，古典物理学(すなわち非量子物理学)では説明できない事実はいくつかあった．その第1に挙げるべきものは，物質と平衡にある電磁場の理論であろう(くわしくは§42を参照)．ここでは，古典理論は全く不合理な結果を与えた．すなわち，放射体と平衡にある電磁場の全エネルギーを積分すると無限大になってしまうのである．

1900年 Planck は，実験事実をうまく説明しようとして，放射体は電磁場のエネルギーを**有限の塊**の形で放出したり吸収したりすると仮定した．これらのばらばらのエネルギーの塊は Planck によって**量子**と名づけられたが，その量は放出あるいは吸収される電磁波の周波数に比例するのである．容易にわかるように，その際の比例係数は，Bohr の第2仮説におけるものと同じでなければならない(実は，Planck は比例係数としてその 2π 倍のものをとり，そのかわり振動数 $\nu = \dfrac{\omega}{2\pi}$ ——1秒間におこる振動の回数——を用いた)．Bohr の

§22 古典力学の不完全さ．力学と幾何光学との類似　　　261

第2仮説は，放射体(原子)の定常状態がとびとびにしか存在しないという性質(線スペクトル)を，放射される量子のエネルギーに関係づけたものにほかならない．このような不連続の性質は，Planckの最初の仮説と同様，古典的な考え方ではどうしても説明できない．

電磁力学の諸概念の二重性　20世紀初頭には，光に対しても光量子の仮説をつけ加えない限り，いろいろな事実を古典理論だけで説明することはできないことがわかっていた．しかし同時に，回折や干渉のように，光の波動性と密接に結びついていると考えられる現象も数多くあった．そして，これらの現象は，古典的な粒子の概念で説明することはできそうもなかったのである．

一方，光量子に関するPlanckの仮説をもとにしてはじめて説明できるような一群の現象もあり，それらは古典的な波動の概念とは明らかに矛盾するものであった．次にその二つについて説明しよう．

まず光電効果，すなわち，真空中に置かれた金属に紫外線を照射するときその表面から電子が放出される現象がある．このとき，各光電子のエネルギーは，照射する電磁波の周波数だけできまり，その強度にはよらない．これは，電磁波のエネルギーが量子 $h\omega$ の形で吸収されると仮定してはじめて理解できることである．そうすれば，電子の運動エネルギーは，この量子のエネルギーから電子の仕事関数(電子を金属から引き離すのに必要なエネルギー)を差し引いたものに等しくなる．

Einsteinは光電効果の法則をこのように説明した．しかしかれは，電磁波が量子の形で放出・吸収されると考えただけでなく，さらに進んで，電磁波は**伝播するときにも**量子の形をとると仮定した．

量子はエネルギーが $h\omega$ で速さが c だから，$\dfrac{h\omega}{c}$ の運動量をもつはずである (§21)．したがって，量子は質量0の粒子である．また，電磁波のエネルギーと運動量も，これとちょうど同じ関係で結ばれていることを注意しておこう (§17)．

放射の量子的な性質を示すもう一つの現象がある．それは電子によるX線の散乱で，この現象によって光量子の運動量に関するEinsteinの仮説が実証されることとなった．物質内の電子の振動の固有周波数は入射X線の周波数よ

りもはるかに小さいから，この場合電子を自由であると見なすことができる（§19，問題4でそのような散乱を考えた）．古典理論によれば，この場合，散乱波の周波数は入射波の周波数に等しくなければならない．ところが，実験によれば，散乱波の周波数は入射波の周波数より小さく，しかもそれは散乱する方向によって変化するのである(Compton効果)．このとき，散乱は2個の自由粒子——入射する量子と静止した電子——の衝突の結果おこるものと仮定して，周波数の変化と散乱角との関係を計算することができる．この種の衝突は，§21，問題5で特に入射粒子の質量が0の場合について考えたが，量子のエネルギーを $\mathcal{E} = h\omega$，その運動量を $\mathbf{p} = h\mathbf{k}$ (大きさで書けば $\frac{h\omega}{c}$) とすると，前に求めた式がCompton効果の周波数のずれを完全に正しく表わすのである．

量子力学 このように，光の理論と原子の理論には奇妙な2元性が現われることになった．すなわち，電磁場あるいは原子という一つの実体が，古典論と量子論という二つの矛盾した理論によって記述されたのである．この事態からのがれることは，量子力学という首尾一貫した理論によって可能となった．そこでは，すべての運動がある種の波動性——マクロな物体の運動には認められないけれども，量子や電子のようなミクロな粒子の運動を記述するときには本質的な役割を果すような——をもっている．与えられた運動に対して，その波動性を考慮する必要があるかないかをきめるための条件については次の節で述べる．ここでは，その条件の中に定数 h が現われるということだけを注意しておこう．

量子力学の基本原理は，電子の回折——電磁波の回折ときわめてよく似た法則にしたがう——の発見をはじめとして，実験的に直接検証されることとなった．原子に関する現象は，定性的にも定量的にも，量子力学によって完全に説明される．

原子核理論の現状 原子核の現象はもっと複雑である．核の構成粒子の相互作用を支配する法則は，現在でもまだよく知られていない．これらの法則は，核の特殊な場の性質と深いつながりをもっているが，その性質は電磁場の性質とは多くの点で異なっている．現在では，その核の場の理論がまだできていな

いのである．その原因は，まだ実験データが十分揃っていないということもあろう．原子の理論では，相互作用はすべて電磁的なもので，よく知られているのに反して，原子核の理論は現在これよりはるかに進歩がおくれている．しかしとにかく，現在の核理論が当面している困難は，非相対論的量子力学の適用範囲をこえた所にあるので，その基礎をおびやかすようなものではない．

幾何光学と古典力学との対応 量子論の形成にあたって，古典力学と幾何光学との対比が本質的な役割を演じた．この節ではその対比について述べよう．幾何光学は波動光学の極限であるから，古典力学と幾何光学との対比を一般化することによって，古典力学の方程式から量子力学の波動方程式への移行が可能となる．以下ではまず，力学および幾何光学の方程式の形式的な対比を行なう．その意味についてはもっとあとで説明しよう．

位相が一定の面 幾何光学における波の位相の意味を説明しよう．そのために，波動光学から幾何光学へ極限移行を考える．

まず，場ベクトルを次の形に書く：

$$\mathbf{E} = \mathbf{E}_0(\mathbf{r}, t) \cos \frac{\chi(\mathbf{r}, t)}{\lambda}. \tag{22.1}$$

ここに λ は波長で，場の存在する領域の長さに比べて小さいものとする．平面波の極限では，位相は

$$\frac{\chi}{\lambda} = -\omega t + \mathbf{k}\mathbf{r} \tag{22.2}$$

である（(17.21), (17.22)参照）．$\omega = \frac{2\pi u}{\lambda}$（$u$ は位相速度），$\mathbf{k} = \frac{2\pi \mathbf{n}}{\lambda}$ であるから，位相と λ の関数関係をはっきりさせるために，位相を $\varphi = \frac{\chi}{\lambda}$ の形に書いておくと都合がよい．

さて，場ベクトル $\mathbf{E}$ は次の波動方程式を満たさなくてはならない：

$$\Delta \mathbf{E} - \frac{1}{u^2} \frac{\partial^2 \mathbf{E}}{\partial t^2} = 0. \tag{22.3}$$

(22.1) の $\mathbf{E}$ をこの方程式に代入する．t および $\mathbf{r}$ について微分する際，λ は小

さい量であるから，分母の λ の次数が最も高い項だけを残すことにすると，

$$\frac{\partial \mathbf{E}}{\partial t} \cong -\mathbf{E}_0 \frac{1}{\lambda} \frac{\partial \chi}{\partial t} \sin \frac{\chi}{\lambda},$$

$$\frac{\partial^2 \mathbf{E}}{\partial t^2} \cong -\mathbf{E}_0 \left(\frac{1}{\lambda} \frac{\partial \chi}{\partial t}\right)^2 \cos \frac{\chi}{\lambda}.$$

同様に

$$\Delta \mathbf{E} \cong -\mathbf{E}_0 \left(\frac{1}{\lambda} \nabla \chi\right)^2 \cos \frac{\chi}{\lambda}.$$

これらの式を波動方程式(22.3)に代入すれば，位相 $\varphi = \frac{\chi}{\lambda}$ に対する1階の微分方程式が得られる：

$$(\nabla \varphi)^2 - \frac{1}{u^2}\left(\frac{\partial \varphi}{\partial t}\right)^2 = 0 \tag{22.4}$$

いま，平面波の極限を考えると，(22.2)から

$$\mathbf{k} = \frac{\partial \varphi}{\partial \mathbf{r}} \equiv \nabla \varphi, \tag{22.5}$$

$$\omega = \frac{\partial \varphi}{\partial t}. \tag{22.6}$$

ただし

$$k^2 - \frac{\omega^2}{u^2} = 0.$$

ところが，(22.4)を見ればわかるように，平面に近い波(22.1)の $\frac{\partial \varphi}{\partial \mathbf{r}}$ と $\frac{\partial \varphi}{\partial t}$ は，平面波の $\mathbf{k}$ と ω の間の関係と同じ関係を満たしている．したがって，(22.5)と(22.6)を，平面に近い波の波動ベクトルと周波数の定義と見なすことができる．

波動ベクトルは，位相 φ が一定の面に対する法線の方向，すなわち，考えている点を通る光線の方向を向いている．平面に近い波が伝播する有様は，一定位相の面の群が空間を移動して行くものとして表わすことができる．図35には，これらの面の

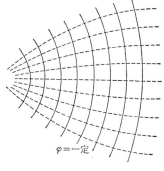

図35

§22 古典力学の不完全さ．力学と幾何光学との類似　　　265

切口を実線で，光線を破線で示してある．

　位相が一定値 φ_0 をとる面は，時刻 t には $\varphi(\mathbf{r},t)=\varphi_0$ できまる位置を占めている．この面の伝播速度を求めるために，式 $\varphi=$ 一定 の微分をとれば，

$$d\varphi = \frac{\partial \varphi}{\partial t}dt + \frac{\partial \varphi}{\partial \mathbf{r}}d\mathbf{r} = 0.$$

特に，$d\mathbf{r}$ を面の法線方向を向くベクトルにとれば，$\left|\frac{\partial \varphi}{\partial \mathbf{r}}\right|$ は $\mathbf{k}$ の大きさを与える．(22.5)および(22.6)から，

$$\left|\frac{d\mathbf{r}}{dt}\right| = \frac{\left|\frac{\partial \varphi}{\partial t}\right|}{\left|\frac{\partial \varphi}{\partial \mathbf{r}}\right|} = \frac{\omega}{k} = u.$$

これは位相速度の定義(18.7)と一致する．

　位相速度と群速度とは一般には異なる．群速度は

$$\mathbf{v} = \frac{\partial \omega}{\partial \mathbf{k}} \tag{22.7}$$

で与えられるからである．

　平面に近い波についても，平面波の場合と同様 ω が $\mathbf{k}$ の関数として表わされることは重要である．

作用が一定の面　　次に，ある力の場の中で全く等しい粒子が運動するとして，それらの軌道の集合を考えよう．たとえば，砲弾が炸裂したとき飛び出す散弾の軌道を想像してみればよい（この際，砲弾自身の破片もみな同じ質量をもつとする）．炸裂は同一の場所で継続的におこり，各軌道に沿って散弾が次々に後を追って飛び出して行くと考えなくてはならない．また，必ずしもすべての粒子が同一の点から飛び出すと考える必要はなく，ある面上の各点から垂直に出て行くような軌道を考えてもよい．時刻 $t=t_0$ にそこを出た粒子は，はじめの位置と速度とによって定まる軌道上を進む．各粒子の作用 S の値は，それぞれの軌道に沿ってとった次の積分

$$S = \int_{t_0}^{t} L\, dt \tag{22.8}$$

で与えられる((10.2)参照)．

Lagrange 関数 $L = L(q, \dot{q}, t)$ は座標・速度・時間の関数として形がわかっており、また一つの軌道を与えれば粒子の座標と時間の関係 $q(t)$ がきまるから、各軌道に沿う作用も時間の関数として定まる．

時刻 t をきめたとき，各軌道上で S の値が等しい点を連ねた面，すなわち方程式 $S(\mathbf{r}, t) = S_0$ で表わされる曲面を考えよう．(22.8)からわかるように，はじめの時刻 $t = t_0$ では，この面は粒子が飛び出す面と一致する．

運動量およびエネルギーと作用との関係　作用が一定の値をとる曲面は粒子の軌道に垂直で，空間を動いて行く．なぜなら，(10.23)により，

$$p_x = \frac{\partial S}{\partial x}, \quad p_y = \frac{\partial S}{\partial y}, \quad p_z = \frac{\partial S}{\partial z},$$

あるいはまとめて

$$\mathbf{p} = \frac{\partial S}{\partial \mathbf{r}} = \nabla S \tag{22.9}$$

だからである．

次に，S の時間についての偏導関数を求めよう．S は座標と時間の関数であるから，時間についての全微分は

$$\frac{dS}{dt} = \frac{\partial S}{\partial t} + \frac{\partial S}{\partial \mathbf{r}} \frac{d\mathbf{r}}{dt}. \tag{22.10}$$

一方，(22.8)から $\dfrac{dS}{dt} = L$ である．これと(22.9)とを上の式に代入すれば，

$$\frac{\partial S}{\partial t} = L - \mathbf{p}\mathbf{v} = -\mathcal{E} \tag{22.11}$$

が得られる．

光学と力学とで対応する量　(22.9)および(22.11)を(22.5)および(22.6)と比べてみると，粒子系の作用が一定の面は，電磁波の位相が一定の面と同様に伝播して行くことがわかる．この際，**粒子の運動量は波動ベクトルに，粒子のエネルギーは周波数に**それぞれ対応している．Hamilton の方程式(10.18)によれば，**粒子の速度は**

$$\mathbf{v} = \frac{\partial \mathcal{E}}{\partial \mathbf{p}} \tag{22.12}$$

§22 古典力学の不完全さ．力学と幾何光学との類似

で与えられるから，これは波の**群速度**に対応する．また，**作用が一定の面の速度**は

$$u = \frac{\left|\dfrac{\partial S}{\partial t}\right|}{\left|\dfrac{\partial S}{\partial \mathbf{r}}\right|} = \frac{\mathcal{E}}{p} \tag{22.13}$$

で，波の**位相速度**に対応する．これは粒子の速度とはもちろん一致しない．特に自由粒子については

$$\mathcal{E} = \frac{mc^2}{\sqrt{1-\dfrac{v^2}{c^2}}}, \quad p = \frac{mv}{\sqrt{1-\dfrac{v^2}{c^2}}}$$

であるから，$u = \dfrac{c^2}{v}$ となる．

群速度の式(22.7)は Hamilton の方程式(22.12)に対応している．§18で述べたように，群速度は，波束すなわち空間の一部に集中した攪乱が伝わる速度である．このように，力学と幾何光学との対比によって**粒子**と**波束**との対応が示された．

幾何光学では，波動方程式の解を，空間の狭い部分については平面波と見なす立場をとる．しかし，周波数や波動ベクトルなど，この平面波を特徴づける量自身は実は座標と時間の関数としてゆっくり変化する．周波数と波動ベクトルとの関係は $\omega = \omega(\mathbf{k}, \mathbf{r})$ と表わされるが，波の伝播を記述する量 $\mathbf{k}$ と $\mathbf{r}$ は，粒子の軌道運動を記述する量 $\mathbf{p}$ と $\mathbf{r}$ が満足するのと同じ Hamilton の方程式にしたがう．ここで本質的なのは，1波長にわたってベクトル $\mathbf{k}$ の大きさも方向もあまり変化してはならないこと，また，振動の1周期の間に周波数 ω が大きく変動してはならないことである．

真空中の平面波については $\omega = ck$ である．これは，質量0の粒子のエネルギーと運動量の関係(21.16)と全く同形である．

均一でない媒質中を光が伝わるときには，方程式(22.4)の中に現われる位相速度 u は場所によって変化する．たとえば，二つの媒質の境界で光が屈折するときには，境界面の両側で u が異なる値をもつ．不均一な媒質中を光が伝播する現象は，位置エネルギーが変化する空間内で粒子が行なう運動とよく似ている．

光学と力学との対比は，すでに 1825 年に Hamilton が行なっている．しかし，その対比の物理的な意味は，量子力学が建設されるとき (1925 年) まで理解されていなかった．

対応する量の変換則と次元　　光学的な量と力学的な量との対応は相対論的に不変である．波動ベクトルと周波数の間の変換式 (20.33)—(20.36) を運動量とエネルギーの間の変換式 (21.18)—(21.21) と比べてみれば，対応する量が同じように変換されることがわかる．

これらの量はただ次元が異なるだけである．すなわち，位相の次元は 0 であるが，作用 $\int L\,dt$ の次元は [質量][長さ]^2[時間]$^{-1}$ である．したがって，波動ベクトルと運動量，周波数とエネルギーもそれぞれ作用の次元だけ異なる．これらの量に対する Lorentz 変換式を比べてみればわかるように，その比例因子は不変量である．

次の節では，力学と幾何光学の類似が，量子力学における厳密な波動方程式からその極限の関係として出て来ることを示す．

問　題

1　重力場の中に鉛直な平面を一つ考え，この平面内に水平に x 軸，鉛直に z 軸をとる．点 $x=0, z=0$ から出発してこの平面内で運動する粒子の系に対して，作用が一定の面 (この場合には曲線) の方程式を求めよ．ただし，粒子の初速度の大きさはすべて v_0 で，方向は任意であるとする．

(解)
$$v_x = v_{0x}, \quad p_x = mv_{0x}, \quad x = v_{0x}t,$$
$$v_z = v_{0z} - gt, \quad p_z = mv_{0z} - mgt, \quad z = v_{0z}t - \frac{gt^2}{2}.$$

速度の初期値を消去すれば，
$$p_x = m\frac{x}{t} = \frac{\partial S}{\partial x}, \quad p_z = m\frac{z}{t} - m\frac{gt}{2} = \frac{\partial S}{\partial z},$$

したがって
$$S = \frac{m}{2}\left(\frac{x^2}{t} + \frac{z^2}{t} - gtz - \frac{g^2t^3}{12}\right).$$

実際，この式から

§22 古典力学の不完全さ．力学と幾何光学との類似

$$\mathcal{E} = -\frac{\partial S}{\partial t} = \frac{m}{2}\left[\left(\frac{x}{t}\right)^2 + \left(\frac{z}{t}\right)^2 + gz + \frac{g^2 t^2}{4}\right] = \frac{mv_0^2}{2}.$$

2 位相が作用に対応する量であることを用いて，周波数が一定の光は，位相一定の面の伝播時間が停留値をとるような道に沿って進むことを示せ(Fermat の原理)．

（解） 周波数が一定であるから，位相は

$$\varphi = \int \mathbf{k}\,d\mathbf{r} = \omega \int \frac{\mathbf{n}\,d\mathbf{r}}{u}.$$

$\mathbf{n}\,d\mathbf{r}$ は面に垂直な方向への変位の成分であるから，$\dfrac{\mathbf{n}\,d\mathbf{r}}{u}$ は伝播時間 dt に等しい．位相は作用と同じ変分原理をみたすから，最小作用の原理に対応して，伝播時間は停留値をとる．

§23 電子の回折

回折現象の本質 古典力学は，幾何光学とは似ているが，波動光学とは全然似ていない．力学と波動光学との相違が最も顕著に現われる例は回折現象である．

次のような実験を考えよう．ついたてに小さい孔を二つあける．孔と孔の間隔は，孔自身の大きさと同程度であると仮定する．いま，一方の孔を覆っておいて，ついたてに光波をあてると，波は他方の孔を通過して進む．このことは，ついたてのうしろにもう一つついたてを置けば，その上に生ずる明るさの分布からわかる．次に，別の方の孔だけを覆って同じことを行なえば，違った明るさの分布がえられる．その次に，両方の孔を開いたとしよう．このときの明るさの分布は，決して孔を一つずつ開いたときの明るさを加えて得られるような分布にはならない．両方の孔から来た波の位相が逆であるような点では両者は打ち消しあい，位相が一致した点では強めあう．いいかえれば，和になるのは場の値そのものであって，光の強さすなわち場の2乗の値ではないのである．

このような型の回折は，波が両方の孔を通過する場合にはじめて起こる．そのときに限って，それぞれの孔を通過した光線の位相差が，第2のついたての上の各点で，それぞれきまった値になるからである．

ここでは，一つの孔を通るときにおこる回折現象は考えないことにする．そのような回折は，孔の各点を通った光線の間の位相差によって起こるものである．ここでは，そのような位相差を調べるのではなく，おのおのの孔を通過した波の位相は一定であるとして，異なる孔からの波の位相差だけを問題にする．このような簡単化を行なっても，本質的な点は変わらない．

X線の回折 X線の波長は可視光の波長に比べてはるかに短いから，X線の回折を観測するには，結晶格子を形成している規則正しい配列の原子による散乱を利用する．異なる格子面によって散乱された波は，それぞれ特定の方向に $2\pi, 4\pi, \cdots\cdots$ だけの位相差を保って進む．格子面の間隔，波の強度が極大

§23 電子の回折

になる散乱角，それと波長の間には簡単な関係式が成り立つ (Wolf-Bragg の条件). この式から X 線の波長が決定される.

結晶格子による回折は，二つの孔を用いて行なう実験よりはやや複雑であるが，原理的には同じ理由でおこる. 波は格子の全原子によって散乱され，散乱波の振幅は，各原子によって散乱された個々の波の振幅を，位相差(光線の行路差)を考慮して加え合わせたものになる.

電子の回折　　全く同様の現象は，電子(あるいは中性子その他の微粒子)を結晶によって散乱させる場合にも観測される. よく知られているように，写真乾板や螢光板に対して，電子は X 線と同じように作用する. その結果，これら微粒子は電磁波の回折と同じ法則にしたがって回折することが直接の実験によって示される.

しかしこのためには，個々の電子が格子のすべての原子によって散乱されなければならない. 各電子は互いに全く無関係に運動しているので，それらの間にはもともと一定の位相差はなく，またあらたに位相差が生ずることもないからである. 電子はただ1個だけでも結晶の中を通過することができる(下記参照). 光の場合には，同一の光源から出た光波だけがこのような回折を示す. 両方の孔を同じ波が通過するから安定な回折模様がえられるのである. それぞれの孔を通過した波が別々の光源から出たものであるとすると，ついたての上のきまった点で，常に消しあうとか常に強めあうとかすることはできないはずである. ついたての上に明暗の領域が交互に現われるのは，二つの孔を通過した波の位相差がそれぞれの位置できまっているからで，異なる光源から出た光では一定の位相差を保つことはできない.

電子の回折は，ミクロな世界では運動の法則が波動的な性格をもつことを示している. X 線の場合と同じ回折模様を電子に作らせるためには，個々の電子がすべての原子によって散乱されなくてはならない. これは，電子にはっきり定まった軌道があるという考え方とは明らかに矛盾する.

回折現象によって，電子の運動には何かある量の位相が関係していることがわかる.

de Broglie 波長　回折の実験によれば，電子に対しても X 線に対してもその波長を求めることは困難ではない．電子については，波長はその速度ときわめて簡単な関係にあることが知られている．すなわち，実験によれば

$$\mathbf{k} = \frac{\mathbf{p}}{h} \tag{23.1}$$

である．ここに h は作用の次元をもつ普遍定数で，その値は 1.054×10^{-27} erg·sec に等しい（前節を参照）．以前は，この 2π 倍を h と書くのが普通であった．そして，この本の h に対しては $\hbar$ という記号がよく用いられる．

(23.1)の関係は，電子回折の最初の実験が行なわれるより前の 1923 年に，de Broglie によって提唱されていた．次の量

$$\lambda = \frac{2\pi}{k} = \frac{2\pi h}{mv} \tag{23.2}$$

のことを de Broglie 波長とよぶ．

(23.2)は，どんな物体の運動にもある大きさの波長が対応していることを示している．しかし，マクロな物体の運動では，その運動を特徴づける分母の量が大きく，cgs 単位で表わしたとき普通大の値となるので，h との比は極端に小さくなる．したがって，回折現象がおこってマクロ物体に古典力学が適用できなくなることは事実上ない．

古典的概念の適用限界　原子の中の電子に(23.2)をあてはめてみると，いろいろな量の間の関係が，マクロな物体に対するものとは全く異なっていることがわかる．原子の大きさは，X 線の実験からも，またもっと簡単には固体や液体 1 グラム原子の体積を Avogadro 数 $N = 6.024 \times 10^{23}$ で割ることによっても求めることができる．原子の半径 r は 0.5×10^{-8} cm の程度である．原子核のまわりを回る電子の速度 v はこれから容易に計算できる．すなわち，遠心力 $\dfrac{mv^2}{r}$ を核の引力 $\dfrac{e^2}{r^2}$（水素原子）に等しいとおいて

$$v \sim \frac{e}{\sqrt{rm}}.$$

これから，波長は (23.2) によって

$$\lambda \sim \frac{2\pi h}{e} \sqrt{\frac{r}{m}}$$

となる. $m \sim 10^{-27}$ g, $e \sim 4.8 \times 10^{-10}$ Gauss 単位とすれば,波長は r のおよそ6倍の長さであることがわかる. いいかえれば,原子の直径程度の長さの中には電子の波が $\frac{1}{3}$ くらいしかはいらない(これがまた回折現象を特徴づける長さにほかならない). それゆえ,電子の軌道は,いわば原子全体にわたって完全に《ぬりつぶされて》いることになる.

したがって,原子内の電子の運動は波動運動である. 光がその波長と同じ程度の大きさの領域を伝播するときには,光線という概念は存在しない. それと全く同様に,原子内での電子の運動に対しては,電子の軌道の概念は意味をもたないのである.

電子は波ではなくて粒子である　一般に広まっている誤解について一言注意しておく必要がある. 第1に,通俗読物に電子は波であるということがよく書かれているがこれは誤りで,たとえ量子論的に考えたとしても電子は波ではない. むしろ電子が粒子であることは疑う余地がない. たとえば,1個の電子の一部分だけを観測することは不可能である. 回折の実験で,第2のついてのかわりに写真乾板をおいたとすると,各電子があたった位置にそれぞれただ1個の黒い点が出るだけである. また,結晶内を電子が1個ずつ通過する場合にも,電子の現われる位置は,回折模様の相当する位置に点として分布する*. すなわち,電子が波になるのではなくて,ミクロな世界の運動法則が波動的な性格をもっているのである.

回折模様がただ1個の電子だけからは得られないことは明らかである. 各電子はついたての上に1個の点として現われるだけであるから,明暗の正しい縞模様をうるには,そのような点がきわめて多数必要である.

同時にまた,1個の電子が通過する際に,ついたての両方の孔あるいは結晶のすべての原子がこれに実際に関係しない限り,回折は決して起こらない. 回折の実験では,電子の軌道などというものはそもそも存在しないのである. 粒子の運動で真に波動的な現象はあとで述べることにする.

あらゆる性質から見て電子は粒子である. 電子には一定の質量と電荷とが常

---

* Fabrikant, Sushkin, Biberman 等は,これとはやや異なる方法ででではあるが,きわめて微弱な電流を用いた直接実験によってこのことを示した.

に附随していて，どんな回折実験でも，またこれまでに知られているほかのどんな実験でも，それらが分割されることは決してない．

軌道運動と回折現象とは両立しない　誤解のもう一つは，電子は恐らく軌道をもってはいるのであろうが，観測技術が不十分であることと，われわれの物理的知識が不足していることのためにそれが検出できないのだという考え方である．しかし，回折実験が示すように，この場合電子は確かに軌道をもたない．これは，回折した光が光線の形では伝わらないのと全く同様である．物理学の発展によって，いずれは原子内の電子の軌道の存在が示されるだろうと考えるのは，熱理論におけるフロギストンや，天文学における地球中心宇宙の復活を望むのと同様根拠のないことである．

統計的法則性と個々の実験　軌道が存在しないということは，決して法則性がすべて失われたという意味ではない．むしろ逆に，きまった速度をもつ一つ一つの電子で同じ回折実験を何度も行なった場合，結果として必ず回折模様がえられるのである．すなわち，因果的な法則性は確かに存在する．しかしこの場合，結晶中を1個の電子が通過することが一つの独立な実験であるから，この法則性は統計的な性格のもので，個々の実験をきわめて多数回行なった結果として現われるのである．

的に向かって何回も射撃を行なった場合，弾丸の当る位置はある一定の法則にしたがってちらばる．同様に，回折の実験でも，乾板上に現われる点は規則的な分布を示す．しかし，弾丸の場合は的に当った位置が連続的に分布するのに反して，電子が乾板上に作る黒点の分布は，波動運動に特有なもっと複雑なものとなる．弾丸が当る点のちらばりは，発射のときの初期条件に不定さがあるために起こるもので，照準をもっと正確に行なえばこのちらばりは少くなる．これに対して，回折の際のきわめて規則正しいちらばりは，電子の振舞いの不規則性によるもので，電子の速度が一定である限りどうしても減らすことができないのである．

さらに注意すべきことは，回折実験に現われる統計的法則性と，相互作用し合う多数の粒子の集団の運動を支配する統計的法則性とは何の関係もないとい

うことである．すでに何度も述べたように，結晶中を，沢山の電子を同時に通過させようと1個ずつ通過させようと，それとは無関係に同じ回折模様がえられる．このように電子が自分自身で干渉することからだけでも，その運動を支配する何かある位相が存在していることがわかる．

Wilson の霧箱における電子の飛跡　次の問題をさらにくわしく調べてみよう．どのような場合に電子の軌道というものを考えることができるのだろうか？　霧箱，陰極線オシロスコープその他いろいろの装置では，電子の軌道は古典力学によってきわめて正しく計算することができる．しかも霧箱では，電子が運動した道に沿って霧の筋が残る*．

まず，ある条件のもとでは，光もまたはっきりした軌道(すなわち光線)に沿って伝播することを思い出そう．波動ベクトルを定めるとき，その成分の不正確さ Δk_x は次の不等式

$$\Delta k_x \Delta x \gtrsim 2\pi \tag{23.3}$$

にしたがうが((18.9)参照)，この Δk_x が k に比べて小さければ幾何光学が適用できる．電子に対しては，(23.1)から定まる Δk_x をこの式に代入すれば，これに対応する量子論の式

$$\Delta p_x \Delta x \gtrsim 2\pi h ** \tag{23.4}$$

が得られる．これは量子力学におけるいわゆる**不確定性関係**である．電子の軌道という概念は，運動量の3成分の不確定さ $\Delta p_x, \Delta p_y, \Delta p_z$ が運動量の成分自身に比べてはるかに小さい場合，すなわち

$$\Delta p_x \ll p_x, \quad \Delta p_y \ll p_y, \quad \Delta p_z \ll p_z \tag{23.5}$$

の場合には意味をもつ．

問題をはっきりさせるために，これまではすべて《電子》について述べてきた．しかし，同じことは陽子・中性子・中間子その他類似の粒子についても成り立つ．

---

* 電子が気体の中を通過するときには，その道筋に沿って気体分子がイオン化される．したがって，箱の中の水蒸気を飽和させておけば，水蒸気はイオンの上に凝結する．これに光を当てれば，これら微小な水滴が霧の筋となって見える．

** Δp_x と Δx を，p_x と x における《ひろがり》そのものではなく，それらの2乗平均とすることがある．この場合には $\Delta p_x \Delta x \gtrsim h$ となる．

いま，霧箱の実験で，電子の飛跡の幅が 0.01 cm，電子のエネルギーが 1000 eV すなわち 1.6×10^{-9} erg $\left(1\,\mathrm{eV}=\dfrac{4.8\times10^{-10}}{300}\,\mathrm{erg}=1.6\times10^{-12}\,\mathrm{erg}\right)$ であったと仮定しよう．(23.4)によれば，軌道に垂直な運動量成分には，cgs 単位で

$$\frac{6.6\times10^{-27}}{10^{-2}}=6.6\times10^{-25}$$

だけの不確定さがある．一方，運動量自身の大きさは

$$p=\sqrt{2m\mathcal{E}}=\sqrt{2.9\times10^{-36}}=1.7\times10^{-18}$$

である．したがって不等式(23.5)は 4×10^{-7} の精度で満足されている．それゆえ，霧箱の中の飛跡を観測しても，電子の運動が古典力学の法則からはずれていることを検出することはできない．

古典力学の諸概念の限界 このように，量子力学は古典力学を排除するものではなく，むしろ極限の場合としてそれを含んでいる．これは，波動光学が光線の幾何光学を極限の場合として含んでいるのによく似ている．あとで見るように，量子力学でも，エネルギー・運動量・座標・角運動量など古典力学で扱う量を問題にする．しかし，作用量子 h が 0 でないことのために，一つの運動に対して二つの古典的な概念(たとえば座標と運動量)を用いるときにある種の制約が加わる．

電子の運動は波動的であるから，その座標と運動量とは同時には正確な値をもつことができない．これらの量の正確な値をきめようとすることは，波動光学で光線を正確に求めようとするのと同様に物理的に意味のないことである．光学器械をいくら改良しても，波動光学で光線を精密に定義することはできない．それと同じく，電子に関する測定技術がいかに進歩しても，(23.4)の関係で与えられる以上に精密に軌道をきめることはできない．厳密にいうなら，軌道というものがそもそも**存在しない**からである．

(23.4)の関係は時々間違って解釈されることがある．すなわち，よく次のようにいわれる：軌道がきめられないのは，初期条件における正確さが(23.4)の Δp_x と Δx 以上にはならないからである．この考え方によれば，実際には何かある軌道がちゃんと存在しているが，それがある幅の空間領域およびある運動

量範囲にはいっているということしか言えないだけだというのである．この《真の》軌道は，的に向かって弾丸を発射する前に想像する軌道と似たものである．弾丸の道筋は前以て正確にはわからないが，それは単に，火薬の量をどの弾丸についても完全に等しくしておくことができないというだけの理由による，というのがその解釈である．ところで，弾丸の初期条件が不正確であるという場合には，的に当る点の位置のちらばりに対してはなめらかな曲線がえられる．これに反して，電子の場合には，その分布は回折模様を示す．回折がおこったということは，《われわれにはわからないけれども真の》軌道などというものは存在しないということである．実際，(23.4)の関係は，二つの量が同時にどれだけの誤差範囲で測定されるかということではなくて，与えられた運動に際して，それらの量が同時にどの程度正確な意味をもつかを示している．量子力学の**不確定性**原理とはこのことを表わしているのである．《不確定》という言葉は，偶発的な測定誤差や装置の不完全さを問題にしているのではなくて，一つの状態では運動量と座標が実は同時には存在しないということの重要性を強調しているのである．

§24 波動方程式

波動関数　光の回折は光波の振幅が加え合わさるためにおこる．すなわち，波の位相が一致するところではその強度(合成波の振幅の2乗に比例する)は極大となり，位相が逆になるところでは極小となる．電子の回折では，乾板の単位面積あたりに入射する電子の数に比例して乾板上に黒点が生ずるので，それによって光の場合の強度に相当する量が測られる．乾板上の感光した粒子の分布は，極大の部分がきまった間隔で並ぶという点でX線の回折の場合と同じ法則にしたがう．それゆえ，電子の回折を説明するためには，電子の運動にはある波動関数が対応していて，その位相が回折模様を決定するのであると仮定しないわけにはいかない．

この節の終りで述べるように，そのような波動関数は一般に複素数でなければならない．実関数では電子のこのような運動を表わすことはできないからである．

確率密度　電子が結晶中を通過するときには，互いに全く無関係に，いわば1個ずつばらばらに運動する．したがって，体積要素 dV の中に存在する電子の個数は，1個の電子がそこに現われる確率に比例する．光の強度は光波の振幅の2乗に比例するから，それに対応する量である電子の存在確率も同様に，波動関数について2次の量でなくてはならない．しかし，確率は正の実数であるから，それは波動関数の絶対値の2乗に比例するはずである．そこで次のように置く：

$$dw = |\phi(x,y,z,t)|^2 dV. \qquad (24.1)$$

dw は，時刻 t において電子を体積 dV の中に見出す確率である．それゆえ，$|\phi|^2$ は単位体積当りの確率，すなわち確率密度である．

波動方程式は線形である　光学では，波の伝播法則をMaxwellの方程式を基礎として研究する．そして，光の強度は波の振幅を2乗すれば得られる．

それと同様に量子力学でも，確率密度ではなく波動関数 ψ そのものの変化を支配する方程式を見出す必要がある．この方程式は線形でなくてはならない．実際，二つの波が干渉するとき，その結果としてできる波はそれらを単に重ね合わせたものになっている．光の場合と同じ干渉模様を得るためには，波動関数そのものを代数的に加えることが必要で，もとの各関数も，和の関数も共に同一の波動方程式を満足しなくてはならない．ところが，この要求を満たすものは線形方程式の解に限るのである．この場合，波の位相はきわめて本質的な量である．回折の法則を数式に表わすためには，振幅の2乗だけでなく，位相がどのようになっているかを知ることが必要だからである．いいかえれば，粒子の波動関数 $\psi(x,y,z,t)$ そのものに対する方程式を見出さなくてはならない．

自由粒子の波動関数　幾何光学と力学との対比を行なうことによって，外力の作用を受けない自由粒子に対する波動関数を容易につくることができる．すでに知ったように，自由粒子の状態は運動量 $\mathbf{p}$ で表わされる．一方，(23.1) の関係によれば，運動量 $\mathbf{p}$ をもつ粒子には波動ベクトル $\mathbf{k} = \dfrac{\mathbf{p}}{\hbar}$ の波が対応する．したがって，自由粒子の波動関数は，座標の関数としては(複素表示で)次のような形をもつはずである：

$$e^{i\mathbf{k}\mathbf{r}} = e^{i\frac{\mathbf{p}\mathbf{r}}{\hbar}}.$$

時間の関数としての形は，波の周波数が粒子のエネルギーに対応する量であることを思い出せば簡単に求められる．この対応における比例係数は作用の次元をもつ．§22の終りに示したように，この比例係数は，波動ベクトルと運動量の対応における比例係数と同じものである．これは，光学的な量と力学的な量の間の関係が相対論的に不変*であるという条件から導かれたことであった．したがって，

$$\omega = \frac{\mathcal{E}}{\hbar}. \tag{24.2}$$

これから，自由粒子の波動関数として

$$\psi = e^{-i\omega t + i\mathbf{k}\mathbf{r}} = e^{-i\frac{\mathcal{E}t}{\hbar} + i\frac{\mathbf{p}\mathbf{r}}{\hbar}} \tag{24.3}$$

がえられる．また，群速度は

---

* あるいは，少くとも Galilei 変換に対して不変．

$$\mathbf{v} = \frac{\partial \omega}{\partial \mathbf{k}} = \frac{\partial \mathcal{E}}{\partial \mathbf{p}} \qquad (24.4)$$

となり，(22.12)によってこれは確かに粒子の速度と一致する．したがってまた(24.2)が確かめられたことになる．

波動関数と作用との関係　　波動関数(24.3)は次の形に書くことができる：
$$\phi = e^{i\frac{S}{h}}. \qquad (24.5)$$
ただし S は粒子の作用である．実際，(22.9)および(22.11)によって
$$\mathbf{p} = \frac{\partial S}{\partial \mathbf{r}} = \nabla S, \quad \mathcal{E} = -\frac{\partial S}{\partial t}$$
であるから，自由粒子の作用は次のようになる．
$$S = -\mathcal{E}t + \mathbf{pr}. \qquad (24.6)$$
§22 では波の位相と粒子の作用との関係を示したが，(24.5)によって再びこれが確かめられたことになる．

自由粒子の波動方程式　　力学と光学とを対比させる場合に，力学の方程式を相対論的に不変な形に書いておく必要はない．それは，この対比がすでに1825年 Hamilton によってなされていたことを思えば明らかであろう．この対比で重要な点は，運動量と波動ベクトル，エネルギーと周波数，作用と位相の間に対応関係があるということである．今後は，特にことわらない限り，非相対論的な力学の方程式をもとにして話を進めていく．

さて，波動関数(24.3)がみたすべき微分方程式を求めよう．まず
$$\frac{\partial \phi}{\partial t} = -i\frac{\mathcal{E}}{h}\phi, \qquad (24.7)$$

$$\left.\begin{array}{l} \dfrac{\partial \phi}{\partial x} = \dfrac{\partial}{\partial x} e^{-i\frac{\mathcal{E}t}{h} + i\frac{p_x x + p_y y + p_z z}{h}} = i\dfrac{p_x}{h}\phi, \\ \dfrac{\partial^2 \phi}{\partial x^2} = -\dfrac{p_x^2}{h^2}\phi \end{array}\right\} \qquad (24.8)$$

である．これらの式から
$$-\frac{h}{i}\frac{\partial \phi}{\partial t} = \mathcal{E}\phi = \frac{p^2}{2m}\phi = -\frac{h^2}{2m}\left(\frac{\partial^2 \phi}{\partial x^2} + \frac{\partial^2 \phi}{\partial y^2} + \frac{\partial^2 \phi}{\partial z^2}\right) \qquad (24.9)$$

が得られる(ここですでに非相対論的な関係 $\mathcal{E} = \dfrac{p^2}{2m}$ を用いてある). あるいは, ラプラシアン Δ を使えば, 簡単に

$$-\frac{h}{i}\frac{\partial \phi}{\partial t} = -\frac{h^2}{2m}\Delta\phi \tag{24.10}$$

と書ける.

Schrödinger の方程式　次に, 方程式(24.10)を, ポテンシャル U の場の中で運動する粒子の場合に拡張しよう. 方程式(24.9)では自由粒子に対する関係 $\mathcal{E} = \dfrac{p^2}{2m}$ を用いた. したがって, 今度は $\mathcal{E} = \dfrac{p^2}{2m} + U$ に対応して次のように置く:

$$-\frac{h}{i}\frac{\partial \phi}{\partial t} = -\frac{h^2}{2m}\Delta\phi + U\phi. \tag{24.11}$$

この方程式は 1925 年 Schrödinger によって導かれた. かれは, 自由電子に対する de Broglie の関係を束縛電子の場合に拡張することによってこの方程式を得たのである. (これはまた, 電子の回折の発見よりも前のことであった.)

$U = $ 一定 という最も簡単な場合には, (24.3)で $p = \sqrt{2m(\mathcal{E} - U)}$ とすれば, (24.10)を導いたときと全く同様の考えで(24.11)を導くことができる. さらにここでもう1歩進めれば, ポテンシャル U が変化する場合への拡張も行なうことができる.

しかし, これによって, Schrödinger の方程式が量子論以前の物理学の方程式から導かれたと考えてはならない. なぜなら, Schrödinger の方程式は新しい物理法則を述べているからである.

新しい物理学と古典物理学との関係を見るには, 波動光学から幾何光学へ移るときと全く同様な極限操作を行なえばよい.

古典力学への極限移行　波動関数(24.5)を方程式(24.11)に代入してみよう. その結果の式は, 前に述べたような極限をとった場合にも成り立たなくてはならない. なぜなら, このときには, 波の等位相面 $\varphi = $ 一定 が粒子の等作用面 $S = $ 一定 に対応するからである:

$$\varphi = \frac{S}{h}. \tag{24.12}$$

§22 では，単に形式的な対応関係しか述べられなかったが，新しい普遍定数 h を導入したために，今度は等式で表わすことができる．すなわち，

$$\phi = e^{i\frac{S}{h}}$$

と置けば，これから

$$\frac{\partial \phi}{\partial t} = \frac{i}{h}\frac{\partial S}{\partial t}\phi,$$

$$\frac{\partial \phi}{\partial x} = \frac{i}{h}\frac{\partial S}{\partial x}\phi,$$

$$\frac{\partial^2 \phi}{\partial x^2} = \frac{i}{h}\frac{\partial^2 S}{\partial x^2}\phi - \frac{1}{h^2}\left(\frac{\partial S}{\partial x}\right)^2 \phi.$$

これらを方程式(24.11)に代入して ϕ を消去すれば，

$$-\frac{\partial S}{\partial t} = \frac{1}{2m}\left[\left(\frac{\partial S}{\partial x}\right)^2 + \left(\frac{\partial S}{\partial y}\right)^2 + \left(\frac{\partial S}{\partial z}\right)^2\right] - \frac{ih}{2m}\Delta S + U \quad (24.13)$$

が得られる．

量子力学からその極限として古典力学へ移るには，運動の起こる領域の大きさに比べて de Broglie 波長がはるかに小さいと考えればよい．一方，波長は作用量子 h に比例するから，極限移行は形式的に h を 0 に近づければよい．これは，作用の次元をもつすべての量が h に比べてはるかに大きく，それらに対して h を無視することができるということを表わしている．方程式(24.13)で $h \to 0$ の極限をとれば

$$-\frac{\partial S}{\partial t} = \frac{(\nabla S)^2}{2m} + U, \quad (24.14)$$

あるいは，(22.9) と (22.11) を用いれば $\mathcal{E} = \frac{p^2}{2m} + U$ がえられる．

ここで行なったことは，§22 で波動光学から幾何光学へ移るときにとった方法をほとんどそのまま繰返したことになっている．

古典論と量子論の対応関係　Schrödinger の方程式の極限として，正しい古典力学の方程式が確かに導かれることがわかった．Schrödinger の方程式を含む四つの方程式の対応関係は，いわば次のようになっている：

§24 波動方程式

$$\begin{array}{ccc} \text{幾何光学} & \longrightarrow & \text{古典力学} \\ \downarrow & & \downarrow \\ \text{波動光学} & \longrightarrow & \boxed{\text{量子力学}} \end{array}$$

下向きの矢印は光線または軌道から波動の形態に移ることを示し，右向きの矢印は波から粒子への移行を示している．ただし，ここで問題にしているのは古典電磁力学である．というのは，量子論的な場の方程式に移行するには，粒子的な表示が必要になるからである(§27)．ここでは量子力学と古典的な波動光学の類似だけを考えている．

いろいろな理論の適用限界 量子力学と波動光学がそれぞれ適用される領域には重なり合う部分はない．波動光学すなわち電磁力学では，光速度 c は有限であるが作用量子 h はいくらでも小さい量であると考える．一方，非相対論的量子力学では，c はいくらでも大きく h は 0 でないと考える．h と c が共に有限であるような(すなわち，速度の範囲が c の程度にまで達し，作用の次元をもつ量が h の程度であるような)電磁場の量子論もまた，その本質的な部分は現在すでに完成されている．少くとも，量子電磁力学を適用しなくてはならない具体的な問題はいくらでも精密に一義的に解くことができ，その結果は実験と一致する．光量子が独立した粒子として存在するということは，量子電磁力学の方程式を立てるための附加的な仮説というようなものではない．むしろ，電磁場の方程式を矛盾のないように量子化すれば，必然的に粒子性が現われて来るのである（くわしくは§27を参照）．

粒子の非相対論的量子力学（$\mathscr{E} = \dfrac{p^2}{2m} + U$ の関係を基礎とする）は，それが適用される領域では Newton 力学と同様に完成された理論である．波動方程式 (24.11) は，Newton 力学と同じく，粒子の速度が光速度に比べてはるかに小さい場合にしか正しくない．しかし量子力学は，その適用範囲内では，Newton の法則がマクロな物体の運動に対してもっているのと同様な確固たる基礎の上に立っている．

その理由はどちらについても全く同様である．すなわち，非相対論的量子力学も Newton 力学も，きわめて広汎な実験データと矛盾する所なく一致し，正しくしかも一義的な予言を行なうことができるからである．しかも，両者と

もどこにも矛盾を含んでいない．物理学の理論が正しいためには，それが矛盾を含まないというだけではもちろん十分ではないが，この条件は少くとも必要ではある．Bohr の理論，すなわちいわゆる前期量子論はこの要請をみたしていない．すなわち，この理論は古典的な軌道の概念を使っていると同時に，状態が離散的であるという量子的な概念をも含んでいるからである．それゆえ，Bohr の理論がこれまでたとえどんなに広い範囲の実験事実を説明できたにしても，Bohr が行なったような量子論の定式化は最終的なものではありえず，当然改められるべきだったのである．

原子構造についての矛盾のない理論は量子力学によって建設された．複雑な原子の中にある電子に対する波動関数を実際に計算することは，数学的に極度に複雑な問題である*．しかし，もちろん，複雑な原子のスペクトルを計算することが量子力学の本来の使命ではない．重要な点は，古典力学では原子の安定性を説明することさえもできなかったのに，量子力学では原子や分子の状態を組織的に分類することができ，それによってスペクトルの本質がわかったということである．原子の化学親和力，Mendeleyev の周期律など根本的に重要な事実が，現在では量子力学によって説明されている．

量子力学は今後いろいろな具体的問題を解く方法にみがきをかけて行くであろうが，それには量子力学の一般原理の正しさが基礎となっているのである．

波動関数の規格化の条件　　波動方程式(24.11)にもどって考えよう．ここでは，波動関数 ψ とその共役複素関数 ψ^* に対して波動方程式を書いてみる．ψ^* に対しては i を $-i$ で置きかえて

$$-\frac{h}{i}\frac{\partial \psi}{\partial t} = -\frac{h^2}{2m}\Delta\psi + U\psi,$$

$$\frac{h}{i}\frac{\partial \psi^*}{\partial t} = -\frac{h^2}{2m}\Delta\psi^* + U\psi^*.$$

第1式に ψ^*，第2式に ψ をかけて辺々引けば，$\psi^* U \psi$ の項は消えて，

$$-\frac{h}{i}\left(\psi^*\frac{\partial \psi}{\partial t} + \psi\frac{\partial \psi^*}{\partial t}\right) = -\frac{h^2}{2m}(\psi^*\Delta\psi - \psi\Delta\psi^*) \quad (24.15)$$

---

* Fock による近似法のおかげで，この問題は著しく簡単化された．

§24 波動方程式

となる.

左辺は
$$-\frac{h}{i}\frac{\partial}{\partial t}(\phi^*\phi) = -\frac{h}{i}\frac{\partial}{\partial t}|\phi|^2$$

と書ける. また, 右辺は
$$-\frac{h^2}{2m}(\phi^*\Delta\phi - \phi\Delta\phi^*) = -\frac{h^2}{2m}(\phi^*\operatorname{div}\operatorname{grad}\phi - \phi\operatorname{div}\operatorname{grad}\phi^*)$$
$$= -\frac{h^2}{2m}\operatorname{div}(\phi^*\operatorname{grad}\phi - \phi\operatorname{grad}\phi^*)$$

となる(公式(11.27)参照). 結局,
$$\frac{\partial}{\partial t}|\phi|^2 = -\operatorname{div}\left\{\frac{h}{2mi}(\phi^*\nabla\phi - \phi\nabla\phi^*)\right\}. \qquad (24.16)$$

この方程式の左辺は, 空間内のある点の近傍に粒子を見出す確率密度の時間微分である. いま, 粒子が存在しうる全領域にわたってこの式を積分してみよう. その体積が有限である場合には, 境界の外では ϕ も ϕ^* も 0 でなければならない. そのときには, Gauss-Ostrogradskii の定理によって

$$\frac{d}{dt}\int|\phi|^2 dV = 0 \qquad (24.17)$$

である. したがって, $|\phi|^2$ の積分は時間によらない. この積分は電子がどこでもよいからともかくも存在する確率, すなわち確実におこる事象の確率であるから, その値は 1 でなければならない. 条件

$$\int|\phi|^2 dV = 1 \qquad (24.18)$$

のことを波動関数の**規格化の条件**とよぶ.

電子の運動領域が無限に広い場合, すなわち ϕ がどこでも 0 にならない場合には, 規格化の条件はもっと面倒な形をとる. しかし実際には, 電子の存在する領域の体積は非常に大きいけれどもいつも有限であると考えることができるので条件(24.18)を用いることができる. その際, 体積をどうとるかによって結果が物理的に変わるようなことがないことはもちろんである.

確率の流れの密度　方程式(24.16)を勝手な体積について積分すれば,

$$\frac{d}{dt}\int |\phi|^2\, dV = -\int \mathrm{div}\, \frac{h}{2mi}(\phi^*\nabla\phi - \phi\nabla\phi^*)\, dV$$
$$= -\int \frac{h}{2mi}(\phi^*\nabla\phi - \phi\nabla\phi^*)\, d\mathbf{f}. \qquad (24.19)$$

左辺を，与えられた体積の内部に電子を見出す確率の時間変化であるとすれば，右辺は，その境界面を通過する確率の流れと解釈しなくてはならない．したがって，確率の流れの密度は

$$\mathbf{j} = \frac{h}{2mi}(\phi^*\nabla\phi - \phi\nabla\phi^*) \qquad (24.20)$$

である．

もし波動関数が実数であるとすれば $\mathbf{j}=0$ となるから，これは電子の流れを表わすことができない．したがって，ϕ は一般に複素量でなければならない．

定常状態を表わす方程式 位置エネルギーが時間をあらわには含まないものと仮定しよう．この場合，古典力学では系のエネルギーは保存される．そのような系の作用は $-\mathcal{E}t$ という項を含む．一方，量子力学では $\phi = e^{i\frac{S}{\hbar}}$ であるから，波動関数としては

$$\phi = e^{-i\frac{\mathcal{E}t}{\hbar}}\phi_0(x, y, z) \qquad (24.21)$$

という形のものを考えるべきであろう．これを (24.11) に代入し，添字 0 を除けば，方程式

$$-\frac{h^2}{2m}\Delta\phi + U\phi = \mathcal{E}\phi \qquad (24.22)$$

が得られる．

次の節で見るように，$\mathcal{E}$ の値を勝手に与えたのでは，この方程式は一定の条件をみたすような解をいつももつとは限らない．すなわち，古典力学とちがって，量子力学ではエネルギーを勝手に与えることができないのである．

問 題

エネルギーの異なる値 $\mathcal{E}$ および $\mathcal{E}'$ に対して方程式 (24.22) が解を持つとすると，それらの解に対しては

§24 波動方程式

$$\int \phi^*(\mathbf{r}, \mathcal{E})\phi(\mathbf{r}, \mathcal{E}')dV = 0$$

が成り立つことを示せ．

(解) 関数 $\phi^*(\mathbf{r}, \mathcal{E})$ と $\phi(\mathbf{r}, \mathcal{E}')$ は次の各方程式を満足する：

$$-\frac{h^2}{2m}\Delta\phi^* + U\phi^* = \mathcal{E}\phi^*,$$

$$-\frac{h^2}{2m}\Delta\phi + U\phi = \mathcal{E}'\phi.$$

第1式に ϕ，第2式に ϕ^* をかけて辺々引き，全空間にわたって積分する．(24.19)を導いたときと同様に体積分を面積分に直せば，結局

$$(\mathcal{E}-\mathcal{E}')\int \phi^*(\mathbf{r}, \mathcal{E})\phi(\mathbf{r}, \mathcal{E}')dV = 0$$

がえられる．それゆえ，もし $\mathcal{E} \neq \mathcal{E}'$ ならば積分は 0 となる．

これがいわゆる波動関数の直交性である．これは量子力学における最も重要な原理の一つで，§30 でもっと一般的に論ずることにする．

§25 量子力学におけるいくつかの問題

この節では，いくつかの場合について波動方程式の解を求める．これらの例は，一つには具体的な説明に都合がよいということ，いま一つには後の準備として役立つということから選んだものである．というものの，多くの重要な法則がこれらの例により説明される．

われわれはすでに，自由粒子に対する波動方程式の解を(24.3)の形に求めた．ここでは束縛粒子に対する解を調べることにする．

無限に深い井戸型ポテンシャルの中の粒子(1次元)　　粒子が長さaの区間内を1次元的にだけ運動できると仮定しよう．すなわち，$0 \leqslant x \leqslant a$とする．$x = 0$と$x = a$には粒子を全然透過させない壁があって，そこでは粒子は反射されると考えるのである．この型の束縛は，図36に示すような位置エネルギーによって表わされる．$x < 0$および$x > a$では$U = \infty$である．また，$0 \leqslant x \leqslant a$では$U = 0$と定める(位置エネルギーには定数だけの任意性がある)．$0 \leqslant x \leqslant a$の領域の外に出るためには，粒子は無限大の仕事をしなければならないことになる．したがって，$x = 0$あるいは$x = a$に粒子が存在する確率は0に等しい．すなわち，(24.1)により

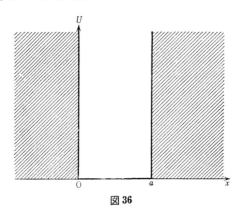

図 36

§25 量子力学におけるいくつかの問題

$$\phi(0) = \phi(a) = 0 \tag{25.1}$$

である.この境界条件が正しいことは,有限深さのポテンシャルの場合の極限をとることによっても示すことができる.このことはあとで行なう.

位置エネルギーが時間によらないから波動方程式は (24.22) の形に書かれる.運動は1次元的であるから,Δ のかわりに $\dfrac{d^2}{dx^2}$ と置いて

$$-\frac{h^2}{2m}\frac{d^2\phi}{dx^2} = \mathcal{E}\phi. \tag{25.2}$$

簡単のために

$$\frac{2m\mathcal{E}}{h^2} \equiv \kappa^2 \tag{25.3}$$

と置けば,波動方程式は

$$\frac{d^2\phi}{dx^2} = -\kappa^2\phi \tag{25.4}$$

となる.この方程式の解は

$$\phi = C_1 \sin \kappa x + C_2 \cos \kappa x. \tag{25.5}$$

境界条件 (25.1) の $\phi(0)=0$ によって $C_2=0$ となり,cos の項は消える.したがって

$$\phi = C_1 \sin \kappa x. \tag{25.6}$$

次に,第2の境界条件を用いれば,

$$\phi(a) = C_1 \sin \kappa a = 0. \tag{25.7}$$

これは κ に関する方程式で,解は無数に存在する:

$$\kappa a = (n+1)\pi, \tag{25.8}$$

ただし

$$n = 0, 1, 2, \cdots\cdots. \tag{25.9}$$

$n=-1$ を除いたのは,もし $n=-1$ とすると $\phi = \sin 0 = 0$ となって波動関数はいたる所で 0,したがって $|\phi|^2 = 0$ となり,ϕ は粒子がどこにも存在しないという《つまらない解》を表わすことになるからである*.(25.8) の κ に (25.3) を代入し,エネルギーについて解けば

---

* $n=-2,-3,\cdots\cdots$ に対するものは $n=1,2,\cdots\cdots$ に対するものと (25.6) の符号が違うだけであるから,独立なのは (25.9) で尽きる.(訳者)

$$\mathcal{E}_n = \frac{\pi^2 h^2}{2ma^2}(n+1)^2 \qquad (25.10)$$

がえられる．

エネルギーの固有値と固有関数　波動関数に課せられた境界条件は，与えられた問題を解く場合に，波動方程式そのものと同様に必要なものである．式(25.10)からわかるように，境界条件はエネルギーのすべての値に対してみたされるわけではなく，その問題に固有な，あるきまった数列に属するエネルギーの値に対してだけ満足される．あとで見るように，これらの数は条件によってはとびとびの数列になることもあるし，また連続的な値をとることもある．これらを量子力学系のエネルギーの**固有値**とよぶ．またエネルギーの各固有値に属する波動関数のことを**固有関数**という．

前の例は，エネルギーの固有値がとびとびの値をとる最も簡単な場合である．一方，自由粒子のエネルギー固有値は連続的な値をとる．実際，自由粒子の波動関数に課せられる唯一の条件は，それがいたる所で有限になることである．（波動関数の絶対値の2乗が空間内の一点に粒子を見出す確率だからである．）そして，関数(24.3)は $\mathbf{p}$ および $\mathcal{E}$ のすべての実数値に対して有限になっている．

粒子のエネルギーの固有値をすべてひとまとめにして**エネルギースペクトル**とよぶ．無限に深い井戸型ポテンシャルに対しては，エネルギースペクトルは離散的である．これに対して，自由粒子のエネルギースペクトルは連続的である．

定常状態に対する Schrödinger の方程式(24.22)を解くときには，必ずエネルギースペクトルを求める問題が出て来る．Bohr の理論では，電子が古典力学の法則に従って運動するという条件のほかに，状態が離散的であるという条件を加えてはじめて問題が解けたのに対して，量子力学では運動の性質そのものがエネルギースペクトルを決定するのである．このことは以下の例を見れば特によくわかるであろう．

波動関数の零点　(25.6)の関数 ψ は区間 $(0, a)$ の内部で n 回だけ 0 となる．

波動関数の零点(節点)の数はエネルギー固有値の番号に等しい.

このことは次のように考えれば容易に理解できる.すなわち,$n=0$ に対しては,区間 $(0,a)$ の内部には正弦波がちょうど半分だけおさまり,$n=1$ に対してはちょうど一つの波が完全におさまり,$n=2$ に対しては波が一つ半だけおさまり,……というようになっている.したがって n が大きいほど de Broglie 波長 λ は小さい.一方,エネルギーは運動量の 2 乗に比例するから,(23.2)によってこれはまた波長 λ の 2 乗に逆比例する.したがって,λ が小さいほどエネルギーは大きい.このことは,厳密な正弦波でないような波動関数についても定性的には成り立ち,波動関数の零点の数が多いほどそのエネルギーの値は大きい(定量的な関係は正弦波の場合とは異なる).エネルギーが最小の状態は,区間の両端を除けば零点をもたない.これを**基底状態**(正常状態)とよび,それ以外の状態のことを**励起状態**という.

波動関数の規格化 波動関数(25.6)を完全に決定するには係数 C_1 を定めなくてはならない.これは規格化の条件(24.18)からきまる:

$$\int_0^a |\phi|^2 dx = C_1^2 \int_0^a \sin^2 \kappa x\, dx = C_1^2 \int_0^a \frac{1-\cos 2\kappa x}{2} dx$$
$$= C_1^2 \left(\frac{x}{2} - \frac{\sin 2\kappa x}{4\kappa}\right)\Big|_0^a = \frac{C_1^2 a}{2} = 1.$$

(第 4 辺の $\sin 2\kappa x$ は(25.8)によって区間の両端で 0 になる.)すなわち,

$$C_1 = \sqrt{\frac{2}{a}}, \tag{25.11}$$

$$\phi_n = \sqrt{\frac{2}{a}} \sin \frac{(n+1)\pi x}{a}. \tag{25.12}$$

実数の波動関数 波動関数(25.12)は実数である.それゆえ,(24.20)によって,この状態では確率の流れは 0 である.このことはまた次のように考えてもわかる.すなわち,波動関数(25.12)は二つの指数関数の和の形に書くことができる.これに時間因子をかければ,一方は運動量 $p=\hbar\kappa$ の自由粒子,他方はこれと大きさが同じで反対符号の運動量をもつ自由粒子の波動関数である((24.3)参照).それゆえ,波動関数(25.12)で与えられる状態は,反対符号の

運動量をもつ振幅の等しい二つの状態の重ね合せである．ポテンシャルの井戸の中で運動する粒子の平均の運動量は，古典力学によれば0に等しい．壁で反射するごとに粒子の運動量は符号を変えるからである．この意味で，量子的な運動に対しても，平均の運動量は0に等しいということができよう．しかし，古典論的な運動量は各瞬間ごとにきまった値をもっているのに対して，ポテンシャルの井戸の中にある粒子の量子的な運動量はきまった値をもたないという点が異なっている．これは，波動関数が互いに反対符号の運動量の状態を含んでいるからである．実は，このことは不確定性原理と関係がある．粒子の座標が $0 \leq x \leq a$ の範囲に限られているために，運動量ははっきりした値をもつことができないのである．

四角い井戸型ポテンシャルの問題では，不確定性は単に運動量の符号だけに関係しているので，運動量の2乗はきまった値をもっていることを付け加えておこう．この場合には，運動量の2乗はエネルギーに比例する．しかし，勝手な形のポテンシャルの場合には，運動量の2乗もまたきまった値をもたない．

無限に深い井戸型ポテンシャルの中の粒子(3次元)　　次に，稜の長さ a_1, a_2, a_3 の箱の中に粒子が閉じこめられているとしよう．境界条件(25.1)を一般化すれば，波動関数は箱の各面で0に等しくなければならないことになる．すなわち，

$$\phi(0,y,z) = \phi(x,0,z) = \phi(x,y,0)$$
$$= \phi(a_1,y,z) = \phi(x,a_2,z) = \phi(x,y,a_3) = 0. \quad (25.13)$$

波動方程式は3次元の形をとる：

$$-\frac{h^2}{2m}\left(\frac{\partial^2\phi}{\partial x^2}+\frac{\partial^2\phi}{\partial y^2}+\frac{\partial^2\phi}{\partial z^2}\right) = \mathcal{E}\phi. \quad (25.14)$$

解を次の形に書くと都合がよい：

$$\phi = C\sin\kappa_1 x \sin\kappa_2 y \sin\kappa_3 z. \quad (25.15)$$

cos の項がないのは，境界条件(25.13)の第1行目を満足させるためである．解(25.15)を方程式(25.14)に代入し，(25.15)の各因子について

$$\frac{d^2}{dx^2}\sin\kappa_1 x = -\kappa_1^2 \sin\kappa_1 x \quad (25.16)$$

などの関係が成り立つことを用いれば,
$$\Delta\psi = -(\kappa_1^2+\kappa_2^2+\kappa_3^2)\psi$$
がえられる．したがって方程式(25.14)を満足させるためには，エネルギーは
$$\mathcal{E} = \frac{h^2}{2m}(\kappa_1^2+\kappa_2^2+\kappa_3^2) \tag{25.17}$$
の形でなければならない．定数 $\kappa_1, \kappa_2, \kappa_3$ は境界条件(25.13)の第2行目からきまる．(25.15)の各因子はそれぞれ $x=a_1, y=a_2, z=a_3$ で 0 にならなくてはならない．すなわち,
$$\left.\begin{array}{ll}\sin\kappa_1 a_1 = 0, & \kappa_1 a_1 = n_1\pi, \\ \sin\kappa_2 a_2 = 0, & \kappa_2 a_2 = n_2\pi, \\ \sin\kappa_3 a_3 = 0, & \kappa_3 a_3 = n_3\pi.\end{array}\right\} \tag{25.18}$$
ここに n_1, n_2, n_3 は正の整数である*(どれかが 0 に等しいと ψ が箱の中の至る所で0になってしまう).

(25.18)の $\kappa_1, \kappa_2, \kappa_3$ を(25.17)に代入すれば，エネルギーの固有値として,
$$\mathcal{E}_{n_1 n_2 n_3} = \frac{\pi^2 h^2}{2m}\left(\frac{n_1^2}{a_1^2}+\frac{n_2^2}{a_2^2}+\frac{n_3^2}{a_3^2}\right) \tag{25.19}$$
がえられる．可能な最低のエネルギーは
$$\mathcal{E}_{111} = \frac{\pi^2 h^2}{2m}\left(\frac{1}{a_1^2}+\frac{1}{a_2^2}+\frac{1}{a_3^2}\right) \tag{25.20}$$
であるから，$\mathcal{E}=0$ にはなりえないことがわかる．

可能な状態の数の計算　三つの数 n_1, n_2, n_3 の組を与えると粒子の一つの状態がきまる．いま，数 n_1, n_2, n_3 のそれぞれが1に比べて十分大きいとしよう．そのような数は微分することができる．すなわち，例えば dn_1 は，n_1 に比べると小さいが，多くの整数の値を含んでいると考えるのである．そうすれば，区間 dn_1 内にはちょうど dn_1 個の整数が含まれていて $1 \ll dn_1 \ll n_1$ となる(区間 dn_2 および dn_3 についても同様)．いま，三つの座標軸の上に $n_1, n_2,$ n_3 を目盛ることにしよう．そしてこの空間で，体積が $dn_1 dn_2 dn_3$ の無限小の

---
* n の負の値をとらないでよいことは289頁の脚注と同じである．(訳者)

平行六面体を作ったとする．上に述べたように，この平行六面体の内部には，三つの整数の組を表わす点が $dn_1 dn_2 dn_3$ 個存在する．その各点は，箱の中の粒子が取りうる状態に対応している．すなわち，考えている領域内にある状態の数は，全部で

$$dN(n_1, n_2, n_3) = dn_1 dn_2 dn_3 \tag{25.21}$$

だけあることになる．(25.18) の $\kappa_1, \kappa_2, \kappa_3$ を代入すれば，状態の数を表わす式として

$$dN(n_1, n_2, n_3) = \frac{a_1 a_2 a_3 d\kappa_1 d\kappa_2 d\kappa_3}{\pi^3} = \frac{V d\kappa_1 d\kappa_2 d\kappa_3}{\pi^3} \tag{25.22}$$

がえられる．ここに $V = a_1 a_2 a_3$ は箱の体積である．数 $\kappa_1, \kappa_2, \kappa_3$ は正の値だけをとる．

前に述べたように，κ の一つの値に運動量成分の二つの値(大きさが等しく符号が反対)が対応する．それゆえ，区間 $d\kappa_1$ と $\dfrac{dp_1}{h} \equiv \dfrac{dp_x}{h}$ に含まれる状態の数を比べる場合には，後者に対しては状態の数を半分にしなくてはならない．したがって，運動量空間の体積 $dp_x dp_y dp_z$ の中に含まれる状態の数は

$$dN(p_x, p_y, p_z) = \frac{V dp_x dp_y dp_z}{(2\pi h)^3} \tag{25.23}$$

で与えられる．ここに p_x, p_y, p_z は，それぞれ $-\infty$ から ∞ までのすべての実数値をとる．

(25.23) は不確定性関係 (23.4) と一致している．すなわち，もし運動が x 軸上で長さ a_1 の区間だけに限られているとすれば，運動量成分が $\dfrac{2\pi h}{a_1}$ より小さくないような状態だけが互いに物理的に異なるものと見なされる．それゆえ，区間 dp_x の中には $\dfrac{dp_x}{\frac{2\pi h}{a_1}} = \dfrac{a_1 dp_x}{2\pi h}$ 個の状態が存在する．そこで積 $\dfrac{a_1 dp_x}{2\pi h} \cdot \dfrac{a_2 dp_y}{2\pi h} \cdot \dfrac{a_3 dp_z}{2\pi h}$ を作れば (25.23) が得られる．

(23.4) および (18.10) の右辺をそれぞれ $2\pi h$ および 2π としておいたのは，実は，不確定性関係から求めた状態の数を波動方程式から厳密に導かれる結果と係数まで一致させるためだったのである．

次に，独立変数を少し変えて状態の数を考えてみよう．図 37 のように，κ_1,

κ_2, κ_3 軸をとり，この《空間》に
$$\kappa_1{}^2+\kappa_2{}^2+\kappa_3{}^2 = \kappa^2$$
で表わされる球面をとる．$\kappa_1, \kappa_2, \kappa_3$ はいずれも正数であるから，問題になるのは球面の $\dfrac{1}{8}$ の部分だけである(図 37)．半径 κ および $\kappa+d\kappa$ の二つの球面の間にはどれだけの数の状態が含まれているだろうか？ 状態の数は，(25.22)をこの部分全体にわたって積分したものである．すなわち，

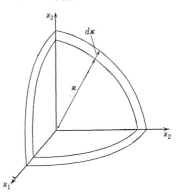

図 37

$$dN(\kappa) = \int dN(\kappa_1, \kappa_2, \kappa_3) = \frac{V 4\pi\kappa^2 d\kappa}{8\pi^3} = \frac{V\kappa^2 d\kappa}{2\pi^2}. \quad (25.24)$$

この式は，二つの球面にはさまれた $\dfrac{1}{8}$ の部分の体積が $\dfrac{4\pi\kappa^2}{8}d\kappa$ であることから明らかであろう．一方，(25.17)によって，κ と粒子のエネルギー $\mathcal{E}$ との間にはきわめて簡単な関係がある：

$$\kappa = \frac{\sqrt{2m\mathcal{E}}}{h}.$$

それゆえ，

$$dN(\mathcal{E}) = \frac{V m^{\frac{3}{2}} \mathcal{E}^{\frac{1}{2}} d\mathcal{E}}{\sqrt{2}\,\pi^2 h^3}. \quad (25.25)$$

すなわち，エネルギーが $\mathcal{E}$ と $\mathcal{E}+d\mathcal{E}$ との間に含まれる状態の数は $\mathcal{E}^{\frac{1}{2}}$ に比例して増加する．(1次元の場合には $dN = dn = \dfrac{a d\kappa}{\pi} = \dfrac{a m^{\frac{1}{2}} d\mathcal{E}}{\sqrt{2}\,\pi h \mathcal{E}^{\frac{1}{2}}}$ である．) (25.25)はあとの議論できわめて重要となる．この式には稜の長さ a_1, a_2, a_3 の比が含まれず，単に箱の体積 V だけが現われていることに注意しよう．(25.25)の結果は，基底状態のエネルギーに比べて十分大きいエネルギー固有値についてならば一般に成り立つことが数学的に示される．すなわち，状態の数は粒子を入れた容器の体積に比例し，容器の形にはよらないのである．

有限深さの1次元井戸型ポテンシャル　次に，深さが有限の1次元井戸型ポテンシャルを考えよう．ポテンシャルは次のようなものであるとする．すな

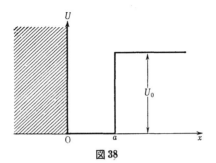

図 38

わち, $-\infty \leqq x < 0$ で $U=\infty, 0 \leqq x \leqq a$ で $U=0, a < x \leqq \infty$ で $U=U_0 > 0$ とする. いいかえれば, 位置エネルギーは, $x<0$ では無限大, $x \geqq 0$ では幅 a の座標原点近傍(井戸に相当する)を除いて至る所 U_0 である(図38)*.

解の解析的な形は井戸の内と外とで異なるから, 境界で波動関数をつなぎ合わせるための条件を見つけなければならない.

いま, 波動方程式

$$-\frac{h^2}{2m}\frac{d^2\phi}{dx^2}+U\phi=\mathcal{E}\phi \qquad (25.26)$$

の両辺を, 位置エネルギーの不連続点 $x=a$ を含む狭い区間 $a-\delta \leqq x \leqq a+\delta$ にわたって積分すれば,

$$-\frac{h^2}{2m}\left[\left(\frac{d\phi}{dx}\right)_{a+\delta}-\left(\frac{d\phi}{dx}\right)_{a-\delta}\right]=\int_{a-\delta}^{a+\delta}(\mathcal{E}-U)\phi\,dx. \qquad (25.27)$$

U は井戸のへりで不連続ではあるが, 右辺の積分区間の中では至る所有限である. それゆえ, δ を0に近づければ右辺の積分も0に近づく. したがって, この式の左辺もまた0となる. すなわち

$$\left(\frac{d\phi}{dx}\right)_{a+0}=\left(\frac{d\phi}{dx}\right)_{a-0}, \qquad (25.28)$$

つまり, 波動関数の右からの微係数と左からの微係数とは等しい.

---

* 3次元の波動方程式が1次元の波動方程式に帰着することを§19で示した. ただ, 3次元の場合とちがい, 1次元の方程式の独立変数 r はその意味からいって当然正の値しかとらない. この条件は, $r=0$ の位置に無限に高い壁を置いたとすれば形式的にみたされる. 図38は, 実は粒子の角運動量が0の場合の球対称井戸型ポテンシャルを表わしているのである. この場合には, 位置エネルギーの式の中に《遠心力》による項がはいって来ない((5.8)と(31.5)参照).

§25 量子力学におけるいくつかの問題

井戸が無限に深い場合には，(25.27)の積分が値をもたないから上の議論はあてはまらない．しかし，方程式(25.26)の解はすべて微係数の有限な関数(指数関数，三角関数)であるから，$x = a \pm \delta$ で微係数 $\dfrac{d\phi}{dx}$ はともかくも有限である．

次に，波動関数自身も境界で不連続にはならないことを，極限移行によって示そう．最初 U は幅 δ の狭い区間内で有限の値だけ変化するとし，そこでの関数 ϕ の値の変化を Δ とする．極限をとる前にはこの区間での ϕ の微係数は $\dfrac{d\phi}{dx} \sim \dfrac{\Delta}{\delta}$ の程度の大きさであるから，$\delta \to 0$ の極限では発散する．いま，方程式(25.26)の両辺に ϕ をかけ，第1項を次の式にしたがって変形する：

$$\phi \frac{d^2\phi}{dx^2} = \frac{d}{dx}\left(\phi \frac{d\phi}{dx}\right) - \left(\frac{d\phi}{dx}\right)^2.$$

$a - \delta$ から $a + \delta$ まで積分すれば

$$\left(\phi \frac{d\phi}{dx}\right)_{a+\delta} - \left(\phi \frac{d\phi}{dx}\right)_{a-\delta} - \int_{a-\delta}^{a+\delta} \left(\frac{d\phi}{dx}\right)^2 dx = -\int_{a-\delta}^{a+\delta} \frac{2m}{\hbar^2}(\mathcal{E} - U)\phi^2 dx. \tag{25.29}$$

さて，帰謬法によって上に述べたことを証明しよう．すでに示したように微係数 $\dfrac{d\phi}{dx}$ は連続であるから，(25.29)の左辺のはじめの2項は次のように書かれる：

$$\left(\phi \frac{d\phi}{dx}\right)_{a+\delta} - \left(\phi \frac{d\phi}{dx}\right)_{a-\delta} = [\phi(a+\delta) - \phi(a-\delta)]\left(\frac{d\phi}{dx}\right)_{a+\delta}.$$

ϕ が急激に変化すると仮定した区間内では，$\dfrac{d\phi}{dx}$ は $\dfrac{\Delta}{\delta}$ の程度の大きさである．しかし，区間のはしでは，ϕ は δ の値によらない有限の値にもどる．それゆえ，上の項は $\Delta \cdot \left(\dfrac{d\phi}{dx}\right)_{a+\delta}$ の程度の大きさである．(25.29)の左辺の残りの積分は

$$\int_{a-\delta}^{a+\delta} \left(\frac{d\phi}{dx}\right)^2 dx \sim 2\delta \cdot \left(\frac{\Delta}{\delta}\right)^2 = \frac{2\Delta^2}{\delta}$$

で，これは $\delta \to 0$ のとき限りなく大きくなる．一方，(25.29)の右辺は $\delta \to 0$ のとき有限であるから，ϕ が有限の不連続 Δ をもつとすると矛盾がおこる．したがって $\dfrac{d\phi}{dx}$ と共に ϕ 自身も $x = a$ で連続である．

二つの領域の解　区間 $0 \leqslant x \leqslant a$ (井戸の中)における波動方程式は次の形

をもつ：

$$-\frac{h^2}{2m}\frac{d^2\phi}{dx^2} = \mathcal{E}\phi.$$

これの解として

$$\phi = C_1 \sin \kappa x \tag{25.30}$$

をとろう．κは(25.3)で定義される．解として sin だけをとったのは，ポテンシャルの井戸の左端で位置エネルギーが無限大になるために，ϕは境界条件(25.1)すなわち$\phi(0) = 0$をみたさなくてはならないからである．

$x > a$（井戸の外）における波動方程式は

$$-\frac{h^2}{2m}\frac{d^2\phi}{dx^2} = (\mathcal{E} - U_0)\phi \tag{25.31}$$

である．

まず$\mathcal{E} > U_0$の場合を考えよう．簡単のために

$$\frac{2m}{h^2}(\mathcal{E} - U_0) \equiv \kappa_1^2 \tag{25.32}$$

とおけば，方程式(25.31)を標準形(25.4)の形に書くことができる：

$$\frac{d^2\phi}{dx^2} = -\kappa_1^2 \phi.$$

したがって

$$\phi = C_2 \sin \kappa_1 x + C_3 \cos \kappa_1 x. \tag{25.33}$$

次に，ポテンシャルの井戸の右端（Uに有限の不連続がある）で境界条件を満足させなければならない．まず，波動関数自身が連続であることから

$$C_1 \sin \kappa a = C_2 \sin \kappa_1 a + C_3 \cos \kappa_1 a. \tag{25.34}$$

また，微係数の連続性から

$$\kappa C_1 \cos \kappa a = \kappa_1 C_2 \cos \kappa_1 a - \kappa_1 C_3 \sin \kappa_1 a. \tag{25.35}$$

これらの方程式からC_2とC_3とをC_1で表わすことができるから，井戸の外の解は中の解によって完全にきまる．方程式(25.34)と(25.35)はC_2とC_3について線形で，係数のどのような値に対しても解くことができる：

$$C_2 = \frac{\kappa_1 \sin \kappa a \sin \kappa_1 a + \kappa \cos \kappa a \cos \kappa_1 a}{\kappa_1} C_1,$$

§25 量子力学におけるいくつかの問題

$$C_3 = \frac{\kappa_1 \sin \kappa a \cos \kappa_1 a - \kappa \cos \kappa a \sin \kappa_1 a}{\kappa_1} C_1.$$

したがって，κ および κ_1 の任意の実数値に対して境界条件が満たされることになり，Schrödinger の方程式は $\mathcal{E}(>U_0)$ のすべての値に対して解くことができる．すなわち，$\mathcal{E} > U_0$ の場合には，エネルギーの固有値はとびとびの値にはならない．

この問題では，位置エネルギーの値を無限遠で 0 であるようにとることもできる．すなわち，$x > a$ で 0，$a \geqq x > 0$ で $-U_0$ と考えるのである．こうすれば，今考えた場合は全エネルギーの正の固有値に対応している．

さて，次に $\mathcal{E} < U_0$ としよう．

$$\frac{2m}{h^2}(U_0 - \mathcal{E}) \equiv \tilde{\kappa}^2 \tag{25.36}$$

と置けば，波動方程式は今度は $\mathcal{E} > U_0$ の場合とはちがう形になる．

$$\frac{d^2 \phi}{dx^2} = \tilde{\kappa}^2 \phi.$$

この方程式の解は指数関数を用いて表わされる：

$$\phi = C_4 e^{\tilde{\kappa} x} + C_5 e^{-\tilde{\kappa} x}. \tag{25.37}$$

関数 $e^{\tilde{\kappa} x}$ は x が増すと限りなく大きくなるから，$x = \infty$ では粒子の存在する確率が無限大となり，積分 $\int_0^\infty |\phi|^2 dx$ は有限にならない．したがって，物理的に意味のある解に対しては $C_4 = 0$ で，

$$\phi = C_5 e^{-\tilde{\kappa} x} \tag{25.38}$$

となる．

$x = a$ における境界条件は

$$C_1 \sin \kappa a = C_5 e^{-\tilde{\kappa} a}, \tag{25.39}$$

$$\kappa C_1 \cos \kappa a = -\tilde{\kappa} C_5 e^{-\tilde{\kappa} a}. \tag{25.40}$$

(25.40) を (25.39) で割って C_1 と C_5 を消去すれば

$$\kappa \cot \kappa a = -\tilde{\kappa}. \tag{25.41}$$

これから

$$\sin \kappa a = \pm \frac{1}{\sqrt{1 + \cot^2 \kappa a}} = \pm \frac{1}{\sqrt{1 + \left(\frac{\tilde{\kappa}}{\kappa}\right)^2}}$$

$$= \pm \frac{1}{\sqrt{1+\frac{U_0-\mathscr{E}}{\mathscr{E}}}} = \pm \sqrt{\frac{\mathscr{E}}{U_0}}. \tag{25.42}$$

この式をもっと見やすい形に書きかえよう．(25.3) により

$$\sqrt{\mathscr{E}} = \frac{h}{a\sqrt{2m}}\kappa a,$$

したがって

$$\sin \kappa a = \pm \frac{h}{a\sqrt{2mU_0}}\kappa a. \tag{25.43}$$

ただし，(25.41) の関係があるから，このうちで $\cot \kappa a$ が負になるものだけをとらなくてはならない．すなわち，κa は第 $2, 4, 6, 8, \ldots$ 象限になくてはならない．

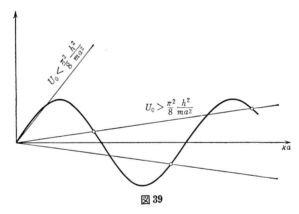

図 39

上の方程式を図の上で解くことを考えよう (図 39)．方程式 (25.43) の左辺は正弦曲線，右辺は勾配が $\pm \dfrac{h}{a\sqrt{2mU_0}}$ の 2 本の直線で表わされる．勾配の絶対値が $2/\pi$ より小さければ，これらの直線は偶数象限で正弦曲線と少くとも 1 回は交わる．$\kappa a = 0$ は必ず交点になっているけれども，$\kappa = 0$ とすると波動関数は至る所 0 になるから，これは数に入れない．結局，いま考えているような有限深さの井戸型ポテンシャルの場合には，エネルギーの固有値は有限個しか存在しない．

もし

$$\frac{h}{a\sqrt{2mU_0}} > \frac{2}{\pi} \quad \text{すなわち} \quad U_0 < \frac{\pi^2}{8}\frac{h^2}{ma^2}$$

であれば,エネルギーの固有値に対応する交点は存在しない.図39には偶数象限の交点を白丸で示してある.

有限運動と無限運動　エネルギースペクトルの有様と運動の型との関係を次に述べよう. $\mathscr{E} > U_0$ の場合,ポテンシャルの井戸の外の解は(25.33)の形をもつ.これは,x が無限に大きい所でも 0 にはならない.したがって,$|\phi|^2$ を井戸の領域にわたって積分したものは,全空間にわたって積分したものと比べると無限に小さい.いいかえれば,粒子は何物にも妨げられずに無限遠まで行くことができる.§5 ではこのような運動を無限運動とよんだ.$\mathscr{E} < U_0$ の場合には,解が存在するとすればそれは(25.38)の形をもち,無限遠では指数関数的に 0 となる.したがって,粒子が原点から無限に遠くまで飛んで行く確率は 0 に等しい.すなわち,粒子は常に井戸から有限の距離の所に存在している.§5 ではこの運動を有限運動とよんだ.

結局,無限運動は連続的なエネルギースペクトルをもち,有限運動はとびとびの値から成る離散的なスペクトルをもつのである.ポテンシャルの井戸が非常に浅いと有限運動のおこらないことがある.これに対応することは古典力学にはなかった.ポテンシャルの井戸がある場合,$\mathscr{E} < U_0$ ならば古典力学では必ず有限運動が可能だからである.

ここでえた結果が成り立つのは,四角い形のポテンシャルの井戸の場合だけに限られるわけではない.実際,もし位置エネルギーの値を無限遠点で 0 に選んだとすると,全エネルギーが正であるような解は,x が十分大きい所で(25.33)の形をとる.これに対して,全エネルギーが負の解は(25.38)の形をとる.後者が任意定数を一つしか含んでいないのに対して,前者は二つ含んでいる.どちらの場合にも,解を原点まで延長して境界条件 $\phi(0) = 0$ を満足させなくてはならないが,任意定数を二つ含むような解に対しては常にこの条件を満足させることができることは明らかであろう*.これに反して,(25.38)の形の

---

*　$\phi(0) = C_1\phi_1(0) + C_2\phi_2(0) = 0$ から $\dfrac{C_1}{C_2} = -\dfrac{\phi_2(0)}{\phi_1(0)}$.

解は定数を一つしか含まないから，κ の特定の値に対してだけしか原点で 0 になれないのである．

無限運動の場合になぜ連続スペクトルが現われるかは，次のように考えてもわかる．まず，無限に広い空間中を運動する自由粒子は連続スペクトルをもつ．一方，無限運動を行う粒子の波動関数は，ポテンシャルの井戸の領域でだけこの自由粒子の波動関数と異なっている．しかし，運動のおこりうる領域は無限に広いから，ポテンシャルの井戸の領域に粒子が存在する確率は限りなく小さい．それゆえ，無限運動の波動関数は，ほとんど全空間で——粒子を見出す確率が 1 に等しいような空間の領域で——自由粒子の波動関数と一致する．したがって，そのエネルギースペクトルは自由粒子のスペクトルと同じになるのである．

位置エネルギーが全エネルギーよりも大きい領域の波動関数 U_0 が限りなく大きくなると，ポテンシャルの井戸の外における波動関数はきわめて急速に 0 に近づく．そして $U_0 \to \infty$ の極限では，$x = a$ にどれほど近い点でも関数は 0 となり，境界条件(25.1)が成り立つ．

U_0 が有限の場合には，波動関数は井戸の外ですぐには 0 にならない．したがって，井戸から有限の距離だけ外側に粒子が存在する確率は 0 ではない．

波動関数(25.38)で $h \to 0$ の極限をとってみるとわかるように，上のことは古典力学では全くおこりえないことである．このときには $\bar{\kappa} \to \infty$ となって，ψ は井戸の少しでも外では 0 となるからである．実際，もし粒子が井戸の外に出たとすると，運動エネルギーは $\mathcal{E} - U_0 < 0$ となり，粒子の速度が虚数になってしまうから，これは当然である．すなわち，古典力学では，与えられたエネルギー $\mathcal{E}$ をもつ粒子はそのような点に到達することが絶対にできないのである．量子力学では，一つの状態で座標と速度とが同時にはっきりした量としては存在しない．前にはこのことを不確定性関係を使って説明した．すなわち，ある状態における速度の概念に $\dfrac{2\pi h}{m \Delta x}$ だけの不正確さが伴うような場合を考えた．しかし，これは速度の不正確さの最低限を与えるもので，ほとんど力を受けないような粒子についていえることなのである．束縛された粒子に対する式の中に虚数の速度が現われるという事実は，$U > \mathcal{E}$ であるような空間の領域

では，その広がりがどれほど大きくても，そもそも速度という概念を粒子に対して適用することができないことを示している．あるいは，$U>\mathcal{E}$ の領域では，運動エネルギーの不確定さが常に $U-\mathcal{E}$ よりも大きくなっているということもできよう．

要するに，束縛粒子がポテンシャルの井戸の外側にまで出て行くことに対応するような運動は，古典力学には存在しないのである．

問　題

1 $x<0$ では 0，$x\geqq 0$ では $U_0(>0)$ であるようなポテンシャルの階段の左側から，エネルギー $\mathcal{E}(>U_0)$ をもつ粒子が入射する．このときの反射係数を求めよ．

(解)　階段の左側における波動関数は
$$C_1 e^{i\frac{px}{\hbar}}+C_2 e^{-i\frac{px}{\hbar}}, \quad p=\sqrt{2m\mathcal{E}},$$
右側の波動関数は
$$C_3 e^{i\frac{p'x}{\hbar}}, \quad p'=\sqrt{2m(\mathcal{E}-U_0)}$$
である．

$x=0$ における境界条件から，比 $\dfrac{|C_2|^2}{|C_1|^2}$ すなわち反射波と入射波の振幅の2乗の比を計算すればよい．なお $\mathcal{E}<U_0$ の場合にはこの比は1になる．

2 $x<0$ および $x>a$ では 0，$0\leqq x\leqq a$ では $U_0(>0)$，であるようなポテンシャルの壁の左側から，エネルギー $\mathcal{E}(<U_0)$ をもつ粒子が入射する．反射係数を求めよ．

(解)　波動関数は，壁の左側では $e^{ikx}+Ce^{-ikx}\left(k=\dfrac{1}{\hbar}\sqrt{2m\mathcal{E}}\right)$，壁の中では $C_1 e^{\kappa x}+C_2 e^{-\kappa x}\left(\kappa=\dfrac{1}{\hbar}\sqrt{2m(U_0-\mathcal{E})}\right)$，壁の右側では $C_3 e^{ikx}$ である．すなわち，壁の左側では入射波と反射波とが共存するが，壁の右側では右向きに進む透過波だけしか存在しないと考える．壁の両方の境界では波動関数とその1階微係数とが連続であるという条件から，定数 C,C_1,C_2,C_3 がきまる．C および C_3 は次のようになる：

$$C=\frac{2(\kappa^2+k^2)\sinh\kappa a}{(\kappa+ik)^2 e^{-\kappa a}-(\kappa-ik)^2 e^{\kappa a}},$$

$$C_3=\frac{4ik\kappa e^{-ika}}{(\kappa+ik)^2 e^{-\kappa a}-(\kappa-ik)^2 e^{\kappa a}}.$$

壁の左側と右側における粒子の流れは，(24.20)によってそれぞれ

$$j=\frac{\hbar k}{m}(1-|C|^2), \quad j=\frac{\hbar k}{m}|C_3|^2.$$

C と C_3 の値を代入してみれば，両方の流れが確かに等しいことがわかる．

$\kappa a \gg 1$, すなわち壁がきわめて透過しにくい場合には ($\kappa \gg k$ として),

$$C \sim 1, \quad C_3 \sim -\frac{4ik}{\kappa} e^{-ika} e^{-\kappa a}$$

となる.すなわち,壁が厚くなると,流れは指数関数的に減少する.

なお,次のことを注意しておこう.境界条件が波動関数について1次同次式で与えられるから,壁を通過する全粒子流は壁の前方の粒子の密度に比例する.上の計算では,壁の左側で波動関数の振幅を与えて,粒子の密度と流れとを求めたことになっている.

3 ポテンシャルの深さがそれぞれ有限および無限大であるような箱の中の粒子に対して,波動関数の直交性(前節の問題参照)を証明せよ.

§26 量子力学における調和振動 (線形調和振動子)

振動子の波動関数 §7では1次元の調和振動子を考察した．線形調和振動子のハミルトニアンは次の形をもつ:

$$\mathcal{H} = \frac{p^2}{2m} + \frac{m\omega^2 x^2}{2}. \tag{26.1}$$

Hamiltonの方程式をつくれば

$$\dot{p} = -\frac{\partial \mathcal{H}}{\partial x} = -m\omega^2 x, \quad \dot{x} = \frac{\partial \mathcal{H}}{\partial p} = \frac{p}{m}.$$

p を消去すれば，通常の調和振動子の方程式(7.13)がえられる:

$$\ddot{x} + \omega^2 x = 0.$$

量子力学では，この運動に対応する波動方程式は次の形をもつ((24.22)参照):

$$-\frac{h^2}{2m}\frac{d^2\psi}{dx^2} + \frac{m\omega^2 x^2}{2}\psi = \mathcal{E}\psi. \tag{26.2}$$

実際，運動は一つの自由度しかもたないから，Δ は $\frac{d^2}{dx^2}$ だけとなる．また，位置エネルギーは $\frac{m\omega^2 x^2}{2}$ である．

次に新しい単位を導入する．特に，長さの単位として $\sqrt{\frac{h}{m\omega}}$ をとることにして，

$$x = \sqrt{\frac{h}{m\omega}}\xi \tag{26.3}$$

と置く．こうすれば ξ は無次元の量となる．微係数 $\frac{d\psi}{dx}$ は

$$\frac{d\psi}{dx} = \sqrt{\frac{m\omega}{h}}\frac{d\psi}{d\xi}. \tag{26.4}$$

さらに次のように置く:

$$2\mathcal{E} = h\omega\varepsilon \tag{26.5}$$

これら無次元の変数を用いれば，方程式(26.2)は次の形をとる:

$$-\frac{d^2\phi}{d\xi^2}+\xi^2\phi = \varepsilon\phi. \tag{26.6}$$

方程式(26.6)は，いま考えている問題に現われるパラメタ ω, m, h を全く含んでいない．それゆえ，固有値 ε は単なる数である．したがって，(26.5)からわかるように，調和振動子のエネルギーはその周波数 ω に比例する．

従属変数の変換　次の従属変数 $g(\xi)$ を導入すると便利である：

$$\phi = e^{-\frac{\xi^2}{2}}g(\xi). \tag{26.7}$$

これから

$$\left.\begin{aligned}\frac{d\phi}{d\xi} &= -\xi e^{-\frac{\xi^2}{2}}g(\xi)+e^{-\frac{\xi^2}{2}}\frac{dg(\xi)}{d\xi}, \\ \frac{d^2\phi}{d\xi^2} &= \xi^2 e^{-\frac{\xi^2}{2}}g(\xi)-e^{-\frac{\xi^2}{2}}g(\xi)-2\xi e^{-\frac{\xi^2}{2}}\frac{dg(\xi)}{d\xi}+e^{-\frac{\xi^2}{2}}\frac{d^2g(\xi)}{d\xi^2}.\end{aligned}\right\} \tag{26.8}$$

(26.8)を(26.6)に代入して変形すれば，新しい変数 $g(\xi)$ に対する方程式は次のようになる：

$$-\frac{d^2g(\xi)}{d\xi^2}+2\xi\frac{dg(\xi)}{d\xi} = (\varepsilon-1)g(\xi). \tag{26.9}$$

級数による解　方程式(26.9)の解は，次のようなベキ級数に展開して求めることができる：

$$g(\xi) = g_0+g_1\xi+g_2\xi^2+g_3\xi^3+\cdots\cdots = \sum_{n=0}^{\infty}g_n\xi^n. \tag{26.10}$$

級数(26.10)を方程式(26.9)に代入し，項別に微分を行なって ξ の等ベキの項を比較すれば，展開係数 g_n を決定することができる．1階微係数は

$$\frac{dg(\xi)}{d\xi} = g_1+2g_2\xi+3g_3\xi^2+\cdots\cdots = \sum_{n=1}^{\infty}ng_n\xi^{n-1}$$

であるから，

$$2\xi\frac{dg(\xi)}{d\xi} = 2g_1\xi+4g_2\xi^2+6g_3\xi^3+\cdots\cdots = \sum_{n=0}^{\infty}2ng_n\xi^n. \tag{26.11}$$

2階微係数は

$$\frac{d^2g(\xi)}{d\xi^2} = 2g_2+6g_3\xi+\cdots\cdots = \sum_{k=2}^{\infty}(k-1)kg_k\xi^{k-2}. \tag{26.12}$$

§26 量子力学における調和振動(線形調和振動子)

最後の和の中で $k-2=n$ すなわち $k=n+2$ と置けば，

$$\frac{d^2g(\xi)}{d\xi^2} = \sum_{n=0}^{\infty}(n+2)(n+1)g_{n+2}\xi^n. \tag{26.13}$$

級数(26.13), (26.11), (26.10)を方程式(26.9)に代入し，ξ の等ベキの項をまとめれば

$$\sum_{n=0}^{\infty}\xi^n[-(n+2)(n+1)g_{n+2}+2ng_n-(\varepsilon-1)g_n] = 0. \tag{26.14}$$

ベキ級数が0であるためには各係数が0でなければならないから，

$$g_{n+2} = g_n\frac{2n+1-\varepsilon}{(n+2)(n+1)}. \tag{26.15}$$

級数の吟味 まず $g_0 \neq 0$ と仮定しよう．そうすると，(26.15)によって g_2, g_4, ……, g_{2k} が次々に求められる．もし $g_1=0$ とすれば，級数の中には奇数次の係数は一つも現われない．反対に，もし $g_0=0, g_1 \neq 0$ とすれば偶数次の係数は現われない．それゆえ，ξ の偶数ベキだけあるいは奇数ベキだけを含む解を別々に調べれば十分である．

問題をはっきりさせるために，まず偶数ベキの級数を考える．ξ の大きな値に対して，級数(26.10)がどのようになるかを調べてみよう．このときには，ξ の高いベキすなわち n の大きな項がきく．n が大きいときには，(26.15)の中で n 以外の数を省略することができるから，この式は

$$g_{n+2} = \frac{2}{n}g_n \tag{26.16}$$

となる．いま $n=2n'$ と置けば，n' は1ずつ変化する．これを上式に代入すれば

$$g'_{n'+1} = \frac{1}{n'}g'_{n'}. \tag{26.17}$$

ただし $g'_{n'} \equiv g_{2n'} = g_n$，すなわち $g'_{n'}$ は ξ^2 のベキ級数と考えたときの $(\xi^2)^{n'}$ の係数である．

次に，奇数ベキだけを含む級数を考えると，n が大きいときには，この場合の g_n と g_{n+2} の関係は n が偶数の場合の関係と同じである．したがって，偶数ベキの級数も奇数ベキの級数も，n' が大きいところでは係数の形は全く同じ

になる.

さて，(26.17) から

$$g'_{n'+1} \cong \frac{g'_0}{n'(n'-1)(n'-2)\cdots 2\cdot 1} = \frac{g'_0}{n'!} \qquad (26.18)$$

がえられる．したがって，ξ が大きいときには，関数 $g(\xi)$ は次の形をとる：

$$g(\xi) \cong \sum_{n'=0}^{\infty} g'_{n'}(\xi^2)^{n'} = \sum_{n'=0}^{\infty} g'_0 \frac{(\xi^2)^{n'}}{n'!} = g'_0 e^{\xi^2}. \qquad (26.19)$$

すなわち，$g(\xi)$ は漸近的に指数関数 e^{ξ^2} となる．$g(\xi)$ の定義 (26.7) によれば，ξ が大きいとき漸近的に

$$\psi \cong e^{-\frac{\xi^2}{2}} e^{\xi^2} = e^{\frac{\xi^2}{2}}.$$

ところが，この形の ψ は解としてとることはできない．波動関数の絶対値の2乗は確率密度であるから，波動関数は無限遠で有限の値を取らなくてはならないのである．

固有値をきめる条件　無限遠で ψ が有限の値をとる可能性が一つある．それは，ある n のところで級数 (26.10) が途切れてそれよりあとの係数 g_{n+2}, g_{n+4}, …… が恒等的に 0 になる場合である．(26.15) からわかるように，

$$\varepsilon = 2n+1 \qquad (26.20)$$

のときに g_{n+2} は 0 となる．ここに，n は 0 または正の整数である．g_{n+4} は g_{n+2} の定数倍であるから，g_{n+2} が 0 であれば級数は g_n の項で終りになる．したがって，ε が条件 (26.20) を満たしているときには，関数 $g(\xi)$ は多項式 $g_n(\xi)$ となる．多項式と指数関数 $e^{-\frac{\xi^2}{2}}$ との積は $\xi \to \infty$ のとき常に 0 となるから，$\psi(\infty) = 0$ である．前節の終りに注意したように，このような運動は，古典力学でいうのと同じ意味で有限運動である．すなわち，粒子が無限遠に飛んで行く確率は 0 に等しい．有限運動には離散的なエネルギースペクトルが対応する．すなわち，(26.5) と (26.20) から

$$\mathcal{E}_n = \frac{\hbar\omega}{2}\varepsilon = \hbar\omega\left(n+\frac{1}{2}\right). \qquad (26.21)$$

エネルギーの最低の値は $\mathcal{E}_0 = \frac{\hbar\omega}{2}$ である．前節で述べたように，エネルギー $\mathcal{E}_0$ の状態は基底状態とよばれる．この状態に対しては，級数 $g(\xi)$ は実は 0

次の項だけで終っている(エネルギーの固有値の番号は多項式 $g_n(\xi)$ の次数を与える).基底状態の波動関数は特に簡単な形をもつ:

$$\psi_0(\xi) = g_0 e^{-\frac{\xi^2}{2}}. \tag{26.22}$$

この関数は,座標原点から有限の距離の所には零点をもたない.これは基底状態の一般的な性質である.なお次のことを注意しておこう.もし仮にエネルギー 0 の状態があったとすると,これは粒子が原点に静止している状態を表わすはずである.しかし,そのような状態は確定した位置と速度とを同時にもつことになるから,不確定性原理と矛盾する.量子論で基底状態のエネルギーが 0 とならないのはこのためである.

振動子の波動関数 第 1 および第 2 励起状態の固有関数を求めよう.第 1 の状態のエネルギーは $\mathcal{E}_1 = \hbar\omega\left(1+\dfrac{1}{2}\right) = \dfrac{3}{2}\hbar\omega$ で,もし $g_0 = 0,\ g_1 \neq 0$ とすると級数は有限項で切れる.すなわち,(26.20)により $\varepsilon = 3$ であるから,(26.15)によって $g_3 = g_5 = \cdots\cdots = g_{2n+1} = \cdots\cdots = 0$.また,偶数次の項の係数はすべて 0 とならなくてはならないが,そのためには $g_0 = 0$ とすればよい[*].一般に,偶数の n に対応する固有関数はすべて偶関数,奇数の n に対応するものは奇関数となる.いま述べたことにより,$n = 1$ に対する波動関数は

$$\psi_1 = g_1 \xi e^{-\frac{\xi^2}{2}} \tag{26.23}$$

である.この関数は $\xi = 0$ で 0 となる.すなわち節点を 1 個もっている.

同様にして ψ_2 も簡単に求められる.これに対しては $\mathcal{E}_2 = \hbar\omega\left(2+\dfrac{1}{2}\right) = \dfrac{5}{2}\hbar\omega$,$\varepsilon = 5$ である.(26.15)から,係数 g_2 は

$$g_2 = g_0 \frac{1-\varepsilon}{2\cdot 1} = -2g_0, \tag{26.24}$$

したがって

$$\psi_2 = g_0(1-2\xi^2) e^{-\frac{\xi^2}{2}}. \tag{26.25}$$

この関数の零点は $\xi = \pm\dfrac{1}{\sqrt{2}}$ にある.

---

[*] $\varepsilon = 3$ に対して $g_0 \neq 0$ とすると,ξ の偶数ベキの項は無限に続く.しかし,前にも述べたようにこれでは解にならない.

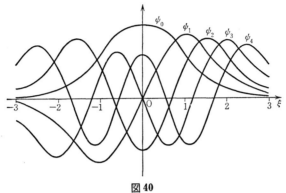

図 40

一般に,関数 ψ_n は n 個の零点をもつ.関数 ψ_n の $n=4$ までのグラフを図 40 に示す.

図 41 には,位置エネルギーとエネルギー固有値の分布とを示す.おもしろいのは,固有値が等間隔に分布していることである.調和振動子の問題は定性的には無限に深い井戸型ポテンシャルの問題 (§25) と似ている.しかし,後者では,エネルギー準位は $n+1$ の 2 乗に比例する.

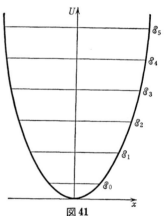

図 41

問 題

1 定数因子を除けば,関数 $g_n(\xi)$ を次の形に書くことができることを示せ:
$$g_n(\xi) = e^{\xi^2}\left(\frac{d}{d\xi}\right)^n e^{-\xi^2}.$$

(ヒント) $\mathcal{E}=2n+1$ として,この式を方程式 (26.9) に代入してみよ.

2 次の関係を用いて,関数 ψ_0 および ψ_1 を規格化せよ:
$$\int_{-\infty}^{\infty} e^{-\xi^2} d\xi = \sqrt{\pi}, \quad \int_{-\infty}^{\infty} \xi^2 e^{-\xi^2} d\xi = \frac{\sqrt{\pi}}{2}$$

(§ 39, 問題 2, 3 参照).

§27 電磁場の量子化

力学系として見た電磁場　§13で述べたように,真空中の電磁場は一つの力学系と見なすことができる.すなわち,これは Lagrange 関数,作用関数などをもっている.それゆえ,この系を量子化すること,すなわち電磁場に量子力学を適用するということ考えられる.

電磁力学と質点系の力学とは,前者では自由度が連続的に分布しているという点で根本的に異なっている.すなわち,ある瞬間に場を与えるためには,空間の各点でその値を定めなければならない.この意味では,電磁力学は流体あるいは弾性体(物質の原子構造を問題にしないでこれを連続体と見なす限り)の力学に似ている.空間の各点の座標が場の自由度のいわば番号を示し,ポテンシャルの値が一般座標に相当しているのである((13.2)参照).普通ポテンシャルを一般座標に選ぶのは,力学における一般座標と同様に,それが時間について2階の方程式をみたすからである.ポテンシャルはまた Lorentz の条件をみたす.ゲージ変換によってスカラーポテンシャルを0にとっておけば,この条件は単に $\mathrm{div}\,\mathbf{A} = 0$ となる.

このように定めた電磁場の一般座標は互いに独立ではない.実際,電磁場の方程式は空間座標による微分を含んでいる.すなわち,限りなく接近した2点における場の値の差が方程式の中にはいって来る.この意味では,場の方程式は連成振動の方程式に似ている.つまり,線形であって,しかも一つの方程式の中にいくつもの一般座標が同時に含まれている.連成振動の方程式は,基準座標を導入することによって,互いに独立な基準振動の方程式に帰着させることができた.同じことは電磁力学の波動方程式についてもあてはまり,方程式の中の従属変数を互いに分離することができる.量子力学を放射の問題に応用する際に,このことによってその取扱いが著しく簡単になる.

ここでは解析力学の方法の一般性がはっきり示される.この方法によって一般座標と一般運動量を定義すれば,量子力学の法則が一義的に適用できるのである.

閉じた空間内の電磁場 量子力学を適用するのは，閉じた系について行なうのが最も容易である．そこでまず，電磁場が閉じた系をつくっていると考えよう．たとえば，鏡のような反射壁をもつ箱の中に放射が閉じこめられていると仮定する．この仮想的な箱の壁の上 ($x=0$ と $x=a_1$, $y=0$ と $y=a_2$, $z=0$ と $z=a_3$) では，Poynting ベクトル $\mathbf{U}$ の法線成分は 0 となる．しかしそれよりも，場が垂直な三つの方向に周期的で，その周期がそれぞれ箱の三つの稜の長さに等しいような場合を考える方が簡単である．すなわち，場の周期が x 方向には a_1, y 方向には a_2, z 方向には a_3 であるとする：

$$\mathbf{A}(x, y, z) = \mathbf{A}(x+a_1, y, z) = \mathbf{A}(x, y+a_2, z) = \mathbf{A}(x, y, z+a_3). \quad (27.1)$$

これはいわば空間を物理的に全く等しい領域に分割して，その一つの部分だけを考えることに相当している．

真空中の正弦的な場を表わす解はすでに §17 で求めた ((17.21) 参照)．時間因子も含めて書けば，ポテンシャルは次の形となる：

$$\mathbf{A}(\mathbf{k}, \mathbf{r}, t) = \mathbf{A}_{\mathbf{k}}(t) e^{i\mathbf{k}\mathbf{r}} + \mathbf{A}_{\mathbf{k}}{}^{*}(t) e^{-i\mathbf{k}\mathbf{r}}. \quad (27.2)$$

これが実数であることはその形からすぐにわかる．

ポテンシャルは Lorentz の条件を満足する．平面波については，この条件は $\mathrm{div}\,\mathbf{A} = 0$ の形をとる ($\varphi = 0$ であるから)．これから，公式 (11.27) によって

$$\mathrm{div}\,\mathbf{A}(\mathbf{k}, \mathbf{r}, t) = \mathrm{div}(\mathbf{A}_{\mathbf{k}} e^{i\mathbf{k}\mathbf{r}}) + \mathrm{div}(\mathbf{A}_{\mathbf{k}}{}^{*} e^{-i\mathbf{k}\mathbf{r}})$$
$$= (\mathbf{A}_{\mathbf{k}} \nabla e^{i\mathbf{k}\mathbf{r}}) + (\mathbf{A}_{\mathbf{k}}{}^{*} \nabla e^{-i\mathbf{k}\mathbf{r}}) = i(\mathbf{k}\mathbf{A}_{\mathbf{k}}) e^{i\mathbf{k}\mathbf{r}} - i(\mathbf{k}\mathbf{A}_{\mathbf{k}}{}^{*}) e^{-i\mathbf{k}\mathbf{r}} = 0.$$

この方程式が $\mathbf{r}$ のすべての値に対して成り立つためには，指数関数を含む各項の係数が 0 でなくてはならない．いいかえれば，ベクトル $\mathbf{A}_{\mathbf{k}}$ および $\mathbf{A}_{\mathbf{k}}{}^{*}$ は波動ベクトル $\mathbf{k}$ に垂直でなければならない：

$$(\mathbf{k}\mathbf{A}_{\mathbf{k}}) = 0, \qquad (\mathbf{k}\mathbf{A}_{\mathbf{k}}{}^{*}) = 0. \quad (27.3)$$

任意の $\mathbf{k}$ に対して，波の二つのかたよりに対応する相互に垂直な二つのベクトル $\mathbf{A}_{\mathbf{k}}{}^{\sigma}$ ($\sigma = 1, 2$) が存在する．そして，$\mathbf{k}$ に垂直な平面内のベクトルは，常にベクトル $\mathbf{A}_{\mathbf{k}}{}^{1}$ と $\mathbf{A}_{\mathbf{k}}{}^{2}$ とに分解できる．

次に，周期性の条件 (27.1) をポテンシャル (27.2) の各項に適用してみよう．第 1 項については，

$$\mathbf{A}_{\mathbf{k}} e^{i(k_x x + k_y y + k_z z)} = \mathbf{A}_{\mathbf{k}} e^{i[k_x(x+a_1) + k_y y + k_z z]}$$
$$= \mathbf{A}_{\mathbf{k}} e^{i[k_x x + k_y(y+a_2) + k_z z]} = \mathbf{A}_{\mathbf{k}} e^{i[k_x x + k_y y + k_z(z+a_3)]}.$$

これから
$$e^{ik_x a_1} = e^{ik_y a_2} = e^{ik_z a_3} = 1,$$
したがって，n_1, n_2, n_3 を正負の整数(および 0)として，波動ベクトルの各成分は

$$k_x = \frac{2\pi n_1}{a_1}, \quad k_y = \frac{2\pi n_2}{a_2}, \quad k_z = \frac{2\pi n_3}{a_3} \tag{27.4}$$

でなければならない．したがって，各調和振動は，三つの整数 n_1, n_2, n_3 とかたより σ(二つの値をとりうる)によって与えられる．§13 に示したように，$\mathbf{A}^\sigma_{n_1 n_2 n_3}$ は一般座標である．その個数は無限に多いが，たかだか可算無限であって，空間のすべての点の数と同等の連続無限ではない．

このように根本的な簡単化が行なわれたのは，周期性の条件を用いたからである．この条件はもちろん数学的な取扱いの便宜から課したもので，最終の物理的結果に周期 a_1, a_2, a_3 がはいってくることはない．

電磁場は，n_1, n_2, n_3 および σ のすべての値に対してその振幅が与えられれば，はっきりきまる．電磁力学の方程式は線形であるから，その一般解は特殊解の和として表わされる：

$$\mathbf{A}(\mathbf{r}, t) = \sum_{\mathbf{k}, \sigma} \mathbf{A}^\sigma(\mathbf{k}, \mathbf{r}, t) = \sum_{\mathbf{k}, \sigma} (\mathbf{A}_\mathbf{k}^\sigma e^{i\mathbf{k}\mathbf{r}} + \mathbf{A}_\mathbf{k}^{\sigma *} e^{-i\mathbf{k}\mathbf{r}}). \tag{27.5}$$

場のエネルギー　電場は (12.29) および (27.5) から，次のようになる：

$$\mathbf{E} = -\frac{1}{c}\frac{\partial \mathbf{A}}{\partial t} = -\frac{1}{c}\sum_{\mathbf{k}, \sigma}(\dot{\mathbf{A}}_\mathbf{k}^\sigma e^{i\mathbf{k}\mathbf{r}} + \dot{\mathbf{A}}_\mathbf{k}^{\sigma *} e^{-i\mathbf{k}\mathbf{r}}). \tag{27.6}$$

ポテンシャルの振幅は調和振動を行なうから，

$$\dot{\mathbf{A}}_\mathbf{k}^\sigma = -i\omega_\mathbf{k} \mathbf{A}_\mathbf{k}^\sigma, \quad \dot{\mathbf{A}}_\mathbf{k}^{\sigma *} = i\omega_\mathbf{k} \mathbf{A}_\mathbf{k}^{\sigma *}. \tag{27.7}$$

したがって

$$\mathbf{E} = \frac{i}{c}\sum_{\mathbf{k}, \sigma} \omega_\mathbf{k} (\mathbf{A}_\mathbf{k}^\sigma e^{i\mathbf{k}\mathbf{r}} - \mathbf{A}_\mathbf{k}^{\sigma *} e^{-i\mathbf{k}\mathbf{r}}). \tag{27.8}$$

磁場は，(12.28) および (11.28) により，

$$\mathbf{H} = \operatorname{rot} \mathbf{A} = \sum_{\mathbf{k}, \sigma}([\nabla e^{i\mathbf{k}\mathbf{r}}, \mathbf{A}_\mathbf{k}^\sigma] + [\nabla e^{-i\mathbf{k}\mathbf{r}}, \mathbf{A}_\mathbf{k}^{\sigma *}])$$

$$= i\sum_{\mathbf{k}, \sigma}([\mathbf{k}\mathbf{A}_\mathbf{k}^\sigma]e^{i\mathbf{k}\mathbf{r}} - [\mathbf{k}\mathbf{A}_\mathbf{k}^{\sigma *}]e^{-i\mathbf{k}\mathbf{r}}). \tag{27.9}$$

次に場のエネルギーを計算しよう．(13.21)により

$$\mathcal{E} = \frac{1}{8\pi} \int (E^2 + H^2) dV \qquad (27.10)$$

である．

まず，E^2 は $\mathbf{k}, \mathbf{k}', \sigma, \sigma'$ について和をとることによってえられる：

$$E^2 = -\sum_{\mathbf{k},\mathbf{k}',\sigma,\sigma'} \frac{\omega_\mathbf{k}\omega_{\mathbf{k}'}}{c^2} (\mathbf{A}_\mathbf{k}^\sigma \mathbf{A}_{\mathbf{k}'}^{\sigma'} e^{i(\mathbf{k}+\mathbf{k}')\mathbf{r}} - \mathbf{A}_\mathbf{k}^\sigma \mathbf{A}_{\mathbf{k}'}^{\sigma'*} e^{i(\mathbf{k}-\mathbf{k}')\mathbf{r}}$$
$$- \mathbf{A}_\mathbf{k}^{\sigma*} \mathbf{A}_{\mathbf{k}'}^{\sigma'} e^{-i(\mathbf{k}-\mathbf{k}')\mathbf{r}} + \mathbf{A}_\mathbf{k}^{\sigma*} \mathbf{A}_{\mathbf{k}'}^{\sigma'*} e^{-i(\mathbf{k}+\mathbf{k}')\mathbf{r}}). \qquad (27.11)$$

E^2 を積分する際に，和と積分の順序を交換すると計算が簡単になる．E^2 の各項の体積積分は $\int_0^{a_1} e^{i(k_x+k'_x)x} dx$ の形の三つの積分の積である．ところが，$n_1 + n_1' \neq 0$ ならば

$$\int_0^{a_1} e^{i(k_x+k'_x)x} dx = \int_0^{a_1} e^{\frac{2\pi i}{a_1}(n_1+n_1')x} dx = \frac{a_1(e^{2\pi i(n_1+n_1')}-1)}{2\pi i(n_1+n_1')} = 0. \quad (27.12)$$

また $n_1 + n_1' = 0$ ならば，この積分は a_1 に等しい．したがって三重積分は次のどちらかの値をとる：

$$\int e^{i(\mathbf{k}+\mathbf{k}')\mathbf{r}} dV = \begin{cases} a_1 a_2 a_3 = V, & \mathbf{k}' = -\mathbf{k}, \\ 0, & \mathbf{k}' \neq -\mathbf{k}. \end{cases} \qquad (27.13)$$

それゆえ，積分を先に行なえば，E^2 の中の $\mathbf{k}$ と $\mathbf{k}'$ についての二重和は $\mathbf{k}$ だけについての和になる．ただし，積 $\mathbf{A}_\mathbf{k}^\sigma \mathbf{A}_{\mathbf{k}'}^{\sigma'}$ を含む項では $\mathbf{k}'$ を $-\mathbf{k}$ に変え，$\mathbf{A}_\mathbf{k}^\sigma \mathbf{A}_{\mathbf{k}'}^{\sigma'*}$ を含む項では $(e^{-i\mathbf{k}'\mathbf{r}})$ の因子があるから）$\mathbf{k}'$ を $\mathbf{k}$ に変える．すなわち

$$\int E^2 dV = -\frac{V}{c^2} \sum_{\mathbf{k},\sigma,\sigma'} \omega_\mathbf{k}^2 (\mathbf{A}_\mathbf{k}^\sigma \mathbf{A}_{-\mathbf{k}}^{\sigma'} - \mathbf{A}_\mathbf{k}^\sigma \mathbf{A}_\mathbf{k}^{\sigma'*} - \mathbf{A}_\mathbf{k}^{\sigma*} \mathbf{A}_\mathbf{k}^{\sigma'} + \mathbf{A}_\mathbf{k}^{\sigma*} \mathbf{A}_{-\mathbf{k}}^{\sigma'*}).$$
$$(27.14)$$

一方，$\sigma \neq \sigma'$ のとき，ベクトル $\mathbf{A}_\mathbf{k}^\sigma$ と $\mathbf{A}_{-\mathbf{k}}^{\sigma'}$，および $\mathbf{A}_\mathbf{k}^{\sigma*}$ と $\mathbf{A}_\mathbf{k}^{\sigma'*}$ はそれぞれ直交する．したがって，σ と σ' についての二重和も σ だけについての和となる．結局，

$$\int E^2 dV = -\frac{V}{c^2} \sum_{\mathbf{k},\sigma} \omega_\mathbf{k}^2 (\mathbf{A}_\mathbf{k}^\sigma \mathbf{A}_{-\mathbf{k}}^\sigma - 2\mathbf{A}_\mathbf{k}^\sigma \mathbf{A}_\mathbf{k}^{\sigma*} + \mathbf{A}_\mathbf{k}^{\sigma*} \mathbf{A}_{-\mathbf{k}}^{\sigma*}). \qquad (27.15)$$

H^2 の積分を計算する際にも (27.13) の関係を用いる：

$$\int H^2 dV = V \sum_{\mathbf{k},\sigma,\sigma'} ([\mathbf{k}\mathbf{A}_\mathbf{k}^\sigma][\mathbf{k}\mathbf{A}_{-\mathbf{k}}^{\sigma'}] + [\mathbf{k}\mathbf{A}_\mathbf{k}^\sigma][\mathbf{k}\mathbf{A}_\mathbf{k}^{\sigma'*}]$$
$$+ [\mathbf{k}\mathbf{A}_\mathbf{k}^{\sigma*}][\mathbf{k}\mathbf{A}_\mathbf{k}^{\sigma'}] + [\mathbf{k}\mathbf{A}_\mathbf{k}^{\sigma*}][\mathbf{k}\mathbf{A}_{-\mathbf{k}}^{\sigma'*}]). \quad (27.16)$$

§27 電磁場の量子化

ベクトルの公式と横波の条件(27.3)によって

$$[\mathbf{k}\mathbf{A_k}^\sigma][\mathbf{k}\mathbf{A_k}^{\sigma'*}] = k^2 \mathbf{A_k}^\sigma \mathbf{A_k}^{\sigma'*} - (\mathbf{k}\mathbf{A_k}^\sigma)(\mathbf{k}\mathbf{A_k}^{\sigma'*}) = k^2 \mathbf{A_k}^\sigma \mathbf{A_k}^{\sigma'*}. \quad (27.17)$$

この式は $\sigma \neq \sigma'$ のとき 0 となる.

結局,

$$\int H^2 \, dV = V \sum_{\mathbf{k},\sigma} k^2 (\mathbf{A_k}^\sigma \mathbf{A_{-k}}^\sigma + 2\mathbf{A_k}^\sigma \mathbf{A_k}^{\sigma*} + \mathbf{A_k}^{\sigma*} \mathbf{A_{-k}}^{\sigma*}). \quad (27.18)$$

(27.14)と(27.18)とを加えて $\omega_k^2 = c^2 k^2$ の関係を使えば,

$$\mathcal{E} = \frac{1}{8\pi} \int (E^2 + H^2) \, dV = \frac{V}{2\pi c^2} \sum_{\mathbf{k},\sigma} \omega_k^2 \mathbf{A_k}^\sigma \mathbf{A_k}^{\sigma*} \quad (27.19)$$

がえられる.

実変数への変換　量子力学で普通用いる方程式を電磁場に適用するためには, 次のような実変数を用いるのが便利である:

$$\mathbf{A_k}^\sigma = \sqrt{\frac{\pi c^2}{V}} \left(Q_\mathbf{k}^\sigma + \frac{iP_\mathbf{k}^\sigma}{\omega_\mathbf{k}} \right) \mathbf{e_k}^\sigma, \quad (27.20)$$

$$\mathbf{A_k}^{\sigma*} = \sqrt{\frac{\pi c^2}{V}} \left(Q_\mathbf{k}^\sigma - \frac{iP_\mathbf{k}^\sigma}{\omega_\mathbf{k}} \right) \mathbf{e_k}^\sigma. \quad (27.21)$$

ここに, $\mathbf{e_k}^\sigma$ は波のかたよりの方向を示す単位ベクトルである. この変数を用いれば, エネルギー $\mathcal{E}$ を, 線形調和振動子のエネルギーすなわち Hamilton 関数の和として書き表わすことができる. すなわち,

$$\mathcal{E} = \frac{1}{2} \sum_{\mathbf{k},\sigma} (P_\mathbf{k}^{\sigma 2} + \omega_\mathbf{k}^2 Q_\mathbf{k}^{\sigma 2}). \quad (27.22)$$

もし $P_\mathbf{k}^\sigma$ と $Q_\mathbf{k}^\sigma$ とを古典力学における通常の変数を見なせば, それらは線形調和振動子の方程式を満足する. 実際, (27.22)と(10.18)とから $\dot{P}_\mathbf{k}^\sigma = -\omega_\mathbf{k}^2 Q_\mathbf{k}^\sigma$ および $\dot{Q}_\mathbf{k}^\sigma = P_\mathbf{k}^\sigma$ が導かれるが, これは振幅 $\mathbf{A_k}^\sigma$ および $\mathbf{A_k}^{\sigma*}$ が調和振動を行なうという事実と一致している.

各振動子は, 電磁場の自由度を示す4個の整数 n_1, n_2, n_3, σ によって特徴づけられる. $Q_\mathbf{k}^\sigma$ は電磁場の基準座標である((7.31)参照).

電磁場の量子化　上にえられた関係(27.22)はきわめて重要な結果である. 量子力学を電磁場に適用する方法が, これによってきわめて簡単かつ明瞭に示

されているからである．実際，量子化されない振動子の方程式は量子化されない電磁場の方程式（電磁力学の方程式）と同等で，両者は場を表わすのに異なる変数を用いている点がちがうだけである．一方，量子力学における振動子の問題はすでに§26で解いた．今度も前と同様に，これらの変数について量子化を行なえばよい．真空中の電磁場を表わす振動子の運動を量子化すれば，それがちょうど電磁力学の方程式を適当な変数の組について量子化したことになる．(26.21)によれば，第 N 番目の量子状態にある振動子のエネルギーは

$$\mathcal{E} = h\omega\left(N+\frac{1}{2}\right)$$

である．それゆえ，(27.22)を使えば，電磁場のエネルギーも次のような簡単な形に書き表わされる：

$$\mathcal{E} = \sum_{n_1,n_2,n_3,\sigma} h\omega_{n_1,n_2,n_3}\left(N_{n_1,n_2,n_3,\sigma}+\frac{1}{2}\right) = \sum_{\mathbf{k},\sigma} h\omega_{\mathbf{k}}\left(N_{\mathbf{k},\sigma}+\frac{1}{2}\right). \quad (27.23)$$

ここに $N_{n_1,n_2,n_3,\sigma}$ は n_1, n_2, n_3, σ で整理したときの量子状態の番号である．

量子　上の式からわかるように，振動子のエネルギーは $h\omega_{n_1,n_2,n_3}$ ずつ増加する．この量のことを電磁場のエネルギー量子とよぶ．零点エネルギー $\dfrac{h\omega_{n_1,n_2,n_3}}{2}$ は当分考えないことにすれば，場のエネルギーは量子のエネルギー $h\omega_{n_1,n_2,n_3}$ の和である．このようにして，電磁場のエネルギーを量子的に表現することができた．この節の問題では，場の運動量が量子の運動量の和に等しいこと，また各量子の運動量と，エネルギーとの間に

$$\mathbf{p} = h\mathbf{k} = \frac{h\omega}{c}\frac{\mathbf{k}}{k} \quad (27.24)$$

の関係があることが示される．

こうして，量子は質量が0の粒子の性質をもつことがわかる．そのような粒子の存在の可能性については，(21.16)に関連してすでに説明した．

量子のかたより　n_1, n_2, n_3 のほかに，量子はもう一つのいわば内部自由度——かたよりの自由度——をもっている．この特別な自由度は，1と2という二つの値しかとらない《座標》σ に対応している．エネルギーは σ にはよら

ない．しかし，与えられた量子に対応する振動を完全に表わすには，三つの数 n_1, n_2, n_3 と同時に σ の値をも指定しなければないことはもちろんである．これらの量子は電磁波という横波だけに関係しているものであって，Coulomb 場を表わすものではないということは注意を要する．

量子と電子に対する古典論的な近似　量子は，(27.23)を導く数学的な技巧の結果えられたものであると考えてはならない．量子は電子と同様に実在する素粒子である．たとえば，X線が電子によって散乱されるとき，個々の量子のエネルギー $h\omega$ と運動量 $h\mathbf{k}$ とは，ほかの粒子が衝突する場合と全く同じように，エネルギー保存と運動量保存の一般法則にしたがうのである．散乱の際には，量子の周波数の減少はそのエネルギーの減少に比例する．

量子と電子の本質的なちがいは，古典論の極限では量子に対応するものが存在しないという点である．すなわち，$h \to 0$ のとき，量子のエネルギー $\mathcal{E} = h\omega$ と運動量 $\mathbf{p} = h\mathbf{k}$ とは 0 になってしまう．ところが，電子の量子論にはその古典論的な近似というものが考えられる．電子についての量子論的な量は $h \to 0$ の極限でも 0 にはならず，対応する古典論的な量となるからである．(27.24)に相当する関係は古典電磁力学にもある．すなわち，§17 で示したように，電磁波のエネルギー密度を c で割ったものが運動量密度の大きさに等しい．古典論への極限を考える際には，各量子のエネルギーは限りなく小さくなるが，量子の数 $N_{\mathbf{k},\sigma}$ が無限に多くなって，波の振幅は有限に保たれる．

量子の個数　直角座標から新しい独立変数(波動ベクトル $\mathbf{k}$ の成分)に移った後，われわれは放射の自由度に番号をつけなおした．今度は $Q_{\mathbf{k}}{}^{\sigma}$ が一般座標である．場の状態は，量子の数 $N_{\mathbf{k},\sigma}$ がすべてわかればきまる．なぜなら，$N_{\mathbf{k},\sigma}$ は，与えられた調和振動子がどの状態に属しているかを示すものだからである．すなわち，$N_{\mathbf{k},\sigma}$ は何個の量子が $\mathbf{k},\sigma$ で与えられる状態に属しているかを示しているのである．数 $N_{\mathbf{k},\sigma}$ は，電磁場を記述する量子論的な変数と見なされる．場が放射体(たとえば原子)と相互作用するときには，これらの数は変化する．たとえば，もし $N_{\mathbf{k},\sigma}$ が 1 だけふえたとすると，これは $\mathbf{k},\sigma$ に対応する周波数・方向・かたよりをもつ量子が 1 個放射されたことを表わす．

電磁場の基底状態　　$N_{\mathbf{k},\sigma} = 0$ の場合に (27.23) を調べてみよう. すなわち, 電磁場の基底状態のエネルギーを定めよう. (27.23) によれば, このときには

$$\mathcal{E} = \frac{1}{2} \sum_{n_1, n_2, n_3, \sigma} h\omega_{n_1, n_2, n_3} \tag{27.25}$$

となる. n_1, n_2, n_3 はそれぞれ $-\infty$ から ∞ までの整数の値をとるから, (27.25) の和は無限大になる. しかし, それだからといって理論に根本的な欠陥があると考えてはならない. というのは, 決して零点エネルギー (27.25) 自身が表面に現われることはなく, 基底状態から測ったエネルギーだけがいつも問題になるからである.

また, 電磁場の量子的振動子の基底状態 ψ_0 は現実に観測される事実を表わしている. 基底状態にある調和振動子の振幅は 0 でないからである. その振幅はあらゆる値をとることが可能で, 一般座標 Q がある値をとる確率は $|\psi_0(Q)|^2$ に比例する ((26.22) 参照).

電磁場では, 振動子の座標の役割を果す量は一般座標 Q で, 場の振幅はその 1 次式として表わされる. したがって, 基底状態 (量子が存在しない状態) で電磁場の振幅が 0 に等しいと考えることはできない. 振幅がある値をとる確率は調和振動子の波動関数によって与えられる. この関数は, 一般座標で表わせば $e^{-\frac{\omega Q^2}{2\hbar}}$ に等しい.

場の基底状態によっておこる電子のエネルギー準位の変化　　電磁場の基底状態は観測可能な量に影響を及ぼす. その最も重要な効果の一つは次のようなものである.

いま, 原子核の場の中を電子が運動しているとしよう. 電子に作用する電磁場のポテンシャルの値を, 例によって $\mathbf{A} = 0$, $\varphi = \dfrac{Ze}{r}$ ととる. つまり静電場 (Coulomb 場) だけを考える. 実際は, たとえば (27.5) の形の放射場のポテンシャルをこれにさらに加えておかなくてはならない. 前に述べたように, 場の中に量子が存在しない場合でも, このポテンシャルを 0 に等しいと考えることはできない. 放射の場は原子内の電子のエネルギー固有値に影響を与えるから, 固有値は, 核の Coulomb 場 $\mathbf{A} = 0, \varphi = \dfrac{Ze}{r}$ だけがあるときの値とはちがってくる.

§27 電磁場の量子化

原子内の電子のエネルギー固有値を求める問題を放射場まで考慮に入れて解こうとすると，原理的な困難が現われる．まず，この問題は解析的に厳密に解くことができない．したがって，放射場によってひきおこされるエネルギーの補正が小さいとして，近似的に解かなくてはならない．ところが，この補正を直接計算しようとすると，発散積分すなわち無限大の量が現われる．

しかし，この補正量を次のように定めることによって，有限の量だけが現われるようにすることができる．すなわち，外部の場(原子核の場)の影響を受けない《自由》電子のエネルギーに対しても同様の補正を考え，これら二つの積分(それぞれは無限大になる)の差をとるのである．その際，えられる式が相対論的に不変となるように注意するならば，この引き算は完全に一義的に行なわれ，$\infty - \infty$ というような不定の量は全く現われない．そして，最終的にえられる補正量は，基底状態の電子の結合エネルギーに比べて確かに小さい値(水素原子の場合 4×10^{-6} eV)になる．この値は最近の分光学的な観測結果ときわめてよく一致する．

無限大の引き算　このような引き算は次のような意味をもっている．物理的に考えて，電子とその電荷(すなわち電子と放射場)とは不可分のものである．《自由》電子という場合にも，電子は放射場(0 に等しいと見なすことはできない)と相互作用を行なっていると考えなくてはならない．測定にかかる電子の質量の値を m とすれば，電子の静止エネルギーは mc^2 に等しい．しかし実は，mc^2 の中には，放射場との相互作用を含めて電子の一切の相互作用のエネルギーが含まれているのである．

それゆえ，Coulomb 場における電子のエネルギーを計算する際に，外部に静電場がない場合に電子の全エネルギーが有限の値 mc^2 をもつように，その質量を定義しなおさなくてはならない．この操作は質量の《くりこみ》とよばれ，これによって原子内の電子のエネルギー固有値が有限の値をもつようになる．水素原子内の電子のエネルギー準位については §31 および §38 を参照されたい．

くりこみの操作というのは，電子の運動方程式の中に形式的に現われる質量と，電子と放射との相互作用による質量とをあわせたものが，有限の値 $m =$

0.9106×10^{-27} g として観測されると考えることである.くりこみの操作を行なえば,計算の最終結果にはいつもこの量だけが現われる.

理論の難点　量子電磁力学の中に無限大の量が現われることはこの理論の欠陥である.これは理論自体の中に何か矛盾が存在することを示している.Schwinger, Feynman, Dyson 等の新しい理論はまだ最終的なものとは思われない.しかし,このような不完全さにもかかわらず,実験で観測される具体的な量を計算する際に,くりこみ操作を使えば量子電磁力学によって一義的に正しい結果がえられるというのは注目すべきことである.

問　題

真空中の電磁場の基準座標を用いて場の運動量を計算せよ.
　(解)　式(13.27):
$$\mathbf{p}=\frac{1}{4\pi c}\int[\mathbf{EH}]dV$$
に電場と磁場を表わす式(27.8)と(27.9)を代入する.体積積分を実行し,(27.13)の関係を用いれば,
$$\mathbf{p}=\frac{V}{4\pi c^2}\sum_{\mathbf{k},\sigma,\sigma'}\omega_\mathbf{k}([\mathbf{A_k}^\sigma[\mathbf{kA_{-k}}^{\sigma'}]]+[\mathbf{A_k}^\sigma[\mathbf{kA_k}^{\sigma'*}]]$$
$$+[\mathbf{A_k}^{\sigma*}[\mathbf{kA_k}^{\sigma'}]]+[\mathbf{A_k}^{\sigma*}[\mathbf{kA_{-k}}^{\sigma'*}]]).$$
ベクトルの三重積を書きなおせば,
$$\mathbf{p}=\frac{V}{4\pi c^2}\sum_{\mathbf{k},\sigma}\omega_\mathbf{k}(\mathbf{k}(\mathbf{A_k}^\sigma\mathbf{A_{-k}}^\sigma)+2\mathbf{k}(\mathbf{A_k}^\sigma\mathbf{A_k}^{\sigma*})+\mathbf{k}(\mathbf{A_k}^{\sigma*}\mathbf{A_{-k}}^{\sigma*})).$$
$\mathbf{k}(\mathbf{A_k}^\sigma\mathbf{A_{-k}}^\sigma)$ および $\mathbf{k}(\mathbf{A_k}^{\sigma*}\mathbf{A_{-k}}^{\sigma*})$ は $\mathbf{k}$ の奇関数であるから,すべての $\mathbf{k}$ について和をとったときこれらの項は消える.残りの項は
$$\mathbf{p}=\frac{V}{2\pi c^2}\sum_{\mathbf{k},\sigma}\omega_\mathbf{k}\mathbf{k}(\mathbf{A_k}^\sigma\mathbf{A_k}^{\sigma*}).$$
(27.20)と(27.21)を代入し,基準座標を使って書きなおせば
$$\mathbf{p}=\sum\frac{\mathbf{k}}{\omega_\mathbf{k}}\frac{1}{2}(P_{\mathbf{k}^\sigma}{}^2+\omega_\mathbf{k}{}^2Q_{\mathbf{k}^\sigma}{}^2)=\sum h\mathbf{k}\left(N_{\mathbf{k},\sigma}+\frac{1}{2}\right).$$
すなわち,各量子の運動量とエネルギーの間には(27.24)の関係が成り立つ.

§28 準古典論的近似

波動関数の古典論的極限　§24で示したように，量子力学の極限として古典力学へ移るには，(24.5)のおきかえ

$$\phi = e^{i\frac{S}{\hbar}} \qquad (28.1)$$

を行なえばよい．実際，この ϕ を Schrödinger の方程式 (24.11) に代入し，$e^{i\frac{S}{\hbar}}$ で約してから形式的に $\hbar \to 0$ とすれば，エネルギーと運動量の関係を表わす古典論の正しい式がえられる．この極限操作は，運動のおこる領域の大きさに比べて de Broglie 波長 $\dfrac{2\pi\hbar}{mv}$ がはるかに小さくなる場合に対応している．

　しかし，古典論的極限における波動関数の漸近形が問題になる場合には，上の極限操作を全部は行なわないでおいた方が都合のよいこともある．運動のおこる領域に比べて波長が小さいときには，波動関数はこの領域で多くの零点をもつ．§25で見たように，これは大きい番号のエネルギー固有値に対応する．すなわち，量子法則から古典法則への移行ができるのは，固有値の番号が1に比べて大きい場合においてである．運動の自由度がいくつもある場合（3次元の井戸型ポテンシャルの問題参照）には，エネルギー固有値はいくつもの整数によって指定される．このときには，実際の運動が古典論的極限の運動に近いためには，これらの数がどれも1に比べて大きくなければならない．古典論的に計算した S を使って波動関数を (28.1) のように近似すれば，大きい番号の固有値を求めることができる．

指数が実数値をとる波動関数　波動関数 (28.1) は，指数が実数（S が虚数）となる場合でももちろん0になることはない．S が虚数になるのは，与えられたエネルギーに対して古典論的には運動の軌道が存在しないような領域である．というのは，そこでは位置エネルギーが全エネルギーよりも大きく，したがって運動エネルギーが負，速度が虚数となるからである．この場合には，波動関数の絶対値の2乗は，古典論的には到達しえない領域へ粒子がはいって行く確率を与える．この確率は，極限をとる前には0でないが，極限移行によって方

程式から h を消してしまったときにはもちろん 0 となる．この理由から，(28.1) のことを準古典論的近似とよぶ．

準古典論的近似　準古典論的近似に移るときの式を 1 次元の場合について書いてみよう．方程式 (24.14) に $\dfrac{\partial S}{\partial t} = -\mathcal{E}$, $\nabla S = \dfrac{\partial S}{\partial x}$ を代入すれば，

$$\left(\frac{\partial S}{\partial x}\right)^2 = 2m(\mathcal{E} - U). \tag{28.2}$$

これから

$$S = \int \sqrt{2m(\mathcal{E} - U)}\, dx - \mathcal{E} t. \tag{28.3}$$

古典力学とちがって，方程式 (28.3) は $\mathcal{E} > U$ だけでなく $\mathcal{E} < U$ のとき (作用 S は虚数部をもつ) にも意味をもつ．

§25 では，有限深さの井戸型ポテンシャルの問題の厳密な波動方程式について同様のことを調べた．ポテンシャルの井戸の中では，波動関数は $\psi = \sin \kappa x$ の形をもち，その外では $e^{-\bar{\kappa} x}$ の形で指数的に 0 に近づく．この領域ではちょうど $\mathcal{E} < U$. すなわち，ここは古典論的には達することのできない領域である．もちろん，速度が虚数になるということは，古典論の法則にしたがって運動する粒子はその領域に到達できないことを意味する．それゆえ，$\mathcal{E} < U$ の領域が存在する場合には，

$$S = i \int \sqrt{2m(U - \mathcal{E})}\, dx - \mathcal{E} t \tag{28.4}$$

という量はもはや作用と考えることはできず，関数 $\psi = e^{i\frac{S}{\hbar}}$ を上の領域にまで拡張して考えたときの単なる指数であると解釈しなくてはならない．$h \to 0$ とすれば，この領域にはいると波動関数の値は無限に急速に —— 指数関数的に —— 減少する．これは，古典論的な運動では $\mathcal{E} < U$ の領域に達することができないことを示している．

ポテンシャルの壁　ポテンシャルの井戸の問題では，$U > \mathcal{E}$ の領域は右の方に無限遠までのびていた．それゆえ，波動関数は無限遠点で 0 となった．非常に興味のあるもう一つの場合として次のような問題がある．それは，井戸

§28 準古典論的近似

からある距離だけ離れた所から先，位置エネルギーがまた全エネルギーよりも小さくなるという場合である．その様子を図42に示す．$x_1 \leqq x \leqq x_2$ の区間では $U > \mathcal{E}$ である．したがって，古典力学的には，点 $x = x_1$ の左側にいた粒子が，ポテンシャルの壁によってへだてられた $x > x_2$ の領域に達することはどうしてもできない．一方，量子力学では，x_1 から x_2 までの間隔が有限であるために，この区間で波動関数は 0 にはならない (§25, 問題2参照)．

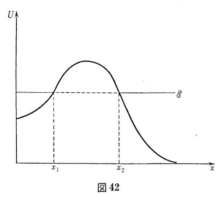

図 42

(28.1) の近似では，$x < x_1$ に対しては指数の中の S は実数である．したがって，
$$|\phi|^2 = \phi\phi^* = e^{-i\frac{S}{\hbar}}e^{i\frac{S}{\hbar}} = 1.$$
一方，x_1 から x_2 までの間では，$|\phi|^2$ は次のように減少していく：
$$|\phi|^2 = \left[\exp\left(-\frac{1}{\hbar}\int_{x_1}^x \sqrt{2m(U-\mathcal{E})}\,dx\right)\right]^2 = \exp\left(-\frac{2}{\hbar}\int_{x_1}^x \sqrt{2m(U-\mathcal{E})}\,dx\right).$$
(28.5)

それゆえ，$x = x_2$ における $|\phi|^2$ の値は $x = x_1$ での値の
$$B = \exp\left(-\frac{2}{\hbar}\int_{x_1}^{x_2} \sqrt{2m(U-\mathcal{E})}\,dx\right) \qquad (28.6)$$
倍に減っている．その先では，S がまた実数になるから $|\phi|^2$ は変化しない．

もっと精密な理論によれば B にはさらに補正因子がかかるが，本質的な部分は (28.6) で表わされていると考えてよい．この B のことを仮に **B 因子**とよんでおこう．粒子が単位時間に壁を通過する確率と B 因子との関係については少しあとで述べる．

準古典論的近似を行なうことができるのは，作用の次元をもつ量がすべて h に比べてはるかに大きい場合だけである．このことは，§24 で量子力学から古典力学への極限移行の条件を論じたときに述べた．それゆえ，(28.6) の因子は，指数の絶対値が1よりもはるかに大きいときにしか使うことができない．これがもし1の程度であるとすると，壁を通過する確率を計算するには精密な波動関数を用いなければならない．

Mandelstam の類推　粒子がポテンシャルの壁を通過するのと類似の現象が光の現象にもある．ある媒質中を伝播して来た光波が，それよりも屈折率の小さい媒質との境界に達し，しかもそこでの入射角の sin が両媒質の屈折率の比より大きいとしよう．このときには，幾何光学によれば第1の媒質の中だけで全反射がおこる．しかし，Maxwell の方程式にもとづいて問題を波動光学的に厳密に解くと (§17, 問題2参照)，光波は第2の媒質中にも少しはいり込み，その中では，境界面からの距離と共に指数関数的に弱くなることがわかる．Mandelstam は量子力学と波動光学の間のこの類似に注目した．それは次のように考えるのである．

二つの媒質の間に，それよりも光学的に粗な媒質の層があるとし，臨界角よりも大きな角度で光線が境界面に入射したとする．幾何光学によれば，このとき光線は境界面で全反射するから，この媒質の層の先に光学的にもっと密な媒質があるか，あるいはこの粗な媒質の層が無限に続いているかは全然問題にならない．同様に，ポテンシャルの壁が存在する場合には，古典力学では粒子はそれを通過することが全くできない．一方，波動力学では，光は粗な媒質の中にもはいりこみ，波長と同程度の深さまではいったところでほとんど0になる．したがって，第2の密な媒質が十分近くにあるとすると，光の一部はその中へいわばしみ込んで行くのである．

光波の振幅に対する古典論的な表式は，いわば光量子の波動関数であるということができよう．電磁力学において量子論から古典論へ移行するには量子の数 $N_{k,\sigma}$ を大きいと考えればよい (§27)．その場合には，量子論的な場の振幅は古典論的な振幅に移る．それゆえ，Mandelstam の類推は，光量子が壁を通過する例を表わしているのである．前に注意したように，電子についてはこの

極限移行は異なった結果になる．つまり，この場合は波動光学から幾何光学への移行に対応する．したがって，古典論的な極限では電子は壁を通り抜けることができない．

壁の通過が実際におこるということは，量子論的な運動については軌道という概念が全く使えない場合があることをはっきり示している．壁の中での軌道を仮に考えたとしても，そこでは速度の値が虚数になってしまう．

アルファ崩壊　粒子がポテンシャルの壁を通過できるということから，原子核物理学における最も重要な現象の一つであるアルファ崩壊を説明することができる．鉛よりも原子番号の大きい重い元素の原子核の質量は(21.12)の形の不等式を満足する：

$$m(A,Z) > m(A-4, Z-2) + m(4,2). \tag{28.7}$$

ここに A は質量数(核子の数)，Z は原子番号(陽子の電荷を単位として測った核の電荷)である．それゆえ，$m(4,2)$ は質量数4，原子番号2のヘリウムの原子核の質量を表わす．アルファ崩壊ではヘリウムの原子核が放出される．その場合に，このヘリウム原子核のことをアルファ粒子とよぶ．

不等式(28.7)からは，質量 $m(A,Z)$ の原子核は自然崩壊する可能性があるということはいえるけれども，崩壊する速さについては何もわからない．実際，原子核によっては平均寿命が 10^{10} 年のものもあれば，10^{-5} sec 程度のものもある．したがってこれらの寿命は 10^{23} 倍もちがう．ところが，放出されるアルファ粒子のエネルギーにはせいぜい2倍程度のちがいしかないということは注目に値する．実験によれば，原子核の平均寿命の対数はアルファ粒子の速さに逆比例する．アルファ粒子のエネルギーがあまりちがわないのに寿命が 10^{23} 倍もちがうのはこのためである．これは B 因子がエネルギーの指数関数の形に表わされるからである．

位置エネルギーの形　原子核から離れた所では，アルファ粒子は位置エネルギー

$$U = \frac{2(Z-2)e^2}{r} \tag{28.8}$$

から導かれる斥力を受ける((3.4)参照).また,原子核が存在する以上,核の内部では引力が働かなくてはならない.しかし,この力の法則(核の中心の十分近くにおける位置エネルギーの形)はよくわかっていないので,図43では,その部分を次の考察にしたがって想像で描いてある.崩壊前にアルファ粒子を原子核の中に閉じこめている力は到達距離が小さいので,位置エネルギー曲線は《ポテンシャルの井戸》の形をしている.原子核内での運動はそのような井戸の中での運動に対応する.井戸の形から Coulomb ポテンシャルに移る領域での正確な形は最終結果にはあまりきいてこない.すなわち,その形によって B 因子の指数はほとんど変化しない.

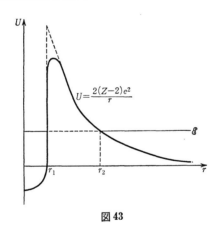

図 43

アルファ崩壊の B 因子 アルファ粒子のエネルギーは原子核から無限に離れた所では正である.崩壊後アルファ粒子が無限遠まで飛んで行くことができるのはこのためである.アルファ崩壊の確率を求めるには,(28.6)にしたがって B 因子を計算しなくてはならない.核力の到達距離は小さいから,Coulomb 力への遷移領域は小さく,したがって,積分の中で $r=r_1$ の点(ここからは $\mathscr{E}$ が U より大きくなる)まで Coulomb の法則が成り立つとしてもそれほど誤差は生じない.この値 r_1 はアルファ崩壊によってきまる原子核の有効半径である.原子核に関するほかの実験から核の半径をきめるとこれとは多少異なる値がえられる.位置エネルギー曲線の井戸の鉛直なへりの所まで Coulomb

の法則が成り立つと仮定して r_1 を求めた以上，これは当然考えられることである．

さて，B 因子

$$B = \exp\left(-\frac{2}{h}\int_{r_1}^{r_2}\sqrt{2m\left(\frac{2(Z-2)e^2}{r}-\mathcal{E}\right)}dr\right) \tag{28.9}$$

を計算しよう．次の置きかえ

$$\frac{\mathcal{E}r}{2(Z-2)e^2} = \cos^2 x \tag{28.10}$$

を行なえば積分が簡単に実行でき，指数の絶対値は次のようになる：

$$\frac{2}{h}\sqrt{2m}\int_{r_1}^{r_2}\sqrt{\frac{2(Z-2)e^2}{r}-\mathcal{E}}\,dr$$
$$= \frac{2\sqrt{2m}}{h}\cdot\frac{2(Z-2)e^2}{\sqrt{\mathcal{E}}}\left(\cos^{-1}\sqrt{\frac{\mathcal{E}r_1}{2(Z-2)e^2}} - \sqrt{\frac{\mathcal{E}r_1}{2(Z-2)e^2}}\sqrt{1-\frac{\mathcal{E}r_1}{2(Z-2)e^2}}\right). \tag{28.11}$$

$\dfrac{\mathcal{E}r_1}{2(Z-2)e^2}$ は，アルファ粒子の全エネルギーと r_1 におけるポテンシャルの壁の高さとの比である．これを計算しよう．重い原子核では $2(Z-2)\cong 180$, $r_1 \cong 9\times 10^{-13}$ cm である．$\mathcal{E} = 6$ MeV, $e^2 = 23\times 10^{-20}$ 静電単位と置けば，

$$\frac{\mathcal{E}r_1}{2(Z-2)e^2} \cong \frac{6\times 1.6\times 10^{-6}\times 9\times 10^{-13}}{180\times 23\times 10^{-20}} \cong \frac{1}{5}.$$

したがって，第 1 近似ではこの量は小さいと考えることができる．

この近似では，(28.11) の右辺は

$$\frac{2\sqrt{2m}}{h}\cdot\frac{2(Z-2)e^2}{\sqrt{\mathcal{E}}}\left(\frac{\pi}{2}-2\sqrt{\frac{\mathcal{E}r_1}{2(Z-2)e^2}}\right)$$
$$= \frac{2\pi e^2}{hv}\cdot 2(Z-2) - \frac{8}{h}\sqrt{mr_1 e^2(Z-2)} \tag{28.12}$$

となる．

アルファ崩壊の時間的変化　次に，単位時間あたりのアルファ崩壊の確率と B 因子との関係を示そう．壁を通り抜ける粒子の流れは壁の内側の粒子の密度に比例する (§ 25, 問題 2)．

容易にわかるように，壁が四角い場合の基本的な結果は，準古典論的極限で

はこの節の結果と一致する．壁が勝手な形をしている場合には，これをいわば次々に並んだ厚さ Δx の四角い壁に分けると，それぞれの壁を通り抜ける確率は $\exp\left(-\dfrac{2}{h}\sqrt{2m(U-\mathcal{E})}\Delta x\right)$ である．壁全体を通り抜ける確率は，波動関数の振幅が壁の厚さの方向に全体でどれだけ減ったかできまる．これは積 $\prod \exp\left(-\dfrac{2}{h}\sqrt{2m(U-\mathcal{E})}\Delta x\right)$ すなわち $\exp\left(-\sum\dfrac{2}{h}\sqrt{2m(U-\mathcal{E})}\Delta x\right)$ で与えられるから，極限をとれば $\exp\left(-\dfrac{2}{h}\int\sqrt{2m(U-\mathcal{E})}\,dx\right)$ となって (28.6) と一致する．すなわち，どんな形のポテンシャルの壁についても，それを透過する粒子の流れは，壁の内側の粒子密度に B 因子をかけたものに比例するということができる．

このことから，アルファ崩壊の時間的変化の法則を導くことができる．アルファ粒子が原子核の内部に存在する確率は，波動関数の絶対値の2乗を核の体積全体すなわち $r<r_1$ の領域にわたって積分したものに等しい．すぐ上に述べたように，核から放出されるアルファ粒子の流れは，粒子が核の中に存在する確率密度に比例する．そして，その際の比例定数は本質的には B 因子によってきまる．したがって，単位時間あたりに崩壊する原子核の個数は，その瞬間にまだ崩壊しないで残っている原子核の総数に比例することになる．比例定数は，ポテンシャルの壁の形と核内にある粒子の状態によっては変わるが，時間の関数ではありえない．これは，たとえば §25，問題2で求めた式からもわかる．この比例定数は時間を消去した波動方程式 (24.22) から得られたものだからである．

以上のことから，アルファ崩壊の法則は次の方程式によって表わされることがわかる：

$$\frac{dN}{dt}=-\frac{\varGamma}{h}N \quad \text{すなわち} \quad N=N_0 e^{-\frac{\varGamma}{h}t}. \tag{28.13}$$

ここに，N は時刻 t にまだ崩壊しないで残っている原子核の個数，N_0 はその初期値である．また $\varGamma$ はエネルギーの次元をもつ数で，同じ次元の量との比較に都合のよいように比例定数をわざと $-\dfrac{\varGamma}{h}$ の形に書いた．個々の原子核は，どれだけ長い間生きていたかにはよらず，どれも等しい崩壊確率をもっている．この確率が $\dfrac{\varGamma}{h}$ で，これは時間にはよらない．

(28.13) と (28.12) は，実験的にえられた法則，すなわちアルファ崩壊の確率

§28 準古典論的近似

の対数とアルファ粒子の速度との逆比例関係を説明するものである.

崩壊前の原子核の波動関数 アルファ粒子をまだ放出していない原子核の波動関数が時間的に変化する有様は,次の式で与えられる:

$$\phi = e^{-\frac{\Gamma t}{2\hbar}} \cdot e^{-i\frac{\mathcal{E}_0 t}{\hbar}}. \tag{28.14}$$

第1因子は振幅が指数関数的に減衰することを表わし(振幅の2乗すなわち確率は $e^{-\frac{\Gamma t}{\hbar}}$ にしたがって減少する),第2因子は通常の時間因子である.(28.14)は減衰振動の式にきわめてよく似ている.いまの場合,減衰するのは原子核の初期状態(崩壊前の状態)の確率振幅であるという点がちがうだけである.

波動関数(28.14)は初期条件 $|\phi(0)|=1$ をみたしている.波動関数を支配する方程式は時間についての微分を含むから,何らかの初期条件を課すことが必要である.いまの場合は,最初の時刻にアルファ粒子が原子核内に確かに存在していると仮定したのがそれである.しかし,核から放出される粒子の確率の流れは0でないので,方程式(24.16)の右辺は0にならない.したがって,崩壊前の状態の確率が指数関数的に減少するのである.

時刻 $t=0$ にすべての原子核がまだ崩壊していないとすると,これら原子核はすべて全く同じ波動関数(28.14)で記述される.それゆえ,崩壊の確率はこれらすべての原子核について完全に等しく,どれが早くまたどれが遅く崩壊するかを予言することはできない.全く同様に,回折の実験でも,特定の電子が写真乾板上のどの位置に落ちるかを予言することはできなかった.回折縞ができるときの法則と同じく,崩壊の法則も純粋に統計的である.

この意味で,放射性物質の崩壊は,熟した実が木から落ちる現象とは似ていない.つまり,原子核内のアルファ粒子は,核から飛び出ることに関しては常に同じ《熟し》加減にある.このことは,崩壊の法則(28.13)が時間 t をあらわに含んでいないことからわかる.

崩壊前の原子核のエネルギー準位は不確定である 波動関数(28.14)はきまったエネルギー固有値に属していない.エネルギー $\mathcal{E}$ をもつ状態の波動関数は $e^{-i\frac{\mathcal{E} t}{\hbar}}$ にしたがって時間的に変化するはずだからである.このような状態は,確率振幅が変化しないからいつまでも同じままで続く.これに反して,崩

壊前の原子核の状態に対する確率は，時間が $\Delta t = \dfrac{h}{\Gamma}$ だけ経過するごとにもとの値の $\dfrac{1}{e}$ に減る．この時間間隔 $\dfrac{h}{\Gamma}$ のことを平均寿命とよぶ．

次に，波動関数(28.14)が，はっきりきまったエネルギーをもつ波動関数の和として表わされると仮定しよう．これらの関数は $e^{-i\frac{\mathcal{E}_0 t}{\hbar}}$ にしたがって変化する．つまり《単色でない》波 $e^{-\frac{\Gamma t}{2\hbar} - i\frac{\mathcal{E}_0 t}{\hbar}}$ を《単色》波 $e^{-i\frac{\mathcal{E}t}{\hbar}}$ の和として表わすのである*．このとき，成分の単色波で振幅が 0 と異なるものは，エネルギーの幅 $\Delta\mathcal{E}$ がどの程度の範囲に分布しているだろうか？

この疑問に答えるために(18.6)の関係式を用いよう．この式の意味は，継続時間が Δt の波は，周波数の幅が $\Delta\omega \gtrsim \dfrac{2\pi}{\Delta t} \sim \dfrac{2\pi\Gamma}{h}$ であるような単色波の群として表わされるということである．いまの場合，$\Delta\omega$ をこれと同等な量 $\dfrac{\Delta\mathcal{E}}{\hbar}$ でおきかえれば，次の式がえられる：

$$\Delta\mathcal{E}\,\Delta t \gtrsim 2\pi\hbar. \tag{28.15}$$

これがエネルギーに対する不確定性関係である．エネルギーの不確定さの幅はおよそ Γ，すなわち単位時間あたりの崩壊確率の h 倍である．(28.15)を言葉で述べれば次のようになる：限られた時間 Δt の間だけ存在するような状態のエネルギーは，$\dfrac{2\pi\hbar}{\Delta t}$ の程度以上に正確にはきめられない．無限に長い時間継続する状態のエネルギーだけが完全に定まっているのである．

エネルギーに対する不確定性関係の意味　　(28.15)と座標・運動量に対する不確定性関係(23.4)とは意味がちがう．(23.4)は一つの状態に座標と運動量とが同時には存在しないということを述べている．これに対して(28.15)は，系のある状態が有限の時間 Δt しか存続しなければ，その間の各時刻におけるエネルギーは正確にはきめられず，Γ の程度の幅をもった領域の中のどこかにあるとしかいうことができないことを意味している．

この量 Γ を系の**準位幅**とよぶ．この概念は，アルファ崩壊に限らず，有限時間しか継続しない状態であればどんなものにでも用いることができる．たとえば，励起状態にある原子は光量子を自然放出することができるから，この状態の原子はある準位幅をもっている．

---

* きまった周波数をもつ波のことを単色波とよぶ．光波の場合の単色光に相当する．

準位幅の意味　ポテンシャルの壁の部分における波動関数の変化を考え，アルファ崩壊を行なう原子核の準位幅を求める方法を示そう．§25 で述べたように，無限運動は連続スペクトルをもつ．ポテンシャルの壁がある場合には，アルファ粒子は限りなく遠くまで行くことができるから，これは無限運動である．それゆえ，厳密にいえば，アルファ崩壊の可能性のある原子核は連続スペクトルをもつはずである．

そのような原子核について，準位幅の大きさを求めてみよう．(28.15) の関係によれば，崩壊時間がきわめて短い ($\Delta t \sim 10^{-5}$ sec) 核についても，準位幅は $\varGamma \sim 10^{-22}$ erg $\sim 0.6 \times 10^{-10}$ eV できわめて小さい．このように準位幅が狭いことと，核が連続スペクトルをもつこととがどうして同時に可能なのだろうか？ $r_1 \leqslant r \leqslant r_2$ における波動関数は次の形をもつ：

$$\psi = C_1 \exp\left(-\frac{1}{h}\int_{r_1}^{r}\sqrt{2m(U-\mathcal{E})}\,dr\right) + C_2 \exp\left(\frac{1}{h}\int_{r_1}^{r}\sqrt{2m(U-\mathcal{E})}\,dr\right).$$

(28.16)

r が増すと第1項は減少し，第2項は増大する．したがって，仮に壁が無限に厚いとすると，$C_2 = 0$ であるような解しか存在しない．比 C_2/C_1 は $r = r_1$ における境界条件からきまり，エネルギー $\mathcal{E}$ の関数となる．特に有限運動の場合には，方程式 $C_2(\mathcal{E}) = 0$ の根が可能なエネルギー固有値を与える．有限の深さのポテンシャルの井戸の中の粒子のエネルギーはこのようにして定まる．一方，壁を透過する粒子は，壁の厚さが有限であるという点で井戸の中の粒子とは異なっている．それゆえ，C_2 のかかった第2項は正確に0である必要はなく，方程式 $C_2(\mathcal{E}) = 0$ の根にごく近いある範囲の $\mathcal{E}$ の値に対して第1項に比べて小さくさえあればよいのである．$\mathcal{E}$ がこの範囲の値であれば，核外の波動関数の大きさが核内の波動関数に比べて小さいという条件がみたされている．いいかえれば，原子核のエネルギーがある幅 $\varGamma$ の中にはいっているならば，アルファ粒子は原子核の中にある程度束縛されているということができる．この意味では，アルファ粒子はポテンシャルの井戸の中に閉じこめられた粒子と同じように考えられる．ポテンシャルの壁の高さや厚さが大きくなるほど B 因子は小さくなり，したがって（それに比例する）崩壊確率 $\dfrac{\varGamma}{h}$ も減る．一方，そのときには $\Delta\mathcal{E}$ も減少するから，連続スペクトルをもつ状態が，エネルギー

が正確に $\mathcal{E}_0$ という値をもつ離散スペクトルの状態に近づいていく．エネルギーの不確定さ $\Delta\mathcal{E}$ とはこういう意味のものであって，考えている状態が無限に寿命の長い束縛状態にどの程度近いかの目安となる量なのである．

エネルギーに $\Delta\mathcal{E}$ だけの不確定さがあるといっても，エネルギーの保存則がこの現象に適用されないというわけではない．この場合，原子核とアルファ粒子とを合わせたものの全エネルギーは一定である．エネルギーの値が確定している状態というのは，原子核がすでに崩壊した状態とまだ崩壊していない状態との両方の重なったものである．一方，核が崩壊していない状態だけをとったのでは，エネルギーは確定しないのである．

エネルギーの等しい別の状態へひとりでに遷移しうる状態は，必ずエネルギーにある大きさの幅をもっている．これらの中の一つの状態をとったのではエネルギーは確定しないが，全部の状態を同時に考えたときには，エネルギーははっきりきまった値をもつのである．

全準位幅を分割して，その一つ一つをいろいろな遷移の確率に対応させることができる．強く励起された状態にあるとき，原子核はいろいろなエネルギーの中性子を放出したりガンマ線を放射する可能性をもっている．この可能性のそれぞれが，波動関数の減衰を表わす因子の指数にきいてくる．そして，全体の減衰の度合いはそのような因子の積できまる．したがって，全準位幅は，可能なすべての崩壊についての幅の総和に等しい．

Bohr の量子条件　　次に，ポテンシャルの井戸の中にある粒子の有限運動に準古典論的近似を適用して，そのエネルギー準位を求めてみよう．(28.1) と (28.3) により，時間因子を除けば，波動関数は

$$\phi = \sin\left(\frac{1}{h}\int_{x_1}^{x}\sqrt{2m(\mathcal{E}-U)}\,dx + \gamma\right) \tag{28.17}$$

である．ϕ が実数になるのは，これが定常状態，すなわち井戸の外へ向かう粒子の流れがないような状態に対応しているからである ((24.20) 参照)．

上の式で，x_1 は井戸の左側で $U=\mathcal{E}$ となる点の座標である．いま，井戸の右側の同様な点の座標を x_2 とし，x を x_1 から x_2 まで変化させたとき，波動関数の位相が $\pi n + \beta$ $(n=0,1,2,\cdots;\ 0 \leqslant \beta < \pi)$ だけ変化するものとしよ

う．位相が π だけ増加するごとに sin は符号を変えるから，関数(28.17)は x_1 と x_2 の間に n 個の零点をもつ．一方，零点の数はエネルギー固有値の番号であるから，$\mathcal{E}_n$ は次の式からきまる：

$$\frac{1}{h}\int_{x_1}^{x_2}\sqrt{2m(\mathcal{E}_n-U)}dx = \pi n + \beta. \tag{28.18}$$

くわしい計算によれば，x_1 と x_2 で井戸が鉛直でない場合には $\beta = \frac{\pi}{2}$ となることが示される．両端が鉛直の場合には，無限に深い四角形の井戸の場合と同様に波動関数に $\phi(x_1) = \phi(x_2) = 0$ の条件が加わるので，$\beta = 0$ となる．なお，x_1 と x_2 は方程式 $U(x_1) = U(x_2) = \mathcal{E}$ からきまる，すなわちこれらは $\mathcal{E}$ の関数であることを注意しておこう．

方程式(28.18)は，もともとの意味から考えて，n が大きい場合すなわち準古典論的近似においてのみ成立するものであることを忘れてはならない．n が大きいときには，積分は h に比べて大きくなる．すなわち $S(x_2) - S(x_1) \gg h$ である．これから，準古典論的近似として波動関数(28.17)がえられるのである．

条件(28.18)は1913年に Bohr によって仮定された．かれはこれによって水素原子中の電子の定常的な軌道を定めた（$\beta = 0$ として）．かれの仮定によれば，このような軌道上にある電子は光を放射せず，したがって核に落ち込むことはない．また，放射がおこるのは，一つの軌道から他の軌道へ電子が移る場合に限る．以上述べたことからわかるように，Bohr の量子条件は，何の仮定もなしに量子力学からの極限として導くことができるのである．

問 題

1 条件(28.18)を用いて，線形調和振動子のエネルギー準位を決定せよ．

 （解） (28.18)は
$$\frac{1}{h}\int_{-\sqrt{\frac{2\mathcal{E}_n}{m\omega^2}}}^{\sqrt{\frac{2\mathcal{E}_n}{m\omega^2}}}\sqrt{2m\left(\mathcal{E}_n - \frac{m\omega^2 x^2}{2}\right)}dx = \pi\left(n + \frac{1}{2}\right)$$

と書ける．これから $\mathcal{E}_n = h\omega\left(n+\frac{1}{2}\right)$. すなわち，たまたまこの場合には，すべての n について正しい結果がえられる．

2 (28.3)の一つ先の近似を求めよ．

(解) 求める S を $S = S_0 + hS_1$ の形に書く. このとき
$$\phi = e^{i\frac{S_0}{h} + iS_1},$$
$$\frac{d^2\phi}{dx^2} \fallingdotseq -\left(\frac{S_0'^2}{h^2} + \frac{2S_0'S_1'}{h}\right)\phi + \frac{i}{h}S_0''\phi = -\frac{2m}{h^2}(\mathcal{E} - U)\phi.$$

第 0 近似 S_0 は (28.3) となる. 第 1 近似は
$$S_1' = \frac{i}{2}\frac{S_0''}{S_0'} \quad \text{すなわち} \quad S_1 = i\log\sqrt{S_0'},$$

したがって $\phi = \dfrac{1}{\sqrt{S_0'}} e^{i\frac{S_0}{h}}$ となる.

3 $x < 0$ で $U = 0$, $x > 0$ で $U = U_0 - \alpha x$ $(U_0 > 0, \alpha > 0)$ の形のポテンシャルの壁について, $\mathcal{E} < U_0$ の場合の B 因子を求めよ.

§29 量子力学の演算子

運動量の固有値　波動方程式(24.22)からは，いろいろな場合にエネルギーの固有値を決定することができる．しかし，それ以外の量，たとえば運動量や角運動量などの固有値を求めることもきわめて大切である．それには，波動関数 ψ を次の形に書いて，古典力学への極限をとってみるとよい：

$$\psi = e^{i\frac{S}{\hbar}}. \tag{29.1}$$

この式の両辺に $\dfrac{\hbar}{i}\dfrac{\partial}{\partial x}$ の演算をほどこせば

$$\frac{\hbar}{i}\frac{\partial \psi}{\partial x} = \frac{\partial S}{\partial x} e^{i\frac{S}{\hbar}} \tag{29.2}$$

となる．ところで，古典論的極限では S は粒子の作用となり，$\dfrac{\partial S}{\partial x}$ は運動量の成分 p_x となる ((22.9)参照)．したがって，運動量の x 成分の固有値を p_x とすれば，極限をとったとき正しい古典力学の式に移るような方程式は次の形をもつ：

$$\frac{\hbar}{i}\frac{\partial \psi}{\partial x} = p_x \psi. \tag{29.3}$$

運動量とエネルギーの演算子　運動量の固有値に対する方程式(29.3)と，波動方程式(24.22)

$$\frac{1}{2m}\left[\left(\frac{\hbar}{i}\frac{\partial}{\partial x}\right)^2 + \left(\frac{\hbar}{i}\frac{\partial}{\partial y}\right)^2 + \left(\frac{\hbar}{i}\frac{\partial}{\partial z}\right)^2\right]\psi + U\psi = \mathcal{E}\psi \tag{29.4}$$

とを比べてみよう．

これらの式からわかるように，運動量やエネルギーの固有値を求めるには，波動関数に微分演算を行なったり，座標の関数をかけたりしなくてはならない．しかし，これらの演算の間には，以下に示すような面白い関係がある．

いま，波動関数に対する演算 $\dfrac{\hbar}{i}\dfrac{\partial}{\partial x}$ のことを，運動量演算子の x 成分とよんで記号 $\hat{p}_x$ で表わすこことにしよう．これを用いれば，方程式(29.3)は次

のように書きかえられる：

$$\hat{p}_x\psi = p_x\psi. \tag{29.5}$$

次に，方程式(29.4)の左辺の演算をやはり記号 $\hat{\mathcal{H}}$ で表わし，これをハミルトニアン演算子あるいはエネルギー演算子とよぶ．これを $\hat{\mathcal{E}}$ と書かないで $\hat{\mathcal{H}}$ と書いたのは，この演算子を運動量演算子で書き表わしたときに，ちょうどハミルトニアン $\mathcal{H}$ と同じ形になるからである．こうして，(29.4)は単に

$$\hat{\mathcal{H}}\psi = \mathcal{E}\psi \tag{29.6}$$

と書ける．

方程式(29.3)と(29.4)を比較すれば，運動量演算子とエネルギー演算子とが，運動量とエネルギーの間の関係と同じ関係で結ばれていることがわかる：

$$\hat{\mathcal{H}} = \frac{1}{2m}(\hat{p}_x{}^2 + \hat{p}_y{}^2 + \hat{p}_z{}^2) + \hat{U}. \tag{29.7}$$

ここで U とせずに $\hat{U}$ と書いたのは，これが単なる関数 U ではなくて，ψ に U をかけるという演算を表わすものであることをはっきり示すためである．方程式(29.7)は記号的な式であって，この両辺の演算を ψ にほどこしたときにはじめて意味をもつものと解釈しなくてはならない．

演算子記法の意義　量子力学では演算子による簡潔な記法を用いる．これは方程式がずっと見易い形になるという点で都合がよい．すなわち，演算子の記法を用いることによって，量子論的な運動法則と，その極限である古典論的な法則との関係を最もよくとらえることができるのである．

いま，力学的量の間の関係を示す古典論の方程式があったとしよう．その中に例えば運動量が含まれていたとすると，それを対応する演算子で置きかえれば，量子力学における正しい演算子の関係がえられる．そして古典力学の極限をとれば，もとの量の間の通常の関係が再び得られるのである．実際，波動関数を(29.1)の形に書いて極限をとれば，演算子 $\hat{\mathbf{p}} = \frac{h}{i}\nabla$ は $\mathbf{p}\psi$ を与える．また，$\hat{p}^2$ の極限を求める場合には，2度目の微分を行なう際に指数関数の方だけを微分すればよい．$h \to 0$ の極限で残るのはこうして得られる項だけで，これは演算子 $\hat{\mathbf{p}}$ を ∇S（古典論における運動量ベクトル）で形式的に置きかえたものになっている．このような極限移行の例はすでに§24で見た((24.13)および(24.

14)参照).

角運動量演算子 角運動量演算子を定義することは簡単である．まず一つの成分 M_z から考えよう．§5 で見たように，角運動量の成分 M_z は z 軸のまわりの回転角 φ に対する一般運動量でもある：$M_z = p_\varphi$．(10.23) によって，

$$p_\varphi = \frac{\partial S}{\partial \varphi}. \tag{29.8}$$

それゆえ，量子力学における演算子 $\hat{p}_\varphi$ は次の形でなくてはならない：

$$\hat{p}_\varphi = \frac{h}{i}\frac{\partial}{\partial \varphi}. \tag{29.9}$$

一方，古典力学によれば，角運動量成分と運動量成分の間には次の関係がある：

$$M_z = xp_y - yp_x. \tag{29.10}$$

したがって，演算子としては次の関係

$$\hat{p}_\varphi = \hat{M}_z = \hat{x}\hat{p}_y - \hat{y}\hat{p}_x = \frac{h}{i}\left(x\frac{\partial}{\partial y} - y\frac{\partial}{\partial x}\right) \tag{29.11}$$

が成立するはずである．

上の2通りの定義(29.9)と(29.11)とが実は一致することを次に確かめよう．まず円柱座標

$$x = r\cos\varphi, \tag{29.12}$$
$$y = r\sin\varphi \tag{29.13}$$

を導入する．一方

$$\frac{\partial \psi}{\partial x} = \frac{\partial \psi}{\partial r}\frac{\partial r}{\partial x} + \frac{\partial \psi}{\partial \varphi}\frac{\partial \varphi}{\partial x}, \tag{29.14}$$

$$\frac{\partial \psi}{\partial y} = \frac{\partial \psi}{\partial r}\frac{\partial r}{\partial y} + \frac{\partial \psi}{\partial \varphi}\frac{\partial \varphi}{\partial y} \tag{29.15}$$

である．(29.12)と(29.13)を r と φ について解けば，

$$r = \sqrt{x^2 + y^2}, \qquad \varphi = \tan^{-1}\frac{y}{x}.$$

したがって

$$\frac{\partial r}{\partial x} = \frac{x}{\sqrt{x^2 + y^2}} = \cos\varphi, \qquad \frac{\partial r}{\partial y} = \frac{y}{\sqrt{x^2 + y^2}} = \sin\varphi;$$

$$\frac{\partial \varphi}{\partial x} = -\frac{y}{x^2+y^2} = -\frac{\sin\varphi}{r}, \quad \frac{\partial \varphi}{\partial y} = \frac{x}{x^2+y^2} = \frac{\cos\varphi}{r}.$$

これを(29.14)と(29.15)に代入し，その結果を(29.11)に代入すれば，M_zの二つの定義(29.9)と(29.11)とが同一であることがわかる．

角運動量成分の固有値　次に$\hat{M}_z$の固有値を求めよう．それには，次の方程式

$$\hat{M}_z \psi = M_z \psi, \tag{29.16}$$

すなわち

$$\frac{h}{i}\frac{\partial \psi}{\partial \varphi} = M_z \psi \tag{29.17}$$

を解けばよい．これは簡単に積分できて，

$$\psi = e^{i\frac{M_z \varphi}{h}} \tag{29.18}$$

となる．

波動関数は確率振幅を表わす．関数(29.18)は，粒子の角運動量のz成分がM_zのとき，粒子が方位角φをもつ確率振幅である．波動関数は，その絶対値だけでなく位相にも物理的な意味があることは重要である．このことは，たとえば電子の回折現象に見られた．波動関数(29.18)の位相がはっきりした意味をもっているためには，座標系をz軸のまわりに$360°$だけ回転させたとき，これが全く変化しないか，あるいは2πの整数倍だけ変化するかでなければならない．これは，座標系を$360°$回転させても系に対する粒子の相対位置は変化しないからで，このときもし波動関数がもとの値に戻らないとすると，波動関数は確率振幅を一義的に表わすことにならない．それゆえ

$$\psi(\varphi+2\pi) = \psi(\varphi),$$

すなわち

$$e^{i\frac{M_z(\varphi+2\pi)}{h}} = e^{i\frac{M_z\varphi}{h}}, \tag{29.19}$$

したがって

$$e^{i\frac{2\pi M_z}{h}} = 1 = e^{2\pi i k} \tag{29.20}$$

となる．ここに，kは任意の正負の整数または0である．これからM_zの固有値として，

$$M_z = hk \tag{29.21}$$

がえられる.

M_z のことを粒子の**軌道角運動量**の成分という. §32 で見るように, 粒子はこのほかに, 波動関数(29.18)では表わされないような内部運動に関係した角運動量を持つことができる. ここで証明したのは, 軌道角運動量の成分が h の整数倍の値しか取りえないということである.

Stern-Gerlach の実験　　角運動量のスペクトルが離散的であることは, 実験によって直接確かめることができる. それは, 軌道角運動量の成分と磁気モーメントの成分との間に次の比例関係(15.25)があることを利用するのである:

$$\mu_z = \frac{e}{2mc} M_z. \tag{29.22}$$

まず, 調べようとする物質の蒸気を細いビームにして, 電磁石の磁極間のきわめて不均一な磁場の中を通す.（このような磁場をつくるには, 一方の磁極を楔形にとがらせておく.） Stern と Gerlach は物質粒子として原子を用い, これを楔形磁極のへりに平行に磁場の中を走らせた. すなわち, 原子は磁力線を垂直に切って走ったことになる. 楔のへりと粒子の初めの運動方向とを含む平面に関して磁場は対称である. いま, この平面内にあって楔のへりに垂直な方向に z 軸をとろう. もし原子内の電子の軌道角運動量成分が h の整数倍というとびとびの値しか取らないとするならば, (29.22)の関係によって, 原子の磁気モーメントもとびとびの値になるはずである.

一方, 磁場の中にある磁気モーメントに働く力の z 成分は, (15.40), (29.22), (29.21)により,

$$(\boldsymbol{\mu}\nabla) H_z = \mu_z \frac{dH}{dz} = k \frac{eh}{2mc} \frac{dH}{dz} \tag{29.23}$$

である.（対称面内では磁場は z 方向を向き, その値は z だけの関数である.）

角運動量の z 成分がとびとびの値しか取れないので, ビームの中の原子に働く力の z 成分も, $M_z = hk$ に対応してとびとびの値しか取れない. (29.23)からわかるように, その大きさは $\dfrac{eh}{2mc}\dfrac{dH}{dz}$ の整数倍である. したがって, ビ

ーム中の粒子が磁場によって受けるふれは、力(29.23)によるものだけである。いいかえれば、もし M_z が連続的な値をとるとすればビームは連続的なひろがりを示すはずであるが、この場合はそうではなく、もとのビームはいくつかのばらばらのビームに分裂する。

ビームを発生する所で、ビームの各粒子にはあるきまった角運動量が与えられる。これを磁場の中で運動させることによって、磁場の方向の角運動量成分を測定することができるのである。

角運動量の射影は同時に二つの方向には確定しない 一つの軸上への角運動量の射影が h の整数倍の値しかとれないという事実から、角運動量は同時に二つの軸上に確定した射影をもちえないことが導かれる。

実際、Stern-Gerlach の実験では、z 軸をどう選ぶかは全く任意である。この実験で、かりにある方向への射影を測った後で、同じビームに初めとごくわずか方向の異なる磁場の中を走らせて、その磁場の方向への射影を測ったとしよう。どちらの測定でも、角運動量の射影の値は h の整数倍になるはずである。しかし、同一のベクトルが、ごくわずかしか異ならない勝手な二つの方向に対して h の整数倍の射影を同時に持つことはできない。すなわち、第1の測定を行なったときには角運動量はそのときの磁場の方向にしか射影をもたず、同様に、第2の測定のときには新たな磁場の方向にしか確定した射影をもっていないのである。

座標と運動量が同時には確定しないのと同様に、一つの状態では角運動量の射影は2方向には確定しない。

二つの物理量が同時に確定するための条件 一般的な観点から、量子力学ではどんな量が系の一つの状態で同時に確定しうるかという問題を考えてみよう。波動関数 ψ によって表わされる状態で、二つの物理量 λ と ν が同時に確定すると仮定しよう。すなわち、波動関数 ψ が二つの演算子(一般には微分演算子)$\hat{\lambda}$ と $\hat{\nu}$ の固有関数で、方程式

$$\hat{\lambda}\psi = \lambda\psi, \tag{29.24}$$

$$\hat{\nu}\psi = \nu\psi \tag{29.25}$$

が成り立つとする．

方程式(29.24)の両辺に演算子 $\hat{\nu}$ を作用させれば，(29.25)を用いて
$$\hat{\nu}\hat{\lambda}\phi = \hat{\nu}\lambda\phi = \lambda\hat{\nu}\phi = \lambda\nu\phi. \tag{29.26a}$$
次に，(29.25)に $\hat{\lambda}$ を作用させれば
$$\hat{\lambda}\hat{\nu}\phi = \hat{\lambda}\nu\phi = \nu\hat{\lambda}\phi = \nu\lambda\phi. \tag{29.26b}$$
(29.26a)から(29.26b)を引けば
$$\hat{\nu}\hat{\lambda}\phi - \hat{\lambda}\hat{\nu}\phi = \lambda\nu\phi - \nu\lambda\phi = 0. \tag{29.27}$$
方程式(29.27)を演算子の記法で表わせば
$$\hat{\nu}\hat{\lambda} - \hat{\lambda}\hat{\nu} = 0 \quad \text{あるいは} \quad \hat{\nu}\hat{\lambda} = \hat{\lambda}\hat{\nu} \tag{29.28}$$
となる．この式は，演算子 $\hat{\lambda}$ と $\hat{\nu}$ とを ϕ に作用させるとき，その結果が作用させる順序にはよらないことを意味している．そうでない場合には，方程式(29.24)と(29.25)は共通の解 ϕ をもつことができない．

逆の定理を証明することもできる．すなわち，二つの演算子を作用させた結果がその順序によらないときには，方程式(29.24)と(29.25)を同時に満足する固有関数が存在する．

いろいろな演算子の交換子 上で得られた結果を，一つの状態で同時には確定しない座標 x と運動量 p_x に適用してみよう．すなわち，これらの量に対して**交換子** $\hat{p}_x\hat{x} - \hat{x}\hat{p}_x$ を計算する．

通常の記法では
$$\frac{h}{i}\frac{\partial}{\partial x}(x\phi) - x\frac{h}{i}\frac{\partial \phi}{\partial x} = \frac{h}{i}\phi + \frac{h}{i}x\frac{\partial \phi}{\partial x} - \frac{h}{i}x\frac{\partial \phi}{\partial x} = \frac{h}{i}\phi. \tag{29.29}$$
演算子の記法では，この式は
$$\hat{p}_x\hat{x} - \hat{x}\hat{p}_x = \frac{h}{i} \tag{29.30}$$
と書ける．

すなわち，$\hat{p}_x$ と $\hat{x}$ とを作用させた結果は，作用させる順序によって異なる．このことを，$\hat{p}_x$ と $\hat{x}$ とは可換でないという．x と p_x という二つの量が同時には確定しないということから，上の結果は当然期待されたことである．

演算子 $\hat{x}$ の固有関数は $(\hat{x} - x')\phi = (x - x')\phi = 0$ を満足する．すなわち，

ψ は,座標 x が固有値 x' に等しい点だけで 0 と異なり,それ以外の全領域で 0 となるような関数である.一方,運動量演算子 $\hat{p}_x$ の固有関数は $e^{i\frac{p_x x}{\hbar}}$ である.これは全領域で 0 と異なる.可換でない((29.30)を満たす)演算子の固有関数が互いにどれほど性質の異なるものであるかが,この例からよくわかるであろう.

演算子の方程式(29.30)は方程式(29.29)を簡潔に書き表わしたものである.あとでもっと複雑な場合を考察するが,そのときこの簡潔な記法の便利さがもっとよくわかる.ただ次のことは注意する必要がある.演算子で書くということは数学的な記号化であるから,たとえば $\hat{p}_x\hat{x}-\hat{x}\hat{p}_x \neq 0$ という式は数ではなく演算子の性質を示すもので,別に不思議なことはないのである.これに似たことは前にベクトル代数でも出て来た.すなわち,記号ではなく物理量そのもののかけ算でありながら,可換でないようなもの(ベクトル積)が存在する.量子力学では,演算子による記号化はきわめて有効な方法である.

運動量*の成分同士は可換である.たとえば

$$\hat{p}_x\hat{p}_y - \hat{p}_y\hat{p}_x = 0. \tag{29.31}$$

これは,偏微分の順序が問題にならないことからただちに導かれる.

また,次の関係も明らかであろう:

$$\hat{p}_y\hat{x} - \hat{x}\hat{p}_y = 0. \tag{29.32}$$

次に,角運動量の任意の 2 成分の交換子を計算しよう.$\hat{M}_x$ と $\hat{M}_y$ について考えると

$$\hat{M}_x\hat{M}_y - \hat{M}_y\hat{M}_x = (\hat{y}\hat{p}_z - \hat{z}\hat{p}_y)(\hat{z}\hat{p}_x - \hat{x}\hat{p}_z) - (\hat{z}\hat{p}_x - \hat{x}\hat{p}_z)(\hat{y}\hat{p}_z - \hat{z}\hat{p}_y)$$
$$= \hat{y}\hat{p}_x(\hat{p}_z\hat{z} - \hat{z}\hat{p}_z) - \hat{x}\hat{p}_y(\hat{p}_z\hat{z} - \hat{z}\hat{p}_z).$$

ここで交換関係 $\hat{p}_z\hat{z} - \hat{z}\hat{p}_z = \dfrac{h}{i}$ を用いれば,

$$\hat{M}_x\hat{M}_y - \hat{M}_y\hat{M}_x = i\hbar(\hat{x}\hat{p}_y - \hat{y}\hat{p}_x) = i\hbar\hat{M}_z \tag{29.33}$$

が導かれる.x, y, z を順ぐりにかえれば他の交換関係がえられる:

$$\hat{M}_y\hat{M}_z - \hat{M}_z\hat{M}_y = i\hbar\hat{M}_x, \tag{29.34}$$
$$\hat{M}_z\hat{M}_x - \hat{M}_x\hat{M}_z = i\hbar\hat{M}_y. \tag{29.35}$$

これら三つの関係は,次のベクトル式にまとめて書いておけば記憶し易い:

---

* 《演算子》という言葉は今後いちいちつけないことが多い.

§29 量子力学の演算子

$$[\hat{\mathbf{M}}\hat{\mathbf{M}}] = ih\hat{\mathbf{M}}. \tag{29.36}$$

このように、ベクトル演算子の成分同士が可換でないときには、演算子とそれ自身とのベクトル積は 0 にはならない。(運動量 $\hat{\mathbf{p}}$ については、(29.31) の関係があるから $[\hat{\mathbf{p}}\hat{\mathbf{p}}] = 0$ である。)

上に示したように、二つの方向に角運動量が射影を持つような状態は存在しない。角運動量が一つの方向にしか射影をもたないことは Stern-Gerlach の実験とも一致している。ただ、角運動量の三つの射影がすべて 0 の場合だけは例外で、この状態の波動関数は、角度には全然よらない ((29.18) 参照) から、勝手な軸のまわりの回転角に関する微分演算 (29.9) をほどこせば、波動関数は 0 倍されることになる。角運動量成分の演算子は、このような波動関数に作用する場合には可換である。このことは Stern-Gerlach の実験と矛盾するものではない。ベクトル自身が 0 であれば、互いにどれほど近接した二つの方向を考えても射影は共に 0 となるからである。これに反して、一つでも角運動の射影が 0 でないような方向があったとすると、他の 2 方向への射影は確定した値をもたない。そうでないと交換関係 (29.36) と矛盾することになる。

角運動量の2乗　角運動量の性質をもう少し詳しく調べよう。角運動量の二つの射影は同時には存在しないけれども、一つの成分たとえば $\hat{M}_z$ と角運動量の2乗

$$\hat{M}^2 = \hat{M}_x^2 + \hat{M}_y^2 + \hat{M}_z^2 \tag{29.37}$$

とは同時に存在することを次に示す。まず $\hat{M}_z$ と $\hat{M}_z^2$ とは可換であるから、

$$\hat{M}^2\hat{M}_z - \hat{M}_z\hat{M}^2 = \hat{M}_x^2\hat{M}_z - \hat{M}_z\hat{M}_x^2 + \hat{M}_y^2\hat{M}_z - \hat{M}_z\hat{M}_y^2.$$

右辺に $\hat{M}_x\hat{M}_z\hat{M}_x + \hat{M}_y\hat{M}_z\hat{M}_y$ を加えてからまた引き、交換関係 (29.34), (29.35) を用いて変形すれば

$$\begin{aligned}\hat{M}^2\hat{M}_z - \hat{M}_z\hat{M}^2 &= \hat{M}_x(\hat{M}_x\hat{M}_z - \hat{M}_z\hat{M}_x) + (\hat{M}_x\hat{M}_z - \hat{M}_z\hat{M}_x)\hat{M}_x \\ &\quad + \hat{M}_y(\hat{M}_y\hat{M}_z - \hat{M}_z\hat{M}_y) + (\hat{M}_y\hat{M}_z - \hat{M}_z\hat{M}_y)\hat{M}_y \\ &= -ih\hat{M}_x\hat{M}_y - ih\hat{M}_y\hat{M}_x + ih\hat{M}_y\hat{M}_x + ih\hat{M}_x\hat{M}_y = 0. \quad (29.38)\end{aligned}$$

$\hat{M}^2$ の固有値は次の節で求める。

問　題

1 次の各組の演算子の交換子を計算せよ：

$$\hat{M}_x, \hat{p}_x;\ \hat{M}_x, \hat{p}_y;\ \hat{M}_x, \hat{p}_z;$$
$$\hat{M}_x, \hat{x};\ \hat{M}_x, \hat{y};\ \hat{M}_z, \hat{z};$$
$$\hat{M}^2, \hat{p}_x;\ \hat{M}^2, \hat{p}^2;\ \hat{M}^2, \hat{x};\ \hat{M}^2, \hat{r}^2.$$

2 運動量演算子の直角成分を球座標で表わせ．

(解) (3.5), (3.7), (3.8) から

$$r = \sqrt{x^2+y^2+z^2}, \qquad \theta = \cos^{-1}\frac{z}{\sqrt{x^2+y^2+z^2}}, \qquad \varphi = \tan^{-1}\frac{y}{z}.$$

偏導関数を計算すれば

$$\frac{\partial r}{\partial x} = \frac{x}{r} = \sin\theta\cos\varphi, \qquad \frac{\partial \theta}{\partial x} = \frac{xz}{r^2\sqrt{x^2+y^2}} = \frac{\cos\theta\cos\varphi}{r},$$

$$\frac{\partial r}{\partial y} = \frac{y}{r} = \sin\theta\sin\varphi, \qquad \frac{\partial \theta}{\partial y} = \frac{yz}{r^2\sqrt{x^2+y^2}} = \frac{\cos\theta\sin\varphi}{r},$$

$$\frac{\partial r}{\partial z} = \frac{z}{r} = \cos\theta, \qquad \frac{\partial \theta}{\partial z} = -\frac{\sqrt{x^2+y^2}}{r^2} = -\frac{\sin\theta}{r},$$

$$\frac{\partial \varphi}{\partial x} = -\frac{y}{x^2+y^2} = -\frac{\sin\varphi}{r\sin\theta},$$

$$\frac{\partial \varphi}{\partial y} = \frac{x}{x^2+y^2} = \frac{\cos\varphi}{r\sin\theta},$$

$$\frac{\partial \varphi}{\partial z} = 0.$$

したがって，

$$\frac{i}{h}\hat{p}_x = \frac{\partial}{\partial x} = \frac{\partial r}{\partial x}\frac{\partial}{\partial r} + \frac{\partial \theta}{\partial x}\frac{\partial}{\partial \theta} + \frac{\partial \varphi}{\partial x}\frac{\partial}{\partial \varphi}$$

$$= \sin\theta\cos\varphi\frac{\partial}{\partial r} + \frac{\cos\theta\cos\varphi}{r}\frac{\partial}{\partial \theta} - \frac{\sin\varphi}{r\sin\theta}\frac{\partial}{\partial \varphi},$$

$$\frac{i}{h}\hat{p}_y = \sin\theta\sin\varphi\frac{\partial}{\partial r} + \frac{\cos\theta\sin\varphi}{r}\frac{\partial}{\partial \theta} + \frac{\cos\varphi}{r\sin\theta}\frac{\partial}{\partial \varphi},$$

$$\frac{i}{h}\hat{p}_z = \cos\theta\frac{\partial}{\partial r} - \frac{\sin\theta}{r}\frac{\partial}{\partial \theta}.$$

3 角運動量演算子の直角成分を球座標で表わせ．

(答)
$$\hat{M}_x = \frac{h}{i}\left(-\sin\varphi\frac{\partial}{\partial \theta} - \cot\theta\cos\varphi\frac{\partial}{\partial \varphi}\right),$$

§29 量子力学の演算子

$$\hat{M}_y = \frac{h}{i}\left(\cos\varphi\frac{\partial}{\partial\theta} - \cot\theta\sin\varphi\frac{\partial}{\partial\varphi}\right),$$

$$\hat{M}_z = \frac{h}{i}\frac{\partial}{\partial\varphi}.$$

4 角運動量演算子の2乗を球座標で表わせ．

(解)

$$\hat{M}^2 = \hat{M}_x^2 + \hat{M}_y^2 + \hat{M}_z^2 = (\hat{M}_x+i\hat{M}_y)(\hat{M}_x-i\hat{M}_y) - i(\hat{M}_y\hat{M}_x - \hat{M}_x\hat{M}_y) + \hat{M}_z^2$$
$$= (\hat{M}_x+i\hat{M}_y)(\hat{M}_x-i\hat{M}_y) - h\hat{M}_z + \hat{M}_z^2.$$

前問の結果により

$$\hat{M}_x + i\hat{M}_y = \frac{h}{i}\left(ie^{i\varphi}\frac{\partial}{\partial\theta} - \cot\theta\, e^{i\varphi}\frac{\partial}{\partial\varphi}\right),$$

$$\hat{M}_x - i\hat{M}_y = \frac{h}{i}\left(-ie^{-i\varphi}\frac{\partial}{\partial\theta} - \cot\theta\, e^{-i\varphi}\frac{\partial}{\partial\varphi}\right).$$

したがって，

$$(\hat{M}_x+i\hat{M}_y)(\hat{M}_x-i\hat{M}_y)$$
$$= -h^2\left(\frac{\partial^2}{\partial\theta^2} - i\frac{\partial}{\partial\theta}\cot\theta\frac{\partial}{\partial\varphi} + i\cot\theta\, e^{i\varphi}\frac{\partial}{\partial\varphi}e^{-i\varphi}\frac{\partial}{\partial\theta} + \cot^2\theta\, e^{i\varphi}\frac{\partial}{\partial\varphi}e^{-i\varphi}\frac{\partial}{\partial\varphi}\right)$$
$$= -h^2\left(\frac{\partial^2}{\partial\theta^2} + i\,\text{cosec}^2\theta\frac{\partial}{\partial\varphi} + \cot\theta\frac{\partial}{\partial\theta} - i\cot^2\theta\frac{\partial}{\partial\varphi} + \cot^2\theta\frac{\partial^2}{\partial\varphi^2}\right).$$

結局，

$$\hat{M}^2 = -h^2\left(\frac{1}{\sin\theta}\frac{\partial}{\partial\theta}\sin\theta\frac{\partial}{\partial\theta} + \frac{1}{\sin^2\theta}\frac{\partial^2}{\partial\varphi^2}\right).$$

$\hat{M}^2$ と $\hat{M}_z$ とが可換であることは本文で証明した．これは上の式で見れば明らかである．

§30 波動関数による展開

重ね合せの原理　量子力学で最も基本的なことは，その方程式が波動関数 ψ に関して線形であるという事実である．この結果は，量子力学が正しいことを示す多くの事実から導かれたものである．古典電磁力学でも，経験からの一般化として同様の結果がえられた（§21）．

たとえば電子が回折する場合，その波動関数の振幅は，光波の振幅に対するのと同じ簡単な法則にしたがって重ね合せることができる．すなわち，回折模様の明るい部分と暗い部分の位置は単に位相の関係だけできまり，波の強さには無関係である．このことは波動方程式が線形であることを示している．非線形方程式の解はこれとは全く異なった性質を示すのである．

線形方程式の二つの解の和はやはり同じ方程式を満足する．したがって，波動方程式の勝手な解は，基準に選んだいくつかの解を組合せた形に表わすことができる．§18では，非周期的な進行波が正弦進行波の重ね合せとして(18.1)のように表わされることを述べたが，上のことはちょうどこのことに対応している．

一つの波動関数をほかの波動関数の和として表わすことができるという原理のことを**重ね合せの原理**という．

演算子の Hermite 性　波動関数は，いくつかの量子力学的な演算子の固有関数の和として表わすのが普通である．この節では，そのような展開の方法について述べる．しかしまず最初に，固有値が物理量を表わすような演算子の一般的な性質を調べておかなくてはならない．

これらの演算子がたとえ $i = \sqrt{-1}$ をあらわに含んでいたとしても（たとえば(29.3), (29.11)），その固有値は実数でなければならないことはもちろんである．いま，演算子 $\hat{\lambda}$ の固有関数 ψ に対する方程式と，それに共役な関数 ψ^* に対する方程式

$$\hat{\lambda}\psi = \lambda\psi, \qquad (30.1a)$$

§30 波動関数による展開

$$\hat{\lambda}^*\phi^* = \lambda^*\phi^* \qquad (30.1b)$$

を考える．まず，固有値が実数であること，すなわち $\lambda^* = \lambda$ であるための条件を求めよう．

方程式(30.1a)に ϕ^* を，(30.1b)に ϕ をそれぞれ掛けて辺々引き，$\hat{\lambda}$ が関係する変数 x の全領域にわたって積分すれば，

$$\int (\phi^*\hat{\lambda}\phi - \phi\hat{\lambda}^*\phi^*)\,dx = (\lambda - \lambda^*)\int \phi^*\phi\,dx.$$

$\phi^*\phi = |\phi|^2$ は本質的に正の量であるから，右辺の積分は0になりえない．

固有値 λ は定義によって実数，すなわち $\lambda = \lambda^*$ である．したがって，

$$\int (\phi^*\hat{\lambda}\phi - \phi\hat{\lambda}^*\phi^*)\,dx = 0. \qquad (30.2)$$

方程式(30.2)は，演算子 $\hat{\lambda}$ に対する一つの条件と見なすことができる．しかし実は，$\hat{\lambda}$ と $\hat{\lambda}^*$ はその固有関数 $\phi(\lambda, x)$ と $\phi^*(\lambda, x)$ に対して(30.2)を満足するだけでなく，もっと一般に勝手な二つの関数 $\phi(x)$ と $\chi^*(x)$ ――固有関数 $\phi(\lambda, x)$ と同様に1価連続の条件は満たしているとする――に対しても同様の関係

$$\int (\chi^*\hat{\lambda}\phi - \phi\hat{\lambda}^*\chi^*)\,dx = 0 \qquad (30.3)$$

を満足するという条件を課さなくてはならない．この条件が必要なことはこの節のあとの方で述べる．方程式(30.3)を満足する演算子のことを **Hermite型演算子** とよぶ．(方程式(30.3)の dx は，たとえば $\hat{\lambda} = \hat{\mathcal{H}}$ の場合には $dV = dx\,dy\,dz$ を，$\hat{\lambda} = \hat{M}_z$ の場合には $d\varphi$ を表わす．)

演算子 $\hat{p}_x, \hat{M}_x, \cdots\cdots$ などがHermite型であることは，部分積分によって容易に証明される．たとえば，

$$\int_0^{2\pi} \chi^* \hat{M}_z \phi\,d\varphi = \int_0^{2\pi} \chi^* \frac{h}{i}\frac{\partial\phi}{\partial\varphi}d\varphi = \frac{h}{i}\chi^*\phi\Big|_0^{2\pi} - \int_0^{2\pi} \phi\frac{h}{i}\frac{\partial\chi^*}{\partial\varphi}d\varphi.$$

演算子 $\hat{M}_z$ の固有関数は1価性の条件(29.19)を満たさなければならないから，ϕ と χ^* についても $\phi(2\pi) = \phi(0)$，$\chi^*(2\pi) = \chi^*(0)$ である．したがって，これと同じ条件を満たす関数 ϕ, χ に対して上の式の右辺第1項は0となる．また，$-\dfrac{h}{i}\dfrac{\partial}{\partial\varphi}$ は $\hat{M}_z{}^*$ であるから

$$\int_0^{2\pi} \chi^* \hat{M}_z \phi \, d\varphi = \int_0^{2\pi} \phi \hat{M}_z^* \chi^* d\varphi$$

となり，条件(30.3)が満たされている．

演算子 $\hat{\mathcal{H}}$ と $\hat{M}^2$ とが Hermite 型であることは，部分積分を2回行なってみればわかる*．

固有関数の直交性　演算子が Hermite 型であることから，固有関数の重要な性質が導かれる．

まず，演算子 $\hat{\lambda}$ について，二つの固有値を与える次の方程式を考えよう：

$$\hat{\lambda}\phi(\lambda, x) = \lambda\phi(\lambda, x), \qquad (30.4\mathrm{a})$$

$$\hat{\lambda}^*\phi^*(\lambda', x) = \lambda'\phi^*(\lambda', x). \qquad (30.4\mathrm{b})$$

(30.4a)に $\phi^*(\lambda', x)$ をかけ，(30.4b)に $\phi(\lambda, x)$ をかけて辺々引き，x について積分すれば，

$$\int [\phi^*(\lambda', x)\hat{\lambda}\phi(\lambda, x) - \phi(\lambda, x)\hat{\lambda}^*\phi^*(\lambda', x)] dx$$
$$= (\lambda - \lambda')\int \phi^*(\lambda', x)\phi(\lambda, x) dx. \qquad (30.5)$$

この式の左辺は，Hermite 性の条件(30.3)によって0に等しい．したがって，もし $\lambda' \neq \lambda$ ならば

$$\int \phi^*(\lambda', x)\phi(\lambda, x) dx = 0 \qquad (30.6)$$

でなければならない．§24の問題では，エネルギー演算子の固有関数についてこの式を証明した．一般に，この性質を固有関数の**直交性**とよぶ．

同一の状態で，二つ以上の量 $\lambda, \nu, \cdots$ が確定した値をもつことがある(たとえば自由運動の p_x, p_y, p_z)．そのためには，対応する演算子 $\hat{\lambda}, \hat{\nu}, \cdots$ が互いに可換でなければならない．このときには，同時にこれらすべての演算子の固有関数であるような関数が存在する：

$$\hat{\lambda}\phi(\lambda, \nu, \cdots; x) = \lambda\phi(\lambda, \nu, \cdots; x),$$

---

* これらの例で，ϕ, χ は演算子の固有関数と同じ境界条件を満たすものとする．Hermite 性は演算子と境界条件と一緒にしてきまる．(訳者)

§30 波動関数による展開

$$\hat{\nu}\phi(\lambda, \nu, \cdots\cdots; x) = \nu\phi(\lambda, \nu, \cdots\cdots; x),$$
$$\cdots\cdots\cdots\cdots\cdots\cdots\cdots\cdots\cdots\cdots\cdots\cdots\cdots\cdots\cdots\cdots\cdots\cdots.$$

これらの関数に対する直交性の条件は一般に次のようになる．すなわち，もし $\lambda' \neq \lambda$, または $\nu' \neq \nu$, または …… ならば，

$$\int \phi^*(\lambda', \nu', \cdots\cdots; x)\phi(\lambda, \nu, \cdots\cdots; x)\,dx = 0. \tag{30.7}$$

固有関数による展開 ある演算子 $\hat{\lambda}$ の固有関数がすべてわかっているとしよう．これらの関数は，方程式 $\hat{\lambda}\phi = \lambda\phi$ を満たすほか，いくつかの条件(有界性，連続性，1価性など)を満たしている．重ね合せの原理によって，上の条件を満足する勝手な関数 $\phi(x)$ は演算子 $\hat{\lambda}$ の固有関数の和として表わすことができる*：

$$\phi(x) = \sum_{\lambda'} c_{\lambda'}\phi(\lambda', x). \tag{30.8}$$

次に，展開係数をどのようにしてきめるかを示そう．それには，この式の両辺に $\phi^*(\lambda, x)$ をかけ，x について積分する：

$$\int \phi^*(\lambda, x)\phi(x)\,dx = \sum_{\lambda'} c_{\lambda'} \int \phi^*(\lambda, x)\phi(\lambda', x)\,dx. \tag{30.9}$$

直交条件により，右辺の和の中で $\lambda' = \lambda$ に対する積分以外はすべて 0 になるから，

$$\int \phi^*(\lambda, x)\phi(x)\,dx = c_\lambda \int \phi^*(\lambda, x)\phi(\lambda, x)\,dx = c_\lambda \int |\phi(\lambda, x)|^2\,dx. \tag{30.10}$$

固有関数 $\phi(\lambda, x)$ が規格化されていると仮定すれば((24.18)参照)，展開係数は

$$c_\lambda = \int \phi^*(\lambda, x)\phi(x)\,dx \tag{30.11}$$

で与えられる．

互いに可換な二つの演算子 $\hat{\lambda}, \hat{\nu}$ がある場合には，(30.8) および (30.11) は次

---

* 正確には $\int |\phi(x) - \sum_\lambda c_\lambda \phi(\lambda, x)|^2 dx = 0$. (訳者)

のようになる：

$$\left.\begin{array}{l}\phi(x)=\sum_{\lambda,\nu}c_{\lambda,\nu}\phi(\lambda,\nu\,;x),\\ c_{\lambda,\nu}=\int\phi^{*}(\lambda,\nu\,;x)\,\phi(x)\,dx.\end{array}\right\} \quad (30.12)$$

展開係数の意味　いま見たように，状態 $\phi(x)$ は，ある物理量が確定した値 λ をもつ状態の重ね合せとして表わされる．λ という値に対応する波動関数の成分は，(30.11) の c_λ を用いれば $c_\lambda\phi(\lambda,x)$ である．これは，状態 $\phi(x)$ において，考えている物理量が λ という値をとる確率振幅を表わす．確率 w_λ そのものを求めるには，これから座標 x を消してしまわなければならない．一つの状態では λ と x とが同時には確定しないことがあるからである．

そのために，状態 λ の確率密度 $|c_\lambda|^2|\phi(\lambda,x)|^2$ を x の全領域にわたって積分する．固有関数が規格化されているとすれば，確率は

$$w_\lambda = |c_\lambda|^2 \int |\phi(x,\lambda)|^2 dx = |c_\lambda|^2 \quad (30.13)$$

となる．

もとの関数 $\phi(x)$ が規格化されているならば，この w_λ は確率の基本的な性質をそなえている．すなわち，これらの和は 1 に等しい．実際，

$$1 = \int |\phi(x)|^2 dx = \int |\sum_\lambda c_\lambda \phi(\lambda,x)|^2 dx$$
$$= \sum_\lambda |c_\lambda|^2 \int |\phi(\lambda,x)|^2 dx + \sum_\lambda \sum_{\lambda'\neq\lambda} c_\lambda c_{\lambda'}{}^* \int \phi^*(\lambda',x)\phi(\lambda,x)\,dx$$

であるが，直交条件 (30.6) によって二重和の項は 0 となる．したがって，$\phi(\lambda,x)$ が規格化されていることから，

$$\sum_\lambda |c_\lambda|^2 = \sum_\lambda w_\lambda = 1 \quad (30.14)$$

が成立する．

すなわち，$\phi(x)$ と同様に係数 c_λ もまた確率振幅であると考えなくてはならない．$|\phi(x)|^2$ は，粒子を座標 x の位置に見出す確率（λ の値は問わない）である．これに対して，$|c_\lambda|^2$ は，この粒子についていま問題にしている物理量が λ という値をとる確率（x の値は問わない）を与える．

§30 波動関数による展開

角運動量成分の固有関数による展開 Stern-Gerlach の実験では，磁場方向の角運動量成分の値 $M_z = hk$ に応じて，原子の1本のビームが何本かのビームに分裂する．いま，最大固有値に対応する k の値を l とすれば，

$$-l \leqslant k \leqslant l \tag{30.15}$$

で，k は $2l+1$ 個の異なる値をとる．

固有値 $M_z = hk$ に対応する固有関数は

$$\phi(k) = \frac{1}{\sqrt{2\pi}} e^{ik\varphi} \tag{30.16}$$

である（$\frac{1}{\sqrt{2\pi}}$ は規格化の因子）．

分裂したビームのおのおのが，同じく z 方向を向いた磁場の中を通過したとすると，このときにはビームの分裂はもはや起こらない．それは，各ビームごとに M_z はきまった値をもち，したがってはじめのビームのように $-hl \leqslant M_z \leqslant hl$ というばらつきはないからである．このことから，固有関数の直交性の意味がよくわかる．もしビーム中の粒子があるきまった値 hk だけの角運動量成分をもっていたとすると，その成分がこれと異なる値 $hk' (k' \neq k)$ をもつ確率は当然 0 に等しい．ところが，一般にこの確率は，関数 $\phi(k)$ を関数 $\phi(k')$ で展開したときの係数

$$c_{k'} = \int_0^{2\pi} \phi^*(k) \phi(k') d\varphi$$

の絶対値の2乗に等しい．そこで，この係数を0に等しいと置けば(30.6)の直交条件が出る．すなわち，直交条件というのは，粒子が確定した M_z を持つための——あるいは一般の演算子 $\hat{\lambda}$ の場合には，それが確定した値 λ をとるための必要条件である．一方，直交条件は Hermite 性の条件(30.3)からただちに導かれる((30.5)と(30.6)参照)．これに反して，条件(30.2)は λ の同じ値についての式であるから，これから直交条件を導くことはできない．

Hermite 性の条件は，固有値が実数になるということだけでなく，《純粋状態》——ある物理量が確定した値をもつ状態——が可能であることをも意味しているのである．

次に，もし第二の磁場が x 軸の方向を向いていたとすると，今度は成分 M_x の値によってビームの分裂がおこる．M_x と M_z は，同時には確定した値をも

たないからである.分裂したビームの数は角運動量成分の最大値 l によってきまるから,その数は今度の場合もやはり $2l+1$ である.また,l の値は磁場の方向にはよらず,もとのビーム中の原子の状態だけできまる.

演算子 $\hat{M}_x$ の固有関数は

$$\phi(k_1) = \frac{1}{\sqrt{2\pi}} e^{ik_1\omega} \qquad (30.17)$$

で与えられる.ここに $-l \leqq k_1 \leqq l$,また ω は x 軸のまわりの回転角である.関数(30.16)と(30.17)とは同じでないが,これは可換でない演算子の固有関数である以上当然である.

一つのきまった k の値をもつビームは,x 軸方向を向く磁場にによって,k_1 がいろいろな値をもつ $2l+1$ 本のビームに分れる.そこで,関数(30.16)は(30.17)の重ね合せとして次のように表わされるはずである:

$$\phi(k) = \sum_{k_1=-l}^{l} c_{k_1} \phi(k_1). \qquad (30.18)$$

係数の絶対値の2乗 $|c_{k_1}|^2$ は,あるきまった M_z をもつビームが再び分裂してできたビームの中で,$M_x = hk_1$ であるようなものの強度に比例する.

量子力学における平均値 (30.8)の形の波動関数 $\phi(x)$ で与えられる状態における物理量 λ の平均値を求めよう.この**平均値** $\bar{\lambda}$ は

$$\bar{\lambda} = \sum_{\lambda} \lambda w_\lambda \qquad (30.19)$$

で定義される.すなわち,物理量 λ の平均値とは,λ の値とそれに対応する確率とを掛けたものの和である.(30.13), (30.11)により,

$$\bar{\lambda} = \sum_{\lambda} \lambda |c_\lambda|^2 = \sum_{\lambda} \lambda c_\lambda^* c_\lambda = \sum_{\lambda} \lambda c_\lambda^* \int \phi(x) \phi^*(\lambda, x) dx. \qquad (30.20)$$

ここで $\lambda \phi^*(\lambda, x)$ を $\hat{\lambda}^* \phi^*(\lambda, x)$ と書きかえ,和と積分の順序を交換すれば

$$\bar{\lambda} = \int \phi(x) \sum_{\lambda} c_\lambda^* \hat{\lambda}^* \phi^*(\lambda, x) dx. \qquad (30.21)$$

$\hat{\lambda}^*$ は λ の特定の値にはよらないから$\left(\text{たとえば } \lambda = p_x \text{ とすれば } \hat{\lambda}^* = -\frac{h}{i}\frac{\partial}{\partial x}\right)$. $\hat{\lambda}^*$ を和の外へ出して

§30 波動関数による展開

$$\bar{\lambda} = \int \phi(x) \hat{\lambda}^* \sum_\lambda c_\lambda^* \psi^*(\lambda, x) \, dx. \tag{30.22}$$

(30.8)の共役複素数をとれば，$\phi^*(x) = \sum_\lambda c_\lambda^* \psi^*(\lambda, x)$ であるから，

$$\bar{\lambda} = \int \phi(x) \hat{\lambda}^* \phi^*(x) \, dx, \tag{30.23}$$

あるいは，演算子 $\hat{\lambda}$ が Hermite 型であることから，(30.23)により

$$\bar{\lambda} = \int \phi^*(x) \hat{\lambda} \phi(x) \, dx \tag{30.24}$$

となる．すなわち，ある状態 $\phi(x)$ における λ の平均値を求めるには，λ の固有値を知る必要はなく，積分(30.24)を計算すればよい．

角運動量の2乗の固有値　　演算子 $\hat{\lambda}$ の(固有値 λ に属する)固有関数の一つを $\phi(\lambda, x)$ とすると，この状態における平均値 $\bar{\lambda}$ は単に固有値そのものになる．なぜなら，

$$\bar{\lambda} = \int \phi^*(\lambda, x) \hat{\lambda} \phi(\lambda, x) \, dx = \lambda \int |\phi(\lambda, x)|^2 \, dx = \lambda.$$

この結果を用いると，角運動量の2乗の平均値が容易に計算できる．

まず次のことに注意する．すなわち，Stern-Gerlach の実験では，角運動量の三つの成分は，どれもその2乗の平均値をとると等しくならなければならない：

$$\overline{M_x^2} = \overline{M_y^2} = \overline{M_z^2}. \tag{30.25}$$

なぜなら，入射ビーム中の原子の状態は空間的な方向性をもっていないからである．これから，平均値 $\overline{M^2}$ は，たとえば平均値 $\overline{M_z^2}$ の3倍であることがわかる：

$$\overline{M^2} = \overline{M_x^2} + \overline{M_y^2} + \overline{M_z^2} = 3\overline{M_z^2}. \tag{30.26}$$

入射ビームでは，$M_z = hk$ と書いたときの k の値は $-l$ から l までのすべての整数値が同じ確率で可能であった．このことから

$$\overline{M_z^2} = \frac{1}{2l+1} \sum_{k=-l}^{l} h^2 k^2 = h^2 \frac{l(l+1)(2l+1)}{3(2l+1)} = \frac{1}{3} h^2 l(l+1), \tag{30.27}$$

したがって

$$\overline{M^2} = h^2 l(l+1). \tag{30.28}$$

§29 で示したように $\hat{M}^2$ と $\hat{M}_z$ とは可換であるから,同一の状態で M^2 と M_z とが確定する.Stern-Gerlach の実験では,ビームの中の原子はほとんど大部分が基底状態にある.この状態では,角運動量の絶対値はきまった値をもっている.したがって,そのようなビームにおける角運動量の2乗の平均値は,基底状態の固有値そのものに等しい:

$$M^2 = \overline{M^2} = h^2 l(l+1). \tag{30.29}$$

(30.29)の結果を見るとちょっと不思議な感じがする.というのは,この式は,角運動量の2乗の固有値がその成分の最大値の2乗 $h^2 l^2$ にはならず,それよりも大きな値をとることを示しているからである.しかし,もし M_z が最大値 hl に等しく,かつ $M^2 = h^2 l^2$ であるとすると,他の成分は0になるはずである.ところが M_z が0でない確定値をとるときには,ほかの成分は(0をも含めて)確定値をとることができない.そのために,角運動量の2乗はどの成分の最大値の2乗よりも少し大きいのである.ただ,三つの成分がすべて0のときだけは例外である(§29参照).

角運動量の合成 角運動量の絶対値がわかったから二つの力学系の角運動量の合成則を導くことができる.一方の系の角運動量成分の最大値を hl_1,もう一方のを hl_2,かつ $l_1 \geq l_2$ とする.いま,系2の角運動量を系1の角運動量の方向に射影したとすると,その大きさは $hl_2, \cdots\cdots, -hl_2$ のどれかになる.これを系1の角運動量に加えると $h(l_1+l_2), \cdots\cdots, h(l_1-l_2)$ の中のどれかになる.したがって,合成した角運動量を空間の勝手な方向に射影すると,その大きさの最大値は h を単位として次のものに等しい:

$$l = l_1+l_2,\ l_1+l_2-1,\ l_1+l_2-2,\ \cdots\cdots,\ l_1-l_2. \tag{30.30}$$

また,合成した角運動量の2乗の固有値は

$$h^2(l_1+l_2)(l_1+l_2+1),\ h^2(l_1+l_2-1)(l_1+l_2),\ \cdots\cdots,\ h^2(l_1-l_2)(l_1-l_2+1)$$

である.

上で導いた角運動量の合成則は,二つのベクトルの和の大きさが,各ベクトルの大きさの和と差の間の値になるという事実と一致している.

§30 波動関数による展開

量子論の運動方程式　ある演算子 $\hat{\lambda}$ が与えられたとして，それの時間に関する微係数を表わす演算子 $\hat{\dot{\lambda}}$ を求めることを考えよう．まず平均値 $\bar{\lambda}$ の微係数を計算する．(30.24) によれば，波動関数 ϕ で表わされる状態については平均値の微係数は

$$\dot{\bar{\lambda}} = \frac{d}{dt}\int \phi^*\hat{\lambda}\phi\, dx = \int \frac{\partial \phi^*}{\partial t}\hat{\lambda}\phi\, dx + \int \phi^*\frac{\partial \hat{\lambda}}{\partial t}\phi\, dx + \int \phi^*\hat{\lambda}\frac{\partial \phi}{\partial t}dx$$

で与えられる．

ここで，Schrödinger の方程式 (24.11) によって偏微係数 $\frac{\partial \phi^*}{\partial t}$ および $\frac{\partial \phi}{\partial t}$ を書き直せば，

$$\dot{\bar{\lambda}} = \int \frac{i}{h}(\hat{\mathcal{H}}^*\phi^*)\hat{\lambda}\phi\, dx + \int \phi^*\frac{\partial \hat{\lambda}}{\partial t}\phi\, dx - \int \frac{i}{h}\phi^*\hat{\lambda}\hat{\mathcal{H}}\phi\, dx.$$

ただし，$\hat{\mathcal{H}}$ はハミルトニアン (29.7) である．$\hat{\mathcal{H}}$ が Hermite 型であることを用いれば，右辺の第1項は

$$\int (\hat{\mathcal{H}}^*\phi^*)\hat{\lambda}\phi\, dx = \int \phi^*\hat{\mathcal{H}}\hat{\lambda}\phi\, dx$$

となる．したがって，

$$\dot{\bar{\lambda}} = \int \phi^*\left[\frac{\partial \hat{\lambda}}{\partial t} + \frac{i}{h}(\hat{\mathcal{H}}\hat{\lambda} - \hat{\lambda}\hat{\mathcal{H}})\right]\phi\, dx. \tag{30.31}$$

いま，演算子 $\hat{\dot{\lambda}}$ を次の式によって定義する：

$$\dot{\bar{\lambda}} = \int \phi^*\hat{\dot{\lambda}}\phi\, dx. \tag{30.32}$$

そうすれば

$$\hat{\dot{\lambda}} = \frac{\partial \hat{\lambda}}{\partial t} + \frac{i}{h}(\hat{\mathcal{H}}\hat{\lambda} - \hat{\lambda}\hat{\mathcal{H}}). \tag{30.33}$$

これまで考えた運動量・角運動量・座標などの演算子はどれも時間を含んでいないから，それらについては (30.33) の右辺第1項は消えて，

$$\hat{\dot{\lambda}} = \frac{i}{h}(\hat{\mathcal{H}}\hat{\lambda} - \hat{\lambda}\hat{\mathcal{H}}) \tag{30.34}$$

となる．

したがって，もし与えられた演算子 $\hat{\lambda}$ がハミルトニアン $\hat{\mathcal{H}}$ と可換ならば $\hat{\dot{\lambda}} = 0$ である．そこで，この場合には λ を (量子論的な) 運動の積分とよぶのが

適当であろう．$\hat{\lambda}$ と $\hat{\mathscr{H}}$ とが可換であるから，§29 の一般的な結果によって，運動の積分とエネルギーとは一つの状態で同時に確定した値をもつ．

次に，演算子 $\hat{x}$ および $\hat{p}_x$ に対する運動方程式を求めてみよう．(29.7)により，エネルギー演算子 $\hat{\mathscr{H}}$ は $\dfrac{\hat{p}^2}{2m}+\hat{U}$ に等しい．この中で $\hat{x}$ と可換でないのは $\hat{p}_x^2$ を含む項だけである．$\hat{p}_x^2$ に対しては

$$\hat{p}_x^2\hat{x}-\hat{x}\hat{p}_x^2 = \hat{p}_x^2\hat{x}-\hat{p}_x\hat{x}\hat{p}_x+\hat{p}_x\hat{x}\hat{p}_x-\hat{x}\hat{p}_x^2$$
$$=\hat{p}_x(\hat{p}_x\hat{x}-\hat{x}\hat{p}_x)+(\hat{p}_x\hat{x}-\hat{x}\hat{p}_x)\hat{p}_x=\frac{2h}{i}\hat{p}_x$$

であるから，

$$\dot{\hat{x}}=\frac{\hat{p}_x}{m} \tag{30.35}$$

がえられる．すなわち，$\dot{\hat{x}}$ と $\hat{p}_x$ の関係は，古典力学における $\dot{x}(=v_x)$ と p_x の関係と同じ式で表わされる．

次に $\dot{\hat{p}}_x$ を求めよう．$\hat{p}_x$ と可換でないのは $\hat{U}$ の項で

$$(\hat{U}\hat{p}_x-\hat{p}_x\hat{U})\psi = \frac{h}{i}\left(\hat{U}\frac{\partial\psi}{\partial x}-\frac{\partial}{\partial x}\hat{U}\psi\right) = -\frac{h}{i}\frac{\partial}{\partial x}\hat{U}\psi.$$

これは記号的に書けば

$$\hat{U}\hat{p}_x-\hat{p}_x\hat{U} = -\frac{h}{i}\frac{\partial\hat{U}}{\partial x} \tag{30.36}$$

であるから，

$$\dot{\hat{p}}_x = -\frac{\partial\hat{U}}{\partial x} \tag{30.37}$$

がえられる．これは古典力学における運動量の時間的変化と力の関係と全く同じである．

Heisenberg は，量子論的な運動方程式(30.34)から出発して，Schrödinger とは独立に量子力学に到達した．この2人のとった方法が同等なものであることは少しあとで述べる．

物理量の測定と波動関数　ある系の物理量を測定したとき，どのような結果がえられるかは確率振幅によってきまる．系が波動関数 $\phi(x)$ の状態にあるときに物理量 λ を測定したとすると，λ という数値がえられる確率は

§30 波動関数による展開

$$|c_\lambda|^2 = \left|\int \phi^*(x)\phi(\lambda,x)\,dx\right|^2$$

に比例する((30.11)と(30.13)を参照)。

たとえば Stern-Gerlach の実験では，入射ビームの中の粒子の角運動量成分は $-hl$ と hl の間の値をもっている。測定を行なうと，外からかけた磁場の方向(z軸方向)の成分 hk に対応して，ビームは $2l+1$ 本に分裂する。しかし，もしはじめのビームに対して磁場を x 軸の方向にかけて同じ測定を行なったとすれば，今度は x 軸方向の成分に対応してビームは分裂するはずである．角運動量の z 成分と x 成分とは同時には確定しない。また，ビームをつくる粒子の最初の状態はどちらの場合にも全く同じである．したがって，《測定を行なった結果》粒子の角運動量の z 成分が確定したり，x 成分が確定したりするのである．

微小な物体は，これについて何か測定を行なうとその状態に本質的な変化を生ずる。古典物理学と量子物理学とでは，測定の概念がこの点で根本的に異なっている。すなわち，古典物理学でいう測定は，測定される対象に与える影響をいくらでも小さくすることができるようなものである．

測定の結果，入射ビームの角運動量成分が $2l+1$ 通りの値を示すということは，測定の仕方にはよらない。一方，これら粒子の状態は，《測定した後》には前と本質的に変わってしまい，その結果は測定がどのように行なわれかによって異なる。しかし，全く同じビームについてきわめて多数の測定を行なうことによって，《測定する前》に粒子がどういう状態にあったかは，測定の仕方とは無関係に定めることができる。それゆえ，量子論的な測定によっても，古典論的な測定と全く同じように客観的な結果が得られる。ただ，それは不確定性原理で許される範囲の精度での話であることはもちろんである．Stern-Gerlach の実験では，粒子の角運動量の 2 乗は $M^2 = h^2 l(l+1)$ という値を持っていたが，角運動量ベクトルの空間的な向きは定まっていない(すなわちビームは方向性を持っていない)．

z 軸の方向を向いた磁場の中をいったん通過したビームについて，その角運動量の z 成分を再び測定したとすると，角運動量の 2 乗が $M^2 = h^2 l(l+1)$ であるというだけでなく，z 成分も $M_z = hk$ という確定値をもつことがわかる．

問　題

1 無限に深い井戸型ポテンシャルの場に対する固有関数 (25.12) を用いて，関数 $\phi = \dfrac{1}{\sqrt{a}}$ を展開せよ．ただし $0 \leqslant x \leqslant a$．

(解)　(30.11) により，展開係数は

$$c_n = \int_0^a \phi_n^* \phi\, dx = \frac{\sqrt{2}}{a} \int_0^a \sin \frac{\pi(n+1)x}{a} dx$$
$$= \frac{\sqrt{2}}{\pi(n+1)}[-\cos \pi(n+1)+1] = \frac{\sqrt{2}}{\pi(n+1)}[1-(-1)^{n+1}].$$

2 量子論的な対称こまのエネルギー固有値を求めよ．

(解)　対称こまのエネルギーは

$$\mathcal{E} = \frac{1}{2J_1}(M_1{}^2+M_2{}^2)+\frac{1}{2J_3}M_3{}^2 = \frac{1}{2J_1}(M^2-M_3{}^2)+\frac{1}{2J_3}M_3{}^2.$$

角運動量の大きさと成分の固有値を代入して，

$$\mathcal{E} = \frac{h^2}{2J_1}[l(l+1)-k^2]+\frac{h^2k^2}{2J_3} = \frac{h^2}{2J_1}l(l+1)+\left(\frac{1}{2J_3}-\frac{1}{2J_1}\right)h^2k^2.$$

§31 中心力場における運動

一点に向かう引力の場における電子の運動は,原子の量子力学における基本的な問題である.この際,場は厳密な Coulomb 場であると見なす必要はない.たとえばアルカリ金属の原子では,外殻の1個の電子は,原子核とほかの電子とが作る場の中を運動するので,原子核には比較的弱くしか束縛されていない.内側の電子の電荷密度分布は球対称なので,それらが作る場は中心力場である.今後,原子核から距離 r の点での電子の位置エネルギーを $U(r)$ と書くことにしよう.

エネルギー演算子と角運動量積分 原子のエネルギー固有値に対する方程式は,いつものように(24.22),すなわち

$$-\frac{\hbar^2}{2m}\Delta\phi + U\phi = \mathcal{E}\phi \tag{31.1}$$

で与えられる.ここに,m は原子核と電子の換算質量で,これは電子の質量にきわめて近い値をもつ.

中心力の場を考えるから,球座標に変換するのが便利である.球座標におけるラプラシアンの式(11.46)を用いて(31.1)を書き直せば

$$-\frac{\hbar^2}{2m}\left[\frac{1}{r^2}\frac{\partial}{\partial r}\left(r^2\frac{\partial\phi}{\partial r}\right) + \frac{1}{r^2}\left(\frac{1}{\sin\theta}\frac{\partial}{\partial\theta}\left(\sin\theta\frac{\partial\phi}{\partial\theta}\right) + \frac{1}{\sin^2\theta}\frac{\partial^2\phi}{\partial\varphi^2}\right)\right] + U(r)\phi = \mathcal{E}\phi. \tag{31.2}$$

角 θ と φ の微分を含む演算子はちょうど角運動量の2乗である(§29,問題4).そこで,上の式はまた次のようにも書ける:

$$-\frac{\hbar^2}{2m}\frac{1}{r^2}\frac{\partial}{\partial r}\left(r^2\frac{\partial\phi}{\partial r}\right) + \frac{\hat{M}^2}{2mr^2}\phi + U(r)\phi = \mathcal{E}\phi. \tag{31.3}$$

これから,ハミルトニアン $\hat{\mathcal{H}}$ と角運動量とは次の関係にあることがわかる:

$$\hat{\mathcal{H}} = -\frac{\hbar^2}{2m}\frac{1}{r^2}\frac{\partial}{\partial r}r^2\frac{\partial}{\partial r} + \frac{\hat{M}^2}{2mr^2} + \hat{U}(r). \tag{31.4}$$

常微分方程式に帰着させる　演算子 $\hat{M}^2$ は，角 θ，および θ と φ についての微分だけしか含んでいない．演算子 $\hat{\mathcal{H}}$ の中では，角度に関する微分はすべて $\hat{M}^2$ の中に含まれ，他の項は r および r に関する微分だけしか含まない．したがって，演算子 $\hat{\mathcal{H}}$ と $\hat{M}^2$ とは可換である．なぜなら，$\hat{M}^2$ は r の任意の関数とも，またもちろんそれ自身とも可換だからである．可換な演算子は一つの状態に対して同時に固有値をもつから，中心力の場では，角運動量の2乗および角運動量の一つの成分がエネルギーと同時に固有値をもつことになる．これらの量は，(30.34)によって運動の積分である．運動の積分でない他の量はエネルギーと同時には存在しない（古典力学ではもちろん存在はするが，その値が一定には保たれない）．

さて，方程式(31.3)の $\hat{M}^2$ はその固有値 $\hbar^2 l(l+1)$ で置きかえることができる．そうすれば角 θ および φ に対する依存性が表面から消えて，常微分方程式が得られる：

$$-\frac{\hbar^2}{2m}\frac{1}{r^2}\frac{d}{dr}\left(r^2\frac{d\psi}{dr}\right)+\frac{\hbar^2 l(l+1)}{2mr^2}\psi+U\psi = \mathcal{E}\psi. \qquad (31.5)$$

偏微分方程式(31.2)と比べると，この方程式を解く方がはるかに容易である．古典力学でも，角運動量を用いて r 以外の変数をすべて消去することができた．方程式(31.5)は古典力学の方程式(5.6)に対応している．

1次元の方程式への変換　方程式(31.5)を1次元の方程式に変換しておくと都合がよい．それには，球面波の伝播の問題を扱ったときと同じ方法をとる．

いま，

$$\chi = r\psi \quad \text{すなわち} \quad \psi = \frac{\chi}{r} \qquad (31.6)$$

と置けば，1次元の波動方程式(19.7)を導いたときと同様の計算によって，それに相当した形の方程式

$$-\frac{\hbar^2}{2m}\frac{d^2\chi}{dr^2}+\frac{\hbar^2 l(l+1)}{2mr^2}\chi+U\chi = \mathcal{E}\chi. \qquad (31.7)$$

が得られる．

原子核の近くおよび遠くでの波動関数の形 これまでのところでは，ポテンシャル $U(r)$ の関数形がまだ具体的にわかっていないから，二つの極限，すなわち原子核のごく近くおよびこれから十分離れた所でのことしか考えることができない．

電子は核のごく近くには場を作らないから，そこにあるのは Coulomb ポテンシャル $U = -\dfrac{Ze^2}{r}$ (Z は原子番号)だけである．しかし，r が非常に小さい所では，$\dfrac{\hbar^2 l(l+1)}{2mr^2}\psi$ の項は $U\psi$ の項よりも，またもちろん $\mathcal{E}\psi$ の項よりも大きい．したがって，核のすぐ近くでは，波動方程式は単に次の形をとる：

$$\frac{d^2\chi}{dr^2} = l(l+1)\frac{\chi}{r^2}. \tag{31.8}$$

これを解くために

$$\chi = r^\alpha \tag{31.9}$$

と置けば，

$$\alpha(\alpha-1) = l(l+1) \tag{31.10}$$

から，二つの根

$$\alpha = l+1 \quad \text{および} \quad \alpha = -l \tag{31.11}$$

が得られる．

第2の根をとれば，(31.6)から $\psi = r^{-l-1}$ となる．ところが，どんな l に対してもこの関数は $r=0$ で無限大となるから，これは捨てる．したがって，r が小さい所では*

$$\psi = \frac{\chi}{r} = r^l. \tag{31.12}$$

角運動量が大きいほど，原点における波動関数の零点の次数は高くなる．関数が核の位置で0とならないのは $l=0$ のときに限る．このことは，古典力学からの類推で次のように考えれば理解できる．角運動量は運動量と《腕》(すなわち原点からの距離)との積である．$l=0$ は角運動量が0のことであるから，これは《腕》が0であることに対応し，したがって原点に電子の存在する確率密度は0でなくなるのである．前期量子論(Bohr)によれば，角運動量0の電子

---

* $l=0$ のときには $\dfrac{\hbar^2 l(l+1)}{2mr^2}\psi$ は0となるから，この項が $U\psi$ より大きいということはいえないが，その場合でも(31.12)の結果は正しい．

軌道は原子核を通過する．そして，角運動量の値が大きくなることは，《腕》が長くなることに対応し，量子力学では原子核の近くに電子を見出す確率が小さくなることに当たる．

　原点近くの波動関数の振舞いはまた次のようにも解釈できる．電子には遠心力が働き，その位置エネルギーは $\dfrac{h^2 l(l+1)}{2mr^2}$ に等しい．古典論では，r が小さい方の運動の限界は遠心力の位置エネルギーによってきまった．しかし量子論では，遠心力の壁を突き抜けて電子が内部へはいりこむことができる．もっとも，r が小さい所ほど，すなわち壁が高い所ほどはいりこみ方は少い．$l=0$ の場合にはこの壁がないから，電子は少しも妨げられずに原点まで達することができるのである．

　r が大きい所では $\dfrac{h^2 l(l+1)}{2mr^2}\phi$ も $U\phi$ も共に無視することができる（$U(\infty)=0$ と仮定する）．このときには方程式は単に

$$\frac{d^2\chi}{dr^2}=-\frac{2m\mathcal{E}}{h^2}\chi \tag{31.13}$$

となる．したがって，その一般解は

$$\chi=C_1 e^{\frac{\sqrt{-2m\mathcal{E}}}{h}r}+C_2 e^{-\frac{\sqrt{-2m\mathcal{E}}}{h}r} \tag{31.14}$$

で与えられる．

正負の固有値　　二つの場合を考えよう．まずエネルギーが正，すなわち $\mathcal{E}>0$ とする．このとき χ は次のようになる：

$$\chi=C_1 e^{i\frac{\sqrt{2m\mathcal{E}}}{h}r}+C_2 e^{-i\frac{\sqrt{2m\mathcal{E}}}{h}r}. \tag{31.15}$$

右辺の各項は，r のどんな値に対しても共に有限である．したがって，定数 C_1 と C_2 はどちらも 0 でないとして残しておいてよい．前に，有限深さの井戸型ポテンシャルに対する波動方程式(25.33)の解を考えたときにも同様であった．

　2階の微分方程式の一般解は 2 個の任意定数を含む．いま，r が小さい所だけで成り立つ解(31.12)を r の大きい領域まで延長したと考えよう．この領域の解はもちろん r^l のような簡単な形ではなく，厳密な方程式(31.7)を満たすものでなければならない．この方程式に対してはある解曲線がえられる．ところで，一般解の中の定数を適当に選べば，どんな解曲線をも表わすことができ

§31 中心力場における運動

る．$\mathcal{E} > 0$ の場合には，r が限りなく大きくなると，この解は漸近的に (31.15) の形をとる．(31.15) は，定数 C_1 および C_2 がどのような値であっても，$r \to \infty$ のとき有限である．したがって，エネルギーが正の場合には，波動方程式はすべての r に対して有限な解を必ずもつ．すなわち，エネルギーの正の値は連続スペクトルに属している．(31.15) の形から，無限遠点に電子を見出す確率は 0 にはならない．つまり，§5 で考えた古典論の問題と同様に，上の場合は無限運動に対応しているのである(§25 も参照)．

結局，無限運動は連続的なエネルギースペクトルをもつという一般法則がここでも確かめられた．

次に，$\mathcal{E} < 0$ すなわち $\mathcal{E} = -|\mathcal{E}|$ の場合を考えよう．このときには，解 (31.14) は次のようになる：

$$\chi = C_1 e^{\frac{\sqrt{2m|\mathcal{E}|}}{\hbar}r} + C_2 e^{-\frac{\sqrt{2m|\mathcal{E}|}}{\hbar}r}. \tag{31.16}$$

ここで，第 1 項は r が大きくなると限りなく増大するから，$C_1 = 0$ とおかなくてはならない．したがって，χ は任意定数を 1 個しか含まない：

$$\chi = C_2 e^{-\frac{\sqrt{2m|\mathcal{E}|}}{\hbar}r}. \tag{31.17}$$

固有値をきめる条件 いま，(31.12) で始まる解曲線を座標原点から描いていったとすると，r の大きいところではこの曲線は一般には (31.17) の形にならない．いくつかの特定の値を除けば，エネルギーの負の値に対しては，解曲線は遠方では必ず (31.16) ($C_1 \neq 0$) で表わされるものとなり，したがって，波動関数に課せられた境界条件が満足されない．特に

$$C_1(\mathcal{E}) = 0 \tag{31.18}$$

を満たすようなエネルギーの値に対してだけは，波動方程式は解をもつ．これは離散的なエネルギースペクトルに対応している．$\chi(\infty)$ は 0 であるから，予期した通り有限運動は離散的なエネルギースペクトルをもつことになる．

Coulomb 場．原子単位による書きかえ 次に，純粋な Coulomb 場

$$U(r) = -\frac{Ze^2}{r} \tag{31.19}$$

の中の電子に対して，上に述べたスペクトルを見出そう．Z は核の原子番号である．このようなポテンシャルは水素原子(分子ではない)，1価のヘリウムイオン He^+，2価のリチウムイオン Li^{++} などに現われる．

波動方程式(31.7)は次のように書かれる：

$$-\frac{h^2}{2m}\frac{d^2\chi}{dr^2}+\frac{h^2 l(l+1)}{2mr^2}\chi-\frac{Ze^2}{r}\chi=-|\mathcal{E}|\chi. \quad (31.20)$$

ただし，離散スペクトルを問題にするので，エネルギーが負の場合を初めから考える．

調和振動子の問題で行なったように(§26)，ここで長さとエネルギーの単位を変更すると都合がよい．cgs 単位系の基本単位は，cm, g, sec といういわば勝手にきめた量である．そのかわりに，ここでは素電荷 e，電子質量 m，作用量子 h を単位にとる．これらの量から，長さの次元をもつ量

$$\frac{h^2}{me^2}=0.529\times 10^{-8} \text{ cm},$$

およびエネルギーの次元をもつ量

$$\frac{me^4}{h^2}=27.2 \text{ eV}$$

をつくることができる．それゆえ，方程式(31.20)の中で $e=1, m=1, h=1$ と置けば，長さおよびエネルギーがこれらの量を単位として測られることになる．こうして測った長さの数値を ξ，エネルギーの数値を ε とすれば，

$$r=\frac{h^2}{me^2}\xi, \quad (31.21)$$

$$|\mathcal{E}|=\frac{me^4}{h^2}\varepsilon \quad (31.22)$$

である．こうすると，波動方程式の中に現われる定数は原子番号 Z だけになる：

$$-\frac{d^2\chi}{d\xi^2}+\frac{l(l+1)}{\xi^2}\chi-\frac{2Z}{\xi}\chi=-2\varepsilon\chi. \quad (31.23)$$

級数展開による解 上の方程式の解を級数展開の形に求めてみよう．ここでは，ξ(すなわち r)の大きな値および小さな値に対してえられた解から出発する．

§31 中心力場における運動

(31.12)および(31.17)にあわせるように，χ を次の形に書く：

$$\chi = \xi^{l+1}e^{-\xi\sqrt{2\varepsilon}}(\chi_0+\chi_1\xi+\chi_2\xi^2+\cdots\cdots)$$
$$= \xi^{l+1}e^{-\xi\sqrt{2\varepsilon}}\sum_{n=0}^{\infty}\chi_n\xi^n = e^{-\xi\sqrt{2\varepsilon}}\sum_{n=0}^{\infty}\chi_n\xi^{n+l+1}. \quad (31.24)$$

第2辺の第1因子は $\xi\to0$ に対する χ の形を，第2因子は ξ が大きいところでの χ の形を表わしている．そして，級数の部分がこの両極端の場合をいわばつないでいるのである．

(31.24)を2度微分すれば，

$$\frac{d^2\chi}{d\xi^2}=2\varepsilon e^{-\xi\sqrt{2\varepsilon}}\sum_{n=0}^{\infty}\chi_n\xi^{n+l+1}-2\sqrt{2\varepsilon}\,e^{-\xi\sqrt{2\varepsilon}}\sum_{n=0}^{\infty}(n+l+1)\chi_n\xi^{n+l}$$
$$+e^{-\xi\sqrt{2\varepsilon}}\sum_{n=0}^{\infty}(n+l+1)(n+l)\chi_n\xi^{n+l-1}. \quad (31.25)$$

右辺の第1項は単に $-2\varepsilon\chi$ と書けるから，方程式(31.23)の右辺と消し合う．方程式の両辺を $e^{-\xi\sqrt{2\varepsilon}}$ で約し，残りの項をまとめれば，

$$\sum_{n=0}^{\infty}[l(l+1)-(n+l+1)(n+l)]\chi_n\xi^{n+l-1}$$
$$=\sum_{n=0}^{\infty}[2Z-2\sqrt{2\varepsilon}(n+l+1)]\chi_n\xi^{n+l}. \quad (31.26)$$

この式が成り立つためには，ξ の等しいベキの係数が両辺で一致しなくてはならない．したがって

$$\chi_{n+1}=\chi_n\frac{2[Z-(n+l+1)\sqrt{2\varepsilon}]}{l(l+1)-(n+l+1)(n+l+2)} \quad (31.27)$$

の関係が得られる．

級数の性質と固有値の条件　　(31.27)の関係式から係数 χ_n が次々にきまる．n が大きいときには，式の中の定数 l と Z を無視することができるから，極限では

$$\chi_{n+1}=\frac{2\sqrt{2\varepsilon}}{n}\chi_n \quad (31.28)$$

となる．調和振動子の問題を扱ったときにも同様の式(26.16)を得た．したが

って，ξ が大きい所ではこの級数全体は指数関数の形をもつ：
$$\sum \chi_n \xi^n \cong e^{2\xi\sqrt{2\varepsilon}}. \tag{31.29}$$

けれども，これを(31.24)に代入すると，$\phi(\infty)=\infty$ となって境界条件を満たさなくなるから，この級数は正しい解とはなれない．ただ，ある χ_{n+1} から先の係数がすべて 0 になる場合には，(31.24)の中の級数は多項式になってしまうから，これに $e^{-\xi\sqrt{2\varepsilon}}$ をかけたものは $\phi(\infty)=0$ を満たしてくれる．(31.27)からわかるように，もし
$$Z-(n+l+1)\sqrt{2\varepsilon}=0, \tag{31.30}$$
すなわち
$$\varepsilon = \frac{Z^2}{2(n+l+1)^2} \tag{31.31}$$
であれば χ_{n+1} は 0 となる．

最後にもとの単位にもどし，符号を考えれば，求めるエネルギースペクトル
$$\mathcal{E} = -\frac{Z^2 me^4}{2\hbar^2(n+l+1)^2} \tag{31.32}$$
が得られる．

量子数　n は多項式(Laguerre の多項式)の次数である．くわしく調べると，この多項式は，次数 n に対応してちょうど n 回だけ 0 になることがわかる．すなわち，波動関数を半径 r の関数と考えたとき，$l \neq 0$ の関数はすべて n_r 個の零点を持っている($r=0$ および $r=\infty$ の零点は数に入れない)．今後は多項式の次数を n_r と書き，
$$n \equiv n_r + l + 1 \tag{31.33}$$
と置く．

多電子原子の場合には事情は複雑で，エネルギーは(31.32)のように簡単な形とはならない．しかし n, n_r, l などの数は，電子の状態を分類するのに都合がよいのでこの場合にも用いられる．

l は**方位量子数**とよばれる．すでに見たように，これは電子の角運動量の大きさを示す．分光学では次のような言い方をする：電子の状態の中で $l=0$ のものを s 状態，さらに $l=1,2,3$ に対応してそれぞれ p, d, f 状態とよぶ．励

起されていない原子では，これよりも大きい l の値は現われない．ベクトルの加算の規則(30.30)にしたがって一つ一つの電子の角運動量を加えれば，原子全体の角運動量 L が得られる．$L=0,1,2,3$ の状態を S,P,D,F とよび，L の値がこれよりも大きい状態に対してはアルファベットの先の文字を順に用いる．

(29.21)の中の k (すなわち，ある軸に対する角運動量成分を，h を単位として測った値)のことを**磁気量子数**とよぶ．外から磁場を加えたとき，その方向に角運動量が確定した成分をもつからである．

n_r は波動関数を r の関数と考えたときの($r=0,\infty$ 以外の)零点の数で，**動径量子数**とよばれる．

最後に，(31.33)の和 n のことを**主量子数**とよぶ．水素原子における電子の結合エネルギーは，(31.32)によって

$$\mathscr{E}_n = -\frac{me^4}{2h^2 n^2} = -\frac{13.6}{n^2}\,\mathrm{eV} \tag{31.34}$$

である．

同様の式がヘリウムの陽イオンについてもえられる．この場合には，全体が Z^2 倍すなわち 4 倍されるほかに，原子核の質量が水素と異なるために電子の換算質量がごくわずか変わり，それによる差も加わる．

$n=1$ の状態は基底状態である．電子はこれよりもエネルギーの低い状態へは遷移できないから，この状態では原子は光を放出することができない．放射についてのくわしいことは §34 で述べる．

状態の偶奇性　　原子内の電子の状態を特徴づける性質がもう一つある．それは波動関数の(座標に関する)**偶奇性**である．この性質は，エネルギーや角運動量とちがって古典論には対応するものがない．

まず個々の電子の波動関数から考えよう．方程式(31.1)は，次の置きかえ

$$x = -x', \quad y = -y', \quad z = -z' \tag{31.35}$$

を行なっても形が変わらない．この変換は右手系を左手系に移すもので，反転とよばれる．右手系と左手系——たとえば右と左の手袋——を空間内の回転によって一致させることはできない(§16 参照)．

波動方程式(31.1)は線形である．したがって，もし反転に対して方程式が形を変えないとすれば，その解は(境界条件により定数因子を除いて定まるから)反転によっては単に定数倍されるだけである：

$$\phi(x, y, z) = C\phi(x', y', z'). \tag{31.36}$$

一方，左手系と右手系とは互に全く対等であるから，(左手系から右手系への)逆の反転を行なった場合にも，上と同じ定数が掛かるはずである．すなわち

$$\phi(x', y', z') = C\phi(x, y, z). \tag{31.37}$$

これを(31.36)に代入すれば，

$$\phi(x, y, z) = C^2 \phi(x, y, z).$$

したがって

$$C^2 = 1, \quad C = \pm 1 \tag{31.38}$$

を得る．

$C = 1$ であるような関数を偶関数，$C = -1$ のものを奇関数とよぶ．線形調和振動子の固有関数は上のような性質をもっていた．すなわち，ハミルトニアンは偶 ($\hat{\mathcal{H}}(x) = \hat{\mathcal{H}}(-x)$) であって，これに対して波動関数は固有値の番号 n の偶奇に応じて偶奇であった．

偶奇性と軌道角運動量 中心力場の波動関数の偶奇性は何によってきまるかを次に示そう．それには，座標原点の近くにおける波動関数の形

$$\phi = r^l \tag{31.39}$$

を用いるのが便利である．

波動関数が方向によってどう変わるかを見るのにも，(31.39)を導いたのと同じ近似で波動関数を調べればよい．U と $\mathscr{E}$ は角度によらないので，それらの掛かった項は考えなくてもよいからである．角度に対する依存性は，厳密な方程式でも簡単化した方程式でも同じである．後者は単に Laplace の方程式

$$\Delta \phi = 0 \tag{31.40}$$

となる．

いま，ϕ を x, y, z について l 次の同次多項式に等しいと置く：

$$\phi = x^l + ax^{l-1}y + \cdots\cdots + bx^{l-k-m}y^k z^m + \cdots\cdots. \tag{31.41}$$

係数 $a, \cdots\cdots, b, \cdots\cdots$ の間の関係を適当に選べば，方程式(31.40)を満足させる

ことができる．この多項式の次数 l は，(31.39)の次数 l と同じものである．一方，(31.41)の次数 l によって，反転(31.35)に対する ϕ の偶奇性がきまる．すなわち，軌道角運動量の大きさ l が偶数の波動関数は偶関数，奇数のものは奇関数である．多電子原子では，原子全体としての波動関数の偶奇性は，個々の電子の波動関数の偶奇性によってきまる(原子の波動関数が個々の電子の波動関数の積に等しいというのではない！)．それゆえ，全体の波動関数の偶奇は $\sum_i l_i$ (l_i は i 番目の電子の軌道角運動量)の偶奇と一致する．すでに見たように，原子の全角運動量は，その中の電子の角運動量のベクトル和である．

偶奇性は運動の積分である　次に波動関数の偶奇性の意味を説明しよう．まず，反転(31.35)は次のような演算子 $\hat{G}$ によって表わされる：

$$\hat{G}\phi(x,y,z) = \phi(-x,-y,-z). \tag{31.42}$$

原子のハミルトニアンは座標の偶関数であるから，

$$\hat{G}\hat{\mathscr{H}} = \hat{\mathscr{H}} \tag{31.43}$$

と書ける．これから，反転はハミルトニアンと可換であることがわかる：

$$\hat{G}\hat{\mathscr{H}}\phi = \hat{\mathscr{H}}\hat{G}\phi. \tag{31.44}$$

(31.37)によって

$$\hat{G}\phi(x,y,z) = \phi(-x,-y,-z) = C\phi(x,y,z) \tag{31.45}$$

であるから，(31.38)によって演算子 $\hat{G}$ の固有値 C は ± 1 である．(31.44)と(29.28)によって，$\hat{G}$ はエネルギーと同時に確定した値をもつ．

原子内でおこる遷移が偶奇性の保存則のためにどのような制限を受けるかを考えてみよう．励起状態の多電子原子があって，その角運動量が0に等しい，すなわち S 状態にあるとする．また，この原子は何個かの s 電子および奇数個の p 電子から成るものとしよう．つまり，原子は奇の状態にある．いま，励起エネルギーが十分大きいために，原子が p 電子1個を放出したとし，残りの電子の配置が変わって，原子はやはり $L=0$ (S 状態)のままでいたものと仮定しよう．角運動量の加算はベクトル的に行なわれるから，p 電子の数が奇数であっても偶数であってもこの状態は実現されうる．仮定により，系の角運動量は遷移の前後で共に0であるから，放出される電子は，全角運動量の保存則によって角運動量が0でなくてはならない．すなわち，電子は(偶の) s 状

態でしか放出されない.

　電子を放出したあと，イオンの中には偶数個の p 電子が残る．放出された電子も偶の状態である．つまり，エネルギーが一定でありながら，はじめの状態は奇で終りの状態は偶となっている．したがって，実はこのような遷移は起こりえないのである．すなわち，エネルギー的には可能な遷移でも，偶奇性と角運動量の保存則のために，それが起こりえないことがある．いま述べた例は，偶奇性を考慮に入れたときに《禁止》されるような遷移（$L=0$ から $L=0$ へ遷移して偶奇性が変る）の典型的な場合である．

　偶奇性の保存則は，決して角運動量の保存則から導かれるものではない．偶奇性は l の代数的な和できまるのに対して，全角運動量はベクトル的な和できまるからである．

　量子力学では，角運動量の保存則はいつも偶奇性の保存則といっしょにして用いなければならない．元来，この二つの法則はどちらも共通の原理，すなわち座標軸の空間的な方向に関する方程式の不変性から出て来たものである．軸を回転させただけでは，座標軸の可能な向きのすべてを尽すことはできない．このほかに反転の変換というものがあって，これはどのような回転に帰着させることもできないからである．角運動量の保存則のほかに偶奇性の保存則が存在するのはこのためである．

　偶奇性の保存則は，電磁気的な相互作用が存在する系に対しても，このままの形で無条件に成り立つ．

　素粒子の中には，これよりもはるかに弱い相互作用によって相互に転換するものがある．これらについても，適当な修正をほどこせば偶奇性の保存則の成り立つ場合がある（§38 参照）．

　　水素に似た原子　　アルカリ金属の原子は水素原子に似たところがある．アルカリ金属原子では，一番外側の電子は，ほかの部分（原子核と他の電子全部）と比較的弱くしか結合していない．外側の電子を除いた残りの電子の波動関数は，外側の電子の波動関数よりも原子核に近いところで大きな値をもつ．すなわち，これらの電子は，いわば核の電荷を遮蔽していることになる．外側の電子が運動する領域での場は，他の電子が存在する領域を除けば Coulomb 場に

近いので，アルカリ金属原子のスペクトルは水素原子のスペクトルに似ている．

アルカリ金属原子では，外側の電子の励起によるエネルギー準位は次の式で与えられる：

$$\mathcal{E}_{n,l} = -\frac{me^4}{2\hbar^2}\frac{1}{[n+\Delta(l)]^2}. \qquad (31.46)$$

ここで，補正項 $\Delta(l)$ は方位量子数 l の関数である．この項は，原子核の周囲の場が純粋な Coulomb 場からはずれていることの効果を示している．

このように，アルカリ金属のエネルギー準位は，ほかの原子の準位と同様に n と l による．水素原子だけは例外で，エネルギーは n だけにしかよらない．これは，場が純粋の Coulomb 場であるという特殊事情によるのである．たとえば，$n=2$ の場合には，方位量子数は $l=0$ および $l=1$ という二つの値をとりうる．ところが，これらに対応する水素原子のエネルギー準位は互いにきわめて接近している（これらの準位の分離は，波動方程式に対する相対論的な補正により説明される）．

問　題

水素原子の波動関数を $l=0,1,2$ および $n=1,2,3$ の場合について求め，これを規格化せよ．ただし $\int_0^\infty e^{-x}x^n dx = n!$ の関係を用いよ．

§32 電子のスピン

原子内の電子の状態を表わすには三つの量子数だけでは足りない 水素原子の基底状態のエネルギーは，(31.34)で主量子数 n を1と置いたものである．$n = n_r + l + 1$，かつ動径量子数 n_r と方位量子数 l とは共に負にはなれないから，$n = 1$ とすると n_r も l も0でなくてはならない．水素原子の基底状態は s 状態である．磁気モーメントは力学的モーメントすなわち角運動量に比例するから，s 電子の軌道運動によっては磁気モーメントは生じない．ところが，原子状の水素を用いて Stern-Gerlach の実験を行なうと，原子ビームは2本に分かれる．しかしながら，すでに述べたように，$l = 0$ の場合には角運動量によるビームの分裂は起こらないはずであるし，$l = 1$ なら，角運動量成分 $k = 1, 0, -1$ に対応して $2l + 1 = 3$ 本に分かれなくてはならない．

水素のかわりにアルカリ金属を考えても同じ結果がえられる．アルカリ金属原子内の電子雲は，S 状態(軌道角運動量が0)にある電子殻と，その外側の s 状態の電子1個とからできていて，その点では水素原子に似ている．

以上のことから，原子の状態を3個の量子数 n, l, k だけでは記述できないことがわかる．

電子の固有角運動量(スピン) 水素の原子ビームが2本に分かれるのは，成分の最大値が $\frac{h}{2}$ の角運動量を原子がもっているためであるとしか考えられない．この場合には，角運動量成分は $\frac{h}{2}$ および $-\frac{h}{2}$ という二つの値だけをとることになるからである．

Stern-Gerlach の実験は一例としてあげたにすぎない．実は，この実験だけでなく，原子について得られたきわめて多くの知識から，電子が軌道運動によるのとは別に力学的なモーメントをもっていることがわかっている．この角運動量のことを**スピン**とよぶ．太陽系の惑星は，太陽のまわりを公転することによる角運動量のほかに，それ自身の軸のまわりの自転による角運動量を持っている．電子はある意味でこれに似ているということができよう．

しかし，惑星と電子との類似はそれほど深いものではない．剛体は任意の大きさの角運動量で回転させることができるけれども，電子のスピンは成分が $\pm\dfrac{h}{2}$ の値しかとらないからである．それゆえ，スピンは電子の純粋に量子的な性質で，古典力学への極限をとったときには0になる．したがって，《スピン(回転)》という言葉をあまり文字通りに解釈してはならない．実際，電子はこまや紡錘のような剛体とはちがうからである．

スピンの自由度　電子とこまが似ているのは，その運動が空間における位置だけでは完全には記述できず，回転の内部自由度を持っている点である．

電子と光量子の間には似た点がある．§27で述べたように，光量子の状態を記述するには，波動ベクトルのほかにかたよりを表わす変数が必要であった．しかもこの変数は二つの値をとる．同様に電子は，空間座標のほかに，二つの値をとるスピン変数(スピンの成分は二つの値しかとらない)を持っているのである．

スピン演算子　これまで，$\phi(x)$ と書いたときには，これを空間のすべての点 x に対する波動関数 ϕ の値全体を表わすものと考えてきた．そして，何かある演算子を $\phi(x)$ に作用させることは，全空間において ϕ に1次変換を施すことであった(重ね合せの原理によって，量子力学における演算子はすべて線形である)．しかし，スピン変数まで考慮に入れた場合には，σ を二つの値(たとえば1と2)しか取らない変数であるとして，波動関数を $\phi(x,\sigma)$ と書かなければならない．スピン演算子を $\phi(x,\sigma)$ に作用させた場合には，$\phi(x,1)$ は $\phi(x,1)$ と $\phi(x,2)$ とのある1次結合に，また $\phi(x,2)$ もそれらの1次結合に変換される．σ を含む線形演算子の働きは，2点 $\sigma=1$ および $\sigma=2$ の関数に1次変換を行なうことにほかならない．

次に，スピン角運動量成分を表わす演算子をスピン変数 σ の関数に作用させたときにはどうなるであろうか？．これを具体的に定めるには，次の条件を課しておく必要がある．すなわち，

1) スピン成分の固有値は，どの成分についても $\pm\dfrac{h}{2}$ に等しくなければならない．

2) 軌道角運動量成分の間の交換関係(29.33)—(29.35)と同じ関係が,スピン成分の間にも成り立たなくてはならない.そうでないと,軌道角運動量とスピン角運動量とを加えたものが角運動量の性質を持たなくなる.

3) 上と同じ理由から,スピン成分を表わす演算子は Hermite 型でなければならない.

4) 座標系を回転したとき,スピン成分の演算子はベクトルの成分と同様に変換されなくてはならない.したがって,新しい座標系におけるこれら演算子の交換関係がもとの座標系における交換関係と異なってはならない.

これらの条件をみたすような演算子は Pauli によって見出された.次にそれを作ってみよう.

いま,関数 $\psi(x,\sigma)$ を表わすのに,$\sigma=1,2$ に対応する値を縦に並べて書くことにする.さらに,簡単のために,座標 x の関数であることをあらわには書かないことにしよう.すなわち,$\psi(x,\sigma)$ を

$$\begin{pmatrix} \psi(1) \\ \psi(2) \end{pmatrix} \qquad (32.1)$$

のように表わす.ここで,成分 $\psi(1)$ および $\psi(2)$ は,座標の関数としてはどちらも Schrödinger の方程式(24.22)を満たしている.σ の関数として見た波動関数(32.1)に線形演算子を作用させたときには,(32.1)は最も一般的には次のような関数

$$\begin{pmatrix} \alpha\psi(1)+\beta\psi(2) \\ \gamma\psi(1)+\delta\psi(2) \end{pmatrix}$$

に変わる.

条件 2) によって,スピンの成分に対する交換関係は軌道角運動量の成分に対するものと同じであるから,前に述べたことによって,スピンの一つの成分とその 2 乗とは同時に確定した値をとる.問題をはっきりさせるために,スピンの z 成分 σ_z が確定した値を持っているとしよう.$\psi(1)$ と $\psi(2)$ とを,演算子 $\hat{\sigma}_z$ が確定した値を持つような固有関数であるとすれば,$\hat{\sigma}_z$ を関数(32.1)に作用させたときには,その成分はまじり合うことなく,ただそれぞれにある数がかかるだけである.この数は,各成分についての σ_z の値の正負にしたがって $\pm\dfrac{h}{2}$ に等しい.いま,$\psi(1)$ が $\dfrac{h}{2}$ 倍され,$\psi(2)$ が $-\dfrac{h}{2}$ 倍されるものとす

れば，
$$\hat{\sigma}_z \psi = \hat{\sigma}_z \begin{pmatrix} \psi(1) \\ \psi(2) \end{pmatrix} = \frac{h}{2} \begin{pmatrix} \psi(1) \\ -\psi(2) \end{pmatrix}. \tag{32.2}$$

この等式は，各行がそれぞれ等しいことを表わす．すなわち
$$\hat{\sigma}_z \psi(1) = \frac{h}{2}\psi(1), \quad \hat{\sigma}_z \psi(2) = -\frac{h}{2}\psi(2).$$

スピンの z 成分が確定した値をもつ状態の波動関数は，成分の値が $\frac{h}{2}$ のものが $\begin{pmatrix} \psi(1) \\ 0 \end{pmatrix}$, $-\frac{h}{2}$ のものが $\begin{pmatrix} 0 \\ \psi(2) \end{pmatrix}$ である．(32.2)に代入すると，第一のものには全体に $\frac{h}{2}$ が掛かり，第二のものには $-\frac{h}{2}$ が掛かる．

成分 σ_z が確定した値をとる状態では σ_x と σ_y とは確定しない．したがって，上の二つの関数にこれらを作用させたときには成分の入れかえがおこり，単に何倍かされるというわけにはいかない．$\hat{\sigma}_z$ の形はわかっているから，他の成分 $\hat{\sigma}_x, \hat{\sigma}_y$ も求めることができる．

しばらくの間，原子単位(§31)を用いる．すなわち $h=1$ と置く．まず，最も一般的に
$$\hat{\sigma}_x \psi = \hat{\sigma}_x \begin{pmatrix} \psi_1 \\ \psi_2 \end{pmatrix} = \begin{pmatrix} \alpha\psi_1 + \beta\psi_2 \\ \gamma\psi_1 + \delta\psi_2 \end{pmatrix} \tag{32.3}$$

のように書いておいて*，演算子 $\hat{\sigma}_x$ の形を決定しよう．両辺に $\hat{\sigma}_z$ を作用させれば，(32.2)によって
$$\hat{\sigma}_z \hat{\sigma}_x \psi = \hat{\sigma}_z \begin{pmatrix} \alpha\psi_1 + \beta\psi_2 \\ \gamma\psi_1 + \delta\psi_2 \end{pmatrix} = \frac{1}{2}\begin{pmatrix} \alpha\psi_1 + \beta\psi_2 \\ -\gamma\psi_1 - \delta\psi_2 \end{pmatrix}.$$

一方，$\hat{\sigma}_z \psi$ に $\hat{\sigma}_x$ を作用させれば
$$\hat{\sigma}_x \hat{\sigma}_z \psi = \hat{\sigma}_x \frac{1}{2}\begin{pmatrix} \psi_1 \\ -\psi_2 \end{pmatrix} = \frac{1}{2}\begin{pmatrix} \alpha\psi_1 - \beta\psi_2 \\ \gamma\psi_1 - \delta\psi_2 \end{pmatrix}.$$

交換関係(29.35)によれば，原子単位では $\hat{\sigma}_z\hat{\sigma}_x - \hat{\sigma}_x\hat{\sigma}_z = i\hat{\sigma}_y$ であるから，
$$(\hat{\sigma}_z\hat{\sigma}_x - \hat{\sigma}_x\hat{\sigma}_z)\psi = \begin{pmatrix} \beta\psi_2 \\ -\gamma\psi_1 \end{pmatrix} = i\hat{\sigma}_y \psi. \tag{32.4}$$

次に $\hat{\sigma}_y$ を用いて $\hat{\sigma}_y\hat{\sigma}_z - \hat{\sigma}_z\hat{\sigma}_y = i\hat{\sigma}_x$ を計算すれば，$\hat{\sigma}_x$ が β と γ だけを含んだ形に求まる．結局，
$$\hat{\sigma}_x \psi = \begin{pmatrix} \beta\psi_2 \\ \gamma\psi_1 \end{pmatrix}, \quad \hat{\sigma}_y \psi = \begin{pmatrix} -i\beta\psi_2 \\ i\gamma\psi_1 \end{pmatrix}.$$

---
* $\psi(1), \psi(2)$ の代りに ψ_1, ψ_2 と書くことにする．

さて, $\hat{\sigma}_x\hat{\sigma}_y - \hat{\sigma}_y\hat{\sigma}_x$ を作り, (29.33)を用いれば,

$$(\hat{\sigma}_x\hat{\sigma}_y - \hat{\sigma}_y\hat{\sigma}_x)\psi = \begin{pmatrix} 2i\beta\gamma\psi_1 \\ -2i\beta\gamma\psi_2 \end{pmatrix} = i\hat{\sigma}_z\psi = \frac{i}{2}\begin{pmatrix} \psi_1 \\ -\psi_2 \end{pmatrix}.$$

これから

$$\gamma = \frac{1}{4\beta} \tag{32.5}$$

となる. したがって, 交換関係(29.33)—(29.35)から $\hat{\sigma}_x$ と $\hat{\sigma}_y$ が次の形をもつことがわかった:

$$\hat{\sigma}_x\psi = \begin{pmatrix} \beta\psi_2 \\ \dfrac{1}{4\beta}\psi_1 \end{pmatrix}, \quad \hat{\sigma}_y\psi = \begin{pmatrix} -i\beta\psi_2 \\ \dfrac{i}{4\beta}\psi_1 \end{pmatrix}. \tag{32.6}$$

演算子 $\hat{\sigma}_x, \hat{\sigma}_y, \hat{\sigma}_z$ は Hermite 型でなければならない. §30 では, Hermite 性の条件(30.3)を連続な変数 x の場合に導いたが, ここではとびとびの値をとる変数 σ を問題にしているから, 同じ条件をこの場合にもう一度導いておこう.

まず次のように書く:

$$\hat{\sigma}_x\psi = \hat{\sigma}_x\begin{pmatrix} \psi_1 \\ \psi_2 \end{pmatrix} = \begin{pmatrix} \beta\psi_2 \\ \dfrac{1}{4\beta}\psi_1 \end{pmatrix}, \quad \hat{\sigma}_x{}^*\psi^* = \hat{\sigma}_x{}^*\begin{pmatrix} \psi_1{}^* \\ \psi_2{}^* \end{pmatrix} = \begin{pmatrix} \beta^*\psi_2{}^* \\ \dfrac{1}{4\beta^*}\psi_1{}^* \end{pmatrix}.$$

§30 で, x に関する積分の形に書いたところは, 今度の場合には σ についての和になる. そこで, 第1式の各成分にそれぞれ $\psi_1{}^*$ および $\psi_2{}^*$ をかけて加え, 第2式の各成分に ψ_1 および ψ_2 をかけて加え, 両者を等しいと置けば

$$\psi_1{}^*\beta\psi_2 + \psi_2{}^*\frac{1}{4\beta}\psi_1 = \psi_1\beta^*\psi_2{}^* + \psi_2\frac{1}{4\beta^*}\psi_1{}^*.$$

§30で述べたように, $\hat{\sigma}_x$ が Hermite 型であるためには, 勝手な関数 χ と ϕ に対して, 次の条件

$$\chi_1{}^*\beta\phi_2 + \chi_2{}^*\frac{1}{4\beta}\phi_1 = \phi_1\beta^*\chi_2{}^* + \phi_2\frac{1}{4\beta^*}\chi_1{}^* \tag{32.7}$$

が恒等的に成り立たなくてはならない. そのためには

$$\beta = \frac{1}{4\beta^*} \quad \text{すなわち} \quad |\beta|^2 = \frac{1}{4}.$$

したがって $\beta = \dfrac{1}{2}e^{i\nu}$ となる. 位相因子 $e^{i\nu}$ だけは定まらないが, 特にこれを

1 にとれば

$$\hat{\sigma}_x \psi = \frac{1}{2}\begin{pmatrix}\psi_2\\\psi_1\end{pmatrix}, \tag{32.8}$$

$$\hat{\sigma}_y \psi = \frac{1}{2}\begin{pmatrix}-i\psi_2\\i\psi_1\end{pmatrix}. \tag{32.9}$$

なお，次の関係が成り立つことを注意しておこう：

$$\left.\begin{array}{l}\hat{\sigma}_y\hat{\sigma}_z = -\hat{\sigma}_z\hat{\sigma}_y = \dfrac{i}{2}\hat{\sigma}_x, \quad \hat{\sigma}_z\hat{\sigma}_x = -\hat{\sigma}_x\hat{\sigma}_z = \dfrac{i}{2}\hat{\sigma}_y,\\[2mm] \hat{\sigma}_x\hat{\sigma}_y = -\hat{\sigma}_y\hat{\sigma}_x = \dfrac{i}{2}\hat{\sigma}_z.\end{array}\right\} \tag{32.10}$$

これらの式は，上に求めた関係から直接証明することができる．また，成分の 2 乗 $\hat{\sigma}_x{}^2, \hat{\sigma}_y{}^2, \hat{\sigma}_z{}^2$ については次の式が成り立つ：

$$\left.\begin{array}{l}\hat{\sigma}_x{}^2\psi = \dfrac{1}{2}\hat{\sigma}_x\begin{pmatrix}\psi_2\\\psi_1\end{pmatrix} = \dfrac{1}{4}\begin{pmatrix}\psi_1\\\psi_2\end{pmatrix} = \dfrac{1}{4}\psi,\\[3mm] \hat{\sigma}_y{}^2\psi = \dfrac{1}{4}\psi, \quad \hat{\sigma}_z{}^2\psi = \dfrac{1}{4}\psi.\end{array}\right\} \tag{32.11}$$

これらの式は，$\hat{\sigma}_x{}^2, \hat{\sigma}_y{}^2, \hat{\sigma}_z{}^2$ の固有値が $\dfrac{1}{4}$ であることを示している．一般に，ある演算子とその 2 乗とは可換であるから，$\hat{\sigma}_x, \hat{\sigma}_y, \hat{\sigma}_z$ の固有値は $\hat{\sigma}_x{}^2, \hat{\sigma}_y{}^2, \hat{\sigma}_z{}^2$ の固有値の平方根，すなわち $\pm\dfrac{1}{2}$ に等しい．これは確かに条件 1) にかなっている．ただし，もちろん $\hat{\sigma}_x, \hat{\sigma}_y, \hat{\sigma}_z$ が同時にこれらの確定した値をもつわけではない．

スピン演算子はベクトルの性質をもつ　　最後に，演算子 $\hat{\sigma}_x, \hat{\sigma}_y, \hat{\sigma}_z$ が角運動量成分としての性質をもつこと，すなわち，座標系の回転に際してベクトル成分と同じ変換を受けること (条件 4)) を証明しなければならない．

いま，座標軸を z 軸のまわりに角 ω だけ回転させたとしよう．このとき，ベクトル成分の変換則にしたがって作った演算子

$$\left.\begin{array}{l}\hat{\sigma}_x' = \hat{\sigma}_x \cos\omega + \hat{\sigma}_y \sin\omega,\\ \hat{\sigma}_y' = -\hat{\sigma}_x \sin\omega + \hat{\sigma}_y \cos\omega,\\ \hat{\sigma}_z' = \hat{\sigma}_z\end{array}\right\} \tag{32.12}$$

がもとの演算子に対するのと同じ条件 1) と 2) を満たすことを示す必要がある.

まず,たとえば
$$\hat{\sigma}_x'^2 = (\hat{\sigma}_x \cos\omega + \hat{\sigma}_y \sin\omega)(\hat{\sigma}_x \cos\omega + \hat{\sigma}_y \sin\omega)$$
$$= \hat{\sigma}_x^2 \cos^2\omega + \hat{\sigma}_y^2 \sin^2\omega + (\hat{\sigma}_x \hat{\sigma}_y + \hat{\sigma}_y \hat{\sigma}_x) \cos\omega \sin\omega$$

である.一方,(32.10) によって
$$\hat{\sigma}_x \hat{\sigma}_y + \hat{\sigma}_y \hat{\sigma}_x = 0 \qquad (32.13)$$

が成立する.(32.11) によれば,$\hat{\sigma}_x^2$ と $\hat{\sigma}_y^2$ は,関数 ψ に作用するときには単に $\frac{1}{4}$ という数をかけるだけの働きしかしないから
$$\hat{\sigma}_x'^2 = \frac{1}{4}(\cos^2\omega + \sin^2\omega) = \frac{1}{4}$$

となる.$\hat{\sigma}_y'^2$ についても同様である.また,$\hat{\sigma}_z' = \hat{\sigma}_z$ により $\hat{\sigma}_z'^2 = 1$ である.それゆえ,この回転に対して条件 1) は満たされている.

次に,
$$\hat{\sigma}_x' \hat{\sigma}_y' - \hat{\sigma}_y' \hat{\sigma}_x' = -\hat{\sigma}_x^2 \cos\omega \sin\omega + \hat{\sigma}_x \hat{\sigma}_y \cos^2\omega - \hat{\sigma}_y \hat{\sigma}_x \sin^2\omega$$
$$+ \hat{\sigma}_y^2 \sin\omega \cos\omega - \hat{\sigma}_x^2 \sin\omega \cos\omega + \hat{\sigma}_x \hat{\sigma}_y \sin^2\omega - \hat{\sigma}_y \hat{\sigma}_x \cos^2\omega$$
$$- \hat{\sigma}_y^2 \cos\omega \sin\omega = \hat{\sigma}_x \hat{\sigma}_y - \hat{\sigma}_y \hat{\sigma}_x = i\hat{\sigma}_z = i\hat{\sigma}_z' \qquad (32.14)$$

が成り立つ.また,例えば
$$\sigma_y' \sigma_z' - \sigma_z' \sigma_y' = -\sigma_x \sigma_z \sin\omega + \sigma_y \sigma_z \cos\omega + \sigma_z \sigma_x \sin\omega - \sigma_z \sigma_y \cos\omega$$
$$= (\sigma_y \sigma_z - \sigma_z \sigma_y) \cos\omega + (\sigma_z \sigma_x - \sigma_x \sigma_z) \sin\omega$$
$$= i(\sigma_x \cos\omega + \sigma_y \sin\omega) = i\sigma_x'$$

である(条件 2)).

空間における任意の回転は,三つの軸のまわりの回転を次々に行なうことによって得られる.したがって,一つの軸のまわりの回転について演算子の基本的な性質が保存されることを示せば十分である.

全角運動量演算子　演算子の次のような和
$$\hat{j}_x = \hat{M}_x + \hat{\sigma}_x, \qquad \hat{j}_y = \hat{M}_y + \hat{\sigma}_y, \qquad \hat{j}_z = \hat{M}_z + \hat{\sigma}_z \qquad (32.15)$$

を考えると,これは角運動量演算子がもつ性質をすべてそなえている.(座標系の回転に際して,$\mathbf{M}$ の成分と $\boldsymbol{\sigma}$ の成分とが全く同様に変換されるのでないと,これらを加えることができないことはもちろんである.なぜなら,両者の

変換則が異なれば,それらを加えた量は座標系のとり方によらない不変の意味をもたなくなるからである.)

ベクトル $\mathbf{j} = \mathbf{M} + \boldsymbol{\sigma}$ のことを電子の**全角運動量**とよぶ.もし電子の軌道角運動量成分が最大値 l をもつならば,$\mathbf{j}$ の成分の最大値は $l+\frac{1}{2}$ または $l-\frac{1}{2}$ である.前の場合にはスピンと軌道角運動量とは**平行**,後の場合には**逆平行**であるという.

スピン磁気モーメント　　電子には,軌道角運動量と同様にスピンにも一定の磁気モーメントが附随している.しかし,実験によると,スピンによる磁気モーメントとスピン角運動量の比は,軌道運動における同じ量の比の2倍である.スピンについては (15.25) の結果は当てはまらないから,このことは実は少しも不思議ではない.電子のスピン磁気モーメントは電子に対する Dirac の相対論的波動方程式から導くことができる (§38).それによれば,実験の結果通り

$$\boldsymbol{\mu}_\sigma = \frac{e}{mc} \boldsymbol{\sigma} \tag{32.16}$$

の関係が得られる.それゆえ,勝手な軸上への射影の大きさは

$$(\mu_\sigma)_z = \pm \frac{eh}{2mc} \equiv \pm \mu_0 \tag{32.17}$$

となる.μ_0 は磁気モーメントを測る自然単位で,Bohr 磁子とよばれる.

比 $\frac{(\mu_\sigma)_z}{\sigma_z} = \frac{e}{mc}$ のことを電子の**スピン磁気角運動量比**とよぶ.この値は,鉄の棒を磁化する際に現われる角運動量を測定することによってはじめて見出された (Einstein - de Haas の実験).当時はまだスピンが知られていなかったために,磁気角運動量比が (15.25) から導かれる値 $\frac{e}{2mc}$ に等しくならないのが奇妙なことだと考えられた.現在では,鉄の磁性は,電子のうちのあるもののスピンに関係があることがわかっている.

原子のエネルギー準位の微細構造　　電子のスピン磁気モーメントは,同じ電子の軌道運動の磁気モーメントとも,また(多電子原子では)他の電子のスピン磁気モーメントとも相互に作用し合う.この相互作用は両者の磁気モーメン

トの大きさに比例する．すなわち，相互作用は両者の磁気角運動量比の積を含む．ところが，この積は c^2 に逆比例するから，これは本質的に相対論的な効果である．

重い原子の中心近くを除けば，原子内で電子が走る速さはいたる所で光速に比べてはるかに小さい．それゆえ，分母に c^2 を含むような量は原子のスケールにおける他の諸量と比べるとずっと小さいのが普通である．したがって，磁気モーメントの相互作用のエネルギーは，静電的相互作用によってきまるエネルギー準位の間隔よりも小さい．スピンと軌道角運動量との相互作用の結果として，中心力場では，個々の電子のエネルギー準位は，全角運動量* $j=l+\frac{1}{2}$ の準位と $j=l-\frac{1}{2}$ の準位との間にわずかの差が現われて来る．これは，スピンと軌道角運動量が前者では平行，後者では逆平行であることによる．磁気モーメントが平行の場合と逆平行の場合とではエネルギーが異なるからである．

二つの擬ベクトル $\boldsymbol{\mu}_1$ および $\boldsymbol{\mu}_2$ からつくられるスカラーの中で，各ベクトルについて1次の量は $\boldsymbol{\mu}_1\boldsymbol{\mu}_2$ だけしかない．したがって，最も低い近似では，二つの磁気モーメントの相互作用は $\boldsymbol{\mu}_1\boldsymbol{\mu}_2$ に比例する．

全角運動量 $j=l+\frac{1}{2}$ と $j=l-\frac{1}{2}$ とに対応するエネルギー準位の間隔は，l の値の異なる準位同士の間隔に比べるとずっと小さい．それゆえ，与えられた値 l をもつ準位が磁気的な相互作用によって分裂する程度はごくわずかにすぎない．この分裂のことを，エネルギー準位の**微細構造**とよぶ．

一つの準位がこのように二つの準位に単純に分裂する現象は，中心力場における個々の電子，たとえばアルカリ金属原子の外殻電子について見られる．

アイソスピン　原子のエネルギー準位が $j=l+\frac{1}{2}$ と $j=l-\frac{1}{2}$ の二つに分かれるのは，スピンの磁気モーメントと軌道運動の磁気モーメントとの間に弱い磁気的な相互作用があるからである．どちらの磁気モーメントも分母に c を含んでいるから（(15.25)と(32.16)参照），この相互作用は相対論的な効果を示すので，静電気力だけしか考えない場合には現われてこない．すなわち，磁気力を完全に無視するならば，スピンの向きが異なる二つの状態（磁気モー

＊　角運動量を表わすのに，その成分の最大値を用いることにする．

メントの方向に平行な場合と逆平行な場合)のエネルギーは一致する.

　同様の事情は核子の相互作用についても存在する. 原子核を構成する中性子と陽子とを結びつけている核力の源は電磁気的なものではない. 少くともいまのところは, これら二つの型の力——核力と電磁気力——が共に一つの基本原理から一義的に導き出されることはなさそうである. そのようなことが可能であることを示した実験はまだない. むしろ逆に, 核力が粒子の電磁気的な性質とは無関係であることを示すような事実はたくさんある.

　その一つはいわゆる鏡映核である. これは1対の原子核で, 一方の核の中性子を陽子に, 陽子を中性子にそっくりそのままかえたものがもう一方の核になるようなものである. たとえば H^3(陽子1個, 中性子2個)と He^3(陽子2個, 中性子1個)は鏡映核である. このような1対の原子核では, 主な性質は質的にも量的にもすべてよく似ている. もちろんわずかなちがいはあるが, これは中性子と陽子の電荷と磁気モーメントのちがいによるものとして容易に説明ができる. すなわち, 核の中の陽子をすべて中性子に, また中性子をすべて陽子に置きかえても, それらの相互作用は変わらない. いいかえれば, 電磁気力を無視する限り, 2個の陽子の間の相互作用と2個の中性子の間の相互作用とは等しいのである.

　第二は, 中性子と陽子を陽子で散乱させてみると, 基本的な相互作用の大きさが, 中性子-陽子の場合と陽子-陽子の場合とで等しいという事実である. ここでは種類の異なる粒子間の相互作用も問題になっているから, これは前に述べたものよりも一層有力な事実である.

　この事情を原子の場合と比べてみると, 次のように言うことができるであろう. すなわち, 最も強い相互作用だけを考えるならば, 原子核の状態がいくつもに分かれることはない. 現実に観測される分裂は, もっと弱い電磁気的な相互作用によるものである.

　それゆえ, 最も弱い相互作用はしばらく問題にしないことにしよう. そうすると, 中性子と陽子とは一つの粒子——すなわち核子——の異なる二つの状態であると考えることができる. これらの状態のエネルギーは等しい. これは, 磁場が存在しないときには, 電子のスピン成分は異なってもエネルギーは等しいというのと同様である. すなわち, 外部の磁場を除くと, 電子の二つの状態

のエネルギーは等しくなってしまう.同様に,電磁気的な相互作用をすべて除いたとすると,核子の対がとる状態の中のいくつかのものは,エネルギーもまた一致してしまう.

　前に述べたように,スピンは電子の内部自由度であると考えられる.核子のもつ電荷もまた,核子の内部自由度であるといってもよいであろう.どちらの自由度に対応する変数も二つのとびとびの値しかとらない.これらの自由度の間にはかなりの形式的な類似が成り立つことを以下に示す.核子は,普通のスピンのほかに,その《荷電状態》を定めるもう一つの《スピン》をもっているということにしよう.力学的なスピン変数と同様に,この変数もただ2個の値しかとらない.この変数のことを**アイソスピン**とよぶ.そして,アイソスピンをある仮想的な軸に射影したとき,陽子ならばその値は $+\frac{1}{2}$,中性子ならば $-\frac{1}{2}$ であるとする.(以前はこの逆の約束が使われていた.もっともこれは本質的なことではない.)いま,3種類の核子対――陽子-陽子,陽子-中性子,中性子-中性子――を考えよう.すでに述べたことによって,第1の対はアイソスピンの成分が $+1$,第2の対は 0,第3の対は -1 に対応している.電磁気的な力が存在しないときには,これら三つの状態の間にはエネルギーの差は生じない.

　一方,もしこれらの状態のエネルギーが一致したとすると,それらは共に合成スピンが1で,ただ射影だけが異なっていると考えられる.スピン角運動量の大きさが1の場合は,ある方向へのその成分はちょうど三つの値だけをとることができる.そこで,アイソスピンについても,これを合成したものが1である場合には,ある仮想的な z 軸への射影が3通り可能であるといってもよいであろう.電磁気力が存在しないときには,そのような《z 軸》をどう選ぶかは物理的には重要でない.これは,電子の場合についていえば,磁場が加えられていないときには空間に特定の方向(たとえば z 軸)は存在しないということに対応している.

　座標系を回転させると,普通のスピンの射影は変化する.もし空間に特定の方向がなければ,そのような回転は無数に考えられる.ところで,アイソスピンの射影がいろいろに変化するのも,やはりある座標系の《回転》によるものであると考えることができる.しかし,この場合の回転というのは,数式の形が

§32 電子のスピン

同じになるというだけで, 幾何学的な回転とは何の関係もない抽象的なものである. いま, アイソスピンを表わすベクトルの演算子を $\hat{\boldsymbol{\tau}}$, その成分をそれぞれ $\hat{\tau}_x, \hat{\tau}_y, \hat{\tau}_z$ とすると, 座標軸を回転したときの成分の変換は (32.12) と全く同様の式で表わされる. ただし, この場合の軸の回転とか, その回転角には幾何学的な意味は全然ない.

回転に際してのアイソスピン成分の変換式は, この変数が二つの値しか取らないことと, 核子対の3通りの状態が同種のものであることとから導かれたものである. それゆえ,《射影》とか《回転》とかの幾何学的にわかり易い言葉を避ける必要はない.

これまで述べたことを量子力学の言葉でまとめてみよう. 核子が何個か集まった場合, 合成したアイソスピン演算子を次のように定義する:

$$\hat{\boldsymbol{\tau}} = \sum_i \hat{\boldsymbol{\tau}}_i. \tag{32.18}$$

この演算子の異なる成分同士は可換でない. しかし, $\hat{\tau}^2$ は一つの成分たとえば $\hat{\tau}_z$ (与えられた系の全電荷を定める) と可換である. 電磁的な相互作用を無視すれば, 核子間の相互作用のハミルトニアンは $\hat{\tau}^2$ とも $\hat{\tau}_z$ とも可換である. (中心力場の中の電子のハミルトニアンが, 非相対論的近似では $\hat{\mu}^2$ とも $\hat{\mu}_z$ とも可換であることに対応する.) したがって, 原子核が一定のエネルギーの状態にあるときには, τ^2 と τ_z とは確定した値をもつ. いいかえれば, 核の状態は τ^2 と τ_z の値によって分類される. 核のエネルギー準位を τ^2 と τ_z の値で表わすのは, 原子の準位を n, l, k で表わすのと同様の近似である. 両者の差は, 原子の場合にはスピンの磁気的な性質を考慮していないという点である.

重い原子核では静電的な相互作用がきわめて重要になる. 静電相互作用は原子番号の2乗に比例して増加するからである. 一方, 質量欠損からわかるように, 核力による相互作用は核子の個数に比例して増す. したがって, 重い核では両方の相互作用が同程度の大きさとなり, 電気的な相互作用を無視することが意味を失う. この場合には, 近似的にせよアイソスピンは確定した値をもつことができない.

アイソスピン変数は, 素粒子を分類する際にきわめて重要な役割を演ずる.

問題

1 座標軸を任意に回転させたときの $\hat{\sigma}_x, \hat{\sigma}_y, \hat{\sigma}_z$ の変換式を導け. また, それによって演算子の性質は変わらないことを示せ.

(解) ベクトル成分の変換式の一般形は次の式で与えられる(§9):
$$\hat{\sigma}_i' = \alpha_{ik}\hat{\sigma}_k; \qquad \alpha_{ik} = \cos(\angle x_i'x_k).$$
ただし, 係数 α_{ik} は次の条件をみたす:
$$\alpha_{in}\alpha_{nk} = \begin{cases} 0 & (i \neq k), \\ 1 & (i = k). \end{cases}$$
ただし, n については1から3までの和をとるものとする.

2 2個の電子のスピンが平行の場合と逆平行の場合について, スカラー積 $\hat{\boldsymbol{\sigma}}_1\hat{\boldsymbol{\sigma}}_2$ の固有値を求めよ.

(解) $$(\hat{\boldsymbol{\sigma}}_1+\hat{\boldsymbol{\sigma}}_2)^2 = \hat{\sigma}_1^2+\hat{\sigma}_2^2+2\hat{\boldsymbol{\sigma}}_1\hat{\boldsymbol{\sigma}}_2.$$

(32.11)により $\hat{\sigma}_1^2 = \hat{\sigma}_{1x}^2+\hat{\sigma}_{1y}^2+\hat{\sigma}_{1z}^2 = \dfrac{3}{4} = \hat{\sigma}_2^2$. $\boldsymbol{\sigma}_1+\boldsymbol{\sigma}_2$ の成分の最大値は, スピンが平行のときは1, 逆平行のときは0である. これから, $(\boldsymbol{\sigma}_1+\boldsymbol{\sigma}_2)^2 = 1\cdot 2 = 2$ または $(\boldsymbol{\sigma}_1+\boldsymbol{\sigma}_2)^2 = 0$ である. したがって,

$$\boldsymbol{\sigma}_1\boldsymbol{\sigma}_2 = \frac{2-\dfrac{3}{2}}{2} = \frac{1}{4} \quad \text{(スピンが平行の場合)},$$

$$\boldsymbol{\sigma}_1\boldsymbol{\sigma}_2 = \frac{0-\dfrac{3}{2}}{2} = -\frac{3}{4} \quad \text{(スピンが逆平行の場合)}.$$

3 $\hat{\sigma}_x, \hat{\sigma}_y, \hat{\sigma}_z$ の固有関数を求めよ.

(答)
$$\sigma_x = \frac{1}{2}: \psi = \begin{pmatrix} 1 \\ 1 \end{pmatrix}, \quad \sigma_x = -\frac{1}{2}: \psi = \begin{pmatrix} 1 \\ -1 \end{pmatrix},$$

$$\sigma_y = \frac{1}{2}: \psi = \begin{pmatrix} 1 \\ i \end{pmatrix}, \quad \sigma_y = -\frac{1}{2}: \psi = \begin{pmatrix} 1 \\ -i \end{pmatrix},$$

$$\sigma_z = \frac{1}{2}: \psi = \begin{pmatrix} 1 \\ 0 \end{pmatrix}, \quad \sigma_z = -\frac{1}{2}: \psi = \begin{pmatrix} 0 \\ 1 \end{pmatrix}.$$

これらの演算子は互いに可換でないから, 固有関数はみな異なっている.

4 $\mathbf{j} = \mathbf{j}_1+\mathbf{j}_2$ とするとき, スカラー積 $\mathbf{j}_1\mathbf{j}_2$ を j, j_1, j_2 で表わせ.

(解) 定義によって $\hat{j}^2 = \hat{j}_1^2+\hat{j}_2^2+2\hat{\mathbf{j}}_1\hat{\mathbf{j}}_2$ である. これから,
$$\mathbf{j}_1\mathbf{j}_2 = \frac{1}{2}\{j(j+1)-j_1(j_1+1)-j_2(j_2+1)\}.$$

385

§33 多電子系

Mendeleyev の周期律　原子が物理学の研究対象となるずっと以前には，化学の領域でその性質がいろいろ調べられた．そして，量子論以前の物理学では全く知られていなかったような性質が，化学によって発見され研究された．その中で第一にあげるべきものは原子価あるいは原子の化学親和力であろう．Mendeleyev は，化学の領域で積み上げられたきわめて広範囲にわたる実験データをもとにして，一般的かつ系統的な周期律を見出した．この新しい法則によって，かれは当時まだ知られていなかった多くの元素の存在を予言することができた．そればかりでなく，これらの元素の化学的性質の基本的なことがらや多くの物理的性質まで，この法則によって正しく予言できた．Mendeleyev の法則は，原子核の周期的な殻構造を研究する指針を現在もなお与えている*.

Pauli の原理　Mendeleyev の周期律を説明するには，単独の粒子の波動関数を用いただけでは不適当で，多電子系に対する原理——**Pauli の原理**——を新たに導入することが必要である．この原理を原子内の電子殻を調べるのに都合のよい形に述べると次のようになる．すなわち，4個の量子数——主量子数 n, 方位量子数 l, 磁気量子数 k_l, スピン量子数 k_σ——の組を与えたとき，この状態にある電子は，一つの原子の内部には，たかだか1個しか存在しえない．（スピン量子数とは，軌道角運動量を射影した軸へスピンを射影したときの大きさを与える数である.)

Pauli の原理は，相対論的量子力学によってはじめてその正しいことが示される（§38). ここでは，単にこれを量子力学の補足的な原理として用いていくことにする．

---

* ここでいっているのは，殻構造の量子力学的な理論のことである．主として元素の原子番号と原子量の間の簡単な数量的な関係を基礎にして殻構造を推定することが広く行なわれているが，ここではそのことは考えていない．

n と l が等しい2個の電子の角運動量の加算 主量子数と方位量子数がそれぞれ等しい2個の電子があるとき,それらの角運動量を加えあわせるにはPauliの原理をどのように適用したらよいかをまず述べよう.普通,このような2個の電子は同じ殻に属しているという.

異なる殻に属している電子のエネルギーは,通常(必ずしもいつもというわけにはいかないが)相当かけはなれた値をもつ.このことのために,殻によって電子を分類することが意味をもつのである.

最も簡単な $n=1$ の場合をとろう.このときには,n の定義(31.33)によって $l=0$ である.ところが,l を0とすると磁気量子数 k_l も0となる.それゆえ,$n=1$ の電子がいくつかあったとすると,それらについては三つの量子数がそれぞれ等しいことになる.そこでPauliの原理によって,第4番目の量子数 k_σ は互いに異なる値をとらなければならない.ところで,k_σ は $+\frac{1}{2}$ と $-\frac{1}{2}$ という2個の値しか取ることができない.そこで,n と l と k_l の値がきまっていれば,上の k_σ の値にはそれぞれ1個の電子だけが対応する.したがって,一つの原子の中には,$n=1$ の電子は2個しか存在できない.それらのスピンは逆平行であるから,合成スピン S は0に等しい.合成軌道角運動量 L もやはり0である(今後は,角運動量の大きさを表わすのにその成分の最大値を用いることにする).

今度は,p 状態にあって ($l=1$) 主量子数の値が互いに等しいような2個の電子を考えよう.この場合には,磁気量子数,あるいはスピン量子数,またはその両方ともが異なる値をとらなくてはならない.ところで,p 電子には次の6通りの状態が可能である(はじめの数は磁気量子数,あとのはスピン成分を示す):

$$A: 1, \frac{1}{2};\ B: 0, \frac{1}{2};\ C: -1, \frac{1}{2};\ D: 1, -\frac{1}{2};\ E: 0, -\frac{1}{2};\ F: -1, -\frac{1}{2}.$$

そこで,2個の電子はこれら六つの状態のうち相異なる任意の二つの状態をとることができる.6個の中から2個を取り出す仕方の数は ${}_6C_2 = \frac{6\times5}{2} = 15$ である.これら15通りの状態は,全軌道角運動量 L,全スピン S,あるいはそれらの成分の値が異なっている.成分はもちろん座標軸の選び方によって変わるから,その数値は,$\mathbf{L}$ と $\mathbf{S}$ の向きの相対的な関係を示す量であるという意

味でしか問題にはならない.

Lと**S**の成分がとりうる値はその最大値によってきまる.そこでまず,最大の成分をもつ状態を探すことにしよう.それには,15通りの状態のうち,とにかく**L**と**S**の成分が負でないものだけを考えればよい(成分が負の状態があればその符号を変えた状態が必ずあるからである).15通りの状態のうち,成分が負でない状態は8通りある:

AB: 1,1; AC: 0,1; AD: 2,0; AE: 1,0;
AF: 0,0; BD: 1,0; BE: 0,0; CD: 0,0.

この中から成分が最大のものだけを選び出さなくてはならない.まず,軌道角運動量成分が最大の状態は AD である.それゆえ,軌道角運動量が2でスピン角運動量が0の状態が存在する.この状態は,このほかに両方の角運動量の成分が1,0と0,0のものを与える.それはたとえば AE と AF である.したがって,この二つは考える必要がない.次に,状態 AB はスピン角運動量の大きさが最大である.それゆえ,軌道角運動量とスピン角運動量の大きさが共に1であるような状態が存在する.その成分としては1,0; 0,1; 0,0が可能である.これらは BD, AC, BE に相当し,前の AE および AF と同様ここでは必要がない.最後に残るのは成分が0,0の状態 CD である.

結局,次の三つの状態だけが可能となる:

$L=2, S=0$; $L=1, S=1$; $L=0, S=0$.

n と l が等しい3個の電子の場合　p 電子が3個ある場合には,角運動量が負でない成分をもつ状態としては次の7通りのものが考えられる:

ABC: $0, \frac{3}{2}$; ACE: $0, \frac{1}{2}$; ABD: $2, \frac{1}{2}$; ABE: $1, \frac{1}{2}$; ABF: $0, \frac{1}{2}$;

ACD: $1, \frac{1}{2}$; BCD: $0, \frac{1}{2}$.

スピンの成分の最大値は $\frac{3}{2}$ で,これには軌道角運動量成分0の状態が対応する.また,軌道角運動量成分の最大値は2で,これに対してはスピン成分は $\frac{1}{2}$ である.この二つに関係した状態は,上に ABC から ABF まで順に示してある.残りの ACD と BCD は $L=1, S=\frac{1}{2}$ に対応する.

結局，$L=0, S=\frac{3}{2}$；$L=2, S=\frac{1}{2}$；$L=1, S=\frac{1}{2}$ の三つがえられる．

正規結合　電子の主量子数が互いに等しく，全軌道角運動量と全スピン角運動量の大きさ L と S とが異なるような状態は，エネルギーも異なる．この相違は電子間の静電的な相互作用の結果現われるもので，磁気的な相互作用によるものではない．相互作用のエネルギーがなぜ全軌道角運動量の大きさに関係するかを明らかにするために，p 電子が2個の場合を調べてみよう．これらの電子の角運動量を合成すると，2または1または0となる．もし2になったとすると，どちらの電子の波動関数も空間の方向に対する依存性が全く同じである．（方位量子数だけでなく磁気量子数も一致する．したがって，スピンの成分は異なる値をもたなければならない．）そこで，それぞれの電子の波動関数を $\psi_{1,1}(\mathbf{r}_1)$ と $\psi_{1,1}(\mathbf{r}_2)$ で表わすことにしよう．ただし，$\mathbf{r}_1$ と $\mathbf{r}_2$ は各電子の位置ベクトル，添字は量子数 l と k_l の値を示す．

電子の間の相互作用のエネルギーは，近似的に

$$e^2 \int \frac{|\psi_{1,1}(\mathbf{r}_1)|^2 |\psi_{1,1}(\mathbf{r}_2)|^2}{|\mathbf{r}_1-\mathbf{r}_2|} dV_1 dV_2$$

で与えられる．$e|\psi_{1,1}(\mathbf{r}_1)|^2$ と $e|\psi_{1,1}(\mathbf{r}_2)|^2$ が各電子の電荷分布の密度を表わすからである．上で近似的といったのは，波動関数同士の相互作用と，いわゆる《交換力》による相互作用（(33.32)参照）の影響を考えに入れていないという意味である．

合成角運動量が1になる場合には，上の式に対応して

$$e^2 \int \frac{|\psi_{1,1}(\mathbf{r}_1)|^2 |\psi_{1,0}(\mathbf{r}_2)|^2}{|\mathbf{r}_1-\mathbf{r}_2|} dV_1 dV_2$$

がえられる．今度は磁気量子数は1と0である．

この積分は前のものとは明らかに異なる．このように，軌道角運動量を合成するときにはそれらの間に相互作用が生じるのである．この相互作用は分母に c^2 の因子を含んでいないから，静電的な性質のものである．

多電子原子では，Pauli の原理によって，きまったスピンに対して各電子の波動関数（空間座標による部分）のどのような組合せのものをとるべきかがきまる．一例として，スピンの大きさが $\frac{3}{2}$ の状態を考えよう．すでに述べたよう

§33 多電子系

に，この状態は3個のp電子から成る系について実現可能である．Pauliの原理によれば，この状態においては，3個の電子はそれぞれ $k_l = 1, 0, -1$ の互いに異なる波動関数で表わされる状態になくてはならないのである．また，たとえば，$k_l = 1, 1, 0$ の電子から成る系では，Pauliの原理によって，各電子のスピン成分は $\frac{1}{2}, -\frac{1}{2}, \frac{1}{2}$ でなければならない（k_l と k_σ の数値の組が三つとも互いに異なっていなくてはならないから）．

さて，$k_l = 1, 0, -1$ の各波動関数で表わされる3個の電子があったとすると，それらの密度の空間分布が重なりあう程度は，$k_l = 1, 1, 0$ の電子の場合よりも小さい．ところで，各電子の波動関数の重なりあい方が少いほど，それら電子間に働くCoulomb斥力は小さい．その場合には，同種の電荷の間の平均距離が大きいことになるからである．それゆえ，Pauliの原理によって，スピンが最大の状態では斥力のエネルギーが最小となるのである．

窒素原子の基底状態には3個のp電子がある．いま述べたように，これら3個の電子のスピンがすべて平行のときにエネルギーは最小となる．次は軌道角運動量が2，スピンが $\frac{1}{2}$ の状態で，そのエネルギーはおよそ 2.2 eV だけ高い．また，軌道角運動量が1，スピンが $\frac{1}{2}$ の状態のエネルギーは 3.8 eV だけ高い．

全軌道角運動量の値が大きい状態ほどエネルギーが低いことの理由は，次のように説明することができる．軌道角運動量成分の符号だけが異なる二つの波動関数は，成分の絶対値が異なる波動関数同士よりも互によく似ている．ところが，電子の空間的な密度分布が似ている波動関数ほど，その間の斥力のエネルギーは大きい．一方，成分の符号だけが異なる角運動量を合成した結果は，成分の大きさまで異なる角運動量を合成したものよりもその値は小さくなる．したがって，最大のスピンをもつ状態がエネルギーは最小となり*，スピンの大きさが同じならば，軌道角運動量の最大の状態がエネルギーは最小になる（Hundの第1法則）．

軌道角運動量とスピン角運動量は，合成された結果によってエネルギーにこのような相違を生じる．静電エネルギーを計算するだけならば，原子の状態は，角運動量の大きさ L と S だけできまると考えてよい．しかし実は，電子全体

---

* このことは交換積分を考えないと正確ではない．(訳者)

をあわせた系の全軌道角運動量と全スピン角運動量の間には磁気的な相互作用が生ずる（§32 では個々の電子におけるこれらの量の相互作用について述べたが，それと同様である）．この系の，軌道運動による磁気モーメントを $\boldsymbol{\mu}_L$，スピンによる磁気モーメントを $\boldsymbol{\mu}_S$ とすれば，上に述べた相互作用は第 1 近似ではスカラー積 $A\boldsymbol{\mu}_L\boldsymbol{\mu}_S$（$A$ は定数）で表わされる．

二つの角運動量のスカラー積がとりうる値の個数は，それぞれの角運動量の大きさが与えられている場合には，それらを合成した角運動量がとりうる値の個数に等しい（§32，問題 4 参照）．このことは，いわゆるベクトル模型で考えればはっきりする．すなわち，ベクトル $\mathbf{L}, \mathbf{S}, \mathbf{J} = \mathbf{L}+\mathbf{S}$ を各辺とする三角形を描くのである．角運動量の合成則 (30.30) によれば，辺 $\mathbf{J}$ の長さ J は $L+S$, $L+S-1, \cdots\cdots, |L-S|$ という値をとりうる．それゆえ，L と S の値がきまっているときには，原子のエネルギー準位は，J がとりうる値の数と同じ個数の微細構造準位に分裂する．すなわち，S が L よりも小さければ $2S+1$ 個，L が S をこえなければ $2L+1$ 個の準位に分かれるのである．

上に述べた一組の準位は，いわゆる Russel-Saunders の（軌道角運動量とスピン角運動量の）正規結合の場合に現われる．これは L と S がきまっていて J が異なるような準位で，これらの状態間の相違に比べると，L と S とがそれぞれ互いに異なるような状態間の相違の方がはるかに大きい．このように全角運動量の大きさだけが異なる一組のエネルギー準位のことを**多重項**とよぶ．

重い元素では，個々の電子のスピンと軌道運動の相互作用が大きいので，殻内の各電子のスピンは，その軌道角運動量と結合して合成角運動量 j を生ずる（(32.15) 参照）．そうすると今度は，各電子の角運動量 j の間に結合がおこる．これは次のことから説明される．すなわち，重い原子の内側の領域では，電子の速さが光速に近いので，電子の磁気モーメントの相互作用（相対論的効果）によるエネルギーが静電的な斥力のエネルギーに比べて小さくなるのである．個々の電子の j が加えあわさっておこるこの種の結合のことを j-j 結合とよぶ．核力はスピン-軌道運動の相互作用が大きいという特徴をもっている．その結果，一つの原子核を構成する粒子の間にも j-j 結合が現われる．

エネルギー準位の分光学的な表わし方　　原子の状態を一般的に表わすのに，

分光学では次の記法:
$$^{2S+1}L_J{}^{g,u}$$
を用いる.

 最も主になる文字は L で，その値が $0,1,2,3,\cdots$ にしたがって $S,P,D,F,$ $\cdots$ などと書く．左上には $2S+1$ を書く．右下の添字は J，すなわち微細構造から定まる L と S のベクトル和である．右上の添字は，状態が偶(g)であるか奇(u)であるかを示す．

 たとえば，窒素原子の基底状態は $L=0, S=\dfrac{3}{2}$ で，このときには p 電子は3個ある．すなわち，全角運動量はもっぱらスピン角運動量で$(L=0)$，$\sum l = 3$ は奇数である．したがって，この状態は上の記法に従えば $^4S_{\frac{3}{2}}{}^u$ と書かれる．次の二つの状態を表わす記号は $^2D^u$ と $^2P^u$ である．あるいは，多重項に分かれることまで表わすならば，全角運動量の大きさ J の値によって
$$^2D_{\frac{5}{2}}{}^u, {}^2D_{\frac{3}{2}}{}^u \quad \text{および} \quad ^2P_{\frac{3}{2}}{}^u, {}^2P_{\frac{1}{2}}{}^u$$
となる．

 基底状態で L と S が 0 でないときには，全角運動量は次の Hund の第2法則(経験法則)から定められる．すなわち，一つの殻の中の電子の個数がその殻の中にはいりうる電子の個数の半分よりも少ないときには，多重項の中で $J = |L-S|$ の状態がエネルギーは最小である．また，電子の個数が半分よりも多いときには，$J=L+S$ の状態がエネルギーは最小である．1個の電子の角運動量(大きさ l)は $2l+1$ 個の成分をもつことができる．そして，各成分 k_l に対しては k_σ の2通りの値が可能であるから，一つの殻(n と l とが与えられた値をもつ)の中には全部で $2(2l+1)$ 個の電子がはいることができる．それゆえ，主量子数 n の原子が含みうる電子の総数は
$$\sum_{l=0}^{n-1} 2(2l+1) = 2n^2 \tag{33.1}$$
である．最低のエネルギー値に対応する電子の配置は基底状態に対して実現される．これは Hund の第1，第2法則からきまる．

方位量子数によってエネルギーは異なる　　Mendeleyev の周期律を述べる前に，電子のエネルギーが方位量子数によって異なることを注意しておかなく

てはならない．水素以外のすべての原子については，電子のエネルギーは n のほかに l によっても異なる．l の値の大きい電子は原子核から比較的離れた位置にある．いいかえれば，この電子は，核との結合の仕方が l の小さい電子よりも弱い．n の値が同じならば，l が大きいほど電子のエネルギーは大きい．場が Coulomb 場と非常に異なっている場合には，l によってエネルギーが変化する程度はかなり大きい．したがって，n を増すと同時に l を減らしたときのエネルギーの増加は，n を一定にしたままで l を増したときの増加に比べると小さい．いいかえれば，量子数が $(n+1, 0)$ の状態の方が (n, l) の状態よりも低いエネルギーをもつことがありうる．このことはあとに述べる例で明らかになる．

殻に電子がつまっていく有様　前に述べたように，$n=1$ の殻は $1s$ 状態の電子が2個でいっぱいになる($1s$ の1は n の値を示す)．水素ではこの殻に電子が1個，ヘリウムでは2個ある．ヘリウムでは殻がちょうどいっぱいになり，$^1S_0^g$ の状態をとる．ヘリウム原子の基底状態は電子の配位が非常に安定なので，他の原子がこれに近づくと必ず全エネルギーが増加し，その結果斥力が働く．ヘリウムは化学的に完全に不活性である．ヘリウムでは電子殻が対称かつ安定であるために，原子間の力が小さい．気体ヘリウムが極めて低温にならないと液化しないのはこのためである*．

ヘリウムの次から $n=2$ の殻がつくられていく．すなわち，まずリチウムで1個の $2s$ 電子がこの殻にはいる．内側の殻にある2個の $1s$ 電子は，ヘリウムと同じ配位をとって原子核の電荷を大幅に遮蔽するので，外殻の電子は核と弱くしか結合されていない．アルカリ金属における電子の配位は一般にこのようなもので，Li からはじまって Na, K, Rb, Cs の順に，いつも希ガスの電子雲の外側に s 電子が1個加わるという形になっている．リチウムにもどると，次の $2s$ 電子のエネルギーは，$2p$ 電子のエネルギーと値が比較的接近している．つまり，場がまだ近似的に Coulomb 場であるために，電子のエネルギーが方

---

* ヘリウムが低温で液化するのはいわゆる van der Waals 力による．この力は，原子が接近したときそれぞれが静電分極をおこすために現われる．van der Waals 力の大きさは化学結合にあずかる力に比べるとはるかに小さいが，その到達距離はこれよりも大きい．

位量子数によってあまり変わらないのである.電子を $1s$ 殻から $2s$ または $2p$ 殻へ移すためには大きいエネルギーが必要であるが,$2s$ 殻から $2p$ 殻へ移すのはわずかのエネルギーがあればよい.それゆえ,外側に 2 個の $2s$ 電子をもつベリリウムの電子配位は,$2p$ 殻へ電子が移りやすいという意味で,それほど安定というわけではない.いいかえれば,$2s$ 殻がいっぱいになっても希ガスの電子配位にはならない.事実ベリリウムは金属である.

ベリリウムの次からは $2p$ 殻に電子がはいっていく.そして,この殻が完全にみたされたときに希ガスのネオンとなる.ネオンの一つ前は弗素で,$2p$ 殻がいっぱいになるには電子が 1 個だけ不足している.これに 1 個の電子をつけ加えてネオンと同じ閉じた殻にするためのエネルギーの値は大きい.他のハロゲン元素も,それぞれの希ガスに対して弗素と同様の関係にある.これらの元素が化学的に活性であることはこのようにして説明される.

$n=2$ の殻には 8 個の電子がはいることができる.これが Mendeleyev の周期律表における第 2 周期である.このあとは $n=3$ の殻がみたされていく.しかし,はじめは $3s$ と $3p$ の殻だけである.この周期の元素の最外の電子殻構造は第 2 周期のものと同様である.原子の化学的性質は基本的には外殻の様子できまる.Mendeleyev は化学的性質の類似を基礎にして周期律を発見したが,この類似は上のようにして説明されるのである.さて,アルゴンで殻が閉じ,これで第 3 周期の元素 8 個が出揃ったことになる.$3p$ 状態と $3d$ または $4s$ 状態とはエネルギーが非常に異なるために,アルゴンのところで希ガスの電子配位ができ上がるのである.

殻内の空席の数がその殻にはいりうる電子の総数の半分よりも小さい場合には,空席があたかも電子と同じように振舞うと考えることができる.たとえば,$2p$ 殻には 6 個の電子がはいることができるが,そのうち 2 個が不足している場合を考えよう.2 個の $2p$ 電子の組合せによってどのような状態ができるかはこの節のはじめに述べた.2 個の《孔》についても同じような組合せが作られる.その際,基底状態の全角運動量の大きさ J を求めるには,Hund の第 2 法則を用いるならば(すなわち,$J=L+S$ ととるならば)正しい結果がいつもえられる.4 個の電子と 2 個の孔とが同等であることは,スピンと軌道角運動量の合成を行ない,電子に対してと孔に対して Pauli の原理を適用してみれば容

易に確かめることができる(問題2).
　周期律表のはじめの18個の原子殻が形成されていく有様を次の表に示す．数字は与えられた量子数をもつ電子の数である．

元　素	$n=1$ $l=0$	$n=2$ $l=0$	$n=2$ $l=1$	$n=3$ $l=0$	$n=3$ $l=1$	基底状態
H	1					$^2S_{\frac{1}{2}}g$
He	2					$^1S_0 g$
Li	2	1				$^2S_{\frac{1}{2}}g$
Be	2	2				$^1S_0 g$
B	2	2	1			$^2P_{\frac{1}{2}}u$
C	2	2	2			$^3P_0 g$
N	2	2	3			$^4S_{\frac{3}{2}}u$
O	2	2	4			$^3P_2 g$
F	2	2	5			$^2P_{\frac{3}{2}}u$
Ne	2	2	6			$^1S_0 g$
Na	2	2	6	1		$^2S_{\frac{1}{2}}g$
Mg	2	2	6	2		$^1S_0 g$
Al	2	2	6	2	1	$^2P_{\frac{1}{2}}u$
Si	2	2	6	2	2	$^3P_0 g$
P	2	2	6	2	3	$^4S_{\frac{3}{2}}u$
S	2	2	6	2	4	$^3P_2 g$
Cl	2	2	6	2	5	$^2P_{\frac{3}{2}}u$
Ar	2	2	6	2	6	$^1S_0 g$

$3p$ 殻からあとの順序　アルゴンのあとは $3d$ 殻でなく $4s$ 殻に電子がはいって，カリウム(アルカリ金属)からはじまる新しい周期にはいる．$n+l$ の値が，$3p$ 殻と $4s$ 殻とでは等しくて共に4であるのに，$3d$ 殻ではそれよりも1だけ大きいのである．$4p$ 殻は $3d$ 殻と同じく $n+l=5$ であるが，これが満たされるのは $3d$ 殻が満たされてからあとである．その次には $5s$ 殻がくる．この規則は，そのあともずっと成り立つことがわかっている．すなわち，$n+l$ の値が等しい殻については，n の値の小さいものから順につまっていくのである．もっとも，d 殻と f 殻に電子がはいるところではこの規則からはずれる．
　$n=1,2,3$ までの殻には合計 $2\cdot 1^2+2\cdot 2^2+2\cdot 3^2=2+8+18=28$ 個の電子がはいる．次に，$4s$ および $4p$ 状態にはあわせて8個，さらに $5s$ 状態には2

個はいる．そのあとは $n+l=6$ の電子となるが，上の規則によって，まず n が最小のもの，すなわち $4d$ からはじまる．ここには $2(4+1)=10$ 個の電子がはいる．次は $5p$ 電子で6個，さらにその次が $6s$ で2個となる．結局，ここまでで合計56個の電子がはいることになる．

希土類元素　次は $n+l=7$ で，n の最小は4である．そこで，57番目の電子からは $4f$ 殻につまっていく*．原子内のポテンシャル分布の形の関係で，この殻は原子の内部にできる．原子核の電荷は電子によって遮蔽されるので，ポテンシャルは核から遠くで $1/r$ とはならず，$1/r^4$ の程度で減少する(§44)．そこで，遮蔽の効果を考慮に入れて計算した電子の位置エネルギーと遠心力のエネルギーとを加えると，d 状態と f 状態については，有効位置エネルギーの極小の位置が原子のずっと内部にできるのである(§5, 39頁脚注参照)．事実，遮蔽の効果まで考えに入れれば，遠心力のエネルギーは，核の近くでも核から遠くでも位置エネルギーよりも大きくなる．それゆえ，有効位置エネルギー U_M は，r が小さいところでも大きいところでも正である．いいかえれば，d および f 状態に対しては，U_M を表わす曲線が r の大きいところでは s および p 状態に対するよりも上にある．そして，d および f 電子に対する U_M の極小点が，s および p 電子殻の内側のへりよりももっと原子核の近くにできるのである．したがって，d 殻と f 殻はいわば原子の内部で満たされていく．一方，原子の化学的な性質は主として最外殻の電子によってきまる．そしていまの場合，$4f$ 殻が満たされていく間，外側の電子の様子はほとんど変わらない．**希土類元素**とよばれる化学的性質の似た一群の元素($2(2\cdot3+1)=14$ 個)が存在するのはこのような理由によるのである．

d 殻と f 殻は，外側の殻とのエネルギーの《かね合い》の結果，順に規則正しくは満たされていかないことに注意する必要がある．たとえば，V^{23} には d 電子が3個と s 電子が2個あるが，次の Cr^{24} では d 電子が5個と s 電子が1個，Mn^{25} では d 電子がやはり5個と s 電子が2個となっている．

原子の統計理論(§44)によれば，大まかではあるが，原子内のポテンシャル

---

*　実際には，57番目の電子は $5d$ 殻にはいり(前に述べた規則があてはまらない場合)，58番目がはじめて $4f$ 殻にはいる．しかし，59番目の元素では $4f$ 電子が一挙に3個となり，$5d$ 電子はなくなる．(訳者)

分布を見出すことができる.この分布から,$l=2$ および 3 の電子をもつ元素は周期律表のどの位置に現われるかが相当正確に予言できる.

$5f$ 殻がみたされていくところで,希土類に似た一群の元素(トリウムからはじまる)が現われる.その中の大部分の元素は人工的につくられた**超ウラン元素**である.

2 電子系の波動関数 次に,波動関数を用いて Pauli の原理を定式化しよう.2 電子系を考えるのが最も簡単である.2 個の電子に対する波動方程式は

$$\hat{\mathcal{H}}\Phi = \left[-\frac{h^2}{2m}\Delta_1 - \frac{h^2}{2m}\Delta_2 + U(\mathbf{r}_1, \mathbf{r}_2)\right]\Phi = \mathcal{E}\Phi \qquad (33.2)$$

の形に書かれる.ここに,Δ_1 と Δ_2 はそれぞれの電子を表わす変数についてのラプラシアン,$U(\mathbf{r}_1, \mathbf{r}_2)$ は各電子とその外部の場との相互作用および電子同士の相互作用の位置エネルギーである.たとえば,ヘリウム原子では

$$U(\mathbf{r}_1, \mathbf{r}_2) = -\frac{2e^2}{r_1} - \frac{2e^2}{r_2} + \frac{e^2}{|\mathbf{r}_1 - \mathbf{r}_2|} \qquad (33.3)$$

である.また,波動関数は各電子の空間座標変数とスピン変数の関数である:

$$\Phi = \Phi(\mathbf{r}_1, \sigma_1; \mathbf{r}_2, \sigma_2) \qquad (33.4)$$

スピン磁気モーメントと軌道運動との相互作用は小さいから,位置エネルギー演算子の中でそれを表わす項は,第 1 近似では省略することができる.これが (33.3) の $U(\mathbf{r}_1, \mathbf{r}_2)$ である.スピン運動が軌道運動に及ぼす影響を小さいとすれば,スピンと空間座標とがそれぞれある値をとる確率はそれぞれの確率の積に等しく,確率振幅 Φ もまた積の形に書かれる:

$$\Phi(\mathbf{r}_1, \sigma_1; \mathbf{r}_2, \sigma_2) = \Psi(\mathbf{r}_1, \mathbf{r}_2)\chi(\sigma_1, \sigma_2). \qquad (33.5)$$

方程式 (33.2) がスピン演算子を含まないときには,軌道運動の確率振幅 Ψ はこの方程式を満足する.しかし,もし系が一様な磁場 $\mathbf{H}$ の中に置かれたとすると,次の演算子

$$\hat{U}_{\mathrm{mag}} = \frac{e}{mc}[(\hat{\sigma}_1\mathbf{H}) + (\hat{\sigma}_2\mathbf{H})] = \frac{eH}{mc}(\hat{\sigma}_{z1} + \hat{\sigma}_{z2}) \qquad (33.6)$$

が $\hat{\mathcal{H}}$ の中に加わることになる.ただし,磁場の方向を z 軸にとるものとする(電子の電荷は $-e$ である).演算子 $\hat{\sigma}_{z1} + \hat{\sigma}_{z2}$ をスピン関数に作用させれば,単にその系の全スピンの成分の値が関数にかかるだけである.したがって,一

様な外部磁場が存在する場合には，$\hat{U}_{\mathrm{mag}}$ はただの数として系の全エネルギーに加えておけばよい．

電子の交換に対する $\hat{\mathscr{H}}$ の対称性　方程式(33.2)の演算子 $\hat{\mathscr{H}}$ を調べると，両方の電子の空間およびスピン座標についてこれが完全に対称であることがわかる．すなわち，二つの電子の番号をつけかえても $\hat{\mathscr{H}}$ の形は変わらない：

$$\hat{\mathscr{H}}(\mathbf{r}_2, \sigma_2 ; \mathbf{r}_1, \sigma_1) = \hat{\mathscr{H}}(\mathbf{r}_1, \sigma_1 ; \mathbf{r}_2, \sigma_2). \qquad (33.7)$$

ところが方程式(33.2)は線形である．そこで，もし座標を交換しても方程式の形が変わらないとすると，このとき波動関数にはただ定数 P がかかるだけである：

$$\Phi(\mathbf{r}_2, \sigma_2 ; \mathbf{r}_1, \sigma_1) = P\Phi(\mathbf{r}_1, \sigma_1 ; \mathbf{r}_2, \sigma_2) \qquad (33.8)$$

$\mathbf{r}_1, \sigma_1$ および $\mathbf{r}_2, \sigma_2$ は方程式の中に全く同じ形で現われるから，(33.8)でそれらを入れかえた式も成り立つ：

$$\Phi(\mathbf{r}_1, \sigma_1 ; \mathbf{r}_2, \sigma_2) = P\Phi(\mathbf{r}_2, \sigma_2 ; \mathbf{r}_1, \sigma_1). \qquad (33.9)$$

これを(33.8)に代入すれば

$$\Phi(\mathbf{r}_2, \sigma_2 ; \mathbf{r}_1, \sigma_1) = P^2 \Phi(\mathbf{r}_2, \sigma_2 ; \mathbf{r}_1, \sigma_1),$$

すなわち

$$P^2 = 1, \quad P = \pm 1 \qquad (33.10)$$

がえられる．

電子が2個だけのときはこのように比較的簡単で，ここで考えた変換は反転の変換と同様のものとなる((31.38)参照)．

座標変数とスピン変数に対する交換演算子　電子の座標の交換演算子 $\hat{P}_r$ を次のように定義する：

$$\hat{P}_r \Psi(\mathbf{r}_1, \mathbf{r}_2) = \Psi(\mathbf{r}_2, \mathbf{r}_1). \qquad (33.11)$$

もし $\mathbf{r}_1$ と $\mathbf{r}_2$ を交換しても波動方程式の形が変わらないとすると (σ_1 と σ_2 は交換しないとする)，上述の論法によって，2個の電子に対する演算子 $\hat{P}_r$ の固有値は ± 1 であることがわかる．

次に，スピンについても同様の演算子が定義される：

$$\hat{P}_\sigma \chi(\sigma_1, \sigma_2) = \chi(\sigma_2, \sigma_1). \qquad (33.12)$$

$\hat{P}_\sigma$ の固有値も同じく ± 1 である.

第 1 の電子の軌道量子数 (n_1, l_1, k_{l_1}) をまとめて n_1, 第 2 の電子のを n_2 と書くことにしよう. こうすると, 軌道運動を表わす波動関数 Ψ は, くわしく書けば

$$\Psi = \Psi(n_1, \mathbf{r}_1 ; n_2, \mathbf{r}_2)$$

となる. $\hat{P}_r$ の固有値が ± 1 であることから,

$$\hat{P}_r \Psi(n_1, \mathbf{r}_1 ; n_2, \mathbf{r}_2) = \Psi(n_1, \mathbf{r}_2 ; n_2, \mathbf{r}_1) = \pm \Psi(n_1, \mathbf{r}_1 ; n_2, \mathbf{r}_2). \quad (33.13)$$

右辺の正符号をとった式を満足する関数を対称であるといい, 負号の方の関数を反対称であるという.

2 電子系の波動関数 さらに, スピン関数 (§ 32, 問題 3) の形をきめるスピン量子数 $k_{\sigma_1}, k_{\sigma_2}$ を導入すれば, 2 電子系全体の波動関数は次のように書かれる:

$$\Phi(n_1, k_{\sigma_1}, \mathbf{r}_1, \sigma_1 ; n_2, k_{\sigma_2}, \mathbf{r}_2, \sigma_2).$$

この関数のスピン座標と空間座標をいっしょに交換することを表わす演算子を $\hat{P}$ と書くことにすれば,

$$\hat{P} = \hat{P}_r \hat{P}_\sigma \quad (33.14)$$

である. これを Φ に作用させれば

$$\hat{P}\Phi(n_1, k_{\sigma_1}, \mathbf{r}_1, \sigma_1 ; n_2, k_{\sigma_2}, \mathbf{r}_2, \sigma_2) = \Phi(n_1, k_{\sigma_1}, \mathbf{r}_2, \sigma_2 ; n_2, k_{\sigma_2}, \mathbf{r}_1, \sigma_1). \quad (33.15)$$

関数 Φ は対称かまたは反対称である ((33.10) 参照). ところで, このうち反対称の関数だけが Pauli の原理を満たすことが示される. 実際, 二つの電子の状態が全く同じであるとすれば $(n_1 = n_2, k_{\sigma_1} = k_{\sigma_2})$, 反対称の関数 Φ に対しては

$$\hat{P}\Phi(n_1, k_{\sigma_1}, \mathbf{r}_1, \sigma_1 ; n_1, k_{\sigma_1}, \mathbf{r}_2, \sigma_2) = \Phi(n_1, k_{\sigma_1}, \mathbf{r}_2, \sigma_2 ; n_1, k_{\sigma_1}, \mathbf{r}_1, \sigma_1)$$
$$= -\Phi(n_1, k_{\sigma_1}, \mathbf{r}_1, \sigma_1 ; n_1, k_{\sigma_1}, \mathbf{r}_2, \sigma_2)$$
$$= \Phi(n_1, k_{\sigma_1}, \mathbf{r}_1, \sigma_1 ; n_1, k_{\sigma_1}, \mathbf{r}_2, \sigma_2). \quad (33.16)$$

定義により, 演算子 $\hat{P}$ は, 変数 $\mathbf{r}$ と σ を交換するだけで, 量子数 n と k_σ は交換しない. (33.16) の第 2 辺は Φ に $\hat{P}$ を作用させた結果で, 第 3 辺に移るところで Φ の反対称性を用いている. これに対して, 第 4 辺は, 第 2 辺の

Φ の中の変数と量子数を全部入れかえたものである．波動関数を書くとき，どちらの電子を 1 どちらを 2 としても同じことである．それゆえ，このような入れかえを行なっても関数形は変わらない．結局，第 3 辺と第 4 辺とから，関数 $\Phi(n_1, k_{\sigma_1}, \mathbf{r}_1, \sigma_1 ; n_1, k_{\sigma_1}, \mathbf{r}_2, \sigma_2)$ はその符号を変えたものと等しいことになり，したがって恒等的に 0 となる．

この性質は反対称関数だけがもっているもので，対称関数にはない．対称関数について上と同じことをやってみても，ただ関数がそれ自身に等しいという結果がえられるだけである．一方，全く同じ状態にある 2 個の電子を表わす反対称な波動関数が恒等的に 0 になるということは，この状態の確率振幅は変数 $\mathbf{r}_1, \mathbf{r}_2, \sigma_1, \sigma_2$ のどんな値に対しても 0 になることである．すなわち，反対称関数だけが Pauli の原理を満たしているのである．

同じことは多電子系の波動関数についても成り立つ．すなわち，どんな電子対に対しても，空間変数とスピン変数とを同時に入れかえると関数の符号が変わる．これが一般の場合の Pauli の原理である．

半奇数のスピンをもつ粒子　　実験によれば，陽子・中性子・電子・陽電子など半奇数のスピンをもつ素粒子はすべて Pauli の原理にしたがう．スピンが半奇数の素粒子が偶数個集まってできた複合粒子の系は対称な波動関数をもつ．なぜなら，そのような複合粒子 1 個の状態を定めるすべての変数を他の粒子の変数とそっくり交換したとすると，構成要素である素粒子の変数を偶数回交換したことになる．ところが，それによって符号が偶数回変わるから，結局関数には何の変化もおこらない．それゆえ，質量数が偶数の原子核，たとえば D^2, He^4, N^{14}, O^{16} などは波動関数が対称で，したがって Pauli の原理にはしたがわない．これに対して，He^3 や Li^7 などは波動関数が反対称なので，Pauli の原理にしたがう．

Pauli の原理にしたがわない素粒子　　光量子は Pauli の原理にしたがわない．実際，与えられた波動ベクトルとかたよりとをもつ光量子はいくらでも多数存在しうる．一般に，スピンの値が整数であるような粒子の系を考えると，どの二つの粒子をとっても，その変数について波動関数は対称である．

Pauli の原理と古典論への極限　　光量子の波動的な性質は，極限として古典論へ移ったときにも保存される．ところが，電子の波動的な性質はそうでない．その理由は Pauli の原理からわかる．

いま，何個かの光量子が（一定のかたよりと波動ベクトルとをもつ）あるきまった状態にあるとしよう．そのような光量子はいくらでも多数存在しうる．すなわち，光量子は Pauli の原理にしたがわない．光量子のこの性質は仮説としてつけ加えられたものではなく，§27 で電磁場の方程式を量子化することによって直接えられたのである．ある状態に存在する光量子の数 $N_{\mathbf{k},\sigma}$ は，その系を振動子と考えたときの量子数である．この量子数が大きければ，振動子の運動は古典論的なものとなり，その振幅は，与えられたかたよりと波動ベクトルとをもつ電磁場の振幅に比例することになる．このようにして，極限を考えたときに古典的な波動の性質がえられる．

Pauli の原理によれば，各状態に1個より多くの電子は存在しえない．それゆえ，確率振幅は，その絶対値の2乗の積分が1になるという条件によって大きさが限られている．したがって，極限を考えたときに，古典論的に定義できるような振幅に移ることはない．

2電子系のオーソ状態とパラ状態　　次に，波動関数が (33.5) の形に表わされる場合にもどって考えよう．積全体が反対称であるから，因子のうちの一方が対称，もう一方が反対称でなければならない．ただし，このように簡単なことがいえるのは2電子の問題に限る．

そこで，2個の電子に対する波動関数を考えよう．各電子のスピンは（原子単位で）$\frac{1}{2}$ に等しいから，合成スピンは1または0である．スピンが1のものは**オーソ状態**，0のものは**パラ状態**とよばれる．

すでに述べたように，スピンの磁気的な相互作用は小さい．これが無視できる場合には，オーソ状態とパラ状態とに対するスピン波動関数を容易に書き下すことができる．いま，$\chi(k_{\sigma_1}, \sigma_1)$ を第1の電子のスピン変数のある関数であるとしよう．ただし，σ_1 は1または2という値だけしかとらない．また，k_{σ_1} はスピン成分の固有値である．k_{σ_1} が $\frac{1}{2}$ に等しいか $-\frac{1}{2}$ に等しいかにしたがって，χ は§32，問題3に示したそれぞれの形をとる．

§33 多電子系

関数 χ の具体的な形を与えることはしないで, スピン-磁気相互作用をもたない二つの粒子のスピン波動関数を書くと,

$$\chi(k_{\sigma_1}, \sigma_1; k_{\sigma_2}, \sigma_2) = \chi(k_{\sigma_1}, \sigma_1)\chi(k_{\sigma_2}, \sigma_2) \tag{33.17}$$

となる. すなわち, 両方の粒子をあわせた系の確率振幅は, 各粒子の確率振幅の積に分かれる. しかし, 全体の確率振幅は対称または反対称の関数でなければならない. もし $k_{\sigma_1} = k_{\sigma_2}$ ならば, (33.17)の関数はそのままで対称である. すなわち,

$$\chi(k_{\sigma_1}, \sigma_1; k_{\sigma_2}, \sigma_2) = \begin{cases} \chi\left(\frac{1}{2}, \sigma_1\right)\chi\left(\frac{1}{2}, \sigma_2\right), \\ \chi\left(-\frac{1}{2}, \sigma_1\right)\chi\left(-\frac{1}{2}, \sigma_2\right). \end{cases} \tag{33.18}$$

$k_{\sigma_1} \neq k_{\sigma_2}$ の場合には, χ を適当に組合わせて対称または反対称の関数を作らなければならない. その結果は

$$\chi_s = \frac{1}{\sqrt{2}}\left[\chi\left(\frac{1}{2}, \sigma_1\right)\chi\left(-\frac{1}{2}, \sigma_2\right) + \chi\left(\frac{1}{2}, \sigma_2\right)\chi\left(-\frac{1}{2}, \sigma_1\right)\right], \tag{33.19}$$

$$\chi_a = \frac{1}{\sqrt{2}}\left[\chi\left(\frac{1}{2}, \sigma_1\right)\chi\left(-\frac{1}{2}, \sigma_2\right) - \chi\left(\frac{1}{2}, \sigma_2\right)\chi\left(-\frac{1}{2}, \sigma_1\right)\right] \tag{33.20}$$

となる. $\frac{1}{\sqrt{2}}$ は規格化のための因子である.

スピンの z 成分が $0, 1, -1$ のうちのどの値をとるかは z 軸の選び方による. けれども, 波動関数が対称であるか反対称であるかということは系の内部的な性質であって, 座標軸のとり方にはよるはずがない. それゆえ, 全スピンの値で考えるならば, 状態 (33.19) と (33.18) とは一つの状態であると見なさなければならない. これらはスピン成分の値が異なる. そして, 全スピンの値が 1 であることに対応して, 状態は確かに三つある. (33.18)の上の関数は明らかに成分が 1 の状態に対応している. また, 下の関数は成分が -1, (33.19)は成分が 0 に対応する. 一方, (33.20)は全スピンが 0 の状態を表わす. 定義によって, 前者はオーソ状態, 後者はパラ状態である.

スピンが $\frac{1}{2}$ でない粒子の系についても, オーソ状態とパラ状態とを, このようにスピン波動関数の対称性で定義することができる. ただこの場合には, それぞれの状態について, 全スピンと波動関数との間にあまりはっきりした関

係はない．一例として，重水素核（スピンが1）について§41で調べる．

ヘリウムのオーソ状態とパラ状態　ヘリウム原子の中の2個の電子は，オーソ状態かパラ状態になりうる．前者では原子のスピンは1，後者では0である．対称および反対称のスピン関数はスピン交換演算子 $\hat{P}_\sigma$ の固有関数である．すなわち，これらの関数に演算子 $\hat{P}_\sigma$ を作用させると，関数は ± 1 倍される．(33.2)と(33.3)の近似では，ハミルトニアンは $\hat{P}_\sigma$ と可換，したがって $\hat{P}_\sigma$ は運動の積分となる．それゆえ，オーソ状態とパラ状態の間の遷移（全スピンの値が保存されない）は，スピンの値が保存される遷移よりもはるかにおこりにくい．

スピン-軌道相互作用を考慮に入れると，波動関数はもはや(33.5)のような積の形に書くことはできず，$\hat{P}_\sigma$ は単独では運動の積分とはならない．ハミルトニアンの中で，スピン-軌道相互作用を表わす項は分母に c^2 を含む*．この近似では，運動の積分になるのは，両方の電子のスピン変数と空間変数を同時に交換する演算子 $\hat{P}$ である．なぜなら，2電子系の波動関数は Pauli の原理によって必ず反対称だからである．

水素分子の固有関数（第0近似）　最後に，共有結合を量子力学的に説明してみよう．共有結合は，たとえば水素分子をつくる2個の原子の間におこる．これを最初に取扱ったのは Heitler と London であった．

第0近似では原子は互いに独立であると仮定しよう．各電子はそれぞれの核の近くにある．以下，核をaとb，電子を1と2で表わすことにする．第0近似では原子間の相互作用は考えない．しかし，これは，2電子系の波動関数を $\Psi = \phi(r_{a1})\phi(r_{b2})$ の形にとることができるという意味ではない．なぜなら，この関数は電子の座標の交換に関して対称でも反対称でもないからである．スピン-軌道相互作用を無視すれば，空間座標の波動関数は次の二つの形のどちらかである：

---

* А. И. Ахиезер и В. Б. Берестецкий : Квантовая электродинамика, ГТТИ, 1953 (英訳 A. I. Akhiezer & V. B. Berestetsky : Quantum Electrodynamics, Consultants Bureau, Inc., New York, N. Y., 1957), 方程式(37.10)参照．

$$\Psi = \phi(r_{a1})\phi(r_{b2}) + \phi(r_{a2})\phi(r_{b1}), \qquad (33.21)$$
$$\Psi = \phi(r_{a1})\phi(r_{b2}) - \phi(r_{a2})\phi(r_{b1}). \qquad (33.22)$$

全波動関数 Φ は,逆の対称性をもつスピン関数をこれにかけたものである.この形にすれば波動関数は Pauli の原理を満たす.

上に r_{a1}, r_{b2} などとスカラーで書いたのは,水素原子の基底状態が方向性をもたないからである.

さて,水素分子の波動方程式は次のように書かれる:
$$\left(-\frac{h^2}{2m_p}\Delta_a - \frac{h^2}{2m_p}\Delta_b - \frac{h^2}{2m}\Delta_1 - \frac{h^2}{2m}\Delta_2 - \frac{e^2}{r_{a1}} - \frac{e^2}{r_{b2}} - \frac{e^2}{r_{a2}} - \frac{e^2}{r_{b1}} + \frac{e^2}{r_{12}} + \frac{e^2}{r_{ab}}\right)\Psi$$
$$= \mathscr{E}\Psi, \qquad (33.23)$$

最初の 2 項は,水素分子をつくっている核の運動を表わす.これらの項の分母には陽子の質量 m_p があるから,電子の運動を表わす項と比べると非常に小さい.物理的にいえば,原子核の運動し方が電子よりもはるかにおそく,したがって電子の波動関数を求める際には,核の間の距離を一定と見なしてもよいということである.こう考えると,エネルギー $\mathscr{E}$ は核間距離の関数となる.もしこの関数が極小値をもてば,それは電子状態に安定な平衡が存在することに対応し,原子から分子が形成されることが可能となる.核の運動エネルギーに相当する項は,分子の振動・回転・並進運動を考える際には考慮しなくてはならない.けれども,安定な平衡の位置そのものは電子の運動だけできまるので,今後は $-\dfrac{h^2}{2m_p}\Delta_a$ と $-\dfrac{h^2}{2m_p}\Delta_b$ の項は考えないことにする.

方程式 (33.23) の左辺のはじめの 6 項は個々の原子に関するものである.いま,この部分全体を $\hat{\mathscr{H}}_0$ と書くことにしよう(添字の 0 は近似の次数を示す).残りの 4 項は原子間の相互作用を表わす.すなわち,電子と他の核との引力,電子間および核間の Coulomb 斥力である.この部分を $\hat{\mathscr{H}}_1$ と書いてこれを摂動と考える.厳密にいうならば,このように考えることができるのはあくまでも定性的な意味においてである.

摂動法 $\hat{\mathscr{H}}_0$ と $\hat{\mathscr{H}}_1$ を用いれば,波動方程式は次のように書かれる:
$$\hat{\mathscr{H}}\Psi = (\hat{\mathscr{H}}_0 + \hat{\mathscr{H}}_1)\Psi = \mathscr{E}\Psi. \qquad (33.24)$$

エネルギー固有値は，個々の水素原子のエネルギー $\mathcal{E}_0$ (式(31.34)) と原子間の相互作用のエネルギー $\mathcal{E}_1$ との和の形に表わされる：

$$\mathcal{E} = \mathcal{E}_0 + \mathcal{E}_1. \tag{33.25}$$

演算子 $\hat{\mathcal{H}}_1$ とエネルギー $\mathcal{E}_1$ は補正項と考え，波動関数も第0近似の関数 Ψ_0 ((33.21)または(33.22))と補正項 Ψ_1 とにわける：

$$\Psi = \Psi_0 + \Psi_1. \tag{33.26}$$

われわれの近似では，$\hat{\mathcal{H}}_1 \Psi_1$ と $\mathcal{E}_1 \Psi_1$ とは共に2次の微小量と考えられるから，以後これらは省略する．

さて，(33.25)と(33.26)を(33.24)に代入して小さい項を省略すれば，

$$\hat{\mathcal{H}}_0 \Psi_0 + \hat{\mathcal{H}}_0 \Psi_1 + \hat{\mathcal{H}}_1 \Psi_0 = \mathcal{E}_0 \Psi_0 + \mathcal{E}_0 \Psi_1 + \mathcal{E}_1 \Psi_0. \tag{33.27}$$

一方，Ψ_0 は $\hat{\mathcal{H}}_0$ の固有関数で，その固有値は第0近似のエネルギー $\mathcal{E}_0$ であるから，

$$\hat{\mathcal{H}}_0 \Psi_0 = \mathcal{E}_0 \Psi_0 \tag{33.28}$$

が成立する．

方程式(33.27)の残りの項に Ψ_0 をかけ*，両方の電子について体積積分を行なえば，

$$\int \Psi_0 \hat{\mathcal{H}}_0 \Psi_1 dV_1 dV_2 + \int \Psi_0 \hat{\mathcal{H}}_1 \Psi_0 dV_1 dV_2$$
$$= \mathcal{E}_0 \int \Psi_0 \Psi_1 dV_1 dV_2 + \mathcal{E}_1 \int \Psi_0^2 dV_1 dV_2. \tag{33.29}$$

$\hat{\mathcal{H}}_0$ が Hermite 演算子であることを用いて左辺第1項を変形すれば，方程式(33.28)によって

$$\int \Psi_0 \hat{\mathcal{H}}_0 \Psi_1 dV_1 dV_2 = \int \Psi_1 \hat{\mathcal{H}}_0 \Psi_0 dV_1 dV_2 = \mathcal{E}_0 \int \Psi_0 \Psi_1 dV_1 dV_2. \tag{33.30}$$

となるから，これは右辺第1項とちょうど消しあう．

結局，(33.29)から

$$\mathcal{E}_1 = \frac{\int \Psi_0 \hat{\mathcal{H}}_1 \Psi_0 dV_1 dV_2}{\int \Psi_0^2 dV_1 dV_2} \tag{33.31}$$

---

* 簡単のために，ここでは実数の波動関数を考える．一般の場合には Ψ_0^* をかけなくてはならない．

がえられる.

右辺の分母は関数 Ψ_0 の規格化因子の2乗の逆数で,これは関数(33.21)と(33.22)が規格化されていないために現われたものである. 規格化した波動関数を Ψ_0' とすれば

$$\Psi_0' = \frac{\Psi_0}{\sqrt{\int\int \Psi_0^2\, dV_1 dV_2}}$$

である. これを用いれば,第1近似におけるエネルギーの補正は

$$\mathcal{E}_1 = \int \Psi_0' \hat{\mathcal{H}}_1 \Psi_0'\, dV_1 dV_2 \qquad (33.31\text{a})$$

の形に書かれる.

これは,摂動を受けない運動について摂動エネルギーを平均したものになっている((30.24)参照).

この式の導き方からわかるように,ここでは演算子が Hermite 型であるという性質しか用いていない. したがって,これはかなり一般的な結果である.

水素分子の束縛状態　　(33.21)あるいは(33.22)で与えられる対称または反対称の座標関数を,水素分子のエネルギーの式に代入して積分を行なってみると,空間座標の波動関数が対称であるときに限って $\mathcal{E}_1(r_{ab})$ が極小値をもつことがわかる. この極小の深さが大体において水素分子の結合エネルギーに相当している. ここで用いた近似は元来定量的というよりは定性的なものであるから,実験とのあまり良い一致は期待できない.

エネルギーを計算するときに,次の積分が重要な意味をもつ:

$$e^2 \int \phi(r_{a1})\phi(r_{b2}) \frac{1}{r_{12}} \phi(r_{a2})\phi(r_{b1})\, dV_1 dV_2. \qquad (33.32)$$

これは**交換積分**とよばれる. この積分の中には確率振幅だけしか含まれていない(確率密度は含まれない). したがって,これは古典論におけるどのような量とも対応がつけられない.

反対称関数(33.22)は原子核 a と b の位置を交換すると符号が変わるから,二つの核の中間に関数の値が0になるような面が存在する. 対称関数は,このような面がないから,反対称関数よりも全エネルギーが低い状態,すなわちも

っと安定な状態に対応している．この関数には反対称のスピン関数がかかるから，安定な分子状態の全スピンは0である．すなわち，2個の水素原子から1個の分子ができるときの共有結合は，いわば電子のスピンの《飽和》に関係している．それゆえ，水素分子の近くにさらに第3の水素原子が存在するような安定な平衡位置はもはやない．

電子のスピンは対になって飽和していく傾向がある．共有結合ではこの傾向がはっきりと現われる．

問　題

1 主量子数が等しい2個の d 電子の系がとりうる状態をすべて求めよ．

（解）各電子のとりうる状態は次の10通りである：

$A: 2, \frac{1}{2}; \; B: 1, \frac{1}{2}; \; C: 0, \frac{1}{2}; \; D: -1, \frac{1}{2}; \; E: -2, \frac{1}{2};$

$F: 2, -\frac{1}{2}; \; G: 1, -\frac{1}{2}; \; H: 0, -\frac{1}{2}; \; I: -1, -\frac{1}{2}; \; J: -2, -\frac{1}{2}.$

スピンおよび軌道角運動量が負でない状態は次のものである：

$AB: 3,1; \; AC: 2,1; \; AD: 1,1; \; AE: 0,1; \; AF: 4,0; \; AG: 3,0; \; AH: 2,0;$
$AI: 1,0; \; AJ: 0,0; \; BC: 1,1; \; BD: 0,1; \; BF: 3,0; \; BG: 2,0; \; BH: 1,0;$
$BI: 0,0; \; CF: 2,0; \; CG: 1,0; \; CH: 0,0; \; DF: 1,0; \; DG: 0,0; \; EF: 0,0.$

角運動量成分が最大の状態を選び出していけば，スピンが0の状態としては次の三つ

$$^1S, \; ^1D, \; ^1G \quad \text{すなわち} \quad ^1S_0{}^g, \; ^1D_2{}^g, \; ^1G_4{}^g,$$

スピンが1の状態としては次の二つ

$$^3P, \; ^3F \quad \text{すなわち} \quad ^3P_2{}^g, \; ^3P_1{}^g, \; ^3P_0{}^g \quad \text{および} \quad ^3F_4{}^g, \; ^3F_3{}^g, \; ^3F_2{}^g$$

が得られる．

2 主量子数が等しい4個の p 電子から成る系のとりうる状態は，2個の p 電子の系の状態と同じであることを示せ．この結果は，2個の電子が2個の《孔》と同じ状態をもつことを示している．

§34 放射場の量子論

　この節では，励起された原子が光量子を放出する単位時間あたりの確率を求め，原子のいろいろな状態変化に対応しておこる放射遷移の確率を比較する．そのためには，まず量子的な遷移確率を与える一般式を導かなくてはならない（この式は§37でも用いる）．

　エネルギーが等しい状態の間の遷移　　ある系が，エネルギーは等しいけれどもその他の点で異なるような二つの状態をとりうるものと仮定しよう．たとえば，この節では，基底状態(エネルギー$\mathcal{E}_0$)にあるときよりも$\mathcal{E}_1-\mathcal{E}_0$だけ余分のエネルギーをもつ励起された原子を考える．この原子は，エネルギー$\hbar\omega=\mathcal{E}_1-\mathcal{E}_0$の光量子を放出して，基底状態へ遷移することができる．しかし厳密にいえば，原子と電磁場とから成っていてエネルギー$\mathcal{E}_1$をもつただ一つの状態が存在するというべきであろう（もし場の中にほかの光量子が存在しないとすれば）．そのような系のエネルギーははっきりと定まった値をもっている．しかし，状態をもはやこれ以上にくわしく述べることはできない．

　この問題はまた次のように考えることもできる．最初ある時刻に原子が励起状態にあり，光量子の自然放出を行なうことができる状態にあるものとしよう．このときには，原子のエネルギーはもはや厳密には指定することができず，ある狭い幅$\Delta\mathcal{E}$だけの広がりをもっている．そして，励起状態にある原子が放射を出すまでの平均寿命をΔtとすれば，$\Delta\mathcal{E}\sim\dfrac{2\pi\hbar}{\Delta t}$である((28.15)参照)．もしこの原子の平均寿命が長く，$\dfrac{2\pi\hbar}{\Delta t}$が原子のエネルギー準位の間隔よりもはるかに小さいときには，エネルギーの不確定さは第1近似では無視できる．この場合には，原子ははじめ$\mathcal{E}_1$というはっきり定まったエネルギーをもつ状態にあったと考え，ある時間tの間に原子が基底状態に遷移して，エネルギー$\hbar\omega=\mathcal{E}_1-\mathcal{E}_0$の光量子が電磁場の中に現われる確率を計算することができる．

　遷移がおこる原因は電磁場との相互作用である．いまの場合，励起状態にある原子の寿命Δtが長くて$\Delta\mathcal{E}\ll\mathcal{E}_1-\mathcal{E}_0$であると考えているから，原子と電

磁場との相互作用は励起された原子に加えられた小さな摂動であると見なすことができる．

摂動によって遷移がおこると考える方法は，もっと別の遷移に対しても同様に定式化することができる．たとえば，もし原子の全励起エネルギーがその電離エネルギーよりも大きいとすると，放射が来なくても電子は原子から飛び出すことが可能である．この場合，原子の励起状態とイオン－電子の状態は，いっしょに考えたときにはある定まったエネルギーに属している．しかし，それぞれの状態が別々にはっきり確定したエネルギーをもっているわけではない．

遷移確率 光量子を放出する遷移は原子と電磁場の相互作用によっておこる．いま，この相互作用をしばらく取除いたものとしよう．このときには，原子のエネルギーと場のエネルギーとはそれぞれ別々に厳密な運動の積分となる．この初期状態のエネルギー固有値を $\mathscr{E}_1$ としよう．次に相互作用を入れたとすると，この系が別のある状態——エネルギーは $\mathscr{E}_1$ にごく近いが，その他の点では初期状態とは全く異なる状態——へ遷移をおこす確率が 0 でなくなる．初期状態では，原子は励起されていて場の中に光量子がなかったものとし，最終状態では，原子は基底状態に移って場の中に 1 個の光量子が現われたというような場合はその一例である．

いま，系のハミルトニアンを $\hat{\mathscr{H}} = \hat{\mathscr{H}}^{(0)} + \hat{\mathscr{H}}^{(1)}$ のように二つの項に分ける．ただし，$\hat{\mathscr{H}}^{(0)}$ は原子と場とを別々に考えたときのエネルギーに，$\hat{\mathscr{H}}^{(1)}$ は相互作用のエネルギーにそれぞれ対応する．次に，遷移確率に対する一般式を導き，これを放射の問題に適用してみよう．$\hat{\mathscr{H}}^{(0)}$ を乱されない系のハミルトニアンとよぶことにし，$\hat{\mathscr{H}}^{(1)}$ は小さな摂動で，これが遷移をおこさせるものと考える．演算子 $\hat{\mathscr{H}}^{(0)}$ の固有関数と固有値は次の方程式からきまる：

$$-\frac{h}{i}\frac{\partial \psi_m^{(0)}}{\partial t} = \hat{\mathscr{H}}^{(0)} \psi_m^{(0)}. \tag{34.1}$$

摂動を考えた場合，波動関数 ψ は次の方程式を満足する：

$$-\frac{h}{i}\frac{\partial \psi}{\partial t} = (\hat{\mathscr{H}}^{(0)} + \hat{\mathscr{H}}^{(1)})\psi. \tag{34.2}$$

摂動 $\hat{\mathscr{H}}^{(1)}$ が小さいことを考慮して，波動関数を

§34 放射場の量子論

$$\phi = \phi_1{}^{(0)} + \phi^{(1)} \tag{34.3}$$

の形に表わし, 積 $\hat{\mathcal{H}}^{(1)}\phi^{(1)}$ は2次の微小量として省略すれば, $\phi^{(1)}$ に対して次の非同次方程式

$$-\frac{h}{i}\frac{\partial \phi^{(1)}}{\partial t} - \hat{\mathcal{H}}^{(0)}\phi^{(1)} = \hat{\mathcal{H}}^{(1)}\phi_1{}^{(0)} \tag{34.4}$$

がえられる. $\phi^{(1)}$ を求めるために, これを演算子 $\hat{\mathcal{H}}^{(0)}$ の固有関数による展開の形に書く：

$$\phi^{(1)} = \sum_m c_m(t)\phi_m{}^{(0)}. \tag{34.5}$$

ここに, 各関数 $\phi_m{}^{(0)}$ は同次方程式(34.1)を満足する. 級数(34.5)を方程式(34.4)に代入して(34.1)を用いれば, 次の方程式

$$-\frac{h}{i}\sum_m \frac{dc_m}{dt}\phi_m{}^{(0)} = \hat{\mathcal{H}}^{(1)}\phi_1{}^{(0)} \tag{34.6}$$

がえられる.

係数 c_m は, 固有関数の直交性(30.6)を用いてこの式から決定することができる. それには, 方程式(34.6)の両辺に $\phi_n{}^{(0)*}$ をかけて体積積分を行なうのである. そうすれば左辺には $-\frac{h}{i}\frac{dc_n}{dt}$ の項だけが残る. 一方, 右辺は, ここで述べている摂動法に固有な積分となる：

$$-\frac{h}{i}\frac{dc_n}{dt} = \int \phi_n{}^{(0)*}\hat{\mathcal{H}}^{(1)}\phi_1{}^{(0)}\,dV. \tag{34.7}$$

この方程式を積分するには, 右辺が時間 t の関数としてどのように変化するかを知らなくてはならない. 右辺は方程式(34.1)にしたがう波動関数を含み, 波動関数には(24.21)のような形で時間因子が含まれている. 演算子 $\hat{\mathcal{H}}^{(1)}$ が時間をあらわに含まないと仮定すれば,

$$\int \phi_n{}^{(0)*}\hat{\mathcal{H}}^{(1)}\phi_1{}^{(0)}\,dV = e^{-i\frac{(\mathcal{E}_1-\mathcal{E}_n)t}{h}}\int \phi_{0n}{}^{(0)*}\hat{\mathcal{H}}^{(1)}\phi_{01}{}^{(0)}\,dV. \tag{34.8}$$

右辺の積分は t によらない. われわれは, 最初の時刻に系はエネルギー $\mathcal{E}_1$ の状態にあると仮定した. すなわち $|c_1(0)| = 1$, $c_n(0) = 0$ ($n \neq 1$) である. それゆえ, 方程式(34.7)を積分すれば, $n \neq 1$ に対して

$$\frac{h}{i}c_n = \frac{h(e^{-i\frac{(\mathcal{E}_1-\mathcal{E}_n)t}{h}}-1)}{i(\mathcal{E}_1-\mathcal{E}_n)}\int \phi_{0n}{}^{(0)*}\hat{\mathcal{H}}^{(1)}\phi_{01}{}^{(0)}\,dV, \tag{34.9}$$

あるいは, 指数関数を積分記号の中に入れ, もとの関数 $\phi_n{}^{(0)*}$ と $\phi_1{}^{(0)}$ を用い

て書けば,

$$c_n(t) = \frac{1-e^{i\frac{(\mathscr{E}_1-\mathscr{E}_n)t}{h}}}{\mathscr{E}_1-\mathscr{E}_n}\int \phi_n^{(0)*}\hat{\mathscr{H}}^{(1)}\phi_1^{(0)}\,dV. \qquad (34.10)$$

したがって，時刻 t に系が $\phi_n{}^{(0)}$ の状態にある確率は，(30.13)から

$$w_n(t) = |c_n(t)|^2 = \frac{(1-e^{i\frac{(\mathscr{E}_1-\mathscr{E}_n)t}{h}})(1-e^{-i\frac{(\mathscr{E}_1-\mathscr{E}_n)t}{h}})}{(\mathscr{E}_1-\mathscr{E}_n)^2}\left|\int \phi_n^{(0)*}\hat{\mathscr{H}}^{(1)}\phi_1^{(0)}\,dV\right|^2$$

$$= \left(2-2\cos\frac{(\mathscr{E}_1-\mathscr{E}_n)t}{h}\right)\frac{\left|\int \phi_n^{(0)*}\hat{\mathscr{H}}^{(1)}\phi_1^{(0)}dV\right|^2}{|\mathscr{E}_1-\mathscr{E}_n|^2}$$

$$= 4\sin^2\frac{(\mathscr{E}_1-\mathscr{E}_n)t}{h}\frac{\left|\int \phi_n^{(0)*}\hat{\mathscr{H}}^{(1)}\phi_1^{(0)}dV\right|^2}{|\mathscr{E}_1-\mathscr{E}_n|^2} \qquad (34.11)$$

に等しい.

行列要素　(34.11)の式は少しあとで考えることにして，ここではまず，量子力学できわめて便利な記号を導入しよう．任意の1対の固有関数 ϕ_n と ϕ_k，および任意の演算子 $\hat{\lambda}$ に対して，(34.7)の右辺のような積分を

$$\lambda_{nk} \equiv \int \phi_k^*\hat{\lambda}\phi_n\,dV \qquad (34.12)$$

と書く．積分は，ハミルトニアン $\hat{\mathscr{H}}$ に含まれるすべての独立変数について行なうものとする．

いま，n を行(横)の番号，k を列(縦)の番号として λ_{nk} を並べると，正方形の表ができる：

$$\left.\begin{array}{l}\lambda_{11}, \lambda_{12}, \lambda_{13}, \ldots\ldots, \lambda_{1k}, \ldots\ldots, \\ \lambda_{21}, \lambda_{22}, \lambda_{23}, \ldots\ldots, \lambda_{2k}, \ldots\ldots, \\ \lambda_{31}, \lambda_{32}, \lambda_{33}, \ldots\ldots, \lambda_{3k}, \ldots\ldots, \\ \ldots\ldots\ldots\ldots\ldots\ldots\ldots\ldots\ldots\ldots, \\ \lambda_{n1}, \lambda_{n2}, \lambda_{n3}, \ldots\ldots, \lambda_{nk}, \ldots\ldots, \\ \ldots\ldots\ldots\ldots\ldots\ldots\ldots\ldots\ldots\ldots\end{array}\right\} \qquad (34.13)$$

数学では，このような表のことを**行列**，個々の λ_{nk} のことを**行列要素**とよんでいる．すなわち，方程式(34.7)の右辺は $\hat{\mathscr{H}}^{(1)}$ の行列要素である．

Hermite 型演算子の行列要素がもつ重要な性質を次に述べよう．Hermite 性の条件(30.3)によって

$$\int \phi_k{}^* \hat{\lambda} \phi_n \, dV = \int \phi_n \hat{\lambda}^* \phi_k{}^* \, dV = \left(\int \phi_n{}^* \hat{\lambda} \phi_k \, dV \right)^*. \quad (34.14)$$

ただし，第3辺の記号*は積分全体の共役複素数をとることを示す．(34.12)の定義によれば，この式は

$$\lambda_{nk} = \lambda_{kn}{}^* \quad (34.15)$$

と書ける．一般に，要素が方程式(34.15)を満足するような行列のことを Hermite 行列とよぶ．

いろいろな量の行列要素間の関係 演算子方程式(30.35)と(30.37)の両辺の行列要素をとり，時間微分を積分の外へ出せば次の式がえられる*：

$$\frac{d}{dt} x_{nk} = \frac{1}{m} p_{nk}, \quad (34.16)$$

$$\frac{d}{dt} p_{nk} = -\left(\frac{\partial U}{\partial x} \right)_{nk}. \quad (34.17)$$

行列要素 x_{nk}, p_{nk} の時間に対する依存性は(34.8)で与えられる．すなわち，これらは時間については調和振動的に変化し，

$$x_{nk} = e^{-i \frac{(\mathcal{E}_n - \mathcal{E}_k) t}{h}} \int \phi_{0k}{}^* \hat{x} \phi_{0n} \, dV,$$

$$p_{nk} = e^{-i \frac{(\mathcal{E}_n - \mathcal{E}_k) t}{h}} \int \phi_{0k}{}^* \hat{p} \phi_{0n} \, dV$$

である．それゆえ，

$$\frac{d}{dt} x_{nk} = i \frac{\mathcal{E}_k - \mathcal{E}_n}{h} x_{nk}, \quad (34.18)$$

$$\frac{d}{dt} p_{nk} = i \frac{\mathcal{E}_k - \mathcal{E}_n}{h} p_{nk}. \quad (34.19)$$

Bohr の周波数条件(§22のはじめ)を用いて，エネルギーの差を

$$\frac{\mathcal{E}_k - \mathcal{E}_n}{h} \equiv \omega_{kn} \quad (34.20)$$

のように書くと便利である．こうすれば，演算子の関係を行列要素で書いた式

---

* p_x をここでは単に p と書く．(訳者)

(34.16) と (34.17) は次のようになる:

$$p_{nk} = im\omega_{kn}x_{nk}, \qquad (34.21)$$

$$-\left(\frac{\partial U}{\partial x}\right)_{nk} = i\omega_{kn}p_{nk}. \qquad (34.22)$$

量子力学の方程式の行列表示は Heisenberg によってはじめて見出された．

連続スペクトル領域への遷移の確率　　前にもどって，遷移確率を表わす式 (34.11) を調べよう．行列の記号を用いれば，これは次のように書ける．

$$w_n(t) = 4\sin^2\frac{(\mathcal{E}_1-\mathcal{E}_n)t}{2h} \cdot \frac{|\mathcal{H}_{1n}^{(1)}|^2}{(\mathcal{E}_1-\mathcal{E}_n)^2} \qquad (34.23)$$

前に述べた放射の例と電離の例では，系の最終状態は連続なエネルギースペクトルに属していた．実際，電磁場はどんな周波数 ω の光量子でも含みうるから，場のエネルギースペクトルは連続である．また電離の例では，原子から放出された電子は無限運動を行なうから，この電子のスペクトルは連続である．

最終状態が連続スペクトルに属しているときには，どれでもよいからそのような状態に遷移する全確率を求めることにむしろ興味がある．すなわち，(34.23) を $\mathcal{E}_n$ について積分するのである．最終状態のエネルギー $\mathcal{E}_n$ は実は連続的に変わりうるから，単に $\mathcal{E}$ と書く方がよい．こうして，エネルギーが $\mathcal{E}$ と $\mathcal{E}+d\mathcal{E}$ の間にある状態の数を $dN(\mathcal{E})$ とする．$dN(\mathcal{E})$ の例は (25.25) で与えた．箱の大きさを無限大にしさえすれば連続スペクトルの場合になる．（箱の大きさは物理的な結果の中にははいって来ない．箱の大きさを無限大にすると，隣りあう準位の間隔は限りなく小さくなる．）

そこで，いま

$$dN(\mathcal{E}) = z(\mathcal{E})d\mathcal{E} \qquad (34.24)$$

とおけば，連続スペクトル領域への遷移の全確率は

$$W = \int w(\mathcal{E}_1,\mathcal{E})dN(\mathcal{E}) = \int \frac{4\sin^2\dfrac{(\mathcal{E}-\mathcal{E}_1)t}{2h}}{(\mathcal{E}-\mathcal{E}_1)^2}|\mathcal{H}^{(1)}(\mathcal{E}_1,\mathcal{E})|^2 z(\mathcal{E})d\mathcal{E}$$

$$(34.25)$$

§34 放射場の量子論

で与えられる.ただし,$\mathcal{H}^{(1)}$ が $\mathcal{E}_1$ と $\mathcal{E}$ の関数であることをはっきりさせるために,$\mathcal{H}^{(1)}_{\mathcal{E}_1,\mathcal{E}}$ としないで $\mathcal{H}^{(1)}(\mathcal{E}_1,\mathcal{E})$ と書いた.

さらに,sin の自変数を ξ と書くことにする:

$$\frac{(\mathcal{E}-\mathcal{E}_1)t}{2h} \equiv \xi.$$

積分変数を ξ に変えれば

$$W = \frac{2t}{h}\int \frac{\sin^2\xi}{\xi^2}\left|\mathcal{H}^{(1)}\left(\mathcal{E}_1,\mathcal{E}_1+\frac{2h\xi}{t}\right)\right|^2 z\left(\mathcal{E}_1+\frac{2h\xi}{t}\right)d\xi. \quad (34.26)$$

関数 $\frac{\sin^2\xi}{\xi^2}$ は $\xi=0$ で最大の極大値をとる.その次の極大値はすでにこれの $\frac{1}{20}$ 程度に小さくなってしまう.そのため (34.26) の積分に主としてきくのは ξ が 1 の程度までの範囲である.ところで,時間 t の方は,$\frac{2h\xi}{t}$ が $\mathcal{E}_1$ に比べてはるかに小さくなるように選ぶことが常に可能である.いいかえれば,関数 $\mathcal{H}^{(1)}(\mathcal{E}_1,\mathcal{E})$ と $z(\mathcal{E})$ の中の $\mathcal{E}$ を単に $\mathcal{E}_1$ と置いて,これらを積分の外へ出してしまうことができる.もし時間 t が十分に長ければ,初めと終りの状態のエネルギー $\mathcal{E}_1$ と $\mathcal{E}$ ははっきりと定まり,遷移の際のエネルギー保存則によって,実は両者を等しいと考えることができる.もちろん,エネルギーの保存則はいつでも成り立つ.しかし,t が十分小さい場合には,最終状態のエネルギーを定めることができない.それは,不確定性関係 (28.15) がこの場合 $(\mathcal{E}-\mathcal{E}_1)t \sim 2\pi h$ の形となるからである.それゆえ,もし t を限りなく大きくすれば,等式 $\mathcal{E}=\mathcal{E}_1$ が厳密に成り立つ.

ξ が大きくなると関数 $\frac{\sin^2\xi}{\xi^2}$ は急激に減少するから,積分の領域を $-\infty$ から ∞ までにのばすことができる.この関数以外は積分の外に出せるから,積分は

$$\int_{-\infty}^{\infty}\frac{\sin^2\xi}{\xi^2}d\xi = \pi \quad (34.27)$$

となる.これから

$$W = \frac{2\pi}{h}|\mathcal{H}^{(1)}(\mathcal{E}_1,\mathcal{E}=\mathcal{E}_1)|^2 z(\mathcal{E}_1)t. \quad (34.28)$$

したがって,単位時間あたりの遷移確率は

$$\frac{2\pi}{h}|\mathcal{H}^{(1)}(\mathcal{E}_1, \mathcal{E}=\mathcal{E}_1)|^2 z(\mathcal{E}_1) \qquad (34.29)$$

となる. $\mathcal{H}^{(1)}$ の中で $\mathcal{E}=\mathcal{E}_1$ と書いたのは, 最終の状態が初期状態とエネルギーの点でだけ一致することを強調するためである.

光量子の放出を表わす行列要素　(34.29)を用いれば, 放射強度の式を厳密に導くことができる. こうしてえられる結果は電磁場の量子化(§27)が基礎になっている. これとは別に, 古典論の方程式と行列要素に対する方程式との類似にもとづいて, (これほど厳密ではないが)ある結果を導くこともできる. しかし, ここではそれは行なわない.

あとの計算を簡単にするために, 放射に対してはじめからエネルギーの保存則を用いることにする. すなわち, 原子がエネルギー $\mathcal{E}_1$ の状態から $\mathcal{E}_0$ の状態に遷移するという場合, エネルギー保存則をみたすような光量子, つまり Bohr の周波数条件 $\mathcal{E}_1-\mathcal{E}_0=h\omega$ を満足するような光量子だけを考えるのである. また, 波動ベクトル **k** の方向とかたより σ とがはっきりきまった光量子をはじめから考えることにする. さらに, 放射がおこる前には, 場の中にはこのような光量子が1個もなかったものと仮定する. すなわち, 初期状態では $N_{\mathbf{k},\sigma}=0$ であるとする.

この場合には, 摂動エネルギー演算子は二つの演算子の積の形になる:

$$\hat{\mathcal{H}}^{(1)} = -\frac{e}{c}(\hat{\mathbf{v}}\hat{\mathbf{A}}). \qquad (34.30)$$

これは, (15.32)で $\hat{\mathbf{A}}$ の1次の項を残しかつ $\varphi=0$ とおけばえられる.

摂動のはいらない系, すなわち原子と場との相互作用がないとした系の波動関数は, 原子と場とのそれぞれの波動関数の積として表わされる. 場の波動関数は, 一つ一つの振動子(**k** と σ がそれぞれ異なる)の波動関数の積の形に書かれる. これらの関数は互いに直交し, すべて規格化されている. したがって, $\hat{\mathbf{A}}_{\mathbf{k}\sigma}$ の行列要素, いいかえれば, 与えられた **k** と σ をもつ振動子の座標の行列要素の計算は, その振動子の波動関数だけについて行なえばよい. 規格化の条件によって, 他の座標についての積分はすべて1となるからである.

場の振幅を実変数で表わす式は(27.20)と(27.21)に与えた. これを用いて,

§34 放射場の量子論

ベクトルポテンシャルの中から与えられた $\mathbf{k}$ と σ に関係する項をとり出すと次のようになる:

$$\hat{\mathbf{A}}_{\mathbf{k}^\sigma} = \sqrt{\frac{\pi c^2}{V}} \mathbf{e}_{\mathbf{k}^\sigma} \left[\left(\hat{Q}_{\mathbf{k}^\sigma} + \frac{i\hat{P}_{\mathbf{k}^\sigma}}{\omega_{\mathbf{k}}} \right) e^{i\mathbf{k}\mathbf{r}} + \left(\hat{Q}_{\mathbf{k}^\sigma} - \frac{i\hat{P}_{\mathbf{k}^\sigma}}{\omega_{\mathbf{k}}} \right) e^{-i\mathbf{k}\mathbf{r}} \right]. \quad (34.31)$$

さて,波動ベクトルが $\mathbf{k}$ でかたよりが σ であるような光量子が1個もない状態と,そのような光量子が1個存在する状態との間の遷移を表わす行列要素を計算しよう.これらの状態を添字 0 と 1 で表わせば,(34.21)から

$$(P_{\mathbf{k}^\sigma})_{01} = i\omega_{10}(Q_{\mathbf{k}^\sigma})_{01} = i\omega_{\mathbf{k}}(Q_{\mathbf{k}^\sigma})_{01} \quad (34.32)$$

となる.ω_{10} は初めと終りの場のエネルギーの差を h で割ったもの,すなわち,放出された光量子の周波数 $\omega_{\mathbf{k}}$ に等しいからである.これを行列要素 $(\mathbf{A}_{\mathbf{k}^\sigma})_{01}$ の式に代入すれば,$e^{i\mathbf{k}\mathbf{r}}$ の係数は 0 となって

$$(\mathbf{A}_{\mathbf{k}^\sigma})_{01} = 2\sqrt{\frac{\pi c^2}{V}} \mathbf{e}_{\mathbf{k}^\sigma} (Q_{\mathbf{k}^\sigma})_{01} e^{-i\mathbf{k}\mathbf{r}} \quad (34.33)$$

がえられる.

簡単のために,しばらく添字 $\mathbf{k}$ と σ を書かないことにしよう.

さて,次の積分

$$Q_{01} = \int \varphi_1 Q \varphi_0 \, dQ \quad (34.34)$$

を計算しなければならない.ただし,原子の波動関数と混同がおこらないように,場を表わす振動子の波動関数を φ_0, φ_1 と書いてある.

関数 φ_0 と φ_1 はすでに §26 で求めた.すなわち,(26.22)と(26.23)により

$$\varphi_0 = g_0 e^{-\frac{1}{2}\frac{\omega Q^2}{h}}, \quad \varphi_1 = g_1 e^{-\frac{1}{2}\frac{\omega Q^2}{h}} \sqrt{\frac{\omega}{h}} Q \quad (34.35)$$

である.

係数 g_0 と g_1 は規格化の条件からきまる(§26, 問題 2):

$$1 = g_0^2 \int_{-\infty}^{\infty} dQ \, (e^{-\frac{1}{2}\frac{\omega Q^2}{h}})^2 = g_0^2 \sqrt{\frac{h}{\omega}} \int_{-\infty}^{\infty} e^{-x^2} dx = g_0^2 \sqrt{\frac{h\pi}{\omega}},$$

すなわち

$$g_0 = \sqrt[4]{\frac{\omega}{h\pi}},$$

および
$$1 = g_1^2 \int_{-\infty}^{\infty} dQ \left(e^{-\frac{1}{2}\frac{\omega Q^2}{h}} \sqrt{\frac{\omega}{h}} Q \right)^2 = g_1^2 \sqrt{\frac{h}{\omega}} \int_{-\infty}^{\infty} x^2 e^{-x^2} dx = g_1^2 \sqrt{\frac{h\pi}{4\omega}},$$

すなわち
$$g_1 = \sqrt[4]{\frac{4\omega}{h\pi}}.$$

積 $Q\varphi_0$ は φ_1 に比例する．それゆえ，積分 (34.34) の φ_1 のかわりに他の関数 $\varphi_2, \varphi_3, \cdots$ を入れたとすると，直交性によって積分は 0 となる．したがって，与えられた周波数，方向，かたよりをもつ光量子は 1 個だけしか放出されない．同様のことは，場の勝手な初期状態に対しても示される．また，光量子の吸収も 1 個ずつおこる．結局，

$$Q_{01} = \sqrt{\frac{2}{\pi}} \frac{\omega}{h} \int_{-\infty}^{\infty} Q^2 e^{-\frac{\omega Q^2}{h}} dQ = \sqrt{\frac{h}{2\omega}} \tag{34.36}$$

となる．

二重極近似　次に，原子の二つの状態に関係する行列要素

$$\mathcal{H}_{10}^{(1)} = -\frac{e}{c} \int \phi_0^* (\hat{\mathbf{v}} \mathbf{A}_{10}) \phi_1 \, dV \tag{34.37}$$

を計算する必要がある．(34.33) と (34.36) で与えられる $\mathbf{A}_{10}$ を代入すれば，この行列要素は

$$\mathcal{H}_{10}^{(1)} = -e \sqrt{\frac{2\pi h}{V\omega}} \int \phi_0^* (\mathbf{e}_\mathbf{k}^\sigma \hat{\mathbf{v}}) e^{-i\mathbf{k}\mathbf{r}} \phi_1 \, dV \tag{34.38}$$

となる．

離散スペクトルに属する原子の波動関数は，10^{-8} cm すなわち原子のひろがり程度の領域でだけ 0 と異なる値をもつ．一方，可視光の波長はおよそ 0.5×10^{-4} cm で，原子の大きさの数千倍もある．それゆえ，1 個の原子が占めている領域にわたっては，波の位相はほとんど一定であると考えることができ，指数関数の値をどこか一点(たとえば原子核の位置)における値で代表させて，この因子を積分の外へ出してしまうことができる．

これは §19 で定義した二重極近似に対応している．波長が放射源の大きさに比べてはるかに大きいからである．二重極近似が適用できるためのもう一つ

の条件は,電子の速さが光速よりもはるかに小さいことである.これは,原子量があまり大きくない原子についてはみたされている.

結局,二重極近似では

$$\mathcal{H}_{10}^{(1)} = -e\sqrt{\frac{2\pi h}{V\omega}}e^{-i\mathbf{k}\mathbf{r}}\mathbf{e}_{\mathbf{k}}{}^{\sigma}\int \phi_0{}^*\hat{\mathbf{v}}\phi_1\,dV \tag{34.39}$$

となる.

速度の行列要素は,(34.18)によって座標の行列要素で直接表わすことができる:

$$\mathbf{v}_{10} = i\omega_{01}\mathbf{r}_{10} = -i\omega_{\mathbf{k}}\mathbf{r}_{10}. \tag{34.40}$$

ただし,エネルギーの保存則によって,$\omega_{10} = \frac{\mathcal{E}_1 - \mathcal{E}_0}{h} = -\omega_{01}$ が放出された光の周波数 $\omega_{\mathbf{k}}$ に等しいことを用いてある.

したがって,行列要素の絶対値の2乗は

$$|\mathcal{H}_{10}^{(1)}|^2 = e^2\frac{2\pi h\omega}{V}|\mathbf{e}_{\mathbf{k}}{}^{\sigma}\mathbf{r}_{10}|^2. \tag{34.41}$$

次に,放出された光量子が二つの異なるかたよりをもつことができることを考えなくてはならない.与えられたかたよりをもつ光量子の放出確率を特に問題にするのでなければ,確率を計算するには,かたより σ について和をとらなければならない.そこでまず,ベクトル $\mathbf{k}$ は z 軸の方向を向いていると仮定しよう.このときには,単位ベクトル $\mathbf{e}_{\mathbf{k}}{}^{\sigma}$ は二つの方向,すなわち x 軸と y 軸の方向をとりうる.それゆえ,

$$\sum_{\sigma}|\mathbf{e}_{\mathbf{k}}{}^{\sigma}\mathbf{r}_{10}|^2 = |x_{10}|^2 + |y_{10}|^2. \tag{34.42}$$

光量子の放出がおこりうるすべての方向についてこの式を平均しよう.明らかに次の式が成り立つ:

$$\overline{|x_{10}|^2} = \overline{|y_{10}|^2} = \overline{|z_{10}|^2} = \frac{1}{3}|\mathbf{r}_{10}|^2. \tag{34.43}$$

σ について和をとってからこの平均操作を行なえば,

$$\sum_{\sigma}|\mathcal{H}_{10}^{(1)}|^2 = e^2\frac{2\pi h\omega}{V}\cdot\frac{2}{3}|\mathbf{r}_{10}|^2. \tag{34.44}$$

光量子放出の単位時間あたりの確率を求めるには,この式に $\frac{2\pi}{h}z(\mathcal{E})$ をかけなければならない.$z(\mathcal{E})$ は(25.24)で $\kappa = \frac{\omega}{c}$ とおけばえられる:

$$z(\omega) = \frac{dN(\omega)}{d(h\omega)} = \frac{\omega^2}{2\pi^2 c^3 h}. \tag{34.45}$$

結局,(34.29)から,二重極近似における確率は

$$\frac{4}{3}\frac{\omega^3}{hc^3}e^2|\mathbf{r}_{10}|^2. \tag{34.46}$$

で与えられる.

$e\mathbf{r}_{10}$ は二重極モーメントの行列要素であるから,これを $\mathbf{d}_{10}$ と書く.放出強度は,単位時間あたりの放射確率に光量子のエネルギーをかけたものである:

$$\frac{4}{3}\frac{\omega^4}{c^3}|\mathbf{d}_{10}|^2. \tag{34.47}$$

この式は古典論の式(19.28)と非常によく似ている.しかしここでは,二重極モーメントの2階微係数の2乗 $\ddot{\mathbf{d}}^2$ のかわりに $\omega^4|\mathbf{d}_{10}|^2$ となっている.ここに現われた古典論と量子論との対応は,行列方程式(34.16)と(34.17)から明らかになる.すなわち,これを電磁力学に直接適用すれば(34.47)がえられるのである.しかし,量子論の方法の一般性を示すために,上では電磁力学の方程式の量子化を基礎にして,もっと厳密なやり方で方程式を導いた.

古典論の式(19.28)と比べると,量子論の結果は2の因子だけ余分である $\left(\frac{2}{3}\right.$ でなく $\left.\frac{4}{3}\right)$. これは次のように説明される.いま,調和振動を行なう古典論的な二重極モーメントを次のように書き表わす:

$$\mathbf{d} = \mathbf{d}_1 e^{i\omega t} + \mathbf{d}_2^* e^{-i\omega t}, \quad \ddot{\mathbf{d}} = -\omega^2(\mathbf{d}_1 e^{i\omega t} + \mathbf{d}_2^* e^{-i\omega t}). \tag{34.48}$$

$\mathbf{d}_1 e^{i\omega t}$ および $\mathbf{d}_1^* e^{-i\omega t}$ の項は,時間的にはそれぞれ行列要素 $\mathbf{d}_{10}$ および $\mathbf{d}_{01}$ と同様に変化する.$\ddot{\mathbf{d}}^2$ の時間平均をとれば,$e^{2i\omega t}$ と $e^{-2i\omega t}$ を含む項は消えるから,残るのは

$$\overline{\ddot{\mathbf{d}}^2} = \omega^4(2\mathbf{d}_1\mathbf{d}_1^*) = 2\omega^4|\mathbf{d}_1|^2$$

である.

量子論では原子は安定であることを§22で述べたが,(34.47)はこのことをはっきり示している.放射は必ず,原子が一つの状態から他の状態へ移るときにおこる.ところが,基底状態よりもエネルギーの低い状態は存在しないから,原子は基底状態にいくらでも長い時間とどまっていられるのである.

磁気量子数に対する選択則　二重極近似においては，もし $\mathbf{r}_{10} = 0$ であれば放射強度は 0 に等しいことが (34.41) からわかる．そこで，$\mathbf{r}_{10}$ が 0 とならないための条件を次に求めてみよう．まず次のことに注意する．すなわち，二重極近似では，電子の位置ベクトルをある方向へ射影したものの行列要素が 0 でないとすると，その方向にかたよった光量子の放出が可能である．いま，光量子のかたよりが z 軸の方向を向いていると仮定しよう．そして，遷移前の電子の磁気量子数を k, 遷移後のを k' とする．このとき，波動関数は次のような関数形をもつ:

$$\phi_1 = f_1(r,\theta)e^{ik\varphi}, \quad \phi_0{}^* = f_0{}^*(r,\theta)e^{-ik'\varphi}.$$

というのは，$e^{ik\varphi}$ と $e^{ik'\varphi}$ は角運動量の z 成分の固有関数だからである．それゆえ，

$$z_{10} = \int f_0{}^*(r,\theta)\,r\cos\theta\,f_1(r,\theta)\,r^2\sin\theta\,dr\,d\theta \int_0^{2\pi} e^{i(k-k')\varphi}d\varphi\,;$$

$$\int_0^{2\pi} e^{i(k-k')\varphi}\,d\varphi = \begin{cases} 0 & (k' \neq k), \\ 2\pi & (k' = k). \end{cases}$$

したがって，$k' = k$ のときだけ行列要素は 0 でない．

次に，x 軸あるいは y 軸方向にかたよった平面偏光のかわりに，xy 面内にかたよった円偏光を考えることにしよう．そのような放射では，x 成分と y 成分の間には $\frac{\pi}{2}$ だけの位相差がある (§17, 図25)．したがって，次の量の行列要素を計算する必要がある:

$$(x \pm e^{\pm i\frac{\pi}{2}}y)_{10} = (x \pm iy)_{10} = (r\sin\theta\,e^{\pm i\varphi})_{10}.$$

波動関数に具体的な形を代入し，φ に関する部分を計算すれば，

$$\int_0^{2\pi} e^{i(k-k'\pm 1)\varphi}d\varphi = \left.\frac{e^{i(k-k'\pm 1)\varphi}}{k-k'\pm 1}\right|_0^{2\pi} = 0 \quad (k' \neq k \pm 1). \quad (34.49)$$

それゆえ，xy 面内にかたよった円偏光は，磁気量子数が ± 1 だけ変化するときに限って放出される．

与えられた放射が量子数のどのような変化に際しておこるかを定める法則のことを**選択則**とよぶ．k の値の変化が 1 をこえないというのが，二重極放射の磁気量子数に対する選択則である．

方位量子数と偶奇性に対する選択則　　磁気量子数は(h を単位とした)角運動量の成分を表わす．ところが，角運動量成分はたかだか 1 しか変化しないから，角運動量そのもの(すなわち方位量子数)も 1 より大きく変化することはできない．

しかし，個々の電子に対する方位量子数は不変ではありえない．もし不変だとすると，関数 ϕ_1 と ϕ_0 とは偶奇性が同じでなければならない．そうすると積 $\phi_0^* z \phi_1$ は奇関数となり，その積分 $\int \phi_0^* z \phi_1 dV$ すなわち行列要素が恒等的に 0 となってしまうからである．また同様に，$\int \phi_0^* x \phi_1 dV$ も $\int \phi_0^* y \phi_1 dV$ も共に 0 になる．それゆえ，原子内の 1 個の電子が二重極遷移を行なう場合には，方位量子数は ±1 だけ変化する．

光量子の角運動量と偶奇性　　§13 で述べたように，電磁場は角運動量をもっている．二重極放射の際に放出される光量子の角運動量を (13.28) から計算すれば，その大きさは 1 になる．そして光量子の状態は奇である．なぜなら，その状態は二重極モーメントベクトル **d** の成分の偶奇性によってきまり，これらの成分は $x \to -x, y \to -y, z \to -z$ のおきかえに対して明らかに符号を変えるからである．それゆえ，原子の方位量子数とその状態の偶奇性とに対する選択則は，放射の際の原子-光量子の系の全角運動量の保存則と全体としての偶奇性の保存則であると解釈することができる．もし光量子の角運動量が 1 に等しければ，放射の際に原子の角運動量が 1 より大きく変化することはもちろんありえない．

スピンと全角運動量とに対する選択則　　もしスピンが軌道運動と無関係ならば，初めと終りの状態のスピン関数は等しくなければならない．そうでないと，異なるスピン固有値に対するスピン関数の直交性によって，遷移の二重極モーメントが 0 になってしまうからである．

この選択則は近似的な性質のもので，軽い原子に対しては成り立つ．スピン-軌道相互作用を考慮する場合には，当然全角運動量 $\mathbf{j} = \mathbf{M} \pm \boldsymbol{\sigma}$ に対する選択則を考えなくてはならない．二重極放射で現われる光量子の角運動量は 1 に等

しいから，$j'=j$ または $j'=j\pm 1$ という条件がえられる．この際，状態の偶奇性は変化しなくてはならない．しかし，偶奇性は l に関係するだけで j とは直接に関係がないために，$j'=j$ の遷移も可能なのである．ただし $j=0$ から $j'=0$ への遷移は禁止される．この遷移では，光量子はどこからも角運動量を受け取りようがないからである．2よりも高い次数の多重極放射では，光量子は角運動量が1よりも大きいものだけしか出ない．その結果，$j=0$ から $j'=0$ への遷移は，二重極近似に限らず，すべての近似において禁止される．

多電子原子に対する選択則 光量子を角運動量1の粒子と考えれば，1個より多くの電子の状態が変化する場合の選択則を容易に見出すことができる．スピン-軌道相互作用を無視すれば，選択則は次のようになる．すなわち，$S'=S$ で $L'=L$，または $S'=S$ で $L'=L\pm 1$，かつ偶奇性は逆転する．多電子系では，偶奇性と全角運動量との間には関係がないから，$L'=L$ の遷移も可能である．

磁気二重極放射 電荷の系は，電気二重極としてだけでなく磁気二重極としても放射を行なう．通常，磁気二重極放射によってはスピン成分 k_σ が変化する．電子のスピンは $\frac{1}{2}$ であるから，電子の軌道角運動量が変わらずにスピンが逆向きになったとすると，原子の角運動量は1だけ変化することになる．磁気二重極放射による光量子の角運動量は，電気二重極放射の場合と同様1に等しい．しかし，両者は偶奇性が逆である．実際，座標系の反転 (31.35) を行なうと電気二重極モーメントの成分は符号を変えるが，磁気二重極モーメントの成分は符号を変えない（磁気モーメントが角運動量と同様擬ベクトルであることによる (§16)）．

§19で示したように，磁気二重極放射の強度は電気二重極放射よりも小さく，その比は $\left(\dfrac{v}{c}\right)^2$ に等しい（v は電荷の速さ，c は光速）．この値は軽い元素についてはおよそ 10^{-5} である．

四重極放射 §19で述べたように，系の四重極モーメントの変化によっても放射がおこる．電気四重極モーメントは座標の偶関数であるから，この場合

には偶の状態にある光量子が放出される．四重極放射の光量子の角運動量は2に等しい．

選択則によって二重極放射が禁止されている場合にも，四重極放射はおこりうる．§19によれば，四重極放射は系内での遅れを考慮した場合にえられる．この遅れの大きさの程度は，系の大きさと放出される光の波長との比できまる．四重極放射の確率は二重極放射の確率よりも小さく，その比は$\left(\dfrac{r}{\lambda}\right)^2$である（$r$は系の大きさ）．

可視光については$\lambda \sim 0.5 \times 10^{-4}$ cm，これに対して原子の大きさは$r \sim 0.5 \times 10^{-8}$ cmである．したがって，四重極放射遷移の確率は二重極放射遷移の確率の10^{-8}倍程度しかない．

準安定の原子 原子が励起状態から基底状態へ遷移するのに，二重極放射がおこらないような道筋しかゆるされていない場合には，その原子は，二重極放射がおこる場合に比べてはるかに長い間励起状態にとどまっている．ゆるされる放射が非常に制限されている場合には，きわめて長い時間（原子的な時間のスケールでなく，普通の時間のスケールからいっても長い時間）原子は励起されたままでいることがある．そのような原子は**準安定**の状態にあるといわれる．あまり希薄でない気体の中では，準安定の原子は，放射にはよらず他の原子との衝突によってその励起エネルギーを失うのが普通である．したがって，そのときには放射は観測されない．一方，きわめて希薄な物質――太陽のコロナとかガス状星雲など――の中では，準安定の原子が低いエネルギー準位に落着くときに発するスペクトル線が明るく出ている．たとえば，星雲のスペクトルの中には，2重に電離された酸素イオンからの強い磁気二重極放射の線が現われる．

核の異性体 原子核の中では，Δj の非常に大きな（5ぐらいにまで達するほどの）遷移がおこることが観測される．数十 kV 程度の低い励起エネルギーの準安定状態にある原子核は，何日あるいは何箇月というような長い時間かかって安定な状態に落着く．励起されていない状態の原子核に対して，このような励起状態にある原子核のことを**異性核**とよぶ．人工放射能をもつ核の異性の

現象は，Kurchatov と Rusinov により Br^{80} についてはじめて見出された．

完全に禁止された遷移　エネルギーが 1414 keV で $j=0$ から $j'=0$ に移る遷移が RaC の原子核について観測されている．この場合には放射は全くおこりえないから，核は静電的な相互作用によって原子の内殻から電子を放出するだけである．これは次のように説明される．

原子核の内部で核子の配置が変化すれば電荷分布もまた変わる．$0 \to 0$ の遷移では，球対称であった電荷分布が，半径方向の分布は前と異なるけれどもやはり球対称な分布に変わる．そこで，核内の電場は変わっても，Gauss の定理によって核外の電場は変化しない．それゆえ，光量子の放出はおこりえない．s 状態の電子の波動関数は原子核の中で 0 とはならない．したがって，核内の場が変化すればその影響は電子にまで及び，これに十分のエネルギーを与えて原子の外に飛び出させることも可能になるのである．エネルギーの保存則によって，原子から放出された電子のエネルギーは，原子核の二つの球対称状態のエネルギーの差から結合エネルギーをさし引いたものに等しくなるはずである．

一般に，原子から電子が放出されると準安定な異性核の寿命は短くなるので遷移のおこる可能性がふえる．

§35 一定の場の中の原子

古典論との対応 外から磁場を加えたとき荷電粒子系がどのように振舞うかを問題にする場合には，磁気モーメントが磁場を軸として Larmor の歳差運動を行なうという考えをもとにするのが都合がよい．このような歳差運動で保存される角運動量成分は場に平行なものだけである．場に垂直な成分は，1回の歳差運動について平均すればどちらも0となる．

量子力学でも事情はこれと似ている．ただ異なるところは，場に垂直な方向への角運動量の射影が物理量として確定しないという点である．このようにして，古典力学と量子力学とで，運動の積分の間に簡単な対応関係がつけられる．磁場の方向への角運動量の射影は，そのような対応する量の一つである．この量は**量子論的な運動の積分**とよぶことができよう．

原子に対して外から磁場を加えると，磁場は一定の法則にしたがって原子の状態を乱す．そのような原子のハミルトニアンは，乱されない原子についての演算子 $\mathcal{H}^{(0)}$ と，磁場による摂動を表わす演算子 $\mathcal{H}^{(1)}$ とに分けることができる．

磁気モーメントの加算 まず演算子 $\mathcal{H}^{(1)}$ の形を具体的に書いてみよう．§32 で述べたように，スピン運動と軌道運動は同じ割合では磁気モーメントを生じない．すなわち，軌道運動による磁気モーメントは

$$\boldsymbol{\mu}_{\text{orb}} = \frac{eh}{2mc}\mathbf{L}, \tag{35.1}$$

スピン磁気モーメントは

$$\boldsymbol{\mu}_{\text{sp}} = \frac{eh}{mc}\mathbf{S} \tag{35.2}$$

で与えられる（$\mathbf{L}$ と $\mathbf{S}$ は無次元にしてある）．それゆえ，全磁気モーメントは

$$\boldsymbol{\mu} = \boldsymbol{\mu}_{\text{orb}} + \boldsymbol{\mu}_{\text{sp}} = \frac{eh}{2mc}(\mathbf{L}+2\mathbf{S}). \tag{35.3}$$

したがって，磁気モーメントの加算は角運動量の加算

§35 一定の場の中の原子 425

$$\mathbf{J} = \mathbf{L} + \mathbf{S} \qquad (35.4)$$

と同じではない．(35.3)と(35.4)を比べるとわかるように，原子の磁気モーメントはその角運動に比例しないのである．

(15.35)によれば，磁場による摂動エネルギーは

$$\mathcal{H}^{(1)} = -(\mathbf{H}\boldsymbol{\mu}) = \frac{eh}{2mc}\mathbf{H}(\mathbf{L}+2\mathbf{S}) = \mu_0\mathbf{H}(\mathbf{J}+\mathbf{S}) \qquad (35.5)$$

となる．ここに $\mu_0 = \dfrac{eh}{2mc}$ は Bohr 磁子，符号が正になったのは電子の電荷を $-e$ としたからである．(15.35)の磁気エネルギーは，ハミルトニアンに対する補正項であった．したがって，量子論では，この項の中の諸量はそのまま演算子であると見なされる．

原子のベクトル模型 エネルギーの補正値は，第1近似では摂動エネルギーを非摂動運動について平均したものに等しい((33.31)参照)．それゆえ，磁場をかけないときの原子の乱されない状態をまず求めておく．原子の全スピンと，全軌道角運動量の間は正規結合になっていると仮定しよう(§33)．すなわち，個々の電子の軌道運動量が合成されて全軌道角運動量 $\mathbf{L}$ を生じ，スピン角運動量が合成されてスピン角運動量 $\mathbf{S}$ を生ずるものとする．軌道およびスピン角運動量のそのような合成の例は§33に与えた(本文および問題)．たとえば，2個の np 電子の角運動量を合成すると $^1D, ^3P, ^1S$ という状態がえられる．これら三つの状態は Pauli の原理を満たすようにつくられ，波動関数の空間座標による部分はそれぞれ異なる形をもっている．それゆえ，これらの状態はすべて，電子の純粋に静電的な相互作用のエネルギーが，原子的な単位，すなわち数電子ボルトの程度だけずつ異なっている．

これらの状態の中から基底状態を選び出してみよう．Hund の第1法則によれば，それは ^3P 状態である．右下の添字 J を書かなかったのは J が $2, 1, 0$ という三つの値をとりうるからである．このことに対応して，左上には3と書いておいた．L と S が等しくて J だけが異なる状態同士は，上にあげた S または L が異なる三つの状態同士よりもはるかに接近している．

次に，多重項の分裂，すなわち J が異なる準位同士の間隔がどのくらいかを求めてみよう．強さ μ の磁気モーメントによる磁場は μ/r^3 の程度であるか

ら，二つの磁気モーメントの間の相互作用のエネルギーは μ^2/r^3 である．その大きさを見るために，μ としては Bohr 磁子すなわち 10^{-20} (Gauss 単位) をとり，$r \sim 0.5 \times 10^{-8}$ cm とすれば，相互作用のエネルギーは 10^{-15} erg の程度となる．これは 1 eV のおよそ $\dfrac{1}{1000}$ にあたる．（実際は μ がもっと大きく，有効半径がもっと小さいために，多重項が分裂する間隔はこれよりも大きいものが観測されている．）いずれにしても，三つの準位 $^3P_2, {}^3P_1, {}^3P_0$ は互いには接近しているが，他の二つ ^1D と ^1S からは比較的離れている．このように，^3P 準位は三つの微細構造準位に分裂する．左肩の添字 3 はそのことを示している．$L < S$ であれば，分裂の個数は L によってきまる．

与えられた J をもつ準位のおのおのには，ベクトル $\mathbf{L}$ と $\mathbf{S}$ のあるきまった相対的配置が対応している．古典論的には，$J=2$ の状態は $\mathbf{L}$ と $\mathbf{S}$ とが平行，$J=0$ では逆平行，$J=1$ では垂直である．もちろん，最後の場合は量子論では意味がない．というのは，角運動量の射影はただ一つの方向にだけしか確定しないからである．$J=1$ の場合には $\mathbf{S}$ の上への $\mathbf{L}$ の射影は 0 で，それ以外の方向の射影は確定しないのである．

この節のはじめに述べたように，古典論と対比して考えると，保存されない角運動量成分は，Larmor の歳差運動についてある意味での平均をとれば，0 になる．この場合に問題となるのは，外部磁場の中での歳差運動ではなくて，磁気モーメント自身がつくる場の中での運動である．$\mathbf{J}$ は厳密な運動の積分であるから，直観的には次のように考えることができる．すなわち，$\mathbf{J}$ は空間内に固定していて，ベクトル $\mathbf{L}$ と $\mathbf{S}$ と $\mathbf{J}$ のつくる三角形が $\mathbf{J}$ を軸として歳差運動を行なうと考えるのである．$J=2$ と $J=0$ の場合には，この三角形はつぶれて一つの線分になる．このように，多重項の各準位には，$\mathbf{L}$ と $\mathbf{S}$ と $\mathbf{J}$ のあるきまったベクトル模型が対応している．ただし，以上は正規結合の場合についてのことである．

外から磁場 $\mathbf{H}$ が加わると，ベクトル $\mathbf{L}$ と $\mathbf{S}$ とはこの方向を軸として歳差運動を始める．両極端の場合を考えるのが最も簡単なので，次にそれらを調べよう．

弱い外部磁場　　原子の内部磁場（多重項の分裂はこれによっておこる）に比

§35 一定の場の中の原子

べて外部磁場が弱い場合を考えよう．Larmor 歳差の周波数は磁場の強さに比例するから，この場合には，辺 **J** のまわりの三角形 **LSJ** の回転は **H** を軸とする歳差運動よりもはるかに速い．すなわち，**J** が **H** のまわりに 1 回転する間に，三角形は **J** を軸として何回も回る．三角形 **LSJ** をつくっている内部磁場が外部磁場に比べて強いために，これらのベクトル間の結合が破られないでいると言うこともできよう．この考え方を図 44 に示す．

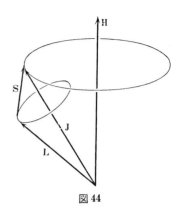

図 44

次に，外部磁場による補正を求めよう．摂動をうけない運動によって摂動エネルギーの平均値を計算する場合には，Larmor 歳差の模型を用いるのが便利である．このときには，二つの型の歳差運動，すなわち **J** のまわりの **LSJ** の回転および外部磁場のまわりの **J** の回転を考えなくてはならない．

(35.5) にはベクトル **J** と **S** がはいっている．**J** の平均をとるのはきわめて簡単である．磁場 **H** の方向を z 軸に選んだとして，その方向の **J** の成分 J_z をとればよいのである．ベクトル **S** は，**H** のまわりをまわるよりも速く **J** のまわりをまわっているから，**H** の方向への **S** の射影というのは意味がない．**J** に垂直な方向への **S** の射影は，外から磁場を加えないときの歳差運動について平均すれば 0 となる．残るのは **J** の方向への射影で，これは

$$\mathbf{S}_J = \frac{\mathbf{J}(\mathbf{SJ})}{\mathbf{J}^2} \tag{35.6}$$

となる．このベクトルの **H** 方向の成分は明らかに $\dfrac{J_z(\mathbf{SJ})}{\mathbf{J}^2}$ に等しい．

したがって，$\mathcal{H}^{(1)}$ の平均値は J_z に比例し，

$$\mathcal{E}^{(1)} = \overline{\mathcal{H}^{(1)}} = \mu_0 H J_z \left(1 + \frac{(\mathbf{SJ})}{\mathbf{J}^2}\right) \tag{35.7}$$

となる．

積 (**SJ**) は量子論的に解釈しなくてはならない．**J** の定義 (35.4) から

$$\mathbf{L} = \mathbf{J} - \mathbf{S}. \tag{35.8}$$

これを 2 乗すれば
$$\mathbf{L}^2 = \mathbf{J}^2 + \mathbf{S}^2 - 2(\mathbf{S}\mathbf{J}) \tag{35.9}$$
(30.29) により,
$$\mathbf{L}^2 = L(L+1).$$
$\mathbf{J}^2$ と $\mathbf{S}^2$ についても同様であるから,
$$\frac{(\mathbf{S}\mathbf{J})}{\mathbf{J}^2} = \frac{J(J+1)+S(S+1)-L(L+1)}{2J(J+1)}. \tag{35.10}$$
これを (35.7) に代入すれば, 結局
$$\mathcal{E}^{(1)} = \overline{\mathcal{H}^{(1)}} = \mu_0 H J_z \left(1 + \frac{J(J+1)+S(S+1)-L(L+1)}{2J(J+1)} \right) \tag{35.11}$$
がえられる.

したがって, J の値が与えられた場合に微細構造に分裂する準位の数は, 磁場方向への $\mathbf{J}$ の射影の数すなわち $2J+1$ である. さらに L と S が与えられているとすると, おのおのの J には
$$g = 1 + \frac{J(J+1)+S(S+1)-L(L+1)}{2J(J+1)} \tag{35.12}$$
という一定の因子が対応することになる. これを Landé 因子とよぶ. たとえば, $L=S=J=1$ に対しては
$$g = 1 + \frac{1}{2}\frac{2+2-2}{2} = \frac{3}{2},$$
同様に, $J=2, L=S=1$ に対しては
$$g = 1 + \frac{1}{2}\frac{6+2-2}{6} = \frac{3}{2}$$
である.

$J=0$ の準位は分裂しない.

強い場の中での分裂　上に述べた分裂の説明は, 外部磁場が十分弱くて, 磁場によって分裂した $2J+1$ 個の準位同士の間隔 $\mu_0 g H J_z$ が, J の異なる多重準位同士の間隔に比べて小さい場合にのみ正しい. もしこれらの間隔が同じ程度であったり, あるいは大きさが逆の場合には事情はもっと複雑になる. しかし, 場が強くなるとまた非常に簡単になる.

§35 一定の場の中の原子

それゆえ，前とは逆の極端の場合，すなわち外部磁場が内部磁場よりも強くて，ベクトル $\mathbf{L}, \mathbf{S}, \mathbf{J}$ の三角形の結合が破れてしまう場合を考えよう．外部磁場が強くなると結合が破れることは，$\mathbf{S}$ が $\mathbf{L}$ の2倍の速さで歳差運動を行なうことからわかる．古典論的にいえば，このときにはベクトル $\mathbf{S}$ と $\mathbf{L}$ はそれぞれ互いに無関係に磁場のまわりを回り，エネルギーに対する補正は，(35.11) ではなく

$$\mathscr{E}^{(1)} = \overline{\mathscr{H}^{(1)}} = \mu_0 H(L_z + 2S_z) \tag{35.13}$$

となる．L_z は軌道角運動量の z 成分を，S_z は原子の全スピンの z 成分（どちらも h を単位として測る）を表わす．もちろん，大きさ L と S は磁場によって変化することはない．しかし，磁場が強い場合の準位の分布は多重項の構造には関係がなく（磁場が弱い場合には関係があった），ただ $\mathbf{L}$ と $\mathbf{S}$ の磁場方向への可能な射影だけに関係している．ベクトル $\mathbf{L}$ と $\mathbf{S}$ が場を軸として歳差運動する速さは，場のないときにそれらが $\mathbf{J}$ のまわりをまわる速さよりもはるかに速い．三角形をつくっている結合が破れるのはこのためである．

成分 L_z と S_z は1ずつ変化するから，(35.13) で与えられるエネルギー準位は等間隔に並ぶ．L_z と S_z の値のいろいろな組合せで和 $L_z + 2S_z$ が等しい値をとることがあれば，等しい $\mathscr{E}^{(1)}$ の値が何度も出て来ることがあるのはもちろんである．たとえば $L=1, S=1$ とすれば，和 $L_z + 2S_z$ として次のような組合せが考えられる：$1+2=3, 0+2=2, -1+2=1, 1+0=1, 0+0=0, -1+0=-1, 1-2=-1, 0-2=-2, -1-2=-3$．これら相異なる7個の値は等間隔に並んでいるが，1と -1 の値はそれぞれ2通りの組合せでえられる（二つの準位が重なる）ので，状態の数は合計9である．場が弱いときには，この多重項は次のように分裂した．すなわち，$J=2$ は5個の準位に，$J=1$ は3個に分裂し，$J=0$ は分裂しなかった．当然期待されるように，異なる状態の数は，場が強いときも弱いときも同じである．

強い場の中で準位が分裂したときの放射スペクトル　　磁場の中に置かれた原子が発光するとき，どのようなスペクトル線が現われるかを次に調べてみよう．スペクトル線が分裂する有様は，磁場が弱い場合よりも強い場合の方が簡単であるから，まず強い場を考える．上下二つの準位があって，それぞれが多

重項であるとすると,両者は(35.13)にしたがって何個かの等間隔の準位に分裂する.

いま,磁場に垂直な方向から放射を観測したとしよう.放射のかたよりのベクトルは伝播方向に垂直である.すなわち,磁場(z方向)に平行かまたはこれにも垂直な第3の方向(x方向)を向いているかである.z方向にかたよった放射とx方向にかたよった放射とでは選択則が異なる.z方向にかたよった放射の場合には,軌道磁気量子数L_zが保存されなければならない.スピン-軌道相互作用が無視できる場合には,どんなかたよりに対してもS_zが一定に保たれる.それゆえ,z方向すなわち磁場の方向にかたよっている放射はすべて同一の周波数をもっている.この周波数は,磁場によって分裂する前の二つの準位のエネルギー差$\mathcal{E}_1-\mathcal{E}_0$に対応している.そして,(35.13)の補正項は差$\mathcal{E}_1^{(1)}-\mathcal{E}_0^{(1)}$を計算するときに消えてしまうのである.$x$方向にかたよった波は,偏光面の回転方向が逆向きであるような二つの円偏光の和として表わすことができる.この放射に対する選択則は,kが± 1だけ変化するということである.したがって,x方向にかたよった放射の周波数は,もとの周波数と$\pm\dfrac{eH}{2mc}$だけ異なる.強い磁場に垂直な方向に放射されるスペクトル線を観測すると,これがLarmor周波数(加えられた場の強さできまる)に等しい間隔だけ離れた3本の線に分裂していることがわかる.

電磁石の極に孔をあけると,磁場の方向に伝播する放射を観測することができる.この光はxy面内の円偏光である.右回りと左回りの円偏光に対する選択則は,kが± 1だけ変化することである.そこで,中心から$\pm\dfrac{eH}{2mc}$だけ離れて2本の線が観測されるはずである.すなわち,場を加えると,もとのスペクトル線はLarmor周波数の2倍の間隔をもつ2本の線に分裂する.

磁場の中で電荷が行なう古典論的な振動運動も上と全く同じことになる.この問題はすでに§21,問題6で考えた.

磁場の中でスペクトルが分裂するという効果は,原子の量子論がつくられるよりも前にZeemanによって発見された.それゆえ,この効果(Zeeman効果)に対して当時行なわれた理論的説明は,電荷が振動を行なうという古典論的なものであった.

しかし,スペクトルを実際に観測すると,磁場が強く,それによって生ずる

スペクトル線の分裂が多重項準位の間隔よりもはるかに大きい場合だけしか，古典論的な見方があてはまらない．このような条件のもとでのZeeman効果のことを**正常**Zeeman効果とよぶ．《正常》とよぶのは，発見された当時，理論的に説明ができたのはこの場合であったというだけの理由である*．一つの多重項に対しては強い磁場でも，別の多重項に対しては弱いことがありうることを注意しておこう．

弱い磁場の中でのスペクトル線の分裂　　磁場が弱い場合のZeeman効果のことを**異常**Zeeman効果とよぶ．この場合には，古典論的に考えたものとは全く異なるスペクトル模様がえられる．まず，分裂してできた線の数が正常効果の場合と異なることがある．また，スペクトル線の間隔も全く異なる．

　一例として，ナトリウムのいわゆるD線(2重項)に対する異常Zeeman効果を考えてみよう．この線は外から磁場をかけないときすでに2重になっている．これは二つの遷移 $^2P_{\frac{1}{2}} \to {}^2S_{\frac{1}{2}}$ および $^2P_{\frac{3}{2}} \to {}^2S_{\frac{1}{2}}$ に対応しているのである．^2P 準位は，軌道角運動量が1でスピンが $\frac{1}{2}$ であるから，全角運動量 J の値は $1+\frac{1}{2}=\frac{3}{2}$ および $1-\frac{1}{2}=\frac{1}{2}$ の二つが可能である．磁場がないときに，^2P 準位が微細な2重構造をもっているのはこのためである．^2S 準位は軌道角運動量が0であるから，磁場のないときには分裂することはできない．ナトリウムのスペクトルにおける2重のD線は，2重準位から1重準位への遷移によって生ずる．この微細構造の分裂の程度は，ごく大まかに見積ると2重項の平均周波数のおよそ $\frac{1}{1000}$ ほどになる．準位 $^2P_{\frac{1}{2}}$ は準位 $^2P_{\frac{3}{2}}$ よりもエネルギーは低い．

　さて，これら三つの準位についてLandé因子を計算しよう．

1) $^2P_{\frac{3}{2}}$: $J=\frac{3}{2}$,　　$L=1$,　　$S=\frac{1}{2}$,

$$g = 1 + \frac{1}{2} \frac{\frac{3}{2}\cdot\frac{5}{2} + \frac{1}{2}\cdot\frac{3}{2} - 1\cdot 2}{\frac{3}{2}\cdot\frac{5}{2}} = \frac{4}{3}.$$

---

* $S=0$ の準位(1重項)に対しては，弱い磁場でも正常Zeeman効果が観測される．(訳者)

2) $^2P_{\frac{1}{2}}$: $J = \dfrac{1}{2}$, $L = 1$, $S = \dfrac{1}{2}$,

$$g = 1 + \frac{1}{2}\frac{\frac{1}{2}\cdot\frac{3}{2}+\frac{1}{2}\cdot\frac{3}{2}-1\cdot 2}{\frac{1}{2}\cdot\frac{3}{2}} = \frac{2}{3}.$$

3) $^2S_{\frac{1}{2}}$: $J = \dfrac{1}{2}$, $L = 0$, $S = \dfrac{1}{2}$,

$$g = 1 + \frac{1}{2}\frac{\frac{1}{2}\cdot\frac{3}{2}+\frac{1}{2}\cdot\frac{3}{2}}{\frac{1}{2}\cdot\frac{3}{2}} = 2.$$

(35.11)によれば,磁場をかけたときの $^2P_{\frac{3}{2}}$ のエネルギーがわかる.簡単のために $\mu_0 H$ を β と書けば,エネルギーは

$$\mathcal{E}^{(1)} = \frac{4}{3}\beta J_z$$

である.ところが,J_z は $\dfrac{3}{2}, \dfrac{1}{2}, -\dfrac{1}{2}, -\dfrac{3}{2}$ という四つの値をとるから,磁場の中では準位 $^2P_{\frac{3}{2}}$ は四つの準位に分裂する.もとの乱されない状態(四つの準位の中央にある)とのエネルギーの差は,それぞれ

$$\mathcal{E}^{(1)}\left(-\frac{3}{2}\right) = -2\beta, \qquad \mathcal{E}^{(1)}\left(-\frac{1}{2}\right) = -\frac{2}{3}\beta,$$

$$\mathcal{E}^{(1)}\left(\frac{1}{2}\right) = \frac{2}{3}\beta, \qquad \mathcal{E}^{(1)}\left(\frac{3}{2}\right) = 2\beta$$

である.

微細構造準位 $^2P_{\frac{1}{2}}$ に対しては次の二つの値がえられる:

$$\mathcal{E}^{(1)}\left(-\frac{1}{2}\right) = -\frac{1}{3}\beta, \qquad \mathcal{E}^{(1)}\left(\frac{1}{2}\right) = \frac{1}{3}\beta.$$

最後に,低い方の準位 $^2S_{\frac{1}{2}}$ については

$$\mathcal{E}^{(1)}\left(-\frac{1}{2}\right) = -\beta, \qquad \mathcal{E}^{(1)}\left(\frac{1}{2}\right) = \beta$$

となる.

次にスペクトルの模様を調べよう.まず $^2P_{\frac{1}{2}} \to {}^2S_{\frac{1}{2}}$ の遷移から考える.場の方向にかたよった振動は選択則 $\Delta J_z = 0$ にしたがう.それゆえ,それらの

周波数は，(エネルギーに換算して)もとのものから，

$$\mathcal{E}^{(1)}\left({}^2P_{\frac{1}{2}},-\frac{1}{2}\right)-\mathcal{E}^{(1)}\left({}^2S_{\frac{1}{2}},-\frac{1}{2}\right)=-\frac{1}{3}\beta+\beta=\frac{2}{3}\beta,$$

および

$$\mathcal{E}^{(1)}\left({}^2P_{\frac{1}{2}},\frac{1}{2}\right)-\mathcal{E}^{(1)}\left({}^2S_{\frac{1}{2}},\frac{1}{2}\right)=\frac{1}{3}\beta-\beta=-\frac{2}{3}\beta$$

だけずれる．すなわち，正常 Zeeman 効果とはちがって，磁場の方向にかたよった光に対してもスペクトル線は2重になる．

磁場に垂直な方向にかたよった光については，

$$\mathcal{E}^{(1)}\left({}^2P_{\frac{1}{2}},-\frac{1}{2}\right)-\mathcal{E}^{(1)}\left({}^2S_{\frac{1}{2}},\frac{1}{2}\right)=-\frac{1}{3}\beta-\beta=-\frac{4}{3}\beta \quad (\text{右回りの偏光}),$$

$$\mathcal{E}^{(1)}\left({}^2P_{\frac{1}{2}},\frac{1}{2}\right)-\mathcal{E}^{(1)}\left({}^2S_{\frac{1}{2}},-\frac{1}{2}\right)=\frac{1}{3}\beta+\beta=\frac{4}{3}\beta \quad (\text{左回りの偏光})$$

がえられる．

次に遷移 ${}^2P_{\frac{3}{2}}\to{}^2S_{\frac{1}{2}}$ を考えよう．場の方向にかたよった光については，この場合にも2本の線が得られる．ただしそれらの間隔は前と異なる：

$$\mathcal{E}^{(1)}\left({}^2P_{\frac{3}{2}},-\frac{1}{2}\right)-\mathcal{E}^{(1)}\left({}^2S_{\frac{1}{2}},-\frac{1}{2}\right)=-\frac{2}{3}\beta+\beta=\frac{1}{3}\beta,$$

$$\mathcal{E}^{(1)}\left({}^2P_{\frac{3}{2}},\frac{1}{2}\right)-\mathcal{E}^{(1)}\left({}^2S_{\frac{1}{2}},\frac{1}{2}\right)=\frac{2}{3}\beta-\beta=-\frac{1}{3}\beta.$$

また，右回りの二つの円偏光については

$$\mathcal{E}^{(1)}\left({}^2P_{\frac{3}{2}},-\frac{3}{2}\right)-\mathcal{E}^{(1)}\left({}^2S_{\frac{1}{2}},-\frac{1}{2}\right)=-2\beta+\beta=-\beta,$$

$$\mathcal{E}^{(1)}\left({}^2P_{\frac{3}{2}},-\frac{1}{2}\right)-\mathcal{E}^{(1)}\left({}^2S_{\frac{1}{2}},\frac{1}{2}\right)=-\frac{2}{3}\beta-\beta=-\frac{5}{3}\beta.$$

左回りの偏光については β と $\frac{5}{3}\beta$ となる．

このようにして，D線の一方の成分は4本の Zeeman 成分に，もう一方のは6本の成分に分裂することになる．

ナトリウムのD線の場合には，β が $\frac{1}{1000}$ eV に比べて無視できるほど小さいとき，すなわち磁場の強さが 5000 oersted よりもはるかに小さいときには，異常 Zeeman 効果が現われる．

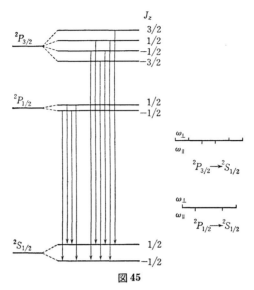

図 45

準位の分裂の有様を図 45 に示す.

電場の中の原子(Stark効果)　多重準位は電場の中でも分裂する．まず場が弱い場合，すなわち場によって起こる準位のずれがもともとの準位の分裂の幅に比べて小さい場合を考えよう．

まず次のことに注意する必要がある．それは，電場の方向への角運動量成分が符号まではきまらないということである．なぜなら，角運動量は擬ベクトルであるのに対して，電場は真のベクトルだからである．すべての座標の符号を変えたとき，電場の成分の符号は変わるが角運動量成分の符号は変わらない．一方，座標系として右手系をとるか左手系をとるかはどちらでもよいことであるから，電場の方向への角運動量成分は符号を除いてしか物理的にはきまらない．もし J が整数ならば，絶対値の異なる角運動量成分の個数は $J+1(0, 1, \cdots\cdots, J)$ である．また，J が半奇数ならば $J+\dfrac{1}{2}\left(\dfrac{1}{2}, \dfrac{3}{2}, \cdots\cdots, J\right)$ である．たとえば，$J=\dfrac{1}{2}$ とすると負でない成分は1個しかない．したがって，角運動量が $\dfrac{1}{2}$ の状態は，L と S の結合が破れない限り，電場によって分裂することはない．一方，この状態は磁場によっては分裂をおこす．角運動量と同様に磁場が擬ベ

クトルだからである.

　強い電場の中では $\mathbf{L}$ と $\mathbf{S}$ の結合が破れる.この場合の分裂のし方は次のようである.ベクトル $\mathbf{L}$ の大きさは整数で,電場方向への射影の数は $L+1$ である.この射影の上にベクトル $\mathbf{S}$ を射影しなくてはならないが,$\mathbf{L}$ と $\mathbf{S}$ は共に擬ベクトルであるから,$\mathbf{L}$ 上への $\mathbf{S}$ の射影の数は $2S+1$ である.これには一つだけ例外がある.それは場の方向への $\mathbf{L}$ の射影が 0 の場合で,このときには,分裂する個数は,S が整数か半奇数かによって $S+1$ か $S+\frac{1}{2}$ である.

2次 Stark 効果　　分裂の大きさは隣り合う準位の相対的なずれによってきまる.§33 で示したように(式(33.31a)),エネルギー準位の移動は,乱されない運動について摂動エネルギーを平均したものに等しい.一様な電場 $\mathbf{E}$ をかけたときの摂動エネルギーは,(14.28)から

$$\hat{\mathscr{H}}^{(1)} = -(\hat{\mathbf{d}}\mathbf{E}) \tag{35.14}$$

となる.

　ところが,この量は平均すると 0 になることが容易にわかる.実際,きまった J をもつ原子の状態を表わす波動関数は常に奇か偶かのどちらかである.(ただし水素は例外である.これについては次項を参照.)それゆえ,積 $\phi_J^*\phi_J$ は偶関数でなければならない.(30.24)により,$\mathscr{H}^{(1)}$ の平均は

$$\overline{\mathscr{H}^{(1)}} = -e\mathbf{E}\int \phi_J^* \mathbf{r} \phi_J \, dV \tag{35.15}$$

に等しい.ところが,積分記号の中は奇関数である.よって積分は 0 となる.

　外部電場によってすでに乱された原子の波動関数を(35.15)に代入してみればわかるが,準位の分裂は第2近似ではじめて現われる.この分裂の大きさは場の強さの2乗に比例する.

1次 Stark 効果　　水素原子では,電子のエネルギーは主量子数 n だけできまり,l にはよらない.それゆえ,$\mathscr{E} = \mathscr{E}_n$ の状態は,0 から $n-1$ までの異なる l をもつ状態の重ね合せとして表わされる.ところが,波動関数は l が偶数なら偶,l が奇数なら奇であるから,$\mathscr{E} = \mathscr{E}_n$ の状態はきまった偶奇性をもたず,したがって,(35.15)の積分は 0 にはならない.それゆえ,水素原子で

は電場の強さに比例した分裂が観測される*.

　強く励起された原子では，原子核から遠くへ離れた電子に対して，核と残りの電子群とがあたかも1個の点電荷のように作用するから，その状態は水素原子の状態とかなり似ている．これらの状態のエネルギーは，(31.46)のような形でlに依存する．電場の摂動によって，準位の移動がlによる分裂よりも大きくおこる場合には，これらの状態は1次のStark効果を示す．

一定の電場による原子の電離　　一定の電場がかかると，原子のエネルギー準位が移動するばかりでなく，原子全体の状態が質的に変わってしまうことがある．

　電場$\mathbf{E}$の中にある原子内の電子の位置エネルギーは，$\mathbf{E}$の方向にz軸を選べば

$$U = U_0(r) + eEz \tag{35.16}$$

と書ける．zが負で十分大きいところ，すなわちzの負の方向に原子から遠く離れた所では，位置エネルギーは原子内よりも低い．原子内のポテンシャルの井戸は，ポテンシャルの壁によって，負で大きいzの領域(ここではポテンシャルは井戸の中よりもなお低いこともある)とへだてられている．しかし，電子がこのポテンシャルの壁を通り抜けて自由な状態へひとりでに遷移する確率は常に存在する．この型の遷移は§28でアルファ崩壊について考察した．

　一定の電場の中に置かれた原子は，いつでも電離する可能性をもっている．しかし，場が弱ければ，その確率がほとんど0になることはもちろんである．強い場の中では，ポテンシャルの壁は透明になる．しかも，強く励起された状態の原子については特にそうである．そのような状態で，電子が自然放出される時間が下の準位に落ちる際の放射の時間よりも短い場合には，スペクトルの中でこれに対応する線は消失する．

　結局，弱い摂動(電場の強さの原子単位**は $E = \dfrac{m^2 e^5}{h^4} = 5.15 \times 10^9$ V/cm の

---

　*　水素原子のエネルギーに対する相対論的な式(38.28)はnとjを含んでいる．全角運動量jが与えられた場合，軌道角運動量は$l = j \pm \dfrac{1}{2}$である．それゆえ，非相対論的近似の場合と同様に，与えられたnとjの状態は一定の偶奇性をもたず，したがって1次のStark効果を示す．

　**　$E = \dfrac{e}{r^2}$ に長さの単位 $r = \dfrac{h^2}{me^2}$ を入れれば $E = \dfrac{m^2 e^5}{h^4}$. (訳者)

程度であるから，外から加えられた電場はこれに比べれば常に小さい）でも，原子の状態を本質的に変えてしまうことがありうる．それは無限遠方での状況が変わるからである．けれども，それによっておこるエネルギー準位のひろがりの幅がもとの準位間の間隔に比べて小さければ，準位はやはり離散的であると見なすことができる．

問　題

　磁場が強い場合と弱い場合について，多重項 ^3P と ^3S の分裂および遷移 $^3P \to {}^3S$ を図示せよ．

§36 分散の量子論

 分散の古典論については，概略を§16，問題19に示した．これは電荷が原子内に弾性的に束縛されているという考えを基礎にしている．正弦的に変動する電場を加えてこれらの電荷に強制振動をおこさせると，物質は場の強さに比例した誘電分極をおこす．このように考えれば，誘電率を周波数の関数として容易に計算することができる．

 分散の古典論は実験とよく一致する．しかし，原子内の電荷は弾性力によって束縛されているのでないことは現在よく知られているところで，古典的な分散理論がこのようにうまくいったのはちょっと考えると不思議である．

 電荷を束縛しているのが弾性力ではなくても，電荷の運動に関係した量で正弦的に変動するものは存在する．座標の行列要素はそのような量である．((34.18)からわかるように，弾性的に束縛された粒子が同様な調和振動を行なうことは古典力学でよく知られている.) 周期的に変動する電場によって誘起される原子の二重極モーメントはその行列要素を用いて表わすことができるが，これはまた座標の行列要素と直接関係している．この節では，分散の量子論を定式化し，誘電率に対して古典論の場合と同じ式を導く．両方の理論でどういう量が対応するかもこれからわかる．

 与えられた放射場の中にある原子の波動関数　電場によって誘起される二重極モーメントを計算するためには，場の中の原子に対する波動関数を求めなければならない．前節では，時間的に変わらない場の中で原子がどのような性質を示すかを調べたが，この節では，周期的に変動する電場

$$\mathbf{E} = \mathbf{E}_0 \cos \omega t \tag{36.1}$$

と原子との相互作用を考察する．

 今度の場合は，最終結果の実数部分をとるということはしないで，場をはじめから実数の形に書いておく方が便利である．こうすれば実数のハミルトニアンを扱うことになるからである．

§36 分散の量子論

光の波長は原子の大きさに比べてはるかに大きいと考えることができるから (§34), 電場 **E** は空間的には一様であると見なしてよい. すなわち, その位相は1個の原子全体にわたって同一の値をもっているとする.

§14 では, 一様な外部電場中の電荷の系に対するエネルギーを求めた((14.28) と (35.14)参照). 一様な電場の存在によってハミルトニアンに加わる補正項は次の形をもつ:

$$\hat{\mathcal{H}}^{(1)} = -(\mathbf{E}\hat{\mathbf{d}}). \tag{36.2}$$

そこで, 乱されない系のハミルトニアンを $\hat{\mathcal{H}}^{(0)}$ とすれば, Schrödinger の方程式は

$$-\frac{h}{i}\frac{\partial \psi}{\partial t} = \hat{\mathcal{H}}^{(0)}\psi + \hat{\mathcal{H}}^{(1)}\psi. \tag{36.3}$$

波動関数を非摂動部分 $\psi^{(0)}$ と摂動部分 $\psi^{(1)}$ に分け, 摂動項は比較的小さいと考えれば, 次の方程式がえられる:

$$-\frac{h}{i}\frac{\partial \psi^{(1)}}{\partial t} - \hat{\mathcal{H}}^{(0)}\psi^{(1)} = \hat{\mathcal{H}}^{(1)}\psi^{(0)}. \tag{36.4}$$

この方程式はすでに §34 で用いた.

固有関数による展開 未知関数 $\psi^{(1)}$ を, 波動関数 $\psi_n^{(0)}$ と係数 $c_n(t)$ によって次のように展開してみよう:

$$\psi^{(1)} = \sum_n c_n \psi_n^{(0)}. \tag{36.5}$$

展開係数に対する方程式は, (34.7) と同様に,

$$-\frac{h}{i}\frac{dc_n}{dt} = \int \psi_n^{(0)*} \hat{\mathcal{H}}^{(1)} \psi_0^{(0)} \, dV \tag{36.6}$$

である. ただし, 原子の乱されない状態を基底状態とし, これを示すのに ψ の右下に添字 0 をつけた. この方程式の右辺は, 方程式 (34.7) の右辺とは時間的な変化のし方が異なる. (36.1)からわかるように, 今度の場合は $\hat{\mathcal{H}}^{(1)}$ が時間をあらわに含んでいるからである. (36.6) の右辺は, 単に行列要素 $\mathbf{d}_{0n}$ と $-\mathbf{E}_0 \cos \omega t$ の積となる. この行列要素の(時間についての)関数形は §34 で求めた. (34.20) の ω を用いれば

$$\mathbf{d}_{0n} = e^{i\omega_{n_0} t} \mathbf{d}'_{0n} \tag{36.7}$$

と書くことができる.行列要素をこのように時間に対する依存性まで含めて表わした場合,これを **Heisenberg** 表示とよぶ.これに対して,時間を含まない d'_{0n} で示す場合には **Schrödinger** 表示という. (36.7)を(36.6)に代入すれば

$$-\frac{h}{i}\frac{dc_n}{dt} = -\frac{1}{2}(e^{i(\omega_{n_0}-\omega)t}+e^{i_{n_0}(\omega_{n_0}+\omega)t})(\mathbf{E}_0\mathbf{d}'_{0n}). \qquad (36.8)$$

この方程式を積分するには,c_n に対して初期条件を課す必要がある.次のように仮定するのが自然であろう.すなわち,外からの電場がすでに十分長いこと作用していたものと考え,場を加えたための遷移はすでにおこってしまって,原子は一定の状態に落着いていると仮定する.外部電場は,時間的にはたとえば次の法則にしたがって変動するものと考える:

$$\left.\begin{array}{l} t<0 \quad \text{では} \quad \mathbf{E}=\mathbf{E}_0 e^{\alpha t}\cos\omega t, \\ t\geqslant 0 \quad \text{では} \quad \mathbf{E}=\mathbf{E}_0 \cos\omega t. \end{array}\right\} \qquad (36.9)$$

つまり,振幅はしだいに増して $t=0$ のとき $\mathbf{E}_0$ に達すると考える.いま,方程式(36.8)の右辺をこれらの関係式でおきかえ,t について $-\infty$ から任意の時刻まで積分した後 α を 0 に近づける.こうすれば,任意の時刻($t<0$ でも $t\geqslant 0$ でも)における c_n が次の表式で与えられる:

$$c_n = \frac{1}{2h}\left(\frac{e^{i(\omega_{n_0}-\omega)t}}{\omega_{n0}-\omega}+\frac{e^{i(\omega_{n_0}+\omega)t}}{\omega_{n0}+\omega}\right)(\mathbf{E}_0\mathbf{d}'_{0n}). \qquad (36.10)$$

誘起された二重極モーメント　二重極モーメントの平均値は公式(30.24)にしたがって計算される:

$$\bar{\mathbf{d}} = \int \psi^* \hat{\mathbf{d}} \psi \, dV = \int (\psi_0^{(0)*}+\psi^{(1)*})\hat{\mathbf{d}}(\psi_0^{(0)}+\psi^{(1)}) dV. \quad (36.11)$$

$\mathbf{E}$ について1次の項まで計算すればよいから,$\psi^{(1)}$ の2次の項はもちろん捨てる.さらに,$\int \psi^{(0)*}\hat{\mathbf{d}}\psi^{(0)} dV$ は $\mathbf{E}$ を含まないから,この項は場によって分極がおこることには関係がない.また,(35.15)について示したように,この項は通常0に等しい.それゆえ,平均の二重極モーメントで分散に関係した部分は

$$\bar{\mathbf{d}} = \int (\psi_0^{(0)*}\hat{\mathbf{d}}\psi^{(1)}+\psi^{(1)*}\hat{\mathbf{d}}\psi_0^{(0)}) dV \qquad (36.12)$$

§36 分散の量子論

となる.

この式に展開(36.5)を代入して項別に積分すれば

$$\bar{\mathbf{d}} = \sum_n \left(c_n \int \phi_0^{(0)*} \hat{\mathbf{d}} \phi_n^{(0)} \, dV + c_n^* \int \phi_n^{(0)*} \hat{\mathbf{d}} \phi_0^{(0)} \, dV \right). \quad (36.13)$$

この式に現われる積分は二重極モーメントの行列成分である. これに(36.7)の関数を代入して,

$$\bar{\mathbf{d}} = \sum_n (c_n e^{i\omega_{n0}t} \mathbf{d}'_{n0} + c_n^* e^{-i\omega_{n0}t} \mathbf{d}'_{0n}). \quad (36.14)$$

(36.10)の c_n を代入すれば, 結局

$$\bar{\mathbf{d}} = \frac{1}{2h} \sum_n \left[\left(\frac{e^{-i\omega t}}{\omega_{n0}-\omega} + \frac{e^{i\omega t}}{\omega_{n0}+\omega} \right) \mathbf{d}_{n0} (\mathbf{E}_0 \mathbf{d}_{0n}) \right.$$
$$\left. + \left(\frac{e^{i\omega t}}{\omega_{n0}-\omega} + \frac{e^{-i\omega t}}{\omega_{n0}+\omega} \right) \mathbf{d}_{0n} (\mathbf{E}_0 \mathbf{d}_{n0}) \right] \quad (36.15)$$

がえられる. ここで, たとえば $\mathbf{d}'_{n0}$ としないで $\mathbf{d}_{n0}$ と書いたのは, $\mathbf{d}_{n0}$ と $\mathbf{d}_{0n}$ の時間因子が消し合って結果は同じことになるからである.

分極　光波の場による原子の分極を計算するには, 場の方向への二重極モーメントの射影がわかればよい. たとえば, 入射波の電場が x 方向を向いているとすると, (36.15)には, x 軸方向のモーメントの遷移成分, すなわち x の行列要素だけが現われる:

$$\bar{\mathbf{d}} = \frac{e^2}{2h} \sum_n \left[\left(\frac{e^{-i\omega t}}{\omega_{n0}-\omega} + \frac{e^{i\omega t}}{\omega_{n0}+\omega} \right) \mathbf{E}_0 |x_{0n}|^2 \right.$$
$$\left. + \left(\frac{e^{i\omega t}}{\omega_{n0}-\omega} + \frac{e^{-i\omega t}}{\omega_{n0}+\omega} \right) \mathbf{E}_0 |x_{0n}|^2 \right]. \quad (36.16)$$

ただし, 行列要素の Hermite 性の条件(34.15)を用いて $x_{0n} x_{n0}$ を $|x_{0n}|^2$ と書いてある.

さて, 簡単な変形を行なった後, 振幅 $\mathbf{E}_0$ のかわりに場の強さ $\mathbf{E}$ を用いて表わせば,

$$\bar{\mathbf{d}} = \sum_n \frac{2\omega_{n0} e^2 |x_{0n}|^2}{h(\omega_{n0}^2 - \omega^2)} \mathbf{E}. \quad (36.17)$$

分散公式　物質の分極 $\mathbf{P} = N\bar{\mathbf{d}}$ (N は単位体積あたりの原子の個数)を考

えよう*. 電束密度は電場および分極と(16.22)の関係で結ばれている. いまの場合, その形は

$$\mathbf{D} = \mathbf{E} + 4\pi\mathbf{P} = \left(1 + \frac{4\pi Ne^2}{h}\sum_n \frac{2\omega_{n0}|x_{0n}|^2}{\omega_{n0}^2 - \omega^2}\right)\mathbf{E} \qquad (36.18)$$

である.

一方, 誘電率の定義から $\mathbf{D} = \varepsilon\mathbf{E}$ である. それゆえ,

$$\varepsilon = 1 + \frac{4\pi Ne^2}{h}\sum_n \frac{2\omega_{n0}|x_{0n}|^2}{\omega_{n0}^2 - \omega^2}. \qquad (36.19)$$

この式が成り立つのは, 入射波の周波数 ω が原子固有の周波数 ω_{n0} にあまり近くない場合に限られることを注意しておこう. そうでない場合には, さかのぼって(36.10)までの式の分母が0になったり, あるいは少くとも非常に小さくなる. しかし, その場合には場による摂動は大きくなるから, これを弱いと見なすことはできず, また $\psi = \psi^{(0)} + \psi^{(1)}$ と置いて $|\psi^{(1)}|^2$ を省略することも許されなくなる. これは物理的には次のことに対応する. すなわち, 入射波の周波数が吸収スペクトル線(あるいは放射スペクトル線といっても同じ)のどれか一つの周波数に近いときには放射が起こるので, 原子の励起状態の振幅が減衰していくことを考慮しなくてはならない. いいかえれば, 励起状態の振幅が時間的に純粋な振動を行なうと考えることはできず, むしろ次の形であるとしなくてはならないのである((28.14)参照):

$$\psi_n^{(0)} = e^{-\frac{\Gamma_n t}{2h} - i\frac{\mathscr{E}_n t}{h}}. \qquad (36.20)$$

放射の減衰を表わす Γ_n の値を量子論的に計算することはかなり面倒なので, ここでは行なわない.

古典論と量子論における分散公式の比較　　次に, 量子論の分散公式(36.19)と古典論の公式とを比べてみよう. そのために, いろいろな周波数 ω_{n0} の振動が起こりうる場合について, 古典論の公式を書いておこう.

いま, 振動子が全体で N 個あるとし, その中で周波数 ω_{n0} の振動を行なうものの数を N_n として, N を次のように分解する:

---

*　二重極モーメントがこのように個々の原子のモーメントの和になるのは気体の場合だけに限られる.

§36 分散の量子論

$$N = \sum_n N_n. \tag{36.21}$$

ω_{n0} の振動を行なう振動子の個数の相対比を

$$f_n \equiv \frac{N_n}{N} \tag{36.22}$$

とすれば，明らかに

$$\sum_n f_n = 1 \tag{36.23}$$

である．

　入射波の周波数 ω は固有周波数のどれにも近くないと仮定しよう．そうすると，古典論の分散公式(§16, 問題 19)は，いま考えているような固有周波数がいくつもある場合に拡張できて，

$$\varepsilon = 1 + \frac{4\pi N e^2}{m} \sum \frac{f_n}{\omega_{n0}^2 - \omega^2} \tag{36.24}$$

となる．これを量子論の分散公式(36.19)と比べてみると，両者は

$$f_n = \frac{2m\omega_{n0}}{h} |x_{0n}|^2 \tag{36.25}$$

と置けば完全に一致することがわかる．

　この式を成り立たせようとすると，(36.23)の関係によって

$$\sum_n \frac{2m\omega_{n0}}{h} |x_{0n}|^2 = 1 \tag{36.26}$$

としなくてはならない．

　実際この条件は満たされていることを次に示そう．そのために，まず $\hat{p}_x$ と $\hat{x}$ の間の交換関係(29.30)を書いてみる：

$$\hat{p}_x \hat{x} - \hat{x} \hat{p}_x = \frac{h}{i}. \tag{36.27}$$

この式に左から φ_0^*，右から φ_0 (右肩の添字 0 は省略する)をかけて全空間にわたって積分し，右辺については規格化の条件 $\int |\varphi_0|^2 dV = 1$ を用いれば，

$$\int \varphi_0^* \hat{p}_x \hat{x} \varphi_0 \, dV - \int \varphi_0^* \hat{x} \hat{p}_x \varphi_0 \, dV = \frac{h}{i}. \tag{36.28}$$

次に，積 $\hat{x}\varphi_0$ と $\varphi_0^* \hat{x}$ を固有関数 φ_n の級数に展開する：

$$\hat{x}\varphi_0 = \sum_n a_n \varphi_n, \quad \varphi_0^* \hat{x} = \sum_n a_n^* \varphi_n^*. \tag{36.29}$$

展開係数は

$$a_n = \int \phi_n{}^* \hat{x} \phi_0 \, dV, \quad a_n{}^* = \int \phi_0{}^* \hat{x} \phi_n \, dV, \quad (36.30)$$

すなわち，a_n は行列要素 x_{0n} に等しい．展開(36.29)を(36.28)に代入すれば，

$$\sum_n \left(x_{0n} \int \phi_0{}^* \hat{p}_x \phi_n \, dV - x_{n0} \int \phi_n{}^* \hat{p}_x \phi_0 \, dV \right) = \frac{h}{i}. \quad (36.31)$$

ところで，この式の中の積分は運動量の行列要素である．(34.21)によってこれを書きなおせば

$$\int \phi_0{}^* \hat{p}_x \phi_n \, dV = (p_x)_{n0} = im\omega_{0n} x_{n0},$$

$$\int \phi_n{}^* \hat{p}_x \phi_0 \, dV = (p_x)_{0n} = im\omega_{n0} x_{0n}.$$

これを方程式(36.31)に代入し，$x_{n0} = x_{0n}{}^*$, $\omega_{0n} = -\omega_{n0}$ の関係を用いれば，求める式(36.26)が容易にえられる．

振動子の個数の相対比 f_n (《振動子の強さ》ということもある)は，相当する光量子の放出あるいは吸収の確率を与える行列要素の2乗に比例している．それゆえ，ある物質の分散についての性質は，その物質から放射される光のスペクトル線の強度と関連性がある．

インコヒーレントな散乱 (36.11)の二重極モーメント $\bar{\mathbf{d}}$ のほかに，入射波よりも周波数の小さい放射に対する遷移確率，すなわち周波数が変化するような散乱の強度を計算することもできる．このような散乱はインコヒーレントであるとよばれる．

インコヒーレントな散乱のあと物質内に残っている放射エネルギーが，分子の振動運動を励起するのに使われる場合はきわめて重要である．この現象は Mandelstam と Landsberg，またそれと独立に Raman によって発見された．インコヒーレントな散乱に伴って振動の励起されることがよくあるが，この振動は，分子振動に対する選択則にしたがって光量子が吸収されたためのものではない．この場合には，インコヒーレントな散乱を調べることによって，物質の分子構造についていろいろ重要なことがらがわかる．

§37 散乱の量子論

量子論における散乱断面積の概念　§6では，粒子の散乱断面積の概念を古典力学的に定義した．これは量子力学にも容易に拡張することができる．実際，与えられた立体角内への散乱の微分断面積とは，この角内へ散乱される粒子の数と入射粒子の流れの密度との比であった．流れや流れの密度という概念は量子力学的にも定義することができるから，量子論でも断面積は古典論と同じ意味をもっている．

実際に断面積を計算することはきわめてむずかしい問題である．ここでは，これが比較的簡単に求まるような特別の場合だけを考えることにする．

Born 近似　エネルギー $\mathcal{E}$ をもつ粒子が，与えられたポテンシャル U の場で散乱されると仮定しよう．

まず $\mathcal{E} \gg U$ の場合を考えると，場の中でおこる粒子の波動ベクトルの大きさの変化は

$$\frac{\sqrt{2m\mathcal{E}}}{h} - \frac{\sqrt{2m(\mathcal{E}-U)}}{h} \sim \sqrt{\frac{m}{2\mathcal{E}}}\frac{U}{h}$$

の程度である．

場の作用が及ぶ領域の大きさの程度を a とすれば，場の中で波動関数が受ける全位相変化は，およそ

$$\sqrt{\frac{m}{2\mathcal{E}}}\frac{Ua}{h}$$

であると考えられる．場による摂動が小さいと見なされるためには，この量が 1 に比べてはるかに小さくなければならない．

$U \gg \mathcal{E}$ の場合には，波数は $\frac{\sqrt{2mU}}{h} \gg \frac{\sqrt{2m\mathcal{E}}}{h}$ から大きさの程度の見積りができる．それゆえ，位相変化が小さいための条件は $\frac{a\sqrt{2mU}}{h} \ll 1$ となる（上からの評価）．

これらの条件が成り立つときには，場 U の作用を，波動関数に加えられた

小さな摂動と見なすことができる.

さて,遷移確率の一般的な表式(34.29)を基礎にして話を進めよう.いま,重心系(§6)から見た入射粒子の運動量を $\mathbf{p}$,同じ粒子の散乱後の運動量を $\mathbf{p}'$ とする.散乱が弾性的におこるとすれば $p = p'$ である.波動関数の第0近似としては,平面波(自由な運動に対応する)を表わす関数をとることにしよう.すなわち,

$$\psi^{(0)}(\mathbf{p}) = \frac{1}{\sqrt{V}} e^{i\frac{\mathbf{p}\mathbf{r}}{h}}, \quad \psi^{(0)*}(\mathbf{p}') = \frac{1}{\sqrt{V}} e^{-i\frac{\mathbf{p}'\mathbf{r}}{h}}. \quad (37.1)$$

これらの関数は体積 V について1に規格化されている(最終結果にはもちろん V ははいって来ない).$\psi^{(0)}(\mathbf{p})$ と $\psi^{(0)*}(\mathbf{p}')$ に対する(37.1)の近似を **Born近似**とよぶ.

関数 $\psi^{(0)}(\mathbf{p})$ は流れの密度 $\frac{\mathbf{v}}{V}$ を与える.すなわち,(24.20)からすぐわかるように,

$$\mathbf{j} = \frac{h}{2miV}(e^{-i\frac{\mathbf{p}\mathbf{r}}{h}}\nabla e^{i\frac{\mathbf{p}\mathbf{r}}{h}} - e^{i\frac{\mathbf{p}\mathbf{r}}{h}}\nabla e^{-i\frac{\mathbf{p}\mathbf{r}}{h}}) = \frac{\mathbf{p}}{mV} = \frac{\mathbf{v}}{V}. \quad (37.2)$$

遷移確率の表式(34.29)の中の行列要素は,(37.1)から,

$$\mathscr{H}^{(1)}(\mathbf{p},\mathbf{p}') = \frac{1}{V}\int e^{i\frac{(\mathbf{p}-\mathbf{p}')\mathbf{r}}{h}} U(\mathbf{r}) dV. \quad (37.3)$$

散乱の確率を求めるには,(37.3)の絶対値の2乗に $\frac{2\pi}{h}$ をかけ,これにエネルギーの単位間隔あたりに含まれる最終状態の数 $z(\mathscr{E})$ と立体角要素 $d\Omega$ とをかければよい.立体角要素 $d\Omega$ に対応する状態の数の相対比が $\frac{d\Omega}{4\pi}$ であることを考慮すれば,$z(\mathscr{E})$ は(25.25)からただちに求められる:

$$z(\mathscr{E}) = \frac{dN(\mathscr{E})}{d\mathscr{E}}\frac{d\Omega}{4\pi} = \frac{Vm^{\frac{3}{2}}\mathscr{E}^{\frac{1}{2}}}{2^{\frac{5}{2}}\pi^3 h^3}d\Omega. \quad (37.4)$$

立体角要素 $d\Omega$ の中への散乱の微分断面積 $d\sigma$ は,単位時間あたりの散乱確率(34.29)を入射粒子の流れの密度 $\frac{v}{V} = \frac{1}{V}\sqrt{\frac{2\mathscr{E}}{m}}$ で割ったものである.すなわち

$$d\sigma = \frac{m^2}{4\pi^2 h^4}\left|\int e^{i\frac{(\mathbf{p}-\mathbf{p}')\mathbf{r}}{h}} U(\mathbf{r}) dV\right|^2 d\Omega. \quad (37.5)$$

右辺の積分は,単位体積について規格化された関数 $\psi^{(0)}(\mathbf{p})$ と $\psi^{(0)*}(\mathbf{p}')$ (V

=1) に関する U の行列要素である. $\mathbf{k} \equiv \dfrac{\mathbf{p}}{\hbar}$, $\mathbf{k}' \equiv \dfrac{\mathbf{p}'}{\hbar}$ を導入すれば,

$$U_{\mathbf{k}\mathbf{k}'} = \int e^{i(\mathbf{k}-\mathbf{k}')\mathbf{r}} U(\mathbf{r}) dV, \tag{37.6}$$

$$d\sigma = \frac{m^2}{4\pi^2 \hbar^4} |U_{\mathbf{k}\mathbf{k}'}|^2 d\Omega. \tag{37.7}$$

中心力場による散乱　U が中心力の場を表わすときには $(U=U(r))$ (37.5)は簡単になる. この場合の $U_{\mathbf{k}\mathbf{k}'}$ を計算してみよう. ベクトル $\mathbf{k}-\mathbf{k}'$ の方向を極線に選んで, これから θ を測ることにすれば,

$$U_{\mathbf{k}\mathbf{k}'} = \int e^{i(\mathbf{k}-\mathbf{k}')\mathbf{r}} U(r) dV = 2\pi \int_0^\infty r^2 dr U(r) \int_0^\pi e^{i|\mathbf{k}-\mathbf{k}'|r\cos\theta} \sin\theta\, d\theta. \tag{37.8}$$

$\sin\theta\, d\theta = -d\cos\theta$ に注意すれば, θ についてはすぐに積分できて,

$$\begin{aligned} U_{\mathbf{k}\mathbf{k}'} &= 2\pi \int_0^\infty r^2 dr U(r) \frac{e^{i|\mathbf{k}-\mathbf{k}'|r} - e^{-i|\mathbf{k}-\mathbf{k}'|r}}{i|\mathbf{k}-\mathbf{k}'|r} \\ &= \frac{4\pi}{|\mathbf{k}-\mathbf{k}'|} \int_0^\infty r U(r) \sin(|\mathbf{k}-\mathbf{k}'|r)\, dr. \end{aligned} \tag{37.9}$$

前に述べたように $k=k'$ であるから, 波動ベクトルの差は粒子のふれの角 ϑ' を用いて表わすことができる:

$$|\mathbf{k}-\mathbf{k}'|^2 = 2k^2 - 2(\mathbf{k}\mathbf{k}') = 2k^2(1-\cos\vartheta') = 4k^2 \sin^2 \frac{\vartheta'}{2}. \tag{37.10}$$

この結果は幾何学的に考えても明らかであろう. 結局

$$U_{\mathbf{k}\mathbf{k}'} = \frac{2\pi}{k \sin\dfrac{\vartheta'}{2}} \int_0^\infty r U(r) \sin\left(2kr \sin\frac{\vartheta'}{2}\right) dr \tag{37.11}$$

となり, $U_{\mathbf{k}\mathbf{k}'}$ の計算は r に関する単一の積分に帰着する.

Rutherford の公式　Coulomb 場については $U = \pm Ze^2/r$ である. この場合には, 次のような技巧を用いて $U_{\mathbf{k}\mathbf{k}'}$ を計算する. まず, 積分 $\int_0^\infty \sin x\, dx$ を次のように定義する:

$$\int_0^\infty \sin x\, dx = \lim_{a \to 0} \int_0^\infty e^{-ax} \sin x\, dx = \lim_{a \to 0} \frac{1}{a^2+1} = 1.$$

したがって,
$$\int_0^\infty \sin ax \, dx = \frac{1}{a}$$
である. 結局, 行列要素は

$$U_{\mathbf{kk}'} = \pm \frac{2\pi Ze^2}{k \sin \frac{\vartheta'}{2}} \int_0^\infty \sin\left(2kr \sin \frac{\vartheta'}{2}\right) dr = \pm \frac{\pi Ze^2}{k^2 \sin^2 \frac{\vartheta'}{2}}. \quad (37.12)$$

これを (37.7) に代入すれば, 散乱の微分断面積として

$$d\sigma = \frac{Z^2 e^4 \, d\Omega}{4m^2 v^4 \sin^4 \frac{\vartheta'}{2}} \quad (37.13)$$

がえられる. ただし $hk = p = mv$ の関係を用いてある. 面白いことに, この結果は古典論における Rutherford の厳密な公式 (6.19) と一致している.

(37.13) の結果は, 実は Coulomb 場の場合の波動方程式の厳密解から導くこともできる. つまり, Rutherford の公式はそのままの形で量子力学にまで拡張されるのである.

Coulomb 場による散乱の理論における Born 近似は, 電荷の 2 乗, もっと正確には Ze^2 のベキ級数展開の最初の項をとったものと見なすことができる. しかし, 厳密な式の中には $(Ze^2)^2$ よりも高い次数の項がはいって来ないので, いまの場合 Born 近似は厳密な結果と一致したのである.

次に, Coulomb 場に対してこの方法がどこまで適用できるかの見当をつけてみよう. そのために, この方法が適用できるための第 1 の条件 (この節のはじめに示した) を用いる. この場合には積 Ua は Ze^2 に等しいから, 次の条件

$$\sqrt{\frac{m}{2\mathscr{E}}} \frac{Ua}{h} \sim \frac{Ze^2}{hv} \ll 1 \quad (37.14)$$

がえられる. $\frac{e^2}{hc} = \frac{1}{137}$ であるから, 上式は次のようにも書ける:

$$\frac{Z}{137} \frac{c}{v} \ll 1. \quad (37.15)$$

ところが, 重い元素では $Z \sim 90$ であるから, この式は一般には満たされない. もちろん Rutherford の公式は, 非相対論的に扱えるような粒子についてはこの場合にも適用できる. それは厳密な結果だからである. しかしたとえば, 原

子内の電子の場で核の場がゆがめられたことによる補正を計算しようとすると，Born 近似では正しい答がえられない．

(37.15) の条件があれば，公式 (37.13) は相対論的な粒子の散乱 (ふれの角が小さい場合) にも適用できる．ただし，この場合には，m のかわりに $\dfrac{m}{\sqrt{1-\dfrac{v^2}{c^2}}}$ と置かなくてはならない．

衝突パラメタと角運動量　粒子に働く力が大きい場合には，力の働くのがたとえ狭い領域だけに限られているとしても，Born 近似を用いることはできない．そこでまず，《狭い》領域とは何かを定義しよう．

ここで，古典論における衝突パラメタ ρ (§6) と量子力学における角運動量の固有値とを比べてみると都合がよい．角運動量の固有値が大きい場合には，準古典論的近似が適用できて次の関係がえられる：

$$\hbar l \sim mv\rho. \tag{37.16}$$

これから

$$\rho \sim \frac{\hbar l}{mv} = \frac{\lambda l}{2\pi}. \tag{37.17}$$

ただし λ は de Broglie 波長である．

これから，角運動量が1だけ変化すると衝突パラメタは $\dfrac{\lambda}{2\pi} = \dfrac{1}{k}$ だけ変化することがわかる．したがって，衝突パラメタの最小値は $l=0$ に対するもので，$\rho \sim \dfrac{\lambda}{2\pi}$ である．この場合，粒子は s 状態で散乱される．

いま，力の及ぶ領域の半径が $\dfrac{\lambda}{2\pi}$ よりも小さい場合を考えよう．このときには，角運動量が0でない粒子はほとんど散乱をうけない．前に述べたように，角運動量が l の粒子に対する波動関数は原点で r^l の形をもつ (式 (31.12))．それゆえ，力の及ぶ領域の半径が $\dfrac{\lambda}{2\pi}$ よりもはるかに小さければ，$l>0$ の粒子をその領域に見出す確率はきわめて小さくなるのである．

角運動量0の波動関数を分離すること　波動関数から $l=0$ に相当する部分を取り出してみよう．それには，平面波を表わす関数 (37.1) を演算子 $\hat{M}^2$ の固有関数の級数に展開する必要がある．$l=0$ に対応する関数は特に簡単で，

角度には依存しない．実際，演算子 $\hat{M}^2$ は角度による微分しか含んでいないから，角度によらない関数にこれを作用させることは 0 をかけるのと同じことになるのである．s 状態の波動関数の角度に関する部分を 1 に規格化すれば，

$$\varphi_0 = \frac{1}{\sqrt{4\pi}}$$

である．こうすれば確かに $\int |\varphi_0|^2 \, d\Omega = 1$ となる．

この関数の展開係数は，一般公式(30.11)によって，

$$c(r) = \int \varphi_0 \psi^{(0)}(\mathbf{p}) \, dV = \frac{1}{\sqrt{4\pi V}} \int e^{i\mathbf{k}\mathbf{r}} \, d\Omega$$

$$= \frac{2\pi}{\sqrt{4\pi V}} \int_0^\pi e^{ikr\cos\theta} \sin\theta \, d\theta = 2\sqrt{\frac{\pi}{V}} \frac{\sin kr}{kr}. \quad (37.18)$$

$c(r)$ は自由粒子に対する動径部分の波動方程式((31.5)で $U=0, l=0$ と置いたもの)を満足する．事実，(31.5)から $\psi = \frac{\chi}{r}$ と置いてえられる方程式(31.7)は $U=0, l=0$ のとき次の解をもつ：

$$\chi = \sin\frac{\sqrt{2m\mathcal{E}}}{\hbar} r.$$

ところが，$\frac{\sqrt{2m\mathcal{E}}}{\hbar} = k$ であるから $\chi \propto r c(r)$ となる．

$r \to 0$ のとき $c(r)$ は有限の値に近づく．これが動径部分の波動関数に対する座標原点における境界条件である．

次に，散乱をおこす場 $U(r)$ が原点の近くにあるとし，$U(r)$ は r が増すと急激に減少して $r \sim \frac{\lambda}{2\pi}$ でほとんど 0 になってしまうものと仮定する．そうすると，$r > \frac{\lambda}{2\pi}$ の領域では粒子には力が働かないから，s 状態の波動関数は r についてはやはり(31.5)を満足する．

方程式(31.5)の解を，(37.18)よりもっと一般的な形に書けば

$$c_1(r) = A \cdot 2\sqrt{\frac{\pi}{V}} \frac{\sin(kr+\delta)}{kr} \quad (37.19)$$

である．δ は位相のずれで，その値はポテンシャル $U(r)$ の具体的な形によってきまる．もちろん，解(37.19)は $r < \frac{\lambda}{2\pi}$ の領域までは拡張できない．そこでは粒子に力が働くからである．

散乱断面積が δ を用いて表わされることを以下に示そう．δ を具体的に求めることは問題 2 と 3 で行なう．

散乱波の決定 散乱の場 $U(r)$ が与えられた場合に，波動方程式 (31.2) の厳密解がなんらかの方法でわかったものと仮定しよう．この解は無限の遠方では平面波と同じ境界条件をみたす．（粒子の散乱の問題では，一般にこの条件が満たされなくてはならない．）

いま，波動関数 ψ' を次の和の形に書いたとしよう：

$$\psi' = \psi^0(\mathbf{p}) + \psi_{\text{scat}}. \tag{37.20}$$

この式は，入射波を表わす関数 $\psi^0(\mathbf{p})$ を波動方程式の解から分離した形になっている．第2項 $\psi_{\text{scat}} = \psi' - \psi^0(\mathbf{p})$ は散乱された粒子の状態を表わす．

次に，関数 ψ' と $\psi^0(\mathbf{p})$ を角運動量の2乗の固有関数で展開したとすると，近距離力の場によっては $l = 0$ に対応する項だけが変形をうけることになる．両方の関数の残りの項はすべて等しい．結局，$r > \dfrac{\lambda}{2\pi}$ では，

$$\psi_{\text{scat}} = [c_1(r) - c(r)]\varphi_0 = 2\sqrt{\frac{\pi}{V}} \frac{A\sin(kr+\delta) - \sin kr}{kr} \frac{1}{\sqrt{4\pi}}. \tag{37.21}$$

r が大きいところでは，散乱された粒子はすべて散乱体から遠ざかって行く．これは，ψ_{scat} が関数 $\dfrac{e^{ikr}}{r}$ だけを含み $\dfrac{e^{-ikr}}{r}$ を含まないことを意味する．実際，(24.20) で $\psi = \dfrac{e^{ikr}}{r}$ と置くと，流れの密度 $\mathbf{j}$ は外向きとなり，$\psi = \dfrac{e^{-ikr}}{r}$ とすれば内向きとなる．

関数 ψ_{scat} を複素形に書けば，

$$\psi_{\text{scat}} = \frac{1}{2i\sqrt{V}\,kr}[A(e^{i(kr+\delta)} - e^{-i(kr+\delta)}) - (e^{ikr} - e^{-ikr})]. \tag{37.22}$$

中心へ集まって来る波 $\dfrac{e^{-ikr}}{r}$ が含まれないようにするために $Ae^{-i\delta} = 1$ と置く．これから

$$A = e^{i\delta}, \tag{37.23}$$

$$\psi_{\text{scat}} = \frac{1}{2i\sqrt{V}\,kr}(e^{2i\delta} - 1)e^{ikr}. \tag{37.24}$$

散乱断面積 散乱された粒子の流れの密度は，(24.20) により，十分遠方では大きさが

$$j = \frac{1}{4Vk^2r^2}|e^{2i\delta} - 1|^2 \frac{\hbar k}{m} \tag{37.25}$$

となる．

散乱の全断面積 σ は，出て行く全流量 $4\pi r^2 j$ を入射粒子の流れの密度 $\dfrac{v}{V} = \dfrac{\hbar k}{mV}$ で割ったものに等しい:

$$\sigma = \frac{\pi}{k^2}|e^{2i\delta}-1|^2. \tag{37.26}$$

次の関係

$$|e^{2i\delta}-1|^2 = (e^{2i\delta}-1)(e^{-2i\delta}-1) = 2-2\cos 2\delta = 4\sin^2\delta$$

により，

$$\sigma = \frac{4\pi}{k^2}\sin^2\delta \tag{37.27}$$

となる．これからわかるように，s 状態の粒子が散乱されるときの σ の最大値は $\dfrac{4\pi}{k^2}$ である．原子核による力は強くかつ近距離だけで働くから，この公式は核物理学で広く用いられる．

散乱された粒子は s 状態にあるから，重心系における分布は等方的である．すなわち，分布は散乱角によらない．これは §6 の終りに述べたことと一致している．

問 題

1 基底状態にある水素原子によって高速の粒子が散乱される場合の断面積を求めよ．

(解) 水素原子の基底状態 $(n=1)$ を表わす波動関数は

$$\psi_0 = Be^{-\xi\sqrt{2\varepsilon}} = Be^{-\xi}.$$

(§31 参照．いまの場合，χ の中の多項式は第1項だけしかなく，また $\sqrt{2\varepsilon}=1$ である．) 係数 B は，規格化の条件

$$\left(\frac{\hbar^2}{me^2}\right)^3 4\pi B^2 \int_0^\infty e^{-2\xi}\xi^2 d\xi = 1$$

からきまる．すなわち

$$B = \sqrt{\frac{1}{\pi}\left(\frac{me^2}{\hbar^2}\right)^3}.$$

$-e$ の電荷をもつ粒子と原子との相互作用のエネルギーは

$$U = -\frac{e^2}{r} + \int \frac{e^2\{\psi_0(\mathbf{r}')\}^2}{|\mathbf{r}-\mathbf{r}'|} dV'.$$

積分 $U_{\mathbf{k}\mathbf{k}'}$ の第1項は，(37.12) によって $-\dfrac{\pi e^2}{k^2\sin^2\dfrac{\theta}{2}}$ である．第2項の積分は次のように計算する：

§37 散乱の量子論

$$e^2\int e^{i(\mathbf{k}-\mathbf{k}')\mathbf{r}}dV\int\frac{\{\phi_0(r')\}^2}{|\mathbf{r}-\mathbf{r}'|}dV' = e^2\int\{\phi_0(r')\}^2 e^{i(\mathbf{k}-\mathbf{k}')\mathbf{r}'}dV'\int\frac{e^{i(\mathbf{k}-\mathbf{k}')(\mathbf{r}-\mathbf{r}')}}{|\mathbf{r}-\mathbf{r}'|}dV.$$

点 $\mathbf{r}'$ を原点に選べば,あとの積分は (37.12) と同じ形になる:

$$\int\frac{e^{i(\mathbf{k}-\mathbf{k}')\mathbf{r}}}{r}dV = \frac{\pi}{k^2\sin^2\frac{\theta}{2}}.$$

したがって,

$$U_{\mathbf{k}\mathbf{k}'} = -\frac{\pi e^2}{k^2\sin^2\frac{\theta}{2}}\Big(1-\int\{\phi_0(r')\}^2 e^{i(\mathbf{k}-\mathbf{k}')\mathbf{r}'}dV'\Big).$$

かっこ内の量は遮蔽因子とよばれる.(37.8) と同様の計算により,

$$\int\{\phi_0(r')\}^2 e^{i(\mathbf{k}-\mathbf{k}')\mathbf{r}'}dV' = \frac{2\pi}{k\sin\frac{\theta}{2}}\int_0^\infty r'\{\phi_0(r')\}^2\sin\Big(2kr'\sin\frac{\theta}{2}\Big)dr'.$$

これは次の積分

$$\int_0^\infty x\sin ax\, e^{-bx}dx = -\frac{\partial}{\partial b}\int_0^\infty \sin ax\, e^{-bx}dx = -\frac{\partial}{\partial b}\frac{a}{a^2+b^2} = \frac{2ab}{(a^2+b^2)^2}$$

に帰着する.$a = 2k\sin\frac{\theta}{2}$, $b = \frac{2me^2}{\hbar^2}$ であるから,遮蔽因子は

$$1-\frac{1}{\pi}\Big(\frac{me^2}{\hbar^2}\Big)^3\frac{2\pi}{k\sin\frac{\theta}{2}}\frac{2\cdot 2k\sin\frac{\theta}{2}\cdot\frac{2me^2}{\hbar^2}}{\Big[4k^2\sin^2\frac{\theta}{2}+\Big(\frac{2me^2}{\hbar^2}\Big)^2\Big]^2} = 1-\frac{1}{\Big[1+\frac{\hbar^4 k^2}{m^2 e^4}\sin^2\frac{\theta}{2}\Big]^2}$$

$$= 1-\frac{1}{\Big[1+\Big(\frac{\hbar v}{e^2}\Big)^2\sin^2\frac{\theta}{2}\Big]^2}.$$

最後の変形のところで,散乱される粒子を電子であると仮定した.それゆえ,厳密にいえば,原子内の電子の波動関数とあわせて考えたときに反対称になるような関数をつくらなくてはならない.しかし,ここではそれは行なわなかった.散乱断面積に対する最終的な式は,(37.13) とは遮蔽因子の 2 乗だけ異なる.Rutherford の公式 (37.13) が厳密であるのに対して,この因子は Born 近似の程度でしか正しくないことを注意しておこう.

θ の小さい値は衝突パラメタの大きい値に対応するから,原子核の電荷が電子の電荷によって遮蔽されているときには,$\theta=0$ に対しても断面積は有限の値をとることがわかる.

2 半径 $a\Big(a\ll\frac{\lambda}{2\pi}=\frac{1}{k}\Big)$ の剛体球による散乱の断面積を計算せよ.

(解) (25.1) にしたがって波動関数は剛体球の表面で 0 となる.そこで,解 (37.19) は次の形をもつ:

$$c_1(r) = A \cdot 2\sqrt{\frac{\pi}{V}} \frac{\sin k(r-a)}{kr}.$$

$\delta = -ka$ であるから,

$$\sigma = \frac{4\pi}{k^2} \sin^2 ka.$$

一方, $ka \ll 1$ の仮定により $\sin ka \sim ka$, したがって結局 $\sigma = 4\pi a^2$ となる. つまり, 散乱の有効半径は球の半径の2倍である. 古典論では $\sigma = \pi a^2$ であった (§6, 問題 1).

3s 状態にあってエネルギー $\mathcal{E}$ をもつ粒子が, 半径 a で一定の深さ $|U_0|$ の球対称井戸型ポテンシャルによって散乱される有様を調べよ (§25参照). ただし次の関係があるものとする:

$$U_0 = -\frac{\pi}{8} \frac{h^2}{ma^2}(1+\varepsilon), \quad \frac{\mathcal{E}}{|U_0|} \ll \varepsilon \ll 1.$$

図38の場合とちがって, ここでは $r > a$ に対して U は 0 であると仮定する. $\varepsilon > 0$ の場合には, ポテンシャルの井戸の上縁に近いエネルギー $\mathcal{E}_0$ をもつ束縛状態が井戸の中に存在する. 断面積をエネルギー準位 $\mathcal{E}_0$ の関数として表わしてみよ.

(解)　$r = a$ における波動関数の接続の条件は

$$\frac{k \cos(ka+\delta)}{\sin(ka+\delta)} = \frac{\kappa \cos \kappa a}{\sin \kappa a},$$

ただし $\kappa = \frac{\sqrt{2m(\mathcal{E}+|U_0|)}}{h}$, $k = \frac{\sqrt{2m\mathcal{E}}}{h}$ である. δ に対して ka を無視すれば, 断面積は

$$\sigma = \frac{4\pi}{k^2} \sin^2 \delta = \frac{4\pi}{k^2(1+\cot^2 \delta)} = \frac{4\pi}{k^2 + \kappa^2 \cot^2 \kappa a}.$$

$\frac{\mathcal{E}}{|U_0|}$ に対する条件から, $\cot \kappa a \cong \frac{\pi \varepsilon}{4}$ が成り立つ.

(25.41) から, エネルギー準位 $\mathcal{E}_0$ を定める条件は

$$\kappa_0 \cot \kappa_0 a = -k_0.$$

ただし $\kappa_0 = \frac{\sqrt{2m(\mathcal{E}_0+|U_0|)}}{h}$, $k_0 = \frac{\sqrt{2m|\mathcal{E}_0|}}{h}$ である.

$\left|\frac{\mathcal{E}_0}{U_0}\right| \ll \varepsilon$ と仮定すれば $\left|\frac{\mathcal{E}_0}{U_0}\right| = \left(\frac{\pi \varepsilon}{4}\right)^2$. $\varepsilon^2 \ll \varepsilon$ であるから, これは $\left|\frac{\mathcal{E}_0}{U_0}\right|$ の大きさについての上の仮定通りになっている. 結局, 断面積は

$$\sigma = \frac{4\pi}{k^2 + k_0^2}$$

となる. この公式は $\varepsilon < 0$ の場合 (井戸の中に束縛された準位は実は存在しない) にも成り立つことを注意しておこう. この場合には《仮想》準位というよび方をする. 図39の直線は, 正弦曲線の最初の半周期の部分と $\kappa a < \frac{\pi}{2}$ の点で交わる.

中性子がこれと逆平行のスピンをもつ陽子によって散乱される場合には, これと同様のことがおこる.

§38 電子の相対論的波動方程式

スピンをもたない粒子の方程式　Schrödinger の方程式 (24.11) は，エネルギーと運動量の間の非相対論的関係

$$\mathcal{E} = \frac{p^2}{2m} + U$$

を基礎としてつくられた．それゆえ，この方程式が適用できるのは，光速よりもはるかにおそい電子，すなわち静止エネルギーよりも運動エネルギーの方がはるかに小さい電子 $(T = \dfrac{mc^2}{\sqrt{1-\dfrac{v^2}{c^2}}} - mc^2 \ll mc^2)$ に限られる．

Schrödinger が非相対論的な方程式を導いたすぐあとで，相対論的な方程式を立てるこころみがなされた (Fock, Klein, Gordon)．そして，(21.29)

$$(\mathcal{H}-e\varphi)^2 = c^2\left(\mathbf{p}-\frac{e}{c}\mathbf{A}\right)^2 + m^2c^4$$

の中で，いつものように $\mathcal{H}$ を $-\dfrac{h}{i}\dfrac{\partial}{\partial t}$ で，$\mathbf{p}$ を $\dfrac{h}{i}\nabla$ で置きかえることによって，相対論的に不変な形の波動方程式

$$\left(\frac{h}{i}\frac{\partial}{\partial t}+e\varphi\right)\left(\frac{h}{i}\frac{\partial}{\partial t}+e\varphi\right)\psi = c^2\left(\frac{h}{i}\nabla-\frac{e}{c}\mathbf{A}\right)\left(\frac{h}{i}\nabla-\frac{e}{c}\mathbf{A}\right)\psi + m^2c^4\psi \tag{38.1}$$

が得られたのである．しかし，この方程式は電子には適用できない．これは波動関数をただ1個しか含んでいないので，電子のスピンが考慮されていない．§32 で見たように，スピンが $\dfrac{1}{2}$ の粒子は少くとも2個の波動関数によって記述されなければならない．非相対論的な方程式の場合には，これら二つの関数を，そのおのおのが同じ方程式をみたすとして全く形式的に方程式の中へ持ち込むことができた．ところが，スピンと軌道運動の相互作用は相対論的な効果である．したがって，高速の電子に対する正しい方程式は，スピン磁気モーメントについてなんらの仮定をすることなく，この相互作用が自動的に考慮されているようなものでなければならない．この方程式はスピンの自由度に作用する演算子を含んでいる必要がある．

方程式(38.1)が電子には適用できないことは次の事実からもすぐわかる. すなわち, この方程式からえられた水素原子の準位の微細構造は正しくない. 第一, スピンを含まない方程式では準位が分裂する数を説明することができない. これは致命的なことである.

原子核の相互作用には, スピンをもたない荷電粒子——中間子——が関係する. 何らかの近似で中間子を陽子や中性子から切り離して考えることができる場合には, 中間子に対して方程式(38.1)を適用することができる.

ところが, 電子に対しては, スピンを考慮に入れた相対論的な波動方程式を作らなくてはならない. そのような方程式は Dirac によって見出された.

Dirac の方程式　　Dirac の考え方にしたがって, まず自由電子の方程式から始めよう. そのもとになる関係は

$$\mathcal{E} = \sqrt{c^2(p_x^2+p_y^2+p_z^2)+m^2c^4} \tag{38.2}$$

である. ここで, $\mathcal{E}$ と $\mathbf{p}$ は $-\dfrac{h}{i}\dfrac{\partial}{\partial t}$ と $\dfrac{h}{i}\nabla$ とでおきかえなくてはならない. しかしそのためには, 演算子の平方根の意味をはっきりさせておく必要がある. Dirac は次のように仮定した. すなわち, 上の平方根は, 演算子の意味で次のような式を表わすとしたのである:

$$\sqrt{c^2(\hat{p}_x^2+\hat{p}_y^2+\hat{p}_z^2)+m^2c^4} = c(\hat{\alpha}_x\hat{p}_x+\hat{\alpha}_y\hat{p}_y+\hat{\alpha}_z\hat{p}_z)+\hat{\beta}mc^2. \tag{38.3}$$

ここに $\hat{\alpha}_x, \hat{\alpha}_y, \hat{\alpha}_z, \hat{\beta}$ は電子の内部自由度(たとえばスピンの自由度)に作用する演算子である.

上の式の両辺を2乗し, これが恒等式となるように $\hat{\alpha}_x, \hat{\alpha}_y, \hat{\alpha}_z, \hat{\beta}$ を選んでみよう. まず,

$$c^2(\hat{p}_x^2+\hat{p}_y^2+\hat{p}_z^2)+m^2c^4 = c^2(\hat{\alpha}_x^2\hat{p}_x^2+\hat{\alpha}_y^2\hat{p}_y^2+\hat{\alpha}_z^2\hat{p}_z^2)+\hat{\beta}^2m^2c^4$$
$$+c^2(\hat{\alpha}_y\hat{\alpha}_z+\hat{\alpha}_z\hat{\alpha}_y)\hat{p}_y\hat{p}_z+c^2(\hat{\alpha}_z\hat{\alpha}_x+\hat{\alpha}_x\hat{\alpha}_z)\hat{p}_{zx}+c^2(\hat{\alpha}_x\hat{\alpha}_y+\hat{\alpha}_y\hat{\alpha}_x)\hat{p}_x\hat{p}_y$$
$$+mc^3(\hat{\alpha}_x\hat{\beta}+\hat{\beta}\hat{\alpha}_x)\hat{p}_x+mc^3(\hat{\alpha}_y\hat{\beta}+\hat{\beta}\hat{\alpha}_y)\hat{p}_y+mc^3(\hat{\alpha}_z\hat{\beta}+\hat{\beta}\hat{\alpha}_z)\hat{p}_z.$$

それゆえ, 演算子は次の条件をみたさなくてはならない:

$$\left.\begin{array}{c}\hat{\alpha}_x^2 = \hat{\alpha}_y^2 = \hat{\alpha}_z^2 = \hat{\beta}^2 = 1, \\ \hat{\alpha}_y\hat{\alpha}_z+\hat{\alpha}_z\hat{\alpha}_y = \hat{\alpha}_z\hat{\alpha}_x+\hat{\alpha}_x\hat{\alpha}_z = \hat{\alpha}_x\hat{\alpha}_y+\hat{\alpha}_y\hat{\alpha}_x \\ = \hat{\alpha}_x\hat{\beta}+\hat{\beta}\hat{\alpha}_x = \hat{\alpha}_y\hat{\beta}+\hat{\beta}\hat{\alpha}_y = \hat{\alpha}_z\hat{\beta}+\hat{\beta}\hat{\alpha}_z = 0.\end{array}\right\} \tag{38.4}$$

§38 電子の相対論的波動方程式

これらの演算子方程式はスピン演算子の関係(32.11), (32.13)と非常によく似ている(因子 $\frac{1}{4}$ を除けば同じである). このことからも, 演算子 $\hat{\alpha}_x, \hat{\alpha}_y, \hat{\alpha}_z, \hat{\beta}$ が電子のスピン自由度に作用するものであることがわかる.

しかし, 演算子 $\hat{\boldsymbol{\alpha}}$ と $\hat{\boldsymbol{\sigma}}$ とは完全に同じものではない. これは次のようにして証明できる. いま, かりに $\hat{\alpha}_x = \hat{\sigma}_x, \hat{\alpha}_y = \hat{\sigma}_y, \hat{\alpha}_z = \hat{\sigma}_z$ としてみよう. 波動方程式は(38.3)の右辺を ψ に作用させたものが $-\frac{h}{i}\frac{\partial \psi}{\partial t}$ に等しいと置くことによってえられる. そこでいま, 座標系の反転を行なってみる. このとき運動量成分はすべて符号を変える. たとえば $\hat{p}_z$ の符号は変わる. ところが, $\hat{p}_z$ にかかっている演算子 $\hat{\alpha}_z$ は, もしこれが $\hat{\sigma}_z$ に等しいとすると, 波動関数の成分を交換することはない. そうすると, 座標系の反転によって波動方程式の左辺と右辺とが等しくなくなってしまうことになるが, このようなことがあってはならない. それゆえ $\hat{\boldsymbol{\alpha}} \neq \hat{\boldsymbol{\sigma}}$ である.

波動関数は4成分のものが必要である　演算子 $\hat{\alpha}_x, \hat{\alpha}_y, \hat{\alpha}_z$ が, 他の辺の $-\frac{h}{i}\frac{\partial}{\partial t}$ が作用するのと同じ波動関数に作用すると考えても同様の困難が現われる. それゆえ, 座標系の反転に際して符号が変わる1対の関数と変わらない1対の関数とがあって, 座標による微分と時間による微分とはそれぞれ別の対の関数に作用すると仮定しなくてはならない. こうすれば, 反転に際して方程式の不変性は確かに保たれる.

このようにして, 波動関数は, スピン変数 σ のほかにある内部変数 ρ (やはり二つの値だけをとる)の関数でもあることになる.

そこで, スピン変数と全く同じ性質をもち, 変数 σ と ρ とに作用する演算子を定義しよう. スピン演算子の式に現われた $\frac{1}{2}$ の因子(§32)は本質的なものではないから, スピン演算子として改めて $\hat{\sigma}_1, \hat{\sigma}_2, \hat{\sigma}_3$ を, またこれに対応して演算子 $\hat{\rho}_1, \hat{\rho}_2, \hat{\rho}_3$ を次のように定義する:

$$\hat{\sigma}_1 \begin{pmatrix} \psi(1,\rho) \\ \psi(2,\rho) \end{pmatrix} = \begin{pmatrix} \psi(2,\rho) \\ \psi(1,\rho) \end{pmatrix}, \quad \hat{\sigma}_2 \begin{pmatrix} \psi(1,\rho) \\ \psi(2,\rho) \end{pmatrix} = \begin{pmatrix} -i\psi(2,\rho) \\ i\psi(1,\rho) \end{pmatrix},$$

$$\hat{\sigma}_3 \begin{pmatrix} \psi(1,\rho) \\ \psi(2,\rho) \end{pmatrix} = \begin{pmatrix} \psi(1,\rho) \\ -\psi(2,\rho) \end{pmatrix}; \tag{38.5}$$

$$\hat{\rho}_1 \begin{pmatrix} \phi(\sigma,1) \\ \phi(\sigma,2) \end{pmatrix} = \begin{pmatrix} \phi(\sigma,2) \\ \phi(\sigma,1) \end{pmatrix}, \quad \hat{\rho}_2 \begin{pmatrix} \phi(\sigma,1) \\ \phi(\sigma,2) \end{pmatrix} = \begin{pmatrix} -i\phi(\sigma,2) \\ i\phi(\sigma,1) \end{pmatrix},$$

$$\hat{\rho}_3 \begin{pmatrix} \phi(\sigma,1) \\ \phi(\sigma,2) \end{pmatrix} = \begin{pmatrix} \phi(\sigma,1) \\ -\phi(\sigma,2) \end{pmatrix}. \tag{38.6}$$

(32.10), (32.11) と同様に, $\hat{\boldsymbol{\sigma}}$ の成分に対する基本的な関係として次のものがえられる:

$$\left. \begin{array}{l} \hat{\sigma}_1{}^2 = \hat{\sigma}_2{}^2 = \hat{\sigma}_3{}^2 = 1\,;\ \hat{\sigma}_2\hat{\sigma}_3 = i\hat{\sigma}_1, \quad \hat{\sigma}_3\hat{\sigma}_1 = i\hat{\sigma}_2, \quad \hat{\sigma}_1\hat{\sigma}_2 = i\hat{\sigma}_3\,; \\ \hat{\sigma}_2\hat{\sigma}_3 = -\hat{\sigma}_3\hat{\sigma}_2, \quad \hat{\sigma}_3\hat{\sigma}_1 = -\hat{\sigma}_1\hat{\sigma}_3, \quad \hat{\sigma}_1\hat{\sigma}_2 = -\hat{\sigma}_2\hat{\sigma}_1. \end{array} \right\} \tag{38.7}$$

$\hat{\boldsymbol{\rho}}$ についても全く同様である.

演算子 $\hat{\boldsymbol{\sigma}}$ と $\hat{\boldsymbol{\rho}}$ はそれぞれ異なる変数に作用するから, $\hat{\boldsymbol{\sigma}}$ の中のどれをとっても, それは $\hat{\boldsymbol{\rho}}$ の中のどれとも可換である. $\hat{\alpha}_x, \hat{\alpha}_y, \hat{\alpha}_z, \hat{\beta}$ に条件(38.4)の最後の行の《反可換》の関係を満足させるために, $\hat{\boldsymbol{\alpha}}$ の三つの成分をどれも $\hat{\boldsymbol{\rho}}$ の一つの成分(たとえば $\hat{\rho}_1$)に比例するようにし, $\hat{\beta}$ は単に $\hat{\rho}_3$ に等しくとる. なお, $\hat{\rho}_1$ は二つの関数を入れかえるが, $\hat{\rho}_3$ は入れかえないことに注意する. (38.4) の第2行により $\hat{\alpha}_x, \hat{\alpha}_y, \hat{\alpha}_z$ を反可換にするためには, これらをそれぞれ $\hat{\sigma}_1, \hat{\sigma}_2, \hat{\sigma}_3$ に比例するように置く. 結局

$$\hat{\alpha}_x = \hat{\rho}_1 \hat{\sigma}_1, \quad \hat{\alpha}_y = \hat{\rho}_1 \hat{\sigma}_2, \quad \hat{\alpha}_z = \hat{\rho}_1 \hat{\sigma}_3, \quad \hat{\beta} = \hat{\rho}_3. \tag{38.8}$$

演算子 $\hat{\boldsymbol{\rho}}$ と $\hat{\boldsymbol{\sigma}}$ の定義およびそれらが可換であることから, (38.8)のようにしてつくった演算子が条件(38.4)をみたすことは明らかである.

このように, $\sigma = 1, 2$ と $\rho = 1, 2$ に対応して, Dirac の方程式の波動関数は4個の成分をもつことになる. 便宜上, 今後はそれらに1から4までの番号をつけ, 次のように書くことにする:

$$\psi_1 = \phi(1,1), \quad \psi_2 = \phi(2,1), \quad \psi_3 = \phi(1,2), \quad \psi_4 = \phi(2,2).$$

§32で行なったように, これらの関数は縦に並べて書くと便利である. (38.5) と (38.6) を用いれば, 演算子 $\hat{\alpha}_x, \hat{\alpha}_y, \hat{\alpha}_z, \hat{\beta}$ を4成分の波動関数に作用させたときどうなるかがわかる:

$$\hat{\alpha}_x \psi = \hat{\rho}_1 \hat{\sigma}_1 \begin{pmatrix} \phi(1,1) \\ \phi(2,1) \\ \phi(1,2) \\ \phi(2,2) \end{pmatrix} = \hat{\rho}_1 \begin{pmatrix} \phi(2,1) \\ \phi(1,1) \\ \phi(2,2) \\ \phi(1,2) \end{pmatrix} = \begin{pmatrix} \phi(2,2) \\ \phi(1,2) \\ \phi(2,1) \\ \phi(1,1) \end{pmatrix} = \begin{pmatrix} \psi_4 \\ \psi_3 \\ \psi_2 \\ \psi_1 \end{pmatrix},$$

§38 電子の相対論的波動方程式

$$\hat{\alpha}_y\psi = \begin{pmatrix} -i\psi_4 \\ i\psi_3 \\ -i\psi_2 \\ i\psi_1 \end{pmatrix}, \quad \hat{\alpha}_z\psi = \begin{pmatrix} \psi_3 \\ -\psi_4 \\ \psi_1 \\ -\psi_2 \end{pmatrix}, \quad \hat{\beta}\psi = \begin{pmatrix} \psi_1 \\ \psi_2 \\ -\psi_3 \\ -\psi_4 \end{pmatrix}. \quad (38.9)$$

(38.8)のようなきめ方だけが唯一のものではなく，同じ性質を持っていてこれとは異なる演算子をつくることもできる．たとえば，ρ_1 のかわりに ρ_2 をとることにしてもよかった．問題4で，このようにした場合の結果がどうなるかを調べる．

成分で書いた Dirac の方程式 以上を要約すれば，(38.2), (38.3), (38.8) によって Dirac の方程式は次のように書ける：

$$-\frac{h}{i}\frac{\partial \psi}{\partial t} = c(\hat{\alpha}_x \hat{p}_x + \hat{\alpha}_y \hat{p}_y + \hat{\alpha}_z \hat{p}_z)\psi + \hat{\beta}mc^2\psi = c(\hat{\boldsymbol{\alpha}}\hat{\mathbf{p}})\psi + mc^2\hat{\beta}\psi. \quad (38.10)$$

この方程式は4個の連立方程式を表わすものと解釈しなくてはならない．$-\frac{h}{i}\frac{\partial \psi}{\partial t}$ を $\mathcal{E}\psi$ と置き（ψ は $e^{-i\mathcal{E}t/\hbar}$ に比例する），(38.9)を用いて具体的に書けば

$$\left.\begin{aligned}
\mathcal{E}\psi_1 &= c(\hat{p}_x\psi_4 - i\hat{p}_y\psi_4 + \hat{p}_z\psi_3) + mc^2\psi_1, \\
\mathcal{E}\psi_2 &= c(\hat{p}_x\psi_3 + i\hat{p}_y\psi_3 - \hat{p}_z\psi_4) + mc^2\psi_2, \\
\mathcal{E}\psi_3 &= c(\hat{p}_x\psi_2 - i\hat{p}_y\psi_2 + \hat{p}_z\psi_1) - mc^2\psi_3, \\
\mathcal{E}\psi_4 &= c(\hat{p}_x\psi_1 + i\hat{p}_y\psi_1 - \hat{p}_z\psi_2) - mc^2\psi_4.
\end{aligned}\right\} \quad (38.11)$$

例によって $\hat{p}_x, \hat{p}_y, \hat{p}_z$ はベクトル $\frac{h}{i}\nabla$ の成分すなわち $\frac{h}{i}\frac{\partial}{\partial x}, \frac{h}{i}\frac{\partial}{\partial y}, \frac{h}{i}\frac{\partial}{\partial z}$ である．連立方程式(38.11)の中にはベクトルポテンシャルの成分やスカラーポテンシャルははいっていないから，これらは自由電子に対する方程式である．それゆえ，波動関数の中で空間座標による部分の形は $e^{i\mathbf{pr}/\hbar}$ である．4成分の波動関数全体の形は

$$\psi = \begin{pmatrix} a_1 \\ a_2 \\ a_3 \\ a_4 \end{pmatrix} e^{i\mathbf{pr}/\hbar} \quad (38.12)$$

で，振幅 a_1, a_2, a_3, a_4 は空間座標によらない．この1組の波動関数 ψ に演算子 $\hat{p}_x, \hat{p}_y, \hat{p}_z$ を作用させた結果は，単に p_x, p_y, p_z が掛かるだけである．したがっ

て，自由電子に対する微分方程式(38.10)から次の代数方程式が導かれる：
$$\mathcal{E}a = c(\hat{\boldsymbol{\alpha}}\mathbf{p})a + mc^2\hat{\beta}a, \qquad (38.13)$$
ただし
$$a = \begin{pmatrix} a_1 \\ a_2 \\ a_3 \\ a_4 \end{pmatrix}$$
である．上の式では演算子はもはや $\hat{\alpha}_x, \hat{\alpha}_y, \hat{\alpha}_z, \hat{\beta}$ だけで，これは振幅 a の成分を ψ の成分と同じように入れかえる．いいかえれば，振幅は内部変数 σ と ρ の関数である．

エネルギー固有値　次の演算子
$$\hat{\mathcal{E}} = c(\hat{\boldsymbol{\alpha}}\hat{\mathbf{p}}) + mc^2\hat{\beta} \qquad (38.14)$$
を(38.13)の両辺に作用させてみよう．Dirac の演算子の性質(38.4)により，その2乗だけが1となって残るから
$$\mathcal{E}^2 a = c^2 p^2 a + m^2 c^4 a. \qquad (38.15)$$
a の左側にあるものはすべて単なる数で，演算子ではないから，a の成分が入りまじることはない．すなわち，方程式(38.15)の四つの成分は $\mathcal{E}^2 a_1 = c^2 p^2 a_1 + m^2 c^4 a_1$ などのように同じ形をしている．これらの方程式を成り立たせるためには，通常の相対論の関係式をエネルギーに対して課さなくてはならない．すなわち，a_1 を消して
$$\mathcal{E}^2 = c^2 p^2 + m^2 c^4. \qquad (38.16)$$

この式は大きさだけの間の関係である．こうして，自由電子に対するエネルギー固有値は Dirac の方程式から次のようにきまる：
$$\mathcal{E} = \pm\sqrt{m^2 c^4 + c^2 p^2}. \qquad (38.17)$$
この式の中の正負の符号は，スピンのほかに電子が持っている内部自由度に対応している．古典力学では，自由電子は負のエネルギーをもつことはないからという理由で，正の符号しかとらない．(38.17)で与えられる $\mathcal{E}$ は絶対値にして mc^2 よりも小さくはならないから，幅 $2mc^2$ のエネルギー領域が存在して，電子のエネルギーがその範囲の値をとることは決してないことになる．ところで，古典論の方程式の中ではあらゆる量が連続的に変化する．したがって，エ

ネルギーの値が最初正であったとすると、この幅 $2mc^2$ の禁止された領域を越えてエネルギーの値が飛躍的に変化することはできないから、いつまでもその値は正である。いいかえれば、初期条件でエネルギーの値が正と与えられれば、運動方程式によってエネルギーはいつまでも正のままでいるのである．

Dirac の理論における負の運動エネルギー　　量子力学では，異なる状態の間に不連続的な遷移がおこることも可能である．たとえば，mc^2 よりも大きいエネルギーをもった電子が，光量子を放出して $-mc^2$ よりも小さいエネルギーをもつようになることもありうるであろう．しかし，負のエネルギーをもったそのような電子は自然界には観測されていない．そういうものがもしあるとしたら，その性質は実に奇妙なものであるにちがいない．たとえば，電子は光を放出してはエネルギーを失い，$\mathcal{E}=-\infty$ の状態に落ちこんでしまうようなことになるであろう．そうだとすると，宇宙の中にあるすべての電子は，かなり急速にこの状態に落ちこむものと考えられる．しかし，誰も知る通り，このようなことは起こっていない．

Dirac の方程式によればこのような状態が許される．電子は観測可能な状態からこれらの状態へ遷移することがありうるから，このような状態を排除してしまうことは一概にはできない．しかし一方，自然界には負のエネルギー $\mathcal{E}=-\sqrt{m^2c^4+c^2p^2}$ をもった電子は存在しない．ところが，同時に，Dirac の方程式は電子の非常に多くの性質をきわめて正しく記述している．たとえば，電子のスピンと磁気モーメントについては実験とよく一致する関係が導かれる．また，水素原子の準位の微細構造については正確な式を与える，など．さらに，スピンが $\frac{1}{2}$ で質量が 0 でない粒子の波動方程式で相対論的に不変なものは，本質的にはこれしかないことが数学的に示される．それゆえ，Dirac の方程式は一概に捨て去るべきものではなく，むしろある種の仮説をこれに補足していくことを考える方が適切である．

Dirac の理論における真空　　Dirac は，真空というものを定義し直すべきであると唱えた．それ以前には，真空といえば電荷(たとえば電子)が存在しないような状態を指すものと考えられていた．ところが今度は，**真空**とは，すべ

ての負エネルギー準位が電子で満たされているような状態であるとしなければならない．この定義が決して言葉の上だけではなく，物理的な意味をもっているものであることは以下ですぐにわかるであろう．

もし負のエネルギー準位がすべて満たされているとすれば，Pauli の原理によって，電子が正エネルギーの状態からこれらの状態へ遷移することはできない．相対論的量子論が電子の性質を記述しうるためには，このように Pauli の原理が必要なのである．Pauli の原理が，量子力学の一要素としてなくてはならない基本的な原理であることの理由はここにある．誤解を避けるために，場の理論における《真空》というもののはっきりした定義を次に与えておこう．これは実験物理学における定義とはかなり異なる意味をもっている．すなわち，**真空**とは場の基底状態である．たとえば，電磁場についていえば，光量子が存在しないときの場の状態が真空である．この状態が観測可能な物理的性質をそなえていることは，すでに §27 で見た通りである．

全く同様に，もし負エネルギーの状態がすべてふさがっているとすると，ほかの電子はエネルギーを失って負エネルギーの状態に遷移することができない．正エネルギーの電子が1個もないとすると，負エネルギーの状態が全部満たされていれば，電子のエネルギーはそれ以上減りようがない．真空が基底状態であるというのはこういう意味である．

対生成　観測されるすべての現象は，いわば負の運動エネルギー準位が満たされているという背景のもとで起っていることになる．

しかし，この《背景》は，現実の物理的過程の中に姿を見せることがある．原子核の近くでは，$2mc^2$ よりも大きいエネルギーをもった光量子が電子を負エネルギー状態から正エネルギー状態へはじき上げることが可能である．核の近くということは，運動量の保存則を満たすために必要である（このことの証明については問題1を参照）．

ところが，電子が負エネルギーの状態からはじき出されれば，そのあとには《孔》すなわち空席の準位が残る．電場の中では，負の質量（質量はエネルギーと同符号）をもった電子は，場に逆らって陽極の方へは移動せず，場の方向に，すなわち加わる力とは逆方向に陰極へ向かって移動する．そして，孔もそれと

共に移動するから，孔はちょうど正の電荷と正の質量をもった電子のような行動をとるのである．

実験によれば，負エネルギーの状態から電子がとび出した結果，正と負の電荷が現われることがわかっている．このような正の電子すなわち陽電子は，Dirac が負エネルギー状態に電子がつまっているという理論を出してからあとで，Anderson によって発見された．陽電子が発見されるまでは，Dirac のこの考え方は理論の欠陥をおおいかくすためのこじつけだと考えられ，Dirac の方程式に対する一般の態度はかなり懐疑的であった．

Dirac の理論は，科学的な洞察力のたぐい稀な例である．スピンが $\frac{1}{2}$ の粒子に対する Dirac の考え方は，のちに Segrè によって《反陽子》すなわち負電荷をもった陽子が発見されるに至って，その一般性が再び確証されることとなった．

対消滅　陽電子と電子が出合ったとき，もし電子が負エネルギーの空席に落ちこんだとすると，両方の粒子はいっしょになって消滅してしまう．そして，そのエネルギーは電磁放射に変わって2個または3個の光量子が現われる．対消滅が自由空間内でおこるときには，1個の光量子が現われるだけでは運動量の保存則が満たされないからである．これは，自由空間では1個の光量子からは対生成がおこりえないことと同様である．しかし，原子核の場の中では，対消滅の結果光量子が1個だけしか現われないこともある．

Dirac の方程式と量子電磁力学　新しい量子電磁力学は電磁場の量子論(§27)と Dirac の電子論(正負エネルギーの状態間の遷移を考慮に入れた)とに基礎を置いている．量子電磁力学では，電子と陽電子とは全く対称的に記述される．陽電子は《孔》であると定義したために，われわれの用語の中で電荷というものが非対称になっているが，これは見かけの上だけのことである．負エネルギーの電子という真空の背景は，方程式から除き去ってしまうことができ，それによって理論の物理的な内容が変わることはない．こうして，方程式は電荷の符号について対称的な形になる．粒子と反粒子の概念は，スピンをもたない粒子(たとえば π^+ と π^- 中間子)に対しても拡張することができる．

相対論的量子論が粒子の個数の変化を記述するということは特徴的である．すなわち，相対論的電磁力学では光量子の放出と吸収を，相対論的電子論では電子・陽電子対の生成と消滅をそれぞれ問題にする．

電子・陽電子・光子の場 電子と場とをいっしょにすると，電子－陽電子－電磁場という一種の統一場ができる．一方では電子と陽電子との間に，他方では電子と光量子との間に相互作用がある以上，この統一場を電荷と光量子とに分けるのは，ある意味では人為的な操作で，近似にすぎない．

場と電荷との間の相互作用の強さは次の無次元のパラメタ

$$\frac{e^2}{hc} = \frac{1}{137}$$

によって与えられる．このパラメタの値はかなり小さいから，電荷と場とを分けて扱う近似はかなりよいものと考えられる．

§27で述べたように，この理論にはまだいくつかの難点がある．最も困難な問題――どのようにして解決すべきかということさえもまだわかっていない――は，上の $\frac{1}{137}$ という数を説明することである．これは（用いる単位によらない）純粋の数であるから，何かある物理的な一般原理から導かれるはずであろう．ところが，このような原理はまだ定式化されていない．

それにもかかわらず，量子電磁力学を用いれば，実験的に観測される量を常に一義的に正しく計算することができる．それゆえ，多少の欠陥はあるにしても，電磁場の量子論は正しい理論というものの本質的な性格――実験との一致および一定の計算方式――をそなえている．

このほかの場の量子論については事情は全く異なる．その中では，原子核のベータ崩壊の原因となる場の理論，π から μ への中間子の崩壊のようないわゆる《弱い相互作用》の場の理論などが比較的満足すべき状態にあるだけである（以下を参照）．

核力の理論については，これまでいろいろの試みはなされたがどれもうまくいかず，その結果わかったことといえば，ただ理論はどういう形であってはならないかということだけである．けれども，多くの実験事実から，核力の物理的な性質についてはある種の結論を下すことができる．すなわち，これらの力

§38 電子の相対論的波動方程式

が，少くとも部分的にはいわゆる π 中間子（電子の 273 倍の質量をもつ粒子）に関係があることは疑いのないところである．この中間子は，核力の場において光量子の役割を果すのである．しかし，中間子は核子（陽子および中性子）と非常に強く作用し合う．それゆえ，電磁場の場合には電子と光量子とを最初の近似では切り離して考えることができたのに反して，核子と π 中間子とを分離して考察することに果して意味があるかどうかは疑問である．

π 中間子のほかに重い K 中間子がある．これは崩壊すれば普通 3 個，時には 2 個の π 中間子になる．

π 中間子が崩壊すると μ 中間子になる．これは原子核とは弱い作用しかもたない．核力が関係する現象の中で，弱い相互作用を持つそのような粒子が演ずる役割はきわめて不思議なものである．

実験データの解析の結果，素粒子の相互作用の中には，強さが本質的に異なる次の三つの基本的な型のものがあることがわかっている．すなわち，

1) 最も強いのは核力による相互作用である．この中には，たとえば π 中間子と核子との相互作用が含まれる．

2) 光量子と荷電粒子との電磁的な相互作用は核力による相互作用のおよそ $\frac{1}{100}$ である．

3) ベータ崩壊に関係した相互作用，あるいは，たとえば電子のおよそ 970 倍の質量をもつ重い中間子が（K 中間子）2 個ないし 3 個の π 中間子に崩壊する際の相互作用は，核力による相互作用の 10^{-11} 程度しかない．

Landau および Lee と Yang が示したところによると，弱い相互作用の法則は，右手系から左手系へ移る変換（空間座標の反転）に関して不変ではありえない．この際相互作用が不変であるためには，反転と同時に粒子を反粒子にかえなくてはならないのである．（たとえば，電子は陽電子に，陽子は反陽子に，π⁺ 中間子は π⁻ 中間子に，など．）

核力の相互作用と電磁的な相互作用については，偶奇性の保存という簡単な法則がえられている．ところが，上で述べたように，この法則は弱い相互作用についてはその形が変ってしまうのである．Feynman と Gell-Mann，これと独立に Marshak と Snolarshan とは，《combined parity》の原理を基礎としてすべての弱い相互作用に対する普遍的なハミルトニアンをつくることに成功し

た．その最初の形は Fermi によって示唆されたが，これには大きさが 10^{-49} erg·cm^3 程度の新しい普遍定数がはいってくる．

素粒子の分類　《素粒子》とは何であるかを正確に定義することは非常にむずかしい．今世紀はじめには，原子は素粒子であると考えられていた．原子はこれ以上分割することができないと思われていたからである．しかし現在では，原子が電子・陽子・中性子から成り立っていることをわれわれはよく知っている．そして，これらの粒子が，原子と同じような意味でそれよりもっと《要素的な》性質の粒子から成り立っているのではないことはかなり確かである．

素粒子の中には相互に転換するものがある．そのうちのあるものは，たとえば電子・陽電子・光子の間の転換の法則などは理論的に正しく計算することができる．

また，この場合ほどではないにしても，ベータ崩壊の際の転換についてもある程度は計算ができる．しかし，核力による強い相互作用については，これもまた素粒子の転換に関連があることは疑いないとしても，まだほとんど何もわかってはいない．

この場合の転換の様子は，次のような過程を考えてみるとわかり易いであろう．中性子が負の π 中間子を放出すると，陽子がこれを吸収する．このとき中性子は陽子に，陽子は中性子に変わる．こうして，放出と吸収の全過程を《交換》相互作用として扱うことができる．この種の相互作用は電磁的な相互作用——一つの電子から放出された光子が他の電子に吸収される——と幾分似たところがある．けれども，核力の機構についてはこのようにただ言葉で表現することができるだけで，それ以上は今のところうまくいかない．

素粒子の理論にはまだこのように不備な点があるけれども，素粒子をある程度整理することはできる．これを行なったのが Gell-Mann である．

以下に素粒子を順に挙げていくが，それらが存在することの実験的な証明は他の書物にゆずることにして，ここでは述べない．ただ，これらの粒子が現実に存在するのはきわめて確実なことであって，よく調べてみると実はそうでなかったというような束の間の素粒子とはちがうということを述べるだけにしておく．

§38 電子の相対論的波動方程式

Gell-Mann の分類は主に粒子の相互作用を基礎にしている．まず，電磁的な相互作用しかもたない粒子が一つある．それは光子，すなわち電磁放射の量子である．第2は，核力による強い相互作用を受けないような粒子群，すなわち μ 中間子・電子・ニュートリノなどいわゆる**レプトン**(軽粒子)である．第3の粒子群，すなわち π 中間子と K 中間子は核力の相互作用を行なう．これらの粒子の質量は核子と軽粒子との中間である．π 中間子および K 中間子は，他の高エネルギー粒子が原子核と作用するときに現われたり消えたりする．これらの粒子の個数に対しては保存則は成り立たないが，電荷の保存則が破れることはない．次に**バリオン**(重粒子)とよばれる第4の素粒子群がある．これは安定な核子(中性子と陽子)および不安定なハイペロン(超核子——$\Lambda, \Sigma, \varXi$ 粒子——，ひとりでにこわれて核子にかわる)から成る．重粒子の個数に対しては，電荷と同様粒子数の保存則も厳密に成り立つ．

上に挙げた粒子は，光子と π^0 中間子を除けば，どれに対しても反粒子が存在する．反粒子が存在するためには，もとの粒子が必ずしも電荷をもっている必要はないということはきわめて重要である(反中性子がその証拠である)．粒子-反粒子の相互作用の過程は対消滅である．たとえば，中性子と反中性子とは互いに消し合って π 中間子をつくり出す．真に中性の粒子というのは，反粒子をもたないもの，いいかえれば，通常の世界から《反世界》へ変換を行なったとき物理的に前と同じものに変換されるような粒子に限る．反世界への変換というのは，陽電子と電子，反陽子と陽子，……などを交換することによってすべての波動方程式を数学的に変換することである．(宇宙の中に反星雲が実際に存在すると考えている人もある．)

反世界を支配する法則がわれわれの世界を支配する法則と同じであるならば，電磁的な相互作用のハミルトニアンは，一方の世界から他方の世界への変換に際して不変でなければならない．そのような変換では，電荷の符号は明らかに変わる．電荷は電磁場の振幅すなわちベクトルポテンシャルとの積の形でハミルトニアンの中にはいって来るから，電磁場の振幅もまた同時に符号を変えなければならない．そこで次の結論に達する：光子の振幅は，通常の世界から反世界への変換に関して奇である．π^0 中間子はこわれると2個の光子になるから，その振幅は偶でなければならない．真に中性な粒子が持つこのような偶奇

性は，これら粒子の重要な特徴の一つである．

さて，次に Gell-Mann の分類の重要な点に進もう．まず，電気的に中性な Λ 粒子の崩壊

$$\Lambda \to \pi^0 + n \quad \text{または} \quad \Lambda \to \pi^- + p$$

を考える．（これは両者とも可能である．）この崩壊の平均時間は 10^{-10} sec の程度である．一方，Λ 粒子自身は原子核の衝突の際につくられるが，衝突の時間は 10^{-21} sec にもならない．これほど急速につくられた粒子がこれほどゆっくり消滅するというのはまことに不思議なことである．これは，一般に物理法則が時間的に可逆であるという性質と矛盾するように見える．Λ 粒子が《奇妙な》粒子であると呼ばれるようになったのはこのためである．これを説明するには，両方の過程が全く異なった性格のものであるとするほかはない．すなわち，粒子ができるときには強い相互作用により，崩壊するときには弱い相互作用によるとするのである．それには，Λ 粒子は必ず核子から K 中間子といっしょにつくられると仮定すればよい．このことは，間接にではあるが実験的に確かめられている．そのような過程は重粒子の保存則を破ることがない．もし相互作用に Λ 粒子と K 中間子とが同時に関係するならば，これは強い相互作用である．そして，もし一方だけが別のものに転換するときには，それは弱い相互作用なのである．

これら二つの型の相互作用を区別するために，Gell-Mann は，中間子と重粒子に《奇妙さ》という新しい性質を与えた．奇妙さを S とすると，これは次のように定義される:

$$\frac{Q}{e} = \frac{n}{2} + \tau_z + \frac{S}{2}.$$

ここで，Q は重粒子の電荷，e は素電荷の大きさ，n は重粒子数（重粒子なら 1, 反重粒子なら -1, 中間子なら 0 とする），τ_z はアイソスピンの z 成分（§32）である．重い粒子はすべて強い相互作用を行なうことが可能であるから，それら粒子のおのおのに τ_z のきまった値を対応させることができる．核子は電荷が 1 と 0 の二つの値しかもたないから，$\tau_z = +\frac{1}{2}$（陽子）および $\tau_z = -\frac{1}{2}$（中性子）である．Λ 粒子は電荷をもたないから $\tau_z = 0$ である．Σ 粒子は電荷が $1, 0, -1$ であるから，τ_z もそれぞれ $1, 0, -1$ である．最後に，Ξ 粒子につ

いては $\tau_z = \frac{1}{2}$(中性粒子) および $\tau_z = -\frac{1}{2}$(負粒子) である．これら電荷と τ_z の値，および $n=1$ を奇妙さの定義式に代入すれば次のようになる．すなわち，核子は $S=0$，超核子 $\varLambda$ と $\varSigma$ は $S=-1$，$\varXi$ は $S=-2$ である．$\varSigma^+$ と $\varSigma^-$ は互いに反粒子の関係にはないので，共に $n=1$ である．そのおのおのに対して反粒子($n=-1$)が存在する．

π および K 中間子は，重粒子でないから $n=0$ である．これから，π 中間子は $S=0$，K 中間子は $S=1$ となる．($\varSigma^{\pm}$ とちがって，$\pi^{\pm}$ は互いに反粒子の関係にある．)

さて次の選択律が成り立つ．相互作用は，反応にあずかるすべての粒子の奇妙さの和が保存されるときに限って強い相互作用である．たとえば，核子と π 中間子だけの相互作用は(もし奇妙さ以外の量の保存則を破らないものならば)いつも強い相互作用である．

$\varLambda$ 粒子は $S=-1$，K 中間子は $S=1$ である．したがって，これらの粒子が同時に生成されるのも強い相互作用によるものである．一方，$\varLambda$ 粒子が核子と π 中間子とに自然崩壊する過程は，奇妙さが保存されないから弱い相互作用によるものである．

$\Delta S=2$ の遷移は $\Delta S=1$ の遷移よりも禁止される程度が強い．それゆえ，$\varXi$ 粒子はまず $\varLambda$ 粒子と $\varSigma$ 粒子とに崩壊し，それから核子と π 中間子とに崩壊しなくてはならない．このことは，$\varXi$ 粒子の崩壊がカスケードの性格をもっているという事実と一致している．

軽粒子は強い相互作用に関係がない．したがって，軽粒子に τ_z と S のきまった値を与えるだけの理由はまだ見出されていない．

非相対論的波動方程式への移行　　相対論的波動方程式と Schrödinger の方程式との比較は，極限移行を行なってみるとわかり易い．電子のエネルギーが正で，その速さ v は光速に比べてはるかに小さいと仮定しよう．このとき，$\mathcal{E}$ は mc^2 と $\frac{1}{2}mv^2$ だけしか異ならない．いま，方程式(38.11)の第1式と第2式の右辺にある $mc^2\psi_1$ と $mc^2\psi_2$ を左辺に移せば，それぞれ ψ_1 と ψ_2 の $\mathcal{E}-mc^2$ 倍すなわち $\frac{1}{2}mv^2$ 倍になる．一方，右辺にある波動関数の成分 ψ_3 と ψ_4 には

cp_x, cp_y, cp_z がかかっている.それゆえ,エネルギーが正の場合には,ϕ_3 および ϕ_4 は ϕ_1 および ϕ_2 の $\dfrac{v}{c}$ 倍程度の大きさしかない.同じことは(38.11)の第3,第4の方程式からも導かれる.すなわち,ϕ_3 と ϕ_4 を左辺に集めればこれには $2mc^2$ に近い数がかかり,右辺の ϕ_1 と ϕ_2 には cp の程度の数がかかるからである.

エネルギーが負の場合には,成分 ϕ_3 と ϕ_4 の方が大きくて,ϕ_1 と ϕ_2 はその $\dfrac{v}{c}$ 倍程度となる.

したがって,非相対論的な極限では,Dirac の方程式はスピン $\dfrac{1}{2}$ の粒子を記述する2成分の方程式(§32)に帰着する.

スピン磁気モーメント さて,スピン磁気モーメントがどのようにして得られるかを示そう.まず,電磁場がある場合の Dirac の方程式を書かなくてはならない.前に見たように(§21),自由粒子の方程式から場の中の粒子の方程式へ移るには,運動量 $\mathbf{p}$ を $\mathbf{p}-\dfrac{e}{c}\mathbf{A}$ で,エネルギー $\mathcal{E}$ を $\mathcal{E}-e\varphi$ で置きかえる必要がある.それゆえ,電磁場が存在する場合の Dirac の方程式は次の形をもつ:

$$(\mathcal{E}-e\varphi)\phi = c\hat{\boldsymbol{\alpha}}\left(\hat{\mathbf{p}}-\dfrac{e}{c}\mathbf{A}\right)\phi + \hat{\beta}mc^2\phi. \qquad (38.18)$$

前に述べたように,場が存在しないときの非相対論的極限においては,波動関数の成分の間の関係は次のようになる:

$$\left.\begin{array}{l}\phi_3 = \dfrac{1}{2mc}[(\hat{p}_x-i\hat{p}_y)\phi_2+\hat{p}_z\phi_1],\\[6pt]\phi_4 = \dfrac{1}{2mc}[(\hat{p}_x+i\hat{p}_y)\phi_1-\hat{p}_z\phi_2].\end{array}\right\} \qquad (38.19)$$

これらの関係は,演算子 $\hat{\boldsymbol{\sigma}}$ を使うと簡単に表わすことができる((32.2),(32.8),(32.9)参照):

$$\phi' = \dfrac{1}{mc}\left(\hat{\boldsymbol{\sigma}},\hat{\mathbf{p}}-\dfrac{e}{c}\mathbf{A}\right)\phi. \qquad (38.20)$$

ただし,波動関数の小さい方の成分 ϕ_3 と ϕ_4 を単に ϕ' と書き,大きい方の成分 ϕ_1 と ϕ_2 を ϕ と書いた.また運動量 $\mathbf{p}$ のかわりに $\mathbf{p}-\dfrac{e}{c}\mathbf{A}$ としてある.

§38 電子の相対論的波動方程式

さらに,非相対論の場合のエネルギーを $\mathcal{E}'$ として, $\mathcal{E} = mc^2 + \mathcal{E}'$ とする. $\hat{\mathbf{p}}$ を $\hat{\mathbf{p}} - \dfrac{e}{c}\mathbf{A}$ で, $\mathcal{E}$ を $\mathcal{E} - e\varphi$ で置きかえれば, (38.18) の最初の二つの式から

$$(\mathcal{E}' - e\varphi)\psi = 2c\left(\hat{\boldsymbol{\sigma}}, \hat{\mathbf{p}} - \frac{e}{c}\mathbf{A}\right)\psi' \tag{38.21}$$

が得られる.これらの方程式から ψ' を消去すれば,大きい方の成分 ψ だけの式が導かれる.

(38.20) の ψ' を (38.21) に代入すれば

$$(\mathcal{E}' - e\varphi)\psi = \frac{2}{m}\left(\hat{\boldsymbol{\sigma}}, \hat{\mathbf{p}} - \frac{e}{c}\mathbf{A}\right)\left(\hat{\boldsymbol{\sigma}}, \hat{\mathbf{p}} - \frac{e}{c}\mathbf{A}\right)\psi. \tag{38.22}$$

演算子 $\left(\hat{\boldsymbol{\sigma}}, \hat{\mathbf{p}} - \dfrac{e}{c}\mathbf{A}\right)$ を2乗する場合に, $\boldsymbol{\sigma}$ の成分間および $\mathbf{p}$ と $\mathbf{A}$ の間の交換関係を考慮しなくてはならない. $\hat{\sigma}_x^2 = \hat{\sigma}_y^2 = \hat{\sigma}_z^2 = \dfrac{1}{4}$ の関係を用い,また $\hat{p}_x - \dfrac{e}{c}A_x \equiv \hat{P}_x, \cdots\cdots$ などと置くことによって,まず次の式が得られる:

$$(\mathcal{E}' - e\varphi)\psi = \left[\frac{1}{2m}\left(\hat{\mathbf{p}} - \frac{e}{c}\mathbf{A}\right)^2 + \frac{2}{m}(\hat{\sigma}_x\hat{\sigma}_y\hat{P}_x\hat{P}_y + \hat{\sigma}_y\hat{\sigma}_x\hat{P}_y\hat{P}_x) + \cdots\cdots\right]\psi. \tag{38.23}$$

さらに, $\hat{\sigma}_x\hat{\sigma}_y = -\hat{\sigma}_y\hat{\sigma}_x = \dfrac{i}{2}\hat{\sigma}_z$ の関係 (32.10) と次の交換関係 ((30.36) 参照)

$$\hat{P}_x\hat{P}_y - \hat{P}_y\hat{P}_x = -\frac{e}{c}(\hat{p}_xA_y + A_x\hat{p}_y - \hat{p}_yA_x - A_y\hat{p}_x)$$

$$= -\frac{e}{c}(\hat{p}_xA_y - A_y\hat{p}_x) + \frac{e}{c}(\hat{p}_yA_x - A_x\hat{p}_y)$$

$$= \frac{eh}{ic}\left(\frac{\partial A_x}{\partial y} - \frac{\partial A_y}{\partial x}\right) = -\frac{eh}{ic}H_z \tag{38.24}$$

を用いる.これらの式を (38.23) に代入すれば,大きい方の成分に対する方程式は次のようになる:

$$(\mathcal{E}' - e\varphi)\psi = \left[\frac{1}{2m}\left(\hat{\mathbf{p}} - \frac{e}{c}\mathbf{A}\right)^2 - \frac{eh}{mc}(\hat{\sigma}_xH_x + \hat{\sigma}_yH_y + \hat{\sigma}_zH_z)\right]\psi.$$

ベクトル記号を用いれば,非相対論的波動方程式として,

$$\mathcal{E}'\psi = \frac{1}{2m}\left(\hat{\mathbf{p}} - \frac{e}{c}\mathbf{A}\right)^2\psi + e\varphi\psi - \frac{eh}{mc}(\hat{\boldsymbol{\sigma}}\mathbf{H})\psi \tag{38.25}$$

が得られる.

スピンを持たない粒子のハミルトニアンと比べてみると，電子のハミルトニアンは，次の項

$$\hat{\mathcal{H}}_\sigma = -\frac{eh}{mc}(\hat{\boldsymbol{\sigma}}\mathbf{H}) \equiv -(\hat{\boldsymbol{\mu}}_\sigma \mathbf{H}) \tag{38.26}$$

を余分に含んでいることがわかる．ところが，$\mathbf{H}$ は磁場ベクトルであるから，電子は

$$\hat{\boldsymbol{\mu}}_\sigma = \frac{eh}{mc}\hat{\boldsymbol{\sigma}} \tag{38.27}$$

だけの磁気モーメントを余分にもっていることになる．これは§32 で述べたことと一致している ((32.16)——いまの場合は $\hat{\boldsymbol{\sigma}}$ は無次元の演算子である)．上の式の分母には 2 の因子が含まれない．この点でスピンは軌道角運動量とは異なっている．このようにして，いわゆるスピン磁気異常は Dirac の方程式から自然に導かれるのである．

磁気モーメントに対する放射場の補正　方程式 (38.27) はもちろん非相対論的な極限においてのみ正しい．しかし，この極限においても，実は完全に厳密というわけではない．§27 で述べたように，光量子が存在しないでも電磁場は荷電粒子と相互作用を行なう．厳密にいえば，電荷と場との間に相互作用が存在する限り，それぞれの状態を別々に完全に精密に定義することはできない．それゆえ，場の状態が電荷の存在によって乱されたり，荷電粒子の状態が場によって乱されたりするのは少しも不思議ではない．Schwinger その他の人々のかなり精密な計算によって示されたように，このことの結果として電子の磁気モーメントは 1 磁子よりもごくわずかだけ大きくなる．その割合は $\dfrac{e^2}{2\pi hc}$ である．この結果は実験と完全に一致している．

陽子と中性子の磁気モーメントは Dirac の理論とは全然あわない．たとえば，Dirac の理論では中性の粒子は磁気モーメントをもつことができない．ところが現実には，中性子はスピンと逆向きの磁気モーメントをもっているのである．

通常，このことは核子と核力の場 (中間子の場とよぶこともある) との強い相互作用によるものと解釈されている．電子の磁気モーメントに対して補正が加

わることを上で述べたが，核子の場合にも同様のことがおこる．相互作用の定数 $\dfrac{e^2}{hc}$ が小さいために，電子の場合にはこの補正値は小さい．ところが，核力の相互作用は非常に強いので，その結果は大きな《補正》——陽子の場合には，Dirac の理論によって与えられる基本的な磁気モーメントの2倍にもなる——となって現われる．

核力の理論が現在まだないので，核子の磁気モーメントを計算することはできない．しかし，反陽子が存在することから，核子が Dirac 粒子であることは疑いない．

水素原子のエネルギー固有値　　Dirac の方程式にしたがって計算すれば，水素原子あるいは任意の1電子原子のエネルギー固有値は次のようになる：

$$\frac{\mathscr{E}}{mc^2} = \frac{1}{\sqrt{1+\left[\dfrac{\alpha Z}{n-\left(j+\dfrac{1}{2}\right)+\sqrt{\left(j+\dfrac{1}{2}\right)^2-\alpha^2 Z^2}}\right]^2}} - 1. \quad (38.28)$$

ただし，n は主量子数，$j = l \pm \dfrac{1}{2}$ は電子の全角運動量，また $\alpha = \dfrac{e^2}{hc} = \dfrac{1}{137}$ である．もし αZ を1に比べて小さいと見なせば，非相対論の式(31.34)がえられる．(38.28)から，原子の状態 $2p_{\frac{1}{2}}$ と $2s_{\frac{1}{2}}$（どちらも $n=2, j=\dfrac{1}{2}$）とは等しいエネルギーをもつことがわかる．実際には，場の基底状態と光量子との相互作用の結果，これらの状態はわずかに分かれる．分裂に対する計算結果はきわめて高い精度で実験と一致する．

問　　題

1 電磁場がなければ，自由空間の中で光量子は電子-陽電子対をつくることができないことを証明せよ．

（解）　場がないときの保存則は次のように書ける：

$$-\sqrt{m^2c^4+c^2p^2}+h\omega = \sqrt{m^2c^4+c^2p_1^2}, \qquad \mathbf{p}+\frac{h\omega}{c}\mathbf{n} = \mathbf{p}_1.$$

ただし，$\mathbf{p}$ は負エネルギー状態にある電子の運動量，$\mathbf{n}$ は光量子の運動量方向の単位ベクトル，$\mathbf{p}_1$ は正エネルギー状態にある電子の運動量である．第2式の p_1 を第1式に代

入して両辺を2乗してみれば，等式の成り立ちえないことが容易にわかる．
　あるいは，次のような簡単な考えからも証明できる．別の適当な慣性系に移れば，光量子のエネルギーを $2mc^2$ よりも小さくすることが必ずできる．そのような系では，エネルギーがたりないから光量子は対生成をおこすことができない．ところで，一つの座標系で起りえないことはほかのどんな座標系でも起りえない．ある出来事が起りうるか起りえないかは座標系の選び方にはよらないことだからである．
　原子核の近くでの対生成を問題にするときには，以上の議論は成り立たない．この場合には，ある座標系で原子核が静止しているとすると，別の座標系から見れば運動していることになる．そこで，光量子のエネルギーが $2mc^2$ より小さくなるような系では，運動している原子核がこれをいわば助けて対生成をおこさせるのである．原子核が静止しているような系で光量子のエネルギーが $2mc^2$ よりも小さい場合には，光量子が対生成を起さないことはもちろんである．

2 自由電子に対する Dirac の方程式の解を求めよ．

(解) 波動関数の成分 ψ_1 を0と置く．(38.11)の第1式は，$\psi_3 = Ac(p_x - ip_y)$，$\psi_4 = -Acp_z$ と置けば満たされる．(38.11)の第2式からは

$$\psi_2 = \frac{Ac^2(p_x^2 + p_y^2 + p_z^2)}{\mathcal{E} - mc^2} = \frac{A(\mathcal{E}^2 - m^2c^4)}{\mathcal{E} - mc^2} = A(\mathcal{E} + mc^2).$$

(38.11)の第3式は恒等式となる：

$$(\mathcal{E} + mc^2)\psi_3 = Ac(\mathcal{E} + mc^2)(p_x - ip_y) = c(p_x - ip_y)\psi_2 = Ac(p_x - ip_y)(\mathcal{E} + mc^2).$$

(38.11)の第4式も恒等式となる．A は規格化の条件 $|\psi_1|^2 + |\psi_2|^2 + |\psi_3|^2 + |\psi_4|^2 = 1$ からきまる．すなわち

$$A^2[(\mathcal{E} + mc^2)^2 + c^2p_x^2 + c^2p_y^2 + c^2p_z^2] = 1,$$

$$A = \frac{1}{\sqrt{2\mathcal{E}(\mathcal{E} + mc^2)}}.$$

$v \ll c$ ならば，成分 ψ_3 と ψ_4 は ψ_2 に比べて小さい．それゆえ，この解は正のエネルギーに対応している．正エネルギーをもつもう一つの解は $\psi_2 = 0$ と置けばえられる．負エネルギーの解は $\psi_3 = 0$ あるいは $\psi_4 = 0$ と置くことによって得られる．

3 Dirac の方程式から，(24.16)に相当する電荷保存の方程式

$$\frac{\partial}{\partial t}|\psi|^2 = -\mathrm{div}(\psi^* c\hat{\boldsymbol{\alpha}}\psi)$$

が導かれることを示せ．ただし $|\psi|^2 = |\psi_1|^2 + |\psi_2|^2 + |\psi_3|^2 + |\psi_4|^2$．

(解) 方程式(38.18)およびその共役複素の方程式を書く．第1のものに ψ^* を，第2のものに ψ をかけて引き，演算子 $\hat{\boldsymbol{\alpha}}$ と $\hat{\beta}$ の Hermite 性を用いる．

4 ψ が正エネルギー $\mathcal{E}$ に対応する解であるとすれば，$\hat{\rho}_2\psi$ は負エネルギー $-\mathcal{E}$ に対応する解であることを示せ．

(解) ψ に対する方程式は

$$\mathcal{E}\psi = c(\hat{\boldsymbol{\alpha}}\hat{\boldsymbol{p}})\psi + mc^2\hat{\beta}\psi.$$

§38 電子の相対論的波動方程式

これから
$$\mathcal{E}\hat{\rho}_2\psi = c\hat{\rho}_2(\hat{\boldsymbol{\alpha}}\hat{\mathbf{p}})\psi + mc^2\hat{\rho}_2\hat{\beta}\psi = -[c(\hat{\boldsymbol{\alpha}}\hat{\mathbf{p}}) + mc^2\hat{\beta}]\hat{\rho}_2\psi.$$
このことから，Dirac の方程式では負エネルギーの解を除くことができないことがわかる．

5 4成分の波動関数に作用する次の演算子
$$\hat{\sigma}_x = \frac{h}{2i}\hat{\alpha}_y\hat{\alpha}_z, \quad \hat{\sigma}_y = \frac{h}{2i}\hat{\alpha}_z\hat{\alpha}_x, \quad \hat{\sigma}_z = \frac{h}{2i}\hat{\alpha}_x\hat{\alpha}_y$$
はスピン演算子であることを証明せよ．

(解)
$$\hat{\sigma}_x^2 = -\frac{h^2}{4}\hat{\alpha}_y\hat{\alpha}_z\hat{\alpha}_y\hat{\alpha}_z = \frac{h^2}{4}\hat{\alpha}_y^2 = \frac{h^2}{4},$$

$$\hat{\sigma}_x\hat{\sigma}_y = -\frac{h^2}{4}\hat{\alpha}_y\hat{\alpha}_z\hat{\alpha}_z\hat{\alpha}_x = -\frac{h^2}{4}\hat{\alpha}_y\hat{\alpha}_x = i\frac{h}{2}\hat{\sigma}_z,$$

$$\hat{\sigma}_y\hat{\sigma}_x = -i\frac{h}{2}\hat{\sigma}_z.$$

したがって，$(\hat{\sigma}_x, \hat{\sigma}_y, \hat{\sigma}_z)$ はスピン演算子のすべての性質をそなえている (§32 参照)．$\hat{\boldsymbol{\alpha}}$ は $\hat{\boldsymbol{\sigma}}$ と $\hat{\rho}$ とを用いて表わされた (式 (38.8))．これからも上のことは明らかであろう．スピン演算子は成分の対 (ψ_1, ψ_2) および (ψ_3, ψ_4) をそれぞれの中だけで入れかえはするが，両方の対同士を交換することはない．

6 Dirac の方程式によれば，軌道角運動量とスピン角運動量とは単独では保存則を満足せず，それらの和をとったときはじめて保存則をみたす．このことを示せ．

(解) 全角運動量は次のように定義される:
$$\hat{\mathbf{J}} = \hat{\mathbf{M}} + \hat{\boldsymbol{\sigma}} = [\mathbf{r}\hat{\mathbf{p}}] + \hat{\boldsymbol{\sigma}}.$$
したがって，その z 成分は
$$\hat{J}_z = x\hat{p}_y - y\hat{p}_x + \frac{h}{2i}\hat{\alpha}_x\hat{\alpha}_y.$$
ハミルトニアン $\hat{\mathcal{H}}$ との交換子を計算すれば
$$\hat{\mathcal{H}}\hat{J}_z - \hat{J}_z\hat{\mathcal{H}} = [c(\hat{\alpha}_x\hat{p}_x + \hat{\alpha}_y\hat{p}_y + \hat{\alpha}_z\hat{p}_z) + \hat{\beta}mc^2]\left(x\hat{p}_y - y\hat{p}_x + \frac{h}{2i}\hat{\alpha}_x\hat{\alpha}_y\right)$$
$$- \left(x\hat{p}_y - y\hat{p}_x + \frac{h}{2i}\hat{\alpha}_x\hat{\alpha}_y\right)[c(\hat{\alpha}_x\hat{p}_x + \hat{\alpha}_y\hat{p}_y + \hat{\alpha}_z\hat{p}_z) + \hat{\beta}mc^2]$$
$$= c\hat{\alpha}_x\hat{p}_y(\hat{p}_x x - x\hat{p}_x) - c\hat{\alpha}_y\hat{p}_x(\hat{p}_y y - y\hat{p}_y)$$
$$+ \frac{hc}{2i}\hat{p}_x(\hat{\alpha}_x\hat{\alpha}_x\hat{\alpha}_y - \hat{\alpha}_x\hat{\alpha}_y\hat{\alpha}_x) + \frac{hc}{2i}\hat{p}_y(\hat{\alpha}_y\hat{\alpha}_x\hat{\alpha}_y - \hat{\alpha}_x\hat{\alpha}_y\hat{\alpha}_y)$$
$$= \frac{hc}{i}(\hat{\alpha}_x\hat{p}_y - \hat{\alpha}_y\hat{p}_x + \hat{p}_x\hat{\alpha}_y - \hat{p}_y\hat{\alpha}_x) = 0.$$

ハミルトニアンは全角運動量の 2 乗 $\hat{J}^2 = \hat{J}_x^2 + \hat{J}_y^2 + \hat{J}_z^2$ とも可換である．運動の積分は $\hat{J}^2$ および $\hat{J}_z$ であって，$\hat{M}^2, \hat{\sigma}^2, \hat{M}_z, \hat{\sigma}_z$ はそれぞれ単独では運動の積分にはならない．

第IV部 統計物理学

§39 理想気体における分子の平衡分布

統計物理学の対象 第III部で述べた量子力学の方法によれば，マクロな物体を構成している電子・原子・分子のどのような集団を記述することも原理的には可能である．

しかし実際には，2個の電子をもつ原子の問題でさえすでに数学的に大きな困難があり，まだ誰も完全には解いていない．まして，たくさんの電子をもつ 10^{23} 個もの原子から成るマクロな物体については，問題を解くことはおろか，方程式を書くことさえ不可能である．

ところが，大きい系になると，その運動にはある種の一般的な法則性が現われ，その系を記述する波動関数を知る必要は必ずしもなくなってくる．そのような法則性のごく簡単な例として，完全に真空の大きい容器の中に分子が1個だけある場合を考えてみよう．分子の運動があらかじめ与えられてはいないとすると，容器の半分の体積――どの部分をとってもよい――の中にこの分子を見出す確率は $\frac{1}{2}$ に等しい．同じ容器の中に分子が2個ある場合には，同じ半分の体積中に2個の分子を同時に見出す確率は $\left(\frac{1}{2}\right)^2 = \frac{1}{4}$ に等しい．さらに，N 個の粒子から成る気体がその容器をみたしている場合には，その気体全部を半分の体積中に見出す確率は $\left(\frac{1}{2}\right)^N$ という途方もなく小さい数になる．容器を等しい体積の二つの部分に分けたとき，それぞれの部分には，平均して常にほとんど等しい数だけの分子が存在する．そして，気体分子の数が多くなればなるほど，どんな時刻に観測しても，両方の部分にある分子の数の比は1に近づく．

同一容器内の等しい体積中の分子数がほとんど等しいという事実は，統計法則が多数のものの集団についてはじめて適用されることのよい例である．空間的な分布のほかに，分子はある速度分布をもっている．速度分布の方は決して一様ではない(分子が無限大の速さをもつ確率が0に等しいことを考えれば明らかであろう)．

統計物理学では，電子・原子・光量子・分子など多数の粒子の集団の運動を支配する法則を研究する．気体分子の速度分布を決定する問題は，統計物理学の方法によって解かれる最も簡単なものの一つである．

統計物理学では，1個あるいは少数の物体の力学の言葉を用いたのでは定義できないような新しい量をいくつか導入する．そのような統計量の一例は温度である．これは気体分子の平均エネルギーと密接な関係がある．気体を容器の半分の体積の中に閉じこめ，次に，仕切りを取除くと，気体はひとりでに容器全体に一様にひろがる．同様に，何らかの方法で分子の速度分布を乱したとすると，分子間の衝突の結果ある定まった統計的分布がつくり出され，外界の条件が変化しない限りこの分布はほとんどそのまま永久に続く．この例は，統計的法則性が現われるのは非常に多数の物体の集まりを対象としていることによるだけでなく，それらの間に相互作用が働くことによることを示している．

量子力学における統計的法則性　量子力学においても統計的な法則性が現われる．ただ，この場合は個々の粒子についてである．そこでの統計的法則性は，全く等しい粒子について全く同じ実験を多数回くり返した結果の中に現われてくるのであって，粒子間の相互作用とは何の関係もない．たとえば，電子の回折実験では，電子をどのような時間間隔で結晶中を通過させても，同時に通過させた場合と完全に同じ模様が写真乾板の上にできる．

アルファ崩壊の際に見られる法則性も，原子核の数がきわめて多いということからは説明できない．原子核同士の間には，崩壊を誘発するような相互作用は事実上ないから，この場合にも，量子力学が予言する統計的性格は，全く等しい粒子の多数例においてはじめて現われて来るものであって，多数の粒子が存在するからではない．この意味で，現象を量子力学的に記述する際には，光波の位相の概念に似た確率位相の概念が出て来るのである．

きわめて多数の粒子から成る系に対しても，原理的には波動方程式が成り立つ．これを解けば，系の状態が量子力学的にくわしく表わされることになる．いま，波動方程式を解いた結果，系のエネルギー固有値のスペクトル

$$\mathcal{E} = \mathcal{E}_0, \mathcal{E}_1, \mathcal{E}_2, \cdots\cdots, \mathcal{E}_n, \cdots\cdots \qquad (39.1)$$

および，それに対応する波動関数

§39 理想気体における分子の平衡分布

$$\phi_0, \phi_1, \phi_2, \ldots\ldots, \phi_n, \ldots\ldots$$

が得られたものとしよう．§30で述べたように，系の任意の状態の波動関数は，確定したエネルギーを持つ状態の波動関数の和の形に表わされる：

$$\phi = \sum_n c_n \phi_n. \tag{39.2}$$

係数の絶対値の2乗

$$w_n = |c_n|^2 \tag{39.3}$$

は，状態 ϕ にある系のエネルギーを測定したときに $\mathcal{E}_n$ という値が得られる確率である．

展開(39.2)によれば，確率振幅だけでなく，系を量子力学的にくわしく記述する相対的な確率位相までわかる．

統計物理学の方法を用いれば，確率位相にはふれずに，確率 $w_n = |c_n|^2$ そのもののだいたいの値が直接にきめられる．それゆえ，その結果から系の波動関数を決定することはできない．しかし，マクロな物体の性質を特徴づける実際上重要な平均値(たとえば平均エネルギー)はこれによって計算することができる．

この節では，理想気体について，確率 w_n をどのようにして計算すべきかを考えることにする．

理想気体　　分子間の相互作用が無視できるような系のことを理想気体とよぶ．理想気体では，分子間の衝突は，統計分布 w_n ができ上がるまでの過程では本質的な役割を果すが，いったん統計分布に達してしまったあとでは，相互作用の影響はほとんどなくなる．

固体や液体のように分子が凝集した物質では，分子は絶えず強く作用し合っているから，統計分布は分子間力に本質的に依存する．

しかし気体の中でも，分子が互いに完全に独立であると考えることはできない．たとえば，Pauli の原理によって，気体がとりうる量子状態には本質的な制限が加わる．以下，これらの条件を考慮に入れて確率の計算を行なうことにする．

個々の気体分子の状態 気体全体の状態と個々の分子の状態とを区別するために，全体のエネルギーを $\mathcal{E}$, 各分子のエネルギーを ε と書くことにする．たとえば，気体が無限に深いポテンシャルの井戸の中に閉じこめられている場合には (§25)，各分子のエネルギーは (25.19) で与えられる．

分子のエネルギー ε は次の値

$$\varepsilon = \varepsilon_0, \varepsilon_1, \varepsilon_2, \ldots\ldots, \varepsilon_k, \ldots\ldots \tag{39.4}$$

をとりうるものとしよう．いま，考えている気体中に，ε_k のエネルギーをもつ分子が n_k 個だけあるとする．このとき，気体の全エネルギーは

$$\mathcal{E} = \sum_k n_k \varepsilon_k \tag{39.5}$$

に等しい．この式で数 n_k のいろいろな組合せを考えれば，(39.1) の各エネルギー値がえられる．

前にたびたび見たように，ε_k の数値を与えただけでは，まだ粒子の状態ははっきりとは定まらない．たとえば，水素原子のエネルギーは主量子数 n だけできまるから*，一つのエネルギー値に $2n^2$ 個の状態が対応することになる ((33.1) 参照)．$2n^2$ のことを，このエネルギーをもつ状態の**重み**とよぶ．ところで，系を適当な条件の下に置くことによって，エネルギーの値だけで状態が一義的に定まるようにすることが原理的には可能である．まず，水素以外の原子では，エネルギーが n だけでなく方位量子数 l にもよることに注意しよう．さらに，スピンと軌道運動の間の相互作用を考えれば，エネルギーは全角運動量 j にもよる．最後に，原子を磁場の中に置けば，磁場方向の角運動量成分によってもエネルギーは変わる．このようにすれば，エネルギーの一つの値は，原子の一つの状態と 1 対 1 に対応する．

磁場の中では，水素原子の $2n^2$ 個の状態 (主量子数 n に対応する) はすべて分裂する．次に，閉じた容器内にある気体の状態がどのように分裂するかを考察しよう．直方体の容器を考え，各稜の 2 乗 a_1^2, a_2^2, a_3^2 は互いに無理数比をなしているとする．このときには，(25.19) によって，粒子のエネルギーは $\dfrac{n_1^2}{a_1^2} + \dfrac{n_2^2}{a_2^2} + \dfrac{n_3^2}{a_3^2}$ (n_1, n_2, n_3 は正の整数) に比例する．a_1^2, a_2^2, a_3^2 が無理数比をなすことから，異なる整数の組 (n_1, n_2, n_3) には必ず異なるエネルギーの値がただ一

---

* n_k と混同してはならない．

つ対応する．それゆえ，エネルギーの値を指定すれば整数 n_1, n_2, n_3 がすべてきまってしまう．粒子が固有の角運動量を持っている場合には，磁場をかけることによって縮退を除くことができる．（一つのエネルギー固有値にいくつもの状態が対応しているとき，この固有値は**縮退**しているという．）まず最初に，縮退を完全に取除いた場合を考えることにしよう．

完全に閉じた系の状態　分子間に相互作用が全くなく，外界からの影響を完全に遮断された気体のエネルギースペクトルについて考えよう．簡単のために，系の全エネルギーと系の状態との間には1対1の対応があるものとする．（この仮定は，1個の分子のエネルギー固有値がすべて無理数比をなす場合には正しい*．）エネルギー ε_k の状態にある分子の数を n_k とすれば，気体の全エネルギーは $\mathcal{E} = \sum_k n_k \varepsilon_k$ である．ε_k は互いに無理数比をなすと仮定したから，もし $\mathcal{E}$ の値を正確に与えたとすれば，この式からすべての n_k をきめることが原理的には可能である．しかし，きわめて多数の分子から成る気体については，$\mathcal{E}$ から実際に n_k をすべて求めることができるためには，$\mathcal{E}$ の値を普通には考えられない程の正確さで与えなくてはならないことは明らかであろう．

問題は，エネルギー ε から個々の分子の状態を決定することではなくて，全粒子のエネルギーの和 $\mathcal{E}$ から気体全体の状態を知ることにある．非常に狭い（無限小ではない）エネルギー間隔 $d\mathcal{E}$ の中にも，$\mathcal{E}$ の固有値はきわめて多数含まれている．そして，各固有値は n_k の値のあるきまった組，すなわち系全体のあるきまった状態に対応しているのである．

完全には閉じていない系の状態　エネルギーが運動の厳密な積分となるのは完全に閉じた系についてだけである．そのような系の状態はいくらでも長い時間一定に保たれ，$\mathcal{E}$ が一定であることからすべての n_k も一定となる．しかし，自然界には完全に閉じた系などというものは存在しないし，またそういうものはありえない．どんな系も何らかの形で外界と相互作用を行なっている．

---

* 直方体の箱の場合には，状態 (n_1, n_2, n_3) のエネルギーと $(2n_1, 2n_2, 2n_3)$ のエネルギーとの比は無理数でない．したがって，もっと複雑な形の箱を考えないと，すべてのエネルギーの値が無理数比をなすようにはならない．

ここではこの相互作用を弱いと考え，それが系の行動にどのような影響を及ぼすかを調べていこう．

外界との相互作用が，個々の粒子の量子的なエネルギー準位をそれほど乱すことはないと仮定しよう．しかし，それでも，各エネルギー準位 ε_k はもはや正確な値を持たなくなり，幅 $\Delta\varepsilon_k$ の狭い（しかし0ではない）範囲に広がることになる．ところが，それだけで式 $\mathcal{E} = \sum_k n_k \varepsilon_k$ の意味はすっかり変わってしまう．多数の粒子から成る系では，ε_k が幅をもっていたとすると，この式から n_k を決定することはできなくなるからである．

いいかえれば，どんなに弱くても，外界との相互作用がある限り，全エネルギー $\mathcal{E}$ から系の状態を正確に定めることはできない．

エネルギーが接近した状態の間の遷移　完全に閉じた系ではエネルギーの保存則が厳密に成り立つから，エネルギー間隔 $d\mathcal{E}$ 内にある状態の間の遷移はすべて禁止される．外界と弱い相互作用がある場合には，エネルギーの決定には不確かさを伴うから，それに相応した程度で気体のエネルギーを全体として変えないような遷移がおこる．

次のことを仮定しよう．外界との相互作用が非常に弱いために，ある短い時間については，原理的にはすべての n_k を決定することができ，したがって気体の全エネルギー $\mathcal{E} = \sum_k n_k \varepsilon_k$ を与えることが可能であるとする．しかしもっと長い時間にわたっては，気体の状態は，分子の各状態のエネルギーの不正確さ $\Delta\varepsilon_k$ からきまる全エネルギーのある範囲内を変動することが可能となる．そして，近似的な方程式 $\mathcal{E} = \sum_k n_k(\varepsilon_k + \Delta\varepsilon_k)$ を満たすようなあらゆる遷移がおこる．もちろん，すべての $\Delta\varepsilon_k$ が同符号であるような状態はきわめて現われにくい．エネルギー間隔 $d\mathcal{E}$ 内で可能な遷移がすべて起ったとすると，その結果どのような状態が実現されるかを次に調べなくてはならない．

順逆両方向の遷移確率　順逆両方向の遷移確率の間にはきわめて重要な関係がある．まず，摂動論の第1近似としてえられた表式(34.29)を基礎にしてこの関係を調べてみよう．いま，波動関数 ψ_A と ψ_B で表わされる二つの状態，A と B があるとする．系が外界と相互作用を行なっているため，系のエネル

ギーには $d\mathcal{E}$ だけの不正確さが現われるが,その範囲内ではこの二つの状態はエネルギーが等しいものとする.これらは共に,エネルギー間隔 $d\mathcal{E}$ 内では連続スペクトルに属していると見なすことができる.そうすると,(34.29)によって,A から B への遷移の単位時間あたりの確率は $\frac{2\pi}{h}|\mathcal{H}_{AB}|^2 g_B$,$B$ から A への遷移確率は $\frac{2\pi}{h}|\mathcal{H}_{BA}|^2 g_A$ となる(g_A と g_B は各状態の重みを示す).ただし,

$$\mathcal{H}_{AB} = \int \phi_B^* \hat{\mathcal{H}} \phi_A dV,$$

$$\mathcal{H}_{BA} = \int \phi_A^* \hat{\mathcal{H}} \phi_B dV$$

である.ところが,$|\mathcal{H}_{AB}|^2 = |\mathcal{H}_{BA}|^2$ であるから,もし $g_A = g_B$ であれば順逆両方向の遷移確率(W_{AB} および W_{BA} と書くことにする)は等しい.もちろん,この遷移が可能なのは,エネルギー $\mathcal{E}_A$ と $\mathcal{E}_B$ が完全に精密には与えられていないで,狭い間隔 $d\mathcal{E}$ 内でエネルギースペクトルが連続だからである.もし系が完全に閉じていたとすれば,$\mathcal{E}_A \neq \mathcal{E}_B$ となるはずである.

上で導いた関係は第1近似でだけ成り立つ.しかし,量子力学の一般原理から厳密な関係式を導くこともできる.その結果によれば,A から B への遷移確率と B^* から A^* への遷移確率とは等しい.ただし,A^*, B^* は,状態 A, B における運動量成分と角運動量成分の符号をすべて逆にした状態を表わす.

エネルギーが等しい状態の間の遷移確率は互いに等しい いま見たように,エネルギー間隔 $d\mathcal{E}$ の範囲にあるすべての状態 $A, B, C, \cdots\cdots$ の間には,外界との相互作用によって遷移が起る.十分長い時間を考えると,系は $A, B, C, \cdots\cdots$ の各状態で同じだけの時間を過すようになる.このことは,間接的ではあるが,まず順逆の遷移確率が互いに等しい($W_{AB} = W_{BA}$)と仮定することによって証明される.もっと精密な関係 $W_{AB} = W_{B^*A^*}$ を用いても本質的には同じことである.

簡単のために,$W_{AB} = W_{BA}$ であるような二つの状態だけを考えよう.まず,系が状態 A にとどまっている時間 t_A の方が t_B よりも大きく,したがって A から B への遷移の方が B から A への遷移よりもひんぱんにおこるものと仮定する.しかし,このような事態はいつまでも続くわけではない.なぜなら,

もし比 $\dfrac{t_A}{t_B}$ が増加したとすると，A から B への遷移が可能であるにもかかわらず，系は最終的には状態 A に落着いてしまうことになるからである．結局，$t_A = t_B$ の場合に限って順逆の遷移が平均として同じ頻度でおこり，同じ事態が（平均的に）いつまでも続く．状態がもっとたくさんある場合でも，順逆の遷移が等しい確率でおこるならば，系は各状態で平均として等しい時間をすごすことが上と同様の議論から示される．

状態 A と A^* とは運動量と角運動量の符号が逆なだけであるから（すべての粒子の磁気的エネルギーは A と A^* とで等しくなくてはならないから，外部磁場の符号も逆である），$t_A = t_{A^*}$ と仮定することができる．この仮定を基礎にすれば，上の議論はすべて $W_{AB} = W_{B^*A^*}$ の場合に拡張することができる．

結局，系は，全エネルギーが $d\mathscr{E}$ の範囲にあるような（重みの等しい）すべての状態のどれにも等しい時間だけずつとどまっていることがわかる．

個々の状態の確率 t を限りなく大きくしたときの比 $\dfrac{t_A}{t}$ の極限を状態 A の**確率**とよび，これを q_A と書くことにする．すべての t_A が等しいということは，対応する状態がすべて同様に確からしいということである．このことから，各状態の確率を直接求めることができる．いま，状態の数が全部で P だけあるとしよう．$\sum_A t_A = t$ であるから $\sum_A q_A = 1$ が成り立つ．ところが，上で証明したように状態はすべて等しい確率をもつから，$q_A = \dfrac{1}{P}$ となる．同様に，銅貨を投げ上げて落とすとき，表が出ることと裏が出ることとは事実上同様に確からしいから，たとえば表が出る確率は $\dfrac{1}{2}$ に等しい．

それゆえ，確率を求める問題は結局は組合せの計算に帰着する．しかし，この計算を行なうためには，系の二つの状態がどういう場合に物理的に異なると見なしうるのかをはっきりさせる必要がある．状態の総数 P を数える場合には，そのような異なる状態をそれぞれ1と数えなければならないからである．

統計理論における気体の状態の指定 考えている気体が同種の粒子だけ（たとえば電子だけ，ヘリウム原子だけ，など）から成るものとしよう．このときには，各状態にそれぞれ何個の粒子が存在するかがわかれば，気体全体としての状態は精密にわかったことになる．この際，ある状態にあるのがどの粒子

§39 理想気体における分子の平衡分布

であるかを問題にすることは意味がない.というのは,同種の粒子同士は原理的に区別がつかないからである.粒子のスピンが半奇数の場合にはPauliの禁制原理が成り立つから,各状態には,1個の粒子が存在するか,あるいは1個も存在しないかのどちらかである.

系全体としての状態の数を計算する例として,粒子が2個だけの場合を考えよう.各粒子は二つの状態 a と b しかとりえないものとし,どちらの状態も重みは $1(g_a = g_b = 1)$ で,エネルギーは互いに等しい ($\varepsilon_a = \varepsilon_b$) とする.この系については,全部で3通りの異なる状態が考えられる.すなわち,

1) どちらの粒子も状態 a にあり,状態 b をとる粒子はない;
2) どちらの粒子も状態 b にあり,状態 a をとる粒子はない;
3) 各状態に粒子が1個ずつある.

粒子が相互に区別できないということのために,3)は1通りと数えなくてはならない.異なる状態にある全く等しい粒子を交換するということは意味がないからである.さらに,もし粒子がPauliの原理にしたがうものとすると,3)だけしかおこりえない.

こうして,Pauliの原理にしたがう粒子の系では一つ,したがわない粒子の系では三つの状態が可能となる.Pauliの原理が成り立つ場合には,系のとりうる状態の数は大幅に減少する.異種の粒子2個(たとえば電子と陽子)から成る系では,粒子を区別することができるから,状態の数は四つになる.

次に,同種の粒子が3個あって,それぞれが3通りの状態をとりうる場合を考えよう.もしPauliの原理が成り立つとすると,系全体としてはただ1通りの状態——各粒子がそれぞれ異なる状態にある——しかとりえない.Pauliの原理が成り立たない場合には,次のような組合せが可能である.すなわち,各量子状態に粒子が1個ずつある場合(1通り),2個の粒子が同一の状態にあって他の1個が残りの二つの状態のどちらかにある場合(6通り),粒子が3個とも同一の状態にある場合(3通り)である.結局,系全体としては $1+6+3=10$ 通りの状態が可能となる.

3個の粒子が異種のもの——たとえば π^+, π^0, π^- 中間子(どれもスピンは0)——である場合には,各粒子は,残りの粒子と独立に三つの状態のどれをもとりうる.したがって,そのような3個の粒子の系には,全体として $3^3 = 27$ 通

りの状態が可能である.

次に，状態の数を計算する一般公式を導こう.

Pauli の原理にしたがわない粒子　一般に，エネルギー ε_k の状態の重みを g_k としよう．つまり，g_k だけの異なる状態が等しいエネルギー ε_k をもっているものとする．どの粒子についても，これらの状態の確率は互いに等しい．

さて，Pauli の原理にしたがわない粒子の系を考え，そのうちの n_k 個の粒子がエネルギー ε_k の状態にあるものと仮定しよう．問題は，これら n_k 個の粒子が，g_k 個の状態に幾通りの仕方で配置されるかを計算することである．いま，配置され方の数を $P_{g_k n_k}$ と書くことにしよう．前に証明したことによって，ある配置がとられる確率はどれも $\dfrac{1}{P_{g_k n_k}}$ である．

$P_{g_k n_k}$ を計算するには，組合せの計算でよくやるように，状態を《箱》，粒子を《ボール》と考える．問題は次のようになる：n_k 個のボールを g_k 個の箱の中に入れる仕方は何通りあるだろうか？　ただし，ボールに番号はついていない．すなわち，ある箱の中にどのボールがはいるかということまでは問わないものとする．粒子が Pauli の原理にしたがわないとすると，一つの箱にボールはいくつでもはいれると仮定しなければならない．

いま，ボールと箱を全部いっしょにして，合計 n_k+g_k 個のものがあると考えよう．この中からまず箱を1個取り出してわきへ置く．次に，残りの n_k+g_k-1 個のものの山の中から，箱でもボールでもよいから手当り次第に取出して，はじめの箱から右の方へ1列に並べていく．こうすると，たとえば次のような列ができることになる：

$$\sqcup\sqcup\circ\circ\sqcup\sqcup\circ\circ\circ\sqcup\circ\sqcup\circ\circ\sqcup\sqcup\sqcup$$

1個の箱だけはいつも一番左になくてはならないから，残りのものの並べ方は $(n_k+g_k-1)!$ 通りだけある．

次に，各ボールをその左の一番近くにある箱に入れていく．上の並び方では，第1の箱にはボールは2個，第2の箱には0個，第3には3個，第4には1個，……というようになる．このような分配の仕方は合計 $(n_k+g_k-1)!$ 通りあるが，それら全部が異なるわけではない．実際，もし第2のボールが第1のボールと（あるいはほかのどのボールとでも）位置を交換したとしても，箱とボール

の並び方は少しも変わらない.ボール同士の間でそのような並べかえを行なえば,$n_k!$通りの順列ができる.全く同様に,箱同士の間でも入れかえを行なうことができる.これらの箱がどういう順序で現われるかは問題ではないからである.ただ,一番左にはいつも箱がなくてはならないから,第1の箱だけは動かすわけにいかない.結局,箱の並べ方の総数は$(g_k-1)!$である.したがって,$(n_k+g_k-1)!$通りの並べ方の中で互いに異なる並べ方の数は

$$P_{g_k n_k} = \frac{(n_k+g_k-1)!}{n_k!(g_k-1)!} \tag{39.6}$$

である.特に$n_k=3, g_k=3$とすれば,$P_{g_k n_k} = \frac{5!}{3!2!} = 10$となって,前に直接計算した値と一致する.

Pauli の原理にしたがう粒子　粒子が Pauli の原理にしたがう場合には,$P_{g_k n_k}$の計算はもっと簡単になる.実際,各状態にはたかだか1個の粒子しか存在できないから,この場合には常に$n_k \leq g_k$となる.それゆえ,状態が全部でg_kある中で,n_kだけが粒子によって占められる.

g_k個の状態の中からn_k個を選び出す方法の数は

$$P_{g_k n_k} = {}_{g_k}C_{n_k} = \frac{g_k!}{n_k!(g_k-n_k)!}. \tag{39.7}$$

最も現われやすい分布　g_kとn_kはエネルギーのある特定の値に対するものである.気体の状態の総数は,個々の状態すべてについての$P_{g_k n_k}$の積で与えられる:

$$P = \prod_k P_{g_k n_k}. \tag{39.8}$$

これまでのところは,ただ組合せの計算を行なっただけである.そのほかには,個々の粒子の状態がみな等しい確率でおこることを示した.Pの値は,粒子がいろいろの状態にどのように分配されるかで変わる.実は,全エネルギー$\mathcal{E}$の値と粒子の総数とが与えられた場合には,気体は常にPの値を最大にするような状態の近くにあることが容易に示される.

確率論でよくやるように,簡単な賭の例でこのことを説明しよう.(こうすれば,偶然性のはいるゲームの中に大数の法則がどのように現われて来るかが

非常によくわかる.）いま銅貨を N 回投げるとしよう．1 回投げたとき表が出る確率は $\frac{1}{2}$ である．したがって，N 回とも全部表が出る確率は $\left(\frac{1}{2}\right)^N$ に等しい．また，$(N-1)$ 回が表で 1 回が裏である確率は $\left(\frac{1}{2}\right)^N \times N$ に等しい．裏が出るのは最初から最後までのどの回であってもよく，また，排反事象のどれかが起る確率は各事象の確率の和に等しいからである．同様にして，2 回だけ裏が出る確率は $\left(\frac{1}{2}\right)^N \frac{N(N-1)}{2}$ に等しい．

$\frac{N(N-1)}{2}$ という因子は，N 個の事象の中から 2 個の事象を選び出す仕方の数である．一般に，N 回のうち k 回だけ裏が出る確率は

$$q_k = \left(\frac{1}{2}\right)^N \frac{N!}{k!(N-k)!}$$

である．二項係数の和は 2^N であるから，確率の総和はもちろん 1 となる：

$$\sum_{k=0}^{N} q_k = \left(\frac{1}{2}\right)^N \left\{ 1 + N + \frac{N(N-1)}{2 \cdot 1} + \frac{N(N-1)(N-2)}{3 \cdot 2 \cdot 1} + \cdots \right\}$$
$$= \left(\frac{1}{2}\right)^N 2^N = 1.$$

数列 q_k は中央の項 ($k = \frac{N+1}{2}$ または $k = \frac{N}{2}+1$) までは増大し，そのあとは対称的に減少する．実際，第 k 項は第 $(k-1)$ 項の $\frac{N-k+1}{k}$ 倍であるから，$k < \frac{N+1}{2}$ である限り数列は増大する．

銅貨を N 回続けて投げたときに得られる表と裏の列は，どれも互いに等しい確率 $\left(\frac{1}{2}\right)^N$ で現われる．しかし，表と裏の出る度数だけを問題にしてその順序は問わないことにすれば，確率として q_k がえられるのである．$N \gg 1$ の場合には，q_k は $k = \frac{N}{2}$ のあたりに鋭い極大をもち，その両側では急激に減少する．そこでいま，銅貨を N 回続けて投げることを一つの《ゲーム》とよぶことにすれば，ゲームを何度も行なうとき（N が大きいとき）には，たいていの場合に表がおよそ $\frac{N}{2}$ 回出ることになる．N が大きければ大きいほど確率の極大の山は鋭くなる．くわしい計算を行なえば，表が何回出る確率はどれだけ，ということまで求めることはできるが（問題1），今は気体の状態の数を計算する問題にもどることにする．

任意に二つの状態をとったとき，その間の順逆両方の遷移確率は等しい．こ

のことを基礎にして，全エネルギーが与えられている場合には，粒子系のどのような状態も等しい確率で実現されることを前に示した．同様に，銅貨を投げる場合でも，1回のゲームにおける表と裏の並び方はすべて等しい確率をもっている．しかし，気体の状態を指定するのに，エネルギー ε_k をもつ g_k 個の状態のうちのどれが満たされているかということまでは言わないで，エネルギー ε_k の状態にある粒子の個数だけを言うことにしたとすると，上のゲームで（表と裏の出る順序は問題にしないで）裏が出る回数だけを指定したときにえられたのと同様の，極大をもつ確率分布がえられる．一つだけちがうところは，銅貨の例では確率がパラメタ k だけできまるのに対して，気体粒子の分布では確率がすべての n_k に依存するという点である．

われわれの問題は，整数および半奇数のスピンをもつ粒子に対して上の確率を求めることである．(39.8) の P そのものの極大を求めるよりも，P の対数の極大を求めることの方がはるかに簡単である．$\ln P$ は P の増加関数であるから，$\ln P$ の極大は P の極大と一致する．

Stirling の公式 以下の計算には階乗の対数が現われる．大きい数の階乗を表わす便利な近似式を導いておこう．

まず，次の式が成り立つ：

$$\ln n! = \ln(1 \cdot 2 \cdot 3 \cdots n) = \sum_{k=1}^{n} \ln k.$$

n が大きいときには $\ln(n+1) - \ln n$ は n に逆比例するから，大きい数の対数は変化がゆるやかである．それゆえ，和を積分でおきかえることができる：

$$\ln n! = \sum_{k=1}^{n} \ln k \cong \int_0^n \ln k \, dk = n \ln n - n = n \ln \frac{n}{e}. \quad (39.9)$$

これがよく知られた Stirling の公式（簡単化された形）である．この公式は n が大きいほど近似度が高い．

条件つきの極値問題 さて，次の量

$$S = \ln P = \ln \prod_k P_{g_k n_k} \quad (39.10)$$

を極大にする n_k を求めてみよう．ただし，全エネルギー

$$\mathcal{E} = \sum_k n_k \varepsilon_k, \tag{39.11}$$

および全粒子数

$$N = \sum_k n_k \tag{39.12}$$

が与えられているものとする．この種の問題は条件つきの極値問題とよばれる．附加条件(39.11)と(39.12)が課せられているからである．

最初に，Pauliの原理にしたがわない粒子，すなわちスピンが整数の粒子に対してn_kを求めよう．それには(39.6)を(39.10)に代入し，すべてのn_kを変化させたときの微分dSを計算してこれを0とおく．まず，

$$S = \ln P = \ln \prod_k \frac{(g_k + n_k - 1)!}{n_k!(g_k - 1)!} = \sum_k \ln \frac{(g_k + n_k - 1)!}{n_k!(g_k - 1)!}. \tag{39.13}$$

Stirlingの公式(39.9)を用いれば

$$S = \sum_k \left[(g_k + n_k - 1) \ln \frac{g_k + n_k - 1}{e} - n_k \ln \frac{n_k}{e} - (g_k - 1) \ln \frac{g_k - 1}{e} \right]. \tag{39.14}$$

g_kは大きい数であるから，これに対して1はもちろん省略できる．また，g_kは状態の数で一定であるから，(39.14)の右辺の微分はn_kについてとればよい．すなわち，

$$dS = \sum_k dn_k [\ln(g_k + n_k) - \ln n_k] = \sum_k dn_k \ln \frac{g_k + n_k}{n_k} = 0. \tag{39.15}$$

n_k同士は互いに独立ではないから，上の式で各dn_kの係数を0に等しいと置くことはできない．n_kの間の関係は(39.11)と(39.12)で与えられる．これを微分の形に書けば，

$$d\mathcal{E} = \sum_k \varepsilon_k dn_k = 0, \tag{39.16}$$

$$dN = \sum_k dn_k = 0. \tag{39.17}$$

これらの式から，dn_kのうちの任意の二つを他のもので表わすことができる．それを(39.15)に代入したとすれば，このときにはdn_kはすべて独立となるから，それぞれの係数を0に等しいと置くことができる．

未定乗数の方法　　未定乗数の方法を用いると，すべてのn_kについての対称性を破らないで，独立でない量をうまく消去することができる．まず，方程

§39 理想気体における分子の平衡分布

式(39.16)の各辺に不定の数 $-\dfrac{1}{\theta}$ をかける(乗数をこのような形に書く理由はあとで述べる).次に,(39.17)の各辺に $\dfrac{\mu}{\theta}$ をかける.こうして,二つの附加条件に対応して二つの数 θ と μ を導入する.これらを方程式(39.15)に加え,すべての dn_k を独立であると見なすのである.θ と μ は未知数で,方程式(39.11)と(39.12)を用いてあとからきめる.

こうして,極値の条件は次のようになる:

$$dS - \frac{d\mathcal{E}}{\theta} + \frac{\mu\, dN}{\theta} = 0. \qquad (39.18)$$

すなわち,一つの量 $S - \dfrac{\mathcal{E}}{\theta} + \dfrac{\mu N}{\theta}$ の極値を求め,全エネルギーと全粒子数とが与えられた値になるように θ と μ とを定めるのである.ところで,附加条件がない場合にはすべての変数は互いに独立となるから,どの dn_k も他と独立に0に等しいと置くことができる.dn_k を用いて方程式(39.18)を書けば,

$$dS - \frac{d\mathcal{E}}{\theta} + \frac{\mu\, dN}{\theta} = \sum_k dn_k \left(\ln \frac{g_k + n_k}{n_k} - \frac{\varepsilon_k}{\theta} + \frac{\mu}{\theta} \right) = 0. \qquad (39.19)$$

Bose-Einstein 分布 いま述べたことによって,dn_k だけを残して他の微分を0とおいてみよう.そうすれば,方程式(39.19)が成り立つためには,dn_k の係数が0に等しくなければならない:

$$\ln \frac{g_k + n_k}{n_k} - \frac{\varepsilon_k}{\theta} + \frac{\mu}{\theta} = 0. \qquad (39.20)$$

もちろん,この方程式はすべての k について成り立つ.n_k について解けば,最もおこりやすい分布として次の式がえられる:

$$n_k = \frac{g_k}{e^{\frac{\varepsilon_k - \mu}{\theta}} - 1}. \qquad (39.21)$$

この分布は Bose-Einstein 分布(略して Bose 分布)とよばれる.また,この分布公式が適用される粒子は Bose-Einstein 統計(Bose 統計)に従うといわれる.このような粒子のスピンは整数または0である.公式中の未知のパラメタ θ と μ は,$\mathcal{E}$ および N の関数として次の方程式からきまる:

$$\sum_k \frac{\varepsilon_k g_k}{e^{\frac{\varepsilon_k - \mu}{\theta}} - 1} = \mathcal{E}, \qquad (39.22)$$

$$\sum_k \frac{g_k}{e^{\frac{\varepsilon_k-\mu}{\theta}}-1} = N. \tag{39.23}$$

n_k の最確値を求める問題は原理的にはこれで解けたことになる.

Fermi-Dirac 分布　　次に, Pauli の原理にしたがう粒子について n_k を求めてみよう. (39.7) と (39.9) により,

$$S = \ln \prod_k \frac{g_k!}{n_k!(g_k-n_k)!} = \sum_k \left[g_k \ln \frac{g_k}{e} - n_k \ln \frac{n_k}{e} - (g_k-n_k) \ln \frac{g_k-n_k}{e} \right]. \tag{39.24}$$

この式の微分をとって方程式 (39.18) に代入すれば,

$$dS - \frac{d\mathcal{E}}{\theta} + \frac{\mu dN}{\theta} = \sum_k dn_k \left(\ln \frac{g_k-n_k}{n_k} - \frac{\varepsilon_k}{\theta} + \frac{\mu}{\theta} \right) = 0. \tag{39.25}$$

したがって, 前と同じ方法で, 極値の条件

$$\ln \frac{g_k-n_k}{n_k} - \frac{\varepsilon_k}{\theta} + \frac{\mu}{\theta} = 0.$$

が得られ, これを解けば

$$n_k = \frac{g_k}{e^{\frac{\varepsilon_k-\mu}{\theta}}+1} \tag{39.26}$$

が得られる. 粒子は Pauli の原理にしたがうから $n_k \leqslant g_k$ でなければならないが, この式は確かにそうなっている. (39.26) の分布は Fermi-Dirac 分布 (Fermi 分布) とよばれる. パラメタ θ と μ は, 前と同じように,

$$\sum \frac{\varepsilon_k g_k}{e^{\frac{\varepsilon_k-\mu}{\theta}}+1} = \mathcal{E}, \tag{39.27}$$

$$\sum \frac{g_k}{e^{\frac{\varepsilon_k-\mu}{\theta}}+1} = N \tag{39.28}$$

からきまる.

パラメタ θ および μ　　パラメタ θ は負にはならない. もしなったとすると (39.22), (39.23), (39.27), (39.28) が成り立たないからである. 実際, 気体粒子のエネルギースペクトルには上限がない. それゆえ, $\theta < 0$ とすると, ε_k

が限りなく大きいときには $e^{\frac{\varepsilon_k}{\theta}}=0$ となり，Bose 分布では $n_k<0$ という無意味な結果が出て来てしまう．そうすると，(39.23) の左辺は ε_k の大きい部分が $-\sum g_k$ の形をとるから $-\infty$ となり，したがってこれが N に等しくなることはできない．同様に，Fermi 分布では (39.27) と (39.28) の左辺が $+\infty$ となり，これが右辺の有限な $\mathscr{E}$ と N に等しくなることはできない．したがって，

$$\theta \geqslant 0 \tag{39.29}$$

である．θ は気体の絶対温度に比例する量であることを次の節で示す．

パラメタ μ は化学平衡や相平衡の理論できわめて重要な量である．これらの応用についてはあとで考察する（§46 の終およびそのあとの節を参照）．

状態の重み 理想気体粒子の状態の重みを与える公式をいくつかあげておこう．エネルギーが ε と $\varepsilon+d\varepsilon$ との間の状態の重み $dg(\varepsilon)$ は (25.25) から導かれる．粒子が固有の角運動量 $\mathbf{j}$ をもっていると仮定すれば，その成分の数が $2j+1$ であることを考慮して，

$$dg(\varepsilon)=(2j+1)\frac{Vm^{\frac{3}{2}}\varepsilon^{\frac{1}{2}}d\varepsilon}{\sqrt{2}\,\pi^2 h^3}. \tag{39.30}$$

電子は $j=\frac{1}{2}$ であるから $2j+1=2$ となる．

光量子については，(25.24) を用いなくてはならない．この式で κ のかわりに $\frac{\omega}{c}$ と書き，かたよりの方向が二つあることに対応して全体を 2 倍すれば，

$$dg(\omega)=\frac{V\omega^2\,d\omega}{\pi^2 c^3}. \tag{39.31}$$

運動量が $\mathbf{p}$ と $\mathbf{p}+d\mathbf{p}$ の間の状態の重みを与える式を導いておくと便利である．これは (25.23) に $2j+1$ をかければえられる．特に電子については，

$$dg(\mathbf{p})=2\frac{Vdp_x dp_y dp_z}{(2\pi h)^3}. \tag{39.32}$$

問　題

1 銅貨を N 回投げるとしよう．そのうち k 回だけ表が出る確率は，N が大きいときどのような式で表わされるか？ ただし，k の値は q_k を最大にする値に近いものとする．

（解） 一般に

$$q_k = \frac{N!}{(N-k)!k!} 2^{-N}.$$

N と k は大きいと考える．ここでは，Stirling の公式として(39.9)よりも精密な式

$$\ln N! = N \ln \frac{N}{e} + \frac{1}{2} \ln 2\pi N$$

を用いなくてはならない．

いま $k = \frac{N}{2} + x$ と置く．x は $\frac{N}{2}$ に比べてはるかに小さい数である．$\frac{x}{N} \ll 1$ として展開を行ない，$\frac{1}{N}$ に比例する項までとれば，

$$\ln(N-k)! = \ln\left(\frac{N}{2}-x\right)! = \frac{N}{2}\ln\frac{N}{2e} - x\ln\frac{N}{2} + \frac{x^2}{N} - \frac{x}{N} + \frac{1}{2}\ln 2\pi\frac{N}{2},$$

$$\ln k! = \ln\left(\frac{N}{2}+x\right)! = \frac{N}{2}\ln\frac{N}{2e} + x\ln\frac{N}{2} + \frac{x^2}{N} + \frac{x}{N} + \frac{1}{2}\ln 2\pi\frac{N}{2}.$$

以上の3式を q_k の表式に代入すれば，求める式がえられる：

$$q = \sqrt{\frac{2}{\pi N}} e^{-\frac{2x^2}{N}}.$$

q は $x = 0$ で極大となり，その両側では 0 に向かって減少していく．

q が最大値からその $\frac{1}{e}$ に減少するまでの x の間隔を x_e とすれば，$x_e = \sqrt{\frac{N}{2}}$ である．x_e は極大の鋭さを表わす数である．x の全変域の半分との比をつくれば $\frac{x_e}{\frac{N}{2}} = \sqrt{\frac{2}{N}}$

となる．

たとえば $N = 1000$ としてみよう．q の最大値は約 $\frac{1}{40}$ となる．比 $\frac{x_e}{N}$ はおよそ 2% であるから，表の出る回数はほとんどの場合 480 回から 520 回までの間におさまる．表（または裏）が 400 回出る確率は $\frac{1}{40} e^{-\frac{2 \times 10000}{1000}} = \frac{1}{40} e^{-20}$ である．これは 500 回出る確率の e^{-20} 倍，すなわち数億分の 1 にすぎない．

2 確率 q は規格化されていること $\left(\int q(x) dx = 1\right)$ を証明せよ．

（解）$q(x)$ は $|x|$ が大きくなると急激に減少するから，積分区間を $-\infty$ から ∞ までに延長してもほとんど誤差は生じない．それゆえ，

$$\int_{-\frac{N}{2}}^{\frac{N}{2}} q(x) dx \cong \int_{-\infty}^{\infty} q(x) dx = \sqrt{\frac{2}{\pi N}} \int_{-\infty}^{\infty} e^{-\frac{2x^2}{N}} dx = \frac{1}{\sqrt{\pi}} \int_{-\infty}^{\infty} e^{-\xi^2} d\xi.$$

右辺の積分が $\sqrt{\pi}$ に等しいことを次に示そう．いま，

$$I = \int_{-\infty}^{\infty} e^{-\xi^2} d\xi$$

と置く．両辺を2乗すれば

$$I^2 = \int_{-\infty}^{\infty} e^{-\xi^2} d\xi \int_{-\infty}^{\infty} e^{-\eta^2} d\eta = \int_{-\infty}^{\infty}\int_{-\infty}^{\infty} e^{-(\xi^2+\eta^2)} d\xi\, d\eta.$$

§39 理想気体における分子の平衡分布

$\xi = \rho \cos\varphi$, $\eta = \rho \sin\varphi$ と置いて極座標に変換すれば，$d\xi\, d\eta$ を $\rho\, d\rho\, d\varphi$ として，

$$I^2 = \int_0^\infty \rho e^{-\rho^2} d\rho \int_0^{2\pi} d\varphi = -2\pi \left[\frac{1}{2} e^{-\rho^2}\right]_0^\infty = \pi,$$

すなわち $I = \sqrt{\pi}$ となる．したがって，

$$\int_{-\infty}^\infty q(x)\, dx = 1.$$

3 銅貨の表が現われる回数の平均 2 乗偏差 $\overline{x^2}$ を求めよ．

（解）

$$\overline{x^2} = \int_{-\infty}^\infty x^2 q(x)\, dx = \sqrt{\frac{2}{\pi N}} \int_{-\infty}^\infty x^2 e^{-\frac{2x^2}{N}} dx = \frac{N}{2\sqrt{\pi}} \int_{-\infty}^\infty \xi^2 e^{-\xi^2} d\xi.$$

右辺の積分を計算するには問題 2 の結果を用いる．積分 I の中の指数を ξ^2 から $\alpha\xi^2$ にかえれば，

$$\int_{-\infty}^\infty e^{-\alpha\xi^2} d\xi = \frac{\sqrt{\pi}}{\sqrt{\alpha}}.$$

両辺を α について微分すれば，

$$-\int_{-\infty}^\infty \xi^2 e^{-\alpha\xi^2} d\xi = -\frac{\sqrt{\pi}}{2\alpha^{\frac{3}{2}}}.$$

ここで $\alpha = 1$ とおけば，求める積分がえられる：

$$\int_{-\infty}^\infty \xi^2 e^{-\xi^2} d\xi = \frac{\sqrt{\pi}}{2}.$$

ついでながら，

$$\int_{-\infty}^\infty \xi^4 e^{-\xi^2} d\xi = \frac{3}{4}\sqrt{\pi},$$

あるいは一般に

$$\int_{-\infty}^\infty \xi^{2n} e^{-\xi^2} d\xi = \frac{1\cdot 3\cdot 5 \cdots\cdots (2n-1)}{2^n}\sqrt{\pi}$$

が成り立つことを注意しておこう．

結局，平均 2 乗偏差は $\overline{x^2} = \dfrac{N}{4}$ となる．N を $\overline{x^2}$ で表わせば，確率分布は

$$q(x) = \frac{1}{\sqrt{2\pi \overline{x^2}}} e^{-\frac{x^2}{2\overline{x^2}}}.$$

分布の幅*と平均 2 乗偏差との間には簡単な関係 $x_e = \sqrt{2\overline{x^2}}$ がある．もちろん，これは問題 1 で求めた指数的な分布についてだけ成り立つ関係である．

---

* $x = x_e$ で $q(x)$ は $q(0)$ の $\dfrac{1}{e}$ に減る．それゆえ，x_e は分布の広がりの目安を与える数である．

§40 Boltzmann 統計(分子の並進運動. 場の中の気体)

Boltzmann 分布　理想気体分子の古典的なエネルギー分布則は，量子統計における Bose と Fermi の分布公式(39.21)と(39.26)がえられるよりもずっと前に Boltzmann によって導かれた．この法則は，量子論の法則から極限移行によって導くこともできる．最初まず，全く形式的にこの極限操作を行ない，そのあとで，これが現実にはどういう条件に対応しているかを調べよう．

エネルギー ε を基底状態から測ることにし，$\dfrac{\mu}{\theta}$ は負で絶対値が大きいとする．このときには，

$$e^{-\frac{\mu}{\theta}+\frac{\varepsilon}{\theta}}$$

はすべての ε に対して1よりもはるかに大きい．そこで，Bose および Fermi の分布公式の分母の1は上の項に比べて無視できて，極限としては，どちらも同じ形

$$n_k = g_k e^{\frac{\mu-\varepsilon_k}{\theta}} \tag{40.1}$$

をとる．これが Boltzmann 分布である．次に，定数 μ を規格化の条件

$$\sum_k n_k = N \tag{40.2}$$

から定めよう．

気体分子は，並進運動という外部自由度のほかに，電子の励起，原子核相互間の振動，分子の空間的回転というような内部自由度をもっているものと仮定しよう．これら自由度のエネルギーはすべて量子化されている．そのくわしい形を定めることはしばらくおいて，1個の分子の全エネルギー ε を並進運動と内部運動のエネルギーとの和の形に書く：

$$\varepsilon = \frac{p^2}{2m} + \varepsilon^{(i)}. \tag{40.3}$$

これに応じて，与えられたエネルギーをもつ状態の重みも二つの重みの積の形に表わされる．すなわち，一つは並進運動に関するもので，(39.32)で与えられる．もう一つを単に $g_{(i)}$ (この中には $2j+1$ という因子も含める) と書くこと

にすれば，

$$g = \frac{Vdp_x dp_y dp_z}{(2\pi h)^3} g_{(i)}. \tag{40.4}$$

したがって，(40.2)は次のようになる：

$$\frac{V}{(2\pi h)^3} e^{\frac{\mu}{\theta}} \sum_i g_{(i)} e^{-\frac{\varepsilon^{(i)}}{\theta}} \int_{-\infty}^{\infty}\int_{-\infty}^{\infty}\int_{-\infty}^{\infty} e^{-\frac{p^2}{2m\theta}} dp_x dp_y dp_z = N. \tag{40.5}$$

並進運動のエネルギーを $\frac{1}{2m}(p_x^2+p_y^2+p_z^2)$ と書いてみればわかるように，運動量についての積分は $\int_{-\infty}^{\infty} e^{-\frac{p_x^2}{2m\theta}} dp_x$ の形の三つの積分の積として表わされる．

これらの積分は§39, 問題3の公式から容易に計算することができ，どれも $\sqrt{2\pi m\theta}$ となるから，条件(40.5)は次の形をとる：

$$e^{-\frac{\mu}{\theta}} = \frac{V}{N}\left(\frac{m\theta}{2\pi}\right)^{\frac{3}{2}} \frac{1}{h^3} \sum_i g_{(i)} e^{-\frac{\varepsilon^{(i)}}{\theta}}. \tag{40.6}$$

単原子気体では，$\varepsilon^{(i)}$ は電子の励起に関係した量である．基底状態のエネルギー $\varepsilon^{(0)}$ を0ととることにしているから，もし $\varepsilon^{(1)} \gg \theta$ ならば*，状態についての和は事実上単に $g_{(0)}$ だけとなる．

この項の大きさは1の程度である．たとえば，基底状態の角運動量が $\frac{1}{2}$ なら $g_{(0)}=2$ である．そこで，Boltzmann 統計が適用できるための条件として

$$-\frac{\mu}{\theta} = \ln\left[\frac{g_{(0)}}{h^3}\frac{V}{N}\left(\frac{m\theta}{2\pi}\right)^{\frac{3}{2}}\right] \gg 1 \tag{40.7}$$

がえられる．

不等式(40.7)が成り立つためには，次の二つの条件のうちのどちらか一方がみたされていればよい：

1) 気体の密度が非常に小さい．すなわち，気体の占めている体積がきわめて大きい．

2) 温度 θ がきわめて高い．

単原子気体でない場合には，条件(40.7)の形はいくらか変わる．$\sum_i g_{(i)} e^{-\frac{\varepsilon^{(i)}}{\theta}}$ が θ の関数となるからである．しかし，Boltzmann 統計が適用できるための条件としては，定性的には1)または2)がそのまま成り立つ．

---

* θ と温度の関係は(40.25)で与えられる．

古典統計と量子統計　密度が小さい場合，あるいは温度が高い場合には，量子的な分布則は古典的な Boltzmann の分布則になることを上で見た．今後は，エネルギースペクトルが離散的であるか連続的であるかにはよらず，Bose 統計と Fermi 統計のことを**量子統計**，Boltzmann 統計のことを**古典統計**とよぶことにする．各粒子が他のものと区別できないとした場合の統計を量子統計とよぶのである．いいかえれば，系の状態を量子論的に指定する――各量子状態にそれぞれ**何個**の粒子が属しているかをいう――ことが量子統計の基礎となる．これに対して，系の状態を古典論的に指定する場合には，これこれの状態に**どの**粒子が属しているかをいうのである．Boltzmann の分布公式(40.1)はこの古典論的な定義から導かれる．

Maxwell 分布　この項では，分子の並進運動だけを問題にして，内部運動の統計は考えないことにする．(40.3)のように，並進運動のエネルギーと内部エネルギーとを分けることができる．それゆえ，Boltzmann 分布は二つの因子の積の形になる．このうち，内部エネルギーの方は今は関係がない．並進運動に関する因子は $e^{-\frac{p^2}{2m\theta}}$ の形をもつ．

運動量の大きさが与えられたとき，これに対する状態の重みは，(39.32)を極座標に変換することによって得られる((25.24)参照)：

$$dg(p) = \frac{Vp^2\,dp}{2\pi^2 h^3}. \tag{40.8}$$

こうして，並進運動のエネルギーによる分布は次の形に書かれる：

$$dn(p) = Ae^{-\frac{p^2}{2m\theta}}p^2\,dp. \tag{40.9}$$

m を分子1個の質量とすれば，この式は単原子気体にも多原子気体にも適用できる．

定数 A は，規格化の条件

$$A\int_0^\infty e^{-\frac{p^2}{2m\theta}}p^2 dp = N \tag{40.10}$$

からきまる．積分の値は§39，問題3で計算した．その結果を用いれば

$$A = N\frac{\sqrt{2}}{\sqrt{\pi(m\theta)^3}}. \tag{40.11}$$

§40 Boltzmann 統計

運動量分布のかわりに速度分布を使う方が都合のよい場合がある．これを求めるには，(40.9) の中で $p = mv$ とおけばよい．すなわち

$$dn(v) = N\frac{\sqrt{2m^3}}{\sqrt{\pi\theta^3}} e^{-\frac{mv^2}{2\theta}} v^2 dv. \tag{40.12}$$

この分布は，Boltzmann より前に Maxwell がすでに導いていた．そこでこれを Maxwell 分布とよぶ．

図46は分布曲線で，縦軸には $\dfrac{dn(v)}{dv}$ をとってある．状態の重みの中に v^2 の因子があるから，$\dfrac{dn}{dv}$ は v が小さい所では 0 にきわめて近い．v が 0 から増すとこの量はいったん極大に達し，そのあと v が大きくなると指数関数的に減少してふたたび 0 に向かう．こうして，気体の中には，どのような速さをもった分子でも存在することになる．

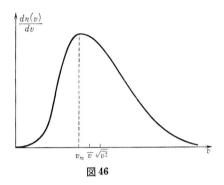

図 46

気体分子の速さ　分子の中には，図46の分布曲線の極大の位置に対応する速さを持つものが最もたくさん存在する．極大に対応する速さは (40.12) から求められ，most probable とよばれる．これを v_m とすれば，

$$v_m = \sqrt{\frac{2\theta}{m}}. \tag{40.13}$$

速さの平均値を求めるには次の積分を行なえばよい（分子1個の速さの平均を考えるので，因子 N は除く）：

$$\bar{v} = \sqrt{\frac{2m^3}{\pi\theta^3}} \int_0^\infty e^{-\frac{mv^2}{2\theta}} v^3 dv = \sqrt{\frac{2m^3}{\pi\theta^3}} \frac{1}{2}\left(\frac{2\theta}{m}\right)^2 = \sqrt{\frac{8\theta}{\pi m}}. \tag{40.14}$$

速さの 2 乗平均もまた興味のある量である．§39, 問題 3 の結果を用いれば，

$$\overline{v^2} = \sqrt{\frac{2m^3}{\pi\theta^3}} \int_0^\infty e^{-\frac{mv^2}{2\theta}} v^4 \, dv = \sqrt{\frac{2m^3}{\pi\theta^3}} \sqrt{\left(\frac{2\theta}{m}\right)^5} \frac{3}{8}\sqrt{\pi} = \frac{3\theta}{m}. \qquad (40.15)$$

これらの比をとれば

$$\sqrt{\overline{v^2}} : \bar{v} : v_m = \sqrt{3} : \sqrt{\frac{8}{\pi}} : \sqrt{2}.$$

分子 1 個の平均エネルギーは

$$\bar{\varepsilon} = \frac{m\overline{v^2}}{2} = \frac{3}{2}\theta \qquad (40.16)$$

に等しい．気体全体の平均エネルギーはこれの N 倍で，

$$\bar{\mathcal{E}} = N\bar{\varepsilon} = \frac{3}{2}N\theta \qquad (40.17)$$

となる．これは分子の並進運動のエネルギーについての結果である．速さを数値的に計算することはあとで行なう．

エネルギー密度と圧力の関係　次に，運動エネルギー密度と圧力の間のきわめて重要な関係を導こう．この関係はどの統計に対しても成り立ち，ただ運動量についてのエネルギーの関数形だけに依存する．

　気体の圧力は，気体が面に垂直に，その単位面積あたりに及ぼす力として定義される．この力は，気体分子によって単位時間あたりに伝達される運動量の（面に対する）法線成分に等しい．いま，面の法線方向が x 軸の方向であるとしよう．速度の x 成分が v_x であるような分子をまず選び出す．これらの分子が最初に面から測って厚さ v_x の層状の部分にいたとすれば，単位時間中に表面まで達する．この層状の部分から，底面積が 1 で高さが v_x の柱を切取ったものとしよう．この柱の体積は v_x である．面に垂直な速度成分が v_x であるような分子の個数を $dn(v_x)$ とすれば，これらの分子の密度は $\dfrac{dn(v_x)}{V}$ である．そこで，体積 v_x の柱状部分にはそのような分子が $v_x\dfrac{dn(v_x)}{V}$ 個だけある．各分子は，壁と弾性衝突を行なって速度の法線成分を逆転する．このとき，壁は

$$mv_x - (-mv_x) = 2mv_x \qquad (40.18)$$

だけの運動量を受取ることになる．こうして，速度成分 v_x の全分子は，単位

時間あたり

$$2mv_x \cdot v_x \frac{dn(v_x)}{V} = 2mv_x{}^2 \frac{dn(v_x)}{V} \tag{40.19}$$

だけの運動量を壁に与える．壁に働く圧力を求めるには，(40.19) を v_x について 0 から ∞ まで積分すればよい．（壁から離れていく分子が壁に衝突することはないから $-\infty$ から ∞ までではない．）結局，気体が壁に及ぼす圧力は

$$p = \frac{2m}{V}\int_0^\infty v_x{}^2\, dn(v_x) = \frac{m}{V}\int_{-\infty}^\infty v_x{}^2\, dn(v_x). \tag{40.20}$$

一方，気体の運動エネルギーの平均値は

$$\bar{\varepsilon} = \frac{m}{2}\int_{-\infty}^\infty v_x{}^2\, dn(v_x) + \frac{m}{2}\int_{-\infty}^\infty v_y{}^2\, dn(v_y) + \frac{m}{2}\int_{-\infty}^\infty v_z{}^2\, dn(v_z)$$

$$= \frac{3m}{2}\int_{-\infty}^\infty v_x{}^2\, dn(v_x) \tag{40.21}$$

である（速度成分の 2 乗の平均値はどれも等しいから）．

(40.20) と (40.21) を比べれば，気体の圧力は運動エネルギー密度の $\frac{2}{3}$ に等しいことがわかる：

$$p = \frac{2}{3}\frac{\bar{\varepsilon}}{V}. \tag{40.22}$$

この結果は，統計物理学が独立した学問として発展し始めるより 1 世紀半も前すなわち 1738 年に，Bernoulli がすでに発表している．

(40.22) を導く際には，二つの仮定だけしか用いられていない．すなわち，速度成分がある値をとる確率はどの成分についても等しいことと，運動エネルギーが $\frac{mv^2}{2}$ に等しいことである．分布関数の具体的な形がどうであるかは本質的でない．

Clapeyron の方程式　Boltzmann 統計にしたがう気体では，平均の運動エネルギー $\bar{\varepsilon}$ は (40.17) によって $\frac{3}{2}N\theta$ に等しい．これを (40.22) に代入すれば，

$$pV = N\theta. \tag{40.23}$$

一方，絶対温度の定義から

$$pV = RT \tag{40.24}$$

が成り立つ.

これらの式から,エルグで測った《統計力学的》温度 θ と,摂氏の度で測った温度 T との間の関係がえられる.すなわち,

$$\theta = \frac{R}{N}T = \frac{8.317\times 10^7}{6.025\times 10^{23}}T = 1.38\times 10^{-16}T. \qquad (40.25)$$

比 $\frac{R}{N} \equiv k$ のことを Boltzmann 定数とよぶ.これは 1.38×10^{-16} erg/deg に等しい.$1\,\mathrm{eV}$ は 1.60×10^{-12} erg に等しいから,温度を電子ボルトで測ることもできる.Boltzmann 定数を用いてエルグを度に換算すれば,$1\,\mathrm{eV} = 11{,}600°$ であることがわかる.

よく知られているように,単原子理想気体の定容比熱は $\frac{3}{2}R$,したがってエネルギーは $\frac{3}{2}RT$ である.RT を $N\theta$ で置きかえると,$\bar{\varepsilon} = \frac{3}{2}N\theta$ となって (40.17) と一致する.

(40.25) の関係を使えば,Avogadro 数を用いないで気体分子の平均速度を計算することができる.実際,気体の分子量を M とすれば,

$$\bar{v} = \sqrt{\frac{8\theta}{\pi m}} = \sqrt{\frac{8RT}{\pi Nm}} = \sqrt{\frac{8RT}{\pi M}}$$

である.たとえば,$300°\mathrm{K}$ における水素分子の平均の速さは

$$\bar{v} = \sqrt{\frac{8\times 8.3\times 10^7\times 300}{3.14\times 2}} = 1.8\,(\mathrm{km/sec})$$

となる.

この値は,気体が真空中に噴出するときの速さ,あるいは音の速さと同じ程度の大きさである ((47.30) 参照).

熱核反応 原子核同士が衝突すると,反応が起ってエネルギーが解放される可能性が生ずる.たとえば,重水素核同士が衝突したときには,次の二つの反応のうちのどちらかが起る(このほかに弾性散乱もおこる):

$$\mathrm{D}_1^2 + \mathrm{D}_1^2 = \begin{cases} \mathrm{He}_2^3 + \mathrm{n}_0^1, \\ \mathrm{H}_1^3 + \mathrm{H}_1^1. \end{cases}$$

ここに H_1^3 は三重水素核,n_0^1 は中性子である.また別の例としては,

$$\mathrm{Li}_3^6 + \mathrm{D}_1^2 = 2\mathrm{He}_2^4$$

がある.

電気を帯びた原子核が有効に衝突をおこすためには,核が Coulomb 斥力によるポテンシャルの壁 (§28) を乗り起えなければならない. この壁を通過する確率がエネルギーによってどう変わるかは,主として B 因子

$$e^{-\frac{2\pi Z_1 Z_2 e^2}{h v_{\parallel}}} \tag{40.26}$$

によってきまる ((28.12) の右辺第 1 項参照). ここに $Z_1 e$ と $Z_2 e$ は衝突する核の電荷, $v_{\parallel}$ は両者を結ぶ方向の相対速度成分である ((28.12) は 1 次元の運動についての式であったことに注意).

核反応は,放電管内で粒子を加速することによって起すことができる. しかし,荷電粒子が物質に衝突した場合, そのエネルギーは主として原子の励起や電離に費やされてしまう. しかも, (40.26) によれば,核反応が起る確率はエネルギーが小さければほとんど 0 となるから,入射粒子の大部分は反応を起さない. 有効に働くのは全粒子のうちの $10^{-5} \sim 10^{-6}$ 程度の割合なので,反応の結果えられるエネルギーは,粒子ビームを加速するのに費やされた全エネルギーに比べるとはるかに小さい.

ところが,もし反応物質を $10^{7 \circ}$ というような超高温に保つ場合には事情がちがってくる. このような温度になると,熱せられた物質の原子核はすでにかなりの割合で反応をおこす. そして,電子の平均エネルギーが核の平均エネルギーと同程度になるので,電子へのエネルギーの伝達は起らないのである.

そのような条件のもとで起る核反応のことを**熱核反応**とよぶ. 次に反応の起こる速さを計算してみよう.

いま,相対速度 $v_{\parallel}$ の原子核同士の反応の断面積を $\sigma(v_{\parallel})$ とする. 種類の異なる原子核が衝突するものとして,これを 1 および 2 とする. 2 のそれぞれの核を中心として,底面積が $\sigma(v_{\parallel})$, 高さが $v_{\parallel}$ の柱体を考えると, この領域内にあって核 2 に対して相対速度 $v_{\parallel}$ をもつような 1 の核は, ($\sigma(v_{\parallel})$ の定義によって) 単位時間内にすべて衝突を起すことになる.

単位体積内にある核の個数をそれぞれ n_1 および n_2, 相対速度が $v_{\parallel}$ である確率を $dq(v_{\parallel})$ とすれば, 単位時間に単位体積内でおこる衝突の回数は

$$n_1 v_{\parallel} \sigma(v_{\parallel}) n_2 dq(v_{\parallel}) \tag{40.27}$$

に等しい.実際,核2のおのおのについて体積 $v_\parallel \sigma(v_\parallel)$ の柱がつくられるから,各柱体内には $n_1 v_\parallel \sigma(v_\parallel)$ 個の1の核が存在する.そして,$dq(v_\parallel)$ をかけることによって核の速度分布を考慮したことになっているのである.1と2が同種の核である場合には,1回の衝突を2重に数えることのないように,(40.27)を2で割っておかなければならない.このことを表わすために,あとの(40.28)では分母に因子(2)を入れてある.

次に確率の因子 $dq(v_\parallel)$ を求めよう.速度の大きさについての分布則は,二つの Maxwell 因子の積

$$e^{-\frac{m_1 v_1^2}{2\theta}} e^{-\frac{m_2 v_2^2}{2\theta}}$$

で与えられる.これをまとめれば,指数には両方の核のエネルギーの和が現われる.(3.17)のように,これは二つの核の重心の運動エネルギーと相対運動のエネルギーとに分けられる.それゆえ,相対速度分布の因子を上の積から分離させることができる:

$$e^{-\frac{m_1 m_2 v^2}{2(m_1+m_2)\theta}} \equiv e^{-\frac{mv^2}{2\theta}} = e^{-\frac{mv_\parallel^2}{2\theta}} e^{-\frac{mv_\perp^2}{2\theta}}.$$

ただし $m = \dfrac{m_1 m_2}{m_1 + m_2}$ は換算質量((3.20)参照),また $v^2 = v_\parallel^2 + v_\perp^2$ である.規格化を行なえば,二つの核を結ぶ方向の相対速度成分が $v_\parallel$ であるような確率を与える式として,

$$dq(v_\parallel) = \sqrt{\frac{m}{2\pi\theta}} e^{-\frac{mv_\parallel^2}{2\theta}} dv_\parallel$$

がえられる.B 因子(40.26)は $v_\parallel$ に依存する.

結局,熱核反応がおこる速さは

$$r = \frac{n_1 n_2}{(2)} \int_0^\infty \sigma(v_\parallel) v_\parallel \, dq(v_\parallel) \quad (回/cm^3 \cdot sec) \qquad (40.28)$$

となる.

B 因子を考慮すれば,断面積と相対速度成分との関係は

$$\sigma(v_\parallel) = \sigma_0(v_\parallel) e^{-\frac{2\pi Z_1 Z_2 e^2}{hv_\parallel}}$$

のように表わされる.$v_\parallel$ が変化するとき,因子 σ_0 は指数関数に比べてはるかにわずかしか変化しない.

(40.28)の中の積分は次のようになる:

$$\int_0^\infty \sigma_0(v_\|) v_\| e^{-\frac{2\pi Z_1 Z_2 e^2}{h v_\|} - \frac{m v_\|^2}{2\theta}} dv_\|. \tag{40.29}$$

温度が低く,反応の大部分が Maxwell 分布の《すそ》——平均よりも大きい速度の領域——でおこる場合には,よい近似で上の積分を求めることができる.その計算方法を次に示そう.

まず,指数を次のように表わす:

$$f(v_\|) \equiv \frac{2\pi Z_1 Z_2 e^2}{h v_\|} + \frac{m v_\|^2}{2\theta} \equiv \frac{a}{v_\|} + \frac{b}{2} v_\|^2;$$

$$a = \frac{2\pi Z_1 Z_2 e^2}{h}, \quad b = \frac{m}{\theta}.$$

関数 $f(v_\|)$ を極小にする $v_\|$ の値は

$$\frac{df}{dv_\|} = -\frac{a}{v_\|^2} + b v_\| = 0$$

からきまる.すなわち,

$$v_\|^0 = \sqrt[3]{\frac{a}{b}}. \tag{40.30}$$

以下でわかるように,積分に主としてきくのは $v_\|$ が $v_\|^0$ に近いところである.極小点の近くでは

$$f(v_\|) = f(v_\|^0) + \frac{1}{2}(v_\| - v_\|^0)^2 \left(\frac{d^2 f}{dv_\|^2}\right)_0$$

$$= \frac{3}{2}\sqrt[3]{a^2 b} + \frac{3}{2} b (v_\| - v_\|^0)^2 \tag{40.31}$$

と書けるから,積分(40.29)は

$$\int_0^\infty \sigma_0(v_\|) v_\| e^{-\frac{3}{2}\sqrt[3]{a^2 b} - \frac{3}{2} b (v_\| - v_\|^0)^2} dv_\| \tag{40.32}$$

となる.

$v_\| = v_\|^0$ で $f(v_\|)$ は極小になるから,$v_\|^0$ は反応が最も多くおこる速度に対応している.相対速度の大きさの平均値は

$$\overline{|v_\||} = 2\sqrt{\frac{m}{2\pi\theta}} \int_0^\infty v_\| e^{-\frac{m v_\|^2}{2\theta}} dv_\| = \sqrt{\frac{2\theta}{\pi m}} = \sqrt{\frac{2}{\pi b}}$$

であるから,(40.30)により,$v_\|^0$ と $\overline{|v_\||}$ との比は

$$\frac{v_\parallel{}^0}{|v_\parallel|} = \sqrt{\frac{\pi}{2}} \sqrt[3]{a} \sqrt[6]{b} = \left(\frac{\pi}{2}\right)^{\frac{1}{2}} \left(\frac{2\pi Z_1 Z_2 e^2}{h}\right)^{\frac{1}{3}} \left(\frac{m}{\theta}\right)^{\frac{1}{6}} \quad (40.33)$$

となる.

この比の値が 1 の数倍程度以上である場合を低温とよぶことにしよう. このときには, (40.32) の被積分関数は, 点 $v_\parallel = v_\parallel{}^0$ で非常に鋭い極大を示す. なぜなら, 指数関数の部分は $v_\parallel$ が $v_\parallel{}^0$ から $\sqrt{\frac{2}{3b}}$ だけずれると $\frac{1}{e}$ に減るが, いまの場合 $\sqrt{\frac{2}{3b}}$ は $v_\parallel{}^0$ に比べてはるかに小さいからである.

展開 (40.31) を第 2 項で打切ることができたのはこのためである. さらに, $\sigma_0(v_\parallel)$ と $v_\parallel$ は, $v_\parallel = v_\parallel{}^0$ とおいて積分記号の外へ出すことができる. この近似による誤差は, どちらについても $\frac{|v_\parallel|}{v_\parallel{}^0}$ の程度である. $v_\parallel$ が $v_\parallel{}^0$ から離れるにつれて被積分関数は急激に減少するから, 積分領域を $-\infty$ から ∞ までにのばすことができる. それによって生ずる誤差は指数関数的に小さい. そこで,

$$\int_0^\infty \sigma_0(v_\parallel) v_\parallel e^{-f(v_\parallel{}^0) - \frac{3}{2} b(v_\parallel - v_\parallel{}^0)^2} dv_\parallel$$

$$\cong \sigma_0(v_\parallel{}^0) v_\parallel{}^0 e^{-f(v_\parallel{}^0)} \int_{-\infty}^\infty e^{-\frac{3}{2} b(v_\parallel - v_\parallel{}^0)^2} dv_\parallel$$

$$= \sigma_0(v_\parallel{}^0) v_\parallel{}^0 \sqrt{\frac{2\pi}{3b}} e^{-f(v_\parallel{}^0)}. \quad (40.34)$$

a, b の値を代入すれば (40.28) により, 熱核反応の速さを与える式として

$$r = \frac{n_1 n_2}{(2)\sqrt{3}} v_\parallel{}^0 \sigma_0(v_\parallel{}^0) e^{-\frac{3}{2} \sqrt[3]{\left(\frac{2\pi Z_1 Z_2 e^2}{h}\right)^2 \frac{m}{\theta}}}; \quad v_\parallel{}^0 = \sqrt[3]{\frac{2\pi Z_1 Z_2 e^2 \theta}{hm}} \quad (40.35)$$

がえられる.

指数関数の因子は温度に強く依存している. たとえば重水素の反応では, 温度が 100 eV から 200 eV に増加すると, この因子は 36,000 倍にもなる.

熱核反応は太陽のエネルギー源である. それゆえ, 化学反応と同様に, これはわれわれの生活において重要な役割を演じている.

場の中の理想気体 ポテンシャル U の場の中にある理想気体を考えよう. 位置エネルギーは, 一般に空間における分子の位置によっても, また (単原子気体でなければ) 分子の向きによっても変わる.

分子 1 個の全エネルギーは

$$\varepsilon = \frac{p^2}{2m} + \varepsilon^{(i)} + U \tag{40.36}$$

である.

もし U が空間における分子の位置による——$U = U(x, y, z)$——ならば, 重みの因子(40.4)の中の有限の体積 V を無限小の体積 $dV = dx\,dy\,dz$ にかえなければならない. こうすれば, 分布関数の中で座標 x, y, z による部分が分離され, 気体の密度と座標の関係を与える式がえられる:

$$dn(x, y, z) = n_0 e^{-\frac{U(x, y, z)}{\theta}} dx\,dy\,dz. \tag{40.37}$$

ここで, 位置エネルギーの基準は $U(0, 0, 0) = 0$ となるようにとり, そこでの気体の密度は n_0 に等しいとする. たとえば, 重力場では $U = mgz$ であるから,

$$dn(z) = n_0 e^{-\frac{mgz}{\theta}} dz. \tag{40.38}$$

地球の大気は, 空気の温度が高さについて一定でないから, (40.38)は定性的にしか成り立たないことを注意しておこう.

さらにまた, 窒素や酸素やその他の気体の分子量が互いに異なるために, 空気の組成が高さによって変化しなくてはならないことがこの式からわかる. しかし実際には, 混合がはげしくおこるので, 空気の組成は鉛直方向にほとんど一様である.

惑星大気は平衡状態にない　　上では, 重力場の位置エネルギーとして近似的な表式を用いたが, ここでは厳密な式(3.4)を用いることにしよう. まず, (3.4)の中の定数 a をもっと便利な量を用いて表わす. 地表での重力は $-mg$ であるが, 万有引力の法則によればこれは $-\frac{a}{r_0^2}$ に等しい(r_0 は地球の半径). これから $a = mgr_0^2$, したがって $U = -\frac{mgr_0^2}{r}$ である. それゆえ, 気体の密度は, 高さについては次の法則にしたがって変化しなければならない:

$$n = n_\infty e^{\frac{mgr_0^2}{r\theta}}. \tag{40.39}$$

これは地球から無限に遠い所でも 0 ではない. 無限遠では指数関数が 1 になるので, 比例定数を n_∞ と書いてある.

地表近くでは $r = r_0$ であるから, 密度は n_∞ よりも大きく, その $e^{\frac{mgr_0}{\theta}} =$

$e^{\frac{Mgr_0}{RT}}$ 倍である (M は分子量).

地球の半径は $r_0 \approx 6.4\times 10^8$ cm, また $g \approx 10^3$ cm/sec^2 である. これから, 酸素については,

$$\frac{Mgr_0}{RT} \simeq \frac{32\times 10^3 \times 6.4\times 10^8}{8.3\times 10^7 \times 300} \approx 800.$$

実際には, 地球大気の密度は無限遠で 0 になっている. それゆえ, (40.39) によって, 大気は重力場における most probable な状態に達することができず, しだいに宇宙空間に散逸していく. 気体の most probable な状態は統計的平衡状態とよばれる (§45 参照). 無限遠における大気の平衡密度は地表の $\dfrac{1}{e^{800}}$ である. それゆえ, 現在の大気の状態はきわめて平衡に近い. 月ではすでに平衡状態が達成されている. すなわち, 大気は完全に逃げ去ってしまっているのである!

惑星大気の散逸の気体運動論的説明 気体が無限遠に飛び去ってしまう理由は容易に理解できる. 速さが 11.2 km/sec をこえる粒子は, すべて地球の引力に打勝って無限運動を行なうことができる. Maxwell 分布 (40.12) によれば, 気体分子の中にはどんな速さをもつものも必ず存在する. 無限遠まで飛び去ることのできる分子の速さは次の方程式からきまる:

$$\frac{1}{2}mv^2 = mgr_0. \tag{40.40}$$

この v^2 を Maxwell 分布の式に代入すれば, 大気圏から逃げていくことのできる分子の数の割合として, ふたたび $e^{-\frac{mgr_0}{\theta}}$ がえられる. そのような分子が任意の時刻に大気中に何個ぐらいあるかは容易にわかる. 地球の表面積は 5×10^{18} cm^2 で, 1 cm^2 あたりにおよそ 1030 g すなわち約 35 mol の空気がのっている. そこで, 大気中の全分子数は $5\times 10^{18}\times 35\times 6\times 10^{23} \approx 10^{44}$. また, 11.2 km/sec よりも速い分子の存在比は $e^{-800} \approx 10^{-350}$ である. したがって, 地球から逃げていくことのできる分子の数は, 平均してわずか 10^{-300} 程度にすぎない. 地表近くの分子は, 他の分子と衝突するために, 大気の上層まで自分自身のエネルギーを《運んでいく》ことができないことはもちろんである.

気体の誘電率 一定かつ一様な電場の中に置かれたとき,分子が一定の二重極モーメントをもつような気体を考察しよう. これらの分子は,ある特定の方向を向いた固有の二重極モーメントをもっている場合がある:NO, CO, H_2O(二等辺三角形の頂点 O から対辺へ下した垂線の方向), NH_3(三つの側面をもつピラミッドの対称軸). また,もっと対称性のよい分子はモーメントをもたない:H_2, O_2, CH_4(四面体), CO_2(C を中心とする棒状の分子であることがこれから逆にわかる).

回転運動は量子化されている. 次の節で述べるように,水素以外のすべての気体では,絶対温度にして数十度にもなれば,量子数の大きい状態はすでに励起される. このような状態では,運動を古典的なものと見なすことができる. そして,1個の分子の回転の全エネルギーは,回転の運動エネルギー(§9)と位置エネルギーとに単純に分離される. 位置エネルギーは,外から加えた電場に対して二重極モーメントがどの方向を向いているかによって異なる((14.28)参照):

$$U = -(\mathbf{dE}) = -Ed\cos\vartheta.$$

古典的な運動では,位置エネルギーも運動エネルギーも,演算子ではなく,ただの量であると考えてよい. それゆえ,Boltzmann 分布の中で,位置エネルギーだけに依存する因子が分離されて

$$dn(\vartheta) = Ae^{\frac{Ed\cos\vartheta}{\theta}}\sin\vartheta\,d\vartheta \tag{40.41}$$

となる. $\sin\vartheta\,d\vartheta$ はベクトル $\mathbf{d}$ の方向の立体角要素の大きさに比例している((6.15)参照).

次に,気体が場の中でおこす誘電分極を求めよう. そのためには,電場方向への二重極モーメントの射影の平均値

$$\overline{d\cdot\cos\vartheta} = \frac{d\cdot\int_0^\pi e^{\frac{Ed\cos\vartheta}{\theta}}\cos\vartheta\sin\vartheta\,d\vartheta}{\int_0^\pi e^{\frac{Ed\cos\vartheta}{\theta}}\sin\vartheta\,d\vartheta} \tag{40.42}$$

を計算する必要がある.

ところで,この式は

$$\overline{d\cdot\cos\vartheta} = \theta\frac{\partial}{\partial E}\ln\left(\int_0^\pi e^{\frac{Ed\cos\vartheta}{\theta}}\sin\vartheta\,d\vartheta\right) \qquad (40.43)$$

と書けるから，実は分母の積分を求めるだけで十分である．

$\sin\vartheta\,d\vartheta = -d(\cos\vartheta)$ の関係を用いれば，積分は次のように計算される：

$$\int_0^\pi e^{\frac{Ed\cos\vartheta}{\theta}}\sin\vartheta\,d\vartheta = -\frac{\theta}{Ed}e^{\frac{Ed\cos\vartheta}{\theta}}\Big|_0^\pi = \frac{2\theta}{Ed}\sinh\frac{Ed}{\theta}. \qquad (40.44)$$

(40.43) の中の積分は**統計積分**とよばれる．エネルギー準位が量子化されている場合には，一般にはこの積分を統計和で置きかえなければならない．このような形の和や積分は平均値を計算する際にきわめて便利な量で，今後しばしば出て来る．

(40.44) を (40.43) に代入すれば，二重極モーメントの射影の平均値として

$$\overline{d\cdot\cos\vartheta} = d\cdot\left(\coth\frac{Ed}{\theta} - \frac{\theta}{Ed}\right) \qquad (40.45)$$

がえられる．この式は Langevin によって導かれた．次に，二つの極限：$E \ll \frac{\theta}{d}$(弱い場) と $E \gg \frac{\theta}{d}$(強い場) の場合に右辺がどうなるかを調べよう．

場が弱い場合には，$\coth x$ の展開

$$\coth x = \frac{1}{x} + \frac{x}{3}$$

を用いて，

$$\overline{d\cdot\cos\vartheta} = \frac{Ed^2}{3\theta} \qquad (40.46)$$

がえられる．気体の分極は

$$P = N\overline{d\cdot\cos\vartheta} = \frac{NEd^2}{3\theta} \qquad (40.47)$$

であるから，定義(16.22)と(16.29)によって，誘電率は次の式で与えられる：

$$D = E + 4\pi P = E\left(1 + \frac{4\pi Nd^2}{3\theta}\right) \equiv \varepsilon E. \qquad (40.48)$$

場が強ければ，$\frac{\theta}{Ed} \to 0$，$\coth\frac{Ed}{\theta} \to 1$ であるから $\overline{\cos\vartheta} \to 1$ となる．これは，二重極がすべて場の方向を向いて飽和に達していることを示す．このときには $D = E + 4\pi Nd$ である．$T = 300°K$ とすると，このようになるのは $E \gg 10^7$

§40 Boltzmann 統計

V/cm の場合で,これは放電電圧に比べてはるかに大きな値である.

気体の常磁性　次に,気体の透磁率の計算法を示そう.その際,次の事実——磁気モーメントは電子の角運動量に関係していること,ならびに,角運動量が量子化されていてとびとびの値をとることを考慮しなければならない.電子の角運動量は普通数単位ぐらいの大きさしかないから,古典論へ極限移行することはできない.電気二重極モーメントとちがって,原子でも磁気モーメントを持つことはできる.それゆえ,外から加えた磁場 **H** の中で原子の磁気モーメントがどういう方向を向くかによって透磁率がきまる.次にこれを計算しよう.

まず,原子は基底状態にあるとし,その軌道角運動量は L,スピン角運動量は S,全角運動量は J であるとする.いいかえれば,この基底状態は多重状態である.いま,多重項の分裂(微細構造)を表わすのに,基底状態とそれに最も近い状態 $J\pm 1$ とのエネルギーの差 Δ を用いることにしよう.基底状態のエネルギーを ε_0 とすれば,それに最も近い準位のエネルギーは $\varepsilon_0+\Delta$ である.基底状態にある原子と,多重項に属していてこれに最も近い状態にある原子との数の比は,(40.1)により

$$\frac{2J+1}{2(J\pm 1)+1}\frac{e^{-\frac{\varepsilon_0}{\theta}}}{e^{-\frac{\varepsilon_0+\Delta}{\theta}}}=\frac{2J+1}{2(J\pm 1)+1}e^{\frac{\Delta}{\theta}} \tag{40.49}$$

である.それゆえ,多重項の分裂 Δ が θ に比べてはるかに大きいときには,大多数の原子は基底状態にあることになる.これらの原子に磁場をかければ,多重準位のおのおのは $2J+1$ 個の準位に分裂する.以下では,異常 Zeeman 効果が起るような場合,すなわち磁場による分裂が微細構造の間隔 Δ (§35) よりもはるかに小さいような場合を考えることにしよう.

このときには,(35.11)から,基底状態にある原子のエネルギーは

$$\varepsilon=\frac{eh}{2mc}g_L H J_z=\mu_0 g_L H J_z \tag{40.50}$$

で与えられる.ただし,g_L は Landé 因子(35.12),μ_0 は Bohr 磁子である.

このような原子の数は,Boltzmann 分布

$$n(J_z)=Ae^{-\frac{\mu_0 g_L H J_z}{\theta}} \tag{40.51}$$

で与えられる．今度の場合も，場の方向への磁気モーメントの射影の平均値を求めなくてはならない：

$$-\mu_0 g_L \bar{J}_z = \frac{-\sum_{-J}^{J} \mu_0 g_L J_z e^{-\frac{\mu_0 g_L H J_z}{\theta}}}{\sum_{-J}^{J} e^{-\frac{\mu_0 g_L H J_z}{\theta}}} = \theta \frac{\partial}{\partial H} \ln\left(\sum_{-J}^{J} e^{-\frac{\mu_0 g_L H J_z}{\theta}}\right). \quad (40.52)$$

左辺の負号は電子の電荷が負であることによる．(40.52)は統計和を含んでいる．磁場の中で基底状態から分れた準位についてだけ和をとっているのは，励起状態にある原子の数が少ないからである．

幾何級数の和を計算すれば，Langevin の式(40.45)に似た一般式を導くことは困難ではない．しかし，ここでは場が弱い場合だけに話を限って，指数関数を級数に展開することにする．J_z について1次の項は0となるから，展開は2次の項までとらなくてはならない：

$$\sum_{-J}^{J} e^{-\frac{\mu_0 g_L H J_z}{\theta}} = \sum_{-J}^{J}\left[1 - \frac{\mu_0 g_L H J_z}{\theta} + \frac{1}{2}\left(\frac{\mu_0 g_L H J_z}{\theta}\right)^2\right]$$

$$= 2J+1 + \frac{(\mu_0 g_L H)^2}{2\theta^2}\sum_{-J}^{J} J_z^2.$$

J_z^2 の和は前に(30.27)で計算した．その結果を使えば，求める平均のモーメントは

$$-\mu_0 g_L \bar{J}_z = \theta\frac{\partial}{\partial H}\ln\left[2J+1 + \frac{1}{6}\frac{\mu_0^2 g_L^2 H^2 J(J+1)(2J+1)}{\theta^2}\right]$$

$$= \frac{1}{3}\frac{\mu_0^2 g_L^2 H J(J+1)}{\theta} \quad (40.53)$$

となる．ただし，ここでも H の高い次数の項は省略してある．

(40.53)は，電場によって誘起された電気二重極モーメントの式(40.46)とちょうど同じ形をしている．両者を比較すると，固有の磁気モーメントはこの場合 $\mu_0 g_L \sqrt{J(J+1)}$ になるから，Landé 因子 g_L を入れたことがスピン磁気異常を考慮したことになっている．このようにして，分光学的な観測結果から帯磁率を計算することができる．

希土類元素の常磁性 たいていの元素については，(40.53)が成り立つこ

§40 Boltzmann 統計

とを気体の状態で確かめることはできない．ところが希土類では，電子雲の磁気モーメントは原子の内部にある $4f$ 殻(§33)によって生ずる．そのような原子が結晶格子の一部を占めている場合には，隣接する原子のつくる電場によって $4f$ 殻が影響をうけることはほとんどないので，その原子の状態は自由な原子の状態とほとんど同じであると見なすことができる．それゆえ，(40.53)は，固有の磁気モーメントをもたない元素と希土類元素との化合物に適用できる．実験の結果は，ほとんどすべての希土類元素に対してきわめて満足すべき一致を示している．

問　題

1 混合気体中の相異なる気体の2個の分子について，相対速度の大きさの平均値を求めよ．

(解) 相対速度の分布は $v_{\parallel}$ の分布と同様の式で与えられる(ただし三つの速度成分のそれぞれについて)．この式は(40.12)と似ているが，単独の分子の質量のかわりに換算質量 $m = \dfrac{m_1 m_2}{m_1 + m_2}$ を含んでいる．それゆえ，(40.14)のようにして，相対速度の大きさの平均値は

$$\bar{v} = \sqrt{\frac{8\theta}{\pi m}} = \sqrt{\frac{8\theta(m_1+m_2)}{\pi m_1 m_2}}$$

となる．

もし分子が同種のものであれば，これは速さの平均値の $\sqrt{2}$ 倍に等しい．

2 衝突断面積 σ が，核同士を結ぶ方向の速度成分 $v_{\parallel}$ の次のような関数

$$\sigma(v_{\parallel}) = \begin{cases} 0, & v_{\parallel} < \sqrt{\dfrac{2A}{m}} \\ \sigma_0, & v_{\parallel} \geqslant \sqrt{\dfrac{2A}{m}} \end{cases}$$

であるとき，2分子反応速度 r' を計算せよ．

(解) 公式(40.28)により，

$$r' = \frac{n_1 n_2}{(2)} \sqrt{\frac{m}{2\pi\theta}} \int_{\sqrt{\frac{2A}{m}}}^{\infty} \sigma_0 v_{\parallel} e^{-\frac{m v_{\parallel}^2}{2\theta}} dv_{\parallel} = \frac{n_1 n_2}{(2)} \sqrt{\frac{\theta}{2\pi m}} \sigma_0 e^{-\frac{A}{\theta}}.$$

この結果の式の中で決定的なのは指数関数の因子 $e^{-\frac{A}{\theta}}$ である．A は活性化エネルギーとよばれる．これは，衝突する粒子が反応を起すためにこえなくてはならないポテンシャルの壁の高さに等しい．熱核反応の場合とはちがって，ここでは，反応しあう粒子

の運動が古典的なものであることを仮定している．ポテンシャルの壁よりも低いエネルギーでの遷移は，化学反応にはほとんど寄与しない．

§41 Boltzmann統計(分子の振動と回転)

分子のエネルギー準位　分子からできている気体に統計を適用するためには，分子のエネルギー準位を分類しなければならない．この際，原子核が電子に比べてはるかに重く，したがってはるかにゆっくりしか運動しないという事実が非常に役立つ．§33で水素分子中の2個の水素原子の結合エネルギーを問題にしたとき，われわれはすでにこのことを用いた．核同士が相対的にどんな位置にある場合でも固有関数を見出すことができる．2原子分子では，二つの核の位置は，それらの間の距離というただ1個のパラメタできまる．電子のエネルギー固有値はこの距離の関数である．電子の波動関数が与えられたとすると，核同士のCoulomb斥力のエネルギーを電子のエネルギーに加えれば，分子のエネルギーが核間距離の関数として得られる．たとえば水素分子では，この関係を表わす曲線の形は，スピンの向きが平行の場合と逆平行の場合とで異なる(図47)．下側の曲線は空間座標の波動関数が対称でスピンが逆平行の状態，上側の曲線は空間的には反対称でスピンが平行の状態をそれぞれ表わしている．下の曲線は $r=r_e$ で極小になっている．したがって，分子をつくるこ

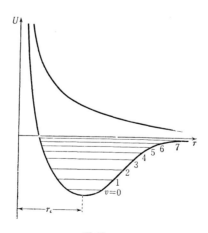

図47

とのできる水素原子は，電子の状態がこの特定なものに限るのである．

一般の場合には，極小が現われるような電子の状態はいくつもありうる．それに対応する位置エネルギー曲線の間のへだたりは(33.23)の形の波動方程式からきまる．この方程式の中で，核の質量を分母に含む項は無視することができる．それゆえ，分子内電子のいろいろな状態間のエネルギー間隔は原子の場合と同じで，1—10 eV の範囲にある．

原子核は位置エネルギーが極小になる点の近くで微小振動を行なう．第1近似ではこれらは調和振動で，そのエネルギーは(26.21)で与えられる：

$$\varepsilon_v = h\omega\left(v+\frac{1}{2}\right). \tag{41.1}$$

v は分子の振動量子数とよばれる．これはもちろん整数である．図47は，位置エネルギー曲線が図41のように放物線ではないことを考慮して，v とエネルギーのもっと一般的な関係を示したものである．しかし，v の大きい振動が励起されたときには解離が起るので(§51)，(41.1)からのずれが統計量にきいてくることは実際上ほとんどない．原子核の振動の周波数 ω はその振動状態に対する電子の状態に依存する．周波数を与える一般式(7.10)—(7.12)によれば，

$$\omega = \sqrt{\frac{1}{m}\left(\frac{\partial^2 U}{\partial r^2}\right)_{r=r_e}}$$

である．すなわち，周波数は原子核の換算質量の平方根に逆比例する．電子のエネルギー準位の間隔は核の質量にはよらないから，振動の量子は電子の準位の間隔に比べてはるかに小さく，$\frac{1}{10}$ eV の程度である．

2個の原子から成る分子は，振動運動のほかに回転運動を行なうこともできる．回転を考慮するには，電子の合成スピンが0で，原子核同士を結ぶ方向へ電子の全軌道角運動量を射影したものも0である場合を考えるのが最も簡単である．電子が基底状態にあれば，この条件はほとんどすべての分子に対して満たされている．ただし O_2（軌道角運動量の射影は0であるが，合成スピンは1に等しい）と NO $\left(\text{軌道角運動量の射影は} 0, \text{スピンは} \frac{1}{2}\right)$ は例外である．これらを除けば，2原子分子を剛体の回転子——図47の下側の曲線の極小に対応する一定の距離 r_e だけ離れた二つの質点の系——と見なすことができる．(§30, 問題2参照．いまの場合は $J_3 = 0$ で $k = 0$，したがって，k について最も近

い準位 $k=1$ のエネルギーは無限大になる．この回転子の回転モーメントは，核を結ぶ方向への射影が0であるから，この方向に垂直である．)

§5で知ったように，2個の粒子の回転運動のエネルギーは

$$\varepsilon_r = \frac{M^2}{2mr_e^2}$$

である((5.6)参照)．ただし m は換算質量，mr_e^2 は回転子の慣性モーメント J_1 である．量子論の式に移るには，角運動量の固有値を代入すればよい．これを普通 K と書く．したがって

$$\varepsilon_r = \frac{h^2 K(K+1)}{2mr_e^2}. \tag{41.2}$$

この式は $k=0$ の場合の対称こまのエネルギーに対応する(§30，問題2)．核の質量が分母にあるので，回転運動の準位の間隔は 10^{-3} eV 程度，あるいはそれ以下である．

結局，2原子分子の全エネルギーは，よい近似で三つの項の和の形に書き表わすことができる:

$$\varepsilon = \varepsilon_e + \varepsilon_v + \varepsilon_r = \varepsilon_e + h\omega\left(v+\frac{1}{2}\right) + \frac{h^2 K(K+1)}{2mr_e^2}. \tag{41.3}$$

ただし $\varepsilon_e \sim \frac{1}{m^0}$ (すなわち，原子核の質量によらない)，$\varepsilon_v \sim \frac{1}{m^{\frac{1}{2}}}$, $\varepsilon_r \sim \frac{1}{m}$ である．

電子準位の励起　　(41.3)の表式を Boltzmann 分布の式に代入すると，これは電子状態・回転状態・振動状態を表わす三つの分布式の積に分れる．いま，気体の温度は数千度を越えない——たとえば 2000—3000°——と仮定しよう．このときには，電子の励起エネルギーが数 eV であるとすれば(温度はエネルギーの単位で測ることができ 1 eV = 11,600° である)，電子が励起状態にある分子の相対比は $e^{-\frac{\varepsilon_e}{\theta}}$ というきわめて小さい値になる．非常に低い電子準位がある場合には，Boltzmann 因子はそれほど小さくはならないこともある．しかし，電子準位が励起されるよりも前に，分子の解離が起ってしまうのが普通である(§51)．

振動準位の励起　　振動の状態を調べよう．2原子分子だけでなく，一般に

多原子分子について考察する．分子が調和振動を行なう場合には，§7で示したように基準座標に移って考えることができる．こうすると，振動のエネルギーは独立な調和振動子のエネルギーの和の形をとる．各振動子のエネルギー準位は，その基準振動に対応する周波数 ω を用いて(41.1)の形の式で表わされる．

分子の振動は，根本的には二つの型に分けられる．一つは隣接する原子核相互間の距離が変化する《原子価振動》，もう一つは結合手同士のなす角だけが変化する《変形振動》である．たとえば，CO_2 の分子は平衡状態で O=C=O のように直線形になっているが，炭素核と酸素核の間の距離の変わるのが原子価振動，これに対して炭素核の位置が一直線からずれるのが変形振動である．変形振動の周波数は原子価振動の周波数の数分の1程度で，原子価振動では $h\omega \sim 0.1\,\mathrm{eV}$ である．

いずれにしても，もし振動エネルギーが独立な個々の振動のエネルギーの和に分解されるならば，分布関数もまた各振動の分布関数の積に分れる．

基準振動の1振動あたりの平均エネルギーを計算しよう．まず，(40.43)と(40.52)を導いたときと同様にして，

$$\bar{\varepsilon}_v = \frac{\sum_{v=0}^{\infty} h\omega\left(v+\frac{1}{2}\right) e^{-\frac{h\omega(v+\frac{1}{2})}{\theta}}}{\sum_{v=0}^{\infty} e^{-\frac{h\omega(v+\frac{1}{2})}{\theta}}} = \theta^2 \frac{\partial}{\partial \theta} \ln\left(\sum_{v=0}^{\infty} e^{-\frac{h\omega(v+\frac{1}{2})}{\theta}}\right). \quad (41.4)$$

この式には調和振動子に対する統計和が含まれている．対数記号の中にある幾何級数の和は簡単に計算できる：

$$\sum_{v=0}^{\infty} e^{-\frac{h\omega(v+\frac{1}{2})}{\theta}} = e^{-\frac{h\omega}{2\theta}} \sum_{v=0}^{\infty} (e^{-\frac{h\omega}{\theta}})^v = \frac{e^{-\frac{h\omega}{\theta}}}{1-e^{-\frac{h\omega}{\theta}}}. \quad (41.5)$$

これを(41.4)に代入すれば

$$\bar{\varepsilon}_v = \frac{h\omega}{2} + \frac{h\omega}{e^{\frac{h\omega}{\theta}}-1}. \quad (41.6)$$

この式の右辺第1項は，周波数 ω の振動の零点エネルギーにほかならない．絶対零度では第2項がきかなくなるから，振動のエネルギーは零点エネルギーとなる．第2項の意味はきわめて簡単である．いま，振動量子数の平均 $\bar{v}$ を用

いて，平均エネルギーを

$$\bar{\varepsilon}_v = \frac{h\omega}{2} + h\omega\bar{v} \tag{41.7}$$

の形に書いたとすると，明らかに

$$\bar{v} = \frac{1}{e^{\frac{h\omega}{\theta}}-1}. \tag{41.8}$$

このことから，因子 $(e^{\frac{h\omega}{\theta}}-1)^{-1}$ は，温度が $\theta = kT$ のときに周波数 ω の振動を行なっている量子の平均の個数であることがわかる．温度が低ければ $\bar{v}$ は 0 に近い．たとえば酸素と窒素では，$h\omega$ はおよそ $0.2\,\mathrm{eV}$ すなわち 2000—$3000°$ である．それゆえ，室温では酸素も窒素も振動に関しては基底状態にある．水素は，分子の換算質量が窒素の $\frac{1}{14}$ である．この場合の振動の量子は $6000°$ に近い．多原子分子では変形振動がおこるが，それらは 300—$600°$ 程度の温度で励起される．

高温における振動エネルギー　　$h\omega$ に比べて温度が高いときには，$e^{\frac{h\omega}{\theta}}$ をその展開式 $1+\frac{h\omega}{\theta}$ で置きかえることができる．これを (41.6) に代入すれば，

$$\bar{\varepsilon}_v = \frac{h\omega}{2} + \theta. \tag{41.9}$$

第 1 項は温度励起には関係しない．また，これは θ に比べてはるかに小さい．それゆえ，温度が十分高ければ，各振動の平均エネルギーは周波数によらず θ に等しい．この結果は，調和振動子のエネルギーに対する古典的な表式

$$\varepsilon_\omega = \frac{p^2}{2m} + \frac{m\omega^2 q^2}{2} \tag{41.10}$$

からも導くことができる．これを Boltzmann 分布の式に代入して平均エネルギーを計算すれば，

$$\bar{\varepsilon}_\omega = \frac{\int_{-\infty}^{\infty} dp \int_{-\infty}^{\infty} dq\,\varepsilon_\omega e^{-\frac{\varepsilon_\omega}{\theta}}}{\int_{-\infty}^{\infty} dp \int_{-\infty}^{\infty} dq\, e^{-\frac{\varepsilon_\omega}{\theta}}} = \theta^2 \frac{\partial}{\partial \theta} \ln\left(\int_{-\infty}^{\infty} dp \int_{-\infty}^{\infty} dq\, e^{-\frac{\varepsilon_\omega}{\theta}}\right). \tag{41.11}$$

対数記号の中の統計積分はいつもの方法で計算される：

$$\int_{-\infty}^{\infty} e^{-\frac{p^2}{2m\theta}}\,dp \int_{-\infty}^{\infty} e^{-\frac{m\omega^2 q^2}{2\theta}}\,dq = \sqrt{2\pi m\theta}\sqrt{\frac{2\pi\theta}{m\omega^2}} = \frac{2\pi}{\omega}\theta. \tag{41.12}$$

これから $\bar{\varepsilon}_\omega = \theta$ となる．それゆえ，周波数 ω の振動を行なっている気体の全振動エネルギーは

$$\bar{\mathcal{E}}_\omega = N\theta = kT \tag{41.13}$$

で，比熱への寄与は R に等しい．結局，温度が高くなると，振動の自由度による比熱は一定の極限値に近づくことになる．

回転準位の励起* 次に回転のエネルギーについて考察しよう．角運動量の大きさが K であるような状態の重みは，可能な射影の数，すなわち $2K+1$ に等しい．特に興味があるのは，同種の原子核から成る2原子分子の場合である．このような分子の状態を分類するには，核のスピンを考慮に入れる必要がある．実際，同種の原子から成る分子の波動関数は，原子核を交換しても形が変わらない．それゆえ，核のスピンが半奇数ならば，波動関数は両方の核について反対称でなければならない．また，スピンが整数ならば波動関数は対称である．分子の波動関数の対称性は，その各因子（(41.3) の近似では波動関数は積の形になる）——電子・振動・回転・核スピン——の対称性によってきまる．たいていの分子では，電子に関する部分は核を交換しても変わらない．振動を表わす部分は核間距離だけの関数であるから，これも不変である．回転の固有関数は K が偶数ならば偶，奇数ならば奇である．したがって，核のスピンが半奇数の場合には，全波動関数が奇となるためには，スピン関数は K が偶数のときには反対称，奇数のときには対称でなければならない．核のスピンが整数の場合はこれとちょうど逆になる．また，スピンが0のときには，K が奇数のものは一般に除外される．このときには，スピンの因子などというものがそもそも存在しないからである．

パラ水素とオーソ水素の回転エネルギー 今度は水素分子の回転の状態を考えよう．水素の全核スピンは1（オーソ状態）と0（パラ状態）とが可能である．スピン1の状態の重みは3，スピン0のは1に等しい．$K=0$ に対応する回転の波動関数は偶であるから，スピン関数は奇，すなわちスピンは0でなけれ

---

* 分子の回転が熱運動にも関係するという仮説は，すでに1745年に Lomonosov が提唱している．

§41 Boltzmann 統計

ばならない (§33). ところが, 角運動量 0 の状態は回転エネルギーが最小である. それゆえ, 絶対零度の近くではパラ水素の方だけが安定である.

絶対零度のときを除けば, Boltzmann 因子 $e^{-\frac{\hbar^2 K(K+1)}{2mr_e^2\theta}}$ が 1 程度になるような状態はすべて励起される. 水素分子の慣性モーメントを $0.45\times 10^{-40}\text{g}\cdot\text{cm}^2$ とすれば, すでに $T=300°\text{K}$ で, 奇数の K についての和

$$\sum_{K=1,2,5,\cdots}(2K+1)e^{-\frac{\hbar^2 K(K+1)}{2mr_e^2\theta}}$$

は偶数についての和と 1000 分のいくらという程度しかちがわなくなる. ところが, 角運動量が偶数の状態は, 水素では核スピンのオーソ状態であるから, スピン 1 の射影の数に相当して 3 という重みの因子がさらにかかる. それゆえ, 室温では $\frac{3}{4}$ がオーソ水素, $\frac{1}{4}$ がパラ水素である. もしも水素を急冷したとすると, オーソからパラへの遷移が徐々にしかおこらないために, 3:1 という比が長い間保たれる. 絶対零度の近くでは, 平衡状態にある水素はすべてパラ状態になければならないから, 上のような状態はもちろん平衡状態ではない.

純粋のパラ水素をうる一つの方法は, たとえば活性化炭素のように, 分子の結合を切るような物質に水素を吸着させることである. 次に, 圧力を下げて低温で水素を遊離させると, パラ状態の分子ができる. これを室温まで上げても, 水素はかなり長い間パラ状態のままでいる.

さて, オーソ水素とパラ水素の回転エネルギーの平均値を与える式を書いておこう. 簡単のために, 回転エネルギーの中に現われる因子 $\hbar^2/2mr_e^2$ を B と書くことにすれば,

$$\begin{aligned}\bar{\varepsilon}_{\text{para}} &= \frac{\sum_{K=0,2,4,\cdots}(2K+1)e^{-\frac{B}{\theta}K(K+1)}BK(K+1)}{\sum_{K=0,2,4,\cdots}(2K+1)e^{-\frac{B}{\theta}K(K+1)}} \\ &= \theta^2\frac{\partial}{\partial\theta}\ln\left[\sum_{K=0,2,4,\cdots}(2K+1)e^{-\frac{B}{\theta}K(K+1)}\right].\end{aligned} \quad (41.14)$$

$\bar{\varepsilon}_{\text{ortho}}$ は上の式の和を奇数の K についてとればよい. 室温では両者が混合していて,

$$\bar{\varepsilon}_r = \frac{1}{4}\bar{\varepsilon}_{\text{para}} + \frac{3}{4}\bar{\varepsilon}_{\text{ortho}} \quad (41.15)$$

である.

非常に低い温度では，(41.14) の和は $K=2$ の項だけをとればよい. すなわち，

$$\bar{\varepsilon}_{\text{para}} = \theta^2 \frac{\partial}{\partial \theta} \ln(1+5e^{-\frac{6B}{\theta}}) \cong 30Be^{-\frac{6B}{\theta}}. \qquad (41.16)$$

オーソ水素については

$$\bar{\varepsilon}_{\text{ortho}} = \theta^2 \frac{\partial}{\partial \theta} \ln(3e^{-\frac{2B}{\theta}} + 7e^{-\frac{12B}{\theta}})$$

$$= B\frac{6e^{-\frac{2B}{\theta}} + 84e^{-\frac{12B}{\theta}}}{3e^{-\frac{2B}{\theta}} + 7e^{-\frac{12B}{\theta}}} \cong 2B\left(1 + \frac{35}{3}e^{-\frac{10B}{\theta}}\right). \qquad (41.17)$$

回転比熱から核のスピンを決定すること　水素の回転比熱から陽子のスピンを決定することができる. いま (41.17) を考えよう. この式の第 1 項は定数である. これは, オーソ水素の分子が絶対零度でもなお $2B$ という回転のエネルギーをもっていることによるのである. このエネルギーは温度によらないから, 比熱にはきいてこない. 比熱を微係数 $\frac{\partial \varepsilon}{\partial \theta}$ と定義すれば, 十分低い温度では, オーソ水素とパラ水素の比熱の比が $e^{-\frac{4B}{\theta}}$ の形で 0 に近づくことがわかる. それゆえ, 普通の水素を急冷して低温にしたとすると, その回転比熱は, パラ状態にある全体の $\frac{1}{4}$ の分子によってきまる. その値は, 同じ温度にある純粋なパラ水素の回転比熱の $\frac{1}{4}$ に等しいはずである.

こうして, 低温における水素の平衡状態 (パラ状態) の比熱と急冷した水素の比熱とを測定することによって, 陽子のスピンを決定することができる. あるいは, スピンの値がほかのデータから知れていれば, 陽子の波動関数が反対称であることから, 陽子が Pauli の原理に従うことを示すことができる.

異種の原子から成る分子の回転比熱　同種の原子からできていない 2 原子分子では, K が奇数の状態と偶数の状態とで核スピンの重みが等しい. それゆえ, 平均の回転エネルギーは次のように書かれる:

$$\bar{\varepsilon}_r = \theta^2 \frac{\partial}{\partial \theta}\left[\ln \sum_{K=0}^{\infty}(2K+1)e^{-\frac{BK(K+1)}{\theta}}\right]. \qquad (41.18)$$

対数記号の中の和は，閉じた形に書くことはできないが数値的に求めることは容易である．次に，温度がどのくらいならば和を積分で置きかえることができるかを当ってみよう．水素については

$$B = \frac{h^2}{2mr_e^2} \cong \frac{1.11 \times 10^{-54}}{1.67 \times 10^{-24} \times 0.74^2 \times 10^{-16}} \text{erg} = 1.2 \times 10^{-14} \text{erg}$$

で，これは温度にすれば $87°\text{K}$ に相当する．ここで，m は 2 個の陽子の換算質量で，陽子の質量の半分である．また，$r_e \sim 0.74 \times 10^{-8}$ cm である（前に用いた慣性モーメントの値はこれから求めた）．ほかの気体については B は数度ぐらいになるから，これらが液体の状態を取るような温度でない限り比 $\dfrac{B}{\theta}$ の値は小さい．したがって，この場合には(41.18)の和を積分で置きかえてもよい近似になっている．いま，

$$K(K+1) = x$$

と置けば，

$$(2K+1)\,dK = 2K+1 = dx \qquad (dK = 1)$$

であるから，

$$\sum (2K+1) e^{-\frac{BK(K+1)}{\theta}} \cong \int_0^\infty e^{-\frac{Bx}{\theta}} dx = \frac{\theta}{B}. \tag{41.19}$$

これを(41.18)に代入すれば，2 原子分子あるいは任意の直線状分子の回転エネルギーの表式がえられる：

$$\bar{\varepsilon}_r = \theta = \frac{RT}{N}. \tag{41.20}$$

ここで次のことを注意しておこう．振動と回転とに対しては《高温》という概念がまるでちがう．酸素では，回転比熱については $10°\text{K}$ 以上の温度は高温と見なさなければならない．ところが，振動の比熱については，$2000°\text{K}$ 以上でなければ高温とはいえない．それゆえ，非常に広い温度範囲（常温も含まれる）にわたって 2 原子分子の比熱は一定である．これは，並進運動の部分 $\dfrac{3}{2}R$ と回転の部分 R とから成り，全体で $\dfrac{5}{2}R$ である．

回転の比熱は，低温の極限の値に単調には近づかないで，$\theta = 0.81$ でいったん極大値 $1.1R$ をとってから極限値に近づいていくことが，数値計算の結果わかっている．

多原子分子の回転エネルギーの計算は§47で行なうことにする．

問　題

パラ重水素とオーソ重水素の回転エネルギーを求めよ．

（解）スピンが整数の粒子は対称な波動関数をもつ．まずスピンが0の粒子2個の系を考えてみよう．そのスピン関数は恒等的に1に等しいから，波動関数の空間座標による部分は対称でなくてはならない．核を交換することは，回転を表わす部分の関数については，座標原点に関する反転を行なうことと同等である．それゆえ，仮に重陽子のスピンが0であったとすると，重水素分子のスペクトルには奇数の回転量子数に対応する線は現われないはずである．ところが，実際はそのような線がスペクトル中に存在する．そして，Kが偶数の状態の重みは奇数の状態の2倍である．このことは，それぞれの状態からの遷移に対応するスペクトル線の相対強度からわかる．

重陽子のスピンが1であるとすると，オーソ状態の重みがパラ状態の重みの2倍になることを示そう．大きさ1のスピンの成分は$1, 0, -1$という三つの値をとる．そこで，これらの成分に対応する（各重陽子の）スピン波動関数を$\phi_1(1), \phi_1(0), \phi_1(-1)$および$\phi_2(1), \phi_2(0), \phi_2(-1)$とする．全スピンの成分が0であるような重水素の波動関数をすべて作ってみよう．この中から対称または反対称の結合だけを選び出すと，次のようになる：

対称関数	反対称関数
$\phi_1(1)\phi_2(-1)+\phi_1(-1)\phi_2(1),$	$\phi_1(1)\phi_2(-1)-\phi_1(-1)\phi_2(1),$
$\phi_1(0)\phi_2(0),$	

同様に，全スピン成分が± 1のものは

$\phi_1(1)\phi_2(0)+\phi_1(0)\phi_2(1),$	$\phi_1(1)\phi_2(0)-\phi_1(0)\phi_2(1),$
$\phi_1(-1)\phi_2(0)+\phi_1(0)\phi_2(-1),$	$\phi_1(-1)\phi_2(0)-\phi_1(0)\phi_2(-1),$

± 2のものは

$$\phi_1(1)\phi_2(1),$$
$$\phi_1(-1)\phi_2(-1)$$

である．

対称の状態はスピン成分の最大値が2である．それゆえ，スピンが平行な状態は対称である．ところで，対称なスピン関数の射影は全部で6個あって，スピンが2のものの射影は$2 \cdot 2+1=5$個である．それゆえ，射影が0であるような関数から，スピンが2の関数を一つつくることができる．そうすると，残りの関数はスピンが0のものとなる．

重水素には，スピン波動関数が対称なオーソ状態が全部で六つある．スピンが1の状態はスピンの射影の最大値が1であるから，スピン関数は反対称である．すなわち，パラ状態は三つある．重水素分子では，回転の関数が偶のものはオーソ状態に，奇のもの

はパラ状態に対応している．こうして全波動関数は対称となる．これは粒子のスピンが整数である以上当然のことである．スピンによる重みは，オーソ状態では6，パラ状態では3である．それゆえ統計和は，オーソ重水素が

$$6 \sum_{K=0,2,4,\cdots} (2K+1) e^{-\frac{BK(K+1)}{\theta}},$$

パラ重水素が

$$3 \sum_{K=1,3,5,\cdots} (2K+1) e^{-\frac{BK(K+1)}{\theta}}$$

である．

絶対零度における平衡状態はオーソ状態である．両方の状態のエネルギーは

$$\bar{\varepsilon}_{\text{ortho}} \cong 30 B e^{-\frac{6B}{\theta}}, \quad \bar{\varepsilon}_{\text{para}} \cong B\left(2+\frac{70}{3} e^{-\frac{10B}{\theta}}\right)$$

となる((41.16), (41.17)参照)．水素と比べると，重水素ではオーソ状態とパラ状態とが入れかわっている．絶対零度の近くでは，比熱には主としてオーソ状態だけがきく．常温で平衡にある重水素では，全分子の $\frac{2}{3}$ がオーソ状態である．それゆえ，重水素を急冷したときの回転比熱は，その温度で平衡にある重水素の比熱の $\frac{2}{3}$ 倍となる．そこで，この比を測定してみれば，重陽子のスピンが0ではなくて1であることがわかる．

§42 電磁場および結晶体への統計理論の応用

物質と放射の統計的平衡 この節では，まず物質と統計的平衡状態にある放射を考えよう．そのような平衡の条件は，不透明な物体で囲まれた空洞の中で実現される．不透明な空洞壁はあらゆる周波数の放射を吸収し，したがってまたあらゆる周波数の放射を出す．すなわち，ある向きに量子的な遷移が可能であるならば，それと逆向きの遷移もおこりうる．その結果，放射は物質と統計的平衡に達し，どのような方向・周波数・かたよりの電磁放射についても，単位時間・単位面積あたり吸収されるエネルギーと放出されるエネルギーとが互いに等しくなる．

空洞内では，放射エネルギーの平衡分布はこのようにして達せられる．この場合，放射の温度は壁の温度に等しくなることを示すことができる．こうなるはずであることは，熱力学の基礎を扱うところで(§45, 46)特にはっきりするであろう．いまのところは，互いに平衡にある系の温度は完全に等しいと見なすのがごく自然であるということだけを注意しておく．

完全黒体 平衡状態にある放射を実験的に調べるには，空洞の壁に小さい孔をあける．孔が十分小さければ，こうしても平衡状態が目立って変化することはないであろう．空洞の外からその孔にやって来た放射は，空洞に吸収されて外へは出て来ない．この意味で，孔は光線を反射しない黒い物体と似ているので，《完全黒体》とよばれる．そして，孔から出て来る平衡放射のことを《黒体放射》という．

黒体という用語はちょっと妙に聞えるかもしれない．これからすぐに想像されるものとは意味がちがうからである．実際，平衡状態にある完全黒体は黒くない物体よりも放射を余計に出す．なぜかというと，黒体の方が吸収するエネルギーの量は多く，しかも，平衡状態では，放出するエネルギーと吸収するエネルギーとが等しくなっているからである．もし空洞と孔をもつ物体を白熱したとすると，孔はきわめて明るく輝くことになる．

§42 電磁場および結晶体への統計理論の応用

場を振動子と考えたときの統計．Planck の公式　この節では，平衡状態にある放射に統計を適用することを考える．それには放射を量子化する必要がある．気体の場合とちがって，放射の統計では，作用量子が完全に消去された方程式に極限移行することはできない．このことは少しあとで明らかになる．

場を量子化するには 2 通りの方法がある．第 1 は，場を線形調和振動子の集団と見なして，各振動子にそれぞれきまった波動ベクトル $\mathbf{k}$ とかたより σ ($\sigma=1,2$) を対応させるのである．これらの振動子は，$\mathbf{k}$ または σ がそれぞれ異なっている．そのような振動子の量子的な性質は，場の状態の数を計算するときには現われて来ない．各振動子のエネルギーはきまったスペクトルに属していて $\left(n\text{を負でない整数として}\ h\omega\left(n+\dfrac{1}{2}\right)\right)$，決して勝手な値をとることはできない．量子的な性質はここではじめて表に現われて来るのである．

一つの振動子が熱平衡にあるときには，その振動エネルギー量子の個数の平均値は，(41.8) と同様の式

$$\bar{n} = \frac{1}{e^{\frac{h\omega}{\theta}}-1} \tag{42.1}$$

で与えられる．各量子のエネルギーは $h\omega$ に等しく，周波数 ω をもつ振動の数は，(25.24) によって

$$dg(\omega) = \frac{V\omega^2 d\omega}{\pi^2 c^3} \tag{42.2}$$

である．ただし $\kappa = \dfrac{\omega}{c}$ と置いてある．(25.24) とちがうところは，与えられた周波数の振動に 2 通りのかたよりがあることを考慮してあることである．結局，周波数範囲 $d\omega$ の中にある電磁場のエネルギーは

$$d\mathcal{E}(\omega) = \frac{Vh\omega^3 d\omega}{\pi^2 c^3 (e^{\frac{h\omega}{\theta}}-1)}. \tag{42.3}$$

となる．太陽の放射スペクトルはこの分布に近い．

光量子の統計　(42.1) を別の考え方から導こう．前に述べたように，電磁場は光量子という素粒子の集団と見なされる．周波数・方向・かたよりが同じ量子は互いに区別できない．それゆえ，原子や分子に対して用いられた量子統計が光量子にも適用できる．また，§34 で述べたように，光量子は整数の角運

動量をもっているから，Pauli の原理には従わず，Fermi 分布でなく Bose 分布をとる．しかし，光量子は吸収されたり放出されたりするので，Bose 分布にしたがう気体分子とはちがってその数は一定でない．光量子に附加条件(39.12)を課すことができないのはこのためである．

一般の Bose 分布から条件(39.12)を課さない特別の場合に移ることは容易である．それには，(39.12)にかけたパラメタ μ ($N=$ 一定 の条件を満足させるために導入した)を 0 と置けばよい．こうすれば，Bose 分布の式は簡単になって，

$$n = \frac{1}{e^{\frac{\varepsilon}{\theta}}-1}. \qquad (42.4)$$

光量子は $\varepsilon = h\omega$ であることを考慮すれば，ふたたび(42.1)が得られる．つまり，(42.1)は，Boltzmann 統計にしたがう集団中の振動子 1 個の振動量子の平均数を表わしてもいるし，また，Bose 統計にしたがう光量子の平均数を表わしてもいるのである．すでに述べたように，振動子というものの中には Boltzmann 統計にしたがうもの——数 n_1, n_2, n_3, σ によって状態が区別されるもの——がある．一方，互いに区別することができる粒子の統計は量子的でない．量子統計とそうでない統計とのちがいは，粒子が互いに区別できないかどうかによるものであることをここでもう一度思い出しておこう．

電磁場の統計では極限移行 $h \to 0$ はできない さて，ここでしばらく振動子の考え方にもどろう．古典論では，振動子の平均エネルギーは θ に等しい((41.11)—(41.13)参照)．これに $dg(\omega)$ をかければ，平衡にある放射のエネルギーに対する古典的な Rayleigh-Jeans の公式がえられる：

$$d\mathcal{E}(\omega)_{\text{class}} = \frac{V\omega^2 d\omega}{\pi^2 c^3}\theta. \qquad (42.5)$$

ところが，この公式は周波数の大きいところでは明らかに正しくない．ω について積分すると全エネルギーが無限大になってしまうからである．古典的な考え方の欠陥がはじめてはっきりと現われたのは，まさにこの統計理論においてであった．そこで，1900 年に Planck が(42.3)の公式を提出することになる．これが物理学に作用量子が登場した最初であった．

公式(42.5)は, $h\omega \ll \theta$ を満足するような周波数に対してしか正しくない.

平衡にある放射の全エネルギー　平衡にある電磁放射の全エネルギーは公式(42.3)から容易に求められる. ω について積分すれば,

$$\mathcal{E} = \frac{Vh}{\pi^2 c^3}\int_0^\infty \frac{\omega^3\,d\omega}{e^{\frac{h\omega}{\theta}}-1} = \frac{Vh}{\pi^2 c^3}\frac{\theta^4}{h^4}\int_0^\infty \frac{x^3 dx}{e^x-1}. \quad (42.6)$$

右辺の積分は単なる数で $\frac{\pi^4}{15}$ に等しい(付録). したがって, 求めるエネルギーは絶対温度の4乗に比例する(Stefan-Boltzmannの法則).

完全黒体からの放射　(42.6)の結果は《完全黒体》の放射率から確かめることができる. 放射率とエネルギーとの関係を求めることは容易である. それには, 空洞壁の単位面積あたりに, これと垂直に単位時間あたり何個の量子がぶつかって来ているかを計算すればよい. 前に述べたように, もし壁のごく一部分を取除いたとすると, 壁にぶつかって来るのと同じ組成の放射がその孔から出て来ることになる.

各量子の速さは c であるから, 垂直成分は, $c\cos\vartheta$ に等しい(ϑ は壁への垂線となす角). これらの量子は, 単位時間に, 壁の単位面積めがけて, 単位の底面積をもち高さが $c\cos\vartheta$ の柱状の部分からやって来る. この柱体に含まれているエネルギーは $\frac{\mathcal{E}}{V}c\cos\vartheta$ に等しい.

単位立体角内に進む量子は全体の $\frac{1}{4\pi}$ であるから, 単位時間に壁の単位面積に落ちて来る全エネルギーは,

$$\frac{1}{4\pi}\int_0^{2\pi} d\varphi \int_0^{\frac{\pi}{2}} \sin\vartheta\,d\vartheta\,c\cos\vartheta\,\frac{\mathcal{E}}{V} = \frac{c}{4}\frac{\mathcal{E}}{V} = \frac{\pi^2\theta^4}{60 c^2 h^3} = \frac{\pi^2 k^4}{60 c^2 h^3}T^4. \quad (42.7)$$

T^4 にかかる係数は 5.67×10^{-5} erg/cm$^2\cdot$sec$\cdot$deg^4 に等しい. 白熱した固体については, それがどの程度まで黒体と見なしうるかを確かめてからでなければ(42.7)をあてはめることはできない.

太陽の彩層は放射をほとんど透過させないので, そこから出て来る光は平衡スペクトル(42.3)に近いスペクトル(厳密にはこれと一致しないが)を示す. (42.3)から彩層の温度をきめると, およそ 5700°K となる.

平衡放射の圧力　平衡にある放射の圧力も容易に計算できる．それには，(42.7)を導いたときと同様に考えればよい．ただ，今度の場合に計算すべきものは量子の数ではなくて，壁面の単位面積を通して伝達される運動量の法線成分である．この成分は，量子のエネルギー $h\omega$ を c で割り，$\cos\vartheta$ をかけたものに等しい．それゆえ，(42.7)の場合とちがって今度は $\cos\vartheta$ でなく $\cos^2\vartheta$ を積分する．さらに平衡状態では，入射量子があればそれと反対方向に同様の量子が必ず放射されるから，壁に伝達される運動量は2倍になる．それゆえ，圧力は

$$p = \frac{\mathcal{E}}{cV}\frac{1}{4\pi}2c\int_0^{2\pi}d\varphi\int_0^{\frac{\pi}{2}}\cos^2\vartheta\sin\vartheta\,d\vartheta = \frac{\mathcal{E}}{3V}, \qquad (42.8)$$

すなわちエネルギー密度の $\frac{1}{3}$ に等しい．この式はまた，(40.22)を導いたときの方法で運動量を mv としないで $\frac{\varepsilon}{c}$ と置いてもえられる．Lebedevは一方向のビームの圧力を測定したが，その結果は，あらゆる方向から光が一様にやって来る場合とちがって $p=\frac{\mathcal{E}}{V}$ であった．すなわち，ビームの場合は $\frac{1}{3}$ の因子が付かないで，圧力はエネルギー密度に等しくなる(§17)．

(42.8)と(42.6)から，電磁放射の圧力は温度の4乗に比例して増加することがわかる．気体の圧力は温度の1乗に比例するから，十分高温になると常に放射のエネルギーの方が勝つことになる．

高温では，物質粒子間の相互作用のエネルギーが運動エネルギーに比べて小さくなるから，その圧力は理想気体の式から計算できる．すなわち，

$$p = \frac{N\theta}{V}.$$

高温では原子が核と電子に分解していることを考慮すれば，比 $\frac{N}{V}$ を質量密度で表わすことが簡単にできる．考えている物質が水素であるとしよう．密度を ρ とすれば $\frac{N}{V}=\frac{2\rho}{m}$ である(m は陽子の質量，因子2は電子を考慮したため)．それゆえ，

$$p_m = \frac{2\rho}{m}\theta. \qquad (42.9)$$

放射の圧力は，(42.8)と(42.6)から

$$p_r = \frac{\pi^2\theta^4}{45(hc)^3}. \qquad (42.10)$$

これらの式から，放射の圧力と気体の圧力とが等しくなるときの密度と温度の関係が得られる：

$$\rho = \frac{\pi^2}{90} \frac{m}{(hc)^3} \theta^3 = 1.5 \times 10^{-23} T^3.$$

たとえば $\rho = 1\,\text{g/cm}^3$ とすると，$T = 4 \times 10^7\,°\text{K}$ のときに両方の圧力が等しくなる．ある種の星の内部では放射圧が重要な役割を果している．

放射エネルギー密度が最大となる周波数　　放射エネルギー分布は，方程式

$$\frac{d}{d\omega}\left(\frac{\omega^3}{e^{\frac{\hbar\omega}{\theta}}-1}\right)\bigg|_{\omega=\omega_0} = 0 \tag{42.11}$$

を満足する周波数 ω_0 のところで最大となる．微分を実行すれば，

$$1 - e^{-\frac{\hbar\omega_0}{\theta}} = \frac{\hbar\omega_0}{3\theta}. \tag{42.12}$$

この方程式は $\frac{\hbar\omega_0}{\theta}$ についてただ一つの根をもち，その値は

$$\frac{\hbar\omega_0}{\theta} = 2.822 \tag{42.13}$$

である．すなわち，黒体放射のスペクトル中で，最大のエネルギーに対応する周波数は絶対温度に比例する（Wien の法則）：

$$\omega_0 = \frac{2.822\,\theta}{h}. \tag{42.14}$$

周波数のかわりに波長による分布式を考えれば，上の式の係数の値はもちろん変わる（問題1）．面白いことには，太陽スペクトル中で最大のエネルギーに対応する光の波長 λ_0 は，人間の目の感度の最も高い光の波長にきわめて近い．図48 は分布曲線 $\dfrac{\left(\frac{\hbar\omega}{\theta}\right)^3}{e^{\frac{\hbar\omega}{\theta}}-1}$ である．

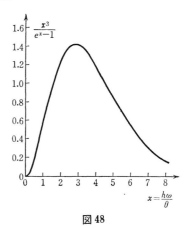

図 48

光量子の自然放出と強制放出　　この節のはじめに述べたように，閉じた空

洞の中では，原子と放射とが熱平衡に達する．放射が平衡に達するためには，光を放出したり吸収したりすることのできる原子の存在が一般には必要である．なぜなら，電磁場の基準振動に対応する個々の振動子は互いに全く独立であるため，原子によって量子の交換が起こらない限り，はじめの非平衡状態はいつまでも続くからである．

原子による光量子放出の確率を与える式は§34で導いた．単位時間あたりの放出確率は，(34.46)によって

$$W_{10} = \frac{4}{3}\frac{\omega_{10}{}^3}{hc^3}|\mathbf{d}_{10}|^2 \qquad (42.15)$$

である．

さて，放射と熱平衡にある原子を考えよう．原子の二つの状態のエネルギーを $\varepsilon_0, \varepsilon_1$ とし，周波数 ω_{10} は $h\omega_{10} = \varepsilon_1 - \varepsilon_0$ の関係を満足しているものとする．平衡状態では，エネルギー ε_1 の原子は，周波数 ω_{10} の量子を，ε_0 の原子が吸収するのと同数だけ放出する．詳細釣合いの原理によって，順逆両方向の遷移確率は次の関係で結ばれている：

$$g_1 W_{10} = g_0 W_{01}. \qquad (42.16)$$

実際，物質と放射との相互作用は弱いと考えられるから，摂動論の第1近似の公式(34.29)が使える．この公式によれば，遷移 $1 \to 0$ および $0 \to 1$ に対する確率はそれぞれ

$$W_{10} = \frac{2\pi}{h}|\mathcal{H}_{10}|^2 g_0, \qquad W_{01} = \frac{2\pi}{h}|\mathcal{H}_{01}|^2 g_1 \qquad (42.17)$$

で与えられる．ところが，Hermite性の条件(34.15)によって，行列要素の絶対値の2乗 $|\mathcal{H}_{10}|^2$ と $|\mathcal{H}_{01}|^2$ とは等しい．それゆえ，(42.17)の各式に初期状態の重みをかければ方程式(42.16)が得られるのである．

吸収の確率を与える式は，吸収が起こる前に場の中に周波数 ω_{10} の量子がただ1個だけある場合に対するものであった．そのような量子が $n(\omega_{10})$ 個ある場合には，そのうちの1個が単位時間に吸収される確率は，前の場合の $n(\omega_{10})$ 倍であると仮定するのが自然であろう．この仮定の正しいことは電磁場の量子論によって確かめられる．

それゆえ，場の中にある $n(\omega_{10})$ 個の同じ量子のうちの1個が単位時間に吸

収される確率は $n(\omega_{10})g_0W_{01}$ に等しいと仮定しよう．詳細釣合いの原理によって，これと逆の遷移——場の中に $n(\omega_{10})-1$ 個の量子が存在するとして，状態1にある原子から同様の量子が1個放出される過程——も等しい確率をもっているはずである．そこで，両方の遷移を次のように表わしてみる：

状態 0 エネルギー ε_0 の原子1個 周波数 ω_{10} の量子 n 個	量子の吸収 ⇌ 量子の放出	状態 1 エネルギー ε_1 の原子1個 周波数 ω_{10} の量子 $(n-1)$ 個

量子を吸収する確率は ng_0W_{01} である．詳細釣合いの原理によって，放出確率もこれに等しく，(42.16)から ng_1W_{10} となる．これはまた $[(n-1)+1]g_1W_{10}$ と書くこともできる．それゆえ，場の中に $n-1$ 個の量子が存在する場合には，放出の確率は n——現在ある量子の数に1を加えたもの——に比例することになる．たとえば，放出がおこる前に場の中に量子が1個も存在しないときには，この比例係数の値は1である．この場合のことを自然放出とよぶ．ところが，場の中にはじめから量子があるときには，いわばそれらの刺戟によって，同じ周波数・伝播方向・かたよりをもつ量子がさらに放出されるようになる．こうして起こる放出は強制放出とよばれる．強制放出の存在は，吸収確率が n に比例するということと同様，場の量子論によって示すことができる．強制放出の考え方は Einstein によって導入された．

光量子の放出・吸収確率間の関係から Planck の公式を導くこと　電磁場と熱平衡にある原子を考えよう．平衡状態における光量子の数を $n(\omega_{10})$ とする．系が統計的平衡にあるというのは，状態0にある原子が単位時間に吸収する光量子の数と，状態1にある原子が放出する光量子の数とが等しいということである．こうなっていれば $n(\omega_{10})$ は時間的に変らず，したがって系は平衡状態にあることになる．

状態0にある全原子(総数 N_0)が単位時間に行なう吸収の回数は

$$N_0W_{01}n(\omega_{10}) \tag{42.18a}$$

に等しい．また，状態1にある全原子(総数 N_1)による単位時間あたりの放出の回数は，前に見たように，

$$N_1 W_{10}[n(\omega_{10})+1]. \qquad (42.18\text{b})$$

もちろん，(42.18a)と(42.18b)はちょうど逆向きの遷移の確率ではなく，光量子が同じ数 $n(\omega_{10})$ だけ存在する状態からの遷移——数が1だけへる遷移と1だけふえる遷移——の確率である．熱平衡の条件は，これらの確率が等しいことであるから，

$$N_0 W_{01} n(\omega_{10}) = N_1 W_{10}[n(\omega_{10})+1]. \qquad (42.19)$$

ここで，N_0 と N_1 に Boltzmann 分布(40.1)を代入すれば，

$$e^{\frac{\mu-\varepsilon_0}{\theta}} g_0 W_{01} n(\omega_{10}) = e^{\frac{\mu-\varepsilon_1}{\theta}} g_1 W_{10}[n(\omega_{10})+1]. \qquad (42.20)$$

次に，$\hbar\omega_{10} = \varepsilon_1 - \varepsilon_0$ の関係と (42.16) とを用いれば，平衡状態における光量子の数 $n(\omega_{10})$ に対する方程式

$$e^{\frac{\hbar\omega_{10}}{\theta}} n(\omega_{10}) = n(\omega_{10})+1 \qquad (42.21)$$

が得られる．Planck の公式は，これからただちに，

$$n(\omega_{10}) = \frac{1}{e^{\frac{\hbar\omega_{10}}{\theta}}-1}. \qquad (42.22)$$

このようにして，強制放出の考えから光量子の正しい周波数分布が導かれる．n が大きくなるにつれて強制放出の果す役割が重要になってくることに注意しよう．ところで，n が大きい場合というのは古典論的極限である．それゆえ，強制放出は本質的には古典的な効果であり，自然放出は量子的な効果であるといえる．

詳細釣合いの原理を用いるならば，Bose 粒子の場の理論には必ず強制放出の概念が現われて来る．場の中に n 個の粒子があると，さらに1個の粒子が現われる確率は $n+1$ に比例し，n 個のうちの1個が消える確率は n に比例する．電荷をもった Bose 粒子(たとえば π 中間子)の場合には，系の全電荷が保存されるような遷移だけしかおこりえないことはもちろんである．

Fermi 粒子については，すでに占められている準位への遷移はおこりえないことに注意する必要がある．ある準位が占められている確率を f とすれば，この準位への単位時間あたりの回数は $1-f$ に比例する．

結晶格子の振動スペクトル　　次に，固体の結晶格子に統計を適用してみよ

§42 電磁場および結晶体への統計理論の応用

う．この場合は平衡放射の理論といろいろの点でよく似ている．

格子をつくっている原子の振動は基準座標によって記述される．こうすれば，原子のエネルギーは(27.22)とほとんど同じ形に表わされる．すなわち，そのエネルギーは個々の振動子のエネルギーの和となる．各振動子には原子の(平衡位置からの)変位の波が対応し，この波は結晶格子を伝わっていく．一例として，1列に並んだ原子に沿ってそのような波が伝わる場合を問題4に与えておいた．

けれども，電磁場を表わす振動子の集団と，結晶体の振動子の集団との間には次のようなちがいがある．

1) 電磁場の自由度の数は無限大であるから，0から∞までの間のすべての周波数が含まれる．一方，固体では自由度の数は$3N$(Nは原子の個数)なので，振動の周波数範囲は0からある最大値$\omega_{\max}$までである．

2) 周波数と波動ベクトルの関係は，電磁場については単に$\omega = ck$で与えられる．固体の振動の場合にはこの関係は非常に複雑である．原子の振動は，波長がきわめて長く(kが小さく)なった極限ではじめて連続媒質中の弾性波となり，その場合には結晶の原子構造を無視することができる．

連続媒質中では，周波数は波動ベクトルの大きさに比例する：$\omega = u_\sigma k$．ただし，添字σは，波の速さuが波のかたよりによって変わることを示す．この場合には，弾性体内の電磁場とはちがって，それぞれの$\mathbf{k}$について波には三つのかたよりがありうる(結晶の原子構造を考えに入れると，弾性波のほかにもう一つの型の波が起る——図49参照)．かたよりの方向は，結晶の弾性的な性質と$\mathbf{k}$とに依存する．

等方的な弾性体の中では，これらのかたよりをもつ波のうちの二つは横波でその速さはu_t，一つは縦波で速さはu_lである．したがって，結晶の中と同様σは三つの値をとりうる．

波動ベクトル$\mathbf{k}$のある範囲内に存在する振動の数は，いつものように，振動の番号を示す数と振動ベクトルとの関係から求めることができる．各振動は3個の整数(n_1, n_2, n_3)とσとできまる．波動ベクトルの成分はn_1, n_2, n_3にそれぞれ比例している：

$$k_x = \frac{2\pi n_1}{a_1}, \quad k_y = \frac{2\pi n_2}{a_2}, \quad k_z = \frac{2\pi n_3}{a_3}. \qquad (42.23)$$

ただし a_1, a_2, a_3 は結晶全体の大きさを示す．これから，

$$dg_{\mathbf{k}} = dn_1 dn_2 dn_3 = \frac{a_1 a_2 a_3\, dk_x dk_y dk_z}{(2\pi)^3} = \frac{V\, dk_x dk_y dk_z}{(2\pi)^3}. \qquad (42.24)$$

この式を(25.22)と比べてみると，前は分母がただ π^3 であったのに今度は $(2\pi)^3$ となっている．このちがいは，ここでは n_1, n_2, n_3 を周期性の条件から定めていること（電磁場の場合と同様——(27.4)参照），そして停立波でなく進行波に対する展開を行なっていることによるのである．一方，n_1, n_2, n_3 の値の範囲は，ここでは $-\infty$ から ∞ までであるのに対して，§25 ではその $\frac{1}{8}$ に相当する0から ∞ までとなっている．したがって状態の総数は同じで，それをどう数えるか——進行波と見るか停立波と見るか——にはもちろんよらない（(25.23)参照）．

固体のエネルギー　波数成分が dk_x, dk_y, dk_z の間にあって，与えられたかたよりをもつ波のエネルギーの式を書き下すことは容易である．(42.3)を導いたときと同様にして，

$$d\mathcal{E}(\mathbf{k}, \sigma) = \frac{V h \omega_\sigma\, dk_x dk_y dk_z}{8\pi^3 (e^{\frac{h\omega_\sigma}{\theta}} - 1)}. \qquad (42.25)$$

結晶体の全エネルギーを求めるには，この式を $\mathbf{k}$ について積分し，σ について和をとらなければならない．今度は，電磁場の場合とちがって無限大まで積分してはならず，振動の数が自由度の数 $3N$（原子の数が N で，各原子には振動の自由度が三つある）に等しくなるような範囲

$$V \sum_\sigma \iiint \frac{dk_x dk_y dk_z}{(2\pi)^3} = 3N \qquad (42.26)$$

で積分を行なわなければならない．σ についての和の意味を明らかにするために，原子からできている結晶格子の振動にはどのようなものがありうるかを次に考えてみよう．

二つの型の格子振動　単位胞の中に原子がただ1個しかないような結晶格

子に話を限ることにしよう．このときには，σ は確かに1から3までの値をとる．実際には，格子はもっと複雑な形であることが多く，可能な振動の型もそれに応じてずっと複雑である．このことは次の簡単な例からもわかる．いま，単位胞に2個の原子(図49の白丸と黒丸)があるとし，格子定数を d とする．これにあるきまった波長 λ の振動が起ったとしよう．図49には，$\lambda = 4d$ の場合の半波長の部分を示してある．この振動は2通りある．一つは単位胞の中の両方の原子が同じ側に変位する場合(図49(a))，もう一つは反対向きに変位する場合(図49(b))である．あとの場合の方が，原子をもとの位置へもどそうとする力が大きいから，振動の周波数は大きい．

単位胞の中に原子が i 個存在する場合には，3次元であれば $3i$ 通りの型の振動がおこりうる．そのうちの三つは図49(a)に対応するもので，i 個の原子全部が同じ向きに変位する場合である．そして，波長が長くなった極限では，格子全体が連続媒質のように振動する．

結晶の振動の型は全部で $3iN' = 3N$ 通りある(N' は単位胞の数)．振動の型の数は明らかに自由度の数——結晶をつくる原子の総数の3倍——に等しい．

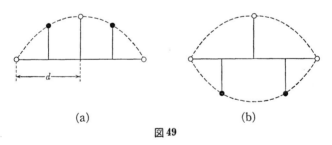

図 49

結晶格子のエネルギーの計算 周波数と $\mathbf{k}$ および σ との関係は，結晶格子の種類によっても，振動の型によっても異なるので，(42.25)を一般的な形で積分することはできない．そこで，次の二つの場合に話を限ることにしよう．

a) 温度 θ が周波数最大の量子のエネルギー $\hbar\omega_{\max}$ よりもはるかに大きい場合．このときには，ほかの量子のエネルギーは θ と比べればなお小さいことになるから，指数関数を展開したとき，その第1項のほかは無視することができる：

$$e^{\frac{\hbar\omega_\sigma}{\theta}} - 1 = \frac{\hbar\omega_\sigma}{\theta}.$$

これを(42.25)に代入すれば，格子のエネルギーを与える簡単な式が得られる：

$$\bar{\mathcal{E}} = V\theta \sum_\sigma \iiint \frac{dk_x dk_y dk_z}{8\pi^3} = 3N\theta = 3RT. \quad (42.27)$$

ただし，格子振動の総数が自由度の数に等しいという関係(42.26)を用いてある．(42.27)から，格子の比熱は $3R$ に等しく，この値はどんな物質についても 1 mol をとれば同じであることが導かれる．この法則は，常温ですでに非常に多くの物質についてよく満足されている(Dulong-Petit の法則)．ただし，たとえばダイアモンドやベリリウムは例外である．物質の原子量を M とすると，格子振動の周波数は $M^{-\frac{1}{2}}$ に比例するので，M が比較的小さい物質では $\omega_{\max}$ の値が大きくなるからである．

高温における振動エネルギーと温度の関係は一般に(41.13)で与えられた．(42.27)はこれと一致している．

結晶格子では，どれが1個の分子であるかをはっきり示すことのできる場合が非常に多い．もちろん，原子結晶と分子結晶とを厳密に区別することはできないが，それでも定性的にはそのような区別は意味をもっている．分子結晶については，分子内での原子の運動(いまの場合は純粋な振動)と，結晶内の各平衡位置に対する分子の全体としての運動とを分けて考えることができる．後者は分子の質量中心の座標だけでなく，空間における向きにも関係する．結晶をつくっている分子の運動の自由度は，普通はすべて振動運動の自由度である．ただし固体水素は例外で，その分子はほとんど自由に回転している．（この回転は，全エネルギーが十分大きいために頂点をこえて一方向に回る振り子の運動に似ている．）並進と回転とをあわせた全振動の周波数スペクトルは，（振動のモードの数によって）異なる σ をもった非常に多くの分散曲線から成る．分子の内部で原子が図 49(b)のような振動を行なうために，このスペクトルは一層複雑なものになる．温度が高くなれば，起りうる振動はすべて励起されるから，分子結晶では温度と比熱の関係が非常に複雑である．

b) 温度が $\hbar\omega_{\max}$ よりもはるかに低い場合．このときには因子 $(e^{\frac{\hbar\omega_{\max}}{\theta}} - 1)^{-1}$ が非常に小さくなる．また，積分には $\hbar\omega \sim \theta$ をみたすような低い周波数だけ

がきくから,積分範囲を無限大にまでのばしても大した誤差は生じない.周波数の大きいところからの寄与は,Planck 因子 $(e^{\frac{h\omega}{\theta}}-1)^{-1}$ のためにほとんど 0 になってしまうのである.

ところが,周波数が低い場合には,格子振動は連続媒質としての振動となり,周波数と波動ベクトルの間には次のような簡単な関係が成り立つ:

$$\omega_\sigma = u_\sigma\left(\frac{\mathbf{k}}{k}\right)k. \tag{42.28}$$

このような波の伝播速度は,伝播方向とかたよりにはよるが波動ベクトルの大きさ k にはよらない. k が小さくなっても周波数が 0 にならないような型の振動もあるけれども,そのような振動の量子は $h\omega_{\max}$ と同じ程度の大きさなので,低温では励起されることがない.

球座標を用いて体積要素 $dk_x dk_y dk_z$ を $k^2 dk d\Omega$ と書く方が便利である.ただし, $d\Omega$ は $\mathbf{k}$ の方向の立体角要素を表わす.さらに,いま述べたことによって, k についての積分区間を ∞ にまでのばす.そうすると,低温における結晶の全エネルギーを与える式として

$$\bar{\mathcal{E}} = \frac{Vh}{8\pi^3}\sum_{\sigma=1}^{3}\int u_\sigma\, d\Omega \int_0^\infty \frac{k^3 dk}{e^{\frac{hu_\sigma k}{\theta}}-1} \tag{42.29}$$

がえられる.

k に関する積分は,電磁場のエネルギーの式 (42.6) と同様にして計算できるから,

$$\bar{\mathcal{E}} = \frac{\pi}{120}\frac{V}{h^3}\frac{\theta^4}{h^3}\int\left(\sum_\sigma \frac{1}{u_\sigma^3}\right)d\Omega. \tag{42.30}$$

こうして,結晶格子のエネルギーは絶対温度の 4 乗に,また比熱は 3 乗に比例することがわかる.これは温度が $h\omega_{\max}$ よりもはるかに低い場合の結果である.

Debye の内挿公式 上に述べた低温における結晶の比熱の理論は Debye によって作られた.かれはまた,(42.27) も (42.30) も成り立たないような中間の温度領域における内挿公式を導いた.Debye の公式は,高温と低温の極限ではこれらの式と一致する.中間の部分は定性的に表わされているが,ある程

度実験ともよく合う．Debye の公式を導くために，すべての **k** について $\omega = u_\sigma k$ の関係が成り立つものと仮定する．ただし，u_σ は弾性波の普通の伝播速度である．さらに，多結晶物質中の横波と縦波の速度(波の伝播方向にはよらない)を u_t および u_l とすれば，$u_1 = u_2 = u_t$, $u_3 = u_l$ と置くことができる．周波数の上限 $\omega_{\max}$ は，振動の総数が $3N$ に等しいという条件 (42.26) からきまる．これを球座標で書けば

$$\frac{V}{2\pi^2}\sum_\sigma \frac{1}{u_\sigma^3}\int_0^{\omega_{\max}}\omega^2\,d\omega = 3N, \tag{42.31}$$

あるいは，u_t と u_l を用いれば

$$\omega_{\max} = \left[\frac{18\pi^2 N}{V\left(\dfrac{2}{u_t^3}+\dfrac{1}{u_l^3}\right)}\right]^{\frac{1}{3}}. \tag{42.32}$$

条件 (42.31) によって，高温では，正しい法則 $\bar{\mathcal{E}} = 3N\theta$ がえられる．中間の温度では $\theta \sim h\omega_{\max}$ である．(42.29) で，k の積分の上限を ∞ でなく $\dfrac{\omega_{\max}}{u_\sigma}$ とすれば，エネルギーは

$$\bar{\mathcal{E}} = \frac{Vh}{2\pi^2}\left(\frac{2}{u_t^3}+\frac{1}{u_l^3}\right)\int_0^{\omega_{\max}}\frac{\omega^3\,d\omega}{e^{\frac{h\omega}{\theta}}-1}. \tag{42.33}$$

積分変数を $x = \dfrac{h\omega}{\theta}$ に変換し，$h\omega_{\max} = \theta_D$ と書けば，

$$\bar{\mathcal{E}} = \frac{V}{2\pi^2}\left(\frac{2}{u_t^3}+\frac{1}{u_l^3}\right)\frac{\theta^4}{h^3}\int_0^{\frac{\theta_D}{\theta}}\frac{x^3}{e^x-1}dx. \tag{42.34}$$

低温では $\theta \ll \theta_D$ であるから，積分の上限は ∞ としてよい．このときには積分は $\dfrac{\pi^4}{15}$ になるから，エネルギーは

$$\bar{\mathcal{E}} = \frac{\pi^2 V}{30}\frac{\theta^4}{h^3}\left(\frac{2}{u_t^3}+\frac{1}{u_l^2}\right) \tag{42.35}$$

となる．これは，厳密な公式 (42.30) の中で u_σ を u_t および u_l と書き，これらが伝播方向にはよらないとすることによっても得られる．

次に，比熱についての実験結果から，またそれと独立に弾性定数から，どのようにして θ_D が定められるかを述べよう．タングステンの比熱については次の値がえられている (Lange)：$T = 26.2°$K で $C = 0.21$ cal/mol·deg, $T = 38.9°$K で $C = 0.75$ cal/mol·deg. これから，温度の比の 3 乗は 3.27, 比熱の比は 3.6 である．そこで，この温度範囲では比熱について T^3 法則が成り立つ

§42 電磁場および結晶体への統計理論の応用

と仮定してもよいであろう. $\theta_D = h\omega_{\max}$ と置けば, (42.35)と(42.32)から

$$C = \frac{12}{5}\pi^4 Nk \left(\frac{\theta}{\theta_D}\right)^3,$$

あるいは, $R = 1.99$ cal/mol·deg を用いて表わせば,

$$C = 234R \left(\frac{\theta}{\theta_D}\right)^3$$

である. $T = 26.2°$K における比熱の値を代入すれば $T_D = 340°$K となる.

次に, T_D をタングステンの弾性定数から求めてみよう. それには, u_t と u_l を剛性率と体積弾性率で表わさなければならないが, ここでは結果だけを書くことにする*:

$$u_t = \sqrt{\frac{G}{\rho}}, \quad u_l = \sqrt{\frac{K + \frac{4G}{3}}{\rho}}.$$

ただし G は剛性率, K は体積弾性率, ρ は密度で, タングステンの場合には低温でそれぞれ 1.35×10^{12} dyn/cm², 3.14×10^{12} dyn/cm², 19.3 g/cm³ である. したがって, $u_t = 2.64 \times 10^5$ cm/sec, $u_l = 5.06 \times 10^5$ cm/sec となる. タングステンは $\frac{N}{V} = 0.632 \times 10^{23}$ cm⁻³ であるから, (42.32)によって $\omega_{\max} = 4.59 \times 10^{13}$ sec⁻¹, したがって $T_D = \frac{4.59 \times 10^{13} \times 1.05 \times 10^{-27}}{1.38 \times 10^{-16}} = 351°$ となる. 上記の弾性定数と比熱とを測定した温度は厳密には等しくない. また, タングステンは結晶であるから, 弾性を表わすのに2個でなく3個の弾性率が必要である(Landau and Lifshitz: 前掲書, 36頁参照). これらのことを考えると, 比熱と弾性率とから得られた値の一致は予期以上のものであることがわかる. いくつかの物質について Debye 温度 T_D の値をあげておこう(すべて絶対温度): Pb—88°, Na—172°, Cu—315°, Fe—453°, Be—1000°, ダイアモンド—1860°.

高温では $\theta \gg \theta_D$ であるから, (42.34)で $e^x - 1 \cong x$ とすれば,

$$\bar{\mathcal{E}} = \frac{V}{6\pi^2}\left(\frac{2}{u_t^3} + \frac{1}{u_l^3}\right)\frac{\theta \theta_D^3}{h^3} = \frac{V}{6\pi^2}\left(\frac{2}{u_t^3} + \frac{1}{u_l^3}\right)\omega_{\max}^3 \theta = 3N\theta. \quad (42.36)$$

これはちょうど求めていた形である.

---

* L. D. Landau and E. M. Lifshitz: *Theory of elasticity* または A. Love: *A Treatise of the Mathematical Theory of Elasticity*, Ch. XIII, Cambridge, 1927.

$\theta \approx \theta_D$ では，(42.34)は定性的にしか測定結果とあわない．この式を導くときの仮定が定量的なものではなかったから，完全な一致を望むことは無理であろう．ω と $\mathbf{k}$ の間の厳密な関係を考慮しないで(42.34)を精密化しようとしても意味がない．この公式を修正する試みはこれまで時おりなされているが，どれもただ数値を適当に合わせるという性格のものにすぎない．

問 題

1 黒体放射のエネルギーの，波長についての分布式を書け．

(解) $\omega = \dfrac{2\pi c}{\lambda}$ の関係を用いれば，

$$d\mathcal{E}(\lambda) = \frac{16\pi^2 hc V}{\lambda^5 (e^{\frac{2\pi hc}{\lambda\theta}} - 1)} d\lambda.$$

最大値を与える λ の値 λ_0 は次の方程式からきまる：

$$\frac{2\pi hc}{\lambda_0 \theta} = 4.965.$$

2 Bose粒子とBoltzmann気体とが相互作用を行なっている．ある状態にあるBose粒子の数を n とすれば，その状態に粒子がもう1個現われる確率は $n+1$ に比例し，1個消える確率は n に比例することを示せ．

(解) Boltzmann粒子1個のエネルギーを ε，Bose粒子のを η とする．次のような遷移過程を考えよう：

$$\varepsilon + \eta \to \varepsilon' + \eta'.$$

すなわち，相互作用の結果エネルギー ε, η の初期状態から ε', η' の状態へ変化が起ったとする．統計的平衡状態では次の釣合いが成り立っていなければならない：

$$W_{\varepsilon\varepsilon'} N_\varepsilon n_\eta (1+n_{\eta'}) = W_{\varepsilon'\varepsilon} N_{\varepsilon'} (1+n_\eta) n_{\eta'}.$$

ただし，$W_{\varepsilon\varepsilon'}$ は遷移 $\varepsilon \to \varepsilon'$ の確率，$W_{\varepsilon'\varepsilon}$ はその逆の遷移の確率である．いま，

$$N_\varepsilon = g_\varepsilon e^{\frac{\mu-\varepsilon}{\theta}}, \qquad N_{\varepsilon'} = g_{\varepsilon'} e^{\frac{\mu-\varepsilon'}{\theta}},$$

$$n_\eta = (e^{\frac{\eta-\mu_1}{\theta}} - 1)^{-1}, \qquad n_{\eta'} = (e^{\frac{\eta'-\mu_1}{\theta}} - 1)^{-1}$$

と置いてみれば，上の釣合いの方程式は $W_{\varepsilon\varepsilon'} = W_{\varepsilon'\varepsilon}$ のときに満足されることがわかる．ただし，簡単のために $g_\varepsilon = g_{\varepsilon'}$ と置いた．自然放出がおこるのはBose分布のためである．

3 ある温度における黒体放射中の量子の総数を求めよ．

(解) $$N = \frac{V}{\pi^2 c^3} \int_0^\infty \frac{\omega^2}{e^{\frac{\hbar\omega}{\theta}} - 1} d\omega = \frac{V\theta^3}{\pi^2 \hbar^3 c^3} \int_0^\infty \frac{x^2}{e^x - 1} dx.$$

さらに，
$$\frac{1}{e^x-1} = \sum_{n=1}^{\infty} e^{-nx}$$
であるから，
$$\int_0^\infty \frac{x^2}{e^x-1}dx = \sum_{n=1}^{\infty}\int_0^\infty e^{-nx}x^2\,dx = \sum_{n=1}^{\infty}\frac{1}{n^3}\int_0^\infty e^{-y}y^2\,dy = 2\sum_{n=1}^{\infty}\frac{1}{n^3}.$$
右辺の和はおよそ 1.2 に等しい(付録)．したがって，
$$N = \frac{2.4}{\pi^2}\frac{V\theta^3}{h^3c^3}.$$

4 原子が鎖状をなして1列に並んでいる．第 n 番目の原子の変位を a_n で表わし，第 n 番目の原子と第 $(n+1)$ 番目の原子との間に働く力を $\alpha(a_{n+1}-a_n)$ とする．これよりも遠くの原子との相互作用は考えないことにして，鎖の振動の方程式を求めよ．

(解) 第 n 番目の原子に対する振動の方程式は
$$m\ddot{a}_n = \alpha(a_{n+1}-2a_n+a_{n-1}).$$
a_n を次のように置く:
$$a_n = b(t)e^{ifn}.$$
これをはじめの方程式に代入し，e^{ifn} で約せば
$$m\ddot{b}(t) = \alpha b(t)(e^{if}-2+e^{-if}) = 2\alpha b(t)(\cos f - 1)$$
$$= -4\alpha b(t)\sin^2\frac{f}{2}.$$
したがって，f を与えたとき，周波数は
$$\omega_f = 2\sqrt{\frac{\alpha}{m}}\left|\sin\frac{f}{2}\right|$$
となる．

原子間の距離を d とすれば $n=\frac{x_n}{d}$ (x_n は第 n 番目の原子の平衡位置)である．$\frac{f}{d}=k$ とおけば $e^{ifn}=e^{ikx_n}$ であるから，f は d を長さの単位にとった場合の波数と考えられる．f が小さいときには，本文で述べたように周波数は波数に比例する:
$$\omega_f = \sqrt{\frac{\alpha}{d}}f.$$

§43 Bose 分布

μ の符号　Bose 分布は低温で非常に変わった性質をもっている．いま，スピンをもたない原子たとえば質量数 4 のヘリウム原子を考えよう．原子核をとりまく電子と核内の陽子・中性子は共に $1s$ 状態にある．これらはすべて対をなし，Pauli の原理によってスピンは逆平行になっている．したがって合成スピンは 0 である．

(39.30) により，スピンをもたない粒子の状態の重みは

$$dg(\varepsilon) = \frac{Vm^{\frac{3}{2}}\sqrt{\varepsilon}\,d\varepsilon}{\sqrt{2}\,\pi^2 h^3} \tag{43.1}$$

で与えられる．規格化の条件 (39.23) は

$$\frac{Vm^{\frac{3}{2}}}{\sqrt{2}\,\pi^2 h^3}\int_0^\infty \frac{\sqrt{\varepsilon}\,d\varepsilon}{e^{\frac{\varepsilon-\mu}{\theta}}-1} = N. \tag{43.2}$$

この条件は μ が負の場合にしかみたされない．実際，もし $\mu > 0$ とすると，$\varepsilon < \mu$ では $e^{\frac{\varepsilon-\mu}{\theta}} < 1$ となるから，被積分関数の分母が負になってしまう．ところが，分布関数は本来の意味からいって正の量であるから，このようなことがあってはならない．したがって $\mu < 0$ である．

Bose 分布は高温では Boltzmann 分布に移行し，(40.6) に一致する式がえられる．

$\dfrac{d\mu}{d\theta}$ の符号　温度がさがると μ の絶対値は減少する．これは (43.2) を用いて一般的に示すことができる．この方程式を θ について微分すれば，陰関数の微分の公式によって

$$\frac{d\mu}{d\theta} = -\frac{\dfrac{\partial}{\partial \theta}\displaystyle\int_0^\infty \frac{\sqrt{\varepsilon}\,d\varepsilon}{e^{\frac{\varepsilon-\mu}{\theta}}-1}}{\dfrac{\partial}{\partial \mu}\displaystyle\int_0^\infty \frac{\sqrt{\varepsilon}\,d\varepsilon}{e^{\frac{\varepsilon-\mu}{\theta}}-1}} = -\frac{\displaystyle\int_0^\infty \frac{\varepsilon-\mu}{\theta^2}\frac{e^{\frac{\varepsilon-\mu}{\theta}}\sqrt{\varepsilon}\,d\varepsilon}{(e^{\frac{\varepsilon-\mu}{\theta}}-1)^2}}{\displaystyle\int_0^\infty \frac{1}{\theta}\frac{e^{\frac{\varepsilon-\mu}{\theta}}\sqrt{\varepsilon}\,d\varepsilon}{(e^{\frac{\varepsilon-\mu}{\theta}}-1)^2}}. \tag{43.3}$$

被積分関数は正であるから($\mu<0$ により $\varepsilon-\mu>0$)$\dfrac{d\mu}{d\theta}<0$ である．したがって，θ が減少すれば μ は増加し，絶対値 $|\mu|$ は単調に減少する．

次に，0以外のある温度で μ が0になることを示そう．そのために，(43.2)で $\mu=0$ と置き，そのときの温度 θ_0 を次の式から定める：

$$\frac{Vm^{\frac{3}{2}}}{\sqrt{2}\,\pi^2 h^3}\int_0^\infty\frac{\sqrt{\varepsilon}\,d\varepsilon}{e^{\frac{\varepsilon}{\theta_0}}-1}=\frac{Vm^{\frac{3}{2}}\theta_0^{\frac{3}{2}}}{\sqrt{2}\,\pi^2 h^3}\int_0^\infty\frac{\sqrt{x}\,dx}{e^x-1}=N. \qquad (43.4)$$

この式の中の積分は単なる数で，その値はおよそ 2.31 に等しい（付録）．それゆえ，0でない θ_0 の値によって方程式(43.4)は満足される．

Bose 凝縮 温度がさらに低くなるとどうなるであろうか？ μ は負から正へ移ることはできない．この節のはじめに示したように，確率の値が負になってしまうからである．しかし，μ が再び負になることはできない．$\dfrac{d\mu}{d\theta}$ は常に負，したがって，温度をさげていくとき，μ は変化するとすれば増加する一方だからである．それゆえ，ただ一つの可能性は，いったん0になったあと μ はそのまま0でいることである．しかしその場合には，温度が θ_0 よりも低くかつ N が一定としたのでは，(43.2)は成り立たない．そのかわりに，$\theta<\theta_0$ では粒子の数を

$$N'=\frac{Vm^{\frac{3}{2}}}{\sqrt{2}\,\pi^2 h^3}\int_0^\infty\frac{\sqrt{\varepsilon}\,d\varepsilon}{e^{\frac{\varepsilon}{\theta}}-1}=\frac{2.31\,Vm^{\frac{3}{2}}\theta^{\frac{3}{2}}}{\sqrt{2}\,\pi^2 h^3} \qquad (43.5)$$

と定義すれば，粒子数は $\theta^{\frac{3}{2}}$ に比例して温度と共に減少する．そうすると，残りの $N-N'$ 個の粒子はどうなるのだろうか？ 光量子とちがって，これらの粒子は吸収されてしまうことはないから，規格化の積分(43.2)にはきかないようなある状態に移ることになる．このような状態としてはただ一つ，エネルギーが0に等しい状態がある．因子 $\sqrt{\varepsilon}$ があるために(43.4)の積分にはきかないからである．規格化を行なう場合には，この零状態にある粒子だけを別にしておかなくてはならない．もし何個かの粒子が確かに零エネルギー状態に移ったとすれば，それらはもちろん積分から落ちてしまう．残りの N' 個の粒子は $\mu=0$ の値をもったまま連続的に分布することになる．それゆえ，$\theta<\theta_0$ における全体としての分布は，$\varepsilon=0$ における無限に狭い《ピーク》と，$(e^{\frac{\varepsilon}{\theta}}-1)^{-1}$ に

したがう分布とから成っている．絶対零度では全粒子が零状態をとる．Bose 気体のこの状態は一義的にはっきりした意味をもっている．Boltzmann 気体であれば，温度が 0 に近づいたときこれとは全くちがった振舞いをすることを注意しておこう．

液体ヘリウム　原子量 4 のヘリウムは，原子核と電子殻のスピンが共に 0 であるため，Bose 統計にしたがう．そこで，上に述べた《Bose 凝縮》のような現象が液体ヘリウムについて観測されるかどうかを調べてみるのは非常に面白い．

これにはっきりした解答を与えることはむずかしい．ヘリウムは低温では液体である．ところが，Bose 分布は理想気体に対するものなので，この場合には使えないからである．けれども，気体について得られた結果の定性的な部分はやはり成り立つと考えてもよいであろう．すなわち，ある温度になると気体の一部分が零エネルギー状態に移り，したがって，その部分は比熱にはきかなくなると考えられる．

実は，液体ヘリウムは，2.19°K(1 気圧)になると状態に奇妙な変化がおこる．液体ヘリウムのような単原子液体が，原子の空間的配置の変化によって状態変化を起すことは考えにくい．そこで，液体ヘリウムに遷移が起るときの温度の実測値と，同じ密度の気体ヘリウムに Bose 凝縮が起るとしたときの温度とを比べてみると面白い．

液体ヘリウムの密度は 0.12 g/cm^3 である．これから $\dfrac{N}{V} = \dfrac{0.12}{4.0} \times 6.0 \times 10^{23} = 0.18 \times 10^{23}$ (cm^{-3})．したがって，(43.4) によって

$$\theta_0 = \left(\frac{0.18 \times 10^{23} \times 1.41 \times 9.9 \times 1.17 \times 10^{-81}}{2.31 \times 17.1 \times 10^{-36}}\right)^{\frac{2}{3}} = 3.81 \times 10^{-16},$$

$$T_0 = \frac{3.81 \times 10^{-16}}{1.38 \times 10^{-16}} = 2.8 \,(°\mathrm{K}).$$

これは転移温度に近い値である．転移点ではヘリウムの比熱は不連続的に変化する．一方，Bose 気体では比熱の温度微分が不連続になるだけである．

超流動　Kapitsa は，液体ヘリウムが相転位温度以下できわめて注目すべ

§43 Bose 分布

き性質をもつことを発見した.すなわち,液体ヘリウムはどんなに狭いすきまでも通り抜けることができ,粘性を全然示さないのである.この性質は超流動とよばれている.

Landau は,液体に対して量子準位のスペクトルを仮定し,これから超流動の理論を展開した.この理論を基礎にして,かれは超流体の力学を作り上げたが,これは,各点が二つの速度——正常成分と超流体成分——をもつという点で通常の流体力学とは異なるものである. 2種類の速度が現われるため,超流体中には2種類の音が伝わる.一つは普通の音波で,これは圧力と密度が振動する.もう一つはいわゆる《第2音波》で,これは正常・超流体両成分の相対運動に関係する.第2音波の存在は,Lifshitz が提案した方法を用いて Peshkov が実験的に確かめた.実験的に測定された第2音波の速度(普通の音波の速度よりも小さい)の値は,Landau の理論ときわめてよい一致を示している.

超流動と Bose 凝縮の関係がどうなっているかという問題は,まだ完全に解決したとは言えない.超流体成分というのは,零状態に移行した部分のことではないかと考えられる.この仮説は,原子量3のヘリウムの同位体(液体)が超流体でないという事実が強力な支えになっている.すなわち,He^3 の核スピンは $\frac{1}{2}$ に等しいので,その原子は Bose 統計でなく Fermi 統計にしたがう.それゆえ,He^3 の原子がみな零状態に集まってしまうことはない.Pauli の原理がこれを許さないからである.

Bogoliubov は,Bose 粒子から成る理想気体に近い気体が,Landau の理論において超流体がもつはずのエネルギースペクトルを持つことを示した.けれども,転移点以下の液体ヘリウムがちょうどそのようなスペクトルをもつべきであることを理論的に示した人はまだない.

問題

転移点以下の温度における Bose 気体のエネルギーと圧力を計算せよ.

(解) エネルギーは次のようになる(付録):

$$\bar{\mathscr{E}} = \frac{Vm^{\frac{3}{2}}}{\sqrt{2}\,\pi^2 h^3}\theta^{\frac{5}{2}}\int_0^\infty \frac{x^{\frac{3}{2}}}{e^x-1}dx = \frac{1.78\,Vm^{\frac{3}{2}}\theta^{\frac{5}{2}}}{\sqrt{2}\,\pi^2 h^3}.$$

圧力は,一般的な関係(40.22)から

$$p = \frac{2}{3}\frac{\overline{\mathcal{E}}}{V} = \frac{1.19\, m^{\frac{3}{2}}\theta^{\frac{5}{2}}}{\sqrt{2}\, \pi^2 h^3}.$$

すなわち，転移点以下ではBose気体の圧力は体積にはよらず，温度だけの関数である．もしもこの状態でBose気体を圧縮すると，粒子は零エネルギー状態に移っていく．また逆に，膨張させると零エネルギー状態から粒子が出て来て，ついにはこの状態には粒子がなくなる．そしてさらに膨張を続けると圧力が減少し始める．

§44 Fermi 分布

Fermi 分布曲線の形とその意味 量子統計から古典統計へ移ることができるための条件は，(40.7)によって

$$\frac{N}{V} \ll \frac{g_{(0)}}{h^3}\left(\frac{m\theta}{2\pi}\right)^{\frac{3}{2}}$$

である．不等号の向きがこれと逆の場合には，統計分布は本質的に量子的な性質を示す．この節では，逆向きの不等式

$$\frac{N}{V} \gg \frac{g_{(0)}}{h^3}\left(\frac{m\theta}{2\pi}\right)^{\frac{3}{2}} \tag{44.1}$$

が成り立つ場合，すなわち

$$\frac{\mu}{\theta} \gg 1 \tag{44.2}$$

の場合の Fermi 分布の性質を調べてみよう．(39.26)と(39.30)から，Fermi 分布の形は

$$dn(\varepsilon) = \frac{V(2m^3)^{\frac{1}{2}}\varepsilon^{\frac{1}{2}}d\varepsilon}{\pi^2 h^3}\frac{1}{e^{\frac{\varepsilon-\mu}{\theta}}+1}. \tag{44.3}$$

ただし，$j=\frac{1}{2}$ と置いて重みの因子を2とした．右辺の第1因子は，エネルギーが ε と $\varepsilon+d\varepsilon$ の間にある状態の総数を表わす．第2因子はそれらの状態が占められる確率である．関数

$$f(\varepsilon) = \frac{1}{e^{\frac{\varepsilon-\mu}{\theta}}+1} \tag{44.4}$$

は平均の粒子数とも考えられるし，その値が0と1との間にあるので確率とも考えられる．Bose 分布でこれに相当する関数 $(e^{\frac{\varepsilon-\mu}{\theta}}-1)^{-1}$ は，1より大きくなることがあるので，与えられたエネルギーをもつ状態の一つにある平均の粒子数を表わすものと解釈することはできても，これを確率と見なすことはできない．

さて，$\frac{\mu}{\theta} \gg 1$ のときに $f(\varepsilon)$ を表わす曲線がどのようになるかを見よう．$e^{-\frac{\mu}{\theta}}$

は小さい数であるから,まず $\varepsilon = 0$ では

$$f(0) = \frac{1}{e^{-\frac{\mu}{\theta}}+1} \cong 1.$$

ε が μ よりも小さい間は $e^{\frac{\varepsilon-\mu}{\theta}}$ もやはり小さく,$f(\varepsilon)$ は $f(0)$ と同様 1 に近い値をとる.ただ,$|\varepsilon-\mu|$ が θ と同程度になると $e^{\frac{\varepsilon-\mu}{\theta}}$ は 1 の程度の大きさとなり,それからは ε が増すにつれて $f(\varepsilon)$ は目に見えて減り始める.$\varepsilon = \mu$ では,$f(\varepsilon)$ は

$$f(\mu) = \frac{1}{e^0+1} = \frac{1}{2}$$

にまで減る.

さらに ε が大きくなると,分母の 1 は無視できるから,$f(\varepsilon)$ は指数関数的に減少する.そして,$\varepsilon \gg \mu$ では $f(\varepsilon)$ は Boltzmann 分布になる:

$$f(\varepsilon) \cong e^{\frac{\mu-\varepsilon}{\theta}}.$$

(Bose 分布の極限も同じになる.) 曲線 $f(\varepsilon)$ の大体の形を図 50 に示す.$e^{\frac{\varepsilon-\mu}{\theta}}$ が 1 の程度になるのは $|\varepsilon-\mu| \sim \theta$ の領域だけであるから,$f(\varepsilon)$ が 1 から 0 まで変化する領域の幅は θ の程度である.ε がこれより小さいところでは指数関数は 1 よりもはるかに小さく,ε がこれより大きいところでは指数関数は 1 よりもはるかに大きくなる.

絶対零度における Fermi 分布　f が 1 から 0 に移る領域の幅は温度が低くなるほど狭くなり,絶対零度では f に鋭い不連続が生じて,分布関数の形は階段状になる.(図 50 で太線で示してあるのは,このときの f の形である.ただし,μ_0 は絶対零度における μ の値である.)すなわち,$\theta = 0$ では,エネルギーが μ_0 よりも小さい状態はすべて確率 1 で(確実に)満たされる.これに

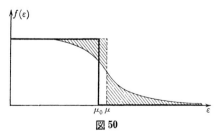

図 50

§44 Fermi 分布

対して，エネルギーが μ_0 よりも大きい状態は確実に空席である．

この結果は，統計を用いないで，Pauli の原理から直接に導くこともできる．(39.32)からわかるように，運動している粒子の一つの状態には，運動量成分のあるきまった領域 $\Delta p_x, \Delta p_y, \Delta p_z$ が対応する．もし粒子が稜の長さ a_1, a_2, a_3 の箱の中にはいっているとすれば，不確定性関係(23.4)から

$$\Delta p_x \sim \frac{2\pi h}{a_1}, \quad \Delta p_y \sim \frac{2\pi h}{a_2}, \quad \Delta p_z \sim \frac{2\pi h}{a_3}$$

が成り立つ．これは，2個の粒子が異なる運動状態にあると見なしうるためには，その運動量成分がどれだけ異なっていなければならないかを示している．

これらの式は，不確定性関係を使わなくても，(25.23)と(39.32)を導いたときのような状態の数の計算を行なえば厳密に導くことができる．この場合には，各状態を平行六面体には対応させないで，その頂点――3個の整数 n_1, n_2, n_3 によってきまる――の一つと対応させなくてはならない．不確定性関係を表わす式の中の係数 2π は，状態の数に対する両方の定義が一致するように選んである．

もし座標軸上に p_x, p_y, p_z を描いたとすると，電子の空間的な運動状態のおのおのには3個の量子数 n_1, n_2, n_3 が対応する．これらの量子数は，稜の長さが $\Delta p_x, \Delta p_y, \Delta p_z$ の平行六面体(図51)の番号を示している．p_x, p_y, p_z を座標軸とする空間全体はそのような箱でうめつくされる．3個の量子数は1個の箱に対応する．さらに，状態はスピンによっても区別されるから，スピンを $\frac{1}{2}$ とすると，運動量成分が同一区間 $\Delta p_x, \Delta p_y, \Delta p_z$ にはいるような粒子は2個存在することになる．これらの粒子のスピンは逆平行である．

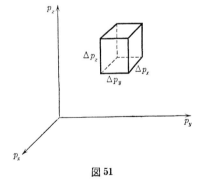

図51

こうして，p_x, p_y, p_z の空間は，体積が

$$\Delta p_x \Delta p_y \Delta p_z = \frac{(2\pi h)^3}{a_1 a_2 a_3} = \frac{(2\pi h)^3}{V} \tag{44.5}$$

の細胞に分割され，それぞれの中には2個より多くの粒子ははいらない．
$\varepsilon = \frac{1}{2m}(p_x^2 + p_y^2 + p_z^2)$ であるから，原点の近くにある細胞ほどエネルギーは小さい．いいかえれば，エネルギーは原点から細胞までの距離の2乗に比例する．

次に，絶対零度における気体の状態を考えよう．気体が2個の粒子だけからできているときには，絶対零度では，原点に最も近い細胞が両方の粒子によって占められる．これにさらに2個の粒子が加わったとすると，Pauli の原理によって，それらは前と同じ細胞にはいることはできず，原点から離れた位置を占めなくてはならない．粒子の数がふえるにつれて，細胞は原点からしだいに遠くへ順次にみたされていく．この際，2個の粒子が加わるごとに，それらは原点に最も近い空席にはいる．なぜなら，定義によって，絶対零度では気体全体としてのエネルギーが最小にならなくてはならないからである．

粒子数が非常に多いときには，原点を中心とする球の内部にある細胞が全部いっぱいになる．これらの状態はすべて確率1で占められる．一方，球の外は確実に空席である．

Fermi 分布のエネルギーの上限 上で考えた球の境界に相当するエネルギーを ε_0 とすれば，図50からわかるように $\varepsilon_0 = \mu_0$ である．すなわち，μ_0 は絶対零度のときに1個の粒子がとりうるエネルギーの上限である．ε_0 すなわち μ_0 を計算するのは容易である．絶対零度では，関数 $f(\varepsilon)$ はすべての $\varepsilon < \mu_0$ に対して1に等しいから，粒子の総数 N は，(44.3) から

$$N = \frac{V(2m^3)^{\frac{1}{2}}}{\pi^2 h^3} \int_0^{\varepsilon_0} \sqrt{\varepsilon}\, d\varepsilon = \frac{V(2m)^{\frac{3}{2}} \varepsilon_0^{\frac{3}{2}}}{3\pi^2 h^3}. \tag{44.6}$$

これから

$$\varepsilon_0 = (3\pi^2)^{\frac{2}{3}} \frac{h^2}{2m} \left(\frac{N}{V}\right)^{\frac{2}{3}}. \tag{44.7}$$

同じ結果は，$f(\varepsilon)$ を使わないでも導くことができる．実際，エネルギーの最大値に相当する球の半径は

$$p_0 = \sqrt{2m\varepsilon_0}$$

であるから，その体積は

$$\frac{4}{3}\pi p_0{}^3 = \frac{4\pi}{3}(2m\varepsilon_0)^{\frac{3}{2}}.$$

ところが,これは(2個ずつの)粒子によって占められている細胞の体積 $\frac{(2\pi h)^3}{V}$ に細胞の数をかけたものに等しいはずである.それゆえ,

$$\frac{4}{3}\pi(2m\varepsilon_0)^{\frac{3}{2}} = \frac{N}{2}\frac{(2\pi h)^3}{V}. \tag{44.8}$$

これからふたたび(44.7)がえられる.

絶対零度では,Fermi 気体全体としての状態は一義的にきまる.というのは,量子統計では,どの状態が占められているかを指定する必要があるだけで,その状態がどの粒子によって占められているかはきめられないからである.いまの場合は,エネルギーの上限 ε_0 に相当する球の内部にある状態は,すべて粒子によって占められている.

Fermi 分布の形が絶対零度における分布の形に近いための条件 絶対零度の近くでは,エネルギーが $\varepsilon_0 = \mu_0$ に近い粒子しか熱的に励起されない.実際,$\theta \ll \varepsilon_0$ であれば,エネルギーの大きさが θ 程度の熱運動は,面 $\varepsilon = \varepsilon_0$ のずっと奥にある細胞には伝えられない.なぜなら,面 $\varepsilon = \varepsilon_0$ とこの細胞の間にある状態には粒子がつまっているために,θ 程度のエネルギーでは,考えている細胞の中の粒子をこの境界面から外へ追い出すことができないからである.それゆえ,エネルギーが ε_0 と θ の程度しかちがわない粒子だけが空席へ移ることができ,奥深くにある状態は相変らずぎっしりつまったままである.このようにして,$\varepsilon < \varepsilon_0$ のエネルギーをもつ状態が占められる確率はほとんど1に等しく,図50に示したように,$\varepsilon = \varepsilon_0$ 附近の幅 θ 程度の領域内で0に落ちる.

ある温度 θ に対する分布曲線が階段状の分布に近いための条件は,不等式

$$\theta \ll \varepsilon_0 \tag{44.9}$$

で与えられる.これは(44.2)と一致する.すぐあとでわかるが,絶対零度に《近い》ということを(44.9)で定義したとすると,これは普通に使うのとは非常にちがった意味になる.

金属内で電気を伝える電子は普通理想気体と考えられる.その主な理由は,理論的にこれよりもよいモデルがまだないからである.電子間の静電的な相互

作用を十分に考慮して,実験と比較できるような定量的な結果を導くことはまだできていない.金属内の《電子気体》という言葉が用いられるのはこのためである.多くの場合,そのようなモデルから導かれた結果は実験とよく一致する.

以下では金属の電子論は考えないで,条件(44.9)が満たされている場合の単なる一例として電子気体を取上げることにする.いま,各原子が1個の伝導電子をもっていると仮定しよう.アルカリ金属では,最外殻の電子は結合が弱く,格子をつくる原子からは遊離しているので,この場合には上の仮定が満足されていると考えてよいであろう.

金属ナトリウム内の電子気体について ε_0 の値を求めよう.ナトリウムの密度は CGS 単位で 0.97,原子量は 23 である.したがって,単位体積中には

$$\frac{0.97}{23} \times 6.02 \times 10^{23} = 0.25 \times 10^{23} \text{ 個}$$

の原子と,同数の伝導電子がある.そこで,(44.7)から

$$\varepsilon_0 = 9.6 \times \frac{1.11 \times 10^{-54}}{1.82 \times 10^{-27}} \times 8.5 \times 10^{14} = 5.0 \times 10^{-12} (\text{erg})$$

となる(数字の順序は(44.7)と同じ).これは温度にすれば 36,000°K に相当する.それゆえ,ナトリウムを金属と見なしうるような温度では,その中の電子気体は絶対零度の Fermi 気体に近いのである.アルカリ金属以外の金属では,電子密度の値がこれほどはっきりはわかっていないが,やはり同様の結果がえられる.

アルカリ金属の圧縮率 絶対零度における Fermi 気体の圧縮率を与える式を導こう.(44.6)から,絶対零度におけるエネルギーは

$$\mathcal{E} = \int_0^{\varepsilon_0} \varepsilon \, dg(\varepsilon) = \frac{V(2m)^{\frac{3}{2}}}{5\pi^2 \hbar^3} \varepsilon_0^{\frac{5}{2}}. \tag{44.10}$$

Bernoulli の式(40.22)によって,圧力はエネルギー密度の $\frac{2}{3}$ に等しい:

$$p = \frac{2}{15} \frac{(2m)^{\frac{3}{2}}}{\pi^2 \hbar^3} \varepsilon_0^{\frac{5}{2}} = \frac{(3\pi^2)^{\frac{2}{3}}}{5} \frac{\hbar^2}{m} \left(\frac{N}{V}\right)^{\frac{5}{3}}. \tag{44.11}$$

これから,圧縮率は

$$-\frac{\partial \ln V}{\partial p} = \frac{3}{5p} = \frac{3^{\frac{1}{3}}}{\pi^{\frac{4}{3}}}\frac{m}{h^2}\left(\frac{N}{V}\right)^{-\frac{5}{3}} = 0.257 \times 10^{27}\left(\frac{N}{V}\right)^{-\frac{5}{3}} \text{ (cm}^2/\text{dyn)} \quad (44.12)$$

Frenkel は, アルカリ金属の圧縮率が電子気体の圧縮率に近い値を示すことを指摘している. 実際, 原子量と密度を用いて $\frac{N}{V}$ の値を求めれば, 圧縮率について次の値がえられる (単位は bar^{-1}):

	Li	Na	K	Rb	Cs
$-\frac{1}{V}\frac{\partial V}{\partial p} \times 10^{12}$ (44.12)	4.3	12	34	49	71
$-\frac{1}{V}\frac{\partial V}{\partial p} \times 10^{12}$ 測定値	8	15	32	40	61

結晶格子の中では, 粒子の間には反撥力が働くだけでなく, 凝集力ももちろん働く. 凝集した物体 (固体または液体) が外圧のないときにもっている固有の体積は, これらの力の釣合いからきまる. 普通の大気の圧力は, これらのきわめて大きな――物体をこれだけの体積に保っておくだけの――力に比べれば問題にならないほど小さい. 物体の体積を $\frac{1}{100}$ だけ変化させるのにも, 何万気圧という圧力が必要である.

理論と実験の一致から次のことがわかる. アルカリ金属を圧縮したとき, 粒子間の反撥力に比べると凝集力はほとんど変化しない. そればかりでなく, アルカリ金属原子内の価電子の状態は価電子以外の部分によっては比較的わずかしか乱されず, したがって, 価電子は電子気体に似ていると考えることもできる. 価電子を除いた電子殻は, 圧縮によってはほとんど影響を受けない. したがって, アルカリ金属の圧縮率は理想 Fermi 気体の圧縮率に近い値をもつ. もちろん, これは決してはじめから明らかなことではない.

アルカリ金属の常磁性　　Pauli によれば, アルカリ金属の常磁性も, 自由電子気体を考えることによって説明できる.

電子から成る Fermi 気体を磁場の中に置いたとき, 場に平行なスピンをもつ電子のエネルギーは $-\beta H$, 逆平行なスピンをもつ電子のエネルギーは βH である[*]. それゆえ, 場に対して逆平行なスピンをもつ電子がスピンの方向を

---

[*] 分布式中のパラメタ μ と混同しないように, ここでは Bohr 磁子を β と書くことにする.

逆転したとすると，気体のエネルギーは減少するはずである．ところが，エネルギーの上限を与える球の内部の状態はすべて占められているから，電子がスピンの方向を変えるとすれば，どうしても球の外の空席へ出て行かなければならない．ところが，それによってエネルギーは増加する．そこで，スピンが磁場に平行な電子と逆平行な電子との間には，それぞれの全エネルギーが等しくなった場合に平衡が成立する．実際，場に平行なスピンを持つ状態にそれより多くの電子が移ったとすると，運動エネルギーの増加を磁気的エネルギーの減少によって打消すことはできなくなる．

いま，n 個の電子がスピンの方向を変えたとしよう．そうすると，場に平行なスピンをもつ電子の数は $\frac{N}{2}+n$ となり，逆平行なスピンをもつ電子 $\frac{N}{2}-n$ 個が残る．エネルギーの上限は，(44.8)で $\frac{N}{2}$ のかわりに $\frac{N}{2}\pm n$ と置けば求まる．それゆえ，それぞれの電子に対する運動エネルギーの上限として次の式がえられる：

$$(\varepsilon_0)_\pm = \left[\frac{3}{4\pi V}\left(\frac{N}{2}\pm n\right)\right]^{\frac{2}{3}}\frac{(2\pi h)^2}{2m}. \qquad (44.13)$$

また，全エネルギーの上限に対する式は

$$\left(\frac{3}{4\pi V}\right)^{\frac{2}{3}}\frac{(2\pi h)^2}{2m}\left(\frac{N}{2}+n\right)^{\frac{2}{3}}-\beta H = \left(\frac{3}{4\pi V}\right)^{\frac{2}{3}}\frac{(2\pi h)^2}{2m}\left(\frac{N}{2}-n\right)^{\frac{2}{3}}+\beta H. \quad (44.14)$$

$n \ll \frac{N}{2}$ であるから，次の二項展開が成り立つ：

$$\left(\frac{N}{2}\pm n\right)^{\frac{2}{3}} = \left(\frac{N}{2}\right)^{\frac{2}{3}}\pm\left(\frac{N}{2}\right)^{\frac{2}{3}}\frac{4n}{3N}.$$

これを(44.14)に代入すれば，磁場をかけたときに向きを変える電子の数が次のように求まる：

$$n = N\beta H \frac{3^{\frac{1}{3}}}{2\pi^{\frac{4}{3}}}\frac{m}{h^2}\left(\frac{V}{N}\right)^{\frac{2}{3}}. \qquad (44.15)$$

これらの電子のおのおのは，気体全体の磁気モーメントを 2β だけ増加させる．磁場の方向への各電子の磁気モーメントの射影が $-\beta$ から β に変化するからである．そこで，磁気分極（単位体積あたりの磁気モーメント）は

$$M = 2\beta\frac{n}{V} = \frac{3^{\frac{1}{3}}}{\pi^{\frac{4}{3}}}\frac{m\beta^2}{h^2}\left(\frac{N}{V}\right)^{\frac{1}{3}}H \qquad (44.16)$$

となる.磁気分極率 α は右辺の H の係数で定義される.これは電子気体の密度だけできまり,温度にはよらない:

$$\alpha = \frac{3^{\frac{1}{3}}}{\pi^{\frac{4}{3}}} \frac{m\beta^2}{h^2} \left(\frac{N}{V}\right)^{\frac{1}{3}}. \tag{44.17}$$

実際,アルカリ金属の常磁性は温度によらない.§40では,原子の常磁性によっては磁気分極率が温度に逆比例するという結果が導かれたことを思い出そう((40.53)参照).(44.17)は実験とよく一致する.

電子の反磁性 Landau が示したところによれば,磁場の中で電子が行なう量子的な運動は,古典的ならせん運動に似ている.そして,磁場が弱いときには,大きさが(44.16)の $\frac{1}{3}$ に等しく,磁場と逆向きの磁気モーメントが現われる.この効果は純粋に量子的な性質のもので,もし電子の運動を古典的なものと見なすならば,つけ加わる磁気モーメントは恒等的に 0 となってしまう(§46,問題12).

βH が θ と同じ程度の大きさの場合には,分極率は磁場の単調関数ではなくなり,磁場の強さが増加するにつれて何回も振動する.物質の磁気的性質がこのように振動的変化を示すことは,非常に多くの金属について実際に観測されている.

原子内の位置エネルギーによる分布 Fermi 気体の考えを用いて,原子内の電子分布の一般形を見出す方法を述べよう.重い原子内の電子はかなり Fermi 気体に似ている.ただ注意すべきことは,各電子が,原子核および自分以外の電子の配置によって作り出される一様でない電場の中に置かれているということである.

最初に,図52のような形をしたポテンシャルの場の中に絶対零度のFermi気体がある場合を考えよう.このポテンシャル U は $0 < x < a$ では 0, $a < x < b$ では U_0, $x > b$ では U_1 に等しい.このとき,エネルギーの上限 ε_0 は $0 < x < a$ と $a < x < b$ とで等しくなければならない.そうでないと,連通管の場合と同じように,この値の大きい方の領域から小さい方の領域へ電子が移

って行く.その結果,全エネルギーは減少するであろう.ところが,絶対零度では気体のエネルギーは可能な最低の値をとらなければならない.したがって,エネルギーの上限は気体のどの部分でも等しくなるのである.

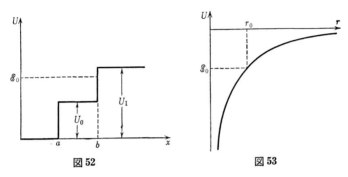

図 52　　　　　図 53

原子内の位置エネルギーはおよそ図53のようである.その値は,無限遠で0になるようにとってあるので,いたるところ負である.

電子のエネルギーの上限は決して正にはなれない.全エネルギーが正であるような電子は,原子から無限に遠くへ離れてしまうことができるからである.この上限の値はまた位置エネルギーよりも小さいことはありえない.実はこれが0に等しくなければならないことを次に示そう.仮に,これがたとえば図53の破線に対応したものとすると,電子密度は $r = r_0$ の位置では0となるであろう.ところが,そうすると $r > r_0$ のいたるところで電場は0となる.中性原子で電荷分布が球対称であれば,電子全部と核との作用がちょうど打消しあうからである.ポテンシャルは場を積分したもの,すなわち $\varphi = \int_\infty^r E\,dr$ であるが,上で述べたように $r \geqq r_0$ では $E = 0$ であるから,φ もまた $r = r_0$ で0となる.

こうして,$r = r_0$ では次の三つの条件がみたされなくてはならない:$n(r_0) = 0$,$\varphi(r_0) = 0$,$\left(\dfrac{d\varphi}{dr}\right)_0 = 0$ ($n = \dfrac{dN}{dV}$,電子密度).(44.8)からわかるように,密度は運動エネルギーの $\dfrac{3}{2}$ 乗に比例する:$n \sim (\mathcal{E}_0 + e\varphi)^{\frac{3}{2}}$.ここに $\mathcal{E}_0 = \varepsilon_0 - e\varphi$,すなわち全エネルギーの上限は一定でなければならない.ところで,これを $r = r_0$ の位置で考えてみると,$\mathcal{E}_0$ は0に等しくなければならないことがわかる.さらに点 r_0 が原子核から有限の距離のところには現われないことを示

さなくてはならないが，あとで見るように，このことは位置エネルギーによる分布式から導かれる．

こうして，$\mathscr{E}_0 = 0$ と置いて

$$(3\pi^2)^{\frac{2}{3}} \frac{h^2}{2m} n^{\frac{2}{3}} = \varepsilon_0 = e\varphi \tag{44.18}$$

の関係が得られる．ただし，(44.7)によって ε_0 を密度で表わしてある．これで電荷密度と位置エネルギーの関係がわかった．

つじつまのあう場*の方程式　ポテンシャルと密度の間のもう一つの関係は静電場の方程式(14.7)によって与えられる．電子の電荷は負であるから，この方程式の右辺の符号は正となって，

$$\frac{1}{r^2}\frac{d}{dr}\left(r^2\frac{d\varphi}{dr}\right) = 4\pi e n. \tag{44.19}$$

密度 n を(44.18)によって $e\varphi$ で表わし，上の式に代入すれば，

$$\frac{1}{r^2}\frac{d}{dr}\left(r^2\frac{d\varphi}{dr}\right) = \frac{2^{\frac{7}{2}}}{3\pi}\frac{m^{\frac{3}{2}}}{h^3}e^{\frac{5}{2}}\varphi^{\frac{3}{2}}. \tag{44.20}$$

この方程式を(19.6)のようにして変形する．そのために次のように置く：

$$\varphi = \frac{Ze}{r}\psi. \tag{44.21}$$

$\dfrac{Ze}{r}$ はポテンシャルの次元を持っているから，関数 ψ は無次元の量である．原子核の位置では，核によるポテンシャルは $\dfrac{Ze}{r}$ にしたがって無限大になるが，空間的に分布した電子の電荷によるポテンシャルは有限であるから，核のすぐ近くの φ は核だけできまる．それゆえ，核の近く$(r = 0)$では $\psi = 1$ である．

核から遠くでは，核の電荷は反対符号の電子の電荷によって完全に遮蔽されるから，原子のポテンシャルは $\dfrac{1}{r}$ よりも速く0にならなくてはならない．すなわち，$\psi(\infty) = 0$ である．

(44.21)を(44.20)に代入すれば，ψ に関する次の方程式が得られる：

---

*　ここに記した場を，普通 Thomas-Fermi の場という．つじつまのあう場といえば通常 Hartree または Hartree-Fock の場を意味する．(訳者)

$$\frac{d^2\phi}{dr^2} = \frac{2^{\frac{7}{3}}}{3\pi} Z^{\frac{1}{3}} \frac{m^{\frac{3}{2}}}{h^3} e^3 \frac{\phi^{\frac{3}{2}}}{r^{\frac{1}{2}}}. \tag{44.22}$$

右辺にある次元をもった因子は除いておく方が都合がよい．そのために，原子単位(31.21)と同じような長さの単位を新たに導入する：

$$r = \frac{(3\pi)^{\frac{2}{3}}}{2^{\frac{7}{3}}} \frac{1}{Z^{\frac{1}{3}}} \frac{h^2}{me^2} x. \tag{44.23}$$

この単位は $0.885\, Z^{-\frac{1}{3}}$ の因子だけ原子単位と異なる．無次元の変数 x を導入すれば，方程式(44.22)は標準形になる(Thomas-Fermi の方程式)：

$$\frac{d^2\phi}{dx^2} = \frac{\phi^{\frac{3}{2}}}{x^{\frac{1}{2}}}. \tag{44.24}$$

この方程式は原子番号 Z を含まない．また，ϕ に対する境界条件($\phi(0)=1$ および $\phi(\infty)=0$)のどちらも，すべての原子について同一である．したがって，これらの境界条件のもとに方程式(44.24)を一度解いておけばそれで十分である．ϕ の中の x を次元のある r にもどせば，任意の原子番号 Z をもつ原子のポテンシャルとして次の式が得られる：

$$\varphi = \frac{Ze}{r} \phi\left(1.130\, Z^{\frac{1}{3}} \frac{me^2}{h^2} r\right). \tag{44.25}$$

原子核からの距離を表わすのに x を用いたとすれば，統計的方法が適用できるような原子(原子量が大きいか中程度の元素)については，電子の密度分布はすべて同一である．しかし，(44.23)からわかるように，x が等しい点でもこれを幾何学的な距離になおせば $Z^{\frac{1}{3}}$ に逆比例する．それゆえ，電子群の主な部分は，重い原子ほど核の近くに集中していることになる．

準古典論的近似を用いて方程式を量子力学的に厳密に導いてみるとわかるが，Thomas-Fermi の方程式(44.24)の精度は $Z^{-\frac{2}{3}}$ によってきまる．したがって，方程式(44.24)は，電子が数個しかないような非常に軽い原子にはもちろん適用できない．

方程式(44.24)の境界条件の基礎づけ 方程式(44.24)の解曲線は $x=0$ で $\psi=1$ から始まり，x が増加するにつれて減少する．これは，電子の遮蔽

効果によって原子核の場が弱められることを示している．この場合，関数は，0になる前に最小になって以後増加していくか，ある点 $x=x_0$ で x 軸と交わるか，あるいは漸近的に x 軸に近づいていくかのどれかである．

第1の可能性はただちに除外される．(44.18) と (44.21) によって電子の総数は $\int_0^\infty \phi^{\frac{3}{2}} x^{\frac{1}{2}} dx$ に比例するが，ここでもし $\phi(\infty)>0$ とすれば無限大になってしまうからである．この場合，ある x_0 という点で積分を打切ってしまうこともできない．そうすると，全エネルギーの上限 $\mathcal{E}_0$ が 0 にならなくなるからである．

第2の可能性をとる場合には，電子の総数は有限で $\int_0^{x_0} \phi^{\frac{3}{2}} x^{\frac{1}{2}} dx$ に比例した値になる．中性原子の場合，原子核の電荷は電子によって完全に遮蔽されるから，電子密度したがってまた原子のつくる電場も，定義により $x=x_0$ で 0 にならなければならない．

さて，(44.21) によれば電場は次の式で与えられる：

$$E=-\frac{d\varphi}{dr}=\frac{Ze}{r^2}\psi-\frac{Ze}{r}\frac{d\psi}{dr}.$$

そこで，$E=0, \psi=0$ の点 $x=x_0$ では $\frac{d\psi}{dr}=0$ が成り立つ．それゆえ，この点では解曲線は x 軸に接することになり，軸を切ることはない．接点の近くでは，解曲線は一般に次の形をとる（k は正数）：

$$\psi = a(x-x_0)^{1+k}+\cdots\cdots.$$

ただし，……は $1+k$ よりも次数の高い項である．これを方程式 (44.24) に代入すれば

$$(1+k)ka(x-x_0)^{k-1}=\frac{a^{\frac{3}{2}}}{x_0^{\frac{1}{2}}}(x-x_0)^{\frac{3}{2}+\frac{3}{2}k}.$$

これから $k=-5$ となるが，これは $k>0$ の仮定に反する．それゆえ，原点から有限の距離の点で解曲線が x 軸に接することはありえない．したがって，解曲線は漸近的に x 軸に近づくと考えなくてはならない．こうすれば，$\frac{d\psi}{dx}=0$ の条件は無限遠方でひとりでに満たされる．

陽イオンにおける電荷分布　　陽イオンでは，全電子の電荷は原子核の電荷を完全には遮蔽しない．それゆえ，$\psi=0$ の点で $\frac{d\psi}{dx}=0$ となってはならない．

そこで，イオンの電子密度の分布曲線は x 軸と交わり，その交点がイオン半径 x_0 を与える．

電子殻がみたされていく順序　原子内のポテンシャル分布から，d 電子と f 電子がはじめて現われる原子の Z を決定することができる．

まず最初に，原子内の電子の密度分布が角運動量分布と関係を持たなくてはならないことに注意しよう．前に述べたように，電子の運動量の上限は電子密度の $\frac{1}{3}$ 乗に比例するから，電子密度の大きい原子核近くでは運動量の上限の値も大きく，核から遠くではこの値は小さい．ところで，電子の角運動量は，その運動量と核からの距離との積である．したがって，核の近くでは，運動量の上限の値は大きいけれども角運動量は小さい．また，核から遠くでは，今度は運動量の上限の値が小さいために角運動は小さくなる．それゆえ，どこかあまり遠くないところで角運動量は最大になり，その値は電子密度が大きいほど大きい．電子密度の大きい重い原子ほど角運動量の値が大きくなっているのはこのためである．

さて，Z を与えたとき角運動量がとりうる最大値を求めるために，中心力場のエネルギーに対する古典論の表式から出発しよう（(5.7)参照）：

$$\mathcal{E} = \frac{p_r^2}{2m} + \frac{M^2}{2mr^2} - \frac{Ze^2}{r}\phi. \tag{44.26}$$

基礎の仮定(44.18)により，エネルギーの上限を 0 と置かなくてはならない：$\mathcal{E} = 0$．このとき，動径方向の運動量成分は

$$p_r = \sqrt{\frac{2mZe^2}{r}\phi - \frac{M^2}{r^2}}. \tag{44.27}$$

この式の M^2 は $h^2 l(l+1)$ で置きかえることができる．しかし，(44.26) は準古典論的近似で書かれているので，M^2 に対しても同じ近似を用いた方がもっとよい結果が得られる．それには，(28.18) からエネルギー固有値を求めたときと同じ方法で計算すればよい．この近似では $M^2 = h^2\left(l+\frac{1}{2}\right)^2$ となる．$\left(l+\frac{1}{2}\right)^2$ と $l(l+1)$ のちがいは $\frac{1}{4}$ にすぎない．

そこで，(44.27) を次の形に書く：

$$p_r = \frac{h}{r}\sqrt{\frac{2me^2}{h^2}Zr\phi - \left(l+\frac{1}{2}\right)^2}. \tag{44.28}$$

§44 Fermi 分布

根号内の r を (44.23) によって無次元量 x で表わせば,

$$p_r = \frac{h}{r}\sqrt{1.771Z^{\frac{2}{3}}x\varphi-\left(l+\frac{1}{2}\right)^2}. \tag{44.29}$$

p_r が実数であるためには,根号の中が x のある領域内で正でなければならない.ところが,$x=0$ および $x=\infty$ では $x\varphi=0$ となるから,そのような領域の広がりは有限であって,その中には $x\varphi$ が最大になる点を含んでいる.この最大値は 0.488 に等しいので,Z の値が

$$1.771\times0.488Z^{\frac{2}{3}} = \left(l+\frac{1}{2}\right)^2 \tag{44.30}$$

を満足する場合には,p_r が実数であるような領域全体は一点に縮まってしまう.このときには,曲線 $y=1.771Z^{\frac{2}{3}}x\varphi$ は水平な直線 $y=\left(l+\frac{1}{2}\right)^2$ に接することになる.

したがって,大きさ l の角運動量は,Z が次の条件

$$Z = 0.156\,(2l+1)^3 \tag{44.31}$$

をみたしたときにはじめて現われる.

この方程式によれば,$l=2$ の d 電子は $Z=19$ で,また f 電子 ($l=3$) は $Z=53$ で現われることになる.係数を 0.156 でなく 0.17 とすればもっとよい一致がえられる.

関数 $\varphi(x)$ の具体的な数値を用いて計算すると,§33 で述べたように,d 殻と f 殻は原子の奥深くにできることが示される.

Fermi 分布に対する近似積分公式 最後に,絶対零度ではないが不等式 (44.9) が成り立つような温度の Fermi 気体について考えよう.

まず,Fermi 分布の積分に対して,$\theta\ll\varepsilon_0$ のときに成り立つ一般公式を導いておくのが便利である.

いま,$\gamma(\varepsilon)$ を ε のベキ関数(たとえば $\sqrt{\varepsilon}$, $\sqrt{\varepsilon^3}$ など)として,次の積分を考える:

$$I = \int_0^\infty \frac{\dfrac{d\gamma(\varepsilon)}{d\varepsilon}}{e^{\frac{\varepsilon-\mu}{\theta}}+1}d\varepsilon. \tag{44.32}$$

部分積分を行なえば

$$I = \frac{\gamma(\varepsilon)}{e^{\frac{\varepsilon-\mu}{\theta}}+1}\bigg|_0^\infty - \int_0^\infty \gamma(\varepsilon)\frac{d}{d\varepsilon}\left(\frac{1}{e^{\frac{\varepsilon-\mu}{\theta}}+1}\right)d\varepsilon$$
$$= -\frac{\gamma(0)}{e^{-\frac{\mu}{\theta}}+1} + \frac{1}{\theta}\int_0^\infty \gamma(\varepsilon)\frac{e^{\frac{\varepsilon-\mu}{\theta}}}{(e^{\frac{\varepsilon-\mu}{\theta}}+1)^2}d\varepsilon. \qquad (44.33)$$

被積分関数の第2因子を書き直すと

$$\frac{e^{\frac{\varepsilon-\mu}{\theta}}}{(e^{\frac{\varepsilon-\mu}{\theta}}+1)^2} = \frac{1}{(e^{\frac{\varepsilon-\mu}{\theta}}+1)(e^{\frac{\mu-\varepsilon}{\theta}}+1)}. \qquad (44.34)$$

右辺の分母は $\varepsilon<\mu$ のときにも $\varepsilon>\mu$ のときにも大きい値をとる（はじめの場合は $e^{\frac{\mu-\varepsilon}{\theta}}$ が，あとの場合は $e^{\frac{\varepsilon-\mu}{\theta}}$ が大きくなる）．それゆえ，上の式は ε の狭い領域——μ との差が θ 程度の——でしか0とあまり異ならない．そこで，関数 $\gamma(\varepsilon)$ をこの領域で展開し，2次の項で打切ることにしよう：

$$\gamma(\varepsilon) = \gamma(\mu) + (\varepsilon-\mu)\gamma'(\mu) + \frac{(\varepsilon-\mu)^2}{2}\gamma''(\mu). \qquad (44.35)$$

これを (44.33) に代入する．被積分関数の第2因子が $\varepsilon=0$ できわめて小さいことを考慮すれば，積分を $\varepsilon=-\infty$ から行なうことにしてもほとんど誤差は生じない．さらに，(44.33) の中ですでに積分できた項の $e^{-\frac{\mu}{\theta}}$ を無視すれば

$$I = -\gamma(0) - \gamma(\mu)\int_{-\infty}^\infty \frac{d}{d\varepsilon}\left(\frac{1}{e^{\frac{\varepsilon-\mu}{\theta}}+1}\right)d\varepsilon$$
$$+ \frac{\gamma'(\mu)}{\theta}\int_{-\infty}^\infty \frac{\varepsilon-\mu}{(e^{\frac{\varepsilon-\mu}{\theta}}+1)(e^{\frac{\mu-\varepsilon}{\theta}}+1)}d\varepsilon$$
$$+ \frac{\gamma''(\mu)}{2\theta}\int_{-\infty}^\infty \frac{(\varepsilon-\mu)^2}{(e^{\frac{\varepsilon-\mu}{\theta}}+1)(e^{\frac{\mu-\varepsilon}{\theta}}+1)}d\varepsilon. \qquad (44.36)$$

最初の積分はすぐ計算できて，

$$\int_{-\infty}^\infty \frac{d}{d\varepsilon}\left(\frac{1}{e^{\frac{\varepsilon-\mu}{\theta}}+1}\right)d\varepsilon = \frac{1}{e^{\frac{\varepsilon-\mu}{\theta}}+1}\bigg|_{-\infty}^\infty = -1. \qquad (44.37)$$

第2と第3の積分では，変数を $\frac{\varepsilon-\mu}{\theta}=x$ に変える．第2の積分は

$$\int_{-\infty}^\infty \frac{\varepsilon-\mu}{(e^{\frac{\varepsilon-\mu}{\theta}}+1)(e^{\frac{\mu-\varepsilon}{\theta}}+1)}d\varepsilon = \theta^2\int_{-\infty}^\infty \frac{x}{(e^x+1)(e^{-x}+1)}dx = 0. \qquad (44.38)$$

ただし，被積分関数が奇関数であることを用いた．最後に，第3の積分は（付録参照）

$$\int_{-\infty}^{\infty}\frac{(\varepsilon-\mu)^2}{(e^{\frac{\varepsilon-\mu}{\theta}}+1)(e^{\frac{\mu-\varepsilon}{\theta}}+1)}d\varepsilon = \theta^3\int_{-\infty}^{\infty}\frac{x^2}{(e^x+1)(e^{-x}+1)}dx = \frac{\pi^2}{3}\theta^3.$$
(44.39)

こうして，求める積分は次の展開の形になる：

$$I = \gamma(\mu) - \gamma(0) + \frac{\pi^2}{6}\theta^2\gamma''(\mu) = \int_0^\mu \gamma'(\varepsilon)d\varepsilon + \frac{\pi^2}{6}\theta^2\gamma''(\mu). \quad (44.40)$$

この展開の0次の項は，絶対零度において Fermi 分布が持つ形に相当している．実際，$0 \leq \varepsilon \leq \mu$ に対して $f = 1$ と置けば，I はちょうど $\int_0^\mu \gamma'(\varepsilon)d\varepsilon$ に等しくなる．θ について1次の項は展開式の中に現われない．これは次のことから明らかである．エネルギーの上限できまる球から外へ電子が逃げて行くと，そのあとにはあいた準位――いわゆる《空孔》が残る．これらの孔は，第1近似では，エネルギーの上限の値よりも上にあって満たされている準位に対して対称的に分布している．このことを示すために，図50では，影をつけた部分の面積がほぼ等しくなるように描いてある．

最後に，2次の項は，I に対して求めていた補正を与えることになる．

Fermi 気体の比熱 次に，(44.40) の結果を用いて比熱を計算しよう．そのために，エネルギーと全粒子数の式を書く：

$$\mathcal{E} = \frac{V(2m^3)^{\frac{1}{2}}}{\pi^2 h^3}\int_0^\infty \frac{\varepsilon^{\frac{3}{2}}}{e^{\frac{\varepsilon-\mu}{\theta}}+1}d\varepsilon, \quad (44.41)$$

$$N = \frac{V(2m^3)^{\frac{1}{2}}}{\pi^2 h^3}\int_0^\infty \frac{\varepsilon^{\frac{1}{2}}}{e^{\frac{\varepsilon-\mu}{\theta}}+1}d\varepsilon. \quad (44.42)$$

(44.40) を用いれば，$\gamma'(\varepsilon)$ をそれぞれ $\varepsilon^{\frac{3}{2}}, \varepsilon^{\frac{1}{2}}$ として，

$$\mathcal{E} = \frac{V(2m^3)^{\frac{1}{2}}}{\pi^2 h^3}\left(\frac{2}{5}\mu^{\frac{5}{2}} + \frac{3}{2}\frac{\pi^2}{6}\mu^{\frac{1}{2}}\theta^2\right), \quad (44.43)$$

$$N = \frac{V(2m^3)^{\frac{1}{2}}}{\pi^2 h^3}\left(\frac{2}{3}\mu^{\frac{3}{2}} + \frac{1}{2}\frac{\pi^2}{6}\mu^{-\frac{1}{2}}\theta^2\right). \quad (44.44)$$

これらの公式を用いて比熱を求めよう．比熱の定義から

$$C = \frac{\partial \mathcal{E}}{\partial \theta} = \frac{V(2m^3)^{\frac{1}{2}}}{\pi^2 \hbar^3}\left(\mu^{\frac{3}{2}}\frac{\partial \mu}{\partial \theta} + \frac{\pi^2}{2}\mu^{\frac{1}{2}}\theta\right). \tag{44.45}$$

陰関数の微分の公式によって(44.44)から $\dfrac{\partial \mu}{\partial \theta}$ を計算すれば，

$$\frac{\partial \mu}{\partial \theta} = -\frac{\dfrac{\partial N}{\partial \theta}}{\dfrac{\partial N}{\partial \mu}} = -\frac{\dfrac{\pi^2}{6}\mu^{-\frac{1}{2}}\theta}{\mu^{\frac{1}{2}}} = -\frac{\pi^2}{6}\frac{\theta}{\mu}. \tag{44.46}$$

ただし，θ は小さいから，上の二つの式で θ^2 の係数の微分は行なっていない．(44.46)を(44.45)に代入すれば，比熱として

$$C = \frac{\partial \mathcal{E}}{\partial \theta} = \frac{V(2m^3)^{\frac{1}{2}}}{3\hbar^3}\mu^{\frac{1}{2}}\theta \tag{44.47}$$

がえられる．

最後に，(44.44)の μ を代入し(右辺第1項だけをとる)，さらにエネルギーの上限(44.7)を用いて書き直す．こうして，比熱を気体の密度と温度とで表わせば

$$C = N\left(\frac{\pi}{3}\right)^{\frac{2}{3}}\frac{m}{\hbar^2}\left(\frac{N}{V}\right)^{-\frac{2}{3}}\theta = \frac{\pi^2}{2}\frac{\theta}{\varepsilon_0}N. \tag{44.48}$$

となる．

これから，電子1個あたりの比熱はおよそ $\dfrac{5\theta}{\varepsilon_0}$ となる．(44.9)によって，これはきわめて小さい量である．たとえば，ナトリウムについて前に $\varepsilon_0 = 36{,}000°$K という値を得たが，この場合には常温で $\dfrac{\theta}{\varepsilon_0} \sim 0.01$ となる．したがって，Fermi 気体の常温における比熱(電子1個あたり)は 0.05 である．これは，§40 で Boltzmann 気体について求めた値 1.5 と比較されるべきものである．

なぜ Fermi 気体の比熱が Boltzmann 気体の比熱よりもはるかに小さいのかは容易にわかる．Fermi 分布をしている電子は，どれもが熱的に励起されるというわけにはいかず，エネルギーが上限の値近くのものだけしか励起されない．そのために，Fermi 気体の比熱は N の数％となるのである．比熱 $\dfrac{3}{2}N$ という値は，すべての電子が励起される場合にはじめて得られる．

金属の古典電子論における困難 量子論以前の金属の理論には大きな困難

§44 Fermi 分布

があった．もし金属内に原子の数だけの電子があるとすると，古典統計によれば，金属は1原子あたり $3+\frac{3}{2}=\frac{9}{2}$ だけの比熱を持つはずである．ところが常温では，金属内の電子気体は実験的に認められるほどの比熱を持たず，金属の比熱は1原子あたり3を越えることがない．((42.32)のすぐあとを参照.)

ここで，もし Fermi 統計を電子に適用したとすると，すぐ上で見たように比熱についての困難は解消する．

低温では，金属の結晶格子の比熱は θ^3 に比例する((42.35)参照)．それゆえ，温度が十分低くなれば電子の比熱の方が勝ってくるので，これが測定にかかる可能性がある．測定の結果によると，きわめて低温では，金属の比熱は確かに θ に比例することがわかっている．(44.48)からわかるように，比熱がわかれば1原子あたりの電子の数がわかる．蒼鉛はいろいろな点で典型的な金属とはいえないが，こうして計算すると，奇妙なことに伝導電子の数が非常に少ないことになる．

問 題

1 温度が低いとき，電荷を含まない体積内にある電子と陽電子の平衡密度を求めよ．

(解) 電子-陽電子対の生成・消滅が起るから，粒子数は保存されず電荷が保存されると考えなければならない．ある量子状態にある電子の数を f，陽電子の数を f' と書くと，(39.23)のかわりに次の付加条件が成り立つ：

$$\sum_k g_k(f_k - f'_k) = 0.$$

この条件のもとで関数 $S = \ln P$ が極大になるように f と f' をきめれば，

$$f = \frac{1}{e^{\frac{\varepsilon-\mu}{\theta}}+1}, \quad f' = \frac{1}{e^{\frac{\varepsilon+\mu}{\theta}}+1}.$$

ただし μ は両式に共通な定数である．電子の総数は陽電子の総数に等しくなければならないから，

$$\int_0^\infty \frac{\sqrt{\varepsilon}}{e^{\frac{\varepsilon-\mu}{\theta}}+1} d\varepsilon = \int_0^\infty \frac{\sqrt{\varepsilon}}{e^{\frac{\varepsilon+\mu}{\theta}}+1} d\varepsilon.$$

この方程式は $\mu = 0$ のときに限って成り立つ．それゆえ，単位体積内にある電子の総数は

$$\frac{2 \cdot 4\pi}{(2\pi h)^3} \int_0^\infty \frac{p^2}{e^{\frac{\varepsilon}{\theta}}+1} dp.$$

$\theta \ll mc^2$ の場合にこの積分を計算しよう．このときには，エネルギーに対しては非相対論的近似を用い，分布関数を $e^{-\frac{\varepsilon}{\theta}}$ の形に書くことができる．こうして，電子の平衡密度は

$$\frac{1}{\pi^2 \hbar^3} e^{-\frac{mc^2}{\theta}} \int_0^\infty e^{-\frac{p^2}{2m\theta}} p^2 \, dp = \frac{1}{\sqrt{2\pi^3}} \left(\frac{mc}{\hbar}\right)^3 \left(\frac{\theta}{mc^2}\right)^{\frac{3}{2}} e^{-\frac{mc^2}{\theta}}.$$

$\theta = \frac{mc^2}{64} \cong 8\,\mathrm{keV}$ とするとこれは $1\,\mathrm{cm}^{-3}$ になる．同じ温度における単位体積当りの電磁場のエネルギーは $0.6 \times 10^{18}\,\mathrm{erg}$ である．一方，対消滅によって放出されるエネルギーは $1.6 \times 10^{-6}\,\mathrm{erg}$ にすぎない．θ が mc^2 と同程度になったとき，はじめて電子と陽電子のエネルギーは電磁場のエネルギーに近くなる．

2 運動量とエネルギーの関係が極端に相対論的であるような $(\varepsilon = cp)$，きわめて密度の高い電子気体のエネルギーの上限を求めよ．また，気体を極端に相対論的であると見なしうるような密度を決定せよ．

(解) (44.8) のかわりに次の式が成り立つ：

$$\frac{4\pi}{3}\frac{\varepsilon_0^3}{c^3} = \frac{N}{2}\frac{(2\pi\hbar)^3}{V}.$$

したがって，

$$\varepsilon_0 = \left(\frac{3}{8\pi}\right)^{\frac{1}{3}} \left(\frac{N}{V}\right)^{\frac{1}{3}} 2\pi \hbar c.$$

もし $\varepsilon_0 \gg mc^2$ ならば静止エネルギーは無視できる．そこで，密度に対する条件は

$$\frac{N}{V} \gg \frac{1}{3\pi^2} \left(\frac{mc}{\hbar}\right)^3 \sim 10^{30}\,\mathrm{cm}^{-3}.$$

ε_0 は $\left(\frac{N}{V}\right)^{\frac{1}{3}}$ を含んでいるから mc^2 よりはるかに大きい．このような極端に相対論的な気体のエネルギーは次の式で与えられる：

$$\frac{V}{\pi^2 \hbar^2 c^3} \int_0^\infty \frac{\varepsilon^3}{e^{\frac{\varepsilon - \mu}{\theta}} + 1} d\varepsilon.$$

3 金属表面から単位時間に飛び出す電子の個数を求めよ．ただし，表面に垂直な速度成分が v_{0x} よりも大きな電子だけが飛び出しうるものとする．また，v_{0x} は次の不等式を満たす：

$$\frac{m v_{0x}^2}{2} - \mu(0) \gg \theta.$$

いいかえれば，出て行く電子は，エネルギーの上限の値から測って θ よりもはるかに大きいエネルギーをもっている(熱イオン放出)．

(解) 単位時間に単位面積の上に落ちる速度成分 v_x の電子の個数は $v_x dn(v_x)$ である．ただし，$dn(v_x)$ は速度成分 v_x を持つ電子の密度を表わす．(44.3) から

§44 Fermi 分布

$$dn(v_x) = \frac{2m^3 dv_x dv_y dv_z}{(2\pi h)^3} \frac{1}{e^{\frac{\varepsilon-\mu}{\theta}}+1}.$$

ここに $\varepsilon = \frac{m}{2}(v_x^2+v_y^2+v_z^2)$. 金属の表面を通過する電子は，$\varepsilon-\mu$ が θ よりもはるかに大きいものだけに限られるから，電子の分布を Fermi 分布とするかわりに，同じ μ をもつ Boltzmann 型の分布と考えてもかまわない．いいかえれば，Fermi 分布曲線のうちで $\varepsilon-\mu > \theta$ の《すそ》の部分だけをとるのである．したがって，求める電子の流れは

$$\frac{2m^3}{(2\pi h)^3} e^{\frac{\mu}{\theta}} \int_{v_{ox}}^{\infty} v_x dv_x e^{-\frac{mv_x^2}{2\theta}} \int_{-\infty}^{\infty} dv_y e^{-\frac{mv_y^2}{2\theta}} \int_{-\infty}^{\infty} dv_z e^{-\frac{mv_z^2}{2\theta}}$$
$$= \frac{2m^3}{(2\pi h)^3} e^{\frac{\mu}{\theta}} \frac{\theta}{m} e^{-\frac{mv_{0x}^2}{2\theta}} \frac{2\pi\theta}{m} = \frac{m\theta^2}{2\pi^2 h^3} e^{\frac{1}{\theta}(\mu - \frac{mv_{0x}^2}{2})}$$

となる．

与えられた温度で，金属に電場をかけた場合に得られる最大の電流(飽和電流)はこの式からきまる．これは金属内の電子に関係したものであるから，μ の値は μ_0 (絶対零度におけるエネルギーの上限)に近くて温度にはよらない．

金属に非常に強い電場をかけた場合には，表面のポテンシャル壁の形が変わり，それを越えて電子が飛び出してくる(冷陰極放出)．しかし，それにはきわめて強い電場が必要である．冷陰極放出は Stark 効果(§35)における原子のイオン化に似た現象である．

4 原子内の電子の全エネルギーを Thomas-Fermi 模型にしたがって計算せよ．

(解) (44.10)により，電子の運動エネルギーは

$$\mathcal{E}_{\text{kin}} = \frac{(2m)^{\frac{3}{2}}}{5\pi^2 h^3} \int_0^{\infty} \varepsilon_0^{\frac{5}{2}} \cdot 4\pi r^2 dr = \frac{(2m)^{\frac{3}{2}}}{5\pi^2 h^3} 4\pi \int_0^{\infty} (e\varphi)^{\frac{5}{2}} r^2 dr.$$

(電子の運動エネルギーの上限は $e\varphi$ である．)

$e\varphi$ のかわりに $Ze^2\frac{\psi}{r}$ と書き，無次元の変数(44.23)を用いれば，

$$\mathcal{E}_{\text{kin}} = \frac{12}{5}\left(\frac{2}{9\pi^2}\right)^{\frac{1}{3}} Z^{\frac{7}{3}} \frac{me^4}{h^2} \int_0^{\infty} \psi^{\frac{5}{3}} \frac{dx}{\sqrt{x}}.$$

位置エネルギーは二つの部分に分ける．一つは電子と原子核の相互作用のエネルギーで，その値は

$$\mathcal{E}_{\text{pot}}^{(1)} = -\int_0^{\infty} \frac{Ze^2}{r} n \cdot 4\pi r^2 dr$$

である(電子密度 n は(44.18)で与えられる)．もう一つは電子同士の相互作用のルネエギー

$$\mathcal{E}_{\text{pot}}^{(2)} = \frac{1}{2} \int_0^{\infty} \frac{Ze^2}{r}(1-\psi) n \cdot 4\pi r^2 dr$$

である $\left(\frac{1}{2}\right.$ の因子は，各電子を二重に数えないためである $\left.\right)$．両方をあわせれば

$$\mathcal{E}_{\text{pot}} = \mathcal{E}_{\text{pot}}^{(1)} + \mathcal{E}_{\text{pot}}^{(2)} = -\frac{1}{2}\int_0^\infty \frac{Ze^2}{r}(1+\phi)\,n\cdot 4\pi r^2\,dr.$$

n の具体的な形を代入すれば，位置エネルギーの表式として

$$\mathcal{E}_{\text{pot}} = -2\left(\frac{2}{9\pi^2}\right)^{\frac{1}{3}} Z^{\frac{7}{3}} \frac{me^4}{h^2} \int_0^\infty (\phi^{\frac{3}{2}} + \phi^{\frac{5}{2}}) \frac{dx}{\sqrt{x}}$$

がえられる．

この式の中の積分は，方程式(44.24)を用いれば容易に計算できる．$\phi'(\infty) = 0$ であるから，

$$\int_0^\infty \phi^{\frac{3}{2}} \frac{dx}{\sqrt{x}} = \int_0^\infty \phi'' dx = -\phi'(0).$$

第2の積分は，部分積分により，

$$\int_0^\infty \phi^{\frac{5}{2}} \frac{dx}{\sqrt{x}} = 2\sqrt{x}\,\phi^{\frac{5}{2}}\Big|_0^\infty - 5\int_0^\infty \sqrt{x}\,\phi^{\frac{3}{2}}\phi'\,dx = -5\int_0^\infty x\phi''\phi'\,dx$$

$$= -\frac{5}{2}\int_0^\infty x\frac{d}{dx}\phi'^2\,dx = -\frac{5}{2}x\phi'^2\Big|_0^\infty + \frac{5}{2}\int_0^\infty \phi'^2\,dx.$$

さらに，$\phi(0) = 1$ であるから

$$\int_0^\infty \phi'^2\,dx = \phi\phi'\Big|_0^\infty - \int_0^\infty \phi\phi''\,dx = -\phi'(0) - \int_0^\infty \phi^{\frac{3}{2}}\frac{dx}{\sqrt{x}}.$$

したがって，

$$\int_0^\infty \phi^{\frac{5}{2}}\frac{dx}{\sqrt{x}} = -\frac{5}{7}\phi'(0).$$

これらの積分の値を $\mathcal{E}_{\text{kin}}$ および $\mathcal{E}_{\text{pot}}$ の表式に代入すれば，$\mathcal{E}_{\text{pot}} = -2\mathcal{E}_{\text{kin}}$ であることがわかる．すなわち，全エネルギーは $-\mathcal{E}_{\text{kin}}$ に等しい（この結果は統計的模型についてだけでなく，厳密な理論からも得られる）．

$\phi'(0)$ は -1.589 に等しい．したがって，原子内の全電子の結合エネルギーは

$$\mathcal{E} = -0.769\frac{me^4}{h^2}Z^{\frac{7}{3}} = -20.93\,Z^{\frac{7}{3}}\,\text{eV}$$

である．たとえば，ウランでは $\mathcal{E}$ は -8×10^5 eV，すなわち $-1.6\,mc^2$ となる．

エネルギーが $Z^{\frac{7}{3}}$ に比例するという関係は次のように考えれば計算をしないでも容易に導かれる．Coulomb 力は距離が増してもゆっくりしか減少しない．それゆえ，すべての電子がそれぞれ対をなして作用し合い，その対の数はおよそ Z^2 である．また，(44.23)によれば，電子相互間の平均距離は $Z^{\frac{1}{3}}$ に比例して減る．このことから $Z^{\frac{7}{3}}$ が出るのである．一方，原子核の場合には，全結合エネルギーは相当広い範囲にわたって粒子数の1乗に比例する．これは核力が短距離力であることを示している．すなわち，おのおのの核子(陽子または中性子)は他のすべての核子と作用し合うわけではなく，最も近くにあるものとだけ作用する．

§45 Gibbs 統計

　この節では，Gibbs の一般的な統計的方法を，固体・液体・気体を問わず十分多数の粒子から成る系に適用することを考えよう．量子力学の方程式だけを基礎にしてこの方法を厳密に扱うことはきわめてむずかしい．しかし，これを古典論的に行なうことはさらに困難であろう．ミクロな粒子の運動に対しては古典力学がいつも適用できるとは限らないが，そのことを別にしても，確率という概念がそもそも古典力学には存在しないからである．Gibbs 統計の基本原理を導く過程にはかなり直観に頼る部分がある．その導き方の正しかったことは，Gibbs 統計がきわめて多くの実験事実を説明するということからわかるのである．

　もちろん，量子力学が実験と一致するという事実だけをもとにして，実験と合うように統計的方法の基礎づけを行なうことも原理的には可能であろう．しかし，そのような定量的な取扱いは，これまでのところまだとてもできない．

　ほとんど閉じた系　　統計を考える上に基本的なのは，ほとんど閉じた系——すなわち，外界と弱くしか相互作用を行なわない系——という概念である．この相互作用は，系の構造を本質的にくずしてしまうようなことはなく，ただ，閉じた系の接近したエネルギー準位の間に遷移を起させる．十分多数の粒子から成る系では，系がほとんど閉じていることのために，エネルギー間隔 $d\mathcal{E}$ の中にはきわめて多数のエネルギー準位——もっと正確にいうなら，完全に閉じた系のきわめて接近したエネルギー準位に対応する状態——が含まれている．統計が適用できるのはこのことがあるからである．

　統計的平衡　　§39 で述べたように，これらの個々の状態はどれも等しい確率を持っている．いいかえれば，系はそれぞれの状態で等しい時間をすごす．マクロな系の振舞いを調べる場合には，波動関数で表わされる詳しい状態ではなく，系が大部分の時間をそこですごすような多数の状態の集団を知る必要が

ある.

たとえば，N 個の分子から成る単原子理想気体を考え，その全運動エネルギーが $\mathcal{E}$ であるとしよう．気体の一つ一つの状態はどれもみな等しい確率で実現する．すなわち，エネルギー $\mathcal{E}$ 全部を1個の分子だけが持ち，ほかの分子は運動エネルギーを持たないような状態と，すべての分子が等しいエネルギー $\dfrac{\mathcal{E}}{N}$ を持ち，運動量がある特定の方向に厳密に揃っているような状態（さし当ってはPauliの原理のことは考えない）とは確率が等しい．しかし大部分の時間，気体はエネルギー全部を1個の分子だけで持っているような例外的な状態よりも，エネルギーの平衡分布にずっと近いような状態の方をとる．最も実現の確率が大きい状態というのは，（気体分子のスピンの値が整数か半奇数かに応じて）Bose分布またはFermi分布によって十分よく表わされるような状態である．気体が外界と一定不変の相互作用を行なっている場合，もし気体分子が most probable な分布に近い分布をしているとするならば，その状態はいつも most probable な状態の近くにあることになる．最も確率の高い状態から大きくはずれるようなことはめったに起らない．

系が大部分の時間をすごすような，等しい確率をもったミクロな状態の全集団のことを系の**統計的平衡状態**とよぶ．これは量子力学でいう状態よりもはるかに大ざっぱにしか指定されない．しかし，マクロな系を全体として記述するには，これだけの指定のし方で十分である．

統計的平衡の概念は，理想気体の分子のように粒子間の相互作用が弱い場合でも，また固体や液体の分子のように相互作用が強い場合でも，粒子数が十分に大きい系に対してならば適用できる．実際，前にミクロな状態が等しい確率を持つことを証明したときには（§39），系が相互作用のない粒子から成るということは仮定しなかった．系のミクロな状態の数が多くなればなるほど，その状態はますます確率の高いものとなる．ただし，ここで考えているミクロな状態というのは，エネルギーの保存則を破らないようなもの，すなわち，ほとんど閉じた系のエネルギー範囲 $d\mathcal{E}$ の中に含まれるような状態だけを指している．

部分系における確率分布　ほとんど閉じた系を外界がとりまいていると考えるかわりに，まず理想的に閉じた大きな系があって，それを一つ一つのほと

んど閉じた**部分系**に分割すると考える方が便利である．部分系がほとんど閉じているというのは，各部分系はその表面の層を通してまわりの部分系と作用し合うが，それが各系の内部でおこっている過程にはわずかしか影響を与えないということである．系全体にわたる統計的平衡は，部分系同士の相互作用によって，一つの部分系内での平衡はその内部での相互作用によって実現される．

さて，ある部分系の内部で平衡状態が達成されたと考えよう．この系のエネルギーが $\mathcal{E}$ と $\mathcal{E}+d\mathcal{E}$ の間にある確率はどれだけであろうか？ いま，このエネルギー範囲には等しい確率をもった $g(\mathcal{E})$ 個のミクロな状態が対応しているとする．$g(\mathcal{E})$ のことをエネルギー $\mathcal{E}$ をもつ状態の**重み**とよぶことはすでに述べた通りである．

一つ一つのミクロな状態はどれも確率が等しいから，考えているマクロな状態の確率は $g(\mathcal{E})$ に比例する：

$$P(\mathcal{E}) = \rho(\mathcal{E})g(\mathcal{E}). \tag{45.1}$$

ただし，$\rho(\mathcal{E})$ はこの節でこれから求めようとする関数である．

ほとんど独立な個々の部分系は，ある Boltzmann 気体の巨大分子であると見なすことができる．マクロな部分系は相互に区別がつくから，そのような《気体》が Boltzmann 統計にしたがうと考えるのはごく自然であろう．このことから，分布関数は Boltzmann 分布の形をしていなければならない：

$$\rho(\mathcal{E}) \sim e^{-\frac{\mathcal{E}}{\theta}}.$$

この結果は直観的な考察から導かれたものである．次に，関数 $\rho(\mathcal{E})$ の性質を調べた上で，それに基づいて上の式をもっと厳密に導いてみよう．

Liouville の定理 ほとんど閉じた系を閉じていると見なすことができるような時間――すなわち，他の部分系の影響がほとんどないような時間――にわたっては，関数 $\rho(\mathcal{E})$ は一定であることを証明しよう．

状態の重み $g(\mathcal{E})$ は，定義によって，エネルギーが $\mathcal{E}$ と $\mathcal{E}+d\mathcal{E}$ の間にあるミクロな状態の数である．これらミクロな状態のおのおのには，あるきまった1組の運動の積分(たとえば，単原子理想気体ならば各系の運動量の集合)が対応している．したがって $g(\mathcal{E})$ は不変量である．

次に、確率 $P(\mathcal{E})$ は $\lim_{t\to\infty}\dfrac{t(\mathcal{E})}{t}$ で定義される (§39). ただし t は、与えられた部分系を含む全体の閉じた系を観測する時間である. それゆえ、定義からいって $P(\mathcal{E})$ は時刻にはよらない. これは長時間にわたっての平均量だからである. ところが、$P(\mathcal{E})$ が不変量、また $g(\mathcal{E})$ が運動の積分の関数としてやはり不変量であるならば、$\rho(\mathcal{E})$ も時刻にはよらない量で運動の積分となる. 一方、運動の積分は、すべて原理的には力学からわかるはずのものであるから、ρ はそれらの関数でなければならない. いいかえれば、ρ は時間と共に変化するような量の関数ではありえず、$\mathcal{E}$ を別にすれば運動の積分だけの関数である. もっと正確にいえば、ほとんど閉じた部分系が閉じていると見なされるような時間にわたっては、ρ は変化しない. これは Liouville の定理として知られている. この節の終りでは、Liouville の定理の古典論的な定式化を行なう. それは量子論的な定式化よりもはるかにすっきりしている.

確率の乗法定理　ほとんど閉じた部分系は、ある時間にわたっては互いに独立であると考えることができる. このときには、よく知られた確率の乗法定理が成り立つ. すなわち、一つの部分系が状態 A にあり、もう一つが B にある確率はそれぞれの確率の積に等しい：

$$P_{AB} = P_A P_B. \tag{45.2}$$

状態の統計的重みももちろん g_A と g_B の積になる. これらは別々の部分系に関係したものだからである. すなわち、

$$g_{AB} = g_A g_B. \tag{45.3}$$

それゆえ、

$$g_{AB}\rho_{AB} = P_{AB} = P_A P_B = g_A \rho_A \cdot g_B \rho_B.$$

したがって、(45.2) と (45.3) から

$$\rho_{AB} = \rho_A \rho_B \tag{45.4}$$

となる. いいかえれば、ほとんど独立な二つの部分系をいっしょにした系の確率密度は、それぞれの系の確率密度関数をかけあわせたものである.

Gibbs 分布　確率密度の対数は加算的な量である. すなわち、あわせた系に関する量は、各部分系に関する量の和に等しい：

§45 Gibbs 統計

$$\ln \rho_{AB} = \ln \rho_A + \ln \rho_B. \tag{45.5}$$

さらに，Liouville の定理によって，$\ln \rho$ は運動の積分であることがわかっている．したがって $\ln \rho$ は加算的な運動の積分である．

第Ⅰ部，§4 では加算的な運動の積分を挙げた：エネルギー，運動量，角運動量．$\ln \rho$ が加算的な運動の積分であるためには，$\ln \rho$ はこれらの量の1次関数でなければならない．いま，部分系が全体としては静止しているような座標系を取ったとすると，運動量と角運動量は0であるから，確率密度の対数はエネルギーだけの1次関数となる．すなわち，次の関係が成り立つ：

$$\ln \rho = a\mathcal{E} + b. \tag{45.6}$$

係数 a はどの部分系についても同じでなければならない．なぜなら，もしそうでないとすると，$\ln \rho$ が加算的な関数としての性質をもたなくなるからである．二つの部分系について a を等しいと置けば，

$$\begin{aligned}\ln \rho_{AB} &= \ln \rho_A + \ln \rho_B = a(\mathcal{E}_A + \mathcal{E}_B) + (b_A + b_B) \\ &= a\mathcal{E}_{AB} + b_{BA}\end{aligned} \tag{45.7}$$

となって，$\ln \rho$ が加算量であることがわかる．

エネルギーが無限に大きいような確率は無限小でなければならないから，$a < 0$ である．

次のように置こう：

$$a \equiv -\frac{1}{\theta}. \tag{45.8}$$

θ の意味は前節と同じで，温度に Boltzmann 定数をかけたものである．実際，理想気体では個々の分子を部分系と考えることができるから，Gibbs 分布

$$e^{-\frac{\mathcal{E}}{\theta}} = e^{-\frac{\Sigma \varepsilon_i}{\theta}}$$

は Boltzmann 分布 $e^{-\frac{\varepsilon}{\theta}}$ の形をとる．

さらに，

$$b \equiv \frac{F}{\theta} \tag{45.9}$$

と書けば，求める分布関数として次の式がえられる：

$$\rho(\mathcal{E}) = e^{\frac{F-\mathcal{E}}{\theta}}. \tag{45.10}$$

規格化の条件 $\sum t(\mathcal{E}) = t$ であるから，関数 $\rho(\mathcal{E})$ は次の条件をみたさなければならない：

$$\sum_{\mathcal{E}} P(\mathcal{E}) = \sum_{\mathcal{E}} \lim \frac{t(\mathcal{E})}{t} = \lim \frac{\sum t(\mathcal{E})}{t} = 1 = \sum_{\mathcal{E}} \rho(\mathcal{E}) g(\mathcal{E}). \quad (45.11)$$

これは，ある部分系がエネルギーの保存則を破らないでとることのできる状態のどれかにある確率が1に等しいことを意味している．規格化の条件(45.11)を用いれば，F を θ の関数として表わすことができる．それには，Gibbs分布の式(45.10)を(45.11)に代入し，可能なすべての状態について和をとればよい．この際，因子 $e^{\frac{F}{\theta}}$ は定数として和の外へ出すことができる．それゆえ，F をきめる式として次のものがえられる：

$$e^{-\frac{F}{\theta}} = \sum_{\mathcal{E}} e^{-\frac{\mathcal{E}}{\theta}} g(\mathcal{E}). \quad (45.12)$$

すでに知っているように，右辺は統計和である．

部分系の平均エネルギー　　統計では，ある量の平均値を次のように定める．量 f が状態 A で f_A という値を取るものとしよう．この場合，もしこの状態の確率が P_A であるとすると，平均値は

$$\bar{f} = \sum_{A} f_A P_A \quad (45.13)$$

で定義される．$P(\mathcal{E}) = \rho(\mathcal{E}) g(\mathcal{E})$ であるから，たとえば

$$\bar{\mathcal{E}} = \sum_{\mathcal{E}} \mathcal{E} \rho(\mathcal{E}) g(\mathcal{E}) \quad (45.14)$$

である．

Gibbs分布の式を(45.14)に代入してみよう．そうすると，平均エネルギーを与える式として

$$\bar{\mathcal{E}} = \sum_{\mathcal{E}} \mathcal{E} e^{\frac{F-\mathcal{E}}{\theta}} g(\mathcal{E}) \quad (45.15)$$

がえられる．

エネルギーのゆらぎ　　一般に，部分系の状態は，平均値によってある程度その特徴が表わされる．この目的のために，物理統計に限らず，どんな統計でも平均値を用いる．一定の値をもつ平均量というもので変量の大きさの目安が与えられるからである．

しかし，変量の値が大きくばらつくような場合には，平均値だけではその量を十分よく表わすことはできない．

それゆえ，部分系については，エネルギーの平均値のほかにエネルギーの平均分散もわかれば面白い．この二つの平均値を用いれば，部分系の状態は $\bar{\mathcal{E}}$ だけを用いる場合よりもはるかによく表わされる．ところで，次の量

$$\Delta \mathcal{E} \equiv \mathcal{E} - \bar{\mathcal{E}} \tag{45.16}$$

を平均したとすると，結果は恒等的に 0 となる．実際，定数 $\bar{\mathcal{E}}$ をまた平均しても値は変わらないから，

$$\overline{\Delta \mathcal{E}} = \bar{\mathcal{E}} - \bar{\mathcal{E}} = 0. \tag{45.17}$$

それゆえ，$(\Delta \mathcal{E})^2 = (\mathcal{E} - \bar{\mathcal{E}})^2$ の平均を考えるのが適当である．これは本質的に正の量であるから，平均値からどちらの側への $\mathcal{E}$ のずれも同じようにこの量に寄与することになる．求める平均値は次のように書きかえられる：

$$\overline{(\Delta \mathcal{E})^2} = \overline{(\mathcal{E} - \bar{\mathcal{E}})^2} = \overline{\mathcal{E}^2 - 2\mathcal{E}\bar{\mathcal{E}} + \bar{\mathcal{E}}^2}$$
$$= \overline{\mathcal{E}^2} - 2\bar{\mathcal{E}}\bar{\mathcal{E}} + \bar{\mathcal{E}}^2 = \overline{\mathcal{E}^2} - \bar{\mathcal{E}}^2. \tag{45.18}$$

ただし，定数 $\bar{\mathcal{E}}^2$ の平均値はそれ自身に等しいこと，定数因子は平均の記号の外へ出せること：

$$\overline{\mathcal{E}\bar{\mathcal{E}}} = \bar{\mathcal{E}}\bar{\mathcal{E}} = \bar{\mathcal{E}}^2$$

を用いた．$\sqrt{\overline{(\Delta \mathcal{E})^2}}$ のことをエネルギーの**絶対ゆらぎ**とよぶ．これは，エネルギーがその平均値からどの程度ずれているかの目安を与える量である．絶対ゆらぎ $\sqrt{\overline{(\Delta \mathcal{E})^2}}$ と絶対値 $|\bar{\mathcal{E}}|$ との比をエネルギーの**相対ゆらぎ**という．これは平均値からのずれの相対的な大きさの目安を与える．

もちろん，エネルギーだけに限らず，絶対ゆらぎと相対ゆらぎの定義は，部分系を記述する他の量についてもそのままあてはまる．

Gibbs 分布によるエネルギーのゆらぎの計算　　次に，Gibbs 分布を用いて部分系のエネルギーのゆらぎを計算してみよう．そのために，次の二つの恒等式

$$\sum_{\mathcal{E}} e^{\frac{F-\mathcal{E}}{\theta}} g(\mathcal{E}) = 1,$$

および
$$\sum_{\mathcal{E}} \mathcal{E} e^{\frac{F-\mathcal{E}}{\theta}} g(\mathcal{E}) = \bar{\mathcal{E}}$$

を θ について微分する.(第1式は規格化の条件(45.11), 第2式は平均エネルギーの定義(45.15)である.)$\mathcal{E}$ と $g(\mathcal{E})$ は純粋に力学的な量であるから, パラメタ θ にはよらない. それゆえ, F と $\bar{\mathcal{E}}$ と θ 自身だけを微分すればよい:

$$\sum_{\mathcal{E}} \left(\frac{1}{\theta} \frac{\partial F}{\partial \theta} - \frac{F-\mathcal{E}}{\theta^2} \right) e^{\frac{F-\mathcal{E}}{\theta}} g(\mathcal{E}) = 0, \tag{45.19}$$

$$\sum_{\mathcal{E}} \left(\frac{1}{\theta} \frac{\partial F}{\partial \theta} - \frac{F-\mathcal{E}}{\theta^2} \right) \mathcal{E} e^{\frac{F-\mathcal{E}}{\theta}} g(\mathcal{E}) = \frac{\partial \bar{\mathcal{E}}}{\partial \theta}. \tag{45.20}$$

(45.19)から

$$\frac{1}{\theta} \frac{\partial F}{\partial \theta} = \frac{F}{\theta^2} \sum_{\mathcal{E}} e^{\frac{F-\mathcal{E}}{\theta}} g(\mathcal{E}) - \frac{1}{\theta^2} \sum_{\mathcal{E}} \mathcal{E} e^{\frac{F-\mathcal{E}}{\theta}} g(\mathcal{E}) = \frac{F-\bar{\mathcal{E}}}{\theta^2}.$$

これを(45.20)に代入すれば,

$$\frac{\partial \bar{\mathcal{E}}}{\partial \theta} = \sum_{\mathcal{E}} \left(\frac{F-\bar{\mathcal{E}}}{\theta^2} - \frac{F-\mathcal{E}}{\theta^2} \right) \mathcal{E} e^{\frac{F-\mathcal{E}}{\theta}} g(\mathcal{E})$$

$$= \frac{1}{\theta^2} \sum_{\mathcal{E}} (\mathcal{E}^2 - \bar{\mathcal{E}} \mathcal{E}) e^{\frac{F-\mathcal{E}}{\theta}} g(\mathcal{E}). \tag{45.21}$$

(45.18)によって,この式は次のように書ける:

$$\theta^2 \frac{\partial \bar{\mathcal{E}}}{\partial \theta} = \overline{\mathcal{E}^2} - \bar{\mathcal{E}}^2 = \overline{(\Delta \mathcal{E})^2}. \tag{45.22}$$

したがって, 相対ゆらぎは

$$\frac{\sqrt{\overline{(\Delta \mathcal{E})^2}}}{|\bar{\mathcal{E}}|} = \frac{\theta}{|\bar{\mathcal{E}}|} \sqrt{\frac{\partial \bar{\mathcal{E}}}{\partial \theta}}. \tag{45.23}$$

ところで, エネルギーは加算的な量で粒子の数に比例するから, 上の量は部分系の粒子数の平方根に逆比例することになる.

理想気体の場合について具体的な数字を示そう.(40.17)によって $\bar{\mathcal{E}} = \frac{3}{2} N\theta$ であるから, 相対ゆらぎは $\sqrt{\frac{2}{3N}}$ に等しい. たとえば, 標準状態では $1\,\mathrm{cm}^3$ あたり $N = 2.7 \times 10^{19}$ である. したがって, エネルギーの相対ゆらぎは 10^{10} 分のいくつという程度になる.

気体 $1\,\mathrm{cm}^3$ のエネルギーは, 大部分の時間にわたって, その平均値からわずかこれだけの割合しかはずれることがない. けれども, 以下で統計理論を展

開していく際には，部分系のエネルギーを，完全に閉じた系のエネルギーのように厳密に一定であるとはしないで，ごくわずか変動すると考える方が都合がよい．

もちろん，個々の気体分子については相対ゆらぎは小さくない．すなわち，(40.14)と(40.15)から，分子の速度の相対ゆらぎは

$$\frac{\sqrt{\overline{v^2}-\bar{v}^2}}{\bar{v}} = \frac{\sqrt{\dfrac{3\theta}{m}-\dfrac{8\theta}{\pi m}}}{\sqrt{\dfrac{8\theta}{\pi m}}} = \sqrt{\frac{1.42}{8}} = 0.42$$

となる．

このようにして，部分系のエネルギーが $\mathcal{E}$ という値をとる確率は，$\mathcal{E}=\bar{\mathcal{E}}$ のところに非常に鋭い極大をもっていることがわかった．この極大は，部分系が大きくなればなるほど鋭くなる．

エントロピー 部分系の確率密度をもとにして，閉じた系に対してこれと類似の関数をつくることができる．確率が相乗的な量であることを使えば

$$P = \prod_i P_i = \prod_i \rho_i g_i = \prod_i \rho_i \prod_i g_i. \qquad (45.24)$$

Gibbs 分布の具体的な形(45.10)を用いれば，関数 ρ_i の積に対して

$$\prod_i \rho_i = \prod_i e^{\frac{F_i-\mathcal{E}_i}{\theta}} = e^{\frac{\sum_i F_i - \sum_i \mathcal{E}_i}{\theta}} = e^{\frac{\sum_i F_i - \mathcal{E}}{\theta}}$$

が得られる．

ところで，もし全体の系が閉じているならば，$\mathcal{E}$ は一定であるから $\prod_i \rho_i$ も一定となる．したがって，ある状態の確率はその状態の統計的重みに比例する:

$$P \sim \prod_i g_i = G(\mathcal{E}). \qquad (45.25)$$

また，等しいエネルギーをもつ状態の確率はすべて等しい．すなわち，$G(\mathcal{E})$ 個の状態の確率は $G(\mathcal{E})$ に比例する(§39)．

これまでたびたび述べたように，完全に閉じた系というものは自然界には存在しない．ある系が《閉じている》というときには，全体の大きな系が外界と平衡に達するよりも速く，部分系の間に平衡が成立するという意味である．この

場合，部分系の間に平衡が成立するまでの時間内には，大きな系の加算的な積分はほとんど変化しない．それゆえ，全系の統計的平衡という概念と，部分系の統計的平衡という概念とを区別して考えることができるのである．

大きな系の統計的平衡は，各部分系内で平衡が達せられる時間よりも長い間続くことは明らかである．それゆえ，完全な平衡が成立する確率は，その定義からして不完全な平衡の確率よりも大きい．(45.25)からわかるように，ある大きな系の確率の目安を与えるものは，その系の状態の統計的重みである．したがって，ある閉じた系が統計的平衡状態に近ければ近いほど，系の状態の統計的重みは大きく，$G(\mathcal{E})$ が平衡状態への近さの目安を与えるのである．同様に，i 番目の部分系の $g_i(\mathcal{E})$ は，その系がほとんど閉じていると見なせるような時間内での(内部的)平衡状態への近さの目安であると考えることができる．

時間間隔があまり短くない場合は，その間ほとんど閉じた状態にある系というものを考えることができる．そのような系に対しては，G は平衡への近さを示す．すなわち，G が大きいほど，与えられた《閉じた》系の部分系は平衡に近い状態にある．

系が統計的平衡状態に近いことを表わすためには，統計的重み G のかわりに $\ln G$ を用いる方が都合がよい．というのは，$\ln G$ は加算的な量だからである．これを系の**エントロピー**とよび，文字 S で表わす：

$$S \equiv \ln G. \tag{45.26}$$

前節で示したように，Fermi 気体の状態は絶対零度ではただ一通りにきまってしまうから $G = 1$ である．それゆえ，$\theta = 0$ における Fermi 気体のエントロピーは $S = \ln 1 = 0$ である．また，絶対零度では Bose 気体は完全に零エネルギーの状態になる(§43)．したがって，その状態はやはり一通りにきまり，$S = 0$ である．

部分系のエントロピー 定義によってエントロピーは加算的な量である：

$$S = \ln G = \ln \prod_i g_i = \sum_i \ln g_i \equiv \sum_i S_i. \tag{45.27}$$

この式から，$\ln g_i = S_i$ を部分系のエントロピーとよぶのが自然であることがわかる．これを計算するには，部分系に対する Gibbs の分布関数を用いれば

よい.この節で前に述べたように,ほとんど閉じた部分系のエネルギーは一定値すなわち平均値 $\bar{\mathcal{E}}_i$ にきわめて近いけれども,これと厳密に等しくはない.それゆえ,部分系のエントロピーに対する式は,エネルギーが厳密に一定な《閉じた》系についても適用することができる.その際の誤差は部分系の諸量の相対ゆらぎの程度で,これは問題にならないほど小さい.

ほとんど閉じた部分系のエントロピー $\ln g_i(\mathcal{E}_i)$ は,ほかの部分系との相互作用が《凍結》していると考えた場合のエネルギーの平均値 $\bar{\mathcal{E}}_i$ を用いて,$\ln g_i(\bar{\mathcal{E}}_i)$ の形に表わさなければならない.いいかえれば,この値 $\bar{\mathcal{E}}_i$ を求める際には,考えている時間内では部分系がそれ以上に完全な平衡に達することはないとするのである.

さて,エネルギーのゆらぎが小さいことを用いれば,規格化の条件(45.11)を次の簡単な関係で置きかえることができる:

$$\sum_{\mathcal{E}_i} \rho_i(\mathcal{E}_i) g_i(\mathcal{E}_i) \cong \rho_i(\bar{\mathcal{E}}_i) g_i(\bar{\mathcal{E}}_i) = 1. \tag{45.28}$$

$g_i(\bar{\mathcal{E}}_i)$ を部分系のエントロピーの定義式に代入すれば,

$$S_i = \ln \frac{1}{\rho_i(\bar{\mathcal{E}}_i)} \cong \ln \frac{1}{\rho_i(\mathcal{E}_i)}. \tag{45.29}$$

ところが,対数関数は変化がゆるやかであるから,ρ_i の平均値の対数を ρ_i の対数の平均値で置きかえることができる:

$$S_i = \overline{\ln \frac{1}{\rho_i}}. \tag{45.30}$$

部分系が大きくなれば相対ゆらぎは0に近づくから,上のような置きかえによって生ずる誤差は部分系が大きいほど小さくなる.

Gibbs分布(45.10)の ρ_i を(45.30)に代入すれば,エントロピーに対して次の式が得られる(添字 i は省略する):

$$S = \overline{\ln \frac{1}{\rho}} = \overline{\ln \left(e^{\frac{\mathcal{E}-F}{\theta}}\right)} = \frac{\bar{\mathcal{E}}-F}{\theta}. \tag{45.31}$$

これを(45.21)の一つ前の式と比べれば,

$$S = -\frac{\partial F}{\partial \theta}. \tag{45.32}$$

この式の F を $\bar{\mathcal{E}}-\theta S$ で置きかえれば,

$$S = -\frac{\partial(\bar{\mathcal{E}}-\theta S)}{\partial \theta} = -\frac{\partial \bar{\mathcal{E}}}{\partial \theta} + S + \theta\frac{\partial S}{\partial \theta}\,; \quad \theta\frac{\partial S}{\partial \theta} = \frac{\partial \bar{\mathcal{E}}}{\partial \theta}.$$

$\mathcal{E}$ と F は外部の条件によっても変わるが，上の式の θ による微分は，外部条件を一定に保ったとした場合の微分である．θ による微分を消せば，

$$\theta = \frac{\partial \bar{\mathcal{E}}}{\partial S} \tag{45.33}$$

となる．

位相空間 最後に，Liouville の定理を古典論的に定式化しよう．古典力学では，粒子の位置座標と運動量とは同時に存在する．N 個の粒子から成る系は，$3N$ 個の位置座標 q_i と $3N$ 個の運動量 p_i の組によって表わされる．§10 で述べたように，これらの変数は独立であると見なすことができる．これをもっと直観的にわかり易くするために，$6N$ 次元の座標系の軸上にこれら $6N$ 個の変数をとることにしよう．もちろん，これによって別に根本的に新しい考えを導入するわけではない．幾何学的な表現を用いるために，2次元や3次元の場合からの類推で幾分考え易くなるというだけのことである．この仮想的な $6N$ 次元空間のことを力学では**位相空間**とよぶ．この空間内の1点は $3N$ 個の位置座標と $3N$ 個の運動量とで表わされるから，位相空間の中に1点を与えれば，それで力学系全体の状態がきまる．時間がたつにつれて，位置座標と運動量は Hamilton の方程式 (10.18) にしたがって変化する：

$$\frac{dq_i}{dt} = \frac{\partial H}{\partial p_i}\,; \quad \frac{dp_i}{dt} = -\frac{\partial H}{\partial q_i}. \tag{45.34}$$

系の状態を表わす点は，位相空間内で一つの軌道を描いて運動する．一例として1自由度系——線形調和振動子——の軌道を求めてみよう．エネルギーの保存則によって次の式が成り立つ：

$$\frac{p^2}{2m} + \frac{m\omega^2 q^2}{2} = H = \mathcal{E} = \text{一定}.$$

これは半主軸の長さがそれぞれ $\sqrt{2m\mathcal{E}}$ および $\sqrt{\dfrac{2\mathcal{E}}{m\omega^2}}$ の楕円の方程式である．

古典論における Liouville の定理 ハミルトニアンが同じで初期条件が少しずつ異なるような一組の系を考えよう．これらの系は位相空間内でそれぞれ異なる軌道を描く．系の状態を表わす点が，時間の最初に，位相空間内のある体積要素をぎっしりうめていたものと仮定しよう．この体積要素は，その各点が動くにつれて，流動する液体の体積要素と同じように位置を変える．このとき，点は動いても体積は変化しない．すなわち，縮まない流体の流れに似た運動がおこる．このことを次に証明しよう．

3次元空間の場合と同じように，位相空間の体積要素は次の形に表わされる：

§45 Gibbs 統計

$$d\varGamma = dq_1\cdots dq_{3N}dp_1\cdots dp_{3N}. \tag{45.35}$$

時間の最初に，dn 個の位相点がこの体積要素の中にあったと仮定しよう．すなわち，同一のハミルトニアンをもつ dn 個の系の座標と運動量の値が q_1 と q_1+dq_1, ……, p_1 と p_1+dp_1, …… の間に含まれているとする．このとき，位相空間における系の密度は通常の式

$$dn = \rho d\varGamma \tag{45.36}$$

によって定義される．さてわれわれは，位相点が運動しても密度 ρ が不変であることを証明する．式を簡単にするために 2 次元空間を考えることにするが，以下の議論はすべて $6N$ 次元空間にそのまま拡張することができる．まず，運動に際して点の総数は保存される．それゆえ，位相空間内に**固定された**体積 $d\varGamma$ の内部で単位時間におこる位相点の数の減少は，この体積を囲む表面を通過する点の流出量に等しい．2 次元領域 $d\varGamma = dqdp$ の場合には，辺 dp を通過する流れは $\rho(q)\dot{q}(q)dp$，対辺を通過する流れは $\rho(q+dq)\dot{q}(q+dq)dp$ に等しい（図 54）．4 辺を通しての全流出量は

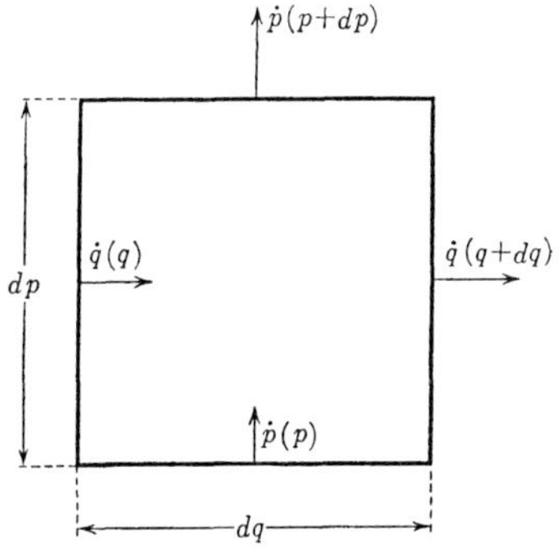

図 54

$$\rho(q+dq)\dot{q}(q+dq)dp - \rho(q)\dot{q}(q)dp + \rho(p+dp)\dot{p}(p+dp)dq - \rho(p)\dot{p}(p)dq$$
$$= \left[\frac{\partial}{\partial q}(\rho\dot{q}) + \frac{\partial}{\partial p}(\rho\dot{p})\right]dqdp.$$

この流量は，考えている体積内での位相点の減少 $-\frac{\partial \rho}{\partial t}d\varGamma$ に等しくなければならない．これから，電磁力学における電荷保存の方程式(12.18)と同じ形の方程式が導かれる：

$$-\frac{\partial \rho}{\partial t} = \frac{\partial}{\partial q}(\rho\dot{q}) + \frac{\partial}{\partial p}(\rho\dot{p}) = \dot{q}\frac{\partial \rho}{\partial q} + \rho\frac{\partial \dot{q}}{\partial q} + \dot{p}\frac{\partial \rho}{\partial p} + \rho\frac{\partial \dot{p}}{\partial p}. \tag{45.37}$$

一方，Hamilton の方程式(45.34)によって

$$\frac{\partial \dot{q}}{\partial q} = -\frac{\partial \dot{p}}{\partial p} = \frac{\partial^2 H}{\partial q \partial p}$$

であるから，方程式(45.37)は

$$\frac{\partial \rho}{\partial t} + \dot{q}\frac{\partial \rho}{\partial q} + \dot{p}\frac{\partial \rho}{\partial p} = \frac{d\rho}{dt} = 0 \tag{45.38}$$

と書きかえられる．すなわち，**位相点の密度は運動の積分である**．これが Liouville の定理を古典論的に述べたものである．

厳密にいえば，ここで定義した古典論的な密度関数 ρ と，(45.1)の量子論的な確率密度とは意味がちがう．これらの概念の間にはどのように密接な関係があるかを次に示そう．

ほとんど閉じた同一の部分系を何度も観測し，その度ごとに時間の原点を移して考えたとすると，これは，全く等しい系についてその初期条件を変えたものの一組を考えるのと同じことになる．古典論的極限では，統計的重みは

$$dG = \frac{d\Gamma}{(2\pi h)^{3N}} \tag{45.39}$$

と書けるから(式(39.32))，位相点の密度の定義(45.36)は確率密度の定義(45.1)に似ている．

密度に対するこれら二つの定義のちがいは次の点にある．量子力学では，状態の確率はいきなり $\dfrac{t(\mathcal{E})}{t}$ の極限として与えられる．ところが古典力学では，観測の総回数を n，エネルギー $\mathcal{E}$ の領域内に位相点が現われる回数を $n(\mathcal{E})$ とするとき，確率を $\dfrac{n(\mathcal{E})}{n}$ の極限であると解釈する．この際，個々の観測結果はどれも等しい確率を持つものと考えられる．しかし，これを証明することは，量子論を用いない統計では根本的な困難を伴う．

閉じた系とほとんど閉じた系　以上のようにして，統計力学を構成するのに二つの方法が可能である．

1) 理想的に閉じた系——エネルギーは厳密に保存される——から出発して，エントロピーを $\ln G(\mathcal{E})$ で定義する．エントロピー極大の状態が平衡状態である．次に，温度を $\theta = \dfrac{\partial \bar{\mathcal{E}}}{\partial S}$ で定義する．

2) ほとんど閉じた系から出発し，Gibbs 分布の式によって温度を導入する．次に，エントロピーを $\overline{\ln \dfrac{1}{\rho}}$ から計算する．

どちらの方法ももちろん同等である．しかし，いろいろな応用の点では，Gibbs 分布を用いる方がはるかに便利である．

問　題

1 重力場における4個の点について Liouville の定理を証明せよ．最初の時刻には，点は2次元の位相平面内で長方形(辺の長さはそれぞれ Δz および Δp_z)をなしていたとする．

（解）はじめに大きな運動量をもっている2個の点の方が速く落下するから，位相点が運動するにつれて長方形は平行四辺形になる．その底辺は Δz，高さは Δp_z であるから，面積ははじめの長方形と変わらない．位相空間の体積が変わらないことは密度が変わらないことと同等である．したがって Liouville の定理が成り立つ．

2 3個の調和振動子

§45 Gibbs 統計

$$x_1 = \sqrt{\frac{2\mathcal{E}}{m\omega^2}}\cos\omega t, \quad x_2 = \sqrt{\frac{2(\mathcal{E}+\Delta\mathcal{E})}{m\omega^2}}\cos\omega t, \quad x_3 = \sqrt{\frac{2\mathcal{E}}{m\omega^2}}\cos(\omega t+\delta)$$

について Liouville の定理を証明せよ.

(解) 三角形の面積をその頂点の座標で表わせば

$$F = \frac{1}{2}|(x_2 p_3 - x_3 p_2) + (x_3 p_1 - x_1 p_3) + (x_1 p_2 - x_2 p_1)|.$$

これに位置座標と運動量を代入すれば定理は証明される.

3 単独の原子 N 個から成る理想 Boltzmann 気体のエントロピーをエネルギーと体積の関数として表わせ.

(解) 定義(45.39)および(45.26)から出発する:

$$S = \ln\Gamma = \ln\int\frac{dx_1\cdots dz_N d\tau_{p1} d\tau_{p2}\cdots d\tau_{pN}}{(2\pi\hbar)^{3N}} = \ln\left(V^N\frac{\int d\tau_{p1}\cdots d\tau_{pN}}{(2\pi\hbar)^{3N}}\right).$$

ただし, 各原子について $d\tau_p = dp_x dp_y dp_z$ である.

まず, 気体のエネルギーがある値 $\mathcal{E}$ よりも小さいようなすべての状態にわたって積分を行なうとよい. エネルギーが $\mathcal{E}$ より小さい状態にある原子の運動量は次の不等式をみたす:

$$p_{x1}^2 + p_{y1}^2 + p_{z1}^2 + \cdots + p_{xN}^2 + p_{yN}^2 + p_{zN}^2 < 2m\mathcal{E}.$$

ただし, 原子の運動量は, 古典統計にしたがって番号をつけてある. 積分を行なう空間の領域は, 3次元空間でいえば球に相当している. 球の内部の点の座標は不等式

$$x^2 + y^2 + z^2 < R^2$$

をみたす(R は球の半径). ここで考える $3N$ 次元の球の半径は $\sqrt{2m\mathcal{E}}$ である. したがって, 次元から考えて, この球の体積は $(\sqrt{2m\mathcal{E}})^{3N}$ に比例することは明らかであろう(比例係数は N に依存するが, ここではそれは求めないことにする). これは, 3次元では球の体積が R^3 に比例することに対応している. エネルギーが $\mathcal{E}$ と $\mathcal{E}+d\mathcal{E}$ との間にある状態の数は

$$\frac{d}{d\mathcal{E}}\int d\Gamma \sim (\sqrt{\mathcal{E}})^{3N-2}$$

に比例する. エントロピーは統計的重みの対数に等しいから, これは $\left(\dfrac{3N}{2}-1\right)\ln\mathcal{E}$ という項を含んでいる. $\dfrac{3N}{2}$ に対して 1 を省略すれば, エネルギーと体積を用いて気体のエントロピーは次のように表わされる:

$$S = \frac{3N}{2}\ln\mathcal{E} + N\ln V + \text{定数}.$$

§46 熱力学の諸量

統計と熱力学　　前節の結果は，マクロな物体が現実にもっている測定可能な性質，たとえば比熱・熱膨張・圧縮性などとの関係が示されないとかなり抽象的なもののように思われるかも知れない．これらの性質は，エネルギーおよび体積の温度微分，体積の圧力微分，一般には Gibbs 分布に現われるいろいろな平均値やパラメタを他の量で微分したものによって表わされる．

θ のような量(これを分布のパラメタとよぶ)は，Gibbs 分布の式の中にどのような形で現われるかできまってしまう．というのは，平均値を計算するとき，θ はパラメタとして和または積分の中に出て来るからである．系のマクロな状態を特徴づける平均値は θ に関係するから，θ はマクロな状態を指定する量の一つである．

物体の状態を定めるマクロな平均量の性質を扱うのが**熱力学**の主題である．これらの性質は一連の関係式——微分および積分の——によって表現される．この節ではそれらを導き，その内容を説明していこう．

歴史的には，熱力学の方が統計理論よりも前に現われた．そして熱力学では，ぼう大な量の実験事実によって支えられた二つの仮説あるいは原理(以下を参照)を基礎にとるのが普通であった．しかし現在では，これらの《原理》はもはや仮説ではない．それは統計的方法に基礎を置いているからである．

けれども，統計理論ができたからといって，熱力学が意味を失ったと考えてはならない．実験的に観測され，マクロな物体の熱的・化学的その他の性質を定める現実のマクロな量の間にどのような関係があるかを示すのが熱力学なのである．相互作用の基礎法則がわかっていないとか，数学的にきわめて複雑であるとかのために，ある量が統計的方法では計算できないような場合に，これらの量を直接あるいは間接にどのようにして実験的に見出したらよいかは，熱力学が教えてくれる．

一方，統計は熱力学の基礎であるばかりではない．特に，熱力学的な量を物体のミクロな構造からどのようにして計算するかは統計理論によって示される．

§46 熱力学の諸量

さらに，統計理論によれば，ある量の実際の値がその平均値とどのくらい異なるかをあらかじめ計算することができる．このようなずれの目安となるのはゆらぎであることをすでに見た(式(45.18))．ある条件のもとでは，ゆらぎは実験的に記録できるような形で現われることがある(§48)．

熱力学は統計物理学の中で最も重要な一章となっている．それゆえ，以下では統計理論を基礎にとり，歴史を追うことはしないでむしろ系統的に熱力学を述べていくことにする．

熱 量 ほとんど閉じたマクロな系は大部分の時間を統計的平衡状態ですごす．この状態では，いろいろな量の値は事実上ほとんど一定で，その平均値にごく近い．

系と外界との相互作用が部分系同士の相互作用に比べてはるかにゆっくりおこるものと仮定すれば，系がどのくらい平衡状態に近いかは部分系の全エントロピーできまる．

次に，部分系の間での相互作用が，部分系の状態を特徴づけるマクロな量にどのようにきいてくるかを考えてみよう．

2個の物体を，外界の条件を変えずまた各物体を構成する粒子の数も変わらないようにして接触させたとする．このときには，微分方程式(45.33)によって，各部分系の平均エネルギーの増加はエントロピーの増加に比例する：

$$d\bar{\mathscr{E}} = \theta \, dS. \tag{46.1}$$

ただし，外界の条件と物体の大きさは一定としてある．

外界の影響を遮断された2個の物体の全エネルギーの増加は0に等しい：

$$d\bar{\mathscr{E}}_1 + d\bar{\mathscr{E}}_2 = 0. \tag{46.2}$$

物体は相互作用の結果として統計的平衡に達する．もちろんこの平衡状態は，各物体内部での平衡状態よりも完全なものである．したがって，全エントロピーの増加は0か正である．すなわち，

$$dS_1 + dS_2 \geq 0. \tag{46.3}$$

(46.1)と(46.2)から

$$d\bar{\mathscr{E}}_1 \left(\frac{1}{\theta_1} - \frac{1}{\theta_2} \right) \geq 0. \tag{46.4}$$

もし $\theta_1 > \theta_2$ ならば $d\bar{\mathcal{E}}_1 < 0$，すなわち系1から系2にエネルギーが移る．エネルギーの伝達は，もっぱら，接触という相互作用——すなわち，分子間のミクロな力——によって起る．こうして起るエネルギーの伝達のことを**熱**とよぶ．つまり，熱とは《エネルギーの形態》ではなくて，エネルギーの**伝達され方**なのである（この問題はあとでもっとくわしく調べる）．

(46.4)の中の θ_1 と θ_2 は，各部分系に対する Gibbs 分布式中のパラメタである．これらの値が異なる限り，二つの部分系は全体として統計的平衡状態にあることはできない．このときには，パラメタ θ の値が小さい方の系へ向って必ず熱の流れがおこり，熱伝達の結果として系は平衡状態に近づいていく．そして，θ_1 と θ_2 が等しくなったときはじめてマクロな熱の伝達が止まり，各部分系のエネルギーは平衡の値の近くにわずかのゆらぎを示すようになる．もし一方の部分系が理想 Boltzmann 気体であるとすると，θ は絶対温度に比例する．なぜなら，気体が全体として Gibbs 分布をしていれば，個々の分子はそれと等しいパラメタ θ をもつ Boltzmann 分布を示すからである．気体の絶対温度は，これとは独立な（熱的でない）実験から Clapeyron の方程式 $pV = RT$ を用いて定めることができる．理想気体以外の系についても，θ は温度そのものであると考えるのが自然であろう．ある系が理想気体と平衡にあるとすると，その系の θ は気体の絶対温度に比例する．そこで，理想気体を**温度測定物質**にとったとすれば，θ は絶対単位（エルグ）で測った温度ということになる．この節のあとの方で，測定物質の選び方にはよらない温度の定義を述べる．

ほとんど独立な部分系は，そのどんな集合に対しても Gibbs 分布が現われる（部分系同士の間に統計的平衡が成立していなくてもよい）．この場合，たとえ θ がすべての部分系に対して等しいとしても——このことは分布関数 $\rho(\mathcal{E})$ が相乗的であることから導かれる（(45.4)−(45.8)参照）——θ を大きな系全体の**温度**であると考えてはならない．一般に，平衡状態にない系に対しては温度というものは定義できないからである．この場合に，もし各部分系がそれ自身の内部で平衡にあるとすると，部分系は**それぞれの** Gibbs 分布をもつことになる．しかし，各部分系の分布のパラメタ θ は異なるから，系全体の Gibbs 分布はそれぞれの Gibbs 分布の積にはなっていない．結局，平衡にある系の分布のパラメタ θ が温度の目安を与えるのである．

温度の例から，統計的に定義された量と実際に測定された熱力学的な量とがどのようにして同一であると見なしうるかがわかる．統計量は，これを現実のマクロな量あるいは実験から見出され(う)るような系のミクロなパラメタと関係づける一義的な操作(測定および計算)が与えられた場合に限って，はっきり定義されたものと考えられる．

仕事 系のハミルトニアンは，一般座標と一般運動量(どちらも力学の法則にしたがって変化する)だけでなく，通常はほかに任意に選んだいくつかのパラメタにも依存している．そのようなパラメタとしては，たとえば外から加えられた場の強さなどが考えられる．系のエネルギースペクトル，したがってまた平均エネルギー $\bar{\mathscr{E}}$ は，ハミルトニアンの中に現われるパラメタに依存する．

一定の法則にしたがって変化するこれらのパラメタは系の**外部**パラメタとよばれる．これを文字 λ で表わすことにしよう．λ が変化するにつれて系の平均エネルギーもまた変化する．しかしこの変化は，外部のエネルギー源からエネルギーをもらってはじめて起りうるのである．λ は力学的な量であって統計量ではないから(λ はハミルトニアンの中に含まれている！)，λ の変化は，外部から系に何か力学的な仕事をする——たとえばおもりを落下させるとかモーターを回転させるとかする——ことによってひき起される．

λ が変化したとき外部に対してなされる力学的仕事 dA は次のように書き表わされる：

$$dA = \Lambda \, d\lambda. \tag{46.5}$$

ここで，Λ のことを一般の力とよんでもよいであろう(仕事は《力》Λ と《距離》$d\lambda$ の積に等しいと考えられるから)．もしエネルギーの全変化が外部パラメタ λ の変化だけでおこるものとすれば，

$$d\bar{\mathscr{E}} = \frac{\partial \bar{\mathscr{E}}}{\partial \lambda} d\lambda \tag{46.6}$$

である．(46.5)の dA は，系のエネルギーが減少することによって外部の物体になされる仕事である．したがって $dA = -d\bar{\mathscr{E}}$ が成り立つ．(46.5)と(46.6)を比べれば，平均量 $\frac{\partial \bar{\mathscr{E}}}{\partial \lambda}$ は一般の力の符号を変えたものに等しいことがわかる：

$$\Lambda = -\frac{\partial \bar{\mathcal{E}}}{\partial \lambda}. \qquad (46.7)$$

最もよく現われる外部パラメタは系の占める体積である．力学の言葉を使って次のように考えればわかり易い．すなわち，与えられた系に含まれる粒子については，その位置エネルギーは，系の占めている領域の境界から外では無限大である．つまり，1個の粒子だけでも，これを系の外へ取出すには無限大の仕事がいる．このようにして，系の体積がそのハミルトニアンの中にはいってくるのである．

いま，系は可動ピストンをもつシリンダーの内部を占めていると考えよう．ピストンの単位面積あたりに働く力を圧力とよび，これを p で表わす．ピストンの全面積を f とすれば，これに働く力は pf である．ピストンが距離 dx だけ移動したとすれば，$dA = pfdx$ だけの仕事がピストンに対してなされたことになる．ところで，積 fdx は系の体積の増加 dV に等しい．したがって，系のエネルギーの変化は

$$d\bar{\mathcal{E}} = -p\,dV \qquad (46.8)$$

となる．外部パラメタの変化によっておこるこのようなエネルギー変化のことを，系に対してなされた仕事とよぶ．

(46.8)からわかるように，圧力は体積増加に対する一般の力である．

熱力学の第1法則　すでに述べたように，二つの物体を単に接触させるだけで，マクロなパラメタの変化や粒子の交換などを起さずに，エネルギーを物体から物体へ移動させることができる．このようなエネルギーの伝わり方のことを熱伝導とよぶ．この定義から，物体のエネルギーの全増加量は，物体に伝えられた熱量 dQ と，物体がした仕事 dA とから成ることがわかる：

$$d\bar{\mathcal{E}} = dQ - dA. \qquad (46.9)$$

dA の前に負号をつけたのは，物体が仕事をするときにはそのエネルギーが減少することを示すためである．

熱量 dQ の定義から考えれば，(46.9)は恒等式のように見える．実際，熱力学を統計力学の立場から解釈したとすれば，エネルギーの保存則が熱的な過程に対しても適用できることははじめから明らかである．外部パラメタが変化し

ないのに系にエネルギーが移動したとすれば，それは接触によっておこったにちがいない．上で**熱量**とよんだのはこのエネルギーのことなのである．

しかし，熱力学は統計力学よりも前にできた．方程式(46.9)は，熱力学的に解釈すれば次のような意味である．すなわち，熱量は力学的な仕事の単位で測ることができる．あるいは，仕事は熱量の単位で測ることができる．いいかえれば，(46.9)はエネルギーの保存則を熱現象にまで拡張したものである．それゆえ，Meyer, Joule, Helmholtz らによって熱の仕事当量の存在が確認されたということは，物理的知識の発展において完全に一時期を画する出来事であった．

熱を分子の運動が姿をかえたものであるとするそれ以前の考えは，熱現象に対する現代の統計的な解釈に近いものではあったが，その中にはまだ定量的な関係がはいっていなかった．それゆえ，熱の理論は，熱的な量と力学的な量との間に関係のあることが実験的に確かめられた後にはじめて発展することができた．そして，熱力学の基本原理が定式化されてから，統計力学が物理的・定量的理論として発展し始めたのである．

方程式(46.9)はまた別の形に書くこともできる．それには，物体のエネルギーが状態の1価関数であることに注意する必要がある．いま，熱が物体に加えられ，その物体が仕事をするという周期的な過程を考えてみよう．この過程は熱機関の中でおこる．(46.9)を1サイクルにわたって積分すれば，

$$\int d\bar{\mathscr{E}} = \int dQ - \int dA. \qquad (46.10)$$

周期性の条件から，サイクルの初めと終りとでエネルギーの値は等しい．それゆえ，1サイクルについてのエネルギーの全変化は0に等しい．したがって

$$\int dQ = \int dA. \qquad (46.11)$$

すなわち，熱機関がサイクルの間にする仕事はその間に熱機関に与えられる熱量に等しい．それゆえ，外部からエネルギー(熱)を供給しないで動作するような機関を作ることは不可能である．これを《熱力学の第1法則》とよぶ．また，外部にエネルギー源をもたずに仕事ができるような仮想的な機関のことを第1種永久機関とよぶ．このような機関を作ろうとする試みがすべて失敗に終った

ところから，その可能性を否定する原理である第1法則が導かれたのである．もし熱力学を統計的な考察によって基礎づけるならば，第1法則は純粋に力学的なエネルギーの保存則から出て来る．

仕事も熱量も，別々に考えたのでは，それが加えられる物体の状態を特徴づける量にはならない．方程式(46.11)が成り立つようにすれば，物体は毎回同じ状態にもどるようなサイクルを何度でもくり返すことができる．この際，物体はいくらでも熱量を受取り，それに等しいだけの仕事をいくらでもすることになる．それゆえ，物体がいくらいくらの《熱を貯えている》という言い方は正しくない．熱を伝えたり仕事を行なったりすることのために変化するエネルギーが，どれだけ貯えられているかということが言えるだけである．仕事と熱は《エネルギーの形態》ではなくてエネルギーの伝達され方——マクロとミクロな——なのである．これは数学的には，dA と dQ がどんな量の完全微分にもなっていないということから説明される．たとえば，$dA = -pdV$ であるが，圧力は体積だけでなく温度の関数でもある．すなわち，理想気体については $p = \dfrac{N\theta}{V}$ であるから $dA = -\dfrac{N\theta}{V}dV$ となる．ところが，考えている過程で温度 θ が体積 V と共にどのように変化するかがわからない限り，この方程式は積分できない．このようなわけで，仕事と熱は，物体が行なう過程を示すものであって，物体の状態を特徴づける量ではない．

場合によっては，一つの過程で伝達される熱量が非常に簡単な形に表わされることがある．たとえば，物体の体積が変化しない場合(定容過程)には $dA = 0$ である．一般に，外部パラメタ λ が一定であれば $dA = 0$ となる．このときには，熱量は物体のエネルギーの変化量に等しい：

$$dQ = d\bar{\mathscr{E}}, \quad Q = \Delta\bar{\mathscr{E}} \quad (V = \text{一定}). \tag{46.12}$$

圧力が変化しない場合(定圧過程)には $dA = -p\,dV = -d(pV)$ であるから，

$$dQ = d\bar{\mathscr{E}} + d(pV) = d(\bar{\mathscr{E}} + pV)$$

となる．次の量

$$\bar{\mathscr{E}} + pV \equiv I \tag{46.13}$$

は，エネルギーと同じく物体の状態の1価関数である．これを物体の**熱関数**あるいは**エンタルピー**とよぶ．結局，定圧過程における熱量は物体のエンタルピーの変化量に等しい：

§46 熱力学の諸量

$$dQ = dI, \quad Q = \Delta I \quad (p = 一定). \tag{46.14}$$

可逆過程　閉じた系の部分系を記述する外部パラメタ λ の値を与えれば，それに応じてある統計的平衡状態がきまる．たとえば，熱的に遮断されていないシリンダーの中に，物質をピストンで閉じこめた場合を想像してみるとよい．このときには，物質と外界とをいっしょにして一つの系と見なさなくてはならない．この場合，系の状態を定める外部パラメタは物質の占める体積 V である．

体積をきめると，物質と外界との間には，温度が等しくなったところで統計的平衡が成立する．そして，系全体のエントロピーは，与えられた全エネルギー $\bar{\mathscr{E}}$ とピストンの内部の体積 V との値に対応して最大値をとる．

さて，部分系の外部パラメタ λ がゆっくり変化し，λ の各値に対して部分系の内部で完全な平衡が成立してしまうものと仮定しよう．つまり，系の状態は各瞬間の λ の値だけできまるとする．エントロピーはこの λ の値に応じて最大値をとり，系は常に統計的平衡状態にある．このような過程では系は平衡状態から抜け出すことがないから，前よりもっと完全な統計的平衡に近づくということは決してない．そして，平衡の完全さの目安を与えるものがエントロピーであるから，λ が変化してもエントロピーは変化しない．

λ がゆっくり変化するときにエントロピーが一定に保たれるということは，次のように説明することができる．エントロピーは，$\bar{\mathscr{E}}$ に近いあるエネルギー範囲内にあって等しい確率をもつ状態の数の対数である．もし λ が無限にゆっくり変化したとすると，系全体は各瞬間ごとに**保存的**であると考えられる．すなわち，それぞれの状態はすべて等しい確率を持ったままでいる(急速な変化の際にはある特定方向への遷移が誘発され，その結果，状態の確率が等しいという性質——詳細釣合いの原理から導かれる——が破れるのである)．λ の変化がゆっくりのときには状態の総数が保存される．同じ確率で出現すると考えられる状態の最も確からしい範囲は，組合せの計算だけで原理的にきまるはずであるから，問題にしている状態に対する特定の λ の値にはよらない．こういうわけで，最も確からしい領域での状態の数，したがってまたエントロピーはそのままの値を保ちつづける．

こうして，λの変化が十分ゆっくりの場合には，λの各値には系のはっきりきまったある状態が対応する．しかもそれは，それ以前にλの値がどのように変化したかには全く無関係である．いま，λがはじめλ_1からλ_2に，次にλ_2からλ_1に変化したとしよう．この場合，λがλ_2からλ_1に変化するときには，系は，λ_1からλ_2に変化したときと同じλの値をとりながら変化する．それゆえ，このような過程は**可逆**であるといわれる．

次の二つの極限の場合が考えられる：

1) 部分系と外界とが常に統計的平衡にあり，したがってそれらの温度が等しい場合．もし外界が十分大きければ，その温度は全然変化しないから，この過程では部分系の温度もまた不変である．このような可逆過程は**等温的**であるとよばれる．等温過程では系全体のエントロピーは一定である．しかし，部分系のエントロピーしたがってまた外界のエントロピーは変化する．

2) パラメタλの変化が急速で，外界と部分系とが互いに統計的平衡に近づくだけの時間はないけれども，部分系の内部での平衡が乱されるほどは急速でない場合．このような過程は，熱を完全に遮断するような壁で部分系と外界とを仕切っておいたとすれば起るであろう．熱伝達の過程は一般にかなりゆっくりおこるから，熱が伝わらないうちにパラメタλが変化してしまうような場合は容易に考えられるのである．この過程では，部分系と外界のエントロピーはそれぞれ別々に保存される．それゆえ，これを**等エントロピー過程**（あるいは**断熱過程**）とよぶ．

熱力学の第2法則 可逆過程で系が受取る熱量を表わす式を求めてみよう．いつものように，与えられた系はある大きな閉じた系の部分系であると考える．そのようなほとんど閉じた部分系の状態は，エントロピーと外部パラメタとによって各瞬間ごとに完全にきまる．(46.1)と(46.6)によれば，粒子数を一定に保ったときのエネルギーの増加量は，エントロピーおよび外部パラメタの増加量によって次のように表わされる：

$$d\bar{\mathscr{E}} = \theta\, dS + \frac{\partial \bar{\mathscr{E}}}{\partial \lambda} d\lambda \qquad (46.15)$$

(46.7)と(46.5)を用いて書き直せば，

§46 熱力学の諸量

$$d\bar{e} = \theta\,dS - \Lambda\,d\lambda = \theta\,dS - dA, \qquad (46.16)$$

したがって

$$\theta\,dS = d\bar{e} + dA. \qquad (46.17)$$

ところで,右辺は系が受取った熱量 dQ にほかならない.それゆえ,可逆過程では

$$dQ = \theta\,dS. \qquad (46.18)$$

これは熱力学において最も重要な方程式の一つである.この式は,系のエントロピーの増加量が,実験で直接測定される熱量によって表わされることを示している.ここで重要なのは,ある過程で系が受取った熱量はその過程がどのように進行したかによって異なるのに対して,エントロピーの増加量は系のはじめと終りの状態だけできまるということである.すなわち,可逆過程で部分系が受取った無限小の熱量を温度で割ったものは完全微分となるのである:

$$\frac{dQ}{\theta} = dS. \qquad (46.19)$$

もし系の内部で非可逆過程がおこったとすると,方程式(46.19)は成り立たない.実際,系が温度の異なる二つの部分系から成るものとすると,そのような系は統計的平衡に近づいていくから,そのエントロピーは増大する.一方,外部から系に熱ははいって来ないから,系全体については $dQ = 0$ でしかも $dS > 0$ である.

別の例を考えよう.気体が真空中に膨張していくとする.幾何学的な体積が増加するから位相空間の体積 $\Delta\Gamma$(式(45.35),(45.39))ももちろん増加する.したがって,エントロピーもまた増加する.ところが,真空中へ膨張する際には気体は仕事をしないし(膨張をとめようとする力が働かないから),また熱を受取ることもない.いいかえれば,これは閉じていてしかもエントロピーが増大する(統計的平衡に近づいていく)ような系であると見なすことができる.(媒質中に置かれたシリンダーの中で気体が等温的に膨張するときにも,気体のエントロピーは増大するが,外部の媒質のエントロピーは等しい量だけ減少する.)したがって,気体が真空中に膨張するという非可逆現象では,エントロピーの増加量は正であり,伝えられる熱量は0に等しい.

上の二つの例から次のことがわかる.系の**内部**で非可逆過程がおこったとき

には
$$\frac{dQ}{\theta} < dS \qquad (46.20)$$
である(熱伝達がなくてもエントロピーは増大するから).

一方,与えられた系が他の系と非可逆的に熱を交換しても,その系の内部で非可逆過程が起っていなければ,その系については方程式(46.19)を適用することができる.

次に,熱機関が行なうことのできる仕事の量を,方程式(46.18)を用いて求めてみよう.熱機関というのは,ある熱源から周期的に熱を受取り,それを使って仕事をする装置のことである.熱力学の第1法則によれば熱機関が1サイクルの間に行なう仕事の総量は,そのサイクルの間に受取る熱量に等しい(式(46.11)).熱機関が可逆的に働いたとすると,この熱量は(46.18)で表わされるから,

$$\int dA = \int \theta \, dS. \qquad (46.21)$$

したがって,もし作業物質の温度が1サイクルの間中一定であるとすれば,仕事の量は恒等的に0である:

$$\int dA = \theta \int dS = 0. \qquad (46.22)$$

(周期的な過程では初めと終りの状態とが同じである.エントロピーは状態の1価関数であるから $\int dS = 0$ となる.) 非可逆過程では $dQ < \theta \, dS$ であるから,もし温度が一定ならば $\int dA < 0$ である.すなわち,温度を一定にしておいたとすると,周期過程を行なわせるにはどうしても外から仕事を加えることが必要である.

方程式(46.22)から次のことが導かれる:熱機関は外界から受取った熱を用いては仕事をすることができない(外界の温度は一定であると仮定しているから).このことは熱力学の**第2法則**として知られている.

外界から熱を受取り,それによって動作するような仮想的な機関のことを**第2種の永久機関**とよぶ.熱力学の公理論的な体系では,このような機関を作ることが不可能であることを仮定する.(これは,第2種の永久機関を作ろうと

する数多くの試みがすべて失敗しているということから当然であろう.)

永久機関と風車のような費用のかからない機関とを混同してはならない. 風車は,太陽が地球をあたためているエネルギーをもらって動くのである.

効　率　熱機関は少なくとも二つの異なる温度で動作させなければならない. 普通,高い方の温度 θ_1 を**高熱源温度**,低い方 θ_2 を**低熱源温度**とよぶ. 1 サイクルの間にする仕事は

$$\int dA = \theta_1 \int_a^b dS + \theta_2 \int_b^a dS \qquad (46.23)$$

に等しい(a は最初と最後の状態を,b は中間状態を示す). ところで,

$$\int_a^b dS = -\int_b^a dS$$

であるから

$$\int dA = (\theta_1 - \theta_2) \int_a^b dS. \qquad (46.24)$$

また,熱源から受取った全熱量は $\int dQ = \theta_1 \int_a^b dS$ である. 熱源から熱をもらいそれで行なった仕事の量と,もらった熱量との比のことを熱機関の**効率**という. エネルギーの主な損失はこれだけの熱量を受取るところでおこるからである. (46.24)から,可逆機関の効率 E は

$$E = \frac{\int dA}{\int dQ} = \frac{\theta_1 - \theta_2}{\theta_1} = 1 - \frac{\theta_2}{\theta_1} \qquad (46.25)$$

である. この式からわかるように,可逆機関の効率は,高熱源と低熱源の温度だけできまり,ほかのものにはよらない. 実は,θ_2 は外界の温度あるいはそれよりいくらか高い温度である. そこで,E を増すには θ_1 を増さなければならない.

(46.25)は,可逆機関の効率を用いると,作業物質には無関係に絶対温度目盛りをきめることができることを示している. この温度目盛りは気体温度目盛りと一致する.

非可逆機関の効率は,これと温度差が同じで熱源の温度も等しい可逆機関の

効率よりも小さい．実際，(46.20)を考慮すれば，方程式(46.24)のかわりに不等式 $\int dA < (\theta_1-\theta_2)(S_b-S_a)$ が成り立つことになる．したがって，熱源から受取る熱量が等しい場合には，非可逆機関が行なう仕事は可逆機関の仕事よりも小さいのである．

公理論的な熱力学では，このことを帰謬法で証明する(問題5)．非可逆機関の効率が可逆機関のよりも小さいのは，熱源からもらった熱の一部が有効な仕事として使われず，摩擦力にうち勝つために費やされたり，たとえばシリンダーの壁を通して機関内のまわりの媒質へ散逸してしまうためである．

完全に可逆的な機関というものは，無限にゆっくりと動作させなくてはならないことを注意しておこう．なぜなら，もしそうでないとすると，統計的平衡から有限のずれを生ずることになるので，統計的平衡に近づくときに必ず非可逆過程が起るからである．

エネルギーとエンタルピーに対する熱力学の恒等式　　一般式(46.9)をもとにすれば，粒子数が変化しない場合に，系の平均エネルギーの微分に対する一般式を書き下すことができる．外部パラメタとして体積をとれば，

$$d\bar{\mathcal{E}} = \theta\, dS - p\, dV. \tag{46.26}$$

ここに dS は，系内で起る可逆過程および外界との相互作用によるエントロピーの増加量である．粒子数が一定で均質な系の状態は2個の量——体積とエントロピー——できまる．このことは，Gibbs分布の式に現われる独立なパラメタの数からわかる．すなわち，θ と F のかわりに S と $\lambda=V$ をとるのである．このような系のエネルギーはエントロピーと体積の1価関数である．関数 $\bar{\mathcal{E}}(S,V)$ の微分をとれば，

$$d\bar{\mathcal{E}} = \left(\frac{\partial \bar{\mathcal{E}}}{\partial S}\right)_V dS + \left(\frac{\partial \bar{\mathcal{E}}}{\partial V}\right)_S dV. \tag{46.27}$$

ただし，偏導関数につけた添字は，その量を一定に保って微分を行なうという意味である．(46.26)と(46.27)を比べれば

$$\theta = \left(\frac{\partial \bar{\mathcal{E}}}{\partial S}\right)_V, \quad p = -\left(\frac{\partial \bar{\mathcal{E}}}{\partial V}\right)_S. \tag{46.28}$$

§46 熱力学の諸量

θ を V で, p を S でそれぞれ微分すれば次の式がえられる：

$$\left(\frac{\partial \theta}{\partial V}\right)_S = -\left(\frac{\partial p}{\partial S}\right)_V = \frac{\partial^2 \bar{\mathscr{E}}}{\partial V \partial S}. \tag{46.29}$$

エンタルピー(熱関数) I とエネルギーとの間には次の関係がある(式(46.13))：

$$I = \bar{\mathscr{E}} + pV.$$

これから，エンタルピーの微分は

$$dI = \theta\, dS + V\, dp. \tag{46.30}$$

したがって，偏導関数の間の関係として次の式がえられる：

$$\theta = \left(\frac{\partial I}{\partial S}\right)_p, \quad V = \left(\frac{\partial I}{\partial p}\right)_S; \quad \left(\frac{\partial \theta}{\partial p}\right)_S = \left(\frac{\partial V}{\partial S}\right)_p = \frac{\partial^2 I}{\partial p \partial S}. \tag{46.31}$$

(46.26)と(46.30)は熱力学の恒等式とよばれる．これらの式を用いれば，一つの熱力学的量を他の熱力学的量で表わすことができる．

自由エネルギー 系内に非可逆過程がおこる場合も含めて考えると，(46.20)によって $dQ \leqslant \theta\, dS$ である．これを第1法則の式(46.9)に代入すれば

$$d\bar{\mathscr{E}} \leqslant \theta\, dS - dA. \tag{46.32}$$

したがって，系が行なう仕事は常に次の不等式を満足する：

$$-dA \geqslant d\bar{\mathscr{E}} - \theta\, dS. \tag{46.33}$$

いま，考えている過程が一定温度のもとでおこったとしよう．このときには，(46.33)は次のように書ける：

$$-dA \geqslant d(\bar{\mathscr{E}} - \theta S). \tag{46.34a}$$

系の行なう仕事が正である ($dA > 0$) としよう．両辺の符号をかえれば

$$dA \leqslant -d(\bar{\mathscr{E}} - \theta S). \tag{46.34b}$$

次の量

$$\bar{\mathscr{E}} - \theta S \equiv F \tag{46.35}$$

は Gibbs 分布の式(45.10)の中に現われた((45.31)参照)．この量のことを系の**自由エネルギー**とよぶ．

不等式(46.34b)から次のことが導かれる．すなわち，一定温度のもとで**系がなしうる仕事の量の最大値**は，自由エネルギーの変化量の符号を変えたものである：

$$A_{\max} = F_1 - F_2. \tag{46.36}$$

したがって,仕事の量は可逆過程の場合に最大となる.

不等式(46.34a)はこれとは少しちがった意味をもっている.すなわち,この式からは,系の状態にある変化をおこさせるのに必要な,**系に加えるべき仕事の量の最小値**がきまるのである:

$$A_{\min} = F_2 - F_1. \tag{46.37}$$

(46.36)または(46.37)となるような過程では,系と外界とをあわせたもののエントロピーは一定に保たれ,(46.32)では等号が成立する.

いま,理想気体が真空中に膨張する場合を考えてみよう.気体は仕事をしないからエネルギーは保存される.一方,理想気体のエネルギーは温度だけの関数で(§40)体積にはよらない.それゆえ,真空中へ膨張するときには温度は変らない.前に述べたように,このとき気体のエントロピーは増大する.そこで,この気体を同じ温度のままもとの容器の中にもどすためには,膨張によって生じた自由エネルギーの変化量に等しいだけの仕事が最小限必要である.このような可逆圧縮過程では,気体のエントロピーは減少する.けれども,そのかわりに外界のエントロピーはこれと等しい**量**だけ増大する.

自由エネルギーに対する熱力学の恒等式は容易に求められる.(46.35)の微分をとり,恒等式(46.26)を代入すれば,

$$dF = -S\,d\theta - p\,dV. \tag{46.38}$$

これから,圧力とエントロピーの表式,およびそれらの偏導関数の間の関係式が得られる:

$$p = -\left(\frac{\partial F}{\partial V}\right)_\theta, \quad S = -\left(\frac{\partial F}{\partial \theta}\right)_V; \quad \left(\frac{\partial p}{\partial \theta}\right)_V = \left(\frac{\partial S}{\partial V}\right)_\theta. \tag{46.39}$$

これらは,実験的に直接測定できる体積と温度が独立変数に選ばれているという点で便利な関係式である.一方,エネルギーに対する恒等式(46.26)は,独立変数としてエントロピーを含んでいる.ところが,エントロピー自身は,たとえば(46.19)を積分して求めなければならない.

(45.12)によれば,自由エネルギー F は統計和を用いて表わされる:

$$F = -\theta \ln \sum e^{-\frac{\mathcal{E}}{\theta}} \tag{46.40}$$

この式の右辺は,温度 θ と,エネルギー固有値 $\mathcal{E}$ に含まれる外部パラメタ V

とで表わされている．ところが，θ と V は恒等式(46.38)の中の独立変数にほかならない．それゆえ，すべての熱力学的量を求めるには，統計和 $\sum e^{-\frac{\varepsilon}{\theta}}$ を計算すれば十分である．しかし，この和を勝手な系に対して具体的に計算することは数学的にきわめて困難で，実際には理想気体，理想結晶，あるいはこれらからごくわずかしかはずれていないような系についてしか計算は行なわれていない．また，たとえば水のような現実の物質について統計和を計算することが仮にできたとしても，そのような面倒な計算からえられた熱力学的法則は，水についてだけは成り立っても液体一般には適用されないということになるであろう．これに対して，理想気体や理想結晶の性質は，きわめて一般的な方法で統計力学から導くことができる．

熱力学ポテンシャル　次に，温度と圧力が外界と等しくて一定の場合に系がなしうる最大の仕事量を求めてみよう．まず次のことに注意する：粒子数が一定で，相変化も化学変化も起らないような均質の系では，温度と圧力を与えれば状態は完全にきまってしまう．なぜなら，そのような系に対する熱力学の恒等式には独立変数は 2 個しか含まれていないので，この二つを指定すればほかの量はすべてきまってしまうからである．ところが，もし系が同一物質の二つの相——たとえば液体と蒸気——から成るとすると，温度と圧力を与えたとしても，液相と気相の存在比は勝手な値をとりうる．

系の体積が増加するときには仕事がなされる．いま，たとえば，考える系がピストンをもったシリンダーの中にはいっている場合を考え，ピストンの棒は，力学的エネルギーだけを変えられるような物体——たとえば，はずみ車または負荷——に連結されているものとする．さらに，系が膨張すると外界に対して仕事がなされる．外の物体になされた仕事を A とすれば，系になされた仕事の総量は $-A-p\Delta V = -[A+\Delta(pV)]$ に等しい．ここに p は外界の圧力で，考えている過程では系の圧力に等しい．仮定により系の温度は変わらないから，(46.34a)から

$$-[A+\Delta(pV)] \geqslant \Delta(\bar{\varepsilon}-\theta S),$$

あるいは

$$-A \geqslant \Delta(\bar{\varepsilon}-\theta S+pV). \qquad (46.41)$$

$\bar{\mathscr{E}}-\theta S+pV$ という量は,明らかに系の状態の関数である.これを**熱力学ポテンシャル**とよび,文字 $\varPhi$ で表わす:

$$\varPhi \equiv \bar{\mathscr{E}}-\theta S+pV. \qquad (46.42)$$

結局,温度と圧力が一定の場合に系がなしうる最大の仕事の量は,熱力学ポテンシャルの変化量の符号を変えたものに等しい:

$$A_{\max} = \varPhi_1-\varPhi_2. \qquad (46.43)$$

可逆過程の場合にこれだけの仕事がなされる.

系内に平衡が成立すると,系はもはや仕事をすることができない.(46.43)によれば,$\varPhi$ が減少することによって仕事がなされるから,平衡状態では $\varPhi$ は最小になる.つまり,$A_{\max}=0$ ならば $\varPhi$ はそれ以上減少することができない.前に注意したように,温度と圧力が一定でも,相転移や化学変化などの過程はおこりうる.実はその場合の平衡条件が,$\varPhi$ が最小になるということなのである.

次に,$\varPhi$ に関する熱力学の恒等式を求めよう.(46.42)から

$$\varPhi = F+pV. \qquad (46.44)$$

両辺の微分をとり,(46.38)の dF を代入すれば

$$d\varPhi = dF+p\,dV+V\,dp = -S\,d\theta+V\,dp. \qquad (46.45)$$

前と同様にして,この式から

$$S=-\left(\frac{\partial \varPhi}{\partial \theta}\right)_p, \quad V=\left(\frac{\partial \varPhi}{\partial p}\right)_\theta; \quad \left(\frac{\partial S}{\partial p}\right)_\theta = -\left(\frac{\partial V}{\partial \theta}\right)_p. \qquad (46.46)$$

熱力学ポテンシャル $\varPhi$ は物体の状態を指定する量――温度と圧力――だけの関数である.$\varPhi$ はまた加算的な量でもある.すなわち,等しい体積の同じ物質を同温・同圧で二ついっしょにすると,全体の熱力学ポテンシャルはそれぞれのものの2倍になる.そこで,次のように書くことができる:

$$\varPhi = N\mu(p,\theta). \qquad (46.47)$$

μ は物質分子1個あたりの熱力学ポテンシャルである.μ のことを**化学ポテンシャル**とよぶ.これが理想気体の分布関数(§39)の中のパラメタ μ と同じものであることをあとで示す.明らかに

$$\mu = \left(\frac{\partial \varPhi}{\partial N}\right)_{p,\theta}, \qquad (46.48)$$

何種類もの分子から成る系——たとえば溶液あるいは混合気体——では，その状態を定めるのに，温度と圧力だけでなく各物質の濃度も必要である．混合物中の i 番目の物質の濃度は

$$c_i = \frac{N_i}{\sum_k N_k} \tag{46.49}$$

で与えられる．

i 番目の物質の化学ポテンシャルは，(46.48)からの類推で当然次のように表わされる：

$$\mu_i = \left(\frac{\partial \Phi}{\partial N_i}\right)_{p,\theta}. \tag{46.50}$$

ただし，μ_i は p と θ および各物質の濃度 $c_1, c_2, \ldots\ldots, c_i, \ldots\ldots$ の関数である．

N_i を変数と見なせば，Φ の微分は次のように書くことができる：

$$d\Phi = -S\,d\theta + V\,dp + \sum_i \mu_i\,dN_i. \tag{46.51}$$

この式は(46.45)を粒子数が変化する場合に拡張したものである．

$\bar{\mathcal{E}}$ から F と Φ に移るところでは粒子数 N_i ははいって来ないから，微分の関係(46.26)と(46.38)も同じように一般化することができる：

$$d\bar{\mathcal{E}} = \theta\,dS - p\,dV + \sum_i \mu_i\,dN_i, \tag{46.52}$$

$$dF = -S\,d\theta - p\,dV + \sum_i \mu_i\,dN_i. \tag{46.53}$$

体積が一定で分子が1種類だけの場合には，(46.52)は

$$d\bar{\mathcal{E}} = \theta\,dS + \mu\,dN \tag{46.54}$$

となる．ところが，これは(39.18)と同じものである．このことから，§39で導入した量 S は気体のエントロピー，μ はその化学ポテンシャルであったことがわかる．

古典統計と量子統計におけるエントロピー　　古典論的な運動法則と量子論的な運動法則に基づくエントロピーの定義を比較してみよう．量子論では，エントロピーは，エネルギーがある値をもつような状態の数の対数として定義される．準古典論的近似に移ると，系の状態の数は，それが占めている位相空間の体積 $\Delta\Gamma$ を $(2\pi h)^n$ で割ったものとなる．ただし n は自由度の数である（式

(45.39)). そして, その対数がこの近似におけるエントロピーを与える. ところで, 統計力学は量子力学よりも前にできた. それゆえ, 統計力学では, エントロピーははじめは次元をもった量 $\Delta\Gamma$ の対数として定義された. この定義では, エントロピーは単位のとり方によって値が変わる. たとえば, 質量の単位を $\frac{1}{2}$ にすると, エントロピーには $n\ln 2$ という項が加わることになる. しかし, 量を測るときの単位というのは勝手に選ぶことができる. したがって, 古典統計ではエントロピーは任意の附加定数だけは不定で, エントロピーの**変化量**だけがはっきりした意味をもっていたのである.

量子統計では, エントロピーは無次元の数の対数として定義されるから, その値は単位のとり方によらない.

系が基底状態にあるとき, すなわち, 最低のエネルギーをもっているときには, その温度は絶対零度に等しい. この状態の重みは1であるから, エントロピー(すなわち重みの対数)は絶対零度で0となる. これは **Nernstの定理**として知られている. これはまた, 熱力学の第3法則とよばれることもある. Nernstの定理から導かれる結果を以下で考察しよう(問題6).

問　題

1 定圧比熱と定容比熱の比を求めよ.

(解) (46.18)と比熱の定義から
$$C_p = \left(\frac{\partial Q}{\partial \theta}\right)_p = \theta\left(\frac{\partial S}{\partial \theta}\right)_p, \quad C_V = \left(\frac{\partial Q}{\partial \theta}\right)_V = \theta\left(\frac{\partial S}{\partial \theta}\right)_V.$$

陰関数の微分の公式から.
$$\left(\frac{\partial S}{\partial \theta}\right)_p = -\frac{\left(\frac{\partial p}{\partial \theta}\right)_S}{\left(\frac{\partial p}{\partial S}\right)_\theta}, \quad \left(\frac{\partial S}{\partial \theta}\right)_V = -\frac{\left(\frac{\partial V}{\partial \theta}\right)_S}{\left(\frac{\partial V}{\partial S}\right)_\theta}.$$

添字の同じ導関数同士の間では, 微分記号を分数のように約すことができるから,
$$\frac{C_p}{C_V} = \frac{\left(\frac{\partial p}{\partial V}\right)_S}{\left(\frac{\partial p}{\partial V}\right)_\theta} = \frac{\left(\frac{\partial V}{\partial p}\right)_\theta}{\left(\frac{\partial V}{\partial p}\right)_S}.$$

すなわち, 比熱の比は等温圧縮率と等エントロピー圧縮率の比に等しい. したがって,

§46 熱力学の諸量

4個の量 $C_p, C_V, \left(\dfrac{\partial V}{\partial p}\right)_\theta, \left(\dfrac{\partial V}{\partial p}\right)_S$ のうち3個だけを測定すればあとの量はわかる.

2 導関数 $\left(\dfrac{\partial \bar{\varepsilon}}{\partial V}\right)_\theta$ を計算せよ.

(解) $\bar{\varepsilon} = F + \theta S$ を代入し, (46.39)を用いて変形すれば

$$\left(\frac{\partial \bar{\varepsilon}}{\partial V}\right)_\theta = \left(\frac{\partial F}{\partial V}\right)_\theta + \theta\left(\frac{\partial S}{\partial V}\right)_\theta = -p + \theta\left(\frac{\partial p}{\partial \theta}\right)_V.$$

圧力が温度と体積の関数としてわかっていたとすれば, エネルギーは温度の任意関数を除いて計算できる:

$$\bar{\varepsilon} = \int dV \left[-p + \theta\left(\frac{\partial p}{\partial \theta}\right)_V\right] + f(\theta).$$

それゆえ, 次のことを忘れてはならない: 関数形 $p = p(V, \theta)$ がわかっても, 物質の熱力学的性質が完全にわかったことにはならない. さらに, 温度に比例するような圧力は, 結局は消えてしまうので, エネルギーには影響がない. たとえば, 理想気体はすべて $p = \dfrac{N\theta}{V}$ を満足する. そして, とびとびの量子準位について統計和をとらなければならないとすると, エネルギーは温度のかなり複雑な関数になる.

3 $\left(\dfrac{\partial I}{\partial p}\right)_\theta$ を計算せよ. (答) $V + \theta\left(\dfrac{\partial V}{\partial \theta}\right)_p$.

4 定圧比熱と定容比熱の差を求めよ.

(解) 温度が一定のときに吸収する熱量は dI に等しく, 体積が一定のときには $d\bar{\varepsilon}$ に等しい((46.14)と(46.12)). それゆえ,

$$C_p = \left(\frac{\partial I}{\partial \theta}\right)_p, \quad C_V = \left(\frac{\partial \bar{\varepsilon}}{\partial \theta}\right)_V.$$

C_p を次のように書きかえる:

$$C_p = \left(\frac{\partial(\bar{\varepsilon} + pV)}{\partial \theta}\right)_p = \left(\frac{\partial \bar{\varepsilon}}{\partial \theta}\right)_p + p\left(\frac{\partial V}{\partial \theta}\right)_p.$$

さらに, $\bar{\varepsilon} = \bar{\varepsilon}[\theta, V(p, \theta)]$ と考えて導関数 $\left(\dfrac{\partial \bar{\varepsilon}}{\partial \theta}\right)_p$ を次のように書く:

$$\left(\frac{\partial \bar{\varepsilon}}{\partial \theta}\right)_p = \left(\frac{\partial \bar{\varepsilon}}{\partial \theta}\right)_V + \left(\frac{\partial \bar{\varepsilon}}{\partial V}\right)_\theta \left(\frac{\partial V}{\partial \theta}\right)_p = C_V + \left(\frac{\partial \bar{\varepsilon}}{\partial V}\right)_\theta \left(\frac{\partial V}{\partial \theta}\right)_p.$$

これから

$$C_p - C_V = \left(\frac{\partial V}{\partial \theta}\right)_p \left[p + \left(\frac{\partial \bar{\varepsilon}}{\partial V}\right)_\theta\right] = \theta \left(\frac{\partial V}{\partial \theta}\right)_p \left(\frac{\partial p}{\partial \theta}\right)_V.$$

ただし問題2の結果を使った. また,

$$\left(\frac{\partial V}{\partial \theta}\right)_p = -\frac{\left(\dfrac{\partial p}{\partial \theta}\right)_V}{\left(\dfrac{\partial p}{\partial V}\right)_\theta}$$

と書ける. したがって,

$$C_p - C_V = -\theta \frac{\left(\dfrac{\partial p}{\partial \theta}\right)_V^2}{\left(\dfrac{\partial p}{\partial V}\right)_\theta}.$$

あとで厳密に証明するが $\left(\dfrac{\partial p}{\partial V}\right)_\theta < 0$ である．すなわち，体積が減少すれば圧力は必ず増加する(そうでないと系の状態が力学的に不安定となることは明らかであろう)．それゆえ，常に $C_p > C_V$ である．したがってまた $\left(\dfrac{\partial p}{\partial V}\right)_S > \left(\dfrac{\partial p}{\partial V}\right)_\theta$ が成り立つ．理想気体については $\left(\dfrac{\partial p}{\partial \theta}\right)_V = \dfrac{N}{V}$, $\left(\dfrac{\partial p}{\partial V}\right)_\theta = -\dfrac{N\theta}{V^2}$ であるから，$C_p - C_V = N$ となる．

5 熱力学の第2法則を公理と考えて，次のことを証明せよ：可逆機関の効率は，これと同じ温度差の熱源間で働く非可逆機関の効率よりも常に小さい．

(解) 帰謬法で証明する．可逆機関も非可逆機関も高熱源からは等しい熱量 Q_1 を受取るが，低熱源に与える熱量は，非可逆機関での熱量 Q_2' の方が可逆機関での Q_2 よりも小さいと仮定しよう．さて，可逆機関は冷却器として働かせることができる．すなわち，低熱源から熱をとり，外から仕事をされて高熱源に熱を移すのである．高熱源に Q_1 だけの熱をもどすためには，仮定によって，非可逆機関が低熱源に与えるよりも多量の熱をこれから取出さなければならない．ところで，こうしたとすると，高熱源からは熱が全然取出されず，低熱源からは $Q_2 - Q_2'$ だけの熱が取出されて，これによって有効な仕事(非可逆機関がする仕事から冷却器の可逆機関に加えるべき仕事をさし引いたもの)がなされることになる．外界を低熱源と考えることができるから，結局，外界から熱をもらってそれで有効な仕事ができることになる．これは熱力学の第2法則と矛盾する．

6 絶対零度に近づくと系の比熱は0に近づくことを証明せよ．また，$\left(\dfrac{\partial V}{\partial \theta}\right)_p$ も同様であることを示せ．

(解) エントロピー S と比熱 C の間には次の関係がある:

$$S = \int_0^\theta \frac{C}{\theta} d\theta.$$

ただし，積分の下限を0としたのは Nernst の定理による．この積分が意味をもつためには，$\lim_{\theta \to 0} C = 0$ でなければならない．さらに $\left(\dfrac{\partial V}{\partial \theta}\right)_p = -\left(\dfrac{\partial S}{\partial p}\right)_\theta$ である．任意の圧力に対して $\lim_{\theta \to 0} S = 0$ であるから，$\theta \to 0$ のとき上の式の右辺もまた0に近づく．

7 物質の内部での熱交換や外界との熱交換がない場合には，その物質のエンタルピーと運動エネルギーの和は運動の間一定に保たれることを示せ．

(解) ある物質のかたまりが体積 V_1, 圧力 p_1, エネルギー $\overline{\mathcal{E}_1}$ の状態から $V_2, p_2,$ $\overline{\mathcal{E}_2}$ の状態に変化したとしよう．圧力 p_1 のもとでこの物質を V_1 の体積から外へ押し出すには $p_1 V_1$ だけの仕事が必要である．それゆえ，p_2, V_2 の状態にするまでには $p_1 V_1 -$

§46 熱力学の諸量

p_2V_2 だけの仕事がなされる．この物質に固定した座標系から見ると，エネルギーの全変化は $\bar{\mathscr{E}}_1-\bar{\mathscr{E}}_2+p_1V_1-p_2V_2 = I_1-I_2$ に等しい．熱の交換がないから，この量はちょうど運動エネルギーの変化に等しい：

$$\frac{mv_2^2}{2}-\frac{mv_1^2}{2} = I_1-I_2.$$

すなわち，

$$I_1+\frac{mv_1^2}{2} = I_2+\frac{mv_2^2}{2}.$$

今後は物質の単位質量について考えるので，この方程式を次の形に書く：

$$I+\frac{v^2}{2} = 一定.$$

ここに，I は単位質量あたりのエンタルピーである．

8 等方性媒質の中を微小な等エントロピー擾乱(熱の移動がなく，$p = p(\rho)$ と考えられる)が伝わる速さを求めよ．

(解) 1次元の場合を考え，粒子の最初の位置を a，移動したときの位置を x とする．質量の保存則は $\rho_0\,da = \rho\,dx$ となる(ρ は密度，ρ_0 は最初の密度)．これから

$$\frac{\rho}{\rho_0} = \left(\frac{\partial a}{\partial x}\right)_t.$$

質量 $\rho\,dx$ の部分に働く力は

$$-p(x+dx)+p(x) = -\left(\frac{\partial p}{\partial x}\right)_t dx$$

に等しい．Newton の第2法則によれば，この力は質量と加速度の積に等しい：

$$\rho\,dx\left(\frac{\partial^2 x}{\partial t^2}\right)_a = -\left(\frac{\partial p}{\partial x}\right)_t dx.$$

したがって，

$$\left(\frac{\partial^2 x}{\partial t^2}\right)_a = -\frac{1}{\rho}\left(\frac{\partial p}{\partial x}\right)_t = -\frac{1}{\rho_0}\left(\frac{\partial p}{\partial a}\right)_t = -\frac{1}{\rho_0}\left(\frac{\partial p}{\partial \rho}\right)_s\left(\frac{\partial \rho}{\partial a}\right)_t$$

$$= -\left(\frac{\partial p}{\partial \rho}\right)_s \frac{\partial}{\partial a}\frac{1}{\left(\frac{\partial x}{\partial a}\right)_t} = \frac{1}{\left(\frac{\partial x}{\partial a}\right)_t^2}\left(\frac{\partial p}{\partial \rho}\right)_s\left(\frac{\partial^2 x}{\partial a^2}\right)_t.$$

変位は小さいと考えるから $\left(\frac{\partial x}{\partial a}\right)_t$ は 1 に近く，2階の導関数は微小量である．したがって，近似的に

$$\frac{\partial^2 x}{\partial a^2}-\frac{1}{\left(\frac{\partial p}{\partial \rho}\right)_s}\frac{\partial^2 x}{\partial t^2} = 0.$$

これは波動方程式(17.5)と同じ形である((17.5)は擾乱が速さ c で伝わることを表わしている)．いまの場合の伝播速度は音速にほかならない．これを c とすれば，$c =$

$\sqrt{\left(\dfrac{\partial p}{\partial \rho}\right)_S}$ である.

9 断面積が一定の管の中を物質が流れている.そして,外部との熱の交換はないが,内部摩擦はあるものとする.流速が音速に等しいところでエントロピーが最大になることを示せ.

(解) 次の保存則が成り立つ:
$$\rho v \equiv j = 一定,$$
$$I + \frac{v^2}{2} = 一定.$$

第1式の v を第2式に代入すれば,
$$I + \frac{j^2}{2\rho^2} = 一定.$$

エンタルピーを S と p の関数と考えて両辺の微分をとれば,
$$\left(\frac{\partial I}{\partial S}\right)_p dS + \left(\frac{\partial I}{\partial p}\right)_S dp - \frac{j^2}{\rho^3}d\rho = 0.$$

$\left(\dfrac{\partial I}{\partial p}\right)_S = V = \dfrac{1}{\rho}$ であるから,エントロピー最大 $(dS=0)$ の点の近くでは
$$\left(\frac{\partial p}{\partial \rho}\right)_{dS=0} = \frac{j^2}{\rho^2} = v^2.$$

エントロピーを一定とすると $\left(\dfrac{\partial p}{\partial \rho}\right)_S = c^2$ である.したがって,エントロピーが最大の位置では $v^2 = c^2$ となる.

管内の流れが $v < c$ を満足しているならば(音よりおそい流れ),管の出口のところではじめて $v = c$ となる.なぜなら,もしそうでないと,エントロピーは管内のどこかで最大となり,そのあとでまた減少しないわけにはいかない.しかし,そのようなことはおこりえないからである.

10 断面積 f が連続的に変わっている管の中を,熱交換も摩擦もなしに物質が流れている(等エントロピーの流れ).音よりおそい流れでは断面積がへると流速が増すこと,音より速い流れではその逆であることを示せ.ただし,f の変化はなめらかであるから,流れを1次元的と考えてよい.

(解) 質量の保存則によって
$$f\rho v = 一定.$$

これから
$$\frac{df}{f} + \frac{d\rho}{\rho} + \frac{dv}{v} = 0.$$

エントロピーが一定であることを考慮すれば,
$$\frac{d\rho}{\rho} = \frac{1}{\rho}\left(\frac{\partial \rho}{\partial p}\right)_S dp = \frac{1}{\rho}\frac{dp}{c^2}.$$

エントロピーを一定として，方程式 $I+\dfrac{v^2}{2}=$ 一定 の両辺の微分をとれば，
$$\left(\frac{\partial I}{\partial p}\right)_S dp + v\,dv = \frac{dp}{\rho} + v\,dv = 0.$$
これから $\dfrac{d\rho}{\rho}=-\dfrac{v\,dv}{c^2}$, したがって
$$\frac{dv}{v}\left(1-\frac{v^2}{c^2}\right) = -\frac{df}{f}$$
がえられる（証明終り）．管の出口で音より速い流れを作ろうとするならば，Laval 管を通して流さなくてはならない．Laval 管というのは，断面積がはじめは減少していくような管で，これが一番細くなったところで $v=c$ となり，そこから先は v は c よりも大きくなって増加し続ける．

11 断面積 f のシリンダーの中に圧力 p_0, 密度 ρ_0 の気体がはいっている．その単位質量あたりのエンタルピー I は p と ρ の関数としてわかっているものとする．シリンダーの中を一定の速度 v でピストンを動かしたとき，圧縮された気体とされない気体との境界面が移動する速度，および圧縮された気体の密度と圧力を定める方程式を導け．

（解）　圧縮された気体はピストンと同じ速度で動く．圧縮された気体とされない気体との境界の速度を D とすると，圧縮された気体の速度はこの面に対して $v-D$, 圧縮されない気体の速度は $-D$ である．

境界面と共に動く座標系に移れば，質量の保存則は
$$f\rho_0 D = f\rho(D-v) \qquad (*)$$
と書ける．境界面を単位時間に通過する気柱を考えてみよう．圧縮された方の気体については，その長さは $D-v$, 質量は $f\rho(D-v)$ であるから，運動量は $f\rho(D-v)^2$ に等しい．また，圧縮されない方の気体の運動量は $f\rho_0 D^2$ である．この柱体に働く力は全体で $(p_0-p)f$ であるから，次の保存則がえられる：
$$f(p_0+\rho_0 D^2) = f[p+\rho(D-v)^2]. \qquad (**)$$
もう一つの方程式は，熱の交換がないことを表わすものである（問題7）：
$$I_0+\frac{D^2}{2} = I + \frac{(D-v)^2}{2}. \qquad (***)$$
境界面では，気体の密度・圧力・速度に不連続的な変化がおこる．この面のことを**衝撃波**とよぶ．関数形 $I(p,\rho)$ がわかっていれば，上の三つの保存則から D, p, ρ を決定することができる．これらの量を具体的に求めることは §47, 問題7で行なう．そこではまた，衝撃波における圧縮過程が非可逆的であることを示す．

12 統計和の古典論的な表式は，系に一定の磁場をかけても変らないことを示せ．

（解）　統計和の古典論的表式（すなわち統計積分）は
$$Z = \int e^{-\frac{\mathscr{E}(\mathbf{p}_1,\mathbf{p}_2,\ldots\ldots,\mathbf{p}_N;\,\mathbf{r}_1,\mathbf{r}_2,\ldots\ldots,\mathbf{r}_N)}{\theta}} d\tau_{\mathbf{p}_1} d\tau_{\mathbf{p}_2} \ldots\ldots d\tau_{\mathbf{p}_N} dV_1 dV_2 \ldots\ldots dV_N$$

である．系に磁場をかけたとすると，粒子の運動量は $\mathbf{p}$ から $\mathbf{p}-\dfrac{e}{c}\mathbf{A}\equiv\mathbf{P}$ に変わる．位相空間の体積要素を $d\tau_{\mathbf{p}}$ から $d\tau_{\mathbf{P}}$ に変えれば，積分変数を別の文字に書きかえただけのことになるから，統計和は磁場のない場合と全く同じである：

$$Z=\int e^{-\frac{\mathscr{E}(\mathbf{P}_1,\mathbf{P}_2,\cdots,\mathbf{P}_N;\mathbf{r}_1,\mathbf{r}_2,\cdots,\mathbf{r}_N)}{\theta}}d\tau_{\mathbf{P}_1}d\tau_{\mathbf{P}_2}\cdots d\tau_{\mathbf{P}_N}dV_1dV_2\cdots dV_N.$$

すなわち，古典力学では物質の磁性を記述することはできない．

13 3種類の統計について，理想気体のエントロピーを粒子数 n_k を用いて表わせ（$g_k=1$ とする）．

（解）S に対する式 (39.14) と (39.24) により，Bose 統計では

$$S=\sum_k[(1+n_k)\ln(1+n_k)-n_k\ln n_k],$$

Fermi 統計では

$$S=-\sum_k[(1-n_k)\ln(1-n_k)+n_k\ln n_k],$$

Boltzmann 統計では（$n_k\ll 1$ として）

$$S=-\sum_k n_k\ln\frac{n_k}{e}.$$

重みが1でない場合には，$n_k\equiv g_k f_k$ とおいて

$$S_{\text{Bose}}=\sum_k g_k[(1+f_k)\ln(1+f_k)-f_k\ln f_k],$$

$$S_{\text{Fermi}}=-\sum_k g_k[(1-f_k)\ln(1-f_k)+f_k\ln f_k],$$

$$S_{\text{Boltzmann}}=-\sum_k g_k f_k\ln\frac{f_k}{e}.$$

§47 Boltzmann統計にしたがう理想気体の熱力学的性質

この節では，熱力学の一般原理を理想気体に適用したときに得られる結果について考察しよう．ここでは，気体の密度が十分小さくて，分子に対してはBoltzmann統計を適用することができると仮定する．これは，分子の運動が非量子論的と考えられるという意味ではない．隣接する準位の間隔が θ（すなわち kT）と同程度あるいはそれより大きい場合には，いつも分子の回転準位・振動準位（電子の準位はもちろんのこと）の量子化を考慮しなくてはならない．また，準位の間隔が θ に比べて十分小さい場合でさえも（たとえば並進運動），状態の統計的重みを表わす式の中に作用量子を残しておかなくてはならない．そうしないと，エントロピーに対して一義的な表式がえられないからである．

低温あるいは高密度の気体は Boltzmann 統計からはずれる．このことを《縮退》とよぶ．ここで，分子間の相互作用によって理想気体からはずれることと，量子的な効果によって古典統計からはずれることとを区別する必要がある．もちろん，両方の原因が同時に働いてはずれが起ることもある．

理想気体の自由エネルギー　　前節で示したように，熱力学的量を計算するには自由エネルギーの式から出発するのが便利である．

まず(46.40)をとり，統計和を Boltzmann 気体に対する形に書きかえる．そのためには，定義によって，物理的に異なるすべての状態にわたって統計和をとる必要がある．ところで，分子同士の間で入れかえを行なっても気体の状態は変わらない．一方，非量子論的統計では，そのような入れかえははっきりした意味をもっている．そして N 個の分子の置換の総数は $N!$ に等しい．

理想気体の全エネルギーは，各分子のエネルギーの和の形に分解される．

$$\mathcal{E} = \sum_{l=1}^{N} \varepsilon_l^{(k)}.$$

ただし k は量子状態の番号を示す．

この式を統計和(46.40)に代入すれば,

$$\sum e^{-\frac{\varepsilon}{\theta}} = \frac{\sum_k e^{-\frac{1}{\theta}\sum_{l=1}^{N}\varepsilon_l^{(k)}}}{N!} = \frac{\prod_{l=1}^{N}\sum_k e^{-\frac{\varepsilon_l^{(k)}}{\theta}}}{N!} = \frac{\left(\sum_k e^{-\frac{\varepsilon^{(k)}}{\theta}}\right)^N}{N!}. \quad (47.1)$$

k についての和は,個々の分子のエネルギー $\varepsilon_l^{(k)}$ の可能なすべての組合せについてとる.また,エネルギースペクトルがすべての分子について同じである(気体は1種類の分子だけからできている)ことを用いた.(47.1)の右辺の和は単独の分子のスペクトルにわたって行なう.Stirling の公式を使って $N!$ を書き直せば,Boltzmann 統計にしたがう理想気体の自由エネルギーの一般式が得られる:

$$F = -N\theta \ln \frac{e\sum_k e^{-\frac{\varepsilon^{(k)}}{\theta}}}{N}. \quad (47.2)$$

並進自由度についての和　個々の分子の状態について統計和をとるとき,並進運動の自由度を分離して,エネルギーを次の形に書いておくと便利である:

$$\varepsilon = \frac{p^2}{2m} + \varepsilon^{(i)}. \quad (47.3)$$

ここでは,エネルギーが分子の質量中心の座標にはよらないものとする.

運動量 **p** の状態の統計的重みは

$$g = g^{(i)}\frac{dp_x\,dp_y\,dp_z\,dx\,dy\,dz}{(2\pi h)^3} \quad (47.4)$$

である.ただし,$g^{(i)}$ はエネルギー準位 $\varepsilon^{(i)}$ の重みである.x, y, z について積分すれば,統計和には $\int dx\,dy\,dz = V$ の因子が現われる.運動量についての積分は,いつものようにして

$$\int_{-\infty}^{\infty} e^{-\frac{p_x^2}{2m\theta}}\,dp_x = \sqrt{2\pi m\theta} \quad (47.5)$$

などとなる.こうして,理想気体の自由エネルギーは

$$F = -N\theta \ln \left[\frac{eV}{N}\left(\frac{m\theta}{2\pi h^2}\right)^{\frac{3}{2}}\left(\sum g^{(i)} e^{-\frac{\varepsilon^{(i)}}{\theta}}\right)\right] \equiv -N\theta \ln \left[\frac{eV}{N}f(\theta)\right]. \quad (47.6)$$

§47 Boltzmann統計にしたがう理想気体の熱力学的性質   613

これで自由エネルギーと体積との関係がわかった．関数 $f(\theta)$ は分子構造からきまる．

理想気体の熱力学的量   圧力は(47.6)から簡単に計算できる．すなわち，(46.39)により

$$p = -\frac{\partial F}{\partial V} = \frac{N\theta}{V}. \tag{47.7}$$

これはよく知られた Clapeyron の方程式である．

熱力学ポテンシャルは

$$\Phi = F + pV = F + N\theta = -N\theta \ln\left[\frac{V}{N}f(\theta)\right].$$

この式では，Φ は V と θ の関数として表わされている．恒等式(46.45)を使うためには，さらに $\frac{V}{N}$ を $\frac{\theta}{p}$ と書きかえなくてはならない．結局，理想気体の熱力学ポテンシャルは

$$\Phi = -N\theta \ln \frac{\theta f(\theta)}{p}. \tag{47.8}$$

化学ポテンシャルは，(46.48)によって，

$$\mu = -\theta \ln \frac{\theta f(\theta)}{p}. \tag{47.9}$$

理想気体のエントロピーは

$$S = -\frac{\partial F}{\partial \theta} = N \ln\left[\frac{eV}{N}f(\theta)\right] + N\theta \frac{f'(\theta)}{f(\theta)}. \tag{47.10}$$

この形は Nernst の定理を満足していない．実は，非常に低温の気体に対しては Boltzmann 統計でなく量子統計を適用しなくてはならない——実際には低温で凝縮がおこるけれども，たとえそれを考えないとしても——のは当然であろう．

エネルギーは

$$\bar{\varepsilon} = F + \theta S = N\theta^2 \frac{f'(\theta)}{f(\theta)} = N\theta \frac{d \ln f}{d \ln \theta} \tag{47.11}$$

に等しい．

こうして，理想 Boltzmann 気体のエネルギーは，温度の関数として表わし

たときには体積によらない．単独の分子の平均エネルギー $\bar{\varepsilon} = \dfrac{\bar{\mathscr{E}}}{N}$ は気体の温度だけの関数である．これは気体分子間に相互作用がないためだけではなくて，気体を古典統計にしたがうと考えたことにもよる．量子統計で扱えば，理想気体分子のエネルギーは温度にも体積にも依存するのである．(47.11) の中の変数は，恒等式(46.26)に対応するようにはなっていない．この恒等式を利用するためには，(47.10)から θ を求めてこれを(47.11)に代入しなくてはならないが，これを一般的に行なうことは非常にむずかしい．

理想気体のエンタルピーは

$$I = \bar{\mathscr{E}} + pV = N\frac{\theta^2 f'(\theta)}{f(\theta)} + N\theta = N\theta \frac{d\ln[\theta f(\theta)]}{d\ln\theta}. \quad (47.12)$$

エネルギーと同様，これも温度だけの関数である．

混合理想気体　理想気体の分子間には相互作用がないから，それらの混合物の自由エネルギーは相加的な量で，各成分の自由エネルギーの和として表わされる:

$$F = -\sum_i N_i \theta \ln\frac{eVf_i(\theta)}{N}. \quad (47.13)$$

前と同様にして，混合気体の圧力は

$$p = -\frac{\partial F}{\partial V} = \frac{\sum_i N_i \theta}{V}. \quad (47.14)$$

i 番目の成分の**分圧** p_i——全体の圧力 p のうちこの成分がもっている圧力——を導入すれば，

$$p_i \equiv \frac{N_i \theta}{V} = \frac{N_i p}{\sum_k N_k}. \quad (47.15)$$

したがって，全体の圧力は分圧の総和である．これはもちろん理想気体についてだけいえることである．

混合気体の熱力学ポテンシャルは

$$\varPhi = -\sum_i N_i \theta \ln\frac{\theta f_i(\theta)}{p_i}. \quad (47.16)$$

第 i 成分の化学ポテンシャルは，(46.50)により

$$\mu_i = -\theta \ln \frac{\theta f_i(\theta)}{p_i}. \qquad (47.17)$$

これらの式は気体の化学平衡の理論できわめて重要である．

気体の回転エネルギー　次に，分子の回転自由度についての統計和を計算しよう．簡単な公式を見出すのが目的であるから，この節では量子的でない回転運動の場合に話を限ることにする（量子化された運動の場合は §41 で考察した）．すなわち，温度は次の条件

$$\theta \gg \frac{h^2}{2J} \qquad (47.18)$$

を満足するものと考える．ただし，J は分子の慣性モーメントである．常温では，水素も含めてすべての気体についてこの条件は成り立っている．

　平均エネルギーの表式(47.11)は統計和の対数を微分した形になっているから，統計和の中の定数因子はこれにきいてこない．しかし，応用上統計和の値そのものが重要となることがしばしばある（たとえば化学平衡）．これを計算するためには，物理的に異なる回転の状態にわたって和をとらなければならない．たとえば，H_2 あるいは O_2 などの2原子分子は，原子核同士を結ぶ直線に垂直な軸のまわりに 180° 回転すれば，前と全く同じ姿勢になる．2原子分子の空間的な姿勢は二つの角――方位角と天頂角――によって与えられ，単位球面上の一点で表わすことができる．けれども，このうちで物理的に異なるものは球面の半分だけに対応するのである．

　直線状でない分子の姿勢は Euler の角(§9)を用いて表わされる．もし分子がなんらかの対称性をもっているならば，可能なすべての姿勢について統計和をとった後，分子の姿勢を不変に保つような回転の数でこれを割らなければならない．たとえば，アンモニア分子 NH_3 は正三角形の底をもつピラミッドの形をしている．そこで，すべての空間的回転についてとった統計和を3で割っておかなくてはならない．また，ベンゼン分子 C_6H_6 は正六角形をしている．これは，その面内で 60° 回転させるともとの形と一致するが，そのほかに，向かいあった頂点を結ぶ直線のまわりに 180° 回転させても前のものと同じにな

る．したがって，統計和はあらゆる姿勢のうちの $\frac{1}{2\times 6}=\frac{1}{12}$ のものについてだけとるべきである．

さて，2原子分子（あるいは一般に直線状の分子）の回転についての統計和の古典的表式は，容易に次のように書ける：

$$\sum_{\text{rot}} = \frac{4\pi}{\sigma}\int\int e^{-\frac{M_1{}^2+M_2{}^2}{2J\theta}}\frac{dM_1 dM_2}{(2\pi h)^2}. \tag{47.19}$$

4π の因子は，空間のすべての方向を考えたためである．また，異種の原子から成る2原子分子では $\sigma=1$，同種の原子から成る分子では $\sigma=2$ である．酸素分子（原子核のスピンは0）に対する量子論的な統計和は偶の回転状態だけについてとる（§41）．古典論的極限では，これは因子 $\frac{1}{2}$ をかけることに相当する．原子核のスピンが0でない場合には，分子を形成する全原子核についてとった $2s+1$ という数を統計和にかけなくてはならない．また，直線状の3原子分子 CO_2(O=C=O) では $\sigma=2$ とする．結局，直線状分子については

$$\sum_{\text{rot}} = \frac{4\pi}{\sigma}\frac{2\pi J\theta}{(2\pi h)^2} = \frac{2J\theta}{\sigma h^2} \tag{47.20}$$

となる．

非直線状分子の空間における姿勢は，分子に固定した勝手な軸の向きと，その軸のまわりの回転角とで表わされる．それゆえ，空間におけるすべての回転を考えることによって $4\pi\cdot 2\pi = 8\pi^2$ の因子がかかる．結局，

$$\begin{aligned}\sum_{\text{rot}} &= \frac{8\pi^2}{\sigma}\int\int\int e^{-\frac{1}{2\theta}\left(\frac{M_1{}^2}{J_1}+\frac{M_2{}^2}{J_2}+\frac{M_3{}^2}{J_3}\right)}\frac{dM_1 dM_2 dM_3}{(2\pi h)^3}\\ &= \frac{8\pi^2}{\sigma}\frac{(\sqrt{2\pi\theta})^3\sqrt{J_1 J_2 J_3}}{(2\pi h)^3} = \frac{(2\theta)^{\frac{3}{2}}\sqrt{\pi J_1 J_2 J_3}}{\sigma h^3}.\end{aligned} \tag{47.21}$$

したがって，全エネルギーの中で，回転エネルギー $N\theta \dfrac{d\ln \sum_{\text{rot}}}{d\ln\theta}$ は直線状分子では $N\theta$，非直線状分子では $\dfrac{3}{2}N\theta$ だけの部分を占めている．

分子の振動エネルギー　微小振動を行なう分子のエネルギーは，§7によって次の形に表わされる：

$$\varepsilon_{\text{vib}} = \frac{1}{2}\sum_{\alpha=1}^{n}(P_\alpha{}^2 + \omega_\alpha{}^2 Q_\alpha{}^2) + U_0. \tag{47.22}$$

ただし，Q_α は振動の基準座標，P_α はそれに対応する運動量，U_0 は平衡点の位置エネルギー（振動の基底状態のエネルギーも含める）である．もし $h\omega_\alpha \ll \theta$ ならば，量子化されない振動について統計和をとればよい：

$$\sum_{\text{vib}} = \left[\prod_{\alpha=1}^{n} \int\int e^{-\frac{1}{2\theta}(P_\alpha^2 + \omega_\alpha^2 Q_\alpha^2)} dP_\alpha\, dQ_\alpha \right] \frac{e^{-\frac{U_0}{\theta}}}{(2\pi h)^n}$$

$$= \frac{(\sqrt{2\pi\theta})^{2n}}{(2\pi h)^n} \left[\prod_{\alpha=1}^{n} \omega_\alpha^{-1} \right] e^{-\frac{U_0}{\theta}} = \frac{\theta^n \prod_{\alpha=1}^{n} \omega_\alpha^{-1}}{h^n} e^{-\frac{U_0}{\theta}}. \quad (47.23)$$

分子の振動エネルギーはその平均エネルギーの中で $Nn\theta - NU_0$ だけの部分を占めている．普通は $h\omega_\alpha \gg \dfrac{h^2}{J}$ が成り立つから，次の二つの不等式をみたすような温度範囲が存在する：

$$h\omega_\alpha \gg \theta \gg \frac{h^2}{J}. \quad (47.24)$$

この温度では分子の振動量子はまだ励起されていない．これに対して，回転の比熱はすでに一定の値になっている．そこで，窒素と酸素の場合には，数十度から数百度までの温度範囲にわたって全比熱は $\dfrac{3}{2}N + N = \dfrac{5}{2}N$ である．この範囲では，気体（たとえば空気）は自由度の数が減ったものとして等分配の法則にしたがっている．すなわち，座標または運動量がハミルトニアンの中に2乗の形で現われるときには，その各項は，古典論的極限では，平均エネルギーに $\dfrac{N\theta}{2}$ だけの寄与をすることになる．

もっと高い振動状態のエネルギーは，(47.22)のような簡単な式では表わされない．これは図47からもわかる．すなわち，下の曲線は平衡位置の近くでは放物線であるが（調和振動），解離の極限に近づくとそれから大きくはずれてくる（非調和振動）．温度が十分高くなって，解離の極限に近い（量子数の大きい）振動が誘起されたとすると，分子の大部分は解離して原子となる．これより低い温度では，振動が調和的でないために統計和の値が変わるようなことはほとんどない．

等分配の法則にしたがう気体の熱力学的量 エネルギーが等分配の法則にしたがう気体の比熱は，広い温度範囲にわたって一定値をもつ．したがって，比熱の比

$$\gamma = \frac{C_p}{C_V} = \frac{C_V + N}{C_V} \tag{47.25}$$

も一定である.

これからさきの応用のためには,γ を用いて熱力学の諸量を表わしておくと便利である.まず,関数 $f(\theta)$ は $\theta^{\frac{C_V}{N}} e^{-\frac{U_0}{\theta}} = \theta^{\frac{1}{\gamma-1}} e^{-\frac{U_0}{\theta}}$ に比例する.

これから気体のエネルギーに対する式がえられる.定数項 NU_0 を除いて書けば,

$$\bar{\varepsilon} = C_V \theta = \frac{N\theta}{\gamma-1} = \frac{pV}{\gamma-1}. \tag{47.26}$$

エンタルピーは

$$I = \bar{\varepsilon} + pV = \frac{\gamma}{\gamma-1} pV. \tag{47.27}$$

定数項を除けば,エントロピーは

$$S = N \ln V + \frac{N}{\gamma-1} \ln \theta \cong \frac{N}{\gamma-1} \ln(pV^\gamma). \tag{47.28}$$

これから,等分配の法則にしたがう気体が断熱的に変化するときの方程式

$$pV^\gamma = \text{一定} \tag{47.29}$$

がえられる.γ はしばしば断熱指数とよばれる.前節の問題 8 から,音速の式

$$c = \sqrt{\left[\frac{\partial p}{\partial \left(\frac{1}{V}\right)}\right]_S} = \sqrt{\gamma pV} \tag{47.30}$$

が導かれる.ただし,V は単位質量当りの体積である.

さて,等分配の法則にしたがう気体の比熱を計算する規則をまとめてみよう.十分高温では,並進運動の 1 自由度および回転運動の 1 自由度にはそれぞれ $\frac{N}{2}$ の比熱が対応する.これらのエネルギーは $\frac{p_x^2}{2m}, \frac{M_1^2}{2J_1}$ のような 2 乗の形で表わされるからである.それゆえ,分布関数を積分すると $\sqrt{2\pi m\theta}$ あるいは $\sqrt{2\pi J_1 \theta}$ の因子がかかる.このことを用いてエネルギーを計算すれば,それぞれ $\frac{\theta}{2}$ となる.振動の自由度は,エネルギーの式の中に 2 個の変数をそれぞれ 2 乗の形で含んでいるから(式(47.22)),和を積分でおきかえることができるとすれば,平均エネルギーとして θ を与える.

要約すれば,温度が十分高くて,振動の各自由度が強く励起されている場合

には，これは比熱に N だけの寄与をする．等分配の法則を適用すると，i 個の原子から成る分子の比熱は，原子の平衡位置が直線状でない分子 ($i>2$) では $(3i-3)N$，直線状の分子では $\left(3i-\dfrac{5}{2}\right)N$ である．

このようなわけで，三角形をした3原子分子（たとえば H_2O）の比熱 C_V は，すべての自由度（電子の自由度は除く）が完全に励起された場合には $6N$ となる．したがって，比熱の比は $\dfrac{C_p}{C_V}=\dfrac{7}{6}$ である．振動が励起されていないときには $C_V=3N$，$\dfrac{C_p}{C_V}=\dfrac{4}{3}$ である．また，並進運動の自由度しか励起されていないような低温では，単原子気体と同様 $C_V=\dfrac{3}{2}N$，$\dfrac{C_p}{C_V}=\dfrac{5}{3}$ となる．

直線状の3原子分子（たとえば CO_2）では，比熱の最大値は $C_V=\dfrac{13}{2}N$ で，$\dfrac{C_p}{C_V}=\dfrac{15}{13}$ である．すなわち，C_V は，直線状分子の方が三角形の分子よりも大きい．ところが，もし振動が励起されていないとすると，$C_V=\dfrac{5}{2}N$ であるから，今度は三角形の分子よりも小さい．このように，温度を変えたときの CO_2 と H_2O の比熱の曲線は交わることになる．これは実際に観測されている．

断熱消磁　等エントロピー（断熱）消磁の過程は非常に面白い．§40では，閉じていない電子殻の磁気モーメントが回転するために希土類元素の塩に常磁性が現われることを述べた．このような磁気モーメントは一種の《気体》と見なすことができる．

　塩を低温で磁化して飽和させた後，急に消磁したものと考えよう．このときにはエントロピーは変化するひまがない．ところで，すべての磁気モーメントが同一の方向を向いているとすると，この状態の実現させ方はわずかしかないから（極端な場合は一通り），エントロピーの値は小さい．場を急に取去ったときエントロピーが小さいままでいるためには，温度がいちじるしく低下しなければならない．この方法は，絶対温度にして数千分の1度というような低温をうるのに利用されている．

問 題

1 等温過程の際に気体になされる仕事と，気体が受取る熱量とを求めよ．

 (解) 仕事は自由エネルギーの変化量に等しい：
$$A = -N\theta \ln \frac{V_2}{V_1}.$$
熱量はエントロピーの変化量によって表わされる：
$$Q = \theta(S_2 - S_1) = N\theta \ln \frac{V_2}{V_1}.$$
温度が一定ならばエネルギーは変化しないから，たしかに A と Q とは大きさが等しく符号が反対である．

2 温度 θ と圧力 p がそれぞれ等しい2種類の気体を混合したとき，エントロピーはどれだけ増大するか．

 (解) 混合した後の各気体の分圧を p_1, p_2 とすれば，
$$\Delta S = N_1 \ln \frac{\theta f_1(\theta)}{p_1} + N_2 \ln \frac{\theta f_2(\theta)}{p_2} - N_1 \ln \frac{\theta f_1(\theta)}{p} - N_2 \ln \frac{\theta f_2(\theta)}{p}$$
$$= N_1 \ln \frac{p}{p_1} + N_2 \ln \frac{p}{p_2} = N_1 \ln \frac{N_1+N_2}{N_1} + N_2 \ln \frac{N_1+N_2}{N_2}.$$
もし同種の気体を同じ状態で混合したとすれば，混合後にはエントロピーは
$(N_1+N_2) \ln \frac{\theta f_1}{p}$ となるから，当然のことながら $\Delta S = 0$ である．自由エネルギーを計算するときに，統計和の分母に $N!$ を入れておかないと上の結果は出て来ない．この因子のために，物理的に相異なる状態だけについての和が自由エネルギーの中に現われることとなり，同種の気体の場合にはエントロピーが変化しないのである．

3 半径 R，長さ l，回転角速度 ω の遠心分離機の中に気体がはいっている．その自由エネルギーを計算せよ．また，回転軸からの分子の距離の2乗平均を求めよ．

 (解) 遠心力は $m\omega^2 r$ である．これは位置エネルギー $U = -\int m\omega^2 r \, dr = -\frac{1}{2} \times m\omega^2 r^2$ があるのと同等である．したがって，自由エネルギーは
$$F = -N\theta \ln \left(\frac{ef(\theta)}{N} l \int_0^R e^{\frac{m\omega^2 r^2}{2\theta}} r \, dr \right)$$
$$= -N\theta \ln \left[\frac{ef(\theta)}{N} \frac{\theta l}{m\omega^2} \left(e^{\frac{m\omega^2 R^2}{2\theta}} - 1 \right) \right].$$
自由エネルギーについては一般的な関係 $dF = -S \, d\theta - \Lambda \, d\lambda$ が成り立つ（(46.38)参照，ただしそこでは $\lambda = V$ である）．ω^2 を外部パラメタ λ にとれば，(46.7)によって
$$N \frac{m\overline{r^2}}{2} = -\frac{\partial \overline{\mathscr{E}}}{\partial \omega^2} = -\frac{\partial F}{\partial \lambda} \equiv \Lambda$$

§47 Boltzmann統計にしたがう理想気体の熱力学的性質

であるから,軸からの距離の2乗平均は

$$\overline{r^2} = -\frac{2}{Nm}\frac{\partial F}{\partial(\omega^2)} = \left(\frac{1}{1-e^{-\frac{m\omega^2 R^2}{2\theta}}} - \frac{2\theta}{m\omega^2 R^2}\right)R^2.$$

角速度が非常に大きいときは $\overline{r^2} \to R^2$, 小さいときは $\overline{r^2} \to \dfrac{R^2}{2}$ となる.

4 気体が真空中に定常的に噴出するときの速さを求めよ.ただし,断熱指数は一定であると考える.

(答)
$$v = \sqrt{2I} = \sqrt{\frac{2\gamma}{\gamma-1}pV} = \sqrt{\frac{2}{\gamma-1}}c.$$

5 圧力 p_0, 比体積 V_0 の気体が流れて,その圧力が断熱的に p まで変化した.流量密度を求めよ.また,その最大値はどれだけか.

(解) 断熱変化の式により $V = V_0\left(\dfrac{p_0}{p}\right)^{\frac{1}{\gamma}}$. これから,最終状態のエンタルピーは

$$I = \frac{\gamma}{\gamma-1}pV = \frac{\gamma}{\gamma-1}p_0^{\frac{1}{\gamma}}V_0 p^{1-\frac{1}{\gamma}}.$$

したがって,流量密度は

$$j = \frac{v}{V} = \frac{1}{V_0}\left(\frac{p}{p_0}\right)^{\frac{1}{\gamma}}\sqrt{\frac{2\gamma}{\gamma-1}(p_0 V_0 - p_0^{\frac{1}{\gamma}}p^{1-\frac{1}{\gamma}}V_0)}.$$

$P \equiv \dfrac{p}{p_0}$ とおけば

$$j = \sqrt{\frac{2\gamma}{\gamma-1}\frac{p_0}{V_0}}P^{\frac{1}{\gamma}}\sqrt{1-P^{1-\frac{1}{\gamma}}}.$$

それゆえ,流量密度は $P_{\max} = \left(\dfrac{2}{\gamma+1}\right)^{\frac{\gamma}{\gamma-1}}$ のところで最大となる.

6 流量密度が最大になるのは,流速がそこでの音速に等しくなったときであることを示せ.

(注意) 出口の圧力を $p_0 P_{\max}$ より下げても気体の噴出速度は変化せず,そこでの音速に等しいままである.流れの中に生じた攪乱はすべて音速で伝播する.流速が音速に等しければ,攪乱は流れをさかのぼって伝わることはない.したがって,外圧を $p_0 P_{\max}$ より小さくしても,気体の噴出には影響がない.超音速で噴出させるためには,Laval 管(前節,問題10)を用いて管の最もくびれたところで流速を局所音速に等しくしてやらなくてはならない.

7 比熱が一定の理想気体中を伝播する衝撃波について,その圧力と密度の関係を導け(§46,問題11参照).

(解) 前節の問題中の方程式(*)を用いれば,v と D の間の関係がえられる:

$$\frac{v}{D} = \frac{\rho - \rho_0}{\rho}.$$

そこで,方程式(**)によって

$$v^2 = \frac{(p-p_0)(\rho-\rho_0)}{\rho\rho_0}, \quad D^2 = \frac{\rho}{\rho_0}\frac{p-p_0}{\rho-\rho_0}.$$

次に v^2, $\dfrac{D}{v}$ および I (式(47.27)) を方程式(***)に代入すれば, 衝撃波でおこる圧縮の際の密度と圧力の関係がえられる:

$$\frac{p}{p_0} = \frac{(\gamma+1)\rho-(\gamma-1)\rho_0}{(\gamma+1)\rho_0-(\gamma-1)\rho}.$$

衝撃波で p_0 から p まで圧縮がおこるとき, p と ρ がこの方程式にしたがって途中の値を連続的にとりながら変化すると考えてはならない. ここでえられた関係は, p_0 と ρ_0 が与えられた場合に, 衝撃波によって圧縮がおこったときの最終の値がどうなるかを述べているのである. 密度増加の割合が最大になるのは $\dfrac{p}{p_0} \to \infty$ の場合で, このときには $\dfrac{\rho}{\rho_0} \to \dfrac{\gamma+1}{\gamma-1}$ となる. すなわち, 衝撃波で密度が $\dfrac{\gamma+1}{\gamma-1}$ 倍より大きくなることはありえない. たとえば, $\gamma = \dfrac{7}{5}$ とすると $\dfrac{\rho}{\rho_0} \leqslant 6$ である.

エントロピーの式(47.28)を用いれば

$$\Delta S = \frac{N\gamma}{\gamma-1}\left[\frac{1}{\gamma}\ln\frac{(\gamma+1)\rho-(\gamma-1)\rho_0}{(\gamma+1)\rho_0-(\gamma-1)\rho} - \ln\frac{\rho}{\rho_0}\right].$$

密度があまり変化しない場合には, この式を $\varepsilon \equiv \dfrac{\rho}{\rho_0}-1$ のベキで展開することができる:

$$\Delta S = \frac{N\gamma(\gamma+1)}{12}\varepsilon^3.$$

すなわち, ΔS は ε の 3 乗, いいかえれば気体を圧縮する速度 v の 3 乗に比例する. したがって, 気体をゆっくり圧縮する場合にはエントロピーの変化を無視することができ, 圧縮は可逆的におこると考えてよい.

同じ近似で, 衝撃波の速度は次のようになる:

$$D = \sqrt{\gamma\frac{p_0}{\rho_0}} = \sqrt{\gamma\frac{RT_0}{M}}.$$

これは理想気体中の音速と一致する. つまり, 衝撃波は弱くなった極限では音波となる. これはどんな物質についても成り立つ.

弱い圧縮波のあとにもう一つの弱い圧縮波を送り出したとすると, あとの波は前の波に追いつく. なぜなら, あとの波は, すでに速度をもっている媒質中を伝わることになり, しかも前の波によってそこはすでに圧縮されているからである. このような波を次々に多数送り出すと, それらが重なり合ってついには有限振幅の衝撃波が形成され, これは媒質中を音よりも速く伝わって行くことになる.

§48 ゆらぎ

力学の方程式は時間について可逆である　古典力学では，系の最初と最後の状態は一義的に結びついている．すなわち，一方が与えられれば他方は完全にきまってしまう．これは数学的には次のように言い表わされる：もしすべての速度の符号を逆にしたとすると，系の運動はことごとく逆向きになる．速度の符号を変えることは，形式的には時間の符号を変えることと同等である．ところが，時間の符号を変えても Lagrange の方程式の形は変わらないのである．むしろ Newton の運動方程式が変換 $t \to -t$ に関して不変であるといった方がもっと簡単である．この方程式は時間については 2 階の導関数しか含んでいないので，その項は上の変換によっては符号を変えないからである．電磁力学の方程式の中で同じ変換を行なうためには，まず電流の符号をすべて変えなくてはならない．Maxwell の方程式(12.24)―(12.27)が変わらないようにするには，さらに磁場の符号を変える必要がある(電場の符号はそのままでよい)．磁場は軸性ベクトルすなわち擬ベクトルであるから(§16)，符号をどう選ぶかは単に便宜の問題にすぎない．

　量子力学の方程式も，t を $-t$ に変えたときに形が不変である．ハミルトニアン $\hat{\mathcal{H}}$ が実(i を含まない)という最も簡単な場合には，Schrödinger の方程式 (24.11)からすぐわかるように，変換 $t \to -t$ に対しては単に $\psi \to \psi^*$ とすればよい．ところで ψ と ψ^* は，どちらをどちらの共役複素関数と考えることもできるから，この二つは全く同等である．もっと複雑な場合――$\hat{\mathcal{H}}$ が複素演算子の場合――にも，ψ と物理的に同等な別の関数を用いることによって，いつでも方程式を不変に保たせることができる．

時間の可逆性と統計力学　統計力学の法則が時間の反転に対してどのようになっているかを次に調べよう．統計力学によれば，最初の時刻に系が統計的平衡からはずれた状態にあったとすると，圧倒的に大多数の場合に，系はその後平衡に近づいて行く．系がすでに平衡にあるときには，系のくわしいミクロ

な状態を記述する力学の方程式の中で，たとえ時間の符号の反転を行なったとしても，やはり系はそのまま平衡状態にいつづけるであろう．こうして，一見パラドックスと思われるような事態が生ずる．すなわち，統計的法則は力学の方程式から導かれるものであるのに，時間の反転に対して不変ではないように見える！

古典力学と統計力学とにおける問題の設定　運動法則の古典論的極限を考えると上のようなパラドックスが現われる．次にこれを調べてみよう．まず次のような例を考える．壁で半分に仕切られた容器があって，その一方だけに気体がはいっているとしよう．仕切りを取除くと気体は容器全体に広がる．いま，この非可逆過程における気体各分子の運動を追跡してみる（これは古典力学では原理的には可能である）．すべての分子の運動は，位相空間内の軌道に沿ってただ1個の点が移動するとして表わすことができる．いま，統計的平衡状態ですべての速度の符号を逆転させたと考えると，仮想的な運動を行なっている位相点は逆向きに移動し，気体はすべて容器の半分に集まってしまうであろう．どのような平衡状態も，ある非平衡状態から到達することができる．また，速度がどちらの符号をもつかはアプリオリには全く等しい確率を持っている．したがって，気体は，統計的平衡に達するのと同じ頻度でそれからぬけ出すこともできる筈である．ところが，そのようなことは決して観測されない．

実は，統計力学での平衡状態というのは，はっきりときまった一つの状態ではなく，閉じた系が大部分の時間をそこで過すような状態の集団を指している．位相点がこの平衡領域から離れたところへひとりでに抜け出すことがあるとすれば，それはその前にきわめて長い時間この領域内を動き回ってからのことである．平衡領域内の各位相点を通る軌道のうちで，非平衡状態に相当する領域にはいっていくものはほとんどない．

平衡領域の一部分をとってみると，系がそこへはいって来るのもそこから出て行くのも同じ頻度で起るが，ほとんどすべての場合，《遠く》へ行くことはない．

それゆえ，統計力学に非可逆性が現われるように見える原因は，問題の設定し方にある．すなわち，系は非平衡状態には長い間とどまってはいないで，す

ぐに平衡状態にはいる．ここでは系は非常に長い時間をすごすので，そこからぬけ出す確率は無視できる．

量子力学と遷移の非可逆性　量子力学では詳細釣合いの原理(§39)が根本的に重要である．この原理によれば，統計的重みの等しい二つの状態間の遷移確率は，順方向と逆方向とで等しい．しかしこの原理からは，平衡状態から非平衡状態への遷移の確率がその逆の遷移の確率に等しいということは出て来ない．統計的平衡状態というのは，等しい確率をもつきわめて多数のミクロな状態を含んでいる．これに対して，非平衡状態が含むミクロな状態の数は比較的少ない．系が大部分の時間を平衡状態ですごすのは，ミクロな状態の数が非平衡状態の場合とは比較にならないほど多いからなのである．統計的平衡状態に属するミクロな状態のおのおのについては，そこから同じ集団中の別の状態へ移る確率が圧倒的に大きくて，非平衡状態へ移る確率はほとんど0である．ある非平衡状態からは，それよりももっと非平衡な状態へ遷移する(確率の等しい)し方の数の方がはるかに少ないために，非平衡状態はほとんどいつでも平衡状態に移って行く．もともと確率の等しい二つの状態の間では，順逆両方向の遷移は等しい確率で起る．それにもかかわらず系は平衡状態《の方へ》と向かうのは，上のような理由によるのである．

Poisson の公式　系が平衡状態からかなり非平衡な状態へひとりでに遷移する確率はきわめて小さいが，そのような遷移が全く起りえないわけではない．系が小さくなればなるほど，ある量の実際の値が平均値からずれる確率はふえてくる．たとえば，稜の長さ 10^{-6} cm の立方体の中にある気体分子を観察したとすると，標準状態($0°$C, 760 mmHg)のときには，分子の総数の平均値は 27 である．ところで，分子はそこから隣の部分へ行ってしまうことがあるから，あるきまった体積内にある分子の実際の数は 27 からかなりはずれることがありうる．

　体積 V_0 の中に全部で N_0 個の分子が存在すると仮定しよう．このとき，あるきまった体積 V の中に N 個の分子が存在する確率は容易に求めることができる．1個の分子が体積 V の中に現われる確率は明らかに $\dfrac{V}{V_0}$ である．それ

ゆえ, N 個が V の中に, $N-N_0$ 個が残りの部分の中に現われる確率は

$$\frac{N_0!}{(N_0-N)!N!}\left(\frac{V}{V_0}\right)^N\left(1-\frac{V}{V_0}\right)^{N_0-N} \tag{48.1}$$

に等しい. (§39 で銅貨の裏が k 回出る確率を求めるときにも同様の式を導いた.)

分子の総数 N_0 はいくらでもよいがとにかく大きい数であるとし, N は N_0 よりもはるかに小さい任意の数であるとしよう. まず, 階乗の比を次のように書きなおす:

$$\frac{N_0!}{(N_0-N)!} = N_0(N_0-1)(N_0-2)\cdots(N_0-N+1)$$
$$= N_0{}^N\left(1-\frac{1}{N_0}\right)\left(1-\frac{2}{N_0}\right)\cdots\left(1-\frac{N-1}{N_0}\right) \sim N_0{}^N.$$

次に, $\left(\dfrac{V}{V_0}\right)^N$ と $\left(1-\dfrac{V}{V_0}\right)^{N_0-N}$ とを次のように表わす:

$$\left(\frac{V}{V_0}\right)^N = \frac{\bar{N}^N}{N_0{}^N},$$

$$\left(1-\frac{V}{V_0}\right)^{N_0-N} = \left[\left(1-\frac{\bar{N}}{N_0}\right)^{N_0}\right]^{1-\frac{N}{N_0}} \sim (e^{-\bar{N}})^{1-\frac{N}{N_0}} \sim e^{-\bar{N}}.$$

ただし $\bar{N} = N_0\dfrac{V}{V_0}$ である. これらの式を (48.1) に代入すれば, 求める確率

$$w_N \sim e^{-\bar{N}}\frac{\bar{N}^N}{N!} \tag{48.2}$$

が得られる (Poisson の公式). 問題 1 で示すように, N が大きいときには, (48.2) の分布は $N = \bar{N}$ できわめて鋭い極大をもつ.

ゆらぎの確率 ここでは, 大きな系の部分系におけるゆらぎの確率の一般式を求める. 前に, 気体の中に小さい体積をとって考えたが, これはいま述べた部分系の特別な場合と見なすことができる.

部分系の中に統計的平衡からのずれが起ったとしよう. このときには, 大きな系全体も平衡からある程度ずれている. 大きな系の平衡状態と非平衡状態の確率の比は, それらの状態の統計的重みの比に等しい:

$$\frac{w}{w_0} = \frac{G}{G_0}. \tag{48.3}$$

§48 ゆ ら ぎ　　627

ここに，w と G は大きな系についての値，添字 0 は平衡状態での値を示す．

統計的重みをエントロピー $S = \ln G$ で表わせば，

$$\frac{w}{w_0} = e^{S-S_0} \tag{48.4}$$

となる．この式はもう少しちがった形に書くこともできる．大きな系は閉じているから，部分系の中でゆらぎが起っても全体のエネルギーは不変である：$\bar{\varepsilon} = \bar{\varepsilon}_0$．ところが，全エネルギーと自由エネルギー F の間には次の関係がある：$F = \bar{\varepsilon} - \theta S$, $F_0 = \bar{\varepsilon}_0 - \theta S_0$．これらの式から，ゆらぎが起ったときの系のエントロピーの変化は，自由エネルギーの変化の符号を変えてそれを温度で割ったものに等しいことがわかる：

$$S - S_0 = \frac{F_0 - F}{\theta} = -\frac{A_{\min}}{\theta}. \tag{48.5}$$

ただし，(46.37)によって，自由エネルギーの変化を最小仕事 $A_{\min}$ で表わしてある．$A_{\min}$ は，このゆらぎを可逆的に(すなわちエントロピーの変化なしに)起させるために**外から**系に加えるべき仕事の最小値である．

こうして，ゆらぎの確率は次の式で与えられる：

$$w \sim e^{-\frac{A_{\min}}{\theta}}. \tag{48.6}$$

これは Einstein によって導かれた．ここで注意しなくてはならないのは，外から仕事を加えなくてもゆらぎはひとりでに起りうるということである．$\bar{\varepsilon} = \bar{\varepsilon}_0$ の式がこの事情を表わしている．また，ゆらぎが起るとしないでも，$A_{\min}$ だけの仕事を可逆的に加えることによって，平衡の値から同じだけのずれを起させることができる．

熱力学的量のゆらぎ　　最小仕事を用いて表わした式は，実際の計算にもっと便利な形に書き直すことができる．いま，大きな系が次の二つの部分に分割できるものと考えよう．すなわち，一方は小さな部分で，その中ではゆらぎがおこって統計的平衡がひとりでに破れる．もう一方の部分では量の変化が可逆的に起るとする．いいかえれば，ゆらぎによって平衡からはずれるのは，系内の小さい部分だけに限ると考えるのである．以下では，この部分についての量は添字なしで表わし，残りの部分については $'$ を，平衡の値には添字 0 をつけ

て表わすことにする.

　定義によって,最小仕事は,系全体のエントロピーが一定であるとして(すなわち,ゆらぎによってではなく,統計的平衡を破らないような外からの作用によって量が変化すると考えて)計算される.外から仕事を加えれば,系のエネルギーはちょうどそれだけふえる:

$$A_{\min} = \Delta\bar{\mathscr{E}} + \Delta\bar{\mathscr{E}}'. \tag{48.7}$$

　大きな系に関する量の変化は,系が大きいほど小さくなるから,熱力学の恒等式(46.26)によって,$\Delta\bar{\mathscr{E}}'$ は次のように表わされると考えてよい:

$$\Delta\bar{\mathscr{E}}' = \theta_0\,\Delta S' - p_0\,\Delta V'. \tag{48.8}$$

前に述べたように,$A_{\min}$ は可逆過程が起ったものとして計算される.そこで $\Delta S' = -\Delta S$,さらに $\Delta V' = -\Delta V$ である.したがって,

$$A_{\min} = \Delta\bar{\mathscr{E}} - \theta_0\,\Delta S + p_0\,\Delta V. \tag{48.9}$$

　大きなゆらぎはきわめて起りにくいから,部分系についても ΔS と ΔV は小さいと考えなくてはならない.しかし,ここでは級数展開を2次の項まで行なう必要がある.というのは,そうしないと $A_{\min}$ が恒等的に0になってしまうからである(極大の近くでは,エントロピー変化による展開は2次の項から始まる).さて,

$$\Delta\bar{\mathscr{E}} = \left(\frac{\partial\bar{\mathscr{E}}}{\partial S}\right)_0\Delta S + \left(\frac{\partial\bar{\mathscr{E}}}{\partial V}\right)_0\Delta V$$
$$+ \frac{1}{2}\left(\frac{\partial^2\bar{\mathscr{E}}}{\partial S^2}\right)_0(\Delta S)^2 + \left(\frac{\partial^2\bar{\mathscr{E}}}{\partial S\partial V}\right)_0\Delta S\Delta V + \frac{1}{2}\left(\frac{\partial^2\bar{\mathscr{E}}}{\partial V^2}\right)_0(\Delta V)^2.$$

ところが $\left(\frac{\partial\bar{\mathscr{E}}}{\partial S}\right)_0 = \theta_0$, $\left(\frac{\partial\bar{\mathscr{E}}}{\partial V}\right)_0 = -p_0$ であるから,$A_{\min} = \Delta\bar{\mathscr{E}} + \Delta\bar{\mathscr{E}}'$ の式の中では2次の項だけが残る.これらの項を少し書き直してみよう.次の関係

$$\frac{\partial^2\bar{\mathscr{E}}}{\partial S^2} = \frac{\partial\theta}{\partial S},\quad \frac{\partial^2\bar{\mathscr{E}}}{\partial V^2} = -\frac{\partial p}{\partial V},\quad \frac{\partial^2\bar{\mathscr{E}}}{\partial S\partial V} = -\frac{\partial p}{\partial S} = \frac{\partial\theta}{\partial V}$$

を用いれば,

$$A_{\min} = \frac{1}{2}\Delta S\left[\left(\frac{\partial\theta}{\partial S}\right)_0\Delta S + \left(\frac{\partial\theta}{\partial V}\right)_0\Delta V\right] - \frac{1}{2}\Delta V\left[\left(\frac{\partial p}{\partial S}\right)_0\Delta S + \left(\frac{\partial p}{\partial V}\right)_0\Delta V\right]$$
$$= \frac{1}{2}(\Delta\theta\Delta S - \Delta p\Delta V). \tag{48.10}$$

§48 ゆらぎ

したがって，ゆらぎの確率を表わす Einstein の式は次のように変形される：

$$w \sim e^{\frac{1}{2\theta}(\Delta p \Delta V - \Delta \theta \Delta S)}. \tag{48.11}$$

ただし，θ の添字 0 は省略した．

次に，体積と温度のゆらぎの確率を求めよう．そのために，Δp と ΔS を体積と温度で表わす：

$$\Delta p = \left(\frac{\partial p}{\partial V}\right)_\theta \Delta V + \left(\frac{\partial p}{\partial \theta}\right)_V \Delta \theta,$$

$$\Delta S = \left(\frac{\partial S}{\partial V}\right)_\theta \Delta V + \left(\frac{\partial S}{\partial \theta}\right)_V \Delta \theta.$$

一方，(46.39)により $\left(\frac{\partial p}{\partial \theta}\right)_V = \left(\frac{\partial S}{\partial V}\right)_\theta$ であるから，(48.11)の右辺は，それぞれ ΔV と $\Delta \theta$ だけを含む二つの因子の積の形に表わされる：

$$w \sim e^{\frac{1}{2\theta}\left(\frac{\partial p}{\partial V}\right)_\theta (\Delta V)^2} \cdot e^{-\frac{1}{2\theta}\left(\frac{\partial S}{\partial \theta}\right)_V (\Delta \theta)^2}. \tag{48.12}$$

ゆらぎの2乗平均 $\overline{(\Delta V)^2}$, $\overline{(\Delta \theta)^2}$ は簡単に計算できる．さしあたり

$$\frac{1}{2\theta}\left(\frac{\partial p}{\partial V}\right)_\theta \equiv -\alpha \tag{48.13}$$

と置けば，体積のゆらぎの2乗平均は

$$\overline{(\Delta V)^2} = -\frac{\partial}{\partial \alpha} \ln \int_{-\infty}^{\infty} e^{-\alpha(\Delta V)^2} d(\Delta V) = -\frac{\partial}{\partial \alpha} \ln \sqrt{\frac{\pi}{\alpha}} = \frac{1}{2\alpha}. \tag{48.14}$$

ただし，積分領域を $-\infty$ から ∞ までに広げることができたのは，ΔV の大きいところで被積分関数が非常に小さくなるからである．

結局，次の式がえられる：

$$\overline{(\Delta V)^2} = -\frac{\theta}{\left(\frac{\partial p}{\partial V}\right)_\theta}. \tag{48.15}$$

これは特に温度を一定としたときのゆらぎであって，一般の場合のゆらぎはこのようには書けないことに注意する必要がある．（たとえば，エントロピーが一定の場合には，これとはまたちがった形の式がえられる．）温度のゆらぎの2乗平均も同様に計算できる：

$$\overline{(\Delta \theta)^2} = \theta \left(\frac{\partial \theta}{\partial S}\right)_V = \frac{\theta^2}{C_V}. \tag{48.16}$$

これは体積を一定としたときのゆらぎである．

体積のゆらぎの2乗平均は相加的な量 $\left(\frac{\partial V}{\partial p}\right)_\theta$ の1乗に比例している．したがって，体積の相対ゆらぎ $\frac{\sqrt{\overline{(\Delta V)^2}}}{V}$ は系の体積の平方根に逆比例する（同じことは§45でエネルギーについて述べた）．温度のゆらぎ $\sqrt{\overline{(\Delta \theta)^2}}$ は比熱の平方根に逆比例する．したがって，部分系が大きくなれば当然減少する．

θ は大きな系全体に対する Gibbs 分布のパラメタである．部分系内にゆらぎが起こったときには，θ はもちろんその温度とは一致しない．（部分系の温度というのは，部分系が大きな系とほとんど独立でいる間の分布のパラメタである．）θ はその時の大きな系の温度でもない．θ は平衡状態の時に限って温度という意味を持つからである．

熱力学の不等式　　(48.15) と (48.16) とから，次のきわめて重要な熱力学の不等式が導かれる：

$$\left(\frac{\partial p}{\partial V}\right)_\theta < 0, \quad C_V > 0. \tag{48.17}$$

物質の状態は，これらの不等式が満足されている場合に限って安定である．物質の状態方程式が，ある p, V, θ に対してこれらの不等式が成り立たないようなものである場合には，この物質はその状態では不安定である．このときには，物質は別々の相（たとえば液体と蒸気）に分かれ，V の値は変化してしまう．

二つの量のゆらぎの積平均　　今度は体積とエントロピーのゆらぎを同時に考えよう．この場合には，ゆらぎの確率を与える式は次のようになる：

$$w \sim e^{-\frac{1}{2\theta}\left[-\left(\frac{\partial p}{\partial V}\right)_S (\Delta V)^2 + 2\left(\frac{\partial \theta}{\partial V}\right)_S \Delta V \Delta S + \left(\frac{\partial \theta}{\partial S}\right)_V (\Delta S)^2\right]}. \tag{48.18}$$

この式の右辺は，もはや単独の変数だけを含む二つの因子には分解されない．したがって，エントロピー一定での体積のゆらぎ，および体積一定でのエントロピーのゆらぎと共に，それらの積の平均 $\overline{\Delta V \Delta S}$ も 0 ではない．次にこの平均値を (48.18) から計算しよう．まずこの式を簡単に次のように書く：

$$w \sim e^{-\frac{1}{2}[a_{11}(\Delta V)^2 + 2a_{12}\Delta V \Delta S + a_{22}(\Delta S)^2]}. \tag{48.19}$$

こうすれば，求める量は

$$\overline{\Delta V \Delta S} = -\frac{\partial}{\partial \alpha_{12}} \ln \int_{-\infty}^{\infty}\int_{-\infty}^{\infty} e^{-\frac{1}{2}[\alpha_{11}(\Delta V)^2 + 2\alpha_{12}\Delta V \Delta S + \alpha_{22}(\Delta S)^2]} d(\Delta V) d(\Delta S)$$

となる.積分を計算するために,指数の2次式を2乗の和の形に書く:

$$\left(\sqrt{\alpha_{11}}\Delta V + \frac{\alpha_{12}}{\sqrt{\alpha_{11}}}\Delta S\right)^2 + \frac{\alpha_{11}\alpha_{22}-\alpha_{12}^2}{\alpha_{11}}(\Delta S)^2.$$

次に積分変数を変換する:

$$\Delta V + \frac{\alpha_{12}}{\alpha_{11}}\Delta S \equiv \xi.$$

ξ の変域は,ΔV および ΔS と同様 $-\infty$ から ∞ までである.積分を実行すれば,

$$\int_{-\infty}^{\infty}\int_{-\infty}^{\infty} e^{-\frac{1}{2}\left[\alpha_{11}\xi^2 + \frac{\alpha_{11}\alpha_{22}-\alpha_{12}^2}{\alpha_{11}}(\Delta S)^2\right]}d\xi d(\Delta S)$$

$$= 2\sqrt{\frac{\pi}{\alpha_{11}}}\sqrt{\frac{\pi\alpha_{11}}{\alpha_{11}\alpha_{22}-\alpha_{12}^2}} = \frac{2\pi}{\sqrt{\alpha_{11}\alpha_{22}-\alpha_{12}^2}}. \tag{48.20}$$

したがって,求める平均値は

$$\overline{\Delta V \Delta S} = -\frac{\partial}{\partial \alpha_{12}} \ln \frac{2\pi}{\sqrt{\alpha_{11}\alpha_{22}-\alpha_{12}^2}} = \frac{\alpha_{12}}{\alpha_{12}^2-\alpha_{11}\alpha_{22}}$$

$$= \frac{\theta\left(\frac{\partial \theta}{\partial V}\right)_S}{\left(\frac{\partial \theta}{\partial V}\right)_S^2 + \left(\frac{\partial p}{\partial V}\right)_S\left(\frac{\partial \theta}{\partial S}\right)_V}. \tag{48.21}$$

この平均値は実は $-\theta\left(\frac{\partial S}{\partial p}\right)_\theta = \theta\left(\frac{\partial V}{\partial \theta}\right)_p$ にほかならないことを示そう.そのために,上の式の逆数を考える:

$$\left(\frac{\partial \theta}{\partial V}\right)_S + \left(\frac{\partial p}{\partial V}\right)_S \frac{\left(\frac{\partial \theta}{\partial S}\right)_V}{\left(\frac{\partial \theta}{\partial V}\right)_S} = \left(\frac{\partial \theta}{\partial V}\right)_S - \left(\frac{\partial p}{\partial V}\right)_S\left(\frac{\partial V}{\partial S}\right)_\theta$$

$$= -\left(\frac{\partial p}{\partial S}\right)_V - \left(\frac{\partial p}{\partial V}\right)_S\left(\frac{\partial V}{\partial S}\right)_\theta = -\left(\frac{\partial p}{\partial S}\right)_\theta.$$

したがって,

$$\overline{\Delta V \Delta S} = \theta\left(\frac{\partial V}{\partial \theta}\right)_p. \tag{48.22}$$

このことを,体積のゆらぎとエントロピーのゆらぎとは相関があるという.系

の体積が増せば状態の統計的重み(したがってエントロピー)も増すから，これはもっともな結果である．

ゆらぎによる光の散乱　ゆらぎがあるために，完全に一様な媒質というものは存在しない．それゆえ，ε と χ とが一定でいたる所等しいとする電磁力学の方程式は，決して厳密には成り立たない．媒質の一様性はいつでもごくわずか損われているから，これが光の伝播に影響を及ぼす．一様でない媒質中では平面波は伝わることができない．ゆらぎが波の散乱をひきおこすからである．散乱されるエネルギーの量が周波数とどのような関係にあるかを次に調べてみよう．

まず，誘電率だけにゆらぎが起こると考える(透明な媒質では χ は常にほとんど1に等しいから)．可視光の波長 λ はおよそ $\frac{1}{2}$ ミクロンで，認めうるほどのゆらぎがおこる領域の平均の大きさに比べるとはるかに大きい．これは，体積 10^{-13} cm^3 〜 λ^3 の部分系の中には，標準状態の気体でさえも，きわめて多数の分子が含まれているからである．

光波の振動周期は 10^{-15} sec の程度で，これはゆらぎが起こる時間に比べるとはるかに短い．どんなに小さい部分系を考えても，統計的平衡が成立するまでには少なくとも 10^{-10}—10^{-11} sec は時間がかかる．たとえば，気体分子の衝突から衝突までの時間間隔は標準状態のとき，およそ 10^{-9} sec であるが，凝縮相で平衡が成立するまでの過程がこれの100万倍もの速さで起こることはまず絶対にないといってよい．温度が等しければ，分子の速度はどんな相についてもほとんど等しい．そして，平衡が成立するためには，相互作用が少なくとも 10^{-6}—10^{-7} cm 程度の距離は伝達されなくてはならない．

それゆえ，ゆらぎがおこった領域では，分極率も含めて，媒質の状態を表わすパラメタが幾分変化したと考えることができる．入射光波の電場が $e^{-i\omega t}$ に比例して変化しているとすると，それによってこの領域に生ずる分極もやはり時間的に同じように変化する．領域の大きさは入射光の波長よりもはるかに小さいから，領域全体にわたって分極の位相は同じである．それゆえ，分極を全領域で積分すれば，その結果として $e^{-i\omega t}$ に比例する二重極モーメントが得られる．領域の大きさを r とすると条件 $r \ll \lambda$ が成り立っているから，この場

合の散乱は二重極近似で考えなくてはならない(§19).

分極率が周波数に依存することを考えなければ，散乱される全エネルギーは，二重極モーメントの2階微係数の2乗——すなわち ω^4 あるいは $\dfrac{1}{\lambda^4}$——に比例する．

太陽からの光が地球の大気を通過すると，青い光の方が赤い光よりも余計に散乱される．これは，青い光の方が波長が短いからである．したがって，空から来る散乱光は，太陽スペクトル中の青い方の光が大部分を占めている．空の色が青いのはこのためである．

問　題

1 N および $\bar{N}$ が大きい場合に Poisson の公式(48.2)を書け．

(解)　(48.2)を次のように表わす：
$$w_N = \frac{1}{\sqrt{2\pi \bar{N}}} e^{-\bar{N}+N\ln\bar{N}-N\ln N+N}.$$

ただし，$N!$ を §39, 問題1と同じ近似で書いた．さらに $\ln\dfrac{\bar{N}}{N}$ を $\ln\left(1-\dfrac{N-\bar{N}}{N}\right)$ と書いて展開し，2次の項までとれば，Gauss 分布
$$w_N = \frac{1}{\sqrt{2\pi\bar{N}}} e^{-\frac{1}{2}\frac{(N-\bar{N})^2}{\bar{N}}}, \qquad \overline{(\Delta N)^2} = \bar{N}$$
がえられる．

厳密な Poisson の公式を用いて $\overline{(\Delta N)^2}$ を計算しても同じ値がえられる．すなわち，
$$\bar{N^2} = \sum N^2 w_N = e^{-\bar{N}}\bar{N}\frac{\partial}{\partial \bar{N}}\left(\bar{N}\frac{\partial}{\partial \bar{N}}\sum\frac{\bar{N}^N}{N!}\right) = e^{-\bar{N}}\bar{N}\frac{d}{d\bar{N}}\left(\bar{N}\frac{d}{d\bar{N}}e^{\bar{N}}\right) = \bar{N}^2 + \bar{N};$$
$$\overline{(\Delta N)^2} = \bar{N^2} - \bar{N}^2 = \bar{N}.$$

2 エントロピー一定での圧力のゆらぎ，圧力一定でのエントロピーのゆらぎを求めよ．

(答)　$\overline{(\Delta p)^2} = -\theta\left(\dfrac{\partial p}{\partial V}\right)_S$, 　$\overline{(\Delta S)^2} = C_p.$

3 $\Delta\theta\Delta p$ の平均値を求めよ．

(答)　$\overline{\Delta\theta\Delta p} = \dfrac{\theta^2}{C_V}\left(\dfrac{\partial p}{\partial \theta}\right)_V.$

4 与えられた周波数の電磁場について，エネルギーのゆらぎと量子の数のゆらぎとを求めよ．

(解)
$$\bar{\varepsilon}_\omega = \frac{\hbar\omega}{e^{\frac{\hbar\omega}{\theta}}-1}$$

から，(45.22)によって

$$\overline{(\Delta\bar{\mathscr{E}}_\omega)^2} = \frac{(\hbar\omega)^2 e^{\frac{\hbar\omega}{\theta}}}{(e^{\frac{\hbar\omega}{\theta}}-1)^2} = (\hbar\omega)^2\left[\frac{1}{e^{\frac{\hbar\omega}{\theta}}-1}+\frac{1}{(e^{\frac{\hbar\omega}{\theta}})^2}\right].$$

与えられた周波数の量子の数は $N_\omega = \dfrac{\bar{\mathscr{E}}_\omega}{\hbar\omega}$ であるから，

$$\overline{(\Delta N_\omega)^2} = \bar{N}_\omega + \bar{N}_\omega^2.$$

量子の数のゆらぎは，Boltzmann 気体の粒子数のゆらぎとは異なる形をしている（問題1参照）．

5 鉛直につるした単振り子が，平衡位置のまわりにゆらぎ振動を行なっている．ふれの角の2乗平均を求めよ．

（解）振り子の長さを l，質量を m とする．ふれの角が φ のときの位置エネルギーは $\dfrac{1}{2}mgl\varphi^2$ に等しい．今の場合，これがゆらぎの確率の中に現われる最小仕事である．したがって，

$$\overline{\varphi^2} = \frac{\theta}{mgl}.$$

6 気体中を平面電磁波が進む場合，密度のゆらぎのために，エネルギーの流れは単位長さ進むごとにどれだけずつ減少するか．

（解）単位体積あたりの気体の分子数を n，分子1個の分極率を β とすれば，気体の誘電率は

$$\varepsilon = 1 + 4\pi n\beta$$

である．密度のゆらぎによって体積 V の中に誘起される二重極モーメントは

$$d = E_0(N-\bar{N})\beta = E_0\Delta N\frac{\bar{\varepsilon}-1}{4\pi\bar{n}}$$

に等しい．時間についての微係数の2乗は

$$\dot{d}^2 = \omega^4 E_0^2 (\Delta N)^2 \left(\frac{\bar{\varepsilon}-1}{4\pi\bar{n}}\right)^2.$$

これをゆらぎについて平均すれば，

$$\overline{\dot{d}^2} = \omega^4 E_0^2 \bar{N}\left(\frac{\bar{\varepsilon}-1}{4\pi\bar{n}}\right)^2.$$

平面光波のエネルギー流の単位進行距離あたりの減衰は

$$\frac{\dfrac{2}{3}\dfrac{\overline{\dot{d}^2}}{c^3 V}}{\dfrac{c}{4\pi}E_0^2} = \frac{\omega^4}{6\pi c^4}\frac{(\bar{\varepsilon}-1)^2}{\bar{n}} = \frac{8\pi^3}{3}\frac{(\bar{\varepsilon}-1)^2}{\lambda^4 \bar{n}}$$

となる．

§49 相平衡

相への分離 同種の分子から成る物質は，4個の量——分子数，温度，圧力，体積——で特徴づけられる．一方，状態方程式が常に満たされていなければならないから(たとえば，理想気体では Clapeyron の方程式 $pV = N\theta$ が成り立つ)，このうちの3個だけが独立である．

理想気体は，与えられた体積全体を一様にみたす．その意味で，これはむしろ例外である．たとえば，20°C で 1g の水をとったとき，正の圧力をかけておく限りは，これに 10 cm³ の体積を一様に占めさせることはできない(負圧についてはこの節のあとで述べる)．20°C の水 1g は，これだけの体積の中に置けば液体と気体の二つの部分に分かれる——すなわち均一ではありえない．そして，系内にはあるきまった平衡圧力が現われる．

統計的平衡状態では，単位時間に水から蒸気の方へ飛出す分子の平均数と，蒸気から水に飛びこんで来る分子の平均数とが等しい．勝手な圧力のもとではこの条件がみたされないことは，次のように考えればすぐわかる．水の表面に分子のぶつかる回数は圧力に正比例するのに対して，蒸発する分子の数は圧力にはほとんどよらないからである．したがって，温度が与えられれば，液体と蒸気とが平衡を保つための圧力がただ一つにきまる．これと異なる条件のもとでは，液体と固体に分かれたり，気体と固体に分かれたり，あるいは結晶構造の異なるいろいろの固体に分かれるなど，一般にいくつかの相への分離がおこる．

相平衡の条件 二つの相の平衡圧力は，相の間の遷移をくわしく調べないでも，統計物理学の方法にしたがって求めることができる．

平衡状態では，二つの相の温度と圧力はもちろんそれぞれ等しい．この条件は必要ではあるが十分ではない．十分条件は，熱力学ポテンシャル Φ が極小になることである(§46)．この条件は次のように書くことができる．まず，熱力学ポテンシャルは相加的な量である．すなわち，全体の熱力学ポテンシャル

は各相の熱力学ポテンシャルの和に等しいから，
$$d\Phi = d\Phi_1 + d\Phi_2. \tag{49.1}$$
温度と圧力が与えられているときには，Φ_1 と Φ_2 の変化はもっぱら粒子数の変化によっておこる：
$$d\Phi_1 = \mu_1\,dN_1, \quad d\Phi_2 = \mu_2\,dN_2. \tag{49.2}$$
ところで，一方の相から出た粒子は必ずもう一方の相にはいるから，$dN_1 = -dN_2$ である．したがって，
$$(\mu_1 - \mu_2)\,dN_1 = 0. \tag{49.3}$$
dN_1 は任意であるから，相平衡の条件は，両相の化学ポテンシャルが等しいことである：
$$\mu_1(p, \theta) = \mu_2(p, \theta). \tag{49.4}$$
この方程式は，p-θ 面では一つの曲線で表わされる．つまり，温度を与えるとそれに応じて圧力がきまるのである．

一つの物質について，その三つの相が平衡を保つこともある．この場合には，平衡条件は
$$\mu_1(p, \theta) = \mu_2(p, \theta) = \mu_3(p, \theta) \tag{49.5}$$
となる．これら二つの方程式によって p-θ 面には一つの点がきまる（三重点）．この点から各 2 相間の平衡曲線が出ている（図 55）．

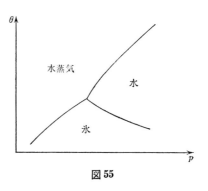

図 55

転移熱 同一物質の二つの相は，普通は互いに非常に異なっている．すなわち，比体積・エントロピー・エネルギーその他の相加的な量は転移点で不連続的に変化する．

転移点で放出（あるいは吸収）される熱量を求めてみよう．転移は一定圧力のもとでおこるから，熱量は熱関数の変化量に等しい．この熱量を分子 1 個について考えることとし，分子 1 個あたりの熱関数を i，エントロピーを s と書くことにする．そうすると，分子 1 個についての転移熱は

§49 相　平　衡

$$q = i_2 - i_1 \tag{49.6}$$

である．

熱関数と熱力学ポテンシャルの間には $I = \Phi + \theta S$ の関係がある．(46.48)を用いて分子1個あたりの量になおせば，この関係は

$$i = \mu + \theta s \tag{49.7}$$

と書ける．したがって，

$$q = \mu_2 - \mu_1 + \theta(s_2 - s_1).$$

一方，平衡状態では $\mu_2 = \mu_1$ であるから，転移熱はエントロピー変化と温度との積に等しい：

$$q = \theta(s_2 - s_1). \tag{49.8}$$

相転移が可逆過程であることを考えると，これはもっともな結果である．

Clausius-Clapeyron の方程式　同じ物質の二つの相が平衡にあるとする．この系の温度が少し変化したとき，相平衡が破れないためには，圧力はどのように変化しなくてはならないかを決定しよう．つまり，平衡曲線に沿って微係数 $\dfrac{dp}{d\theta}$ を求めるのである．

平衡圧力が温度によってどう変わるかは陰関数(49.4)の形できまる．求める微係数は

$$\frac{dp}{d\theta} = -\frac{\left[\dfrac{\partial(\mu_1 - \mu_2)}{\partial \theta}\right]_p}{\left[\dfrac{\partial(\mu_1 - \mu_2)}{\partial p}\right]_\theta}. \tag{49.9}$$

(46.46)と(46.48)から

$$\left(\frac{\partial \mu}{\partial \theta}\right)_p = -s, \quad \left(\frac{\partial \mu}{\partial p}\right)_\theta = v. \tag{49.10}$$

ただし，v は分子1個あたりの体積である．(49.9)の右辺の分母子に θ をかけ，(49.8)を用いれば，求める方程式がえられる：

$$\frac{dp}{d\theta} = \frac{q}{\theta(v_2 - v_1)}. \tag{49.11}$$

これは Clausius-Clapeyron の方程式とよばれる．

いま，q が正であるような転移——たとえば融解——を考えよう．微係数

$\dfrac{dp}{d\theta}$ の符号は，液相と固相のどちらの比体積が大きいかによる．たとえば，融点における水の比体積は氷の比体積よりも小さいから，$\dfrac{dp}{d\theta}$ は負の量である．そこで，水と氷とが平衡にある系の圧力を増加させたとすると，融点はさがる．

気相への転移がおこるときには(液体からならば蒸発，固体からならば昇華)，不等式 $v_2 \gg v_1$ が成り立つ．(49.11) の v_1 を無視し，v_2 を $\dfrac{\theta}{p}$ で置きかえれば，

$$\frac{d \ln d}{d \ln \theta} = \frac{q}{\theta}. \tag{49.12}$$

これは常に正である．したがって，水の三重点付近の平衡曲線はおよそ図55に示したようになる．上で述べたことによって，水と氷との間の平衡曲線は傾きが負である．

van der Waals の方程式 相転移がおこらなくてはならないことが，物質の状態方程式からどのようにして導かれるかを次に述べよう．それには，《実在気体》に対してよく知られた van der Waals の状態方程式を使うのが便利である．この方程式は，どんな仮定を行なっても，統計力学の基礎原理から厳密に導くことはできない．また，精密な定量的実験によって裏づけられているわけでもない．けれども，これは，理想気体から凝縮までのきわめて広範囲にわたる状態を定性的に記述する方程式の中では，最も簡単なものである．そこで，van der Waals の方程式がどのようにして導かれたかを思い出してみよう．

まず，気体は無限には圧縮できず，その体積はある値 b (全分子の固有の体積に関係する)以下にはなれないと仮定しよう．このことを考慮して，Clapeyron の方程式 $pV = N\theta$ の中の V を $V-b$ でおきかえる(実は，たとえ分子が剛体球と見なせる場合でも，このことにはあまりはっきりした根拠があるわけではない)．分子間には，かなりの距離まで及ぶような引力(距離が増すと共に急激に弱くなる)が働いている．このような力がないとすると凝縮はおこりえない．この力は圧力を減少させる．ところで，圧力の減少は，気体が占めている体積の2乗に逆比例する．このことは次のように考えればわかる．壁に対する気体の圧力はその運動エネルギー密度に比例する．壁に入射する分子の運動

エネルギーは，その体積内にあるほかの分子からの引力によって減少する．気体の密度が小さい場合には，3個の分子が同時に作用し合うことの効果はごくわずかであるから，この引力は主として2個ずつの分子の対によるものである．ところが，作用し合う分子対の数は密度の2乗に比例する，すなわち体積の2乗に逆比例する．エネルギーはこの場合引力によるものであるから，その密度は負であり，その結果として圧力は減少するのである．結局，van der Waals の方程式は次のように書ける：

$$p = \frac{N\theta}{V-b} - \frac{a}{V^2}. \tag{49.13}$$

ここで，右辺の第2項が引力の影響を表わす．この項はまた，統計力学の方法によって厳密に導くこともできる．しかし，これができるのは，液相のように各分子がまわりのたくさんの分子と絶えず作用し合っている場合よりもはるかに低密度の場合についてだけである．実在の液体の厳密な状態方程式は，van der Waals の方程式とは比較にならないほど複雑になるはずである．また，単独の方程式で，広範囲の液体に厳密に適用できるようなものが果して書けるかどうかも疑問である．

van der Waals の方程式と相転位　van der Waals の方程式を用いると，物質が気相と液相とに分かれる状態が存在することを示すことができる．まず，(49.13)は体積 V に関する3次方程式である．そこで，θ と p のある値に対しては，この方程式は3個の実根をもつ．いいかえれば，このとき一定温度に対する p-V 曲線(等温曲線)は図56の ABFD のような形をもつ．ところが，点 B と F の間では $\left(\frac{\partial p}{\partial V}\right)_\theta$ は正，したがって，(48.17) の第1の不等式によれば，このとき物質の状態は不安定である．それゆえ，この領域では物質はどうしても二つの相に分かれてしまう．

曲線 AB の部分は液体の状態に

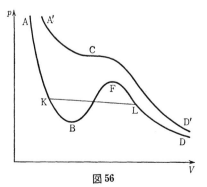

図56

対応する(体積が小さい).圧力を下げていくと液体は点 K まで膨張し,その
あとは直線 KL に沿って変化が起こる.点 K と L は化学ポテンシャルが等し
いという条件(49.4)から一義的にきまり,直線 KL 上の点は,K に相当する
状態の液体と L の状態の蒸気との混合物に対応している.等温曲線が与えら
れれば,点 K の位置は一義的にきまることを注意しておこう.

KB の部分は,$\left(\frac{\partial p}{\partial V}\right)_\theta < 0$ であるから,全く不安定というわけではない.こ
の部分に相当する状態は,液体内に蒸気の泡ができないようにすれば実現可能
である(過熱液体).そのためには,たとえば溶けている気体の泡が発生すると
いうような,蒸発に都合のよい作用が外から働かないようにしておく必要があ
る.場合によっては KB の一部が横軸よりも下に来ることがある.これは負
圧,すなわち液体をまわりから引張った状態に対応する.実際,液体が容器の
壁に付着して自由表面ができないようにしておけば,液体をこのように引張る
ことはできる.次に,FL の部分は過冷却蒸気に対応する.このような蒸気は,
凝縮の中心ができないようにしておけば作ることができる.凝縮中心(凝縮核)
は,イオンがもとになって容易に形成される.荷電粒子の飛跡を見るのに用い
られるなど Wilson の霧箱はこの原理にもとづいている.

臨界点 十分高温では,van der Waals の方程式の右辺第1項は第2項よ
りもはるかに大きくなる.そうすると,方程式は体積を $V-b$ としたときの
Clapeyron の方程式によく似てくる.ところが,この方程式は,p のどんな値
に対しても実根を1個しか持たない.よく知られているように,高温では,物
質は決して二つの相に分かれることがない.上に述べたことはこの事実に対応
している.

2相への分離が起こらなくなる温度を求めてみよう.この温度に相当する等
温線 A′CD′(図 56)の上では,$\left(\frac{\partial p}{\partial V}\right)_\theta = 0$ であった点 B と F とがくっついて
1点 C になり,不安定状態の領域はなくなっている.方程式(49.13)の3根が
融合して1点 C になってしまったから,C はこの方程式の3重根に対応する
点である.そこで,この3重根を V_C,それに対応する圧力を p_C とすると,
$p-p_C$ を $V-V_C$ で展開した式は3次の項から始まるはずである.ところで,
展開式の1次および2次の項が0になるためには,体積による圧力の1階およ

び2階の微係数が点Cで0になればよい．このことから，van der Waalsの方程式を用いて容易に点Cの位置を定めることができる．

1階と2階の微係数が0になるという条件は

$$\left(\frac{\partial p}{\partial V}\right)_C = -\frac{N\theta_C}{(V_C-b)^2} + \frac{2a}{V_C^3} = 0, \tag{49.14}$$

$$\left(\frac{\partial^2 p}{\partial V^2}\right)_C = \frac{2N\theta_C}{(V_C-b)^3} - \frac{6a}{V_C^4} = 0. \tag{49.15}$$

これから

$$\frac{V_C-b}{2} = \frac{V_C}{3},$$

すなわち

$$V_C = 3b. \tag{49.16}$$

(49.14)から

$$a = \frac{N\theta_C V_C^3}{2(V_C-b)^2} = \frac{27}{8}N\theta_C b,$$

したがって

$$\theta_C = \frac{8}{27}\frac{a}{Nb}. \tag{49.17}$$

点Cにおける圧力は，van der Waalsの方程式から

$$p_C = \frac{N\theta_C}{V_C-b} - \frac{a}{V_C^2} = \frac{1}{27}\frac{a}{b^2} \tag{49.18}$$

となる．p-θ面で相平衡の曲線を描いたとすると，この曲線は $p = p_C, \theta = \theta_C$ の点で終ることになる．Cを臨界点とよぶ．$\theta > \theta_C$ のような温度では2相への分離は起らない．

互いに連続的に移り変わることのできないような性質をもつ2相については，平衡曲線上に臨界点が現われることはない．そのような性質としては，たとえば結晶構造の規則性がある．理想結晶全体の位置は，空間的な向きを別にすれば，その中の原子1個の位置をきめれば原理的にきまってしまう．ところが液体では，1個の原子の位置をきめても，せいぜい隣接原子の位置までしかきまらない．それゆえ，物質によっては，結晶相と液相の間で連続的な転移が起ることのできないものがある．この場合，結晶相と液相とを分かつ曲線は，ある

点で終るということはありえない．したがって，この曲線には臨界点は存在しないのである．

相当状態の法則 (49.16), (49.17), (49.18)から定数 a, b および N を求めると，

$$b = \frac{V_\mathrm{c}}{3}, \quad a = 3V_\mathrm{c}^2 p_\mathrm{c}, \quad N = \frac{8}{3}\frac{p_\mathrm{c} V_\mathrm{c}}{\theta_\mathrm{c}}. \tag{49.19}$$

最後の式を $p_\mathrm{c} V_\mathrm{c} = \frac{3}{8} N\theta_\mathrm{c}$ と書いてみると，臨界点における状態方程式が理想気体の方程式とかなりちがうことがわかる．しかし，一般に上の関係式は実際には満足されていないことに注意する必要がある．前に述べたように，もともと van der Waals の方程式は定性的な式であるから，実在の物質について $p_\mathrm{c} V_\mathrm{c} \neq \frac{3}{8} N\theta_\mathrm{c}$ であることは少しも驚くにはあたらないのである．

(49.19)を(49.13)に代入すれば，

$$\frac{p}{p_\mathrm{c}} = \frac{\frac{8\theta}{\theta_\mathrm{c}}}{\frac{3V}{V_\mathrm{c}}-1} - 3\left(\frac{V}{V_\mathrm{c}}\right)^{-2}. \tag{49.20}$$

この式は，いわゆる相当状態の法則——物質が異なっても比 $\frac{p}{p_\mathrm{c}}, \frac{V}{V_\mathrm{c}}, \frac{\theta}{\theta_\mathrm{c}}$ の間には普遍的な関係が成り立つ——の特別な場合である．相当状態の法則というのは，状態方程式の形を特定のものに限ってはいないからもっと一般的な法則である．したがって，同じような構造の物質については，van der Waals の内挿式から導いた(49.20)のような特定の式よりは実際にはずっとよく合うのである．しかし，相当状態の法則からはずれる場合ももちろんある．すなわち，二つの物質で $\frac{p}{p_\mathrm{c}}$ と $\frac{\theta}{\theta_\mathrm{c}}$ がそれぞれ等しくても，$\frac{V}{V_\mathrm{c}}$ は厳密には等しくないことがある．

臨界点付近での物質の性質 さて，必ずしも van der Waals の方程式 (49.13)が成り立つとは仮定しないで，臨界点付近での物質の性質を一般的に調べてみよう．臨界等温曲線上で $p - p_\mathrm{c}$ を展開すれば，$(V-V_\mathrm{c})^3$ に比例する項から始まる．そこで，臨界点の近くでは $\left(\frac{\partial p}{\partial V}\right)_\theta$ が $(V-V_\mathrm{c})^2$ の程度で0になるという事実だけを用いることにする．圧力と温度の関係は臨界点附近でも

別に特異性をもたないから，臨界温度の近くでは $\left(\frac{\partial p}{\partial V}\right)_{\theta=\theta}$ と $\left(\frac{\partial p}{\partial V}\right)_{\theta=\theta_C}$ の差は $\theta-\theta_C$ に比例する．したがって，$\left(\frac{\partial p}{\partial V}\right)_\theta$ を臨界領域で展開すると次の形になる：

$$\left(\frac{\partial p}{\partial V}\right)_\theta = -\lambda(V-V_C)^2 - \nu(\theta-\theta_C). \qquad (49.21)$$

臨界温度よりも高い温度では，不等式 $\left(\frac{\partial p}{\partial V}\right)_\theta < 0$ が常に満たされていなければならないから，$\nu > 0$ である．同様の理由で $\lambda > 0$ である．臨界温度より下では $\left(\frac{\partial p}{\partial V}\right)_\theta$ は2点で0となる．それが図56のBとFである：

$$V_B - V_C = -\sqrt{\frac{\nu}{\lambda}(\theta_C-\theta)}, \quad V_F - V_C = \sqrt{\frac{\nu}{\lambda}(\theta_C-\theta)}. \quad (49.22)$$

次に，等温曲線上の点KとLの位置をを定めよう．それには相平衡の条件 $\mu_K = \mu_L$ を用いる．これは，等温曲線上の積分

$$\int_K^L d\mu = 0 \qquad (49.23)$$

の形に書いておくと便利である．両辺に N をかけ，θ が一定であるから $d\Phi$ を Vdp と書けば，

$$N\int_K^L d\mu = \int_K^L V\,dp = \int_K^L (V-V_C)\,dp$$

となる（条件 $p_L = p_K$ により $\int_K^L dp = 0$ となることを用いた）．はじめの式(49.21)をこれに代入すれば，化学ポテンシャルが等しいという関係は結局次のようになる：

$$\int_{V_K}^{V_L} (V-V_C)[\lambda(V-V_C)^2 + \nu(\theta-\theta_C)]\,dV = 0. \quad (49.24)$$

被積分関数は $V-V_C$ の奇関数である．したがって，積分区間の両端で $V-V_C$ の大きさが等しく符号が逆であれば積分は0となる．

同様に，KとLで圧力が等しいという条件を積分の形に書けば，

$$\int_K^L dp = \int_{V_K}^{V_L} \left(\frac{\partial p}{\partial V}\right)_\theta dV = 0. \qquad (49.25)$$

(49.21)を代入して積分すれば，

$$\frac{\lambda}{3}(V_L-V_C)^3 + \nu(V_L-V_C)(\theta-\theta_C) - \frac{\lambda}{3}(V_K-V_C)^3 - \nu(V_K-V_C)(\theta-\theta_C) = 0.$$

$V_\mathrm{K}-V_\mathrm{C}=-(V_\mathrm{L}-V_\mathrm{C})$ の関係を用いれば，求める方程式がえられる：

$$\frac{\lambda}{3}(V_\mathrm{L}-V_\mathrm{C})^3+\nu(V_\mathrm{L}-V_\mathrm{C})(\theta-\theta_\mathrm{C})=0.$$

これから

$$V_\mathrm{L}-V_\mathrm{C}=V_\mathrm{C}-V_\mathrm{K}=\sqrt{\frac{3\nu}{\lambda}(\theta_\mathrm{C}-\theta)}. \tag{49.26}$$

すなわち，臨界点の近くでは，完全に不安定な状態の領域の幅は，相の分離が起こっている領域全体の幅の $\dfrac{1}{\sqrt{3}}$ である．

さて，臨界点付近での転移熱を求めよう．定義によって

$$Q\cong\theta_\mathrm{C}(S_\mathrm{L}-S_\mathrm{K})\cong\theta_\mathrm{C}\left(\frac{\partial S}{\partial V}\right)_{\theta=\theta_\mathrm{C}}(V_\mathrm{L}-V_\mathrm{K}). \tag{49.27}$$

臨界点では $\dfrac{\partial S}{\partial V}$ は有限である（これは $\left(\dfrac{\partial p}{\partial \theta}\right)_V$ に等しい）．したがって，転移熱は $\sqrt{\theta_\mathrm{C}-\theta}$ に比例し，臨界点では確かに 0 となる．

密度のゆらぎは $\left(\dfrac{\partial p}{\partial V}\right)_\theta$ に逆比例する．したがって，臨界点の近くでは物質の密度は大きい統計的ゆらぎを示す．ところが，前節で見たように，このときには光の強い散乱がおこるから，その結果として物質は蛋白石のような乳光色を呈する（臨界乳光）．

第2種の相転移　　転移点では，両相の熱力学ポテンシャルは等しいが，他の相加量（たとえばエントロピー，エネルギー，体積など）は不連続的に変化する．けれども，このほかに，相加量自身は不連続でなくてその導関数——比熱，圧縮率など——だけが不連続となるような相転移も存在する．ヘリウムが $2.2°$ K で行なう転移はその一例で，転移点で比熱が不連続的に変化する（これについてはすでに §43 で述べた）．もう一つの例としては，770°C (Curie 点) で鉄が強磁性の状態からそうでない状態に移る．

この種の転移は結晶にしばしば見られる．この場合の転移は，並進あるいは回転に関する結晶格子の対称性に変化が起ることに対応している．対称性の型というものは連続的に変化することができないからである．この場合，もしエントロピーに不連続が起ったときにはこれを**第1種の相転移**とよび，エントロピーは連続でその導関数が不連続になったときには**第2種の相転移**とよぶ．

§49 相平衡

第2種の相転移を表わす曲線の上でいろいろな量の導関数が示すとびの間の関係を調べてみよう．エントロピーと体積は連続であるから，

$$\Delta S \equiv S_2 - S_1 = 0, \quad \Delta V \equiv V_2 - V_1 = 0. \quad (49.28)$$

これらの式を転移曲線に沿って温度で微分すれば，

$$\Delta\left(\frac{\partial S}{\partial \theta}\right)_p + \Delta\left(\frac{\partial S}{\partial p}\right)_\theta \frac{dp}{d\theta} = 0, \quad (49.29)$$

$$\Delta\left(\frac{\partial V}{\partial \theta}\right)_p + \Delta\left(\frac{\partial V}{\partial p}\right)_\theta \frac{dp}{d\theta} = 0. \quad (49.30)$$

ただし，$\frac{dp}{d\theta}$ は転移曲線に沿っての微係数である．さらに，$\left(\frac{\partial S}{\partial p}\right)_\theta = -\left(\frac{\partial V}{\partial \theta}\right)_p$ (式(46.46)) および $\left(\frac{\partial S}{\partial \theta}\right)_p = \frac{C_p}{\theta}$ であるから，$\Delta\left(\frac{\partial S}{\partial p}\right)_\theta$ を消去すれば

$$\Delta C_p = -\theta\left(\frac{dp}{d\theta}\right)^2 \Delta\left(\frac{\partial V}{\partial p}\right)_\theta \quad (49.31)$$

がえられる．すなわち，第2種の転移曲線に沿っては，定圧比熱のとびは圧縮率のとびと関係している．定容比熱のとびについても，同様の式が容易に導かれる．

場合によっては，第1種の転移曲線が，ある点から第2種の転移曲線になってしまうことがある．しかし，転移が対称性の変化によって起る場合には，どちらの曲線にも端はありえない．

第2種の相転移の熱力学的理論は Landau によって展開された[*]．

問 題

1 相転移曲線に沿う一方の相の比熱を求めよ．

(解) 比熱の定義から

$$C = \theta \frac{\partial S}{\partial \theta} = \theta\left[\left(\frac{\partial S}{\partial \theta}\right)_p + \left(\frac{\partial S}{\partial p}\right)_\theta \frac{dp}{d\theta}\right] = C_p - \frac{q}{\theta(V_2 - V_1)}\left(\frac{\partial V}{\partial \theta}\right)_p.$$

2 C_p は臨界点で無限大になることを示せ．

(ヒント) §46, 問題4の結果および臨界点の定義を用いよ．

3 第2種の転移曲線に沿う定容比熱のとびを体積弾性率のとびで表わせ．

(答) $$\Delta C_V = \theta\left(\frac{dV}{d\theta}\right)^2 \Delta\left(\frac{\partial p}{\partial V}\right)_\theta.$$

---

[*] Landau & Lifshitz: Statistical Physics, 統計物理学, 小林他訳, 1957, 岩波書店刊を参照.

§50 希薄溶液

希薄溶液と理想気体 希薄溶液には，理想気体によく似た規則性がいろいろある．このことは，希薄溶液中の溶質分子が，理想気体の分子と同様互いにほとんど作用し合わないでいることを考えれば容易に理解できる．けれども，溶質の分子はこれを取囲む溶媒の分子とは強く作用し合うから，溶液と気体との間には相違も現われる．

希薄溶液の熱力学ポテンシャル 古典統計における自由エネルギーの一般式

$$F = -\theta \ln \int e^{-\frac{\varepsilon}{\theta}} d\Gamma \qquad (50.1)$$

から出発しよう（因子 $(2\pi h)^N$ は重要でないので省略した）．ただし，積分は系の物理的に異なる状態全部について行なう．溶媒および溶質の分子の総数をそれぞれ N および n とし，これら N 個の分子同士および n 個の分子同士がそれぞれ全く同じであることを考慮すれば，積分範囲を位相空間全体に広げておいてから，同種の分子の並べかえ方の総数 $N!n!$ で割ることにしてもよい．

希薄溶液の熱力学ポテンシャルは，

$$\Phi = F + pV = \left(-\theta \ln \int e^{-\frac{\varepsilon}{\theta}} d\Gamma + \theta \ln N! + pV\right) + \theta \ln n!. \qquad (50.2)$$

ただし，今度は積分は位相空間全体にわたって行なう．右辺の括弧内を小さい量 $\frac{n}{N}$ のベキで展開しよう．この展開の 0 次の項が溶媒だけの熱力学ポテンシャル Φ_0 であることを考慮し，さらに Stirling の公式によって $\ln n!$ を $n \ln \frac{n}{e}$ で置きかえれば，

$$\Phi = \Phi_0 + \frac{n}{N} B(p, \theta, N) + n\theta \ln \frac{n}{e}. \qquad (50.3)$$

Φ が N と n についての加算的な関数でなければならない――N と n を同時にたとえば2倍すれば Φ も2倍になる――ことに注意すれば，$B(p, \theta, N)$ の

§50 希薄溶液

Nに対する関数形がもう少しくわしくわかる．

上の条件が満たされるためには，まずΦ_0は$N\mu_0$に等しくなければならない．ただし，μ_0は純粋の溶媒の化学ポテンシャルである．次に，第3項を

$$n\theta \ln \frac{n}{e} = n\theta \ln \frac{n}{eN} + n\theta \ln N$$

のように書けば，熱力学ポテンシャルは

$$\Phi = N\mu_0(p,\theta) + n\theta \ln \frac{n}{eN} + n\left(\frac{B(p,\theta,N)}{N} + \theta \ln N\right)$$

の形になる．

これが加算的な量であるためには，関数$\frac{B}{N} + \theta \ln N$は$N$を含んでいてはならない．結局，希薄溶液の熱力学ポテンシャルを与える一般式は次のようになる：

$$\Phi = N\mu_0(p,\theta) + n\theta \ln \frac{n}{eN} + nX(p,\theta). \tag{50.4}$$

溶液中の溶媒の化学ポテンシャルは

$$\mu = \frac{\partial \Phi}{\partial N} = \mu_0 - \frac{n\theta}{N}, \tag{50.5}$$

溶質の化学ポテンシャルは

$$\mu' = \frac{\partial \Phi}{\partial n} = \theta \ln \frac{n}{N} + X(p,\theta) \tag{50.6}$$

である．

滲透圧 溶媒分子は自由に通すけれども溶質分子は通さない半透膜というものがある．このような膜の両側にある溶媒は統計的平衡になければならない．ところで，これが可能なのは，純粋の溶媒の化学ポテンシャルと溶液中の溶媒の化学ポテンシャルとが膜の両側で等しい場合に限る．平衡が成り立つためには，膜の両側の物質の温度はもちろん等しい．膜によって圧力差が保たれる場合には，圧力だけは両側で異なることが可能である．圧力差をΔpと書けば，平衡条件として次の式がえられる：

$$\mu_0(p,\theta) = \mu(p+\Delta p,\theta) = \mu_0(p+\Delta p,\theta) - \frac{n\theta}{N}. \tag{50.7}$$

μ_0 を Δp のベキ級数に展開して1次の項までとることにしよう．液体では圧力差 Δp は小さいから，このような展開を行なうことができる．そこで，

$$\mu_0(p+\Delta p, \theta) = \mu_0(p, \theta) + \frac{\partial \mu_0}{\partial p} \Delta p. \tag{50.8}$$

ところが，$\dfrac{\partial \mu_0}{\partial p}$ は純粋の溶媒の分子1個の体積に等しい：

$$\frac{\partial \mu_0}{\partial p} = \frac{V}{N}.$$

したがって，次の方程式がえられる：

$$\Delta p \cdot V = n\theta. \tag{50.9}$$

溶液の圧力は Δp だけ高くなっている．この Δp のことを滲透圧とよぶ．方程式(50.9)は理想気体に対する Clapeyron の方程式と驚くほどよく似ている．この方程式ははじめは実験的に見出され，希薄溶液の熱力学を作り上げる際の基礎となった．ここでは，(50.9)はむしろ統計力学の一般原理から導かれたのである．

溶媒の相平衡(Raoult の法則) さて今度は，溶媒分子の間にも平衡が成り立っている場合を考察しよう．いま，溶液がこれと別の相にある溶媒と平衡にあるとし，この相には溶質ははいって来ないものとする．この場合に，p-θ 面の相平衡曲線の位置がどのようにずれるかを調べてみよう．

溶質がはいって行かない相の化学ポテンシャルを μ_1 とすれば，溶媒だけしかない場合の相平衡条件は次の方程式で与えられる：

$$\mu_1(p, \theta) = \mu_0(p, \theta). \tag{50.10}$$

ところが，溶液と，別の相にある溶媒との平衡はこれからずれる．その条件は次の式で与えられる：

$$\mu_1(p+\Delta p, \theta+\Delta\theta) = \mu_0(p+\Delta p, \theta+\Delta\theta) - \frac{n\theta}{N}. \tag{50.11}$$

いま，化学ポテンシャルを Δp と $\Delta \theta$ のベキ級数に展開しよう：

$$\mu_1(p+\Delta p, \theta+\Delta\theta) - \mu_0(p+\Delta p, \theta+\Delta\theta)$$
$$= \mu_1(p,\theta) - \mu_0(p,\theta) + \Delta p \frac{\partial}{\partial p}(\mu_1-\mu_0) + \Delta\theta \frac{\partial}{\partial \theta}(\mu_1-\mu_0)$$
$$= (v_1-v_0)\Delta p - (s_1-s_0)\Delta\theta. \tag{50.12}$$

ここで,系の圧力は溶媒だけのときの圧力と同じであると仮定する: $\Delta p = 0$.
このときには,平衡温度のずれは次の式で与えられる:

$$\Delta \theta = \frac{n\theta^2}{Nq} = \frac{n\theta^2}{Q}. \qquad (50.13)$$

ただし $Q = N\theta(s_1 - s_0)$ は純粋の溶媒の相転移熱である.蒸発の場合は $Q > 0$ であるから,もし溶質が蒸気にならないとすれば $\Delta \theta > 0$ である.つまり,平衡温度は上昇する.実際,溶媒だけのときよりも,溶液になったときの方が沸点は高い.

次に,溶質が固相の溶媒中にははいって行かない場合を考えよう.このときには Q は凝固熱で,$Q < 0$ である.このことから,溶液の凝固点は溶媒よりも低くなることがわかる.温度を下げるために別の物質をまぜるのは,溶液のこの性質を利用しているのである.

今度は,温度が一定の場合 ($\Delta\theta = 0$) の平衡を考えよう.溶液のときの平衡圧力の降下量は (50.12) からきまる:

$$\Delta p = -\frac{n\theta}{(v_1 - v_0)N}. \qquad (50.14)$$

溶液と蒸気とが平衡にある場合には $v_1 \gg v_0$ である.また,積 Nv_1 は,蒸気の状態にある溶媒の全体積である.そこで,圧力の相対降下量 $-\frac{\Delta p}{p}$ は溶液の濃度 $\frac{n}{N}$ に等しい.溶媒といっしょに仮に溶質をも蒸気に変えることができたとすると,そのときの溶質の分圧がちょうど溶液上の圧力の降下量に等しくなるはずである.

溶質の平衡 溶質と平衡にある溶液のことを飽和溶液とよぶ.このときの平衡条件は次のようになる:この物質の純粋状態での化学ポテンシャル μ_0' と溶けた状態での化学ポテンシャル μ' とは等しい.すなわち,

$$\mu_0' = \mu' = \theta \ln \frac{n_0}{N} + X(p, \theta). \qquad (50.15)$$

ただし,飽和の状態になっても,溶液はまだ希薄である ($n_0 \ll N$) と見なすことができるものとする.

溶質の純粋状態が気体の状態であるとすると,その化学ポテンシャルは圧力

と次の関係にある((47.9)参照):
$$\mu_0' = \theta \ln p + f_1(\theta). \tag{50.16}$$
関数 $X(p,\theta)$ は外圧にはほとんどよらない. $X(p,\theta)$ は凝縮相の性質できまるが, 外圧が数気圧の範囲にわたって変化したぐらいではこの性質は変わらないからである. (50.15) と (50.16) から, 溶解した気体の平衡濃度は液体上の圧力に比例することがわかる (Henry の法則):
$$\frac{n_0}{N} = a(\theta)p. \tag{50.17}$$
係数 a は圧力にはほとんどよらない.

溶解熱 溶解熱は, 溶液を作る物質の, 溶解の前後での熱関数の差に等しい. 熱関数は熱力学ポテンシャルと次の関係にある:
$$I = \Phi - \theta\left(\frac{\partial \Phi}{\partial \theta}\right)_p = -\theta^2 \frac{\partial}{\partial \theta}\left(\frac{\Phi}{\theta}\right). \tag{50.18}$$
したがって, 溶解熱は
$$Q = -\theta^2 \frac{\partial}{\partial \theta}\left[\frac{1}{\theta}\left(N\mu_0 + n\theta \ln \frac{n}{eN} + nX - n\mu_0' - N\mu_0\right)\right]. \tag{50.19}$$
ただし, μ_0' は溶解する前の溶質の化学ポテンシャルである. 飽和の条件 (50.15) を用いれば
$$Q = -n\theta^2 \frac{\partial}{\partial \theta} \ln \frac{n}{n_0}. \tag{50.20}$$
となる. 分子1個当りの溶解熱は $q = \dfrac{Q}{n}$ であるから,
$$q = -\theta^2 \frac{\partial}{\partial \theta} \ln \frac{n}{n_0} = \frac{\theta^2}{n_0} \frac{\partial n_0}{\partial \theta}. \tag{50.21}$$
すなわち, もし飽和溶液の濃度が温度と共に増加するならば, 溶解に際して熱の吸収がおこる.

Le Chatelier-Braun の原理 溶質と平衡にある飽和溶液に熱を加えたとしよう. このとき, もし $\dfrac{\partial n_0}{\partial \theta} > 0$ であれば溶質はさらに溶解し, 加えた熱は, 温度を上げるためだけでなく溶解のためにも費やされる. これに対して, $\dfrac{\partial n_0}{\partial \theta} < 0$ の場合には, 溶質の一部が溶液から析出し, そのためにやはり熱が費やさ

れる((50.21)参照). どちらの場合にも，平衡状態にある系では，外部からの作用(温度を上げようとする)に逆らうように変化がおこる．上の例は，Le Chatelier-Braun の原理として知られている熱力学の一般原理の特別な場合なのである．Clausius-Clapeyron の方程式は，この原理をもとにして解釈することもできる．

相 律 k 種の物質(成分)が，いろいろな濃度の溶液の形で f 個の相に分かれていると仮定しよう．このような系の平衡状態をきめるパラメタは全部でいくつあるだろうか？

物質の化学ポテンシャルは温度・圧力・相対濃度の関数である．相 g にある第 l 種の物質の濃度は

$$c_l{}^g = \frac{n_l{}^g}{\sum_{l'=1}^{k} n_{l'}{}^g} \quad (g=1,2,\cdots\cdots,f;\ l=1,2,\cdots\cdots,k)$$

で定義されるから，これらの量の間には次の関係が成り立つ:

$$\sum_{l=1}^{k} c_l{}^g = 1. \tag{50.22}$$

平衡の条件は，化学ポテンシャルが各物質ごとにすべての相にわたって等しいことである:

$$\mu_1{}^1(p,\theta,c_1{}^1,c_2{}^1,\cdots\cdots,c_k{}^1) = \mu_1{}^2(p,\theta,c_1{}^2,c_2{}^2,\cdots\cdots,c_k{}^2) = \cdots\cdots$$
$$= \mu_1{}^f(p,\theta,c_1{}^f,c_2{}^f,\cdots\cdots,c_k{}^f),$$
$$\cdots\cdots\cdots\cdots\cdots\cdots\cdots\cdots\cdots\cdots\cdots\cdots\cdots\cdots\cdots\cdots\cdots\cdots\cdots\cdots,$$
$$\mu_k{}^1(p,\theta,c_1{}^1,c_2{}^1,\cdots\cdots,c_k{}^1) = \mu_k{}^2(p,\theta,c_1{}^2,c_2{}^2,\cdots\cdots,c_k{}^2) = \cdots\cdots$$
$$= \mu_k{}^f(p,\theta,c_1{}^f,c_2{}^f,\cdots\cdots,c_k{}^f). \tag{50.23}$$

ここで，右上の添字は相を，右下の添字は物質を示す．

方程式(50.23)には，f 種の相のおのおのにおける k 種の物質の濃度と，そのほかに 2 個の変数(圧力と温度)とが含まれている．したがって，変数の数は全部で $kf+2$ である．

一方，(50.23)は各物質ごとに $f-1$ 個ずつの方程式から成り，さらに，濃度については f 個の関係式(50.22)がある．それゆえ，$kf+2$ 個の変数をきめるのに全部で $k(f-1)+f$ 個の方程式があることになる．そこで，自由に変化

しうる独立変数の数は，変数の数から方程式の数を引いたもの，すなわち
$$r = kf + 2 - k(f-1) - f = k - f + 2 \qquad (50.24)$$
である．r のことを系の**熱力学的自由度の数**とよぶ．すなわち，次の Gibbs の**相律**が成り立つ：自由度の数は，成分の数から相の数を引き，それに 2 を加えたものに等しい．

たとえば，一つの物質が二つの相に分かれて平衡にあるときには $r=1$ である．このような系では，1 個の変数だけ（温度または圧力）を自由に変えることができる．2 成分-2 相の系では自由度の数は 3 である．すなわち，温度または圧力のほかに，一方の相における成分の濃度を自由に変化させることができる．

強電解質　　強電解質溶液の熱力学的性質は，中性物質の溶液についてこの節でえた法則からはかなりはずれている．これは，イオン同士が静電的に作用し合っているからだと考えるのが自然であろう．この種の相互作用は，希薄溶液の理論では全然考慮しなかった．

電解質の水溶液は非常に強い溶解性を示す．これは，水の静的誘電率が 81 というような大きい値をもっていることを考えれば定性的には理解できる．溶液中では，異極性分子の原子的相互作用の位置エネルギーは真空中の $\frac{1}{\varepsilon}$ に減る．したがって，水の中では，異極性分子を作る原子の結合は $\frac{1}{81}$ の弱さになる．溶液内では，熱運動によって結合が破られて分子はイオンになっている．イオンの間の相互作用は Coulomb 力で，これは中性分子間の力に比べると，距離による弱まり方がはるかにおそい．イオン同士の相互作用を考慮した場合に，希薄溶液の化学ポテンシャルにどれだけの補正が加わるかを次に調べてみよう．

イオンの雲　　簡単のために，水溶液中の H^+ と Cl^- のように，正負の 1 価イオンだけを含む電解質溶液を考える．正イオンでも負イオンでも，どちらも正イオンの近くに来ることはできる．しかし，そこでの正イオンの密度は，平均密度に比べて Boltzmann 因子 $e^{-\frac{e\varphi}{\theta}}$ だけ減少している（φ は電荷分布によって正イオンのまわりにつくられた静電ポテンシャル）．これに対して，同じ位置で負イオンの密度は $e^{\frac{e\varphi}{\theta}}$ 倍にふえる．イオンの平均密度を ρ_0 とすれば，溶

液内の考えている点における電荷密度は

$$e\rho_0 e^{-\frac{e\varphi}{\theta}} - e\rho_0 e^{\frac{e\varphi}{\theta}} = -2e\rho_0 \sinh\frac{e\varphi}{\theta}$$

である.方程式(14.6)により,これに $-\dfrac{4\pi}{\varepsilon}$ をかけたものは静電ポテンシャルのラプラシアンに等しい(媒質があるために電場が弱められることを考慮して,(14.6)の右辺を ε で割っておかなくてはならない).これを球座標で書けば,

$$\frac{1}{r^2}\frac{d}{dr}\left(r^2\frac{d\varphi}{dr}\right) = \frac{8\pi}{\varepsilon}e\rho_0 \sinh\frac{e\varphi}{\theta}. \tag{50.25}$$

この方程式の解を,不等式 $e\varphi \ll \theta$ が満足されるような点について考えてみよう.実際上興味があるのはこのような領域だけだからである.上の不等式がみたされていれば,$\sinh\dfrac{e\varphi}{\theta}$ を $\dfrac{e\varphi}{\theta}$ で置きかえることができるから,(50.25)は線形の方程式となる:

$$\frac{1}{r^2}\frac{d}{dr}\left(r^2\frac{d\varphi}{dr}\right) = \frac{8\pi\rho_0 e^2}{\varepsilon\theta}\varphi. \tag{50.26}$$

いま,この方程式の解を,普通の Coulomb ポテンシャルに遮蔽因子 $\xi(r)$ をかけた形に置いてみる:

$$\varphi = \frac{e}{\varepsilon r}\xi(r). \tag{50.27}$$

これを(50.26)に代入すれば,ξ に対する方程式がえられる:

$$\frac{d^2\xi}{dr^2} = \frac{8\pi\rho_0 e^2}{\varepsilon\theta}\xi. \tag{50.28}$$

ここで

$$\kappa \equiv \sqrt{\frac{8\pi\rho_0 e^2}{\varepsilon\theta}} \tag{50.29}$$

と置けば,(50.28)の解は次の形に書ける:

$$\xi(r) = e^{-\kappa r}. \tag{50.30}$$

(50.28)の解は二つあるが,指数が負のものだけをとった.また,積分定数は 1 に選んである.これは,イオンの近くでは遮蔽の効果はなくなり,$\varphi(r)$ は通常の Coulomb ポテンシャルになるはずだからである.

(50.27)と(50.30)によって,

$$\varphi = \frac{e}{\varepsilon r}e^{-\kappa r}. \tag{50.31}$$

イオンから $\frac{1}{\kappa}$ の距離だけ遠ざかると,ポテンシャルは $\frac{1}{e}$ に減る. $\frac{1}{\kappa}$ のことを**イオン雲の半径**とよぶ.もちろん,実際に《雲》があるわけではない.反対符号の電荷密度が増し,同符号の電荷密度が減ったために,$\frac{1}{\kappa}$ の距離のところではイオンの電場がこれだけの遮蔽を受けているというだけである.

強電解質の熱力学的量 イオンの雲によって作り出された静電ポテンシャルは,ポテンシャル $\varphi(r)$ と,イオンによって囲まれない自由電荷のポテンシャルとの差に等しい.もとの正イオンが存在する位置では,この附加的なポテンシャルは

$$\delta\varphi = \lim_{r\to 0}\frac{e}{\varepsilon r}(e^{-\kappa r}-1) = -\frac{e\kappa}{\varepsilon}$$

となる.これは有限の大きさである.イオンの近くでは,(50.26)の線形近似は厳密には成り立たない.それにもかかわらず(50.31)の解をそこまで延長して考えることができたのは,上の量が有限だからなのである.

イオンの自由エネルギーに付け加わる項を求めるには,電荷 e をポテンシャル $\delta\varphi$ の点まで運ぶのに必要な仕事を計算すればよい.ただし,ポテンシャル $\delta\varphi$ は電荷 e 自身によっても作り出されることを考慮する必要がある.それゆえ,仕事は $e\delta\varphi$ ではなく,積分 $\int_0^e \delta\varphi\, de$ に等しい.ここでは,電荷が外部パラメタ λ,ポテンシャルが一般の力 Λ である(§46).$e\kappa \sim e^2$ を考慮すれば,

$$\delta F = \delta A = \int_0^e \delta\varphi\, de = -\frac{e^2\kappa}{3\varepsilon}. \qquad (50.32)$$

自由エネルギーの附加項のために,イオンの化学ポテンシャルにも附加項が現われる.これは上の式から容易に求められる:

$$\delta\mu_i = \delta F - V\frac{\partial(\delta F)}{\partial V} = -V^2\frac{\partial}{\partial V}\left(\frac{\delta F}{V}\right). \qquad (50.33)$$

κ(したがって δF)は体積の平方根に逆比例するから,

$$\frac{\partial}{\partial V}\left(\frac{\delta F}{V}\right) = -\frac{3}{2}\frac{\delta F}{V^2}$$

である.$\delta\mu_i$ はイオン1個に関する量であるから,一つの分子を作るイオン対についてこれを加えたものが,求めようとする溶質の化学ポテンシャルの附加

項である:

$$\delta\mu' = 2\cdot\frac{3}{2}\delta F = -\sqrt{\frac{8\pi}{\varepsilon^3}\frac{n}{N}\frac{\rho e^6}{\theta}}. \tag{50.34}$$

ただし ρ は溶媒の分子数密度を表わす.

溶液全体の熱力学ポテンシャルには，次の量

$$\delta\Phi = \int \delta\mu' dn = -\frac{2}{3}\sqrt{\frac{8\pi}{\varepsilon^3}\frac{n^3}{N}\frac{\rho e^6}{\theta}} \tag{50.35}$$

が加わる．また，溶媒の化学ポテンシャルに対する附加項は

$$\delta\mu = \frac{\partial(\delta\Phi)}{\partial N} = \frac{1}{3}\sqrt{\frac{8\pi}{\varepsilon^3}\frac{n^3}{N^3}\frac{\rho e^6}{\theta}} \tag{50.36}$$

で与えられる．この強電解質の理論は Debye と Hückel によって作り上げられた．

Debye-Hückel の理論からの帰結 (50.36) の $\delta\mu$ を，滲透圧を求めたときの方程式 (50.7) に代入すれば，(50.9) のかわりに次の式が得られる:

$$\Delta p \cdot V = 2n\theta\left(1 - \frac{1}{6}\sqrt{\frac{8\pi}{\varepsilon^3}\frac{n}{N}\frac{\rho e^6}{\theta^3}}\right). \tag{50.37}$$

(因子 2 をつけたのは，完全に解離がおこったものとしたからである．) かっこ内の式は $\frac{n}{N}$ が減少すると 1 に近づく．しかし，濃度についての導関数は無限大となる．

飽和溶液の濃度をきめる方程式 (50.15) の中の付加項は $\sqrt{n}$ に比例する．この項も，$n \to 0$ のときに導関数が無限大となる．

§51 化学平衡

可逆反応と非可逆反応　系の変化する速さが外部パラメタの変化の速さと一致しないような過程はすべて非可逆であるが，特に有限の速さでおこる化学反応も非可逆である．たとえば，爆鳴気(水素と酸素の混合物)が燃焼すると非可逆的に水蒸気が生成される．

一定量の酸水素混合気体を閉じた容器の中に入れておいたとすると，この混合物は化学反応に関しては熱力学的に不安定である．もちろん，反応は決していきなり $2H_2+O_2 = 2H_2O$ という《最終的な方程式》通りに起こるわけではない．これが起こるためには，分子は非常に高いポテンシャルの壁を乗り越えなくてはならない．実際には，反応は，不安定な中間物質——結合手の飽和されていない OH, H, O など——が関係するいくつかの段階をへて進む．これらがいわゆる活性中心とよばれる物質である．

活性中心は最初はきわめてできにくいので，常温では酸水素混合気はいつまでもそのままでいる．ところが，何らかの方法(たとえば強力な電気火花)でいったん活性中心が作られると，それがもとになってまた新しい活性中心が作られてその数がふえていく，というようにして反応が進む(連鎖反応)*．活性中心のふえ方が十分速ければ，反応は爆発的におこる．

けれども，化学反応は決して最後までは進行しない．十分堅牢な容器(ボンベ)の中で爆発が起こったとすると，最終的には，水素と酸素と水蒸気とを一定の割合で含むような平衡状態に達する(この割合は混合気体の温度と圧力とはじめの組成とできまる)．この状態を化学平衡とよぶ．

平衡にある系の外部パラメタがゆっくり変化するときには，平衡はどちらかの向きに移動して，もとの物質がふえたり生成物がふえたりする．一方，これらの化学反応は外界の条件が変化するのと同じ速さで進行する．それゆえ，このような反応は可逆的である．一般に，ある過程の進行速度が系の平衡状態を

---

*　たいていの連鎖反応には活性中心が関係する．このことは，連鎖反応の発見者 Semyonov とその門下によって(またこれとは独立に Hinshelwood によって)基礎づけられた．

きめる量の変化速度と常に等しく，決して瞬間的におこってしまうようなことがなければ，その過程は可逆的である．

化学平衡 化学平衡の状態は，反応が進行する機構とは全く無関係に，《最終的な方程式》に含まれる物質の熱力学的関数によってきまる．化学反応速度の研究は現在でもなお活溌に進められているのに対して，化学平衡の理論の方はすでに19世紀にでき上がっていたという理由はここにある．この意味では，上の二つの関係は，統計力学一般（平衡を取扱う）と運動学（マクロな過程の速度を取扱う）との関係に似ている．

温度と圧力が与えられた場合，化学平衡は反応物質の熱力学ポテンシャルが極小になったときにはじめて達せられる：
$$d\Phi = 0. \tag{51.1}$$
$p=$ 一定，$\theta=$ 一定 とすれば，この条件は次の形をとる：
$$d\Phi = \sum_i \mu_i dN_i = 0. \tag{51.2}$$

ここで，μ_i は最終的な反応方程式に現われる物質中 i 番目のものの化学ポテンシャルである．たとえば，酸水素混合気の場合には，このような物質は水素と酸素と水蒸気だけである．ところで，dN_i は勝手な値をとることはできない．反応方程式によって，これらの数の間には関係があるからである．いいかえれば，N_i は化学当量の関係が保たれるようにしか変化できない．たとえば，次の反応

$$2CO + O_2 = 2CO_2$$

では $dN_{CO} : dN_{O_2} : dN_{CO_2} = (-2) : (-1) : 2$ である．また，水素の熱解離

$$H_2 = 2H$$

では $dN_{H_2} : dN_H = (-1) : 2$ である．一般に，dN_i は，考えている反応におけるその物質の当量 ν_i に比例する．したがって，方程式(51.2)は次のようにも書ける：
$$\sum_i \mu_i \nu_i = 0. \tag{51.3}$$

これが系内での化学平衡の条件を表わす方程式である．

質量作用の法則 反応物質の化学ポテンシャルの具体的な関数形がわかっている場合には(たとえば希薄溶液や理想気体),方程式(51.3)は特に便利である.理想気体の場合には,平衡状態におけるすべての分子の構造についてかなりのことがわかっていれば,各物質の平衡濃度を求めることができる.

理想気体の混合物における1種類の気体の化学ポテンシャルは,(47.17)により

$$\mu_i = -\theta \ln \frac{\theta f_i(\theta)}{p_i}. \tag{51.4}$$

ただし,f_i は,分子全体としての運動量のあらゆる値と分子の回転・振動・電子状態のすべてについてとった統計和である.電子状態については,統計和にきいてくるのは,分子の基底状態に近くて解離の限界よりはずっと下にある準位だけである.解離の限界近くの状態では分子は分解してしまうから,そのような高い励起状態は統計和にはきいてこないのである(問題2).

化学ポテンシャルの表式(51.4)を化学平衡の条件式(51.3)に代入すれば,

$$\sum_i \nu_i \ln p_i = \sum_i \nu_i \ln (\theta f_i).$$

これから,平衡条件は分圧を用いて次のように表わされる:

$$\prod_i p_i^{\nu_i} = \prod_i (\theta f_i)^{\nu_i} \equiv K. \tag{51.5}$$

(47.15)によって分圧を相対濃度で表わせば,この方程式は

$$\prod_i c_i^{\nu_i} = p^{-\sum_i \nu_i} \prod_i (\theta f_i)^{\nu_i} = p^{-\sum_i \nu_i} K \tag{51.6}$$

となる.ただし,c_i は混合気体中の第 i 成分の相対濃度である:

$$c_i = \frac{N_i}{N}. \tag{51.7}$$

さらに,(51.6)の右辺の圧力を,最初の圧力あるいは最初の密度を用いて表わしておかなければならない.考えている平衡の段階における分子数の変化(最初の分子数からの)を考慮すれば,これは Clapeyron の方程式を用いて容易に行なうことができる.

各成分の濃度は,反応にあずかる物質が最初どれだけあったかによる.それゆえ,平衡濃度もこれらの量(すなわち質量)の関数である.方程式(51.6)を**質量作用の法則**とよぶのはこのためである.

(51.5) の第 2 辺の量は，混合物の各成分の濃度を含んでいない．それゆえ，これを K と置いて，K のことをこの反応の**平衡定数**とよぶ．その次元は $[p_i^{\Sigma \nu_i}]$ である．

反応熱 一定圧力のもとで化学反応がおこる場合，反応物質の反応後の熱関数から反応前の熱関数を引いたものを反応熱と定義する．反応熱は最小単位の反応について表わすのが便利である((50.18)参照)：

$$q = \delta i = -\theta^2 \frac{\partial}{\partial \theta}\left(\frac{\delta \Phi}{\theta}\right). \tag{51.8}$$

最小単位の反応については $\delta \Phi = \sum_i \mu_i \nu_i$ であるから，反応熱は

$$q = -\theta^2 \frac{\partial}{\partial \theta}\left(\frac{\sum_i \mu_i \nu_i}{\theta}\right) \tag{51.9}$$

となる．

この式では，反応熱とは反応に際して吸収される熱のことである．もし発熱量のことを反応熱と定義するならば，これまでの式の符号を変えなければならない．

質量作用の法則が成り立つ場合には，反応熱は平衡定数 K を用いて表わされる：

$$q = \theta^2 \frac{\partial \ln K}{\partial \theta}. \tag{51.10}$$

この式は Le Chatelier-Braun の原理と一致している．それは次のように考えればわかる．もし $\frac{\partial (\ln K)}{\partial \theta} > 0$ ならば，(51.6)からわかるように，温度を増したとき，平衡は正の ν_i の物質がふえる方向に移動する．ところが，(51.10)によれば系はこのとき熱を吸収するから，反応は温度上昇に逆らうようにおこることになる．平衡状態にある系の温度を上げ下げすれば，反応を任意の向きに可逆的に進行させることができる．

問　題

1 反応 $2CO + O_2 = 2CO_2$ について，質量作用の法則を表わす方程式を書け．ただし，

最初 CO が a モル,O_2 が b モルあったものとする.

(解) O_2 が x モルだけ反応をおこしたとすると,$2x$ モルの CO がこれと反応し,$2x$ モルの CO_2 が生成されることになる.結局,この状態では全部で $a+b-3x+2x = a+b-x$ モルの物質が存在する.それぞれの物質の濃度は

$$c_{CO} = \frac{a-2x}{a+b-x}, \quad c_{O_2} = \frac{b-x}{a+b-x}, \quad c_{CO_2} = \frac{2x}{a+b-x}$$

であるから,平衡条件は次のようになる:

$$\frac{(2x)^2(a+b-x)}{(a-2x)^2(b-x)} = pK.$$

p は平衡圧力で,温度が等しい場合には最初の圧力 p_0 の $\frac{a+b-x}{a+b}$ 倍である.それゆえ,x をきめる方程式は

$$\frac{x^2}{(a-2x)^2(b-x)} = \frac{p_0 K}{4(a+b)}$$

となる.

2 次のデータを使って,窒素の熱解離に対する平衡定数を計算せよ.

(i) 窒素原子の基底状態は ^4S である.最低の励起状態(^2D)と次の励起状態(^2P)のエネルギーは,基底状態から測ってそれぞれ 2.4 eV と 3.5 eV である.

(ii) 絶対零度における N_2 分子の生成エネルギーは 9.76 eV である(この数値は現在信頼の置けるものとされている).

(iii) 基底状態における N_2 の慣性モーメントは $J = 13.84 \times 10^{-40}$ g・cm^2,分子の振動量子は 0.287 eV である.分子の基底状態では,電子の軌道角運動量とスピン角運動量は原子角を連ねる直線上には射影をもっていない.分子の最低の励起状態のエネルギーは,基底状態よりも 6 eV 以上高い.

(解) 原子に対する統計和は,

$$f_N = \frac{(2\pi m_N \theta)^{\frac{3}{2}}}{(2\pi \hbar)^3} (4 + 2 \cdot 5 \cdot e^{-\frac{2.4}{\theta}} + 2 \cdot 3 \cdot e^{-\frac{3.5}{\theta}}).$$

便宜上,今後 θ は eV を単位として測るものとする(1 eV は 11,600° に相当する).次に分子に対する統計和を計算しよう.電子の状態としては,その基底状態だけが分子の統計和にきいてくるような温度だけを考えることにすれば((47.20)参照),

$$f_{N_2} = \frac{(2\pi m_N \theta)^{\frac{3}{2}}}{(2\pi \hbar)^3} \frac{J\theta}{\hbar^2} \frac{e^{\frac{9.76}{\theta}}}{1 - e^{-\frac{0.287}{\theta}}}.$$

反応 $N_2 = 2N$ に対する平衡定数は,(51.5) により

$$K = \frac{\theta f_N^2}{f_{N_2}} = (1 + 2.5 e^{-\frac{2.4}{\theta}} + 1.5 e^{-\frac{3.5}{\theta}})^2 \frac{1}{8J\hbar} \left(\frac{m_N \theta}{\pi}\right)^{\frac{3}{2}} (1 - e^{-\frac{0.287}{\theta}}) e^{-\frac{9.76}{\theta}}.$$

一例として,温度が 1 eV,分子数が 1 cm^3 あたり 2.7×10^{19} の場合に,分子の解離度 x

を計算してみよう．分子だけのときの圧力を p_0 とすれば，質量作用の法則により

$$\frac{4x^2}{1-x} = \frac{K}{p_0} = 5.25\times 10^5 \times 5.77\times 10^{-5} = 30.3.$$

ただし，指数の部分 $e^{-9.76}$ が 5.77×10^{-5} で，残りの部分が 5.25×10^5 である．これから，平衡状態における解離度は $x = 0.89$ となる．すなわち，解離エネルギーの $\frac{1}{10}$ の温度のときに，すでに全体の 89% の分子が解離していることになる．指数の前の因子がこのような比較的低い温度で非常に大きい値をとることは，次の事実から説明される．すなわち，解離した状態の統計的重みは気体の全体積できまるのに対して，解離していない状態の重みは分子の体積だけできまる．したがって，解離の確率は，普通の大気程度の密度 (2.7×10^{19} 個/cm³) ですでに非常に高いのである．

3 ヘリウムの熱電離度を温度と圧力の関数として表わせ．ただし，ヘリウムの第1電離ポテンシャルは基底状態から測って 24.47 eV, 最低の励起状態のエネルギーは 20.5 eV である．

(解) 電離平衡の状態では質量作用の法則が成り立つ：

$$\frac{c_e c_{He^+}}{c_{He}} = \frac{K}{p}.$$

統計和は

$$f_e = 2\frac{(2\pi m_e \theta)^{\frac{3}{2}}}{(2\pi h)^3}, \quad f_{He^+} = 2\frac{(2\pi m_{He}\theta)^{\frac{3}{2}}}{(2\pi h)^3}, \quad f_{He} = \frac{(2\pi m_{He}\theta)^{\frac{3}{2}}}{(2\pi h)^3}e^{\frac{24.47}{\theta}}.$$

ただし，2 の因子は電子と He⁺ イオンのスピンを考慮したためである．

これから，平衡定数は

$$K = 4\frac{(2\pi m_e\theta)^{\frac{3}{2}}}{(2\pi h)^3}\theta e^{-\frac{24.47}{\theta}} = \frac{1}{h^3}\sqrt{\frac{2m_e^3\theta}{\pi^3}}e^{-\frac{24.47}{\theta}}.$$

ヘリウムの最初の圧力を p_0 とすれば，電離平衡の方程式は，電離度を x として次の形をとる：

$$\frac{x^2}{1-x} = \frac{K}{p_0}.$$

たとえば，温度を 4 eV, 分子数密度を 2.7×10^{19} 個/cm³ とすれば，

$$\frac{x^2}{1-x} = 3.59\times 10^3 \times 2.20\times 10^{-3} = 7.90; \quad x = 0.90$$

となる．前例と同様，ここでも指数因子 2.20×10^{-3} の前にかかる因子の方がはるかに大きい．これは電離状態の統計的重みが大きいからである．ヘリウム原子の励起状態は統計和にはほとんどきかない．もっと高温になると，第1段の電離がほとんど完全に行なわれ，励起されるべき中性原子はなくなってしまう．

4 電池の起電力と，その内部でおこる化学反応の反応熱との関係を求めよ．

(解) 定義によって，起電力は，回路に沿って単位量の電荷を運ぶのに要する仕事

である．電池を中に含むような一つの回路を考え，それに沿って電荷を運べば，化学反応が可逆的におこって電極のイオンは中和される．この可逆反応の際になされた仕事は熱力学ポテンシャルの変化量に等しく，反応熱は熱関数の変化量に等しい．したがって，(51.9)から

$$q = -\theta^2 \frac{\partial}{\partial \theta}\left(\frac{起電力}{\theta}\right).$$

§52 界面現象

界面の熱力学ポテンシャル　　これまでは，3次元的な広がりをもったものとしての物質の性質だけを調べてきた．したがって，相平衡，化学平衡，溶液の平衡などについて得られた結果は，厳密にいえばどれも非常に大きい系に関するものである．

異なる物質，あるいは同じ物質の異なる相を分かつ界面は特別の性質を持っている．この性質は，接触している両側の物体の性質と状態とに関係する．

二つの媒質の接触面を考えると，その単位面積あたりの熱力学ポテンシャルは，両側の媒質の温度 θ と圧力 p の関数である．平衡状態では θ と p は面全体にわたって一定である．触れ合っている部分同士の相互作用は界面を通して行なわれる．界面の大きさは触れ合っている部分の長さに比例するが，境界面の面積はこの部分の長さの2乗に比例する．そこで，物体が十分大きければ，ちょうど3次元の部分系を考えたときと同じようにして，その界面の部分をほとんど独立な部分系と見なすことができる．したがって，3次元の場合と同じ理由で，界面の熱力学ポテンシャルは加算的な量である．二つの媒質の境界面の面積を ζ，その単位面積あたりの熱力学ポテンシャルを α とすれば，加算性によって，界面全体の熱力学ポテンシャルは

$$\Phi = \alpha \zeta \tag{52.1}$$

である．

界面張力　　一定圧力・一定温度のもとでなされた仕事は熱力学ポテンシャルの変化量に等しい(§46)．したがって，境界面の面積を1だけ増加させるには α だけの仕事が必要である．この仕事のことを，与えられた二つの媒質の界面張力とよぶ．

いま述べた界面張力の定義と初等的な定義とが同じものであることはすぐ証明できる．いま，Π の形をした針金の枠に，自由に動かすことのできる別の針金をわたして閉じた長方形をつくり，これをへりとして液体の膜をこしらえ

る．わたした針金の長さを1とすれば，針金は液体の界面張力の2倍の力（膜には表と裏の両面があるから）で膜から引かれる．この針金をそれ自身に垂直に距離1だけ動かすには，界面張力の値の2倍だけの仕事を外から加えなければならない．

一方，このときには膜の全表面積は2だけ増加するから，表面積を1だけ増加させるための仕事は，まさしく初等的な意味での《界面張力》に等しくなるのである．

境界の面積を増加させると，物質の内部にあった原子の一部が界面に現われて来る．そうなるためには，他の原子からの引力にうち勝つだけの力が必要である．面積を広げるときに外から仕事をしなければならないのはこのためである（接触している物質の性質によっては，このとき逆に仕事が得られることもある）．真空と境を接している凝縮相の界面張力はもちろん常に正である．

平衡状態では熱力学ポテンシャルが極小になる．いまの場合には，これが極小になるのは，ちょうど面積ζが最小になったときである．それゆえ，ある枠（一般には同一平面内にあるとは限らない）をへりとして張られた液体の膜はできるだけ面積が小さくなろうとする．完全な平衡状態にある液体は球形になるが，こうなれば，与えられた体積に対して表面積が最小になるからである．

界面が増加するときの熱 界面の面積が増加するときには外からの仕事が必要であるが，このとき同時に熱が発生する．界面が広がる過程は可逆であるから，このときに発生する熱は，一般式(46.18)によって$Q = \theta \Delta S$で与えられる．界面のエントロピーは(46.46)から計算される．この式に界面の熱力学ポテンシャルの表式(52.1)を代入すれば，

$$Q = -\theta(\zeta_2 - \zeta_1)\frac{\partial \alpha}{\partial \theta}. \tag{52.2}$$

すなわち，$\frac{\partial \alpha}{\partial \theta}$の符号に応じて熱は放出されたり吸収されたりする．

液滴の平衡蒸気圧 界面の熱力学ポテンシャルまで考えに入れると，相平衡の条件は前と変わってくる．もちろん，一般的な条件$d\Phi = 0$はこの場合にも成立するが，これはもはや(49.4)のように$\mu_1 = \mu_2$という形にはならず，一

§52 界面現象

般には次のように書かなくてはならない：

$$\frac{\partial \Phi_1}{\partial N} = \frac{\partial \Phi_2}{\partial N}. \tag{52.3}$$

蒸気相は非常に大きな体積を占めている．これを添字1で表わそう．また，小さい液滴(半径 R)を添字2で表わす．このとき，気相については

$$\frac{\partial \Phi_1}{\partial N} = \mu_1, \tag{52.4}$$

液相については

$$\frac{\partial \Phi_2}{\partial N} = \frac{\partial}{\partial N}(N\mu_2 + \alpha\zeta) \tag{52.5}$$

が成り立つ．右辺第2項の微分は

$$\frac{\partial}{\partial N}(\alpha\zeta) = \alpha\frac{\partial \zeta}{\partial N} = 8\pi\alpha R\frac{\partial R}{\partial N}. \tag{52.6}$$

液体の分子数密度を ρ とすれば，$R = \left(\dfrac{N}{\frac{4}{3}\pi\rho}\right)^{\frac{1}{3}}$ であるから，

$$\frac{\partial R}{\partial N} = \frac{1}{3}\frac{R}{N}. \tag{52.7}$$

これを(52.6)に代入し，N を R で表わせば，

$$\alpha\frac{\partial \zeta}{\partial N} = \frac{8\pi\alpha R^2}{3\cdot\frac{4}{3}\pi R^3\rho} = \frac{2\alpha}{\rho R}. \tag{52.8}$$

したがって，蒸気と液滴の間の平衡条件は

$$\mu_1(p,\theta) = \mu_2(p,\theta) + \frac{2\alpha}{\rho R} \tag{52.9}$$

となる．

界面が平面の場合の平衡圧力を p_0 とし，$p = p_0 + \Delta p$ と書くことにしよう．化学ポテンシャルを Δp で展開すれば((50.12)参照)，

$$(v_1 - v_2)\Delta p = \frac{2\alpha}{\rho R}. \tag{52.10}$$

液体の比体積を蒸気の比体積に対して無視すれば，圧力増加を与える式として，

$$\Delta p = p_0 \frac{2\alpha}{\rho R\theta} \tag{52.11}$$

が得られる.液体内の気泡の圧力についても同じ式が成り立つ.ただし,この場合には符号が逆になる.

過飽和相の安定性　上で見たように,凸面をもつ液滴表面の平衡蒸気圧は平面の場合よりも大きく,凹面をもつ泡の場合には逆にこれよりも小さい.過飽和相が比較的安定であることを§49で述べたが,これは上の理由によるのである.

いま,圧力が $p'(>p_0)$ の過飽和蒸気の中に,半径が

$$\frac{2\alpha p_0}{\rho\theta(p'-p_0)} \tag{52.12}$$

よりも小さい液滴が現われたとしよう.これは一種のゆらぎの現象であるから,この液滴はまた蒸発してしまうであろう.そうすると,次にまた凝縮がおこる可能性はきわめて少ない.半径が(52.12)よりも大きい場合にはじめて液滴は生長していくことができるのである.ところが,大きな液滴が突然できるということはめったにおこらない(大きなゆらぎがおこる確率はきわめて小さい).したがって,凝縮は,普通すでに蒸気中に存在する小さな粒子(たとえばイオン)を核として起こり始める.

全く同様にして,純度の高い液体は過熱されてもなぜ沸騰しないかがわかる.液体が沸騰するときには,その内部に蒸気の泡ができる.この泡が外圧によってつぶれてしまわないためには,蒸気の平衡圧力が少なくとも液面上の大気圧に等しくなければならない.ところが,もし平面境界上の平衡蒸気圧が外圧とやっと等しいというのでは,泡の中の圧力はこれと平衡を保つにはまだ足りない.それゆえ,あまり大きくない泡は生長することができないのである.

付　録

次の形の積分
$$\int_0^\infty \frac{x^n}{e^x \pm 1} dx$$
は以下のようにして計算される．関数 $(e^x\pm1)^{-1}$ を展開すれば，
$$\frac{1}{e^x\pm1} = \sum_{k=1}^\infty (\mp)^{k-1} e^{-kx}.$$
こうしておいてから項別に積分を行なう．各項の積分は
$$\int_0^\infty e^{-kx} x^n \, dx = \frac{1}{k^{n+1}} \int_0^\infty e^{-z} z^n \, dz.$$
n が整数の場合には，部分積分によって，右辺の積分は $n!$ となることが容易にわかる．n が半奇数の場合には，$\sqrt{z}=u$ と置けば，§39，問題3から，
$$\int_0^\infty e^{-z} \sqrt{z} \, dz = 2 \int_0^\infty e^{-u^2} u^2 \, du = \frac{\sqrt{\pi}}{2},$$
あるいは，一般に
$$\int_0^\infty e^{-z} z^{m-\frac{1}{2}} \, dz = 2 \int_0^\infty e^{-u^2} u^{2m} \, du = \frac{1\cdot 3\cdot 5\cdots(2m-1)}{2^m} \sqrt{\pi}.$$
これを $\left(m-\frac{1}{2}\right)!$ と書くことにしよう．そうすれば，一般に
$$\int_0^\infty e^{-z} z^n \, dz = n!.$$
したがって，
$$\int_0^\infty \frac{z^n}{e^z\pm1} dz = n! \sum_{k=1}^\infty (\mp)^{k-1} \frac{1}{k^{n+1}}.$$
上の符号をとったときの和は，下の符号をとったときの和で表わされる．なぜなら，
$$1 - \frac{1}{2^{n+1}} + \frac{1}{3^{n+1}} - \frac{1}{4^{n+1}} + \cdots\cdots$$

$$= \left(1+\frac{1}{2^{n+1}}+\frac{1}{3^{n+1}}+\frac{1}{4^{n+1}}+\cdots\cdots\right)-2\cdot\frac{1}{2^{n+1}}\left(1+\frac{1}{2^{n+1}}+\frac{1}{3^{n+1}}+\cdots\cdots\right)$$

$$= \left(1-\frac{1}{2^n}\right)\left(1+\frac{1}{2^{n+1}}+\frac{1}{3^{n+1}}+\frac{1}{4^{n+1}}+\cdots\cdots\right)$$

となるからである.

最後に,正号の場合の和は次の値をとる:

$n=\dfrac{1}{2}$	1	$\dfrac{3}{2}$	2	$\dfrac{5}{2}$	3
$\sum_{k=1}^{\infty}\dfrac{1}{k^{n+1}}=2.612$	1.645	1.341	1.202	1.127	1.0823

n が奇数の場合には次の公式がえられる:

$$\sum_{k=1}^{\infty}\frac{1}{k^2}=\frac{\pi^2}{6}, \quad \sum_{k=1}^{\infty}\frac{1}{k^4}=\frac{\pi^4}{90}.$$

したがって,

$$\int_0^{\infty}\frac{x^3}{e^x-1}dx = 3!\sum_{k=1}^{\infty}\frac{1}{k^4}=\frac{\pi^4}{15}.$$

また,次の式が成り立つ:

$$\int_0^{\infty}\frac{x^{\frac{1}{2}}}{e^x-1}dx = \frac{\sqrt{\pi}}{2}\sum_{k=1}^{\infty}\frac{1}{k^{\frac{3}{2}}}=\frac{\sqrt{\pi}}{2}\times 2.612 = 2.31.$$

(44.39) の積分は

$$\int_{-\infty}^{\infty}\frac{x^2}{(e^x+1)(e^{-x}+1)}dx = -2\int_0^{\infty}x^2\frac{d}{dx}\left(\frac{1}{e^x+1}\right)dx$$

$$= 4\int_0^{\infty}\frac{x}{e^x+1}dx = 4\left(1-\frac{1}{2}\right)\frac{\pi^2}{6}=\frac{\pi^2}{3}$$

となる.

訳者あとがき

　極度に専門化した今日の物理学の理論を，最近の発展まで取り入れ，一貫した体系として1冊の本にまとめたものがあったら大変便利であるとは誰しも考えることである．ところがこういう本を書くことは容易でないらしく，各専門分野については名著が少くないが，まとめて1冊にしたもので，わかり易く，厳密かつモダーンなものというのは，なかなか望めないことかと思っていた．
　ところがこの Kompaneyets の本を見ると，この困難な試みが十分成功しているのに驚いた．敢て邦訳を企てて日本の読者にも紹介する気になった次第である．
　1冊で今日物理学が到達している理論の大綱が知れるというのは，物理の専門家以外の人々に甚だ都合のよいことと思われる．本書が物理工学者のために書かれているのはそのためと思われる．しかし，専門の物理学者でも，自分の研究分野以外のことに対してこの程度の知識を持つことは当然望ましいことである．新しい理論もかなり詳しく取り入れてあるし，全体の理論体系の構成も，オーソドックスで新奇をてらったところはないが，清新の気に満ちているから，初学者の学習のためにも，また完成された研究者が新しく物理を見直すためにも非常に役立つと期待される．
　もちろんこれは物理理論の骨組みたいなもので，個々の問題，その応用というものには及んでいない．こういう本を書くときには，何を書くかより，何を抜かすかが大きな問題であろう．従って専門家が自分の研究している部分を見ると不満が多い(訳者自身もそうである)．しかも専門以外の部分になると，今まで曖昧だった知識がはっきりすることが少くない．これがむしろ本書の特徴といえよう．
　翻訳は高見が原著により，英訳を参照しながら行ったものを，山内が英訳によって手を入れた．この英訳は Moskow から出版されたもので，英文の巧拙は別として，忠実な翻訳であるようである．邦訳では，明かに誤と思われるものは訂正し，あまりくどい繰返しは省略したようなところもあるが，大体原文

に従ったつもりである．足りない部分で特に大切と思うリマークは訳者の注として補った．ロシヤの学者の名が多く出ているのが多少気になるが，これはある意味で当然である．朝永-Schwinger, 西島-Gell-Mann の場合に日本人が体験するように，西欧学者はロシヤ人の仕事をよく知っていないため，英米の本に見なれない人の名が出てくるのであろう．日本人の名が一つも出ていないのも，ロシヤに日本の学者の研究が知れていないためと思う．欧米の文献を通してだけ情報を得ているとすればこれも止むを得まい．

本書の刊行に当って，岩波書店の浦部信義君に厄介をかけた．ここに謝意を表する．

1964, 6, 1

訳　者

索　引

あ 行

アイソスピン　382, 468
Einstein　216, 261, 533, 627
圧縮率　554
孔　406, 462
アルカリ金属　392, 554
　　——の常磁性　555
アルゴン　393
アルファ崩壊　325
アルファ粒子　326
Anderson　463

イオンの雲　654
異性核　422
異性体　422
位相速度　196, 265
位置エネルギー　10
一般運動量　28
一般座標　3
一般相対性理論　236
一般の力　589
井戸型ポテンシャル
　無限に深い——　292
　有限深さの——　295
インコヒーレントな散乱　444

Wien の法則　531
宇宙論　237
運動エネルギー　242
運動質量　240
運動の積分　24
運動量
　　——演算子　335

　　——の固有値　335
　　——のモーメント　29
永久機関
　第 1 種の——　591
　第 2 種の——　596
液体ヘリウム　546
液滴の平衡気圧　664
X 線の回折　270
エーテル　111, 215, 224
エネルギー　131
　　——演算子　336
　　——スペクトル　290
Hermite 型演算子　347
Hermite 行列　411
遠隔作用　110
演算子　335
遠日点　40
遠心力　72
　　——のエネルギー　39
エンタルピー　592, 599
エントロピー　580, 603
円偏光　185, 419

Euler の角　80
Euler の方程式　79
オーソ状態　400
オーソ水素　520
Ohm の法則　170
重み　480
温度　478, 502, 588, 597

か 行

回折　200, 270

回転　100
　　——エネルギー　616
　　——準位　520
外部パラメタ　589
界面増加の熱　664
界面張力　663
Gauss–Ostrogradskii の定理　98
化学親和力　284
化学平衡　656
　　——の条件　657
化学ポテンシャル　602
可換でない　341
可逆
　　——過程　594
　　時間についての——　623
角運動量　29, 31
　　——演算子　337
　　相対運動の——　31
核子　381
角振動数　55
確率位相　478
確率密度　278
核力　464
過去　229
重ね合せの原理　346
仮想準位　454
かたより　373
　　——のない光（自然光）　186
活性化エネルギー　513
価電子　555
荷電粒子の運動方程式　248
過飽和相の安定性　666
Kapitsa　546
Galilei 変換に対して不変　68
関数
　　——の対称　398
　　——の反対称　398
慣性系　7, 65
慣性主軸　76
慣性乗積　75

慣性モーメント　75
完全黒体　526
緩和時間　171
規格化の条件　285
幾何光学　200
奇関数　368
基準座標　62
基準座標系　1
起磁力　119
気体
　　——の透磁率　511
　　——の誘電率　510
基底状態　291, 308
起電力　113, 164
希土類元素　395
　　——の常磁性　512
軌道角運動量　339
希薄溶液　646
擬ベクトル　169
奇妙さ　468
逆平行　379
強磁性体　165
強制放出　533
強電解質　652
共有結合　402
行列　410
　　——要素　410
極性ベクトル　169
霧箱　275
近日点　40
近接作用　110

偶関数　368
偶奇性　367
空孔　565
$\varXi$ 粒子　467
屈折率　188
Klein　455
Clausius–Clapeyron の方程式　637

索　引　　　　　　　　　673

Clapeyron の方程式　501, 613
くりこみ　319
Kurchatov　423
Coulomb の法則　17
群速度　196, 265

K 中間子　465, 467
ゲージ変換　123
結晶格子による回折　271
結晶格子のエネルギー
　　高温での——　538
　　低温での——　539
Kepler の第 2 法則　37
Kepler の問題　42
Gell-Mann　465
Gerlach　339
原子価振動　518

光円錐　231
光学と力学の対応　266
交換演算子　397
交換子　341
交換積分　405
交換相互作用　466
光行差　225
光電効果　261
勾配　102
効率　597
黒体放射　526
古典統計　498
Kovalevskaya　79
固有関数　290
固有時間　231
固有値　290
Coriolis の力　71
Gordon　455
combined parity　465
Compton 効果　262

さ 行

歳差運動　80
最小作用の原理　87
作用　84
三重点　636
散乱断面積　445

j-j 結合　390
磁化容易方向　166
磁気二重極放射　421
磁気分極　160, 556
　——率　557
磁気モーメント　150
磁気誘導　161
磁気量子数　367
磁区　166
軸性ベクトル　169
Σ 粒子　467
仕事　590
自己誘導係数　175
四重極　141
　——放射　421
　——モーメント　140
自然放出　533
磁束　113
磁束密度　112, 161
実験室系　45
質点　4
質量　5
　——作用の法則　658
　——中心　19, 28
　——中心の角運動量　31
磁場　112
　物質内の——　162
遮蔽因子　453
Schwinger　472
自由エネルギー　599
周期　55
重心　19

674　索　引

───系　45
周波数　195
主慣性モーメント　77
縮退　481, 611
Stark 効果　434
　1次───　435
　2次───　435
Stefan-Boltzmann の法則　529
Schrödinger　281
　───表示　440
　───の方程式　281
主量子数　367
準安定　422
準位幅　330, 331
循環　99
循環座標　38
準古典論的近似　322
蒸気圧降下　649
衝撃波　609, 622
常磁性体　165
状態の重み　493, 573
状態の確率　484
章動　83
衝突　44
　───パラメタ　49, 449
初期位相　58
磁力線　113
真空　461
滲透圧　648
振動子の強さ　444
振動数　56
振動量子数　516
真のベクトル　169
振幅　58

水素原子のエネルギー固有値　473
水素分子　402
スカラーポテンシャル　122, 136
Stirling の公式　489, 494
Stern　339

Stokes の定理　101
Snolarshan　465
スピン　372
　───磁気異常　472
　───磁気角運動量比　379
　───の飽和　406
　───量子数　385

正規結合　425
静止質量　240
静磁場の方程式　136, 147
静電場の方程式　136
積分原理　84
Segrè　463
絶縁体　163
摂動　408
摂動法　403
Zeeman　430
　───効果　430
　異常───効果　431
　正常───効果　431
遷移確率　407, 408, 412, 482
全エネルギー　25
選択則　419
　スピンと全角運動量とに対する───　420
　多電子原子に対する───　421
　方位量子数と偶奇性に対する───　420

相互誘導係数　175
相対性原理　66
相対論的　239
　───波動方程式　455
相転移
　第1種の───　644
　第2種の───　644
相平衡の条件　636
相律　652
束縛　8
素粒子　466

索　引　　　　　675

──の相互転換　466

た 行

第2積分　29
楕円偏光　185
多重項　390
縦効果　234
縦波　183
弾性衝突　45
断熱過程　594
断熱指数　618
断熱消磁　619

遅延ポテンシャル　204
力のポテンシャル　10
中心力　16
──場　37
超ウラン元素　396
超流体　547
超流動　547
調和振動子　58
──のハミルトニアン　305
直交性　348
直線偏光　185

対消滅　463
対生成　462

定圧過程　592
定常運動　148
定容過程　592
Dirac　456
──粒子　473
出来事　228
Debye　539, 655
Dulong-Petit の法則　538
転移温度　546
転移点　546
転移熱　636
電荷の保存則　117

電荷密度　116, 117
電気的中心　141
電気伝導率　170
電気分極　159
電気誘導　162
電子　467
──気体　554
──の回折　271
──の全角運動量　379
──の反磁性　557
電磁場
──の運動量　133
──のエネルギー密度　132
──のエネルギー量子　316
──の角運動量　133
──の基底状態　318
──のポテンシャル　122
──の Lagrange 関数　127
電磁誘導　114
電子・陽電子・光子の場　464
電束密度　112, 162
点電荷によるポテンシャル　137
電場　112
電流密度　117

等エントロピー過程　594
等温過程　594
等温曲線　639
統計積分　510
統計的平衡状態　508, 572
統計的法則性　478
統計物理学　478
統計量　478
動径量子数　367
統計和　576, 600
同時性　223
透磁率　168
導体　163
de Broglie 波長　272, 291
Thomas-Fermi の方程式　560

特殊解　313
閉じた系　26
閉じている　579
Doppler 効果　234

な 行

なめらかな束縛　8

二重極　140
　——近似　207, 416
　——近似におけるベクトルポテンシャル　207
　——モーメント　140
2電子系の波動関数　396
ニュートリノ　467
Newton の第3法則　7
Newton の第2法則　4

ネオン　393
熱　588
　——イオン放出　568
　——核反応　503
　——関数　592
　——機関　596
　——伝導　590
熱力学　586
　——的自由度　652
　——の恒等式　599, 600, 602
　——の第1法則　591
　——の第3法則　604
　——の第2法則　596
　——の不等式　630
熱力学ポテンシャル　602
　界面の——　663
　希薄溶液の——　646
熱量　591
Nernst の定理　604

は 行

Heisenberg　356, 412

——表示　440
Heitler　402
π中間子　465, 467
ハイペロン　467
Pauli の原理　385, 399, 485
　一般の場合の——　399
　——にしたがう粒子　487
　——にしたがわない粒子　486
波束　194
波長　184
発散　98
発散波　204
波動関数　278
　——の直交性　287
波動ベクトル　184
波動方程式　179
波動領域　209
ハミルトニアン　92, 153
　——演算子　336
Hamilton 関数　92
Hamilton の方程式　93
パラ状態　400
パラ水素　520
バリオン　467
ハロゲン元素　393
反磁性体　165
反星雲　467
反世界　467
反転　367
反応熱　659
万有引力理論　235
反陽子　463
反粒子　463, 467

非可逆過程　595
光の圧力　183
微細構造　380
微小振動　55
ヒステリシス　167
左手系　169

索　引

非弾性衝突　45
比熱　520
微分断面積　51
ビームの圧力　530
非 Euclid 空間　236
Hückel　655
氷点降下　649

Feynman　465
van der Waals 力　392
Fizeau の実験　226, 237
Fermat の原理　269
Fermi　466
　——気体の比熱　565
　——-Dirac 分布　492, 549
Fock　455
不確定性関係　275, 330
不確定性原理　309
Foucault 振り子　72
物質内の電場　161
沸点上昇　649
部分系　573
Planck　260, 528
　——の公式　527, 534
Fresnel の式　190
ふれの角　50
Frenkel　555
分圧　614
分極　441
分散公式　441
Hund
　——の第1法則　389
　——の第2法則　391
分配則　30

平均寿命　330
平均値　158, 352
平行　379
平衡定数　659
平面進行波　182

平面に近い波　264
平面偏光　419
ベクトル積　30
ベクトルポテンシャル　122
　点電荷による——　149
ヘリウム　392
ベリリウム　393
Bernoulli　501
変形振動　518
変動する場
　急速に——　171
　ゆっくり——　171
変分　85
Henry の法則　650

Bohr　259
　——磁子　379, 425
　——の量子条件　333
Poisson の公式　626
方位量子数　366
放射の圧力　530
放射のエネルギー　529
飽和電流　569
Poynting ベクトル　133
Bose-Einstein 統計　491
Bose-Einstein 分布　491
Bose 凝縮　545
Bose 分布　544
保存系　27
保存則　183
ポテンシャル
　——関数　10
　——に対する方程式　125
　——の壁　323
　——の方程式　124
ほとんど閉じた系　571
Boltzmann　496, 611
　——定数　502
　——統計　496
　——分布　496

677

Born近似　446

ま行

Michelsonの実験　214
摩擦力　7, 26
Maxwellの方程式　116, 121
Maxwell分布　499
Marshak　465
Mandelstam　444
　——の類推　324

右手系　169
密度関数　117
未定乗数の方法　491
μ中間子　465, 467
未来　229
　——圏　229

無限運動　301, 363

面積速度　37
Mendeleyevの周期律　284, 385

most probable　499
　——な状態　508, 572
モーメント　29
　——の腕　30

や行

Yang　465

有限運動　301
誘電体　163
誘電率　168
ゆらぎ
　——による散乱　632
　——の確率　627
　温度の——　629
　絶対——　577
　相対——　577

体積の——　629

溶解熱　650
陽電子　463
横効果　234
横波　183
弱い相互作用　464

ら行

Lagrange関数　13, 127
　自由粒子の——　240
　電磁場の——　127
　電流の系の——　176
Lagrangeの方程式　13
Laguerreの多項式　366
Rutherford　52, 259
　——の公式　52, 448
Russel-Saundersの正規結合　390
ラプラシアン　105
Laplaceの演算子　105
Raman　444
Larmor
　——周波数　155
　——の歳差運動　155, 165, 424
　——の定理　155
Λ粒子　467
Langevin　510
Landsberg　444
Landau　166, 465, 547, 557
Landé因子　428

Lee　465
力学系の自由度　1
力学的エネルギー　26
理想気体　479, 611
リチウム　392
Liouvilleの定理　574, 582
粒子　463
量子　260
　——統計　498

——論的な運動の積分　355	Lebedev　183, 530
臨界点　641	Rayleigh-Jeans の公式　528
臨界乳光　644	
	Lorentz の条件　124, 202
Rusinov　423	Lorentz 変換　220, 237, 238
Le Chatelier-Braun の原理　651, 659	場の成分に対する——　250
	Lorentz 力　249
励起状態　291	London　402
レプトン　467	

■岩波オンデマンドブックス■

カンパニエーツ 理論物理学

1964 年 7 月31日　第 1 刷発行
1988 年 4 月 5 日　第11刷発行
2017 年12月12日　オンデマンド版発行

訳　者　山内恭彦　高見穎郎

発行者　岡本　厚

発行所　株式会社　岩波書店
　　　　〒101-8002　東京都千代田区一ツ橋 2-5-5
　　　　電話案内　03-5210-4000
　　　　http://www.iwanami.co.jp/

印刷／製本・法令印刷

ISBN 978-4-00-730708-9　　Printed in Japan

ISBN978-4-00-730708-9

C3042 ¥15000E

定価(本体 15,000 円 + 税)